高等学校遥感科学与技术系列教材

工程光学理论及应用

主编　金光

副主编　张学敏　魏儒义　徐伟

图书在版编目(CIP)数据

工程光学理论及应用 / 金光主编. -- 武汉 ：武汉大学出版社,2024. 8.
高等学校遥感科学与技术系列教材. -- ISBN 978-7-307-24475-7
Ⅰ.TB133
中国国家版本馆 CIP 数据核字第 20244TY618 号

责任编辑:王　荣　　　责任校对:鄢春梅　　　版式设计:马　佳

出版发行:**武汉大学出版社**　(430072　武昌　珞珈山)
(电子邮箱:cbs22@ whu.edu.cn　网址:www.wdp. com.cn)
印刷:武汉科源印刷设计有限公司
开本:787×1092　1/16　印张:24　字数:569 千字　插页:1
版次:2024 年 8 月第 1 版　　2024 年 8 月第 1 次印刷
ISBN 978-7-307-24475-7　　定价:63.00 元

高等学校遥感科学与技术系列教材

序　一

遥感科学与技术本科专业自2002年在武汉大学、长安大学首次开办以来，截至2022年底，全国已有60多所高校开设了该专业。2018年，经国务院学位委员会审批，武汉大学自主设置"遥感科学与技术"一级交叉学科博士学位授权点。2022年9月，国务院学位委员会和教育部联合印发《研究生教育学科专业目录(2022年)》，遥感科学与技术正式成为新的一级学科(学科代码为1404)，隶属交叉学科门类，可授予理学、工学学位。在2016—2018年，武汉大学历经两年多时间，经过多轮讨论修改，重新修订了遥感科学与技术类专业2018版本科人才培养方案，形成了包括8门平台课程(普通测量学、数据结构与算法、遥感物理基础、数字图像处理、空间数据误差处理、遥感原理与方法、地理信息系统基础、计算机视觉与模式识别)、8门平台实践课程(计算机原理及编程基础、面向对象的程序设计、数据结构与算法课程实习、数字测图与GNSS测量综合实习、数字图像处理课程设计、遥感原理与方法课程设计、地理信息系统基础课程实习、摄影测量学课程实习)，以及6个专业模块(遥感信息、摄影测量、地理信息工程、遥感仪器、地理国情监测、空间信息与数字技术)的专业方向核心课程的完整的课程体系。

为了适应武汉大学遥感科学与技术类本科专业新的培养方案，根据《武汉大学关于加强和改进新形势下教材建设的实施办法》，以及武汉大学"双万计划"一流本科专业建设规划要求，武汉大学专门成立了"高等学校遥感科学与技术系列教材编审委员会"，该委员会负责制定遥感科学与技术系列教材的出版规划、对教材出版进行审查等，确保按计划出版一批高水平遥感科学与技术类系列教材，不断提升遥感科学与技术类专业的教学质量和影响力。"高等学校遥感科学与技术系列教材编审委员会"主要由武汉大学的教师组成，后期将逐步吸纳兄弟院校的专家学者加入，逐步邀请兄弟院校的专家学者主持或者参与相关教材的编写。

一流的专业建设需要一流的教材体系支撑，我们希望组织一支高水平的教材编写和编审队伍，出版一批高水平的遥感科学与技术类系列教材，从而为培养遥感科学与技术类专业一流人才贡献力量。

中国科学院院士 [signature]
2023年2月

序　二

在浩瀚的宇宙中，光作为信息传递的媒介，承载了我们对未知世界的探索与追求，《工程光学理论及应用》一书，正是这段旅程的指路灯塔，为我们揭示了工程光学领域的奥秘。本书作者以其深厚的学术造诣和丰富的工程实践经验，为读者呈现了一部内容翔实、结构严谨的著作。

作者在本书中深入浅出地阐述了工程光学的系统理论，从工程光学的基础理论出发，讲解了光学系统的物像关系、光学系统的设计与优化、光学系统的制造等内容。本书的一个突出特点是其强大的实用性，不仅在理论上进行了深入的探讨，还将光学设计的原理与实际工程应用紧密结合。从光学系统的光阑设计、像差校正到光学镜头的制作工艺等方面，特别是对于航天折反射光学系统设计、光学镀膜及光学测量等工程应用环节，都进行了详细的分析和探讨，帮助读者将理论知识与实际应用相结合，更好地理解和掌握光学技术的精髓。这些内容对于从事光学系统设计与制造的读者来说，无疑是宝贵的指导和参考。

《工程光学理论及应用》不仅是一本专业教材，还融入了工程光学的实战经验分享，使本书既具有学术价值，又具有实际应用指导意义，更是一本能够激发读者兴趣、指导读者实践的佳作。无论是对于光学工程专业的学生、科研人员，还是对于从事光学应用的工程技术人员，本书都是一部不可或缺的参考书。

在此，我谨代表所有读者，向所有参与本书编写、审稿和出版的工作人员表示最诚挚的敬意和感谢，是你们的辛勤工作让这本书得以呈现在读者面前。光学之路，漫长而充满挑战，希望本书能够成为光学工程领域的一本理论与实践并重的经典之作，激励更多的人投身于光学的研究与应用。

中国科学院院士

2024年5月

前　　言

本书是根据国家教育部确定的国家级重点教材建设的要求，并本着夯实专业基础、拓宽专业口径的原则而组织编写的。

本书在讲述工程光学基本原理的基础上，结合了大量实际工程中所涉及的工程问题，有利于读者将理论与实际结合，比较全面地掌握工程光学基础理论和应用，充分满足了高等学校教学对课程内容和课程体系改革的需要。本书在内容安排上，既包含了传统的光学理论及经典的光学系统解析和计算，又涉及了光学加工工艺方面的内容，让读者更加充分地了解到工程光学的现代发展趋势和技术内涵。

本书共二十章，前九章系统介绍了工程光学的基本原理，包括了工程光学的基础知识、共轴球面系统的物像关系、薄透镜和厚透镜的组成及定义、光学系统光阑、光学系统像差理论、光学棱镜和反射镜、辐射度学原理、光学材料、人眼和颜色的相关知识。除了基本的光学理论知识以外，还从辐射度学的角度论述了辐射能量的吸收、反射和透射作用，并详细介绍了常见光学玻璃的光学和物理性质，以及光学晶体材料、光学塑料、散射材料、偏振材料和滤光片的特性与应用场合。

本书第十章到第十五章介绍了目前常用的光学系统，包括了望远系统、放大镜、目镜与显微系统、摄影、投影与照明系统、航天折反射光学系统、光谱分光器件与仪器系统。该部分描述了各种光学系统的分类、光学特性、景深的计算等相关知识，并且举例论述了不同光学系统初始结构的运算过程，让读者能够更加全面地了解各种光学系统。除此之外，还详细介绍了光的干涉和衍射效应，并在此基础上介绍了各类干涉仪的设计原理和应用。

本书第十六章至第二十章则介绍了光学系统的设计与优化以及光学工艺的相关知识，包括了光学镀膜、光学系统的检验和光学传递函数、光学系统总体布局和分析、光学镜头设计的优化方法、光学工程工艺问题。举例说明了望远镜、望远摄影系统、眼底照相系统等光学系统的设计过程以及双胶合物镜、照相物镜等镜头的优化设计，使读者能够熟悉 ZEMAX 等光学软件的基本操作。在此基础上穿插了光学加工的相关知识，让读者了解光学加工所涉及的各种技术，能够在设计光学系统的时候认识到光学加工中会遇到的困难，从而达到理论与实际结合的教学目的。

本书由武汉大学金光主编，武汉大学张学敏、武汉大学魏儒义、中国科学院长春光学精密机械与物理研究所徐伟担任副主编，武汉大学何平安担任主审。参加编写的有武汉大学戴小兵、张雪峰、李妩舟、郭羽萱、王诗琦、刘子睿、李覃昊、占子涵、金昱芃、蔡佳雯，中国科学院长春光学精密机械与物理研究所岳炜、谢运强、樊星皓、王晨。武汉大学毛庆洲教授审阅了全文内容，并提出宝贵意见，深表感谢。此外，中国科学院西安光学精密机械研究所戴艺丹、武汉大学占子涵等为本书的文字整理及校对工作付出了许多辛劳，在此一并感谢。

本书可作为高等学校光学工程、光电技术、遥感仪器和其他相近专业的教材，亦可作为物理和精密仪器专业的选修课教材或参考书，也是从事光学和光学零件制造的工程技术人员的参考书。

光学是一门历史悠久且涉及广泛的学科，本书所讲难窥其全貌，虽然在本书的撰写过程中力求叙述准确、完善，但由于水平有限，书中欠妥之处在所难免，衷心希望广大读者对书中的不足之处给予批评指正。

目　录

第一章　工程光学的基础知识 …… 1

第一节　电磁光谱 …… 1

第二节　发光点、光线和光束 …… 2

第三节　光的直线传播定律和独立传播定律 …… 3

第四节　光的反射定律和折射定律 …… 4

第五节　光学平面镜和两面镜 …… 6

第六节　光的全反射现象 …… 8

第七节　费马原理和马吕斯定律 …… 10

第二章　共轴球面系统的物像关系 …… 14

第一节　坐标定义和符号选择 …… 14

第二节　光线经球面的折射和计算公式 …… 15

第三节　近轴光线的计算公式 …… 17

第四节　理想光学系统的主平面、主点、焦点、焦平面和焦距 …… 17

第五节　理想光学系统的物像关系式 …… 19

第六节　拉格朗日定理和拉氏不变量 …… 23

第七节　放大倍率及其相互间关系式 …… 25

第八节　光学系统的节点、节平面 …… 26

第九节　光学系统的组合计算和光焦度定义 …… 27

第十节　光学系统 y-$\bar{y}$ 图 …… 30

第十一节　光学系统的矩阵光学计算 …… 33

第三章　薄透镜和厚透镜的组成及定义 …… 40

第一节　薄透镜 …… 40

第二节　厚透镜及其类型 …… 41

第三节　球面反射镜和非球面反射镜 …… 46

第四章　光学系统光阑 …… 49

第一节　光学系统的孔径光阑和视场光阑 …… 49

第二节　光学系统的入瞳和出瞳 …… 51

第三节　光学系统的入射窗和出射窗 …… 52
第四节　光学系统的几何渐晕 …… 54
第五节　光学系统的消杂散光光阑 …… 58
第六节　光学系统的远心光路 …… 58

第五章　光学系统像差 …… 61
第一节　球差 …… 61
第二节　彗差 …… 62
第三节　像散和场曲 …… 63
第四节　畸变 …… 64
第五节　初级色差 …… 65
第六节　波像差和几何像差 …… 66
第七节　像差与孔径、视场的关系 …… 70

第六章　光学棱镜和反射镜 …… 72
第一节　色散棱镜 …… 72
第二节　平行平板 …… 73
第三节　平面镜反射物像坐标和双面镜反射 …… 76
第四节　直角棱镜 …… 79
第五节　屋脊棱镜 …… 81
第六节　正像棱镜 …… 82
第七节　倒像棱镜 …… 85
第八节　五角棱镜的反射原理 …… 85

第七章　辐射度学原理 …… 90
第一节　辐射度学度量 …… 90
第二节　辐射度学的基本定律 …… 93

第八章　光学材料 …… 99
第一节　光学玻璃的光学性质 …… 99
第二节　玻璃的反射、吸收和色散 …… 100
第三节　光学玻璃的物理机械性质 …… 104
第四节　特种玻璃 …… 106
第五节　晶体材料 …… 108
第六节　光学塑料 …… 110
第七节　吸收滤光片 …… 110
第八节　散射材料与投影屏 …… 113
第九节　偏振材料 …… 115
第十节　光学胶和溶剂 …… 115

第九章　人眼和颜色 …… 117
第一节　人眼构造 …… 117
第二节　人眼的特性 …… 119
第三节　人眼的灵敏度 …… 122
第四节　人眼的调节 …… 123
第五节　人眼的缺陷 …… 124
第六节　人眼的其他特性 …… 126
第七节　颜色和色度学基础 …… 127

第十章　望远系统 …… 130
第一节　望远系统的光学性能 …… 130
第二节　望远系统的物镜和目镜 …… 135
第三节　开普勒望远系统和伽利略望远镜 …… 138
第四节　具有透镜转像系统的望远系统 …… 141
第五节　8倍望远镜的初始参数计算 …… 145

第十一章　放大镜、目镜与显微系统 …… 151
第一节　放大镜的光学特性 …… 151
第二节　显微系统的光学性能 …… 153
第三节　显微镜的景深 …… 156
第四节　显微镜的物镜和目镜 …… 157

第十二章　摄影、投影与照明系统 …… 160
第一节　放大镜的光学特性 …… 160
第二节　照相系统的景深 …… 165
第三节　照相感光胶片性能 …… 169
第四节　数码相机的光学性能 …… 175
第五节　投影光学系统性能 …… 179
第六节　照明系统的光学特性 …… 181
第七节　液晶投影仪的光学特性 …… 185

第十三章　航天折反射光学系统 …… 187
第一节　航天光学系统的特殊要求 …… 187
第二节　球面反射镜和非球面反射镜 …… 188
第三节　双反射镜系统的计算 …… 193
第四节　典型同轴反射光学系统 …… 195
第五节　典型离轴反射光学系统 …… 199

第十四章　光的干涉和衍射效应 …… 202
第一节　光的电磁理论基础 …… 202

第二节　光的干涉效应…… 208
第三节　光的衍射效应…… 235
第四节　光学系统的分辨极限…… 257

第十五章　光谱分光器件与仪器系统…… 266
第一节　滤光片…… 266
第二节　棱镜…… 267
第三节　光栅…… 270
第四节　光栅光谱仪…… 275
第五节　傅里叶变换光谱仪…… 280

第十六章　光学镀膜…… 289
第一节　介电质反射和干涉滤光片…… 289
第二节　反射膜…… 295
第三节　分划板…… 297

第十七章　光学系统的检验和光学传递函数…… 300
第一节　光学元件和系统焦距的测量…… 300
第二节　光学系统星点检测和分辨率的测量…… 304
第三节　光学系统畸变的测量…… 312
第四节　光学系统杂光系数和透过率的测量…… 315
第五节　光学传递函数评价成像质量的方法…… 321

第十八章　光学系统总体布局和分析…… 327
第一节　望远镜设计…… 327
第二节　望远摄影系统设计…… 329
第三节　眼底照相系统设计…… 331

第十九章　光学镜头设计的优化方法…… 333
第一节　设计实例一：双胶合物镜的设计 …… 333
第二节　设计实例二：照相物镜的设计 …… 339
第三节　设计实例三：卡塞格林系统设计 …… 345
第四节　设计实例四：100 倍油浸显微物镜设计 …… 352

第二十章　光学工程工艺问题…… 359
第一节　光学加工…… 359
第二节　光学技术要求和公差…… 366

参考文献…… 372

第一章　工程光学的基础知识

第一节　电 磁 光 谱

光就其本质而言，是一种电磁波。光与无线电波、微波、X 射线等其他电磁波本质上是相同的，只是波长范围不同。波长大于 760nm 的为红外光；波长小于 400nm 的为紫外光。通常可见光是指能够引起人眼视觉反应的那部分电磁波，波长范围为 400～760nm。在此范围内不同波长的光波引起人眼的不同颜色感觉。具有单一波长的光称为单色光，由不同单色光混合而成的光称为复色光。表 1-1 中列出了各种色光的大致波长范围和频率范围。

表 1-1　各种色光的波长范围和频率范围

色光	波长范围/nm	频率范围/10^{14} Hz
红色光	640～750	4.69～4.00
橙色光	600～640	5.00～4.69
黄色光	550～600	5.45～5.00
绿色光	500～550	6.00～5.45
青色光	480～500	6.25～6.00
蓝色光	450～480	6.67～6.25
紫色光	400～450	7.25～6.67

光在介质中的传播速度为

$$v = \frac{1}{\sqrt{\varepsilon_0 \mu_0 \varepsilon_r \mu_r}} \tag{1-1}$$

式中，ε_0 是真空介电常数；μ_0 是真空磁导率；ε_r 是介质的相对介电常数；μ_r 是介质的相对磁导率。对于真空，$\varepsilon_r = 1$，$\mu_r = 1$，那么光波在真空中的传播速度为

$$c = \frac{1}{\sqrt{\varepsilon_0 \mu_0}} = 2.99792458 \times 10^8 \mathrm{m/s} \tag{1-2}$$

第二节　发光点、光线和光束

一、发光点

发光体通常指能够辐射光能量的物体。在几何光学中，为了研究发光体发射光的传播规律，往往只需要研究发光体的一小部分，当这一小部分的体积趋近于零时，就可以将它看作一个发光点，这个点能够向周围空间辐射光能量。因此，一个发光体可以看作是由无数个发光点组成的。

二、光线

在几何光学中，通常将发光点发出的光抽象为许多携带能量并且带有方向的几何线，即光线。光线的方向代表光的传播方向。

尽管发光点和光线的概念是抽象的数学概念，然而这些概念却能够简单、直观地解释大多数光学仪器的原理。对于主要利用物理光学特性的仪器，如干涉仪、偏振仪等，则需要有另外的考虑。

三、光束

在同一空间传播的光线的集合，称为光束。按光束本身的结构形状，可以将其分为同心光束和非同心光束。

（一）同心光束

具有一个共同交点的光束，称为同心光束，其交点称为光束中心。同心光束又可以分为发散的（图 1-1(a)）、会聚的（图 1-1(b)）和平行的（图 1-1(c)）。

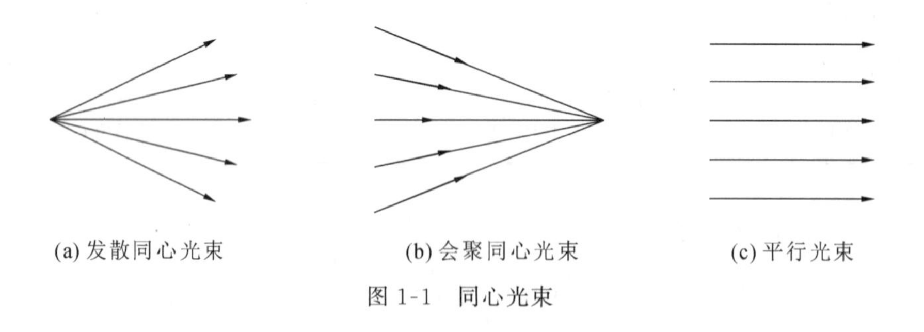

图 1-1　同心光束

一般来说，光学系统的作用在于将一同心光束转换成另一同心光束。当光线实际通过光束中心时，向光学系统入射的光束中心，称为实物点 A，如图 1-2(a)和(b)所示；相应地，从光学系统出射后的光束中心，称为实像点 A'，如图 1-1(a)和图 1-2(c)所示。实像点 A'可以用放置光屏的方法显示出来。当光线的延长线通过光束中心时，向光学系统入射的光束中心，称为虚物点 A，如图 1-2(c)和图 1-2(d)所示。从光学系统出射后的光束中心，称为虚

像点 A'，如图 1-2(b)和图 1-2(d)所示。虚像点虽然不能用放置光屏的方法显示出来，但能为眼睛所感觉。

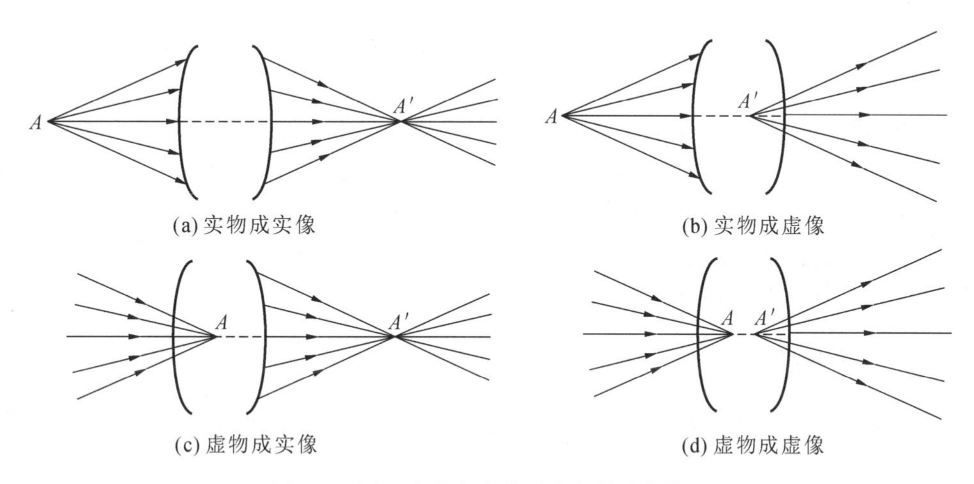

图 1-2　同心光束在光学系统中的成像情况

（二）非同心光束

没有一个共同交点的光束，称为非同心光束。如图 1-3 所示，一束同心光束入射到非球面的一小部分 $ABB'A'$ 上，非球面的曲率在 DE 和 KL 方向上各不相同，在 DE 方向上的曲率较大。因此入射到 D 点和 E 点的光线，折射后相交于接近非球面的 F_1 点，而入射到 L 点和 K 点的光线折射后相交于 F_2 点，结果得到两个相互垂直的直线形式的像 $F_1'F_1''$ 和 $F_2'F_2''$。这样一来，这种像对应的光束不再是同心光束。这种非同心光束，称为像散光束。两个相互垂直的线段 $F_1'F_1''$ 和 $F_2'F_2''$，称为该像散光束的焦线，两者之间的距离 F_1F_2，称为像散差。

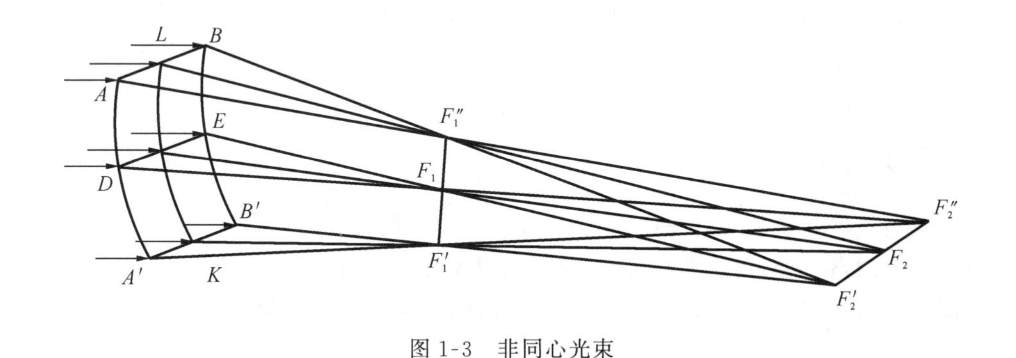

图 1-3　非同心光束

第三节　光的直线传播定律和独立传播定律

光的直线传播定律和独立传播定律是光在同一均匀介质中的传播规律。

一、直线传播定律

几何光学认为，光在各向同性的均匀介质中是沿着直线传播的。影子的成因、日食和月食等现象都可以很好地证明这一定律，许多精密测量及相应的光学仪器构造都是以这一定律为基础的。

光的直线传播定律依赖一定的条件，即光在传播过程中不遇到很小的孔、狭缝或其他障碍物。例如当针孔变得很小，接近或小于波长时，将会有光进入阴影内，并且像面上的光强度分布也不均匀，这就是光的衍射现象。由于一般光学系统的孔径比发生上述衍射现象时的孔径大得多，因此光的直线传播定律在光学仪器理论中，仍然是与事实符合得很好的客观规律。我们在几何光学中通常不考虑衍射现象。

二、独立传播定律

从不同光源发出的光线在介质中某一点相遇时，彼此互不发生影响，各自独立传播，交会点处的亮度是各光束单独照射亮度的简单叠加。例如，夜间许多探照灯从不同方向照射目标时，就是这种情况。

光的独立传播定律也依赖一定的条件，即只有从不同光源发出的光线符合这一定律。而从同一光源发出的光线经不同途径彼此相遇时，在一定的条件下，使有些地方的光强度比各光束光强叠加强度大得多，而另一些地方的光强度却接近于零，出现明暗相间的条纹或光圈并且带有彩色，这就是光的干涉现象。

因此，在对光学系统进行深入和全面分析时，不能只局限于几何光学的基本定律，还必须考虑光的衍射和光的干涉等物理光学现象。

第四节　光的反射定律和折射定律

光的反射定律和折射定律研究的是光传播到两种均匀介质界面处的现象。

一、光的反射定律

（一）反射现象

当光线由一种介质进入另一种介质时，在两种介质的分界面处，它们会部分地或全部地改变其传播方向，仍返回到原来介质中传播，这就是光的反射现象。

如图 1-4 所示，P 为两相邻介质Ⅰ和Ⅱ的界面，入射光线 AO 交 P 界面于 O 点，O 点称为入射点；ON 为界面在入射点 O 处的法线；OB 为对应于入射光线 AO 的反射光线。入射光线 AO 和法线 ON 之间的夹角称为入射角，以字母 I 表示；反射光线 OB 与法线 ON 之间的夹角称为反射角，以字母 I' 表示。

（二）反射定律

反射光线的传播遵循以下反射定律：

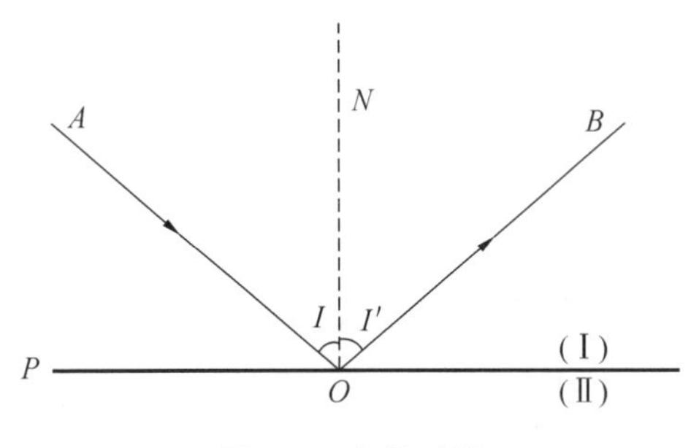

图 1-4　光的反射

(1) 入射光线、反射光线和过入射点的法线位于同一平面内，并且入射光线和反射光线位于法线的两侧；

(2) 入射角和反射角数值相等、符号相反，即

$$I = -I' \tag{1-3}$$

角度符号规定如下：由光线到法线，其旋转方向若为顺时针方向，则角度为正；旋转方向若为逆时针方向，则角度为负。

(3) 入射光线和反射光线的光路是可逆的。

二、光的折射定律

（一）折射现象

当光线由一种介质进入另一种介质时，在两种介质的分界面处，除部分光线被反射外，其余光线通过界面进入第二种介质中继续传播，只是在入射点处改变了原来的方向，这就是光的折射现象。

（二）折射率

光在真空中的传播速度约 3×10^8 m/s，在其他介质中的传播速度均小于在真空中的传播速度，例如光在玻璃中的传播速度大约是在真空中的 2/3。光在真空中的传播速度 c 与在某介质中的传播速度 v 之比，称为该介质的折射率，以字母 n 表示，即

$$n = \frac{c}{v} \tag{1-4}$$

空气在 760mm 水银柱高的正常压力、温度 20℃标准条件下的折射率约为 1.0003，但是因为几乎所有的光学工作（包括折射率测量）是在正常空气中进行的，因此常将光学材料的折射率表示为相对于空气的相对折射率。

为了比较分界面处两种介质折射率的大小，通常将折射率较大的介质称为光密介质，而将折射率较小的介质称为光疏介质。应指出的是，只有将两种介质的折射率进行比较时，光密和光疏才有意义，例如水相对空气而言是光密介质，而相对玻璃而言则是光疏介质。

如图 1-5 所示，P 为折射率分别是 n 和 n' 的两相邻介质的分界面，OC 是与入射光线

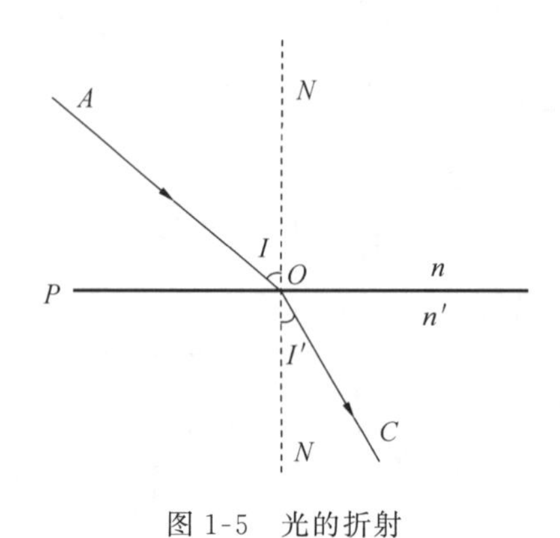

图 1-5　光的折射

AO 相对应的折射光线。折射光线与法线之间夹角，称为折射角，以字母 I' 表示。

（三）折射定律

折射光线的传播遵循以下的折射定律：

（1）入射光线、过入射点界面的法线和折射光线位于同一平面内，并且入射光线和折射光线分别位于法线两侧；

（2）入射光线所在介质的折射率与入射角正弦之积等于折射光线所在介质的折射率与折射角正弦之积，即

$$n\sin I = n'\sin I' \tag{1-5}$$

（3）入射光线和折射光线的光路是可逆的。

实际上，可以将反射定律看作折射定律的一种特殊情况。反射时，设反射光线传播速度保持自己的绝对值不变，但因传播方向改变而改变符号，此时

$$n = -n' \tag{1-6}$$

由式(1-5)得

$$I = -I' \tag{1-7}$$

第五节　光学平面镜和两面镜

一、平面镜

以前表面镀反射膜的平面镜为例。

（一）像点位置和物像关系

如图 1-6 所示，P 是一个与纸面相垂直的平面镜，A 是任意物点。根据反射定律，利用作图法确定 A 点的像点：由 A 点引一条垂直于镜面的光线 AD 和任意光线 AO，显然其反射光线 DA 和 OB 的反向延长线的交点 A' 就是 A 点的像点。由△AOD 与△$A'OD$ 为全等三

角形,得出:

$$AD = A'D \tag{1-8}$$

同样可以证明由物点 A 发出的任意光线,其反射光线的反向延长线均如图 1-6 所示通过像点 A',这说明像点 A'的位置与入射点位置无关。

由上可知:

(1) 同心光束经平面镜反射后仍为同心光束,形成理想的像;

(2) 实物点经平面镜成虚像点(图 1-6),虚物点经平面镜成实像点(图 1-7);

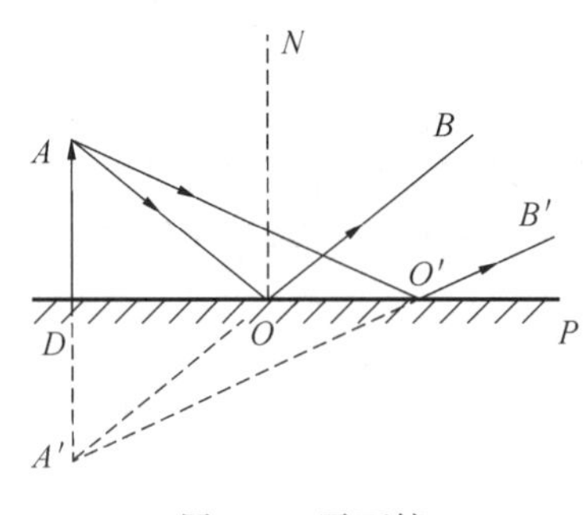

图 1-6　平面镜

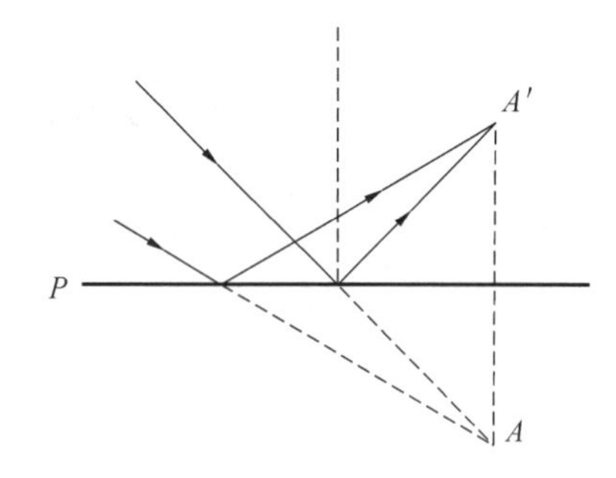

图 1-7　虚物点成实像

(3) 像与物大小相同,并且对称于镜面,物为右手坐标系,则像为左手坐标系,这样的像称为镜像(图 1-8)。

在观察仪器中,采用的反射面数目应为偶数,以便得到相似像。否则,当采用的反射面数目为奇数时,将得到镜像,给观察者带来很大不便,甚至造成误会,产生判断错误。

(二) 平面镜旋转时,反射光线方向的变化

如图 1-9 所示,AO 为入射光线,OB_1 和 OB_2 分别为平面镜绕垂直于入射面的轴转动前、后的反射光线,若平面镜转动 α 角,因为 $\angle AON_1 = I$,$\angle AON_2 = I + \alpha$,$\angle B_1ON_2 = I - \alpha$,$\angle B_2ON_2 = I + \alpha$,得:

$$\angle B_2OB_1 = \angle B_2ON_2 - \angle B_1ON_2 = 2\alpha \tag{1-9}$$

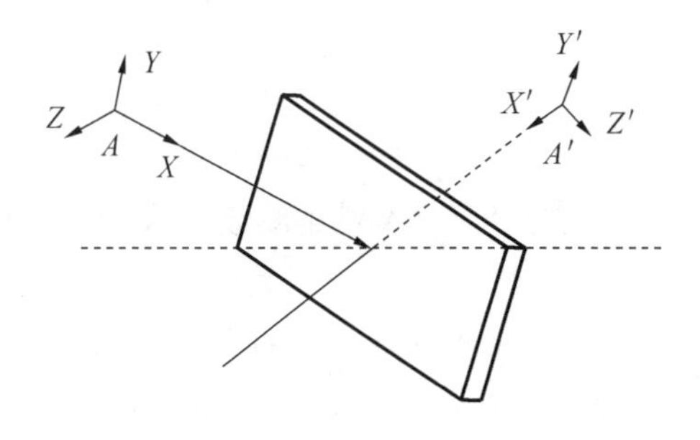

图 1-8　物像坐标系

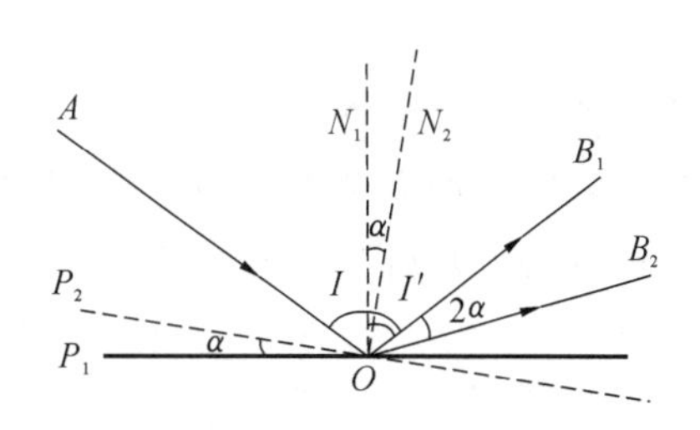

图 1-9　平面镜旋转

由此可知:当平面镜绕垂直于入射面的轴转动 α 角时,反射光线沿相同方向转过 2α 角。

在观察仪器中，任何依靠平面镜旋转改变瞄准方向的装置，实际瞄准角的改变量是平面镜转动角度的 2 倍。

二、两面镜

如图 1-10 所示，两面镜的夹角为 α，交棱位置为 D，入射光线 AB 经平面镜Ⅰ在 B 点反射后，再经平面镜Ⅱ在 C 点反射，反射光线沿 CA 方向射出，且与入射光线 AB 相交于 A 点，夹角为 ϕ。两面镜在入射点 B 和 C 处的法线的交点为 E。因 D、B、E、C 四点共圆，所以 $\angle EDB=I_2$，$\angle EDC=I_1$，$\angle\alpha=\angle EDB+\angle EDC=I_1+I_2$，

得

$$\angle\phi=\angle ABC+\angle ACB=2\angle\alpha \tag{1-10}$$

由此可知：两面镜（包括具有两个反射面的反射棱镜）的交棱在空间保持不动，无论两面镜绕交棱如何转动，反射光线的方向不变，与入射光线的夹角始终是两面镜夹角的 2 倍。

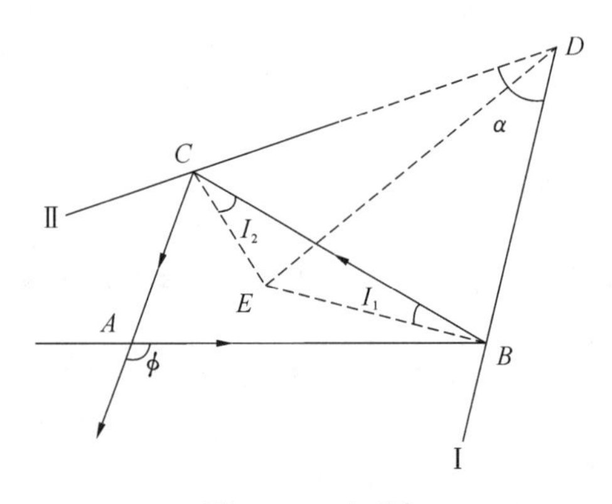

图 1-10　两面镜

第六节　光的全反射现象

一、产生全反射的条件

如图 1-11 所示，折射率为 n 和 n' 的两相邻介质的界面为 PP'，由 A 点发出的光线在界面处产生折射与反射。若 $n>n'$，即光线由光密介质向光疏介质入射，则 $I'>I$。

当入射角 I_1 增大到 I_2（在 O_2 处）时，折射角也随之增大；当入射角继续增大到 I_M（在 O_3 处）时，折射角增大到 90°，折射光线掠过界面；而当入射角再进一步增大（在 O_4 处）时，折射光线不复存在，入射光线按反射定律返回原介质。这种入射到介质上的光被全部反射回原介质的现象，称为光的全反射。折射角等于 90°时所对应的入射角 I_M 称为全反射临界角，由折射定律得

$$\sin I_M=\frac{n'}{n} \tag{1-11a}$$

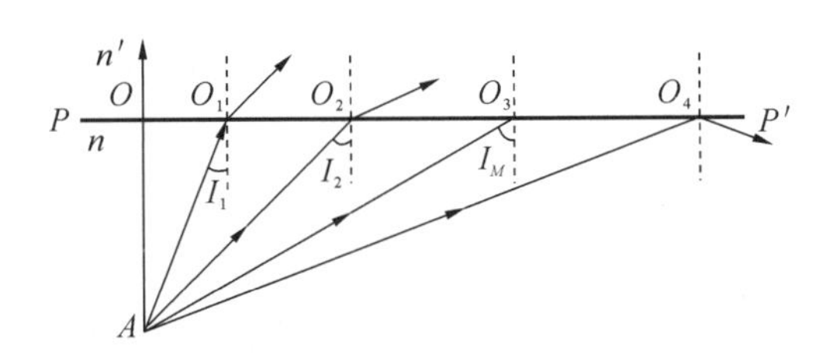

图 1-11　光的全反射现象

若 $n'=1$，得

$$\sin I_M = \frac{1}{n} \tag{1-11b}$$

n 和 I_M 的某些典型数值关系见表 1-2。

表 1-2　不同的折射率 n 相对应的全反射临界角 I_M

n	1.50	1.55	1.60	1.65	1.70	1.75
I_M	41.8°	40.2°	38.7°	37.3°	36.0°	34.8°

综上所述，产生全反射的条件是：

(1) 光线由光密介质射向光疏介质；

(2) 入射角大于等于全反射临界角。

利用全反射传递光能优于一切镜面反射，一般镜面反射总伴随反射面镀层对光能的吸收损失，而全反射使光能全部返回到原介质中。全反射现象在实际中有广泛的应用，例如全反射棱镜与光纤。

二、反射棱镜

如图 1-12 所示为等腰直角反射棱镜的主截面。当入射光线在反射面上的入射角等于全反射临界角时，该入射光线在空气中与入射面光轴的夹角，称为反射棱镜的视场角。凡是入射角小于反射棱镜视场角的入射光线，都能在反射面上产生全反射。若等腰直角反射棱镜的视场角为 I_1，由图可知：

$$\sin I_1 = n\sin(\beta - I_M) \tag{1-12}$$

例如，对于该反射棱镜 $\delta=45°$，当 $n=1.5163$ 时，$I_1=5°40'06''$；当 $n=1.5688$ 时，$I_1=8°28'16''$。

三、光学纤维

如图 1-13 所示，将低折射率 n_2 的玻璃，包在高折射率 n_1 的玻璃纤维芯(直径为 5～10μm)上，制成光学纤维。光在玻璃纤维芯的光滑内壁接连不断地全反射，可以从一端传播到另一端。

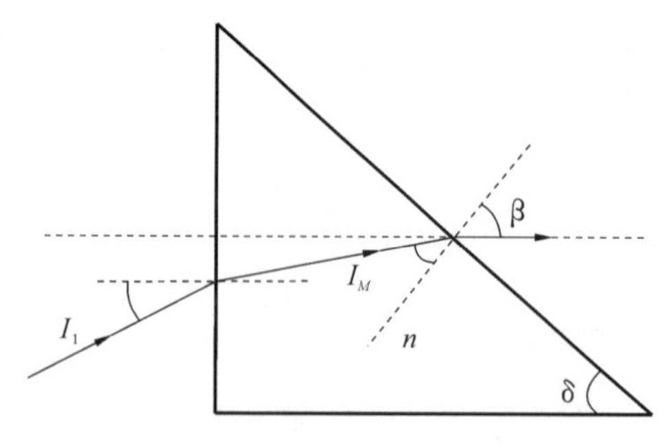

图 1-12　等腰直角反射棱镜

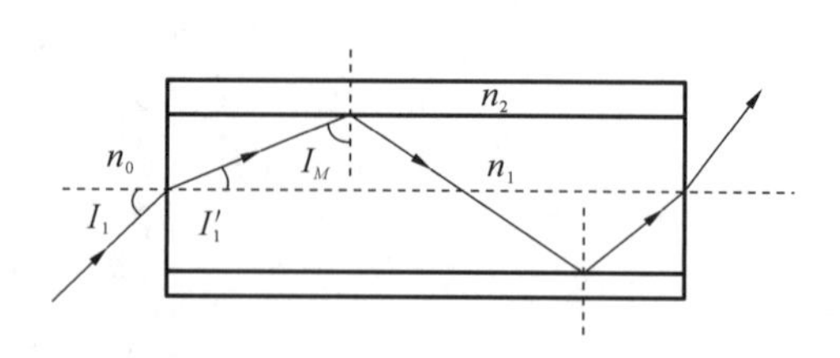

图 1-13　光纤的全反射

设光学纤维周围介质折率为 n_0，并且 $n_1>n_2>n_0$。考虑一条经入射端折射后、并在纤维芯内壁的入射角等于全反射临界角的入射光线 I_1，可得：

$$\sin I_M = \frac{n_2}{n_1} = \cos I_1' \tag{1-13}$$

$$n_0 \sin I_1 = n_1 \sin I_1' = \sqrt{n_1^2 - n_2^2} \tag{1-14}$$

$$I_1 = \arcsin\left(\frac{1}{n_0}\sqrt{n_1^2 - n_2^2}\right) \tag{1-15}$$

凡是入射角小于 I_1 的入射光线都将通过接连不断地全反射，从一端传播到另一端；入射角大于 I_1 的光线都将透过内壁进包皮，不能继续传递。由式(1-15)确定的 $n_0 \sin I_1$ 值，称为光学纤维的数值孔径 NA，I_1 称为孔径角。

数以万计的光学纤维构成光学纤维束，既可传光也可传像，目前已广泛用于微光夜视仪、航空摄影、电视和通信等领域。

第七节　费马原理和马吕斯定律

虽然几何光学和物理光学研究光学的方法和内容各不相同，但是对于一些困难的问题，如果以波面作为媒介将两者交织在一起，从而有时将光考虑作为直线，有时作为波动，更易于解决问题。这种方法在有的文献中称为波面光学。费马原理和马吕斯定律是波面光学中两个重要内容。

一、费马原理

光在介质中经过的几何路程 s 与该介质的折射率 n 的乘积 ns，称为光在该介质中的光程，用符号 L 表示。即

$$L = ns \tag{1-16}$$

由 $n=c/v$，$s=vt$，得

$$L = ns = c \cdot t \tag{1-17}$$

可知，光在该介质中的光程，在数值上等于光以真空中的速度在同一时间内所能走的几何路程长度。借助于光程概念，可将光在非真空介质中所走的路程折算为光在真空中的路

程长度。这样便于比较光在不同介质中所走路程的长短。

如图 1-14 所示，光从 A_1 点经过多次反射和折射后到达 A_k 点，A_1 和 A_k 点间的光程 L 是：

$$L = \sum_{i=1}^{i=k} n_i s_i \tag{1-18}$$

式中，n_i 代表第 i 个介质的折射率；s_i 代表在第 i 个介质中的几何路程长。若光所经过的介质的折射率是连续变化的，则

$$L = \int_{A_1}^{A_k} n\mathrm{d}s \tag{1-19}$$

费马原理告诉我们，光在空间某一点 A_1 经过多次反射和折射后到达 A_k 点，是沿着光程为极值的路线传播的。换言之，光所行经的实际路程与它无穷邻近的光线光程之差为二次或高次小量。由数学形式表达，有

$$\delta L = \delta \sum_{i=1}^{i=k} n_i s_i = 0 \tag{1-20}$$

如图 1-15 所示，若光线经过的介质的折射率是连续变化的，则有

$$\delta L = \delta \int_{A_1}^{A_k} n\mathrm{d}s = 0 \tag{1-21}$$

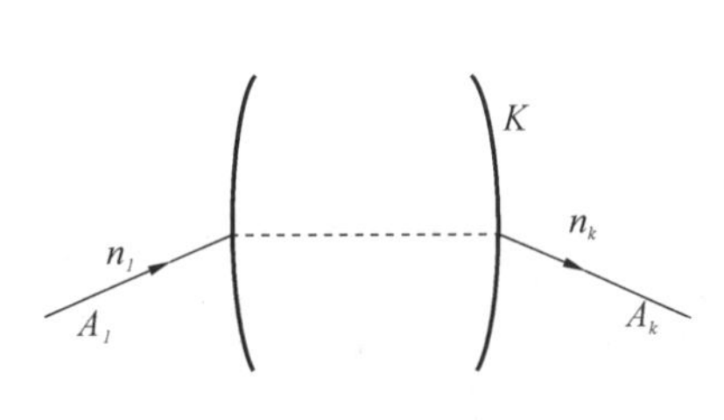

图 1-14　光的传播

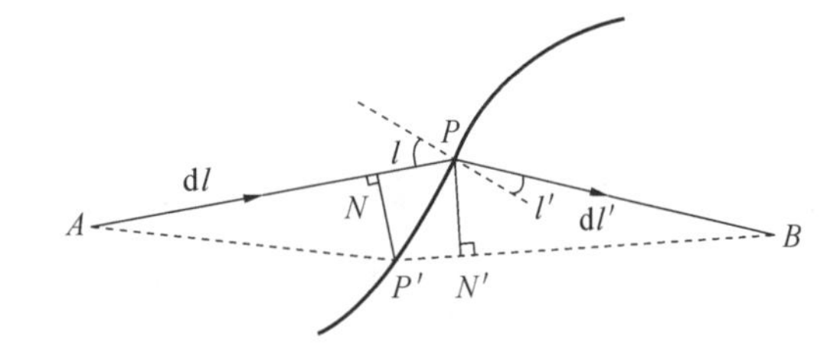

图 1-15　光的折射

费马原理与前面讨论的几何光学基本定律（直线传播和折反射定律）一样，都是关于光的传播规律，只是研究方法不同而已。可以从费马原理导出这三个定律，也可以从这三个定律导出费马原理，下面仅讨论前者。

光的直线传播定律：光在透明的、均匀的介质中是直线传播的。所谓均匀，是指各处和各方向上折射率 n 为常数。因此式(1-21)变为

$$\delta L = \delta n \int_{A_1}^{A_k} \mathrm{d}s = 0 \tag{1-22}$$

这说明 A_1 和 A_k 两点间的距离最短，即光在 A_1 和 A_k 之间是直线传播的。

由费马原理导出折射定律，如图 1-15 所示，PP' 为折射率分别是 n 和 n' 的两种介质的界面，从 A 点发出的光线在 P 点折射后到达 B 点。从 A 点经过 P 点到达 B 点的光程 L 为

$$L = [APB] = n\overline{AP} + n'\overline{PB} = nl + n'l' \tag{1-23}$$

式中，$\overline{AP}=l$，$\overline{PB}=l'$。

考虑与过 P 点的实际光线无穷邻近的过 P' 点的光线，由费马原理得

$$\delta L = [APB] - [AP'B] = 0$$

从 P 点和 P' 点分别向 AP 和 $P'B$ 作垂线，垂足分别是 N 点和 N' 点，得

$$[APB] - [AP'B] = n\overline{NP} - n'\overline{P'N} = n\mathrm{d}l - n'\mathrm{d}l' \tag{1-24}$$

式中，$\overline{NP}=\mathrm{d}l$，是 $\overline{PP'}$ 向折射前的实际光线上的投影；$\overline{P'N'}=\mathrm{d}l'$，是 $\overline{PP'}$ 向折射后的假设光线上的投影。

将式(1-24)的两边分别除以 $\overline{PP'}$，得

$$n\frac{\mathrm{d}l}{\overline{PP'}} - n'\frac{\mathrm{d}l'}{\overline{PP'}} = 0$$

由图 1-15 可知，$\angle PP'N=I$，$\angle NPP'=I'$，得

$$\frac{\mathrm{d}l}{\overline{PP'}} = \sin I, \quad \frac{\mathrm{d}l'}{\overline{PP'}} = \sin I'$$

所以
$$n\sin I = n'\sin I'$$

设 $n=-n'$，可求得反射定律。

二、马吕斯定律

波阵面是某一时刻相位相同的几何点所构成的曲面，如图 1-16 所示，垂直于波阵面的光束在经过任意次折反射后仍然垂直于波阵面，且折射前后的波阵面对应点的光程相等，而与传播方向无关。即

$$\sum_{i=1}^{i=k} n_i s_i = 常数 \tag{1-25}$$

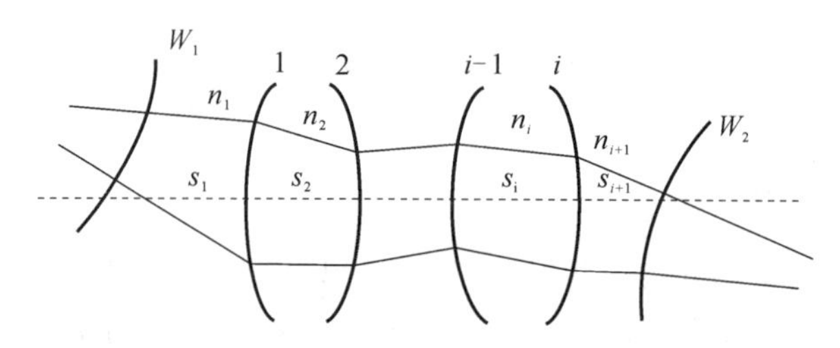

图 1-16　波阵面

从波动光学的角度来看，这是显而易见的，因为波阵面就是某一时刻相位相同的几何点所构成的曲面，当某一波阵面经过多次折反射后形成另一波阵面时，此二波阵面对应点之间经过的时间是相等的，即

$$\int \mathrm{d}t = \int \frac{\mathrm{d}s}{v} = \frac{1}{C}\int n\mathrm{d}s = t \tag{1-26}$$

马吕斯定律也是关于光传播现象的规律，可以由折射和反射定律导出马吕斯定律，也可以由马吕斯定律导出折射和反射定律，这里只讨论前者。

如图 1-17 所示，平面 P_1P_2 是折射率分别为 n 和 n' 两种介质的界面，入射光线 M_1P_1 以入射角 $I_1=\angle M_1P_1N_1$ 入射，折射光线 P_1L_1 以折射角 $I_2'=\angle L_1P_1N_1'$ 折射。另一条入射光线 M_2P_2 平行于 M_1P_1，其折射光线 P_2L_2 将平行于 P_1L_1。平面 M_1P_2 是垂直于入射光线

M_1P_1和M_2P_2的平面波(入射波面),而平面L_2P_1是垂直于折射光线P_1L_1和P_2L_2的平面波(折射波面)。

由图1-17可见,

$$\sin I_1=\frac{\overline{M_1P_1}}{\overline{P_1P_2}},\quad \sin I_2=\frac{\overline{L_2P_2}}{\overline{P_1P_2}} \tag{1-27}$$

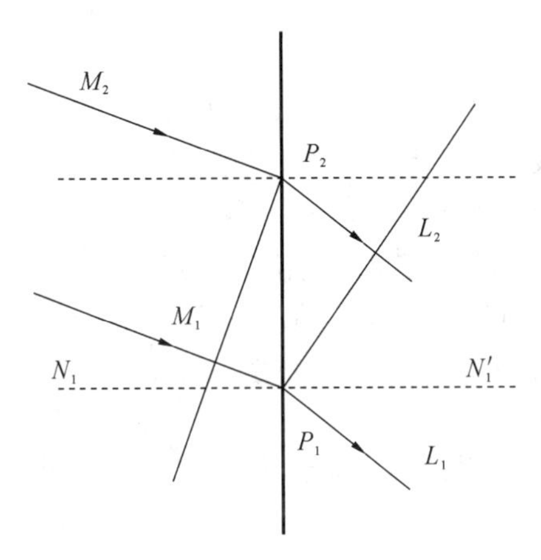

图1-17　光的折射

根据折射定律的公式,得$n\overline{M_1P_1}=n'\overline{L_2P_2}$。式中,$n\overline{M_1P_1}$和$n'\overline{L_2P_2}$是平面波$M_1P_2$和$L_2P_1$之间的光程,由此导出马吕斯定律。

第二章　共轴球面系统的物像关系

共轴球面系统是指由一个或多个折射球面或反射球面组成的光学系统，系统中所有表面的曲率中心都在一条直线上，即所有表面对此直线都是旋转对称的。这一直线是此系统的公共轴，或称为光轴，共轴球面系统也由此得名。

第一章讨论了几何光学的基本定律，并用这些定律研究了平面镜、平行平面玻璃板等的成像问题。本章将利用这些定律来研究共轴球面系统成像时，物像位置和大小与光学系统基本性能之间的关系，以及这些基本性能与光学系统结构参数之间的关系。

第一节　坐标定义和符号选择

为了确定一个物点的像点，只要根据基本定律找出由该点发出的两条光线通过光学系统以后的出射光线交点即可。由于前一个面的折射光线就是后一个面的入射光线，因此根据已知的入射光线的位置，导出确定通过一个折射面之后折射光线位置的普遍公式，利用这个公式对各面逐次计算，最后就可以确定通过整个系统之后的出射光线位置。

一、坐标选择

公式的形式将随所选择的表示光线位置的坐标的不同而不同。对于球面光学元件，定义球面顶点与球心的连线为光轴，入射光线入射到单个球面折射面上，发生折射现象。球面顶点 O 到入射光线和光轴的交点 B' 之间的距离 L' 表示入射光线的轴向距离，使用光轴和入射光线之间的夹角 U 来表示入射光线孔径角；而折射光线的位置由 L' 和 U' 来表示，球面顶点 O 到出射光线和光轴的交点 B' 之间的距离 L' 表示出射光线的轴向距离，使用光轴和出射光线之间的夹角 U' 来表示入射光线孔径角。如图 2-1 所示。

二、符号规定

为了使导出的公式具有普遍意义，对图中符号作如下规定。

(1) 线自左向右传播为正，称为正向光路；

(2) 线段符号：垂轴线段以光轴为基准，在光轴之上时为正，在光轴之下时为负；轴向线段以球面顶点为原点，向右时为正，向左时为负。

具体说明如下：

① 曲率半径是从球面顶点到曲率中心的距离，曲率中心在球面顶点右边时 r 为正，反之为负；

② 表面之间间隔 d_k 是从第 k 面顶点到第 $k+1$ 面顶点的距离，当 $k+1$ 面顶点在 k 面顶

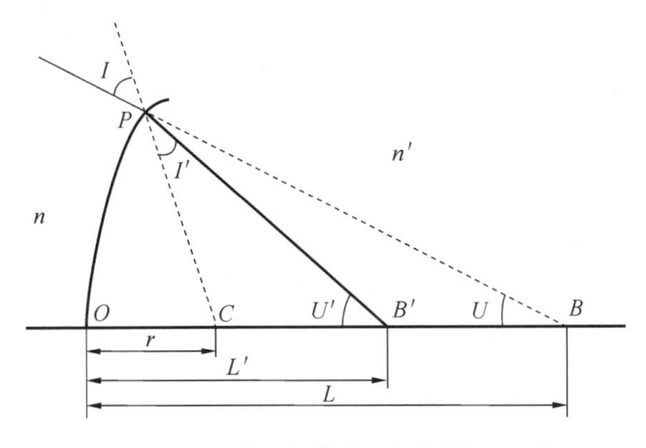

图 2-1　单个折射球面的折射(一)

点右边时 d_k 为正,反之为负;

③ 物距 L 是从球面顶点到光线与光轴交点的距离,当交点在球面顶点右边时 L 为正,反之为负。

(3) 角度符号:角度一律用锐角表示,规定顺时针为正。具体说明下:

① 光线与光轴的夹角 U 和 U',由旋转光轴到光线的方向来定,顺时针为正;

② 入射角 I,折射角 I',由旋转光线到法线的方向来定,顺时针为正。

(4) 折射率符号:光线在介质中由左向右传播时,该介质的折射率为正,反之为负。

图 2-1 中的各量均为正值。为了使导出的公式具有普适性,在推导公式时,几何图形上的各量一律标注其绝对值,使其各量永远为正值,如图 2-2 所示。

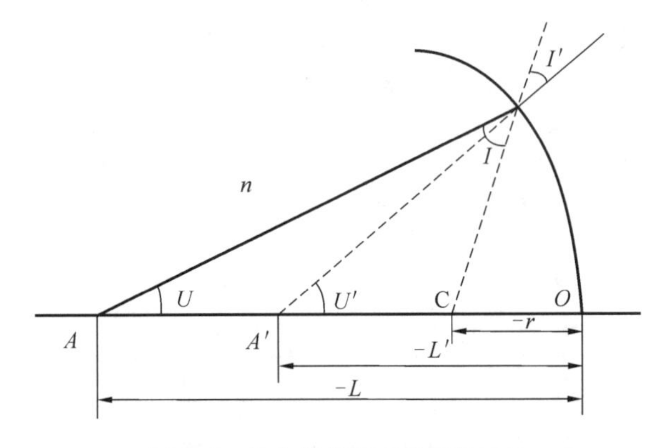

图 2-2　单个折射球面的折射(二)

第二节　光线经球面的折射和计算公式

根据已知的球面半径 r,球面前、后介质折射率 n 和 n',入射光线的坐标 L 和 U,推导出确定折射光线坐标 L'、U' 的公式。

如图 2-1 所示，在$\triangle PBC$中，根据正弦定理，得

$$\sin I = \frac{L-r}{r}\sin U \tag{2-1}$$

由折射定律公式，得

$$\sin I' = \frac{n}{n'}\sin I \tag{2-2}$$

因为$\angle PCB$是$\angle PBC$和$\angle PB'C$的外角，得

$$U' = I + U - I' \tag{2-3}$$

在$\triangle PB'C$中，由正弦定理，得

$$L' = r + r\frac{\sin I'}{\sin U'} \tag{2-4}$$

式(2-1)～式(2-4)就是三角计算的基本公式组，利用它们就可以求解出折射光线的坐标，这样就完成对一个折射面由入射光线坐标求解出射光线坐标的工作。

由基本公式组可知，当L一定时，L'是U的函数，即对于不同的U值，将得到不同的L'值。因此，球面以宽大光束成像时，一般不能成理想的像。

光学系统通常由多个折射面组成，因此必须考虑将上一个面计算求出的折射光线坐标转换成对下一个面计算时的入射光线坐标，以便对整个系统进行光路计算。

相邻两个面之间的空间对前一个面是像空间，对后一面是物空间。因此，前面的出射光线对后一面来说就是入射光线，前一个面形成的像点对后一个面而言是物点，则由图 2-3 可直接求得

$$\begin{cases} L_{k+1} = L_k - d_k \\ U_{k+1} = U_k' \\ n_{k+1} = n_k' \end{cases} \tag{2-5}$$

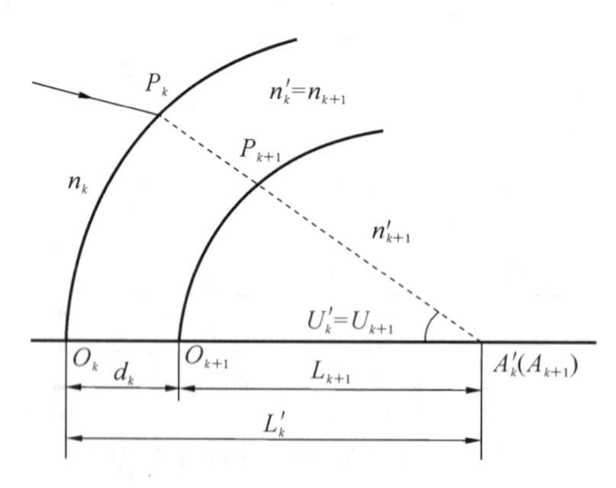

图 2-3　不同折射面之间的过渡关系

式(2-5)是多个折射面之间光线计算所需要的过渡公式。

第三节　近轴光线的计算公式

近轴区是指围绕光轴的一个小的范围，它是如此狭小，以致光线所造成的所有角度 U、U'、I 和 I' 的正弦值和正切值可以由角度的弧度值代替。

导出近轴光线的计算公式最简便的方法就是将第一节三角计算公式（式(2-1)～式(2-4)）中的正弦值替换成角度的弧度值，并以相应的小写字母来代换大写字母，得到基本公式：

$$i = \frac{l-r}{r} u \tag{2-6}$$

$$i' = \frac{n}{n'} i \tag{2-7}$$

$$u' = i + u - i' \tag{2-8}$$

$$l' = r + r \frac{i'}{u'} \tag{2-9}$$

和过渡公式

$$\begin{cases} l_{k+1} = l_i{}' - d \\ u_{k+1} = u_k' \\ n_{k+1} = n_k' \end{cases} \tag{2-10}$$

由近轴公式的简单代换，得

$$l' = \frac{ln'r}{(n'-n)l + nr} \tag{2-11}$$

由式(2-11)可知，成像位置 l' 与 u 无关，因此球面近轴区成像是理想的。

第四节　理想光学系统的主平面、主点、焦点、焦平面和焦距

对已知的光学系统，利用近轴计算公式或物像关系式，就可以确定理想像的位置和大小，但是逐面计算，计算过程较长。下面介绍理想光学系统中客观存在的基点和基面，以便将共轴系统作为一个整体，简便地确定物像关系。

一、主平面、主点

如图 2-4 所示，在物空间自左向右引一条平行于光轴的光线 P_1B_1，这条光线与其经过系统折射之后的出射光线或其延长线相交于 M' 点，过 M' 点作一垂轴平面，则这个平面称为后主平面（或像方主平面）。同样地，可以作出前主平面（或物方主平面）。

主平面与光轴的交点，称为主点。前、后主平面与光轴的交点，分别称为前主点（或物方主点）和后主点（或像方主点），分别以字母 H 和 H' 表示。

主平面的物理性质：由图 2-4 可知，根据光路可逆性，如果将 P_2B_2 变为正向光路，即可看出 M 和 M' 是一对共轭点，MH 和 $M'H'$ 是一对共轭线段，并且 MH 和 $M'H'$ 方向相同，大小相等，即垂轴放大率 $\beta=+1$。因此主平面是垂轴放大率等于 1 的一对共轭垂轴平面。

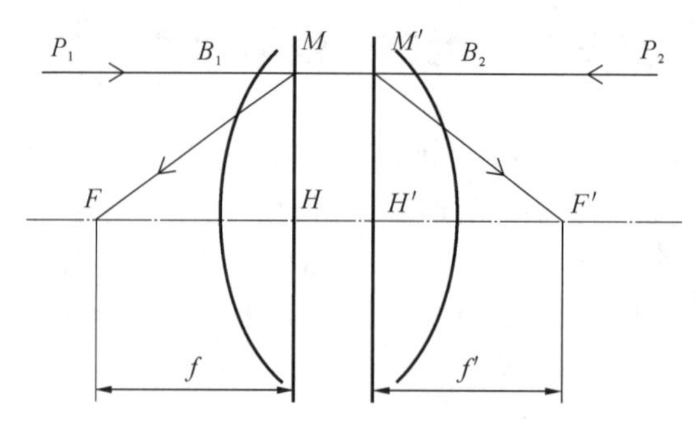

图 2-4　物方主平面与像方主平面

这个性质很重要，在用作图法确定像点时常常用到，即 M 和 M' 的连线始终平行于光轴。

二、焦点、焦平面

如图 2-4 所示，物空间自左向右传播的平行于光轴的光线 P_1B_1，经系统折射后，其折射光线与光轴的交点称为后焦点（或像方焦点），以字母 F' 表示。因此，与物空间无限远轴上物点共轭的像空间点就是后焦点（或像方焦点）。同样地，像空间自右向左传播的平行于光轴的光线 P_2B_2，经系统折射后与光轴相交的点称为前焦点，以字母 F 表示。因此，与像空间无限远轴上点共轭的物空间点就是前焦点（或物方焦点）。

通过焦点的垂轴平面称为焦平面。通过前、后焦点的垂轴平面分别称为前焦平面（或物方焦平面）和后焦平面（或像方焦平面）。

焦点、焦平面的物理性质：

（1）如图 2-5 所示，平行于光轴的光线经系统折射后，出射光线通过后焦点 F'；通过前焦点的任意光线，经系统折射后，出射光线平行于光轴。

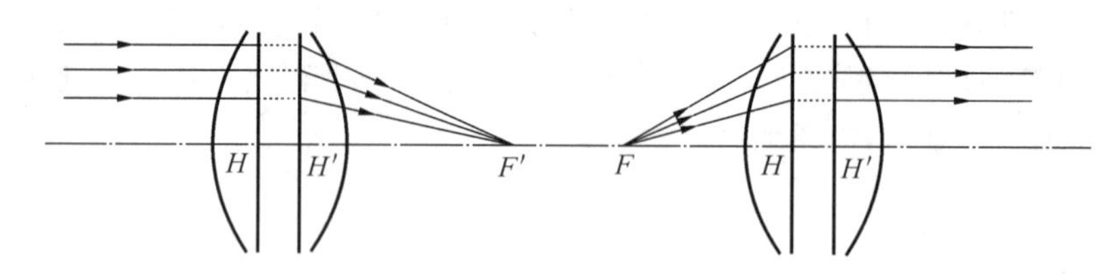

图 2-5　物方焦点与像方焦点

（2）如图 2-6 所示，一束斜平行光束，经系统折射后，通过后焦平面上的同一点；通过前焦平面同一点的光束，经系统折射后成为一束斜平行光束。

上述性质，在用作图法求像点位置时常用到。

三、焦距

主点与其相对应的焦点之间的距离，称为焦距。从前主点 H 到前焦点 F 之间的距离，

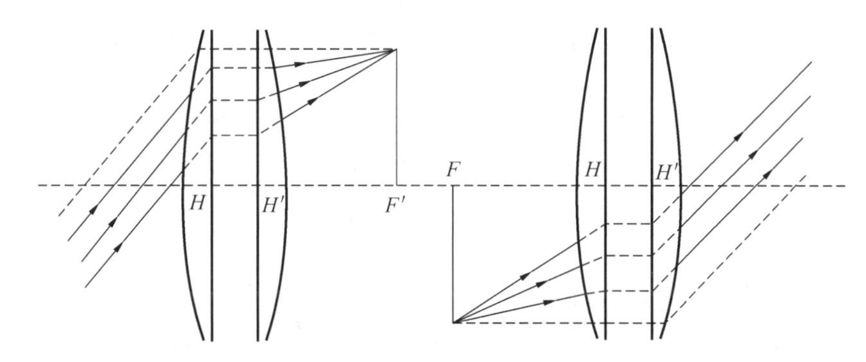

图 2-6　无限远轴外光束

称为前焦距(物方焦距),用字母 f 表示;从后主点 H' 到后焦点 F' 之间的距离,称为后焦距(像方焦距),用字母 f' 表示,如图 2-4 所示。

焦距的正负号规定如下:

(1) f':以 H' 为起点,计算到 F',自左向右时为正。

(2) f:以 H 为起点,计算到 F,自左向右时为正。

第五节　理想光学系统的物像关系式

一、理想光学系统的物像关系式——作图法

对于光学系统,当系统的主点、焦点位置确定后,它的成像性质也就确定了,对于给定的物,可以通过几何作图法确定像的位置和大小。这种求像的方法称为作图法。

对理想光学系统,同心光束经系统折射后仍然是同心光束,因此,为了确定像点位置,只需求出由物点发出的两条光线在像空间对应共轭光线的交点即可。

作图法一般取这样两条特殊光线:

(1) 通过物点与前焦点的入射光线,经系统折射后的出射光线平行于光轴;

(2) 通过物点平行于光轴的入射光线,经系统折射后的出射光线通过后焦点。

【例 2-1】 已知系统的主点(H,H'),焦点(F,F')的位置,对于给定位置和大小的垂轴物体,试求出它的像的位置和大小。

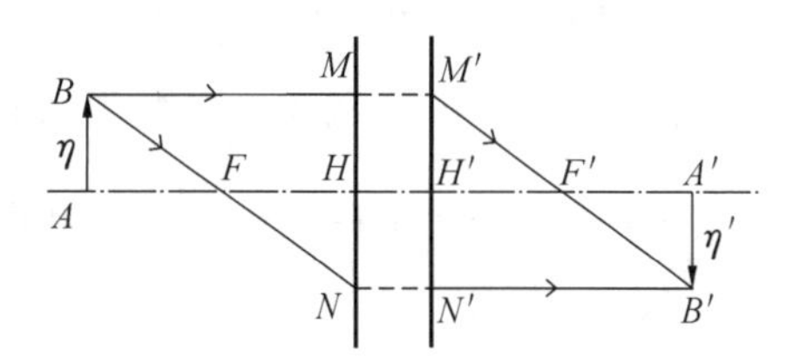

图 2-7　作图法求光线

【作图】 如图 2-7 所示,从 B 点向右引一条平行于光轴的光线,交前主平面于 M 点,根据主平面性质,M 点的像点是 BM 的延长线与后主平面的交点 M',再根据焦点性质,折射后的出射光线一定通过 F' 点。另外,从 B 点引一条过前焦点 F 的光线,交前主面于 N 点,根据主平面性质和焦点的性质,BN 的折射光线一定平行于光轴。$M'F'$ 和 NN' 两条出射光线的交点 B' 就是 B 点的像点,过 B' 点的

垂轴线段 $A'B'$ 就是 AB 的像。η 为物高，η' 为像高。

有时为了作图方便，需要知道任意光线折射后的方向，此时可以根据焦平面性质用以下两种方法解决。

(1) 如图 2-8 所示，可以认为该光线是由无限远轴外物点发出的平行光束中的一条。因此，只要找到包括该光线在内的斜平行光束经系统折射后在像方焦平面上的交点，就可以确定该光线折射后的方向。为此，可以作一条通过物方焦点 F 并平行于该光线的辅助光线。

(2) 如图 2-9 所示，可以认为该光线是由物方焦平面上同一点发出的光束中的一条。因此，只要找到此光束经系统折射后所得到的斜平行光束的方向，就可以确定该光线折射后的方向。为此，可以从该光线与物方焦平面交点处作平行于光轴的辅助光线。

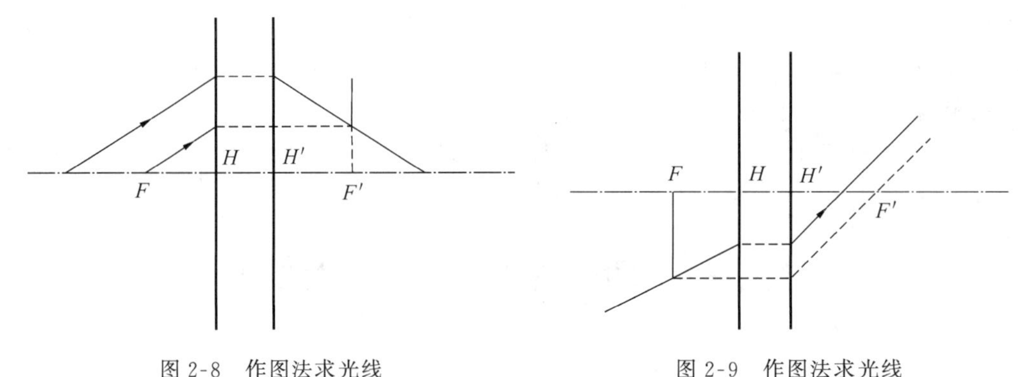

图 2-8　作图法求光线　　　　图 2-9　作图法求光线

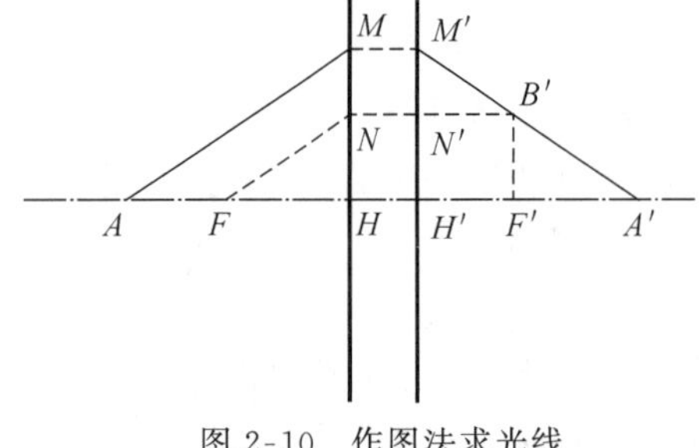

图 2-10　作图法求光线

【例 2-2】 已知主点(H,H')，焦点(F,F')及轴上物点 A 的位置，试求像点 A' 的位置。

【作图】 如图 2-10 所示，首先过 F 点引任意一条光线交前主面于 N 点，根据主平面和焦点性质，其折射光线是过 N 点平行于光轴的光线，并设此折射光线交后焦平面于 B' 点，其次由 A 引一条平行于 FN 的光线，交前主面于 M 点，根据主面性质 $M'H'=MH$，光线水平延长至 M' 点，根据焦平面性质，连接 M' 和 B'，并延长交光轴于 A' 点，则 A' 点就是所求物点 A 点的像点。

二、理想光学系统的物像关系——解析法

利用作图法求像，简单、直观，但较粗略；当要求精确求像时，就必须采用解析法。

(一) 牛顿公式——以焦点为参考点

如图 2-11 所示，用上述作图法作出垂轴物体 AB 的像 $A'B'$，物点坐标 x 和像点坐标 x' 的正负号规定如下：x，以 F 为参考点，计算到物点，从左向右为正；x'，以 F' 为参考点，计算到像点，从左向右为正。

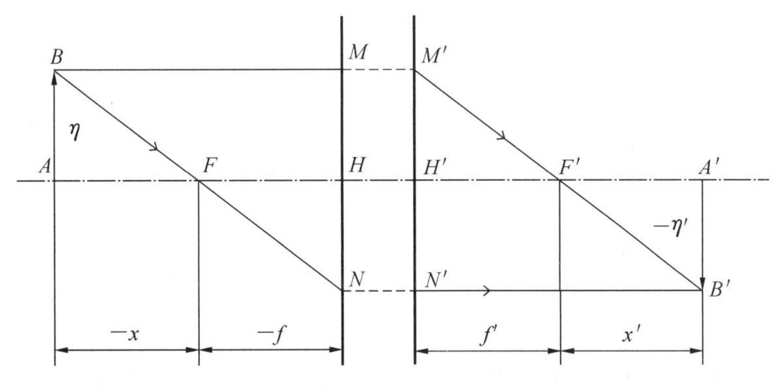

图 2-11　牛顿公式

由图 2-11 可见，$\triangle ABF \backsim \triangle FNH$，$\triangle A'B'F' \backsim \triangle M'H'F'$，得

$$\frac{-\eta'}{\eta} = \frac{-f}{-x}, \quad \frac{-\eta'}{\eta} = \frac{x'}{f'}$$

由此得到牛顿公式：

$$xx' = ff' \tag{2-12}$$

【定义】 像高与其共轭的物高之比，称为垂轴放大率，用字母 β 表示。即

$$\beta = \frac{\eta'}{\eta} \tag{2-13}$$

对应的垂轴放大率计算公式：

$$\beta = \frac{\eta'}{\eta} = -\frac{f}{x} = -\frac{x'}{f'} \tag{2-14}$$

因此，只要知道系统焦距(f，f')和物体坐标(x，η)，由式(2-12)和式(2-14)就可以计算出像的位置和大小。

（二）高斯公式——以主点为参考点

如图 2-12 所示，物点坐标 l 和像点坐标 l' 的正负号规定如下：l，以 H 为参考点，计算到物点，从左向右为正；l'，以 H' 为参考点，计算到像点，从左向右为正。

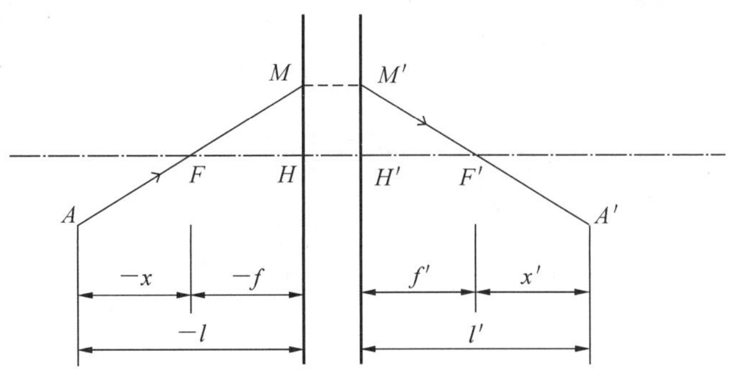

图 2-12　高斯公式

由图 2-12 可见，$x'=l'-f'$，$x=l-f$，代入式(2-12)中，整理之后得

$$\frac{f'}{l'}+\frac{f}{l}=1 \tag{2-15}$$

又因

$$\beta=\frac{\eta'}{\eta}=-\frac{x'}{f'}=-\frac{l'-f'}{f'}=-\frac{f}{1-f}=-\frac{f}{f'}\cdot\frac{l'}{l} \tag{2-16}$$

得

$$\begin{cases} l'=(1-\beta)f' \\ l=\dfrac{1-\beta}{\beta}f' \end{cases} \tag{2-17}$$

当系统位于同一个介质，例如空气中时，$f'=-f$，则式(2-15)和式(2-16)变为

$$\frac{1}{l'}-\frac{1}{l}=\frac{1}{f'} \tag{2-18}$$

对应的垂轴放大率计算公式：

$$\beta=\frac{\eta'}{\eta}=\frac{l'}{l} \tag{2-19}$$

式(2-15)和式(2-18)就是高斯公式。只要知道系统焦距(f,f')和物体坐标(l,η)，利用式(2-15)和式(2-16)，或式(2-18)和式(2-19)就可以计算出像的位置和大小。

【例 2-3】 已知透镜焦距 $f'=-f=10\text{mm}$，物高 5mm，位于前焦点左边 40mm 处，试求像的位置与大小。

【解析】 (1) 用牛顿公式求解：

因 $f'=-f=10\text{mm}$，$x=-40\text{mm}$，代入牛顿公式

$$x'=\frac{ff'}{x}=\frac{-10\times10}{-40}=2.5\text{mm}$$

像位于后焦点右边 2.5mm 处。

由

$$\beta=\frac{f}{x}=\frac{-10}{-40}=-0.25$$

得

$$\eta'=\beta\eta=-0.25\times5=-1.25\text{mm}$$

因此，成倒立的、缩小的实像，像高为 1.25mm。

(2) 用高斯公式求解：

因

$$I=x+f=-40-10=-50\text{mm}$$

代入高斯公式

$$\frac{1}{l'}-\frac{1}{-50}=\frac{1}{10}$$

得

$$l'=12.5\text{mm}$$

像位于后主点右边 12.5mm 处，即在后焦点右边 2.5mm 处，与牛顿公式计算结果

相同。

而由

$$\beta=\frac{l'}{l}=\frac{12.5}{-50}=-0.25$$

得

$$\eta'=\beta\eta=-0.25\times 5=-1.25\text{mm}$$

因此，成倒立的、缩小的实像，像高为 1.25mm。与牛顿公式计算结果相同。

第六节　拉格朗日定理和拉氏不变量

如图 2-13 所示，追迹两条近轴光线，一条是轴上光线，从物体的轴上点开始追迹，另一条是轴外斜光线，从物体的轴外点开始追迹。

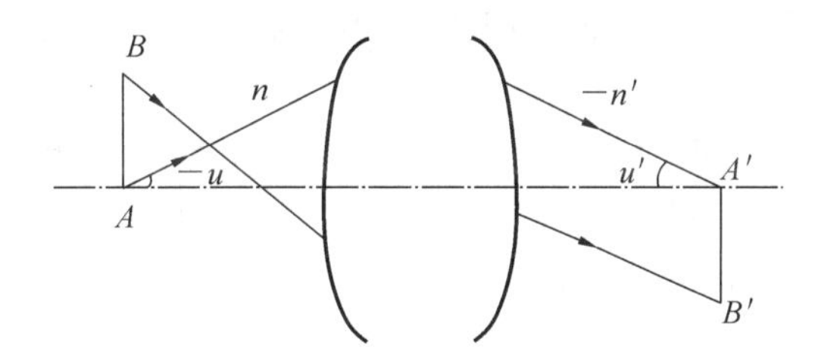

图 2-13　轴上、轴外光路图

在表示轴上光线各量符号的右下角记以 p，用来表示轴外斜光线相应的各量，则对系统的任意一面有：

(1) 对轴上光线 $n'u'=nu+\frac{n'-n}{\gamma}h$；

(2) 对轴外斜光线 $n'u_p'=nu_p+\frac{n'-n}{\gamma}h_p$。

由此得

$$\frac{n'-n}{\gamma}=\frac{n'u'-nu}{h}=\frac{n'u_p'-nu_p}{h_p}$$

$$nuh_p-nu_ph=n'u'h_p-n'u_p'h$$

应该注意的是，公式左边的角度和折射率是折射前的量，而公式右边的角度和折射率则是折射后相应的量。因此 nuh_p-nu_ph 在通过任意折射面时，或是通过整个系统时，是一个不变量，称为拉格朗日不变量，简称拉氏不变量，以字母 j 表示，即

$$j=nuh_p-nu_ph=n'u'h_p-n'u_p'h \tag{2-20}$$

下面讨论图 2-13 中物平面和像平面处的拉氏不变量，作为式(2-20)的一个应用在物平面处，因为 $h_p=\eta, n=n, h=0$，得 $j=nu\eta-nu_p\cdot o=nu\eta$。

在像平面处，因为 $h_p=\eta', n'=n', h=0$，得 $j=n'u'\eta'-n'u_p'\cdot o=n'u'\eta'$。由此得

$$j=nu\eta=n'u'\eta' \tag{2-21}$$

应用此式，垂轴放大率可表示为

$$\beta = \frac{\eta'}{\eta} = \frac{nu}{n'u'} \tag{2-22}$$

下面再讨论当物体位于无限远处时的拉氏不变量，此时因 $u=0$，对第一面得

$$j = n_1 \cdot 0 \cdot h_{p_1} - n_1 u_{p_1} h_1 - n_1 u_{p_1} h_1$$

对于像平面，因 $h_{p_k}=\eta_k'$，$h_k=0$，得

$$j = n_k' u_k' \eta_k' = -n_k' u_{p_k}' \cdot 0 = n_k' u_k' \eta_k'$$

由此得

$$j = n_k' u_k' \eta_k' = -n_1 u_1 h_1$$

$$\eta_k' = -\frac{n_1 h_1}{n_k' u_k'} u_{p_1}$$

当物体和像位于同一介质，例如空气中时，

$$\eta_k' = -\frac{h_1}{u_k'} u_{p_1} = -u_{p_1} f' \tag{2-23}$$

拉格朗日定理给出了物空间和像空间在近轴区的各共轭量间的关系，应用拉格朗日定理讨论某些问题是很简便的。

【例 2-4】 如图 2-14 所示，在像面上贴一折射率为 n' 的半球后，试说明像高如何变化。

【解析】 因为半球的第一面与轴上像点同心，因此，无限远轴上物点成像光束通过第一面时，并不发生偏折而直指轴上像点，即 $u=u'$，u 和 u' 分别表示进入半球前、后的像方孔径角。

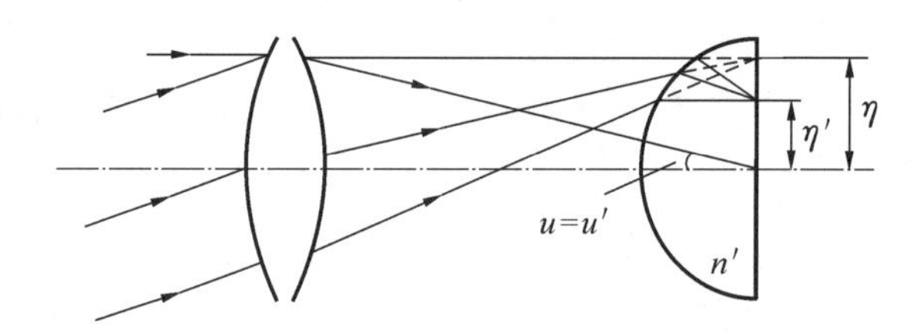

图 2-14　光路图

设进入半球前、后的像高分别为 η 和 η'，则得

$$j = nu\eta = n'u'\eta'$$

$$\eta' = \frac{nu}{n'u'}\eta = \frac{\eta}{n'}$$

式中，$n=1$，因为加入半球前的像方折射率是 1。

由图 2-12 可知，

$$(x+f)\tan U = (x'+f')\tan U'$$

又因

$$x' = \frac{-\eta'}{\eta} f', \quad x = \frac{\eta}{-\eta'} f$$

代入上式，整理之后，得

$$\eta f \tan U = -\eta' f' \tan U' \tag{2-24}$$

对近轴区则有

$$\eta f u = -\eta' f' u'$$

将此式与式(2-21)相比较，得

$$\frac{f'}{f} = -\frac{n'}{n} \tag{2-25}$$

这说明一个系统的焦距之比，等于其相应的折射率之比，但符号相反。

当系统位于同一介质中，例如空气中时，

$$f' = -f$$

这说明位于同一介质中的系统，前后焦距数值相等，符号相反。

将式(2-25)代入式(2-24)中，得

$$n\eta \tan U = n'\eta' \tan U' \tag{2-26}$$

这就是理想光学系统的拉格朗日-赫姆霍兹不变式，它表达了以宽大同心光束形成点像时，共轴球面系统应满足的要求。

第七节　放大倍率及其相互间关系式

光学系统的放大率是表征其光学特性的重要参数之一。

一、垂轴放大率

在第三节中已介绍像高与其共轭的物高之比，称为垂轴放大率，用字母 β 表示，即

$$\beta = \frac{\eta'}{\eta}$$

由式(2-14)和式(2-16)得

$$\beta = \frac{\eta'}{\eta} = -\frac{f}{x} = -\frac{x'}{f'} = -\frac{f}{f'} \cdot \frac{l'}{l} \tag{2-27}$$

摄影和投影系统通常采用垂轴放大率表征物像空间的放大关系。

二、角放大率

【定义】　通过轴上一对共轭点的一对共轭光线与光轴的夹角 U' 和 U 的正切之比，称为角放大率，以字母 γ 表示，即

$$\gamma = \frac{\tan U'}{\tan U} \tag{2-28}$$

由式(2-26)得

$$\gamma = \frac{\tan U'}{\tan U} = \frac{n\eta}{n'\eta'} = \frac{n}{n'} \cdot \frac{1}{\beta} = -\frac{f}{f'} \cdot \frac{1}{\beta}$$

又由式(2-27)得

$$\gamma = \frac{x}{f'} = \frac{f}{x'} = \frac{l}{l'} \tag{2-29}$$

望远镜和显微镜等目视仪器通常采用角放大率来表征物像空间的放大关系。

三、纵向放大率

【定义】 轴上一对无限小的共轭线段之比，称为纵向放大率，用字母 α 表示，即

$$\alpha=\frac{\mathrm{d}x'}{\mathrm{d}x} \tag{2-30}$$

对牛顿公式进行全微分，得

$$x\mathrm{d}x+x'\mathrm{d}x=0$$

$$\alpha=\frac{\mathrm{d}x'}{\mathrm{d}x}=-\frac{x'}{x}=\beta^2\frac{n'}{n}=-\frac{f}{f'}\cdot\frac{l'^2}{l^2} \tag{2-31}$$

在研究景深和轴向像差传递时会用到纵向放大率。

三种放大率之间的关系是：

$$\begin{cases}\alpha=\beta^2\dfrac{n'}{n}\\ \beta\gamma=\dfrac{n}{n'}\\ \gamma\alpha=\beta\end{cases} \tag{2-32}$$

当系统位于同一介质，例如空气中时，

$$\begin{cases}\alpha=\beta^2\\ \beta\gamma=1\\ \gamma\alpha=\beta\end{cases} \tag{2-33}$$

第八节　光学系统的节点、节平面

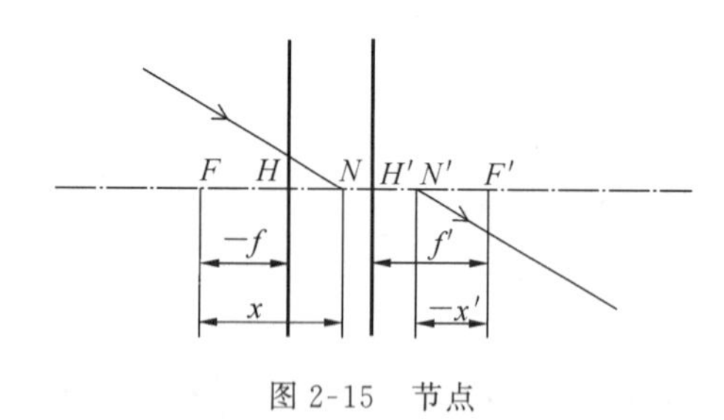

图 2-15　节点

对于一个光学系统，由式(2-29)可知，不同的共轭面，角放大率也不相同。角放大率等于 1 的一对共轭面，称为节平面，在物空间的称为前节平面(或物方节平面)，在像空间的称为后节平面(或者像方节平面)。

光轴与节平面的交点被称为节点。前节平面与光轴的交点称为前节点(或物方节点)，后节平面与光轴的交点称为后节点(或像方节点)，各以字母 N 和 N' 表示，如图 2-15 所示。

根据节点的定义可知，凡是通过物方节点的光线，其共轭光线必然通过像方节点，并且与入射光线平行，这是节点的物理性质，如图 2-15 所示。既然节点是一对共轭点，设前焦点到前节点的距离为 x，后焦点到后节点的距离为 x'，则由式(2-25)得：

(1)当 $n'>n$ 时，$|f'|>|f|$，说明节点 N、N' 分别在主点 H、H' 的右边；

(2)当 $n'=n$ 时，$|f'|=|f|$，说明节点 N 和 N' 分别与主点 H 和 H' 相重合。

节点的性质可用于作图求像。如图 2-16 所示，已知位于空气中的光学系统的主点(H，H')，焦点(F，F')，对给定的物体 AB，确定像的位置和大小。空气中的光学系统的节点与主点重合，因此可以首先由 B 点引一条过前节点 N(即 H)的入射光线，根据节点性质，其共轭光线

必然通过后节点 N'(即 H')，且与 BN 平行，它与其次所作的另一条特殊光线 BM 的共轭光线相交于 B'点，则 B'就是 B 点的像点。由 B'点向光轴作垂线 $B'A'$，它就是 BA 的像。

节点的性质也可以用来确定主点的位置。如图 2-17 所示，设一束平行光射向系统，并使系统绕通过后节点 N'的垂直于光轴的轴摆动。由于入射光方向始终不变，且彼此平行，根据节点性质，通过 N 点的出射光线一定平行于入射光线，又由于转轴通过 N'点，所以出射光线 $N'P'$的方向和位置都不会因系统的摆动而发生变化。然而当转轴不通过 N'点时，N'点和 $N'P'$的位置均发生摆动，因此像点位置也必然发生改变。由此，一边改变转轴位置，与此同时摆动光学系统，一边观察像点，当像不再动时，转轴的位置就是后节点的位置。

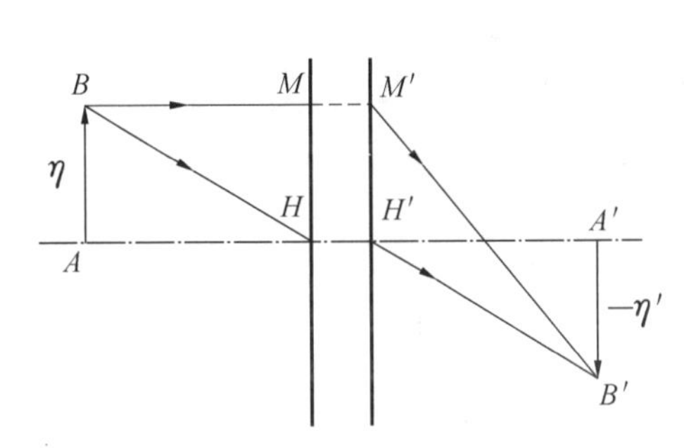

图 2-16　根据节点作图求像点位置

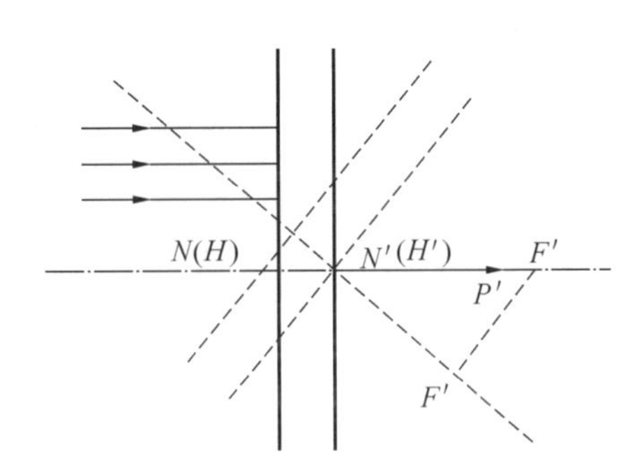

图 2-17　根据节点求解主点位置

第九节　光学系统的组合计算和光焦度定义

一、光焦度

【定义】　一个系统的像空间介质折射率 n'与像方焦距 f'之比(或 $-\frac{n}{f}$)，称为光焦度，以字母 φ 表示，即

$$\varphi = \frac{n'}{f'} = -\frac{n}{f} \tag{2-34}$$

当系统在空气中时，

$$\varphi = \frac{1}{f'} = -\frac{1}{f} \tag{2-35}$$

光焦度的单位称为屈光度。即当系统在空气中，$f'=1\text{m}$ 时，$\varphi=1$ 屈光度。

式(2-35)两边乘高度 h，得

$$n'\tan U' - n\tan U = h\varphi \tag{2-36a}$$

对近轴区则有

$$n'u' - nu = h\varphi \tag{2-36b}$$

当系统在空气中时

$$\tan U' - \tan U = h\varphi \tag{2-37a}$$

$$u' - u = h\varphi \tag{2-37b}$$

由此可见，光焦度标志着一个系统的折光能力。光焦度越大，系统对光线的偏折能力越大。

二、两个系统的组合

当两个系统的焦点、主点及相互位置已给定时，研究它的成像性质，可以用前面公式逐个讨论，但往往比较烦琐。为此，预先确定出组合系统的基点，则其成像性质便可以用牛顿公式、高斯公式来确定，这对于讨论某些问题简单而有效。

（一）组合系统的焦点位置

如图 2-18 所示，已知两个系统Ⅰ、Ⅱ的焦距分别为 f_1、f_1' 和 f_2、f_2'，以及第一个系统的后焦点 F_1' 到第二个系统前焦点 F_2 的距离为 Δ。Δ 称为光学间隔，其正负号规定如下：Δ，以 F_1' 为原点，计算到 F_2，由左向右时为正。

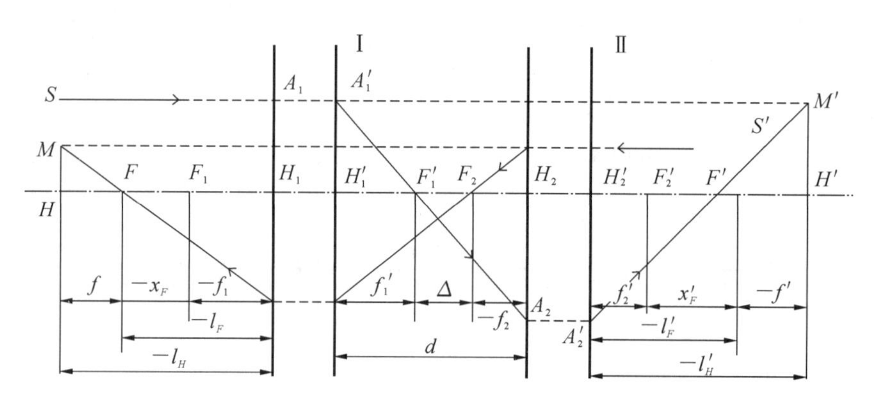

图 2-18　组合系统

首先利用作图法确定组合系统后焦点位置。在物空间自左向右引一条与光轴平行的光线 SA_1，经过系统Ⅰ的折射后通过 F_1' 点，再经过系统Ⅱ的折射，最后出射光线与光轴交于 F' 点，则 F' 点即为组合系统的后焦点。最后的出射光线 $S'A_2'$ 与入射光线的延长线相交于 M' 点，过 M' 点作垂轴平面，此垂轴平面就是组合系统的后主面，此后主面与光轴的交点 H' 就是组合系统的后主点。

下面推导计算焦点位置的公式。

由于 F_1' 点和 F' 点相对于Ⅱ系统是一对共轭点，根据牛顿公式，得

$$x_2 x_2' = f_2 f_2'$$

式中，x_2，以 F_2 为参考点计算到 F_1'，故 $-x_2 = \Delta$；x_2'，以 F_2' 为参考点计算到 F'，为和一般情况相区别，将 x_2' 记为 x_F'。

因此，组合系统后焦点 F' 相对于第二系统的后焦点 F_2' 的距离 x_F' 为

$$x_F' = \frac{f_2 f_2'}{\Delta} \tag{2-38a}$$

同理，组合系统前焦点 F 相对于第一系统前焦点 F_1' 的距离 x_F 为

$$x_F = \frac{f_1 f_1'}{\Delta} \tag{2-38b}$$

（二）组合系统的焦距公式

由图 2-18 可见，$\triangle A_1'H_2'F_1' \backsim \triangle F_1'A_2H_2$，$\triangle A_2'H_2'F' \backsim \triangle F'H'M'$，得

$$\frac{-f'}{f_2'+x_F'} = \frac{M'H'}{H_2'A_2'},\quad \frac{f_1'}{\Delta - f_2} = \frac{A_1'H_1'}{H_2A_2},$$

又因为 $M'H' = A_1'H_1'$，$H_2'A_2' = H_2A_2$，所以组合系统后焦距 f' 为

$$f' = (f_1' + x_F')\frac{f_1'}{f_2 - \Delta} = -\frac{f_1'f_2'}{\Delta} \tag{2-39a}$$

同理，前焦距 f 为

$$f = \frac{f_1 f_2}{\Delta} \tag{2-39b}$$

当已知的是第Ⅰ系统后主面与Ⅱ系统前主面的距离 d，而不是光学间隔 Δ 时，则因 $\Delta = d - f_1' + f_2$，代入式(2-39a)中，并注意到 $\frac{f_2}{f_2'} = -\frac{n_2}{n_2'}$，得

$$\frac{n_2'}{f'} = \frac{n_2}{f_2'} + \frac{n_2'}{f_2'} - \frac{n_2'd}{f_1'f_2'} \tag{2-40}$$

当两个系统位于空气中时，$n_1 = n_1' = n_2 = n_2' = 1$，

$$\frac{1}{f'} = \frac{1}{f_1'} + \frac{1}{f_2'} - \frac{d}{f_1' + f'_2} \tag{2-41}$$

用光焦度表示时

$$\varphi = \varphi_1 + \varphi_2 - d\varphi_1\varphi_2 \tag{2-42}$$

（三）组合系统的主点位置

如果符号 l_F' 表示组合系统后焦点相对于第Ⅱ系统的后主点的距离，l_F 表示组合系统前焦点相对于第Ⅰ系统的前主点的距离，并且其正负号规定如下：

(1) l_F'：以 H_2' 为原点计算到 F'，由左向右为正。

(2) l_F：以 H_1 为原点计算到 F，由左向右为正。

由图 2-18 可见，

$$l_F' = f_2' + x_F' = \frac{f'(f_1' - d)}{f_1'} \neq \frac{1 - \varphi_1 d}{\varphi} \tag{2-43a}$$

$$l_F' = -\frac{f'(f_2' - d)}{f_2'} = -\frac{1 - \varphi_2 d}{\varphi} \tag{2-43b}$$

如果符号 l_H' 表示组合系统后主点相对于第Ⅱ系统前主点的距离，l_H 表示组合系统主点到相对于第Ⅰ系统前主点的距离，并且其正、负号规定如下：

(1) l_H'，以 H_2' 为原点计算到 H'，由左向右为正；

(2) l_H，以 H_2 为原点计算到 H，由左向右为正。

由图 2-18 可见，

$$l'_H = l'_F + (-f') = -\frac{f'd}{f'_1} = -\frac{\varphi_1 d}{\varphi} \tag{2-44a}$$

$$l_H = l_F - f = \frac{f'd}{f'_2} = \frac{\varphi_2 d}{\varphi} \tag{2-44b}$$

三、望远系统

两个光学系统的组合，当其光学间隔 $\Delta=0$ 时，组合系统的组合焦距为无限大，焦点和主点也在无限远。这种 $\Delta=0$ 的组合系统称为望远系统，亦称远焦系统，如图 2-19 所示，系统均位于空气中。

此时横向放大率为

$$\beta = \frac{A'B'}{AB} = -\frac{f'_2}{f'_1} \tag{2-45a}$$

而由式(2-33)又得

$$\gamma = -\frac{f'_1}{f'_2} \tag{2-45b}$$

$$\alpha = \frac{f_2'^2}{f_1'^2} \tag{2-45c}$$

可见，望远系统的三个放大率只与每个系统的焦距有关，而和物体位置无关，即所有共轭面都具有相同的放大率。

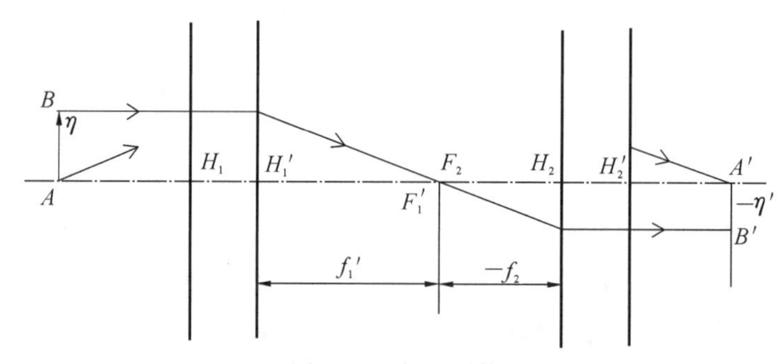

图 2-19　望远系统

第十节　光学系统 $y\text{-}\bar{y}$ 图

德拉诺(Delano)于 1963 年提出 $y\text{-}\bar{y}$ 图，用来生动地分析近轴光学系统。在 $y\text{-}\bar{y}$ 图中，表示了在许多垂直于光轴的不同平面上子午光线高度 y 和主光线高度 $\bar{y}$ 的值。在 $y\text{-}\bar{y}$ 图中没有直线穿过原点，这是因为在光阑或光瞳处子午光线的高度不可能为 0。换句话说，像不能位于光瞳处。$y\text{-}\bar{y}$ 图中的每个点对应光学系统中垂直于光轴的平面，对应物空间定义的直线称为物光线，对应像空间定义的直线称为像光线。

如图 2-20 所示，物空间坐标为$(\bar{y}, y)$的 A 点处的任何平面在物光线上，而其在像空间坐标为$(\bar{y}', y')$的 B 点处的共轭平面在像光线上。对于两个平面彼此共轭，在任意两个共轭

平面 $y/\bar{y}$ 是相等的，即 $y/\bar{y}=y'/\bar{y}'$，这条通过这两点的线被称为共轭直线，在系统中任何两个共轭点可以通过穿过原点的共轭直线连接。因此，这条线的斜率 k 为

$$k=\frac{y}{\bar{y}}=\frac{y'}{\bar{y}'} \tag{2-46}$$

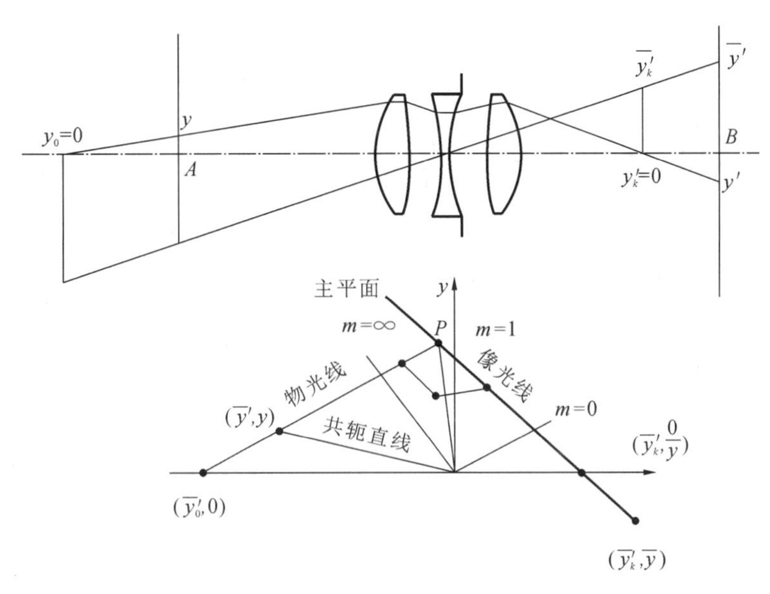

图 2-20　用物和像光线以及一些结构线表示的 $y\text{-}\bar{y}$ 图像

两个共轭平面处放大率表示为

$$m=\frac{y'}{y}=\frac{\bar{y}'}{\bar{y}} \tag{2-47}$$

Shack(1973)指出共轭线的斜率和放大率之间的关系为

$$k=\frac{nu-mn'u'}{n\bar{u}-mn'\bar{u}'} \tag{2-48}$$

人们还对以下一些特殊的共轭线进行了研究：

(1) 共轭线中有一条是 $\bar{y}$ 轴，连接物平面和像平面，共轭平面的放大率是光学系统中物像的放大率。

(2) 另外一条共轭线是 y 轴，连接入瞳和出瞳。放大率是光瞳的放大率。

(3) 从原点到点 P 的共轭线，连接两个主平面，其放大率为 1。

(4) 后焦面共轭于系统前无穷远距离的平面，其放大率为 0，已经证明连接它们之间的共轭线的斜率等于物光线的斜率，后焦面位于共轭线和像光线的交叉处。

(5) 前焦面共轭于系统后无穷远距离的平面，其放大率为无穷大，已经证明连接它们之间的共轭线的斜率等于像光线的斜率，前焦面位于共轭线和物光线的交叉处。

图 2-21 所示为三种光学系统及对应的 $y\text{-}\bar{y}$ 图。

$y\text{-}\bar{y}$ 图的主要特点如下：

(1) 若多边形的顶点凹向原点，则具有正的光焦度；反之，亦然。

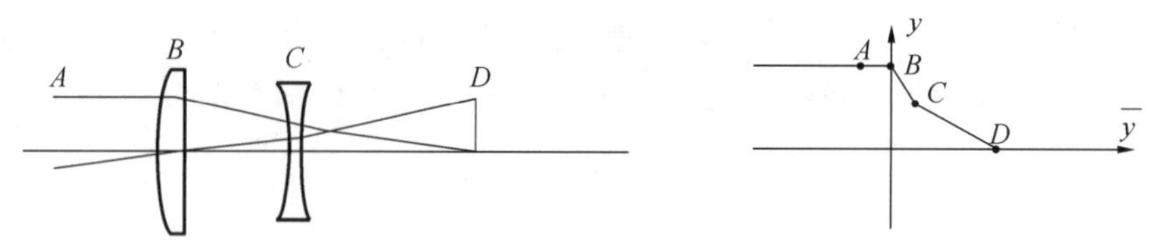

(a) 远摄镜头光学系统(1∶1)和远摄系统y-$\bar{y}$图(2∶1)

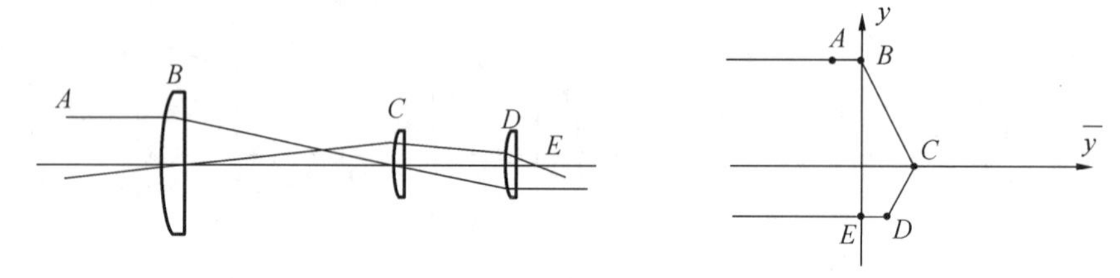

(b) 开普勒望远镜光学系统(1∶1)和开普勒望远镜y-$\bar{y}$图(2∶1)

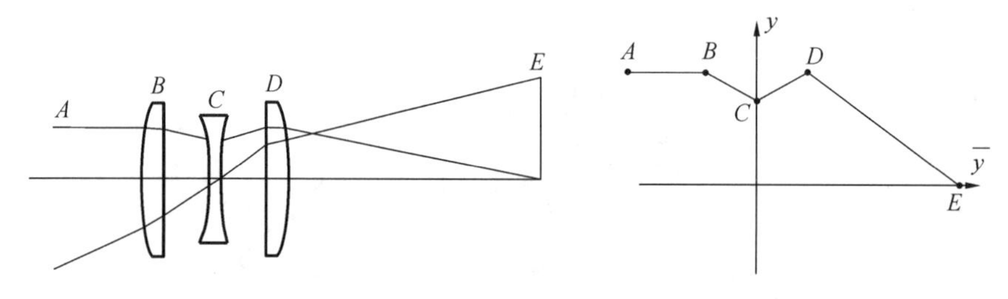

(a) 库克式三镜头光学系统(1∶1)和库克式三镜头y-$\bar{y}$图(2∶1)

图 2-21　三种光学系统及对应的 y-$\bar{y}$ 图

(2) 在第一段和最后一段(物光线和像光线)之间的交叉处表示系统的两个主点,位于该图中的一个点,如图 2-22 所示。

(3) 在 y-$\bar{y}$ 图中,由原点和表示两个串联透镜的两个点组成的三角形面积正比于这两个透镜的间距。

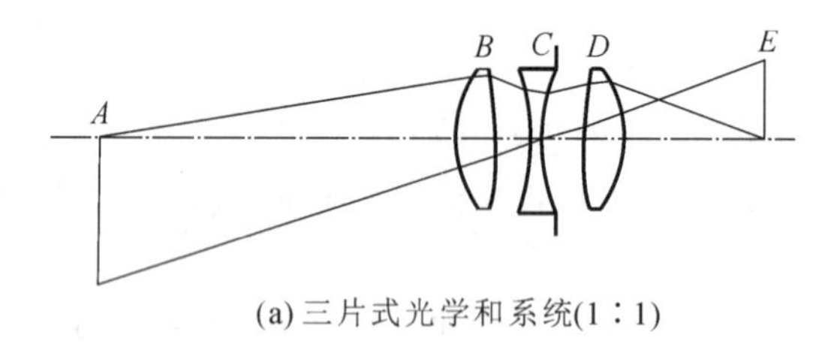

(a) 三片式光学和系统(1∶1)

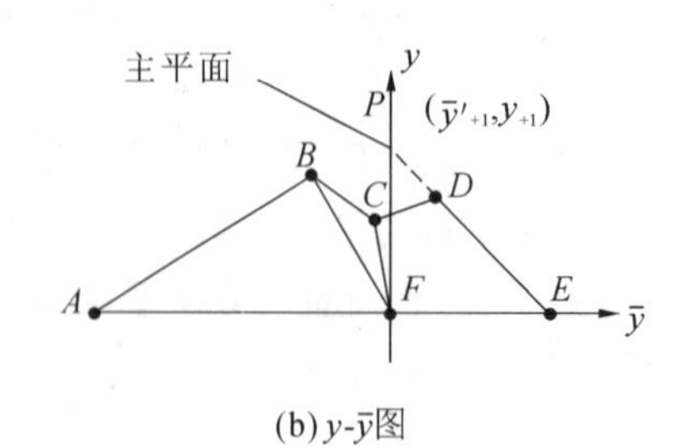

(b) y-$\bar{y}$图

图 2-22　三片式光学系统及其对应的 y-$\bar{y}$ 图

第十一节　光学系统的矩阵光学计算

本章第六节我们讨论了光学系统近轴区和理想光学系统理论之间的物像关系是线性的，因此使用矩阵表达和运算光学系统的成像性质是很方便的。

一、近轴光的矩阵表示

在矩阵运算时，要确定一条光线的空间位置，可以用该光线和一已知参考面上交点的坐标$(0,y,z)$及该光线的三个方向余弦和所在空间折射率的乘积na、nb、ng来表示。如果光线位于子午面内，只需两个参量即可，即光线和y坐标轴夹角的余弦与折射率的乘积$n\cos V$，和该光线在参考面上的交点高度y，如图2-23所示。由图2-23可以得到$n\cos V=n\sin U$，在近轴区内用nu表示，像空间可以写为$n'u'$。

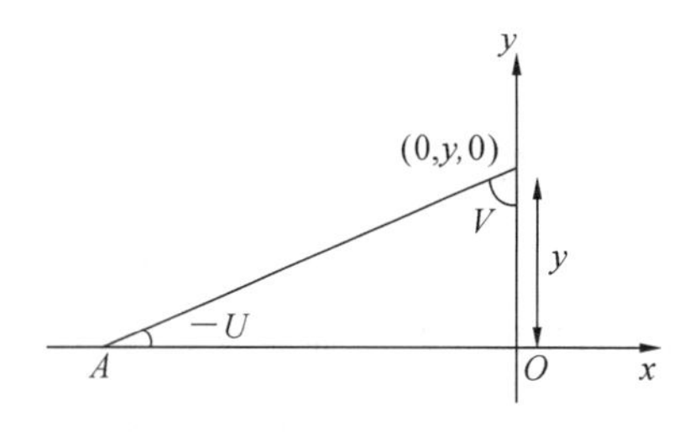

图2-23　导出光线的矩阵单元表示

（一）折射矩阵

参考面不仅可以是折射面的近轴部分，还可以是物、像面或任一指定平面。在光线通过参考面之后，其参量会产生变化，这种变化能够用一个矩阵来表示。比如，光线经过一个折射面，它的方向变化能够使用折射矩阵来表示。

折射面的近轴部分作为一个参考面时，光线通过它的角度变化可用近轴光计算公式$n'u'-nu=(n'-n)h/r$求出，高度h用y表示，其在折射前和折射后不变，$(n'-n)/r$对一个折射面为常量，用a表示，得

$$\begin{cases} n'u' = nu + ay \\ y' = 0 + y \end{cases} \tag{2-49}$$

写为矩阵形式：

$$\begin{pmatrix} n'u' \\ y \end{pmatrix} = \begin{pmatrix} 1 & a \\ 0 & 1 \end{pmatrix} \begin{pmatrix} nu \\ y \end{pmatrix} \tag{2-50}$$

式中，折射矩阵为$\begin{pmatrix} 1 & a \\ 0 & 1 \end{pmatrix}$。用矩阵$\boldsymbol{R}$表示折射后表征近轴区的参量$nu$和$y$值的变化。如果要用$\boldsymbol{M}$和$\boldsymbol{M}'$表示$\begin{pmatrix} nu \\ y \end{pmatrix}$和$\begin{pmatrix} n'u' \\ y \end{pmatrix}$，则上式可写为

$$\boldsymbol{M}' = \boldsymbol{RM} \tag{2-51}$$

（二）转面矩阵（过渡矩阵）

光线由一个参考面射向另一个参考面，光线在其后参考面上的坐标产生变化，这种变化能够使用一个过渡矩阵来表示。一个光学系统由k个折射面和$(k-1)$个间隔组成，当第i个折射面上的坐标向第$i+1$面上过渡时，可知

$$\begin{cases} n_{i+1}\ u_{i+1} = n_i' u_i' + 0 \\ y_{i+1} = -d_i u_i' + y_i' \end{cases} \tag{2-52}$$

可写为矩阵形式：

$$\begin{pmatrix} n_{i+1}\ u_{i+1} \\ y_{i+1} \end{pmatrix} = \begin{pmatrix} 1 & 0 \\ -d_i/n_i' & 1 \end{pmatrix} \begin{pmatrix} n'u' \\ y_i' \end{pmatrix} \tag{2-53}$$

式中，$\begin{pmatrix} 1 & 0 \\ -d_i/n_i' & 1 \end{pmatrix}$称为过渡矩阵或转面矩阵，用 $\boldsymbol{D}_i$ 表示，则上矩阵式可写为

$$\boldsymbol{M}_{i+1} = \boldsymbol{D}_i \boldsymbol{M}_i' \tag{2-54}$$

（三）传递矩阵

可用一系列的折射矩阵和过渡矩阵的乘积来表示光线经过光学系统，该乘积就是传递矩阵，对于 k 个折射面系统而言，其矩阵表示式为

$$\boldsymbol{M}_k' = \boldsymbol{R}_k \boldsymbol{D}_{k-1} \boldsymbol{R}_{k-1} \boldsymbol{L} \boldsymbol{D}_1 \boldsymbol{R}_1 \boldsymbol{M}_1 = \boldsymbol{T}\boldsymbol{M}_1 \tag{2-55}$$

式中，$\boldsymbol{T}$ 为传递矩阵，其表示式为

$$\boldsymbol{T} = \begin{pmatrix} 1 & a_k \\ 0 & 1 \end{pmatrix} \begin{pmatrix} 1 & 0 \\ -\dfrac{d_{k-1}}{n_{k-1}'} & 1 \end{pmatrix} \begin{pmatrix} 1 & a_{k-1} \\ 0 & 1 \end{pmatrix} \boldsymbol{L} \begin{pmatrix} 1 & a_2 \\ 0 & 1 \end{pmatrix} \begin{pmatrix} 1 & 0 \\ -\dfrac{d_1}{n_1'} & 1 \end{pmatrix} \begin{pmatrix} 1 & a_1 \\ 0 & 1 \end{pmatrix} = \begin{pmatrix} B & A \\ D & C \end{pmatrix} \tag{2-56}$$

以上计算必须按由第一面到第 k 面的顺序进行。当已知系统的结构参数(r,d,n)时，可求得 A、B、C、D 的值，它们是光学系统结构参数 r、d、n 的函数。利用这 4 个量可以表示光学系统的高斯光学性质，所以可以称为高斯常数。

由于传递矩阵中每个折射矩阵和过波矩阵的行列式值均为 1，故整个传递矩阵的行列式值也应为 1，即

$$BC - AD = 1 \tag{2-57}$$

用此关系可以核对矩阵是否正确。

【例 2-5】 已知一弯月形负透镜，其结构参数为 $r_1 = 50\text{mm}$，$r_2 = 20\text{mm}$，$d_1 = 3\text{mm}$，$n = 1.5$，试求传递矩阵的各高斯常数。

先求各入射面的 a 值及 d/n' 值：

$$a_1 = \frac{n_1' - n_1}{r_1} = \frac{1.5 - 1}{50\text{mm}} = 0.01\text{mm}^{-1}$$

$$a_2 = \frac{n_2' - n_2}{r_2} = \frac{1 - 1.5}{20\text{mm}} = -0.025\text{mm}^{-1}$$

$$\frac{d_1}{n_1'} = \frac{3\text{mm}}{1.5} = 2\text{mm}$$

代入式(2-55)，得

$$\boldsymbol{T} = \boldsymbol{R}_2 \boldsymbol{D}_1 \boldsymbol{R}_1 = \begin{pmatrix} 1 & a_2 \\ 0 & 1 \end{pmatrix} \begin{pmatrix} 1 & 0 \\ -d_1/n_1' & 1 \end{pmatrix} \begin{pmatrix} 1 & a_1 \\ 0 & 1 \end{pmatrix} = \begin{pmatrix} 1 & -0.025 \\ -2 & 1 \end{pmatrix} \begin{pmatrix} 1 & 0 \\ -2 & 1 \end{pmatrix} \begin{pmatrix} 1 & 0.01 \\ 0 & 1 \end{pmatrix}$$

$$= \begin{pmatrix} 1 & -0.025 \\ 0 & 1 \end{pmatrix} \begin{pmatrix} 1 & 0.01 \\ -2 & 0.98 \end{pmatrix}$$

可得该系统的高斯常数为 $A=-0.0145\text{mm}^{-1}$，$B=0.98$，$C=1.05$，$D=-2\text{mm}$。计算其行列式值，得 $\det\boldsymbol{T}=1$，证明计算无误。

二、物像矩阵

把光线在物面处的坐标变换为像面处的坐标，即是光学系统对物体的成像。该变换可由一个物像矩阵来表示。将物面上光线的坐标向第一个折射面进行过渡，经整个系统之后，再由最后一个折射面上光线的坐标过渡到像平面上。实现这种过渡只需将 l 和 l' 取代过渡矩阵中的 d 即可。因此可定义物像矩阵为

$$\boldsymbol{M}_{A'A}=\boldsymbol{D}_{A'k}\boldsymbol{T}\boldsymbol{D}_{1A} \tag{2-58}$$

式中，$\boldsymbol{D}_{A'k}$ 为由光学系统最后一个折射面到像平面的过渡矩阵：

$$\boldsymbol{D}_{A'k}=\begin{pmatrix}1 & 0\\ -l_k'/n_k' & 1\end{pmatrix}$$

$\boldsymbol{D}_{1A}$ 为由物平面向光学系统第一面的过渡矩阵：

$$\boldsymbol{D}_{1A}=\begin{pmatrix}1 & 0\\ -(-l_1)/n_1 & 1\end{pmatrix}=\begin{pmatrix}1 & 0\\ l_1/n_1 & 1\end{pmatrix}$$

$\boldsymbol{T}$ 是光学系统的传递矩阵。因此整个系统的物像矩阵可写为

$$\boldsymbol{M}_{A'A}'=\begin{pmatrix}1 & 0\\ -l_k'/n_k' & 1\end{pmatrix}\begin{pmatrix}B & A\\ D & C\end{pmatrix}\begin{pmatrix}1 & 0\\ l_1/n_1 & 1\end{pmatrix} \tag{2-59}$$

现在以单个折射面为例，设物距为 $-l$，像距为 l'，可构成如下物像矩阵表示式：

$$\begin{pmatrix}n'u'\\ y'\end{pmatrix}=\begin{pmatrix}1 & 0\\ -l'/n' & 1\end{pmatrix}\begin{pmatrix}1 & (n'-n)/r\\ 0 & 1\end{pmatrix}\begin{pmatrix}1 & 0\\ 1/n & 1\end{pmatrix}\begin{pmatrix}nu\\ y\end{pmatrix}$$

$$=\begin{pmatrix}1+\dfrac{n'-n}{r}\dfrac{l}{n} & \dfrac{n'-n}{r}\\ -\dfrac{l'}{n'}-\dfrac{n'-n}{r}\dfrac{ll'}{nn'}+\dfrac{1}{n} & 1-\dfrac{n'-n}{r}\dfrac{l'}{n'}\end{pmatrix}\begin{pmatrix}nu\\ y\end{pmatrix}$$

式中，$-\dfrac{l'}{n'}-\dfrac{n'-n}{r}\dfrac{l'}{nn'}+\dfrac{1}{n}=\dfrac{ll'}{nn'}\left(\dfrac{n'}{l'}-\dfrac{n}{l}-\dfrac{n'-n}{r}\right)=0$。

上式说明，在近轴区像高 y' 只与物高 y 成正比，而与角 u 的大小无关，因此可得

$$y'=\left(1-\frac{n'-n}{r}\frac{l'}{n'}\right)y$$

或写为

$$b=\frac{y'}{y}=1-\frac{n'-n}{r}\frac{l'}{n}$$

由于矩阵的行列式值恒为 1，故有

$$\frac{1}{b}=1+\frac{n'-n}{r}\frac{l}{n}$$

若以 $\dfrac{n'}{l'}-\dfrac{n}{l}$ 取代以上两式中的 $\dfrac{n'-n}{r}$，可以方便地得到 $b=\dfrac{nl'}{n'l}$ 和 $\dfrac{1}{b}=\dfrac{n'l}{nl'}$，因此单个折射面的物像矩阵可写为

$$M_{A'A}=\begin{pmatrix}1/b & a\\ 0 & b\end{pmatrix} \tag{2-60}$$

此物像矩阵是有普遍意义的，任何复杂光学系统的物像矩阵遵守该矩阵形式。

三、用高斯常数表示系统的基点位置和焦距

设光学系统的物、像方折射率分别为 n 和 n'，物像方截距为 $-l$ 和 l，如果其传递矩阵中高斯常数已知，其物像矩阵可写为

$$M_{A'A}=\begin{pmatrix}1 & 0\\ -\dfrac{l'}{n'} & 1\end{pmatrix}\begin{pmatrix}B & A\\ D & C\end{pmatrix}\begin{pmatrix}1 & 0\\ \dfrac{l}{n} & 1\end{pmatrix}=\begin{pmatrix}A\dfrac{l}{n}+B & A\\ -A\dfrac{l'}{nn'}-B\dfrac{l'}{n'}+C\dfrac{1}{n}+D & -A\dfrac{l'}{n'}+C\end{pmatrix}$$

和前面讨论的单个折射面矩阵一样，由于在近轴区 y' 和角 u 无关，只和 y 成正比，故有

$$-A\frac{l'}{nn'}-B\frac{l'}{n'}+C\frac{1}{n}+D=0$$

$$B=\frac{y'}{y}=-A\frac{l'}{n'}+C \tag{2-61}$$

由于矩阵的行列值为 1，可得

$$\frac{1}{\beta}=A\frac{1}{n}+B \tag{2-62}$$

（一）主面位置

当取 $b=\pm1$ 时，式(2-61)和式(2-62)中的 l 和 l' 即为主面位置 l_H 和 l'_H：

$$\begin{cases}l'_H=\dfrac{-(1-C)n'}{A}\\ l_H=\dfrac{(1-B)n}{A}\end{cases} \tag{2-63}$$

（二）焦点位置

当 $l=\infty$ 时，$b=0$，则式(2-61)中的 l' 即为后焦点位置 l'_F。当 $l'=\infty$ 时，$b=\infty$，$1/b=0$，则式(2-62)中的 l 应为前焦点位置 l_F，即

$$\begin{cases}l'_F=\dfrac{Cn'}{A}\\ l_F=-\dfrac{Bn}{A}\end{cases} \tag{2-64}$$

（三）焦距

若已知 l'_H、l_H 和 l'_F、l_F，则可求得焦距 f 和 f'：

$$\begin{cases}f'=l'_F-l'_H=\dfrac{n'}{A}\\ f=l_F-l_H=-\dfrac{n}{A}\end{cases} \tag{2-65}$$

由此也可得到光学系统两焦距间的关系：

$$\frac{f'}{f}=-\frac{n'}{n} \tag{2-66}$$

（四）节点位置

由式(2-28)、式(2-29)可知光学系统物方和像方为不同介质时，垂轴放大率和角放大率的关系为

$$\beta=\frac{n}{n'}\frac{1}{\gamma} \quad 或 \quad \gamma=\frac{n}{n'}\frac{1}{\beta}$$

把式(2-61)和式(2-62)代入上式，并使 $g=1$，求得的 l' 和 l 即为节点位置 l'_J 和 l_J：

$$\begin{cases} l'_J=-\dfrac{n-C'_n}{A} \\ l_J=\dfrac{n'-Bn}{A} \end{cases} \tag{2-67}$$

当光学系统处于同一介质时，$n=n'$，则有

$$l'_J=-\frac{(1-C)n'}{A}=l'_H$$

$$l_J=\frac{(1-B)n}{A}=l_H \tag{2-68}$$

此时主点和节点完全重合。

【例 2-6】 根据例 2-5 所求得光学系统的高斯常数求该系统的基点位置和焦距。

由例 2-5 所求得的高斯常数为

$$A=-0.0145\text{mm}^{-1},\quad B=0.98,\quad C=1.05,\quad D=-2\text{mm}$$

(1)按式(2-63)求主面位置：

$$l'_H=-\frac{(1-1.05)\times 1}{-0.0145\text{mm}^{-1}}=-3.448\text{mm}$$

$$l_H=\frac{(1-0.98)\times 1}{-0.0145\text{mm}^{-1}}=-1.379\text{mm}$$

(2)按式(2-64)求焦点位置：

$$l'_F=\frac{1.05\times 1}{-0.0145\text{mm}^{-1}}=-72.414\text{mm}$$

$$l_F=-\frac{0.98\times 1}{-0.0145\text{mm}^{-1}}=67.586\text{mm}$$

(3)按式(2-68)求节点位置：

$$l'_J=3.448\text{mm},\quad l_J=-1.379\text{mm}$$

(4)按式(2-65)求焦距：

$$f'=\frac{1}{-0.0145\text{mm}^{-1}}=-68.966\text{mm}$$

$$f=\frac{-1}{-0.0145\text{mm}^{-1}}=68.966\text{mm}$$

校对

$$f' = -72.414\text{mm} - (-3.448\text{mm}) = -68.966\text{mm}$$

$$f = 67.586\text{mm} - (-1.379\text{mm}) = -68.965\text{mm}$$

两种方法求得的焦距值相同，表明计算无误。

四、薄透镜系统的矩阵运算

（一）薄透镜系统的折射矩阵和过渡矩阵

空气中单个薄透镜仍可用一个折射矩阵 $\boldsymbol{R}$ 描述：

$$\boldsymbol{R} = \begin{pmatrix} 1 & \dfrac{1-n}{r_2} \\ 0 & 1 \end{pmatrix} \begin{pmatrix} 1 & 0 \\ 0 & 1 \end{pmatrix} \begin{pmatrix} 1 & \dfrac{n-1}{r_1} \\ 0 & 1 \end{pmatrix} = \begin{pmatrix} 1 & (n-1)\left(\dfrac{1}{r_1} - \dfrac{1}{r_2}\right) \\ 0 & 1 \end{pmatrix} = \begin{pmatrix} 1 & F \\ 0 & 1 \end{pmatrix} \quad (2\text{-}69)$$

设想在空气中存在一个由 N 个薄透镜（$N-1$ 个间隔）组成的系统，用 $\boldsymbol{D}$ 表示相邻薄透镜之间的过渡矩阵，即

$$\boldsymbol{D} = \begin{pmatrix} 1 & 0 \\ -d & 1 \end{pmatrix} \quad (2\text{-}70)$$

（二）薄透镜系统的传递矩阵

薄透镜系统的传递矩阵可表示为

$$\boldsymbol{T} = \boldsymbol{R}_N \boldsymbol{D}_{N-1} \boldsymbol{R}_{N-1} \boldsymbol{L} \boldsymbol{R}_2 \boldsymbol{D}_1 \boldsymbol{R}_1 \quad (2\text{-}71)$$

或写为

$$\boldsymbol{T} = \begin{pmatrix} 1 & j_N \\ 0 & 1 \end{pmatrix} \begin{pmatrix} 1 & 0 \\ -d_{N-1} & 1 \end{pmatrix} \begin{pmatrix} 1 & j_{N-1} \\ 0 & 1 \end{pmatrix} \boldsymbol{L} \begin{pmatrix} 1 & j_2 \\ 0 & 1 \end{pmatrix} \begin{pmatrix} 1 & 0 \\ -d_1 & 1 \end{pmatrix} \begin{pmatrix} 1 & j_1 \\ 0 & 1 \end{pmatrix} = \begin{pmatrix} B & A \\ D & C \end{pmatrix}$$

式中，A,B,C,D 为高斯常数，它们是由各薄透镜的光焦度和它们的间隔所决定的，薄透镜系统的传递矩阵实际上和式（2-56）中的实际光学系统近轴区的传递矩阵有相同的意义。对于单个薄透镜，由式（2-69）可知高斯常数 A 是光焦度。对于同一介质中的任意光学系统，光焦度都是高斯常数 A。假设由光焦度为 j_1 和 j_2 的两块薄透镜组成一个光学系统，其间隔为 d，传递矩阵为

$$\boldsymbol{T} = \begin{pmatrix} 1 & j_2 \\ 0 & 1 \end{pmatrix} \begin{pmatrix} 1 & 0 \\ -d & 1 \end{pmatrix} \begin{pmatrix} 1 & j_1 \\ 0 & 1 \end{pmatrix} = \begin{pmatrix} 1-dj_2 & j_1+j_2-dj_1 j_2 \\ -d & 1-dj_1 \end{pmatrix} \quad (2\text{-}72)$$

显然，高斯常数 A 即为系统的光焦度。

（三）薄透镜系统的物像矩阵

薄透镜系统的物像矩阵与实际光学系统近轴区的物像矩阵有相同意义。现以单薄透镜为例，物距 $-l$ 和像距 l' 构成的物像矩阵如下：

$$\boldsymbol{M}_{A'A} = \begin{pmatrix} 1 & 0 \\ -l' & 1 \end{pmatrix} \begin{pmatrix} 1 & F \\ 0 & 1 \end{pmatrix} \begin{pmatrix} 1 & 0 \\ l & 1 \end{pmatrix} = \begin{pmatrix} 1+lF & F \\ -l'-ll'F+l & 1-l'F \end{pmatrix}$$

式中，

$$-l'-ll'F+l = ll'\left(\frac{1}{l'} - \frac{1}{l} - \frac{1}{f'}\right) = 0$$

$$1-l'F=\frac{f'-l'}{f'}=-\frac{x'}{f'}=b$$

$$1+l'F=\frac{-f+1}{-f}=-\frac{x}{f}=\frac{1}{b}=g$$

故单个薄透镜的物像矩阵可写为

$$\boldsymbol{M}_{A'A}=\begin{pmatrix} g & F \\ 0 & b \end{pmatrix} \tag{2-73}$$

这个结果和式(2-60)所示光学系统近轴区的物像矩阵的形式完全相同。

最后,对于几何光学中的矩阵运算可归结为:

(1) 光线通过光学系统以后产生方向上的变化,即单个薄透镜或单个折射面的折射作用由折射矩阵描述。在这种情况下,单个折射面或薄透镜和参考平面重合。

(2) 光线经过一段间隔之后在不同参考面上交点的坐标变化由过渡矩阵描述。

(3) 光线通过光学系统前后的光线方向上的变化,还有光线在最后折射面上的交点坐标,相对于光线在第一折射面上交点坐标产生的变化由光学系统的传递矩阵描述,并且能够按照高斯常数计算得到系统的焦距和基点位置。

(4) 通过计算物空间的过渡矩阵、传递矩阵和像空间的过渡矩阵的乘积可以得到光学系统的物像矩阵,表示一对共轭面上的物像关系(系统焦距、垂轴放大率和角放大率)。

第三章　薄透镜和厚透镜的组成及定义

第一节　薄　透　镜

在透镜结构参数中，若 d 相对于 r，小到可以忽略不计时，则该透镜就称为薄透镜。

对于单薄透镜，可以认为 $d=0$，所以

$$\varphi=(n-1)\left(\frac{1}{r_1}-\frac{1}{r_2}\right) \tag{3-1}$$

又 $l_H=0, l'_H=0$，即两主面与薄透镜本身重合。

由式(3-1)可知，当 r_1、r_2 改变时，透镜形状也将随之改变，但是只要保持 $\left(\frac{1}{r_1}-\frac{1}{r_2}\right)$ 不变，则 f' 不变，因而近轴光线参量数值也不变。

薄透镜组合系统的焦距、焦点位置、主点位置计算公式与前面所述的组合系统的公式相同。

【例 3-1】 10mm 高的物体，经过折射率 $n=1.5$ 的等曲率双凸薄透镜成像在距物体 120mm 处的屏上，像高为 50mm，问此透镜的曲率半径应为多大？

【解析】 因为将物体成像在屏上，所以此像应是倒立的实像，并且物和像分别位于透镜两侧，如图 3-1 所示。故有

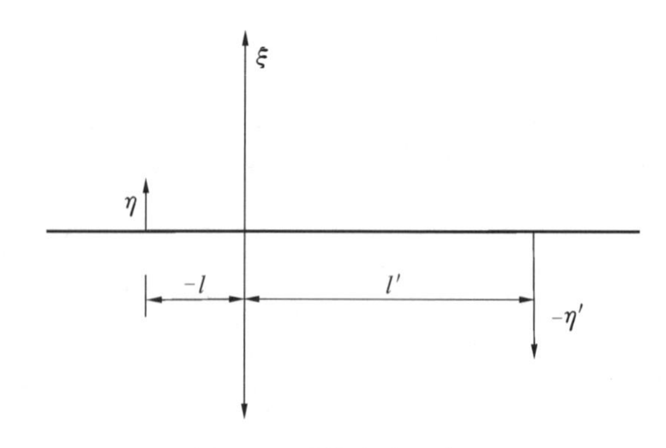

图 3-1　成像光路示意图

$$l'-l=120$$

$$\beta=\frac{\eta'}{\eta}=\frac{l'}{l}=-5$$

解此联立方程,得

$$l' = 100, \quad l = -20$$

将此两个数值代入高斯公式(式(2-18))中,得

$$f' = \frac{100}{6} = 16.67\text{mm}$$

由题意知$r_1 = -r_2$,则由式(3-1),得

$$r_1 = -r_2 = 2(n-1)f' = 16.67\text{mm}$$

即透镜的两个球面半径数值相等,均为16.67mm,但符号相反。

第二节　厚透镜及其类型

透镜两球面顶点在其光轴上的间隔,称为透镜的厚度。若此厚度不可以在计算物距、像距、放大率等时忽略不计,称之为厚透镜。

单透镜是由两个球面构成的,每一个折射面都可以看作一个光学系统,因此确定单个透镜的主点和焦点,也就是确定由两个球面构成的组合系统的主点和焦点。实际上,这相当于第二章组合系统公式的一个应用。

一、单一折射面主点位置

因为主平面是$\beta = +1$的一对共轭面,根据物像公式及垂轴放大率公式可得

$$\frac{n'}{l'} - \frac{n}{l} = \frac{n'-n}{r} \quad 或 \quad n'l - nl' = \frac{n'-n}{r}ll'$$

$$\beta = \frac{nl'}{n'l} = +1 \quad 或 \quad nl' = n'l$$

综合以上两式可得$l_H = 0, l'_H = 0$。可见,单一折射面的两个主平面重合在球面顶点处,是过球面顶点的切平面。

二、单透镜焦距公式

如图3-2所示,位于空气中的厚透镜,其折射率为n,厚度为d,曲率半径分别为r_1和r_2。

$$f_1 = -\frac{r_1}{n-1}, \quad f_1' = \frac{nr_1}{n-1}$$

$$f_2 = \frac{nr_2}{n-1}, \quad f_2' = -\frac{r_2}{n-1}$$

而$\Delta = d - f_1' + f_2$,故

$$\Delta = \frac{(r_2 - r_1)n + (n-1)d}{n-1}$$

将上述有关量代入组合焦距公式,整理后得

$$\frac{1}{f'} = (n-1)\left(\frac{1}{r_1} - \frac{1}{r_2}\right) + \frac{(n-1)^2}{nr_1r_2}d \tag{3-2}$$

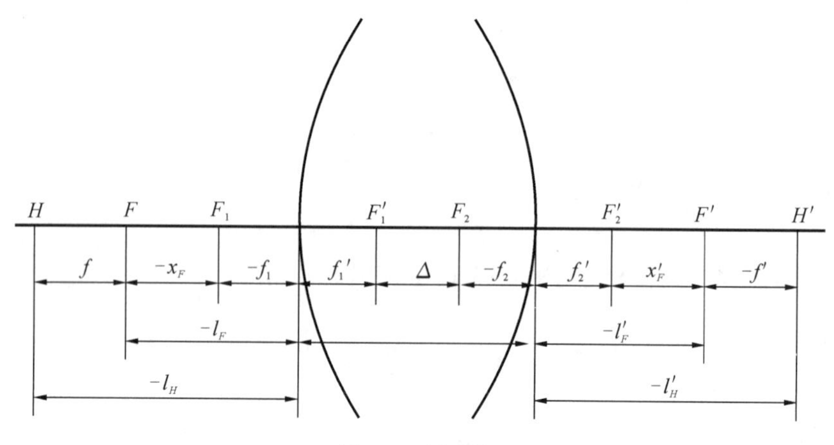

图 3-2　厚透镜

或

$$\varphi = (n-1)(c_1 - c_2) + \frac{(n-1)^2}{n} d\, c_1 c_2 \tag{3-3}$$

式中，

$$c_1 = \frac{1}{r_1}, \quad c_2 = \frac{1}{r_2}$$

为两球面的曲率。

三、主点位置公式

用字母 l_H 和 l'_H 分别表示两个球面顶点到相应主点之间的距离，其正负号规定如下：

l_H：以第一球面顶点为原点，计算到前主点，从左向右为正。

l'_H：以第二球面顶点为原点，计算到后主点，从左向右为正。

利用公式(2-44)得

$$l'_H = -\frac{f'}{f'_1} d = -f \cdot \frac{n-1}{n r_1} d \tag{3-4}$$

$$l_H = \frac{-f'}{f'_2} d = -f' \cdot \frac{n-1}{n r_2} d \tag{3-5}$$

四、焦点位置公式

用 l_F 和 l'_F 分别表示两个球面顶点到相应焦点之间的距离，其正负号规定如下：

l_F：以第一球面顶点为原点，计算到前焦点，从左向右为正。

l'_F：以第二球面顶点为原点，计算到后焦点，从左向右为正。

$$l'_F = l'_H + f' = f'\left(1 - \frac{n-1}{n r_1} d\right) \tag{3-6}$$

$$l_F = -f'\left(1 + \frac{n-1}{n r_2} d\right) \tag{3-7}$$

五、缩放原理

在厚透镜焦距公式中，若设$\frac{r_1}{r_2}=a$，$\frac{d}{r_2}=b$得

$$\varphi=(n-1)\left(\frac{1}{r_1}-\frac{1}{r_2}\right)+\frac{(n-1)^2}{nr_1r_2}d=\frac{n-1}{r_1}\left[(1-a)+\frac{n-1}{n}b\right]$$

由此可知，若a和b保持定值时，f'与r_1成正比。在计算焦点、主点位置公式中进行同样代换，当a和b为定值时，均与r_1成正比。所以，对于厚透镜，若r_1、r_2和d同时增加(或减小)m倍时，焦点位置和主点位置都将增加(或减小)m倍。这一结论不仅对单透镜适用，对透镜组同样适用。

六、具体分析几种厚透镜

（一）双凸透镜

如图3-3所示为双凸透镜，因为$r_1>0$，$r_2<0$，则由式(3-2)可知，当d不很大时，$f'>0$，即是会聚透镜。

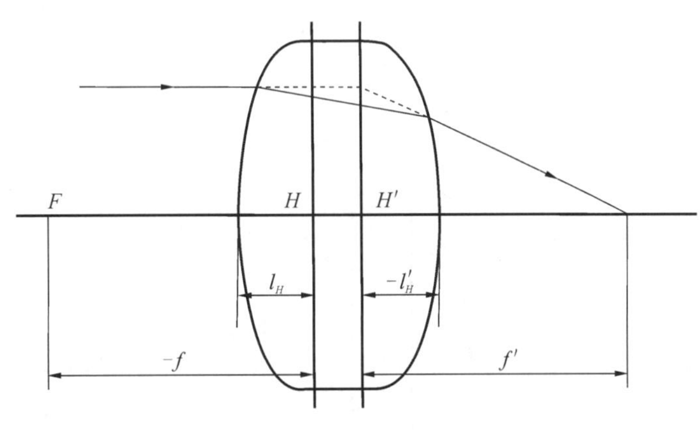

图3-3　双凸透镜

又由式(3-4)和式(3-5)可知，$l_H>0$，$l'_H<0$，即前、后主平面均位于透镜内部。

若r_1和r_2保持不变，d增加到$d=\frac{(r_2-r_1)n}{n-1}$时，$f'=\infty$，成为望远透镜；若d继续增加时，$f'<0$，成为发散透镜。

（二）双凹透镜

如图3-4所示为双凹透镜，因$r_1<0$，$r_2>0$，则不论d值如何，始终有$f'<0$，即双凹透镜是发散透镜。由$l_H>0$，$l'_H<0$可知，双凹透镜前、后主平面均位于透镜内部。

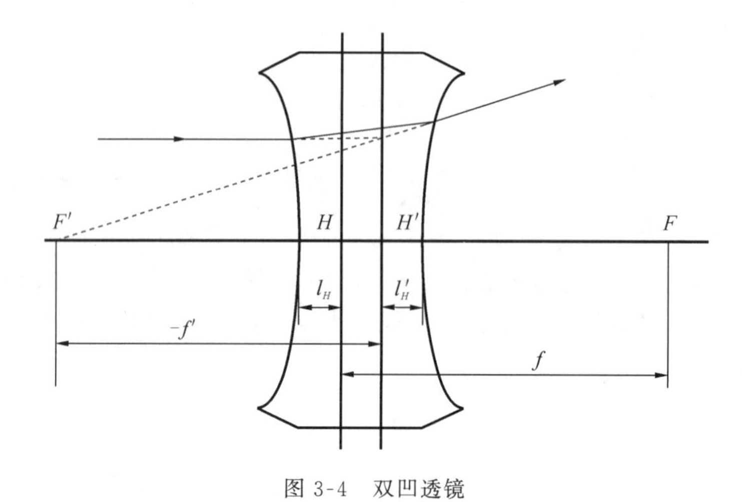

图 3-4　双凹透镜

（三）平凸透镜

如图 3-5 所示为平凸透镜，因为 $r_1>0$，$r_2=\infty$，则 $f'=\dfrac{r_1}{n-1}$，$l_H=0$，$l'_H=-\dfrac{d}{n}$，$l_H=0$，即焦距 f' 与厚度 d 无关，始终为正。平凸透镜主点中的一个与球面顶点重合，另一个在透镜内部。

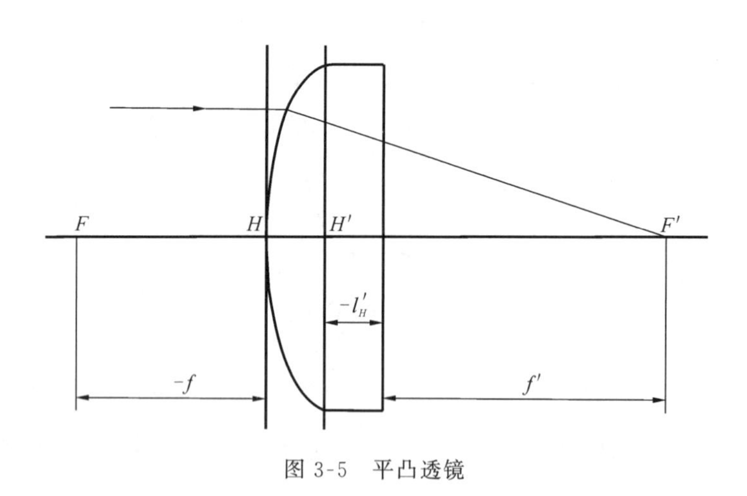

图 3-5　平凸透镜

（四）平凹透镜

如图 3-6 所示为平凹透镜，因 $r_1<0$，$r_2=\infty$，则 $f'=\dfrac{r_1}{n-1}$，$l_H=0$，$l'_H=-\dfrac{d}{n}$，即焦距 f' 与厚度 d 无关，始终为负。平凹透镜主点中的一个与球面顶点重合，另一个在透镜内部。

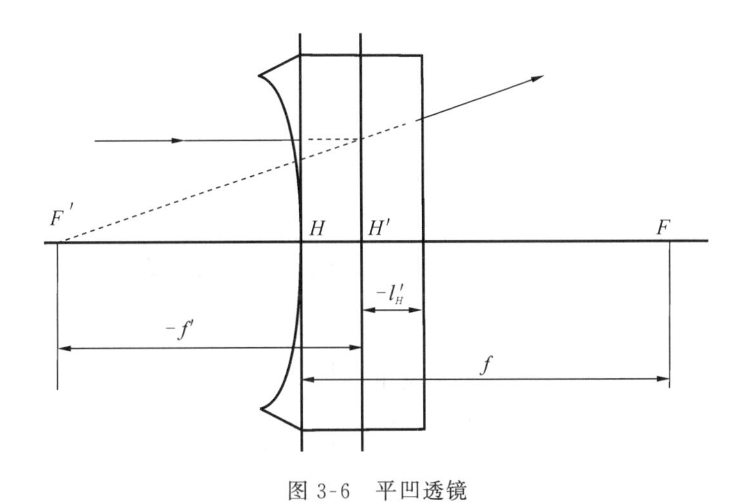

图 3-6　平凹透镜

（五）正弯月形透镜

如图 3-7 所示为正弯月形透镜，其中 r_1 和 r_2 符号相同，若 $r_1>0$，则 $r_2>0$，$|r_1|<|r_2|$，得 $f'>0$，$l_H<0$，$l'_H<0$，即焦距 f' 为正。前、后主点分别在相应球面顶点的左边。

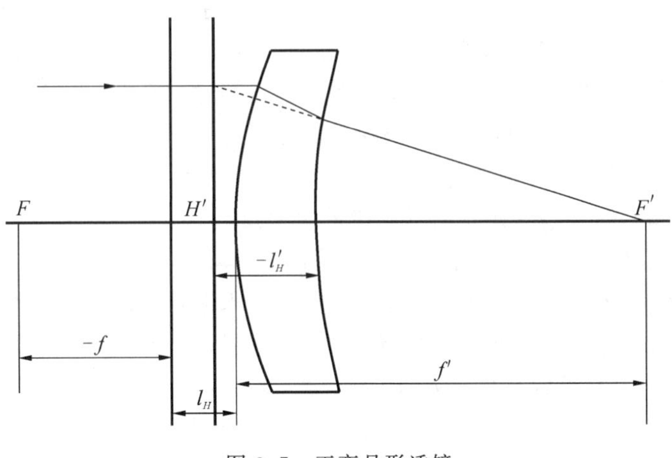

图 3-7　正弯月形透镜

（六）负弯月形透镜

如图 3-8 所示为负弯月形透镜，其中 r_1 和 r_2 符号相同。若 $r_1>0$，则 $r_2>0$，且 $|r_1|>|r_2|$，当 $d<\frac{(r_2-r_1)n}{n-1}$ 时，得 $f'>0$，$l_H>0$，$l'_H<0$，成为发散透镜；当 $d=\frac{(r_2-r_1)n}{n-1}$ 时，得 $f'=0$，成为望远透镜；当 $d>\frac{(r_2-r_1)n}{n-1}$ 时，得 $f'>0$，成为会聚透镜，且 $l_H<0$，$l'_H<0$。

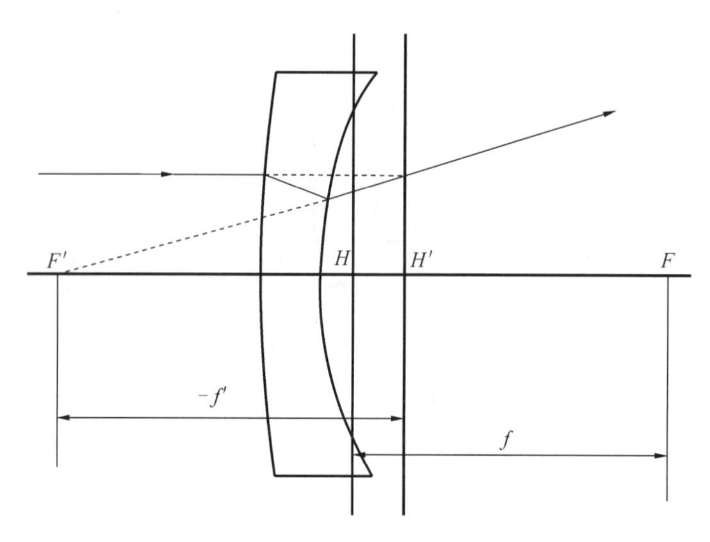

图 3-8 负弯月形透镜

第三节 球面反射镜和非球面反射镜

和透镜一样，一个弯曲的反射镜面也有焦距，并能够成像。如果约定两个额外的符号规则，就可以将近轴光线的追迹公式应用于反射表面。在第一章中，已经将材料的折射率定义为真空中光速与材料中光速之比。由于反射后光的传播方向反转，所以，速度的符号应当反转，折射率的符号也要反转。因而，符号规则约定如下：

(1) 反射后折射率的符号反转，所以，当光线从右向左传播时，折射率是负的。

(2) 如果后续表面在左侧，则反射后间隔的符号反转。

显然，如果系统中有两个反射面，折射率和间隔的符号要改变两次，并且，由于传播方向重新恢复到自左向右，在第二次变化之后，又恢复到原来的正号。图 3-9 给出了凹面和凸面反射镜的焦点和主点位置。为确定焦距，按照下面步骤追迹一条由无穷远光源发出的光线。令 $n=1, n'=-1, nu=0$（光线平行于光轴），

$$n'u' = nu - y\frac{(n'-n)}{R} = 0 - y\frac{(-1-1)}{R} = \frac{2y}{R}$$

因此

$$u' = \frac{n'u'}{n'} = \frac{n'u'}{-1} = \frac{-2y}{R}$$

得到最后的交点距离是：

$$l' = \frac{-y}{u'} = \frac{yR}{2y} = \frac{R}{2} \tag{3-8}$$

由式(3-8)可知，反射镜焦点位于反射镜顶点与曲率中心之间距离一半的位置。

凹面反射镜等效于一个正会聚透镜，对远距离物体成实像。凸面反射镜形成虚像，等效于负透镜。由于反射后改变折射率符号，所以，焦距的符号也会反转，单反射镜的焦距是：

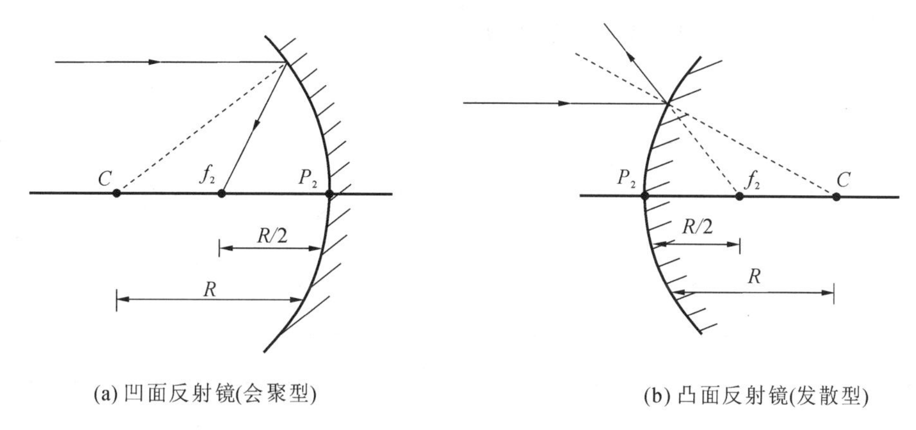

图 3-9　反射面焦点的位置

$$f = -\frac{R}{2} \tag{3-9}$$

所以,反射镜焦距的符合符号规则如下:会聚元件符号为正,发散元件符号为负。

【例 3-2】 计算如图 3-10 所示的卡塞格林反射镜系统的焦距,其中,主镜曲率半径 200mm,次镜曲率半径 50mm,主次镜之间的间隔是 80mm,求解该系统的焦距及焦点位置。

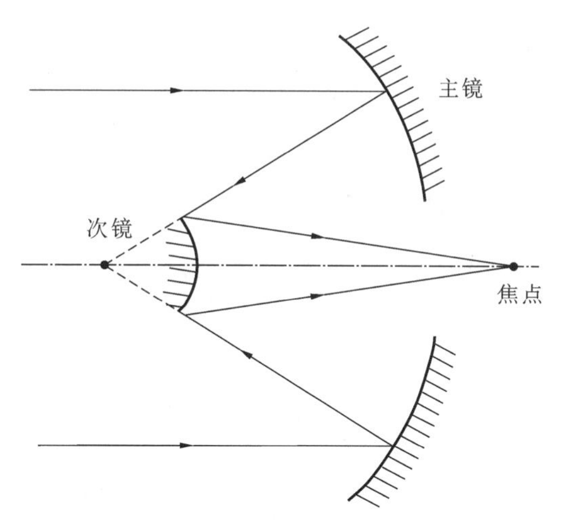

图 3-10　卡塞格林反射镜系统

【解析】 根据符号规则,两个半径都是负的,由于光线在两个反射镜之间是从右向左传播,所以主镜到次镜的间隔也是负值。主镜之前和次镜之后的空气折射率取作+1.0,两者之间的折射率是-1.0。与问题相关的计算数据准备完毕,如表 3-1 所示。为避免错误,计算中要特别注意符号。

计算 $f' = -y_1/u_2 = -1.0/-0.002 = 500\text{mm}$,得到系统的焦距。最终的交点距离(从 R_2 到焦点)等于 $-y_2/u_2 = -0.2/-0.002 = 100\text{mm}$,焦点位于主镜右侧 20mm 处。值得注

意的是，(第二)主平面完全位于系统之外，在次镜左侧400mm处。该类型的光学系统为小型紧凑系统提供了长的焦距和大尺寸的图像。

表3-1　通过两个反射镜组成的光学系统的光线追迹

半径(R)		−200			
厚度(t)			−80		
折射率(n)	+1.0		−1.0		+1.0
光线高度(y)		1.0		+0.2	
光线斜率×折射率(nu)	0		−0.01		−0.002

第四章　光学系统光阑

实际光学系统都是由具有一定径向尺寸的光学零件组成的，有些光学系统还特别附加一定形状的开孔屏，它们从不同角度限制通过系统的光束大小和位置。这些光学零件的边框和特设的开孔屏，统称为光阑。光阑中心一般是位于光轴上，光阑平面垂直于光轴。

对通过光学系统的光束加以限制，不但影响成像范围和像的明亮程度，而且对系统成像的质量、景深也有很大的影响。

对目视仪器进行研究时，还必须考虑眼瞳的位置和大小，因为在光学仪器与眼睛所组成的组合系统中，眼瞳也起着光阑作用。

第一节　光学系统的孔径光阑和视场光阑

一、孔径光阑

以简单照相光学系统为例，如图 4-1 所示。在这个光学系统中，有三个光阑：透镜边框 AB、圆孔光阑 M_1N_1 和方孔光阑 M_2N_2。其中，光阑 M_1N_1 限制通过透镜的轴上点光束，从而决定了能够到达像面上实际成像光束的截面或孔径角。这种限制轴上点成像光束的截面或者孔径角的光阑，称为孔径光阑。

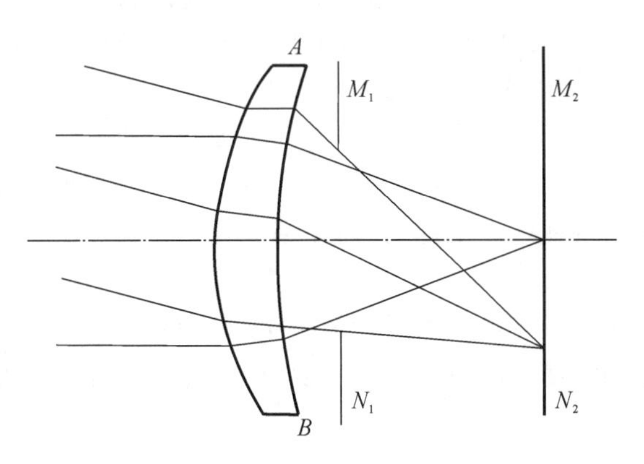

图 4-1　简单照相光学系统

通过孔径光阑中心斜光束的中心线，称为主光线。照相光学系统的孔径光阑的大小一般是可以调节的，用以调节像面的照度，称为可变光阑。

二、视场光阑

如图 4-1 所示，底片框 M_2N_2 限制了轴外点能够到达底片上实际成像光束的范围——主光线和光轴的夹角，从而决定了物空间的被成像范围。这种限制成像范围的光阑，称为视场光阑。超过这个角度的光线被底片框或光电接收器边框所拦截，不能参加成像。

三、光阑的位置

如图 4-2 所示，以三片照相物镜光学系统为例。无限远轴上点成像光束的截面或者孔径角受到透镜边框的限制；而无限远轴外点成像光束，其上边光和下边光分别受到第一、第三透镜边框的限制。轴外细光束的中心线 P 与光轴交于 E 点，是孔径光阑中心。如果在 E 点处放置一光阑，并使其光孔大小恰好能让轴上点发出的光束全部通过，则这个光阑就是孔径光阑。

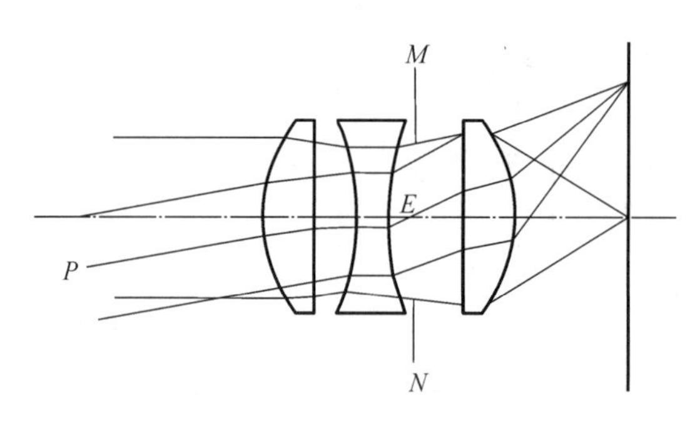

图 4-2　三片照相物镜光学系统

由图 4-2 可见，当孔径光阑的孔径不需要改变时，孔径光阑中心 E 处不一定放置特加光阑，此时轴上点、轴外点光束受到透镜边框的限制。应注意的是必须保持透镜边框的综合作用结果使轴外点光束中心线通过光学设计时所确定的孔径光阑中心。

当孔径光阑的孔径需要调节时，孔径光阑置于 E 处，以便当孔径光阑变化时，轴上点和轴外点光束都可以相对于各自光束的中心线对称地变化。否则，当孔径光阑置于其他位置时，随着光阑孔径的变化，轴外点光束便不能再相对于原中心线对称地变化，这不但使系统像质变化，严重时还会切割视场。由此，孔径光阑位置的意义不在轴上点光束，而在于轴外点光束。

然而，孔径光阑位置不是被动地由透镜框决定，设计者完全可以加大第一透镜口径，使光阑中心后移；也可以加大第三透镜口径，使光阑中心前移。这完全可以由设计者根据具体情况主动地决定。例如：

(1) 根据光学系统外形尺寸的要求来考虑。

望远镜系统一般视场不大，轴外像差不大，故多从这方面考虑。

(2) 根据轴外点像差校正的要求来考虑。

将光阑位置的选择作为改善像质的手段，使光阑中心是轴外点光束中像质较好的那部分光束中心线与光轴的交点。照相系统一般多从这方面考虑。

第二节　光学系统的入瞳和出瞳

一、入瞳

如图 4-3 所示，对于无限远物点，限制其成像光束截面或孔径角的光阑是 M_1N_1，故它就是孔径光阑。但是它对物空间光束的限制，是其通过前面光学系统 AB 的折射来起作用的。因此，直接限制成像光束在物空间的截面或孔径角的，是以孔径光阑 M_1N_1 为物，在反向光路中，经其前方光学系统在整个系统物空间所形成的像 $M_1'N_1'$。像 $M_1'N_1'$ 称为系统的入瞳。

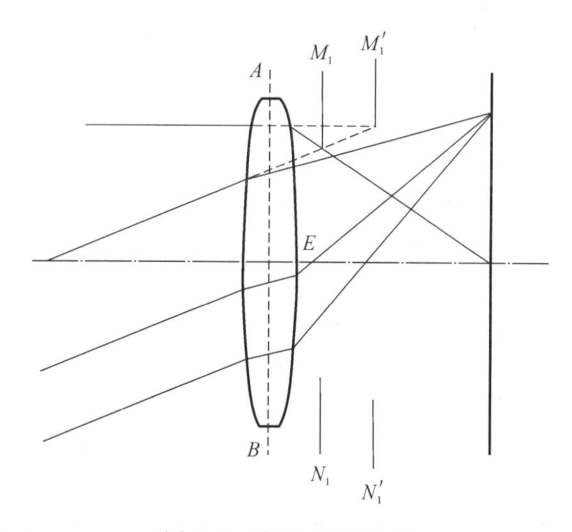

图 4-3　孔径光阑与入瞳

二、出瞳

如图 4-4 所示，孔径光阑 M_1N_1 对像空间光束的限制，是通过其后面的系统 AB 的折射来起作用的。因此，直接限制成像光束在像空间的截面或孔径角的，是以孔径光阑 M_1N_1 为物，在正向光路中，经其后方光学系统在整个系统像空间所形成的像 $M_1'N_1'$，像 $M_1'N_1'$ 称为系统的出瞳。

对于图 4-3 的光学系统，孔径光阑 M_1N_1 对像空间成像光束的截面积或孔径角直接起限制作用，所以孔径光阑 M_1N_1 也是出瞳。

对于图 4-4 的光学系统，孔径光阑 M_1N_1 和轴上物点位于同一物空间，M_1N_1 对轴上点光束的截面或孔径角直接起限制作用，所以孔径光阑 M_1N_1 就是入瞳。

综上所述，孔径光阑在反向光路中，经其前方光学系统在物空间形成的像，称为入瞳；而孔径光阑在正向光路中，经其后方光学系统在像空间形成的像，称为出瞳。系统的入瞳和出瞳对整个光学系统而言是共轭的。

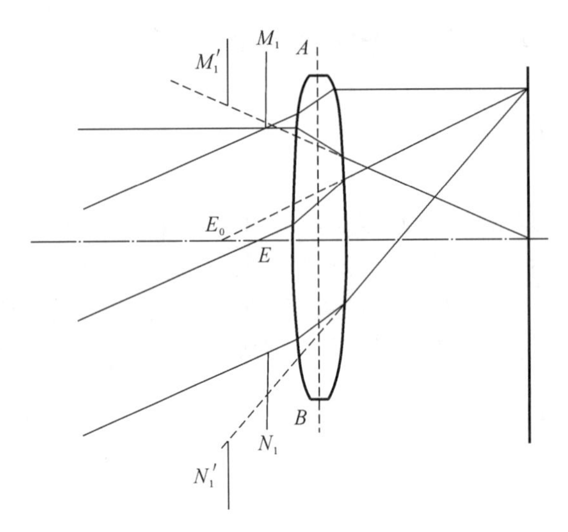

图 4-4　孔径光阑与出瞳

由上所述，孔径光阑可以在整个系统之前、系统之内或整个系统之后。入瞳和出瞳既可能是孔径光阑的实像，也可能是它的虚像。

对于目视仪器，光学系统的出瞳应尽可能位于整个系统之后，并且是孔径光阑的实像，便于眼瞳与之重合，使目视仪器的全部出射光束被眼瞳所接收。

轴上物点对入瞳边缘所作的张角，称为物方最大孔径角，而对应的像点对出瞳边缘所作的张角，称为像方最大孔径角。

系统的入瞳直径与焦距之比——D_0/f'，称为光学系统的相对孔径。

第三节　光学系统的入射窗和出射窗

一、入射窗

系统的成像空间范围，即视场的大小因孔径光阑直径的不同而不同。一般所谓视场，是假设孔径光阑直径无限小，只允许主光线通过时，根据主光线与光轴的夹角来确定成像的空间范围。

如图 4-1 所示，视场光阑 M_2N_2 对物空间成像范围的限制，是通过其前面的系统 AB 的折射起作用。所以直接确定物空间成像范围的，是以视场光阑 M_2N_2 为物、通过它前面的光学系统在物空间所成的像，这个像称为光学系统的入射窗。

二、出射窗

如图 4-5 所示，视场光阑 M_2N_2 对像空间成像范围的限制，是通过其后面的系统 AB 的折射起作用，所以直接确定像空间范围的，是以视场光阑 M_2N_2 为物、通过它后面的光学系统在像空间所成的像，这个像称为光学系统的出射窗。

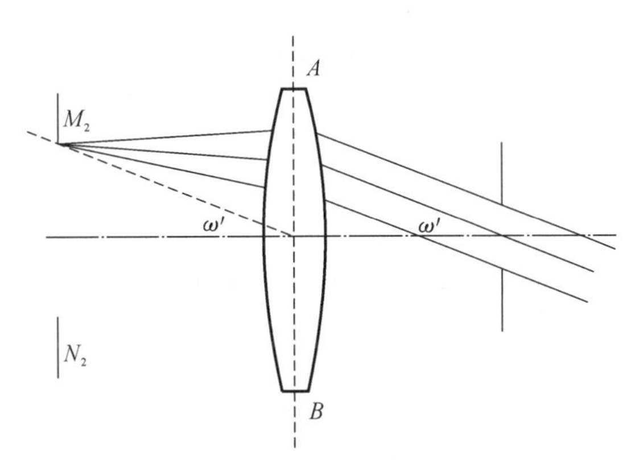

图 4-5　视场光阑与出射窗

因此，图 4-1 光学系统的视场光阑也是出射窗，而图 4-5 中光学系统的视场光阑则是入射窗。

综上所述，视场光阑在反向光路中，经其前方光学系统在整个系统物空间形成的像，称为入射窗；而视场光阑在正向光路中，经其后方光学系统在整个系统像空间形成的像，称为出射窗。对整个光学系统而言，入射窗和出射窗是共轭的。

入射窗边缘对入瞳中心所作的张角，称为物方视场角；出射窗边缘对出瞳中心所作的张角，称为像方视场角。

【例 4-1】　多普勒望远系统的物镜焦距 $f_1'=100\text{mm}$，目镜焦距 $f_2'=10\text{mm}$，物镜通光直径 $D_1=40\text{mm}$，目镜通光直径 $D_2=20\text{mm}$，分划板通光直径 $D_{分}=10\text{mm}$。试确定入瞳、出瞳，入射窗和出射窗的位置和大小，以及视场角的大小。

【解析】　如图 4-6 所示，其中物镜和目镜均为薄透镜。

在不考虑观察者眼瞳时，这个系统共有三个光阑：物镜边框、分划板边框和目镜边框。首先确定哪个光阑是孔径光阑，哪个光阑是视场光阑。

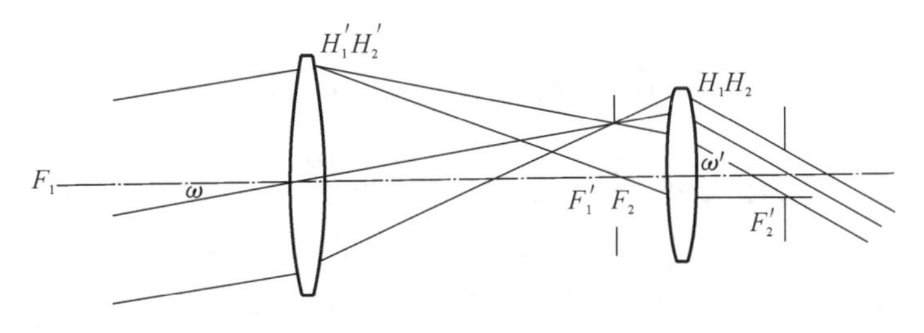

图 4-6　多普勒望远镜

为了确定系统的孔径光阑，首先将所有的光阑在反向光路中，通过它们各自前面的系统在整个系统物空间成像。物镜边框的前面并无光学系统，所以它的像与其自身重合；分划板边框被物镜成像在系统物空间无限远处，与物面重合；目镜边框被物镜成像在物体和物镜之间，是一个放大的像。从比较这三个边框在系统物空间的像边缘对无限远轴上物点所作的张角，可以看到：物镜框的像对轴上物点的张角最小，所以物镜框就是系统的入瞳，也是系统的孔径光阑。从比较这三个边框在系统物空间的像边缘对入瞳中心所作的张角，可以看到：位于无限远处与物面重合的分划板边框像边缘，对入瞳中心张角最小，所以分划板边框的像是系统的入射窗，而分划板边框本身是系统的视场光阑。

【解题】 入瞳与孔径光阑重合在一起，其直径为

$$D_1 = 40\text{mm}$$

出瞳是孔径光阑经其后面系统在整个系统像空间形成的像，与目镜后焦距的距离为

$$X' = \frac{f_2 f_2'}{X} = \frac{-10 \times 10}{-100} = 1\text{mm}$$

它的直径为

$$d_{出} = D\frac{f_2'}{f_1'} = \frac{40 \times 10}{100} = 4\text{mm}$$

视场光阑位于物镜后焦平面处，故入射窗在物空间无限远处，与物面重合，而出射窗在像方无限远处且与像面重合。

物方视场角：

$$\tan\omega = -\frac{D_{分}}{2f_1'} = -\frac{10}{2 \times 100} = -0.05$$

得

$$2\omega = 5.72°$$

像方视场角：

$$\tan\omega' = r\tan\omega = \frac{-100}{10} \times (-0.05) = 0.5$$

得

$$2\omega' = 53.13°$$

在用望远系统进行观察时，必须将眼瞳也视作光学系统的一部分而考虑在内。若出瞳直径小于眼瞳直径，则物镜边框仍为整个系统的孔径光阑；若出瞳直径大于眼瞳直径，眼瞳则是整个系统的孔径光阑。

第四节　光学系统的几何渐晕

上节是在假定入瞳为无限小的情况下来讨论视场的。当入瞳为有限大小时，视场并不能完全由入射窗大小及其相对于入瞳的位置来确定，还应该考虑入瞳口径的影响。如图 4-7所示，假定入射窗在物平面 P_0 和入瞳之间，视场角 N_1EN_2 以外的物点 P_2P_3 之间的物点发出的光线仍然有一部分进入系统参加成像。

位于 P_0P_1 之间的所有物点发出的光束可以完全充满入瞳，由 P_1 到 P_2 之间的物点发出的光束由于受到入射窗的切割而不能充满入瞳。例如，由 P_2 点发出的光束仅仅能充满入瞳的一半，而到 P_3 点仅仅只有一条光线能进入入瞳，以 P_0P_3 为半径的圆之外的一切物点发出的光线均不能进入入瞳。就是说，随着物点 P_0 延展到物点 P_3，进入入瞳的光束截面面积逐渐减小。

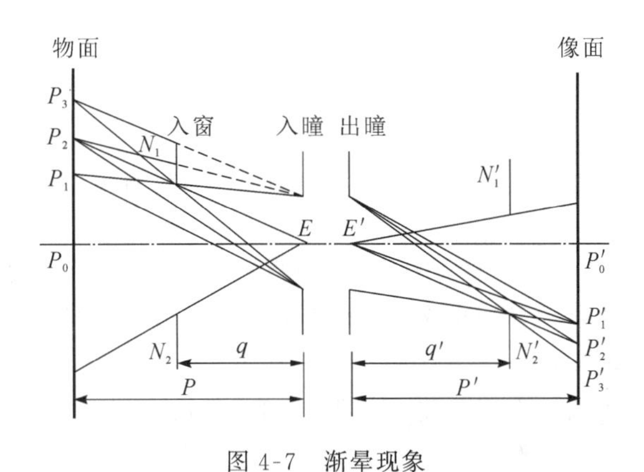

图 4-7　渐晕现象

由于上述原因，像点 P_0'、P_1'、P_2' 和 P_3' 处的照度也将是不均匀的，在像面中心点 P_0' 处照度最强，向边缘逐渐减小到零。这种随着视场增加，由轴外点射入入瞳的光束截面面积逐渐变小的现象，称为几何渐晕。由于几何渐晕的存在，将使像面边缘部分的照度比中心部分暗。

几何渐晕的大小可以用渐晕系数来表征。若轴上点光束在入瞳上的截面直径(即入瞳直径)为 D，而视场角为 ω 的子午成像光束在入瞳上的截面直径为 D_ω 时，则

$$K_0 = \frac{D_\omega}{D} \tag{4-1}$$

式中，K_0 称为该视场角时的线几何渐晕系数。

若轴上点光束在入瞳上的截面面积为 S，而视场角为 ω 的子午成像光束在入瞳上的截面面积为 S_ω 时，则

$$K_\omega = - \frac{S_\omega}{S} \tag{4-2}$$

式中，K_ω 称为该视场角时的面积几何渐晕系数。几何渐晕系数是视场角的函数。

为了确定面积几何渐晕系数，首先要求出轴外点光束在入瞳截面上的几何形状。对于简单的系统，可以通过作图法来确定。假定系统具有三个光阑，点 P 为轴外物点，下面讨论由 P 点发出的光束受遮拦的情况。

假设光阑 M_3N_3 在物空间的像为 $M_3'N_3'$，另外假设光阑 M_1N_1 是入瞳。由 P 点发出的光束只有在阴影范围内的光线才能通过系统参加成像，而不在阴影范围内的其他光线，将被光阑所拦截。以轴外物点 P 为投影顶点，于物空间作光阑 M_2N_2 和 $M_3'N_3'$ 在入瞳截面上的投影，这两个投影也都是圆，圆心分别是 PO_2 连线和 PO_3 连线与入瞳截面的交点 O_2' 和 O_3'。这两个投影圆与入瞳口径相重叠的部分就是由 P 点所发出的，并能通过系统的成像光束在入瞳面上的截面面积。

在复杂系统中，如果仍然采用上述作图法，往往过于麻烦，此时可采用计算与作图相结合的方法进行。

在图 4-7 中，有

$$P_1P_3 = D\frac{P-q}{q} \tag{4-3}$$

式中，D 为入瞳直径；P 为物面距入瞳的轴向距离；q 为入射窗距入瞳的轴向距离。

由此可知：

(1) 当 $D=0$ 时，入瞳口径为零，物点发出的光束中，只有主光线能通过系统，像面照度异常低，无实用价值。

(2) 当 $P-q=0$ 时，入射窗与物平面重合，视场内每个发光点所发出的光束都有可能充满入瞳，入射窗将视场清晰地显现出来；然而当其他透镜边框或光阑不够大时，还是要遮拦轴外点光束，使之产生渐晕。

实际上，大多数系统的入射窗和物面相重合，为了减小系统的径向尺寸，或为了改善轴外点像质，一般会考虑一定的渐晕。

【例 4-2】 伽利略望远系统，物镜焦距 $f_1'=100\text{mm}$，目镜焦距 $f_2'=-10\text{mm}$，物镜通光直径 $D_1=50\text{mm}$，目镜通光直径 $D_2=10\text{mm}$，眼瞳位于目镜后面 10mm 处，其瞳孔直径 $D_3=4\text{mm}$，试确定入瞳、出瞳、入射窗和出射窗的位置和大小，以及视场的大小。

【解析】 如图 4-8 所示，其中物镜和目镜均为薄透镜。

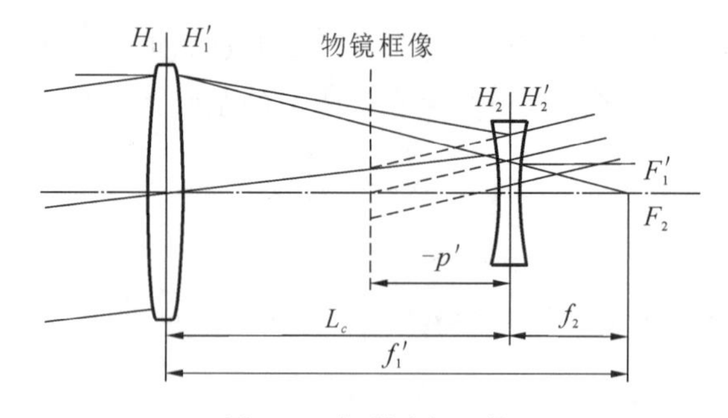

图 4-8　伽利略望远镜

在考虑到观察者眼瞳时，这个系统共有三个光阑，物镜边框，目镜边框和眼瞳。首先确定哪个是孔径光阑，哪个是视场光阑。

为了确定系统的孔径光阑，首先将所有的光阑在正向光路中，通过它们后面的系统向整个系统像空间成像。若设物镜边框经其后方系统——目镜所成之像距目镜的距离为 p'，则由高斯公式得

$$p' = \frac{f_2'L_c}{L_c - f_2'} = \frac{-10\times 90}{90-(-10)} = 9\text{mm}$$

p' 是负值，表示物镜框经目镜成虚像于物镜和目镜之间，在目镜左边 9mm 处。

物镜框经目镜所形成像的大小是

$$D_1' = -D_1\frac{p'}{L_c} = -\frac{50\times(-9)}{90} = 5\text{mm}$$

目镜的后面并无系统，所以它的像与其自身重合；眼瞳位于整个系统的像空间，后面亦无光学系统，可以认为它的像与其自身重合。

因为轴上像点位于无限远。从比较三个光阑在系统像空间的像大小可知，眼瞳是组合系统的出瞳，也是孔径光阑。它在反向光路中，经望远系统在物空间所成之像就是系统的入瞳。

从比较这三个光阑在系统像空间的像对出瞳中心所作的张角可知，物镜框的像对出瞳中心张角最小，因此它就是系统的出射窗，物镜本身是系统的视场光阑，也是系统的入射窗。

【解题】 伽利略望远系统的目镜是负透镜，因此

$$\gamma = -\frac{f_1'}{f_2'} = -\frac{100}{-10} = 10$$

由此可知成正像。

如图 4-9 所示，若设 C 为物镜框到入瞳的距离；C' 为物镜框的像到出瞳的距离。由于 C 和 C' 共轭，得

$$C = C'\gamma^2$$

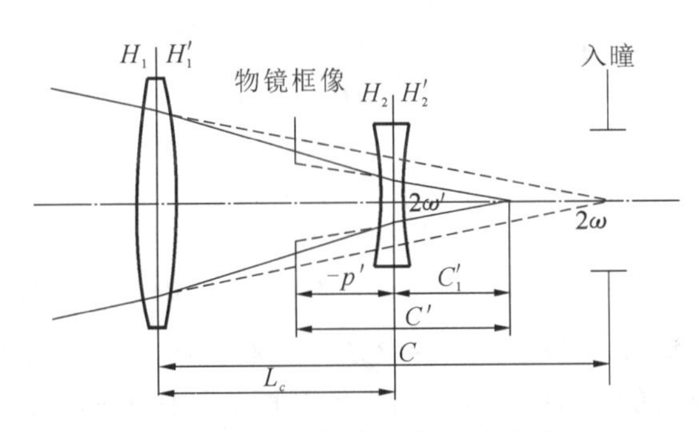

图 4-9 伽利略望远镜入瞳光束

考虑到

$$\gamma = -\frac{f_1'}{f_2'} = -\frac{D_1}{D_1'} = \frac{L_c}{p'}$$

得

$$C = C'\gamma^2 = (\alpha' - p')\gamma^2 = (\alpha'\gamma - L_c)\gamma = (9 \times 10 + 90) \times 10 = 1800$$

即入瞳在物镜右边 1800mm 处。

入瞳直径

$$D_{入} = D_{出}\gamma = 4 \times 10 = 40\text{mm}$$

物镜框是视场光阑，也是入射窗。由于入射窗与物平面不重合，必然存在渐晕。

物镜框经目镜所成的像是出射窗，在目镜左边 9mm，其大小为 5mm。

物方视场角因

$$\tan\omega = -\frac{D_1}{2c} = -\frac{50}{2 \times 1800} = -0.013$$

故

$$2\omega = 1.49°$$

像方视场角因

$$\tan\omega' = \gamma\tan\omega = 0.13$$

故

$$2\omega' = 14.8°$$

第五节　光学系统的消杂散光光阑

如图 4-10 所示，是一个具有单个透镜转向系统的望远系统，孔径光阑位于物镜上。从视场范围以外的光源入射的光线，通过物镜后，在镜筒内壁上产生反射，形成了杂散光，再经转向透镜后进入视场，形成背景光，势必降低系统成像的衬度。

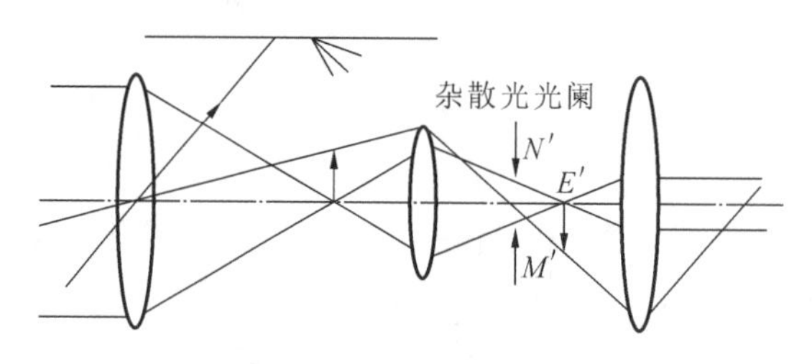

图 4-10　消杂散光光阑

如果孔径光阑经其后方的转向透镜成中间像于 E'处，则当在此处放置一个大小与孔径光阑中间像相同的辅助光阑 $N'M'$时，一部分杂散光将被这个辅助光阑拦截而不能进入视场，这样，就减小了杂散光的影响。这种为减小杂散光而特加的辅助光阑，称为消杂散光光阑。

根据同样道理，在出瞳处放置另一消杂散光光阑，也可以进一步减小杂散光。当然这将造成使用时极度不便。

根据类似的方式，在视场光阑的中间成像处，也可以放置其他消杂散光光阑，以便更进一步减小杂散光的影响。

综上所述，一旦系统的孔径光阑与视场光阑这两个基本光阑确定之后，若消杂散光光阑确切地位于基本光阑的中间成像处，并且其尺寸与基本光阑中间像大小相同，则这些消杂散光光阑既不会减小视场或像面照度，也不会产生渐晕，只是减小了杂散光。

第六节　光学系统的远心光路

使用光学仪器进行测量时，必须使被测量物体的像面与分划面严格地重合，否则便会产生测量误差。但由于人眼的分辨能力有一定的极限，即使像面与分划面有一定的不重合，只要像点在分划面上的弥散圆大小不超过一定值，人眼就不会觉察到。事实上像平面与分划面不重合是不可避免的，这种现象称为视差。为了消除或减小视差对测量的影响，在计量仪器中广泛采用远心光路——孔径光阑置于系统的焦面上。

一、像方远心光路——孔径光阑位于前焦面处

如图 4-11 所示，假设需要测量位于系统前面的两物点 A、B 的像点 A'、B' 之间的距离。

如图 4-11 所示，当孔径光阑位于任意处时，显然，只有平面 P 的共轭像平面 P' 与分划面 P_2 相重合时，才能准确测量。而当分划面位于平面 P_2 处，与像平面有一微小间隔时，虽然像点 A' 和 B' 与分划面的分划仍能清晰地观察到，但是，根据分划面上的分划读出的 A' 和 B' 两点之间的距离将与精确调焦时读出的不同，即测量有一定的误差。

如图 4-12 所示，将孔径光阑置于物镜前焦面处，从物点 A、B 发出的主光线将通过前焦点，经过物镜后平行于光轴。因为物点 A、B 的像点 A'、B' 始终位于主光线上，所以尽管像平面与分划面不重合，但是从分划面的分划读出的 A' 和 B' 两弥散圆中心的距离将始终与精确调焦时读出的相同，即测量没有误差。

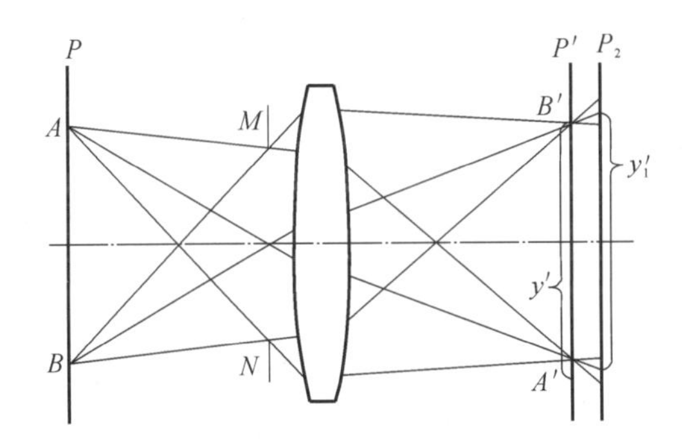

图 4-11　像方远心光路(孔径光阑位于任意处)

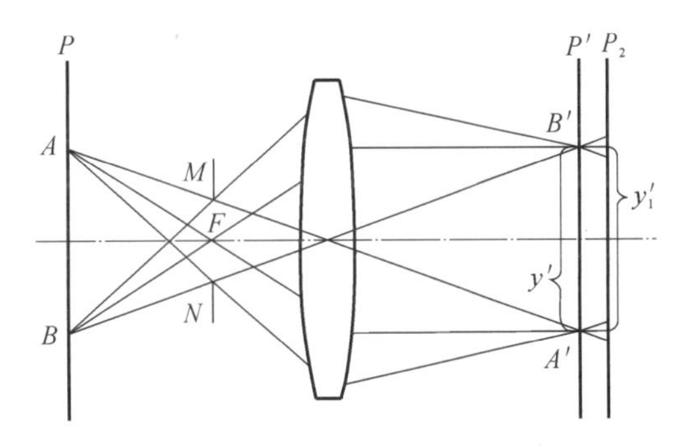

图 4-12　像方远心光路(孔径光阑置于物镜前焦面)

孔径光阑这样的安置使测量系统的装调变得相对容易，因为分划相对于像平面微小的装调误差不会影响测量结果。特别是当系统具有较大场曲时，采用像方远心光路极其有利。

二、物方远心光路——孔径光阑位于后焦面处

如图 4-13 所示，假设需要根据分划板测量两物点 A、B 之间的距离，此时分划板恒位于物镜后面。在测量时，一般通过移动物体或者系统进行调焦，以便能够将 A、B 的像与分划板的分划同时清晰地观察到。

如图 4-13 所示，当孔径光阑位于任意处时，根据分划读取的测量结果将取决于调焦的精度，例如，当物体位于 AB 处时，则 A、B 两点的像点之间的距离为 y'；而当物体位于 $A'B'$ 处时，这两像点之间的距离为 y_1'，存在测量误差。

如图 4-14 所示，将孔径光阑置于物镜后焦点处，入瞳位于物方无限远处，物点发出的主光线在物方将平行于光轴。调焦准确时，则像点与分划面相重合；调焦不准确(位于 $A'B'$ 处)时，其像点将位于分划面之后，分划面上的像点变为小弥散圆，但从分划上读取的两弥散圆的中心距离将与准确调焦时的测量结果相同。

对于物方远心光路，微小的调焦误差将不会影响测量结果。对于所有的测量显微镜，孔径光阑都是必须置于后焦面处来形成物方远心光路的。

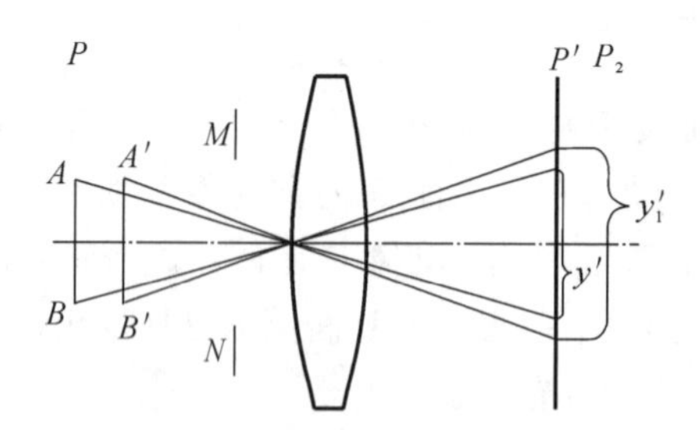

图 4-13 孔径光阑位于任意处时
（非物方远心光路）

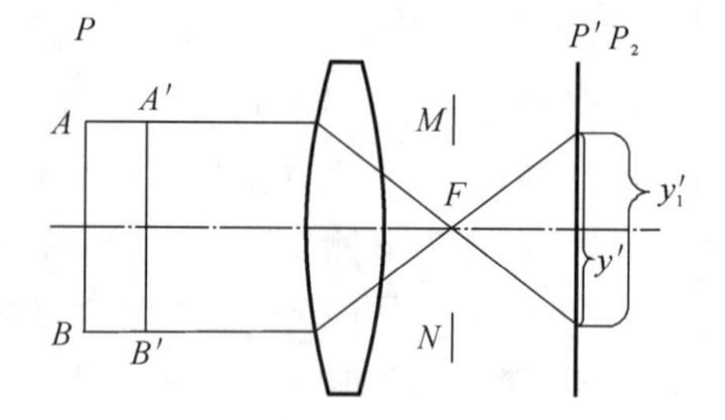

图 4-14 孔径光阑置于物镜后焦点处
（物方远心光路）

第五章 光学系统像差

前面讨论了光学系统的成像特性，但仅限于近轴区或理想光学系统。对于实际系统，由于光学系统存在“像差”，当孔径及视场增大时，成像便不完善。自物点(可以是轴上点，也可以是轴外点)发出的光束经光学系统折射(或反射)后，不再会聚于一点，这种“不再会聚于一点”而与理想像点偏离的程度便是像差。

总的来说，像差可以分成单色像差和色像差两大类。单色像差又可以分为球差、彗差、场曲、像散和畸变五种；由近轴光学性质的色变化引起的色差分为轴向色差和倍率色差两种，属于初级色差；由各种像差的色变化引起的色像差诸如色球差、色慧差等则属于高级色差。还有一种高级色差是由于波长范围扩大而引起的，如当系统对 C、F 两光校正色差后，D 光与它们还有偏离，这种高级色差称为二级光谱。

单色像差也可以分为初级像差和高级像差，如初级球差、高级球差等。初级像差校正了，例如近轴区稍扩大一点的区域成像良好；初级像差及高级像差均得到校正，则小视场小孔径及大视场大孔径均成像良好。

第一节 球 差

轴上物点不同孔径的光线经光学系统成像后不再聚焦于一点，此即球差。因此，球差可以看成孔径不同时的像点位置变化情况。图 5-1 给出了轴上物点球差示意图。由图可见，孔径越小的光线，其像点位置距近轴像点越近；孔径越大的光线，其像点位置距近轴像点越远。离开近轴像点的轴向距离，称为轴向球差，在垂轴方向来度量球差时，称为垂轴球差。在图 5-1 中，AB 为轴间球差，AC 为垂轴球差。

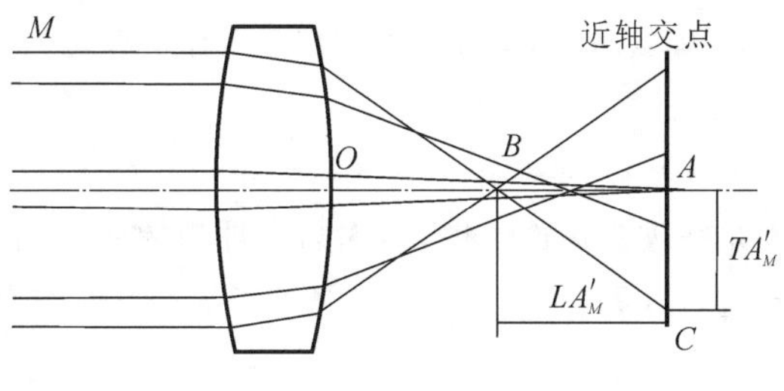

图 5-1 球差

因为球差的大小与孔径大小有关，所以全孔径光线的球差通常称为边缘球差，0.707 孔径光线的球差通常称为 0.7 带球差，或简称带球差。在图 5-1 中，边缘带轴向球差是

$$LA'_M = L' - l' \tag{5-1}$$

边缘带垂轴球差是

$$TA'_M = -LA'_M \tan U'_M = (L' - l') \tan U'_M \tag{5-2}$$

图 5-1 表示的是单正透镜的球差，一般产生正球差或称校正不足的球差；反之，产生负球差或校正过分的球差。

不同孔径的光线球差不同。为了解球差随孔径的变化情况，通常用球差曲线来描述。轴向球差相对于孔径的函数关系如图 5-2(a)所示，垂轴球差相对于出射光线斜率的函数关系作图如图 5-2(b)所示。

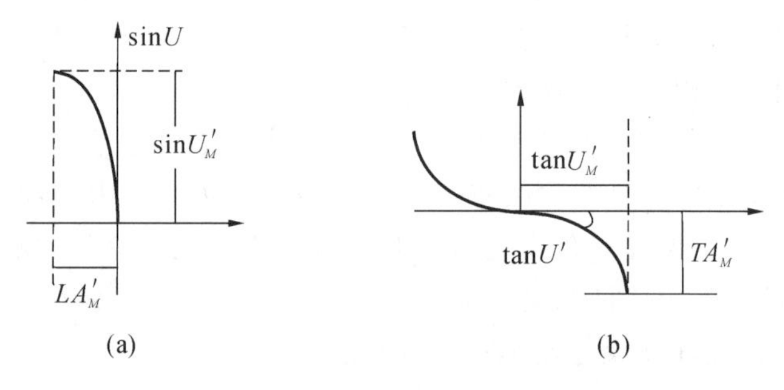

图 5-2　球差函数关系图

对于给定孔径和焦距的单透镜来说，其球差是物体位置与透镜弯曲形状的函数。例如对于一正薄透镜，当物体在无限远，平凸透镜凸面朝向物方时，具有球差极小值；当对 $-1^{\times}$ 位置成像时，双凸透镜具有球差极小值。

当一个光学系统存在球差时，在像面上呈现出一个亮的中心斑点，四周有一些光环，称为弥散斑。球差影响像的清晰度，严重时使像变模糊，分辨不清。所以一般光学系统必须校正球差。

第二节　彗　　差

一束轴外光束经光学系统成像后，与光束中心线（主光线）对称的下光线束和上光线束（或前光线和后光线）成像的交点高度，与主光线的交点高度不对称，便产生了彗差，因此可以把彗差看作不同孔径光束的放大率变化。

在图 5-3 中，上光与下光交点的高度是 H'_A、H'_B，上光与下光交点与主光线 P 的距离即为子午彗差 K_T。通常计算彗差是在理想像面上度量，因为在理想像面上，上光线与下光线的像不一定正好相交在一起，此时彗差是以 H'_A 与 H'_B 的平均值与 H'_P 的差值作为彗差来度量的，即

$$K_T = |H_P| - \frac{|H_A + H_B|}{2} \tag{5-3}$$

图 5-4 表示了光线在光孔上的位置以及存在彗差时成像后的位置之间的关系。图 5-4(a)是光孔顶视图。光线的位置用 A-H、A'-H' 以及 P 来表示，A-H 在外圆，A'-H' 在内圆。光线在光孔上走一圈，像在像面上走两圈。光孔上较小的圆在像面上也成一个较小的圆，中

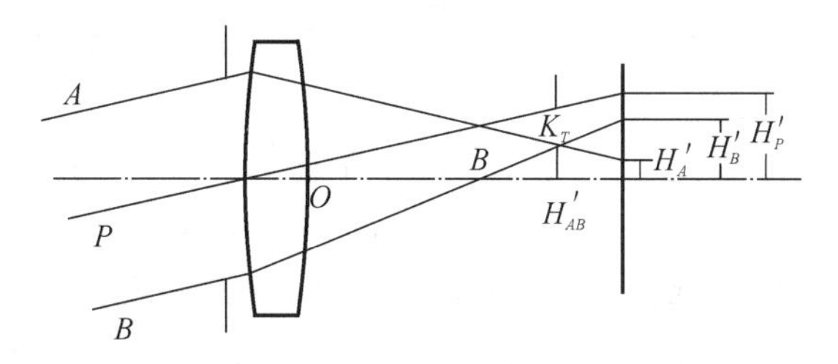

图 5-3　彗差

心光线 P 成像在弥散图形的顶点。所以彗差的弥散图形是由一系列大大小小的圆所组成的，这些圆均包含在以 P 为顶点的两条公共切线之内，切线的交角是 60°。

以上所述是仅存在初级彗差的情形。图 5-4(b)中，因 A、B、P 三点位于子午平面内，是子午光束，而 AB 是与 P 光线对称的上光线与下光线的交点，因此 P 点到 AB 点的距离称为子午彗差 K_T。同理，P 点到 CD 点的距离称为弧矢彗差，弧矢彗差约为子午彗差的 1/3。大约有 55%的能量集中在由 P 点到 CD 点的小三角区域内，所以弧矢彗差更能表示像点的有效尺寸。

彗差是非轴对称像差，它对系统的成像质量有较大的影响。存在彗差时，要精确确定成像点的位置也较麻烦，因为彗差弥散图形的重心确定比球差弥散图的重心确定更加困难。因此，对一些精密的测量光学系统，如果想要精确确定像点位置，对于彗差校正便有较高的要求。

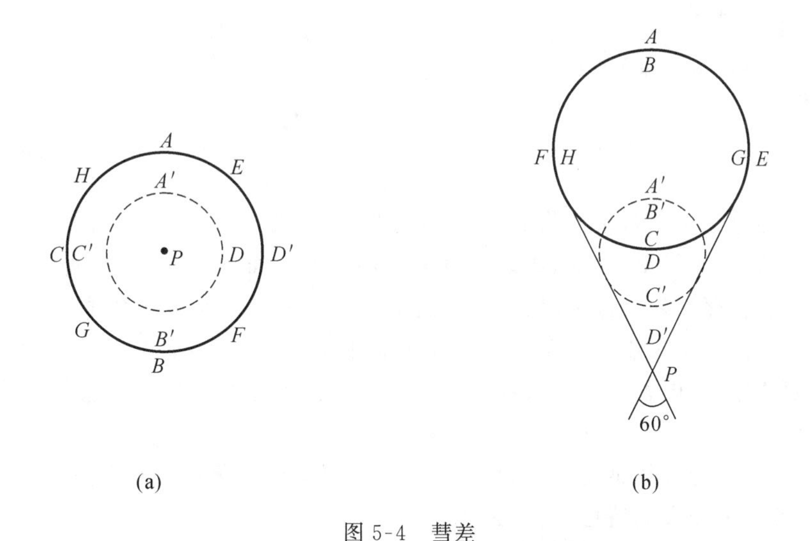

图 5-4　彗差

第三节　像散和场曲

定义包含轴外物点和光轴的平面为子午面；定义包含轴外主光线并与子午面相垂直的

平面为弧矢面。在子午面内的光线，称为子午光线；在弧矢面内的光线，称为弧矢光线；不在子午面内，也不在弧矢面内的光线，称为空间光线。图 5-4 中的 A、B、A'、B'、P 等是子午光线；C、D、C'、D'等是弧矢光线；E、F、G、H 是空间光线。

一个轴外物点，发出一束光线，经系统后在子午面的光线，其焦点位置一般成像是一条线，这条线垂直于子午面，称为子午焦线。同样，弧矢光线的焦点位置则成像于弧矢面内一焦线，称为弧矢焦线。光学系统存在像散时，子午焦线和弧矢焦线不重合，一个物点成像不再是一个点，而是分开的两条线，如图 5-5 所示。在两个像散焦线之间是椭圆形或圆形的模糊斑。

一个好的镜头，轴上点是没有像散的，像点离轴时，像散便逐渐增加。当存在初级像散时，像面是一个抛物面。单正透镜的像面一般如图 5-6 所示。像散值是透镜弯曲形状和光阑位置的函数，当光阑位置在透镜上时，初级像散等于像高的平方除以透镜的焦距。

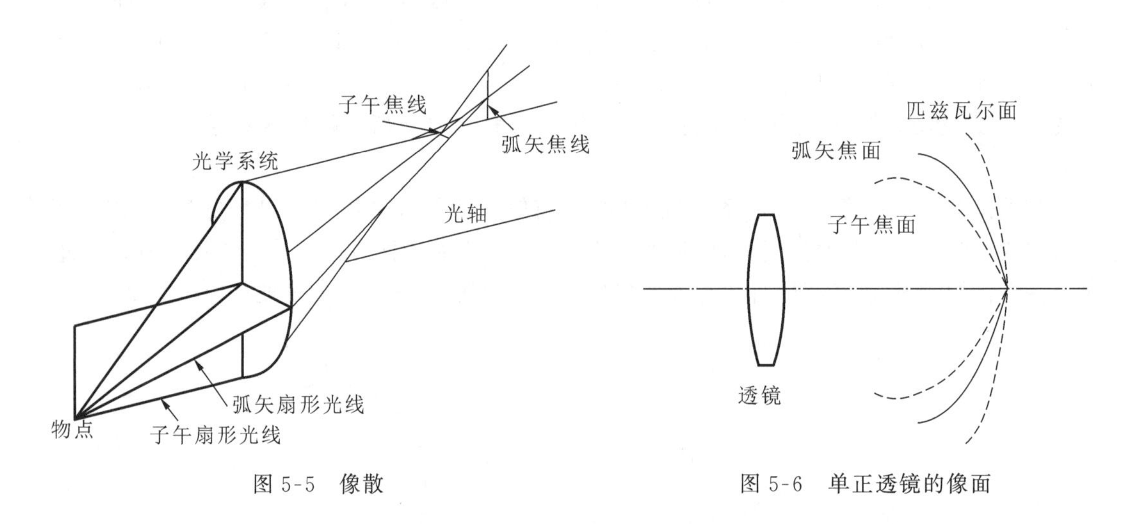

图 5-5　像散　　　　图 5-6　单正透镜的像面

光学系统还存在一个基本的像面弯曲，简称场曲，它是半径与折射率的函数。当没有像散(子午焦线与弧矢焦线重合)时，成像的面也不是一个平面，而是一个曲面，这个曲面就是由场曲所引起的。存在初级像散时，子午焦面距场曲面的距离是弧矢焦面距场曲面的距离的 3 倍。单正透镜的子午焦面与弧矢焦面位于场曲面的同一侧，如图 5-6 所示。当子午焦面在弧矢焦面的左边(向着透镜)时，称为正像散或校正不足的像散；反之，称为负像散或校正过分的像散。

一般来说，单正透镜产生正场曲和正像散；单负透镜产生负场曲和负像散。需要注意的是，像散是轴外点细光束的特性。

第四节　畸　　变

轴外物点经光学系统成像后，其实际像高与理想像高不一致，不一致的程度便是畸变。设实际像高是 η_P'，理想像高是 η'，则畸变：

$$D_T = \Delta H = |\eta'| - |\eta_P'| \tag{5-4}$$

初级畸变随像高的三次方而变化，所以一个正方形物体经有畸变的光学系统成像后，四个角上像点位置的变化要比四个边上像点位置的变化大，图 5-7 表示正方形的物体经具有畸变的光学系统成像后的图形。如图 5-7(a)所示，实际像高大于理想像高，称为负畸变；如图 5-7(b)所示，实际像高小于理想像高，称为正畸变。

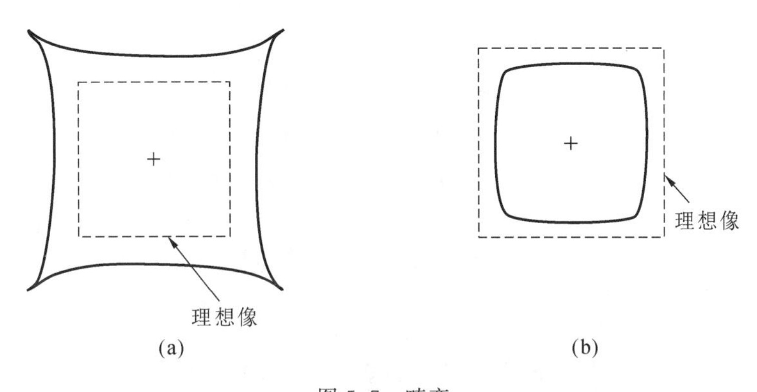

图 5-7　畸变

畸变不影响成像的清晰度，而是使像产生变形。在利用所摄图像进行测量的光学装备中，对畸变有很高的要求。需要注意的是，与像散一样，畸变也是轴外点的细光束特性。

第五节　初级色差

光学系统理想光学性质的色变化便是初级色差。对不同颜色的光，光学系统的焦距(或截距)不同，称为轴向色差；光学系统的倍率不等，称为倍率色差。

一般来说，对波长较短的光，光学玻璃具有较大的折射率；对波长较长的光，光学玻璃具有较小的折射率。因此单透镜对短波(例如蓝光 F 线)折射得厉害，对长波(例如红光 C 线)折射得稍平缓。单正透镜的蓝光焦点比红光焦点距透镜的距离要近，两焦点间的距离便是轴向色差的值。若红光焦点在外、蓝光焦点在内，称为正色差或校正不足色差；反之，称为负色差或校正过分的色差。图 5-8 表示单正透镜的色差情况。轴上物点存在色差时，形成彩色弥散斑。在焦点附近放置一白屏，当屏向透镜方向移动时，中心斑变成蓝色的，向反方向移动时，中心斑变成红色的。

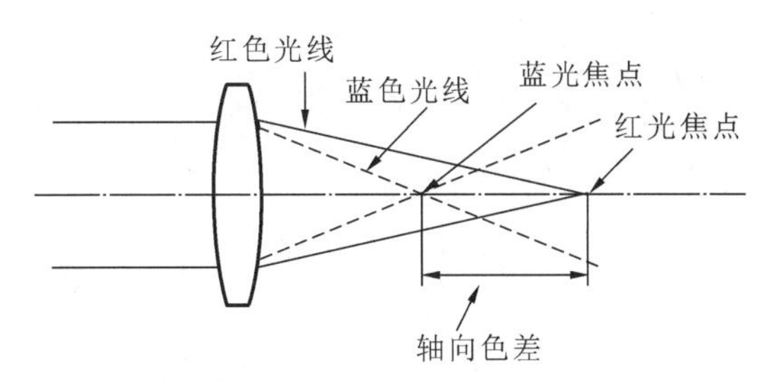

图 5-8　单正透镜的轴向色差

对轴外点成像，不同色光成像在不同的高度，即有不同的倍率。对单正透镜，蓝光比红光折射得厉害，所以蓝光的高度低、红光的高度高，称为正倍率色差或校正不足倍率色差。图 5-9 表示了单正透镜倍率色差的情况。

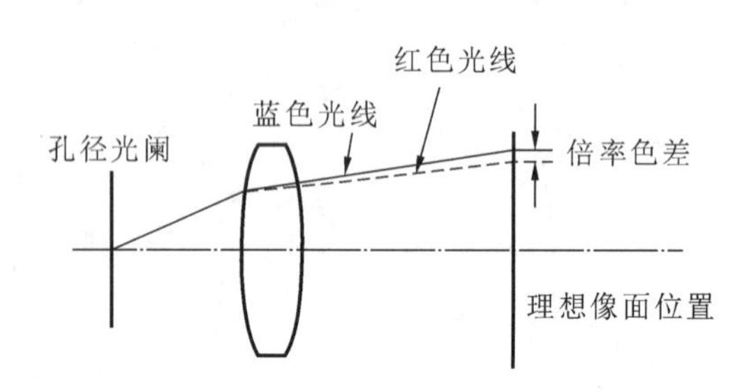

图 5-9　单正透镜的倍率色差

第六节　波像差和几何像差

由物理光学得知，光线可以看作波阵面（简称波面）的法线，前几节中讨论了用光线表示的像差为几何像差。既然波面和光线的关系是明确的，那么可以用波面来表示像差，即波像差，它与几何像差的关系应该也是明确的。

波像差是实际波面相对于理想波面的差异，理想波面可以是以理想像点（近轴像点）为中心的任一球面。几何像差是以理想像点为参考，实际光线位置与理想光线位置之间的偏离。当几何像差参考位置变更时，波像差的参考波面也随之变更。

一、轴对称波像差和轴向像差（球差）间的关系

对于轴对称的波面而言，因其对称性，波面的法线一定与对称轴相交。因此只需要用这个交点的截距就能表示其几何像差；同理，可以在包含对称轴的截面内讨论波像差，如图 5-10 所示。

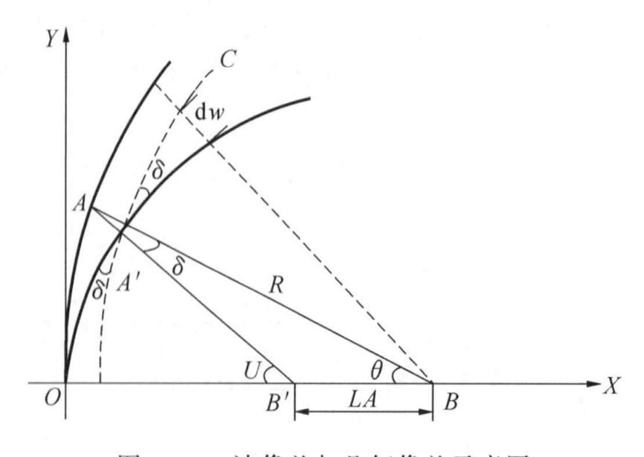

图 5-10　波像差与几何像差示意图

OX 为波面的对称轴，一般也就是光学系统的光轴，O 是出瞳中心，实际波面 OA' 上任一点 A' 的法线(即光线)与对称轴相交于 B' 点。取近轴像点 B 作为参考点，则距离 BB' 就是实际光线的轴向球差，以 LA 表示。以参考点 B 为中心的球面就是参考波面。光线 $A'B'$ 与理想波面 OA 交于 A 点，距离 AA' 乘此空间中的介质的折射率 n 即为波像差，以字母 w 表示。A、B 联线为球面半径，AB 与 AB' 两线间的夹角为 δ，当 LA 不太大时，得

$$\delta = \frac{LA \cdot \sin\theta}{R} \tag{5-5}$$

式中，θ 为 AB 与轴的夹角；R 为理想波面半径。

AB、AB' 各为理想波面和实际波面的法线。以 B 为中心点，通过 A' 点再作一球面 $A'C$，$A'C$ 与 OA 间为等光程，且二面相互平行，故角 δ 也就是 OA' 与 $A'C$ 之间的夹角。由此可见，

$$\delta = \frac{1}{n}\frac{\mathrm{d}w}{R\,\mathrm{d}\theta} \tag{5-6}$$

由式(5-5)和式(5-6)，得

$$\mathrm{d}w = nLA\sin\theta\mathrm{d}\theta$$

积分得：

$$w = \int_0^\theta nLA\sin\theta\mathrm{d}\theta \tag{5-7}$$

这就是所求的波像差 w 与几何像差 LA 之间的关系式。

当球差不大时，$\theta\approx 0$，则

$$\begin{cases} w = \dfrac{n}{2}\displaystyle\int_0^{\theta^2} LA\,\mathrm{d}(\sin^2\theta) \\ w = \dfrac{n}{2}\displaystyle\int_0^{\sin^2\theta} LA\,\mathrm{d}(\sin^2\theta) \\ w = \dfrac{n}{2}\displaystyle\int_0^{U^2} LA\,\mathrm{d}U^2 \end{cases} \tag{5-8}$$

二、轴外点波像差与几何像差间的关系

为描述轴外点光束，我们用光线与某一平面(即理想像面或称参考像面)的交点距某一定点(即理想像点或称参考像点)的坐标 TA_y 和 TA_z 来表示，称之为垂轴像差，如图 5-11 所示。

取出瞳中心 O 与某一点 B_0 的联线作为 OX 轴，分别以 O 及 B_0 点为原点作相互平行的像两右手直角坐标系 $Oxyz$、$B\xi\eta\zeta$。点 $A(x、y、z)$ 与 $A'(x'、y'、z')$ 分别为通过出瞳中心 O 的理想波面与实际波面上的点，距离 AA' 乘上折射率 n 后即为波像差。OB 为理想主光线，它通过我们选定的理想像点(参考点)B，OB 之长以 R 表示。通过 A' 点的实际光线 $A'B'$ 之方向余弦是：$\cos\alpha$、$\cos\beta$、$\cos\gamma$。

B' 是实际光线与 B_0 汇坐标平面的交点，故参考球面方程式为

$$(X - R_0)^2 + (Y - H)^2 + Z^2 = R^2 \tag{5-9}$$

式中，$B_0 = OB_0$，$H = B_0B$。

实际波面方程式为

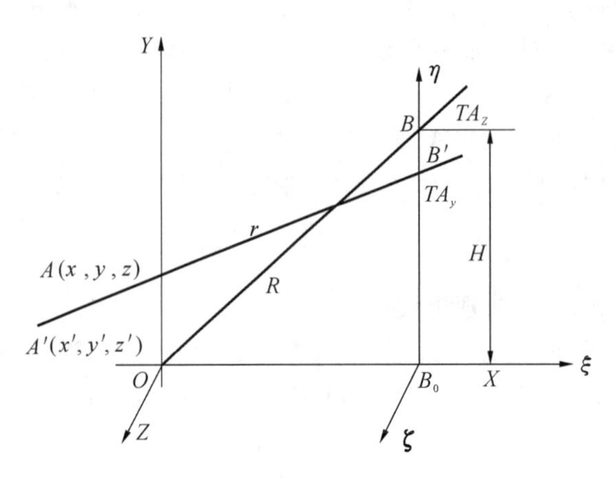

图 5-11　垂轴像差

$$F(X', Y', Z') = 0 \tag{5-10}$$

由式(5-9)和式(5-10)微分得

$$\begin{cases}(X - R_0)\mathrm{d}X + (Y - H)\mathrm{d}Y + Z\mathrm{d}Z = 0 \\ \cos\alpha \mathrm{d}X' + \cos\beta \mathrm{d}Y' + \cos\gamma' \mathrm{d}Z' = 0\end{cases} \tag{5-11}$$

由于波像差在三个方向的投影为

$$\begin{cases}n(X' - X) = w\cos\alpha \\ n(Y' - Y) = w\cos\beta \\ n(Z' - Z) = w\cos\gamma\end{cases} \tag{5-12}$$

微分后得

$$\begin{cases}n(\mathrm{d}X' - \mathrm{d}X) = \cos\alpha \mathrm{d}w - w\sin\alpha \mathrm{d}\alpha \\ n(\mathrm{d}Y' - \mathrm{d}Y) = \cos\beta \mathrm{d}w - w\sin\beta \mathrm{d}\beta \\ n(\mathrm{d}Z' - \mathrm{d}Z) = \cos\gamma \mathrm{d}w - w\sin\gamma \mathrm{d}\gamma\end{cases} \tag{5-13}$$

上面三式各乘以 $\cos\alpha$、$\cos\beta$、$\cos\gamma$ 后相加得

$$n(\cos\alpha \mathrm{d}X' + \cos\beta \mathrm{d}Y' + \cos\gamma \mathrm{d}Z') - n(\cos\alpha \mathrm{d}X + \cos\beta \mathrm{d}Y + \cos\gamma \mathrm{d}Z)$$
$$= \mathrm{d}w + \frac{1}{2}w\mathrm{d}(\cos^2\alpha + \cos^2\beta + \cos^2\gamma)$$

由式(5-11)及考虑到方向余弦的平方和恒等于1,而得

$$\mathrm{d}w = -n(\cos\alpha \mathrm{d}X + \cos\beta \mathrm{d}Y + \cos\gamma \mathrm{d}Z) \tag{5-14}$$

由图 5-12,方向余弦可以表示为:

$$\begin{cases}\cos\alpha = \dfrac{R_0 - X}{r} \\ \cos\beta = \dfrac{H - TA_y - Y}{r} \\ \cos\gamma = \dfrac{-TA_z - Z}{r}\end{cases} \tag{5-15}$$

式中 $r = AB$,以之代入式(5-14),并联合式(5-11),得

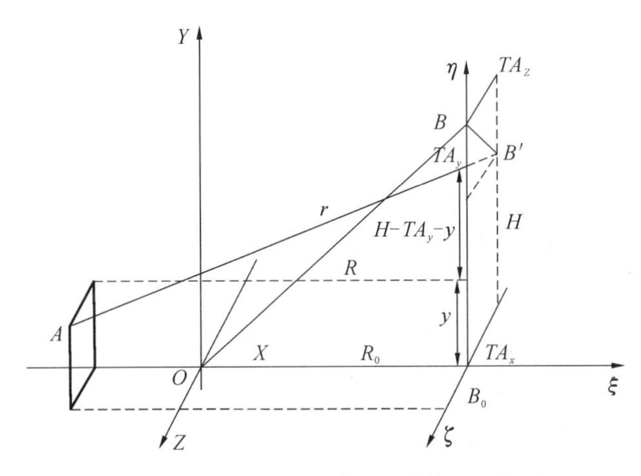

图 5-12 轴外点几何像差与波像差示意图

$$\mathrm{d}w = \frac{n}{r}(TA_y \mathrm{d}Y + TA_z \mathrm{d}Z) \tag{5-16}$$

亦即

$$\begin{cases} \dfrac{\partial w}{\partial y} = \dfrac{n}{r} TA_y \\ \dfrac{\partial w}{\partial z} = \dfrac{n}{r} TA_z \end{cases} \tag{5-17}$$

此即轴外像点般光线的几何像差与波像差的关系式。

为用前两式由波像差求几何像差，或由几何像差求波像差，可将 r 取其近似值 R，将 r 作为常数，并将 Y、Z 看作光线与出瞳交点的坐标。将式(5-16)和式(5-17)中的 Y、Z 除以出瞳最大孔径 y_0，并将结果写作 y、z，再因 $y_0/r=u_0$，故二式成为

$$\mathrm{d}w = nu_0 TA_y \mathrm{d}y + nu_0 TA_z \mathrm{d}z \tag{5-18}$$

$$\begin{cases} \dfrac{\partial w}{\partial y} = nu_0 TA_y \\ \dfrac{\partial w}{\partial z} = nu_0 TA_z \end{cases} \tag{5-19}$$

三、因参考点移动而产生的波像差

在波像差与几何像差的关系中，参考点是任意取定的，只要它既是波像差起算的参考球面中心，又是几何像差的起算点。当参考点变更时，几何像差的变化就如坐标原点移动一样，是简单的，而波像差的变化则稍复杂。

波像差因参考点移动而发生的变化量就是原来的参考球面和新的参考球面之间的距离。可将原参考球面看作实际波面，新参考球面看作理想波面，运用上述公式即可得波像差的变化。当参考点沿波面的对称轴作轴向位移 ΔL 时，故式(5-20)中的 LA 用位移量 ΔL 代替，得

$$\Delta w = \frac{n}{2}\Delta L\int_0^{U^2} \mathrm{d}U^2 = \frac{n}{2}\Delta L\, U^2 \tag{5-20}$$

下面引进一个焦深的概念。焦深是一个长度单位，由下式表示：

$$焦深 = \frac{\lambda}{n\ \sin^2 U} \tag{5-21}$$

当离焦量为1倍焦深，引起波像差的变化量是

$$\Delta w = \frac{n}{2} \frac{\lambda}{n\ \sin^2 U} \cdot U^2 = \frac{\lambda}{2} \tag{5-22}$$

即离焦为$\pm\frac{1}{2}$焦深的几何值时，相当于波差发生$\frac{\lambda}{2}\left(-\frac{\lambda}{4}\sim\frac{\lambda}{4}\right)$的变化。这是一个重要的概念，故作为像差公差的尺度。

当参考点在 X 轴方向做垂轴位移 ΔH 时，相当于在式(5-16)中，$TA_y=\Delta H$，$TA_z=0$，r 是常数(即原参考球面半径)，故积分后就得到坐标 g 处的波面因参考点移动而发生的波像差变化

$$\Delta w = \int_{-\gamma}^{\gamma} \frac{n}{r} \Delta H \mathrm{d}y = \frac{2n\gamma}{r} \Delta H \tag{5-23}$$

下面再引进一个焦宽的概念，焦宽也是一个长度单位，由下式表示：

$$焦宽 = \frac{\lambda}{n \sin U} \tag{5-24}$$

当垂轴离焦量为1倍焦宽时，引起波像差的变化是

$$\Delta w = \frac{2n\gamma}{\gamma} \cdot \frac{\lambda}{n \sin U} = 2\lambda \tag{5-25}$$

即当垂轴离焦为$\pm\frac{1}{2}$焦宽的几何值时，相当波像差发生$\frac{\lambda}{2}(-\lambda\sim\lambda)$的变化。这也是一个重要的概念。

第七节　像差与孔径、视场的关系

孔径与视场不同时，像差是不相同的。当只存在初级像差时，它们与孔径及视场的关系如表5-1所示。

表5-1　各种初级像差与孔径及视场的关系

像　　差	与孔径(y)的关系	与视场(η)的关系
轴向球差	孔径平方 y^2	视场无关 η^0
垂轴球差	孔径立方 y^3	视场无关 η^0
彗差	孔径平方 y^2	视场一次方 η^1
像散与场曲	孔径无关 y^0	视场平方 η^2
畸变	孔径无关 y^0	视场立方 η^3
轴向色差	孔径无关 y^0	视场无关 η^0
倍率色差	孔径无关 y^0	视场一次方 η^1

由此可见，当知道某一孔径、某一视场的初级像差时，可以很方便地估计出不同孔径及不同视场的初级像差值。例如，已知某一孔径、某一视场的初级球差和初级彗差，求当孔径增加 50％及视场减少 50％时的初级球差及初级彗差。孔径增加 50％，即新的孔径为原孔径的 1.5 倍；视场减少 50％，即新的视场为原视场的 0.5 倍。所以，将原来的球差乘以 $(1.5)^2=2.25$，即为新孔径时的球差；将原来的彗差乘以 $(1.5)^2\times0.5=1.125$，即为新孔径、新视场时的彗差。

光学系统存在像差，是光学系统的缺陷，会影响光学系统的质量。因此，校正光学系统的像差、提高光学系统的质量，是光学系统设计的重要任务之一。

光学系统的像差是用来描写光束结构特性的。总的来看，当光束通过光学系统后，为描述光束结构特性，可以在两个方面进行：一是孔径，二是视场。首先，轴上一点发出的主光束、近轴光束和远轴光束，分别与光轴相交在不同位置，这就是初级球差。当孔径再增大时，因入射高度增大而导致截距变化更严重，这就是二级球差；孔径再增大时，将有更高级的球差产生。二级球差与孔径的四次方成比例；更高级的球差与孔径的六次方、八次方成比例。二级球差及更高级球差，统称为高级球差。二级球差在一般系统中常常遇到，在大孔径的照相物镜、高倍率的显微物镜中，则常有更高级的球差。

由于波长不同，二色光线的近轴截距也不相同，这就是初级轴向色差。当孔径增大时，各色光线的球差也不同，这就是色球差。各色光线的二级球差不同，便是更高级的色球。色球差与二级球差一样，在一般光学系统中是经常遇到的。普通的显微物镜、望远物镜和照相物镜以及摄远物镜等，均需考虑这种像差。

对轴外点而言，首先就考虑细光束的聚焦状况，是否与理想光学要求一致，对于轴上点单色光便没有这一问题。垂轴的倍率不一致，就是畸变；轴向光束成像不一致，可分为子午截面和弧矢截面来考虑。当视场不大时，两个主截面成像的位置不一致，产生初级像散和场曲。视场增大时，还有高级畸变，高级像散和场曲。在大视场、小孔径的光学系统中，畸变与像散便是需要校正的问题，例如目镜与普通的航摄物镜，就是这种情况。

视场增大也会使轴外宽光束的像差发生变化，如使球差不同于初级球差或使彗差不同于初级彗差，这就是轴外初级球差和轴外初级彗差。这里的轴外初级球差和轴外初级彗差，实质上属于高级像差的范围。视场再加大时，轴外球差和轴外彗差又将更急剧变化，这些都属于高级像差的范畴。

在大孔径、大视场的光学系统中，孔径和视场虽不大，但光阑位置比较特殊，轴外球差和轴外彗差是需要像差校正的，如航摄物镜、电影电视照相物镜、变焦距物镜及远距摄影物镜等，都需要进行像差校正。

至于轴外点的色差，则首先表现为各色光的倍率不同，此即为初级倍率色差。其次就是各种初级轴外像差的色变化。在大孔径、大视场的光学系统中，要考虑这一问题。

从这种思路来看，光束结构的大致轮廓在不用运算的情况下也比较清晰。仔细运算的结果，可以使我们不但能了解轮廓，而且还能使细微末节都显现出来，使轮廓更鲜明。可以说，简洁的概念是基本的，量的表示则更加深入。利用这些概念和关系，就可以从光线计算结果把各种像差分离出来，并用它来内插外推，求出其他孔径和视场的像差大小。

第六章　光学棱镜和反射镜

在光学系统中，棱镜具有以下两种主要功能：①在光谱仪器（光谱仪、分光仪、分光光度计等）中，棱镜的功能是使光发生散射，将不同波长的光分离开来；②在其他应用中，棱镜的作用是让光束或像移位、偏折及改变方向。在后一类应用中，需要让光精确地对准棱镜，以避免形成不同色光。

第一节　色散棱镜

图 6-1 所示为一种典型的折射棱镜，一条光线入射到第一表面上并向下折射，入射角是 i_1，折射角是 i_1'。光线在第一表面偏折的角度是 $(i_1 - i_1')$，在第二表面的偏折角是 $(i_2' - i_2)$。

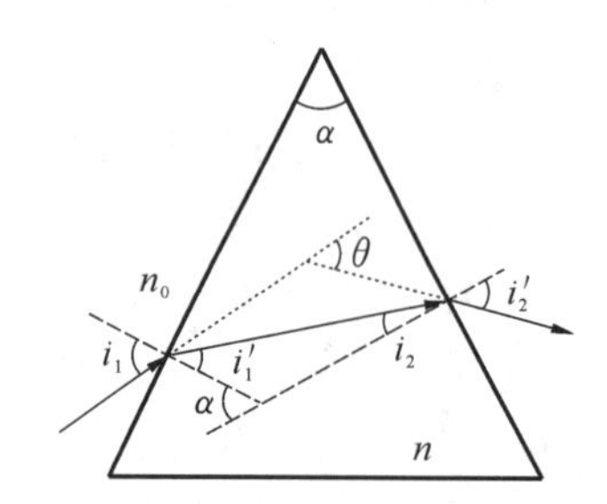

图 6-1　折射棱镜使光线发生偏折

因此，光线总的偏折角是：

$$\theta = (i_1 - i_1') + (i_2' - i_2) \tag{6-1}$$

由图 6-1 可以得出，角度 i_1' 等于 $(\alpha - i_1')$，α 是棱镜顶角，代入式(6-1)中，得到：

$$\theta = i_1 + i_2' - \alpha \tag{6-2}$$

为计算棱镜产生的偏折角，根据折射定律，按照下面方法确定式(6-2)中的角度：

$$\sin i_1' = \frac{1}{n}\sin i_1$$

$$i_2 = \alpha - i_1'$$

$$\sin i_2' = n\sin i_2 \tag{6-3}$$

将式(6-2)、式(6-3)组合成一个表达式 θ，其中包含参量 i_1、α 和 n：

$$\theta = i_1 - \alpha + \arcsin[(n^2 - \sin^2 i_1)^{1/2}\sin\alpha - \cos\alpha\sin i_1] \tag{6-4}$$

很明显，偏折角是棱镜折射率的函数，并随折射率增大而增大。对于光学材料，短波长

(蓝光)的折射率比长波长(红光)高,因此蓝光的偏折角要比红光的大,如图 6-2 所示。

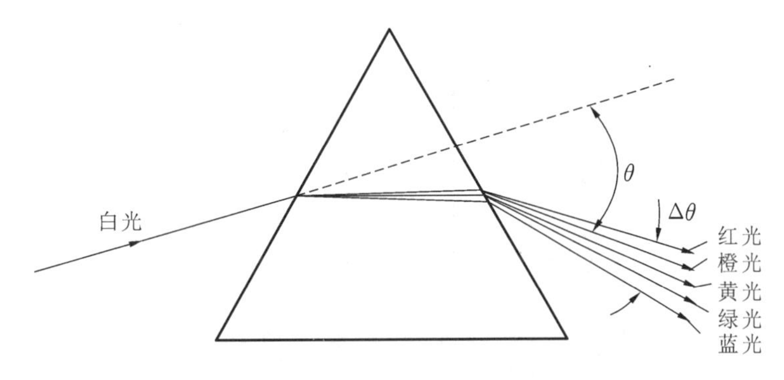

图 6-2　折射棱镜将白光色散成不同成分的色光

偏折角随波长的变化而变化,称为棱镜的色散。令式(6-4)相对于折射率 n 微分就可以确定色散的表达式,假设 i 是常数,得到:

$$d\theta = \frac{\cos i_2 \tan i_1' + \sin i_2}{\cos i_2'} dn \tag{6-5}$$

式(6-5)两侧除以 $d\lambda$ 就可以得到折射棱镜相对于波长的角色散 $d\theta/d\lambda$,式(6-5)右侧产生的 $dn/d\lambda$ 就是棱镜材料的色散。

由式(6-4)可知,棱镜的偏折量是初始入射角 i 的函数。可以证明,当光线对称地通过一个棱镜时,其偏折角最小。在这种情况下,$i_1 = i_2' = \frac{1}{2}(\alpha+\theta)$,$i_1' = i_2 = \frac{\alpha}{2}$。所以,已知棱镜顶角 α 和最小偏折角 θ_0,由式(6-6)即可计算出棱镜的折射率:

$$n = \frac{\sin i_1}{\sin i_1'} = \frac{\sin \frac{1}{2}(\alpha + \theta_0)}{\sin \frac{\alpha}{2}} \tag{6-6}$$

对于一台分光仪,已经设置最小偏折角,所以通常使用分光仪来精确测量折射率。大部分光谱仪器采用棱镜分光,可容许最大直径的光束通过给定棱镜,且产生最小量的表面反射。

第二节　平 行 平 板

光学系统中有很多平行玻璃平面元件,简称平行平板,如窗口玻璃、分划板、平板测微器等,反射棱镜展开后相当于一块平行平板,因此,有必要对平行平板进行分析与研究。

图 6-3 所示是一个位于空气中的透镜,成像于 P 点。在透镜与 P 点之间插入一块平行平板,平行平板厚度为 t,于是像点移动到 P' 点。追迹通过平板的光路,$i_2 = i_1'$,根据 Snell 定律,$\sin i_2 = \sin i_1' = (1/n)\sin i_1 = (1/n)\sin i_2'$,可得 $i_2' = i_1$,即从平板出射的光线与进入平板的光线有相同的斜率(因表面是平面)。因此透镜系统中插入平板不会改变系统的光焦度和

像的大小。

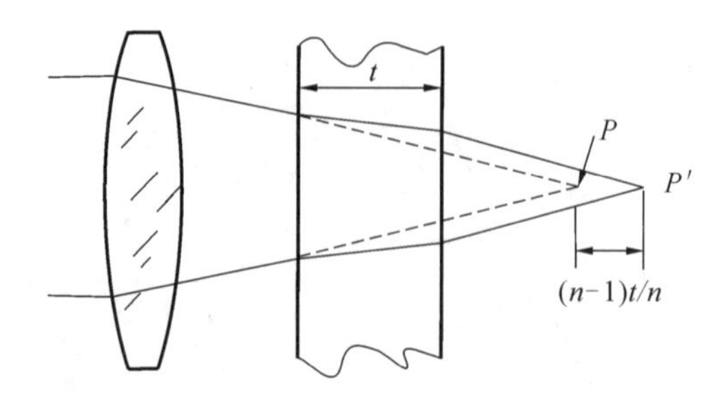

图 6-3　一块平面平行板会造成像的纵向位移

应用第四章的近轴光线追迹公式，可以很容易确定像的纵向位移量等于$(n-1)t/n$。与空气相比，平板的有效厚度（等效空气层厚度）要比实际厚度 t 小一个位移量。因此，等效空气层厚度就等于从平板厚度中减去该位移量，等于 t/n。当希望确定一个给定尺寸的棱镜是否可以放置在某光学系统中一个限定空间内时，等效空气层厚度的概念非常有用。

如果平板旋转一个角度 I，如图 6-4 所示，可以看出，“轴线”在横向位移了一个量 D，并由下式给出：

$$D = t\cos I(\tan I - \tan I') = t\frac{\sin(I - I')}{\cos I'} \tag{6-7}$$

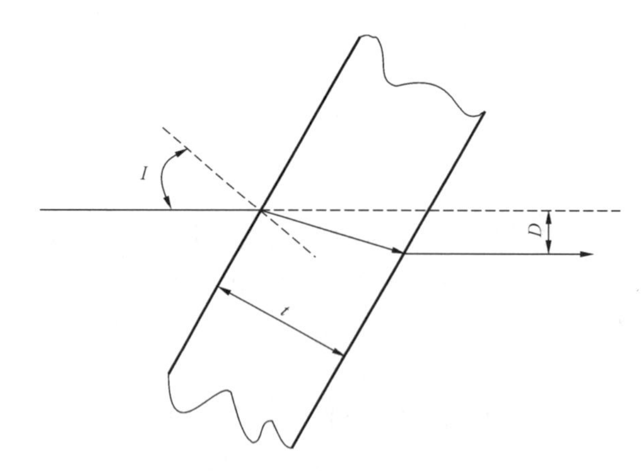

图 6-4　一块倾斜平板造成的光线横向位移

或者

$$D = t\sin I\left(1 - \frac{\cos I}{n\cos I}\right) \tag{6-8}$$

或者

$$D = t\sin I\left(1 - \sqrt{\frac{1 - \sin^2 I}{n^2 - \sin^2 I}}\right) \tag{6-9}$$

利用幂级数展开式，得到下面表达式：

$$D = \frac{tI(n-1)}{n}\left[1 + \frac{I^2(-n^2+3n+3)}{6n^2} + \frac{I^4(n^4-15n^3-15n^2+45n+45)}{120n^4} + \cdots\right] \tag{6-10}$$

对于小角度，通常用角度值代替其正弦或正切值，或者简单地使用展开式的第一项，得到：

$$d = \frac{tI(n-1)}{n} \tag{6-11}$$

倾斜平板会造成横向位移的技术已应用在高速相机（旋转平板使像移动一个量值，该量值等于连续运动胶片的行程）和光学测微计中。通常，光学测微计放在望远镜前面，用来移动瞄准线，一个标定过的转鼓与平板的倾斜机构相连，位移量可连续地从转鼓上读出。

平板应用于平行光束不会产生像差（因为光线以同样角度入射和出射）。然而，若将平板安装在一束会聚或发散光束中，会形成像差。短波长光线（高折射率材料）造成的纵向位移$(n-1)t/n$要比长波长大，所以会产生过校正色差。与光轴夹角较大的光线，位移量也大，这是过校正球差。平板倾斜时，子午光线形成的像向后移动，而弧矢光线（在垂直于纸面的平面内）形成的像移动量较小，因而产生像散。

一块平板引进的像差量可以由下面公式计算，参考图 6-5 和表 6-1，给出各符号的意义。

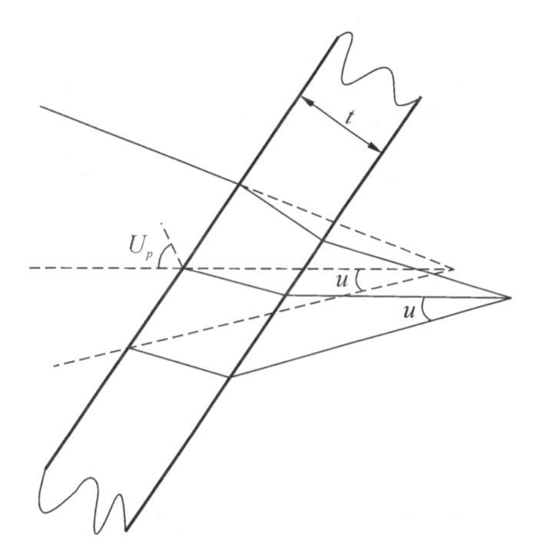

图 6-5　一块平板引进的像差

表 6-1　各个符号定义

U 和 u	光线相对于光轴的倾斜角
U_p 和 u_p	平板倾斜角
t	平板厚度
n	平板折射率
V	阿贝数$(n_d-1)/(n_F-n_C)$

$$色差 = l'_F - l'_C = \frac{t(n-1)}{n^2V} \tag{6-12}$$

$$球差 = L' - l' = \frac{t}{n}\left[1 - \frac{n\cos U}{\sqrt{n^2-\sin^2 U}}\right] \quad (实际值)$$

$$= \frac{tu^2(n^2-1)}{2n^3} \quad (三级像差) \tag{6-13}$$

$$像散 = l'_s - l'_t = \frac{t}{\sqrt{n^2 - \sin^2 U_p}} \times \left[\frac{n^2 \cos^2 U_p}{(n^2 - \sin^2 U_p)} - 1 \right] \quad (实际值)$$

$$= \frac{-t u_p^2 (n^2 - 1)}{n^3} \quad (三级像差) \tag{6-14}$$

$$弧矢像差 = \frac{t u^2 u_p (n^2 - 1)}{2 n^3} \quad (三级像差) \tag{6-15}$$

$$横向色差 = \frac{t u_p (n - 1)}{n^2 V} \quad (三级像差) \tag{6-16}$$

这些表达式对评价一块平板或棱镜系统引入(或撤出)光学系统时如何影响像差校正状态特别有用。

玻璃平板通常用作分束镜,倾斜 45°。在这种布局中,像散几乎是平板厚度的 1/4。由于可能会严重恶化像质,在会聚或发散光束中不推荐使用这类平板分束镜。值得注意的是,如果光路设计加入另外一块同样的平板,使其在子午面内与第一块平板倾斜 90°,或者加入一块弱柱面镜、倾斜的球面或一块楔形板,都可以使像散为零。

第三节　平面镜反射物像坐标和双面镜反射

由于本章讨论的棱镜系统基本是反射棱镜,主要功能可以用一个平面反射镜系统替代,所以本节首先要讨论一个平面反射表面的成像性质。

由一个物点发出的光线遵循反射定律进行反射,即入射光线和反射光线都位于入射平面内,并与表面法线形成相等的角度。

在图 6-6 中,由 P 点发出的两条光线被平面镜 MM' 反射。将这些光线向后延长,可以看出,反射光线相当于由点 P' 发出,P' 就是 P 点的虚像。P' 和 P 点位于表面的同一条法线(POP')上,距离 OP 完全等于 OP'。

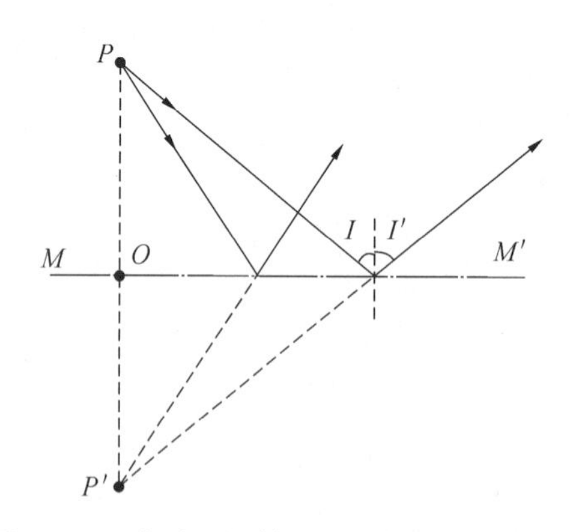

图 6-6　一个平面反射面对一个物点形成虚像

接着讨论一个扩展物体,例如图 6-7 中的箭头 AB。利用前面确定的物点 A 和 B 的成像原理,可以很容易找到箭头 AB 的像的位置。在 E 点直接观察该箭头,看到 A 在箭状物的上端,但在反射像中,箭头(A')在箭状物的下端,反射使箭头的像改变了方向(方向颠倒)。

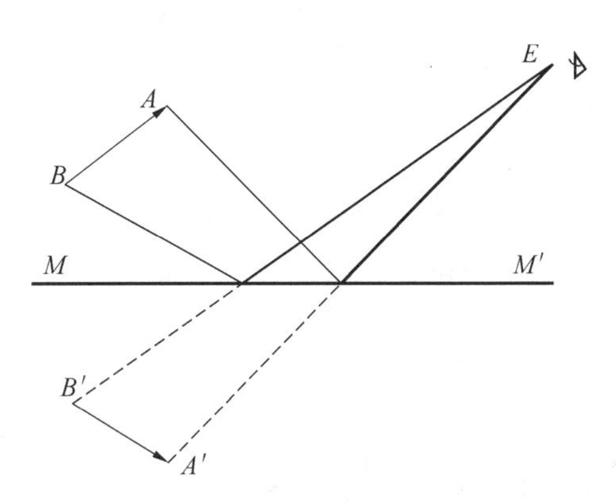

图 6-7　对位于 E 处的观察者，箭头 AB 的反射像似乎颠倒了方向

如果在箭头上增加一个横杆 CD，就形成一个如图 6-8 所示的像。尽管箭头的像反转了方向，但横杆的像与横杆在左右方向上是一致的。

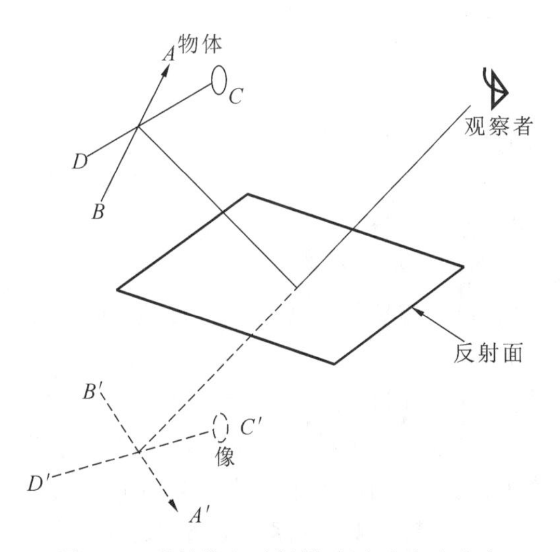

图 6-8　反射像上下颠倒，但左右方向未变

前面讨论的是从观察者观察反射像的角度来研究反射。由于光路是可逆的，所以，可以把图 6-6 中的 P' 看作右侧一个透镜所成的像，P 是 P' 的反射像。同样，在图 6-7 和图 6-8 中，可以用一块透镜代替观察者的眼睛，透镜所成的像用带撇的图（$A'B'$ 或者 $A'B'C'D'$）表示，不带撇的图视为反射像。

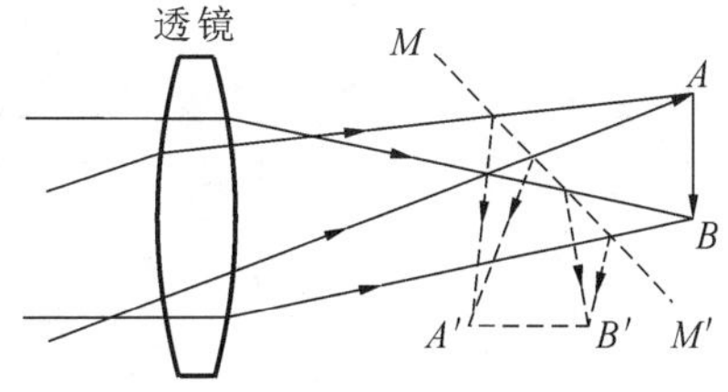

图 6-9　反射表面 MM' 使光学系统折叠

反射可以使光路“折叠”。在图 6-9 中，透镜将箭头成像在 AB 处，插入一个反射面 MM'，则反射后的像位于 $A'B'$。如果页面沿 MM' 折叠，则箭头

AB 及实线表示的光线应当与箭头 $A'B'$ 和反射后的光线(虚线)完全重合。

把图像看作一支铅笔,当它沿着系统光轴运动时,如同“弹”离一堵真实的墙。当光线通过一系列反射镜组成的光学系统时,确定其成像方向的一个非常有用的方法是把该像看作一个横向箭头,或者铅笔弹射离开反射表面,图 6-10 描述了这种判断方法。图 6-10(a)表示铅笔接近和撞击到反射面;图 6-10(b)表明弹离反射面的点,铅笔尾部继续在原方向行进;图 6-10(c)表示反射后铅笔的新位置。如果垂直于纸面的铅笔重复该过程,则可以确定其他子午像的方位。该方法可以重复应用于系统中每一个反射面。

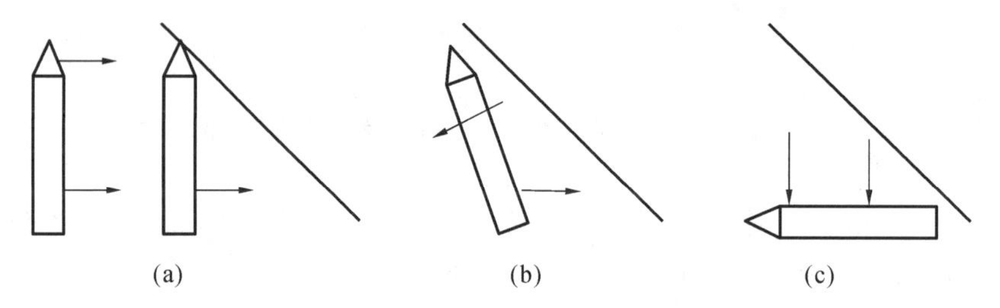

图 6-10　确定反射像方位的一种有用方法

从该目的出发,图 6-11 的方法也是有用的。图示的一张卡片上标有箭头和横杆。注意需要选择铅笔或图像合适的初始方位,使图像的一个子午面与入射面重合。在大部分反射系统中,无论系统中哪一个子午面位于入射面内,应用这种技术的优越性都是很直观的。如果不是这种情况,可以使用标有第二组子午面的卡片,令其与入射面对准,使该(标有子午面的)卡片通过反射。当然,最初的标记卡片给出了最终像的方位。

前面讨论中已多次指出,可以用反射镜代替反射棱镜。如图 6-12 所示,为第一表面反射镜及第二表面反射镜。大部分应用均采用第一表面反射镜,原因有以下几点:一是第二表面反射镜会产生鬼像;二是光线要通过一定厚度的玻璃,可能会引进像差,在红外和紫外应用领域还要吸收能量;三是第二表面反射镜在加工过程中需要对两个表面进行处理,必须通过电镀铜和涂漆对反射膜进行保护,制造出来需要更多时间。第一表面反射镜只需要对第一表面进行处理,通常采用真空法镀铝膜,并用一层透明的一氧化硅或氟化镁膜覆盖。

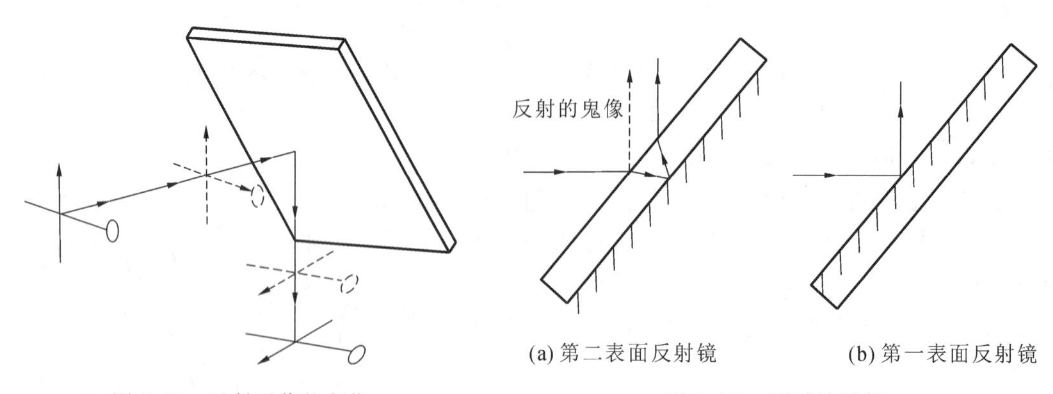

图 6-11　反射后像的方位　　图 6-12　平面反射镜

第四节　直角棱镜

顶角是 45°、90°和 45°的直角棱镜是绝大部分非色散棱镜系统的结构元件。图 6-13 表示一束平行光束从棱镜系统的一个端面入射，然后在斜边上被反射，最终在另一个端面上出射的全过程。

当光线垂直入射在棱镜表面时，它将以 90°的偏折角出射。这是因为在棱镜斜面上，光线的入射角是 45°，所以，属于全内反射。如果两个端面(出射面和入射面)都镀有低反射膜层，由于能量损耗只来自材料内部吸收和端面处的反射，其总量不会超过百分之几甚至更少(在紫外和红外光谱区，棱镜的吸收相当大)。因此，直角棱镜在目视光学系统中是一种非常有效的反射元件。可以看到，全内反射受限于入射角大于临界角的那些光线，因而许多棱镜系统采用高折射率材料以保证在更大的角度范围内实现全内反射。

将棱镜展开，如图 6-14 中虚线所示，该棱镜等效于一块玻璃平板，其厚度等于入射面或出射面的长度，平板的等效空气层厚度等于该厚度除以棱镜的折射率。

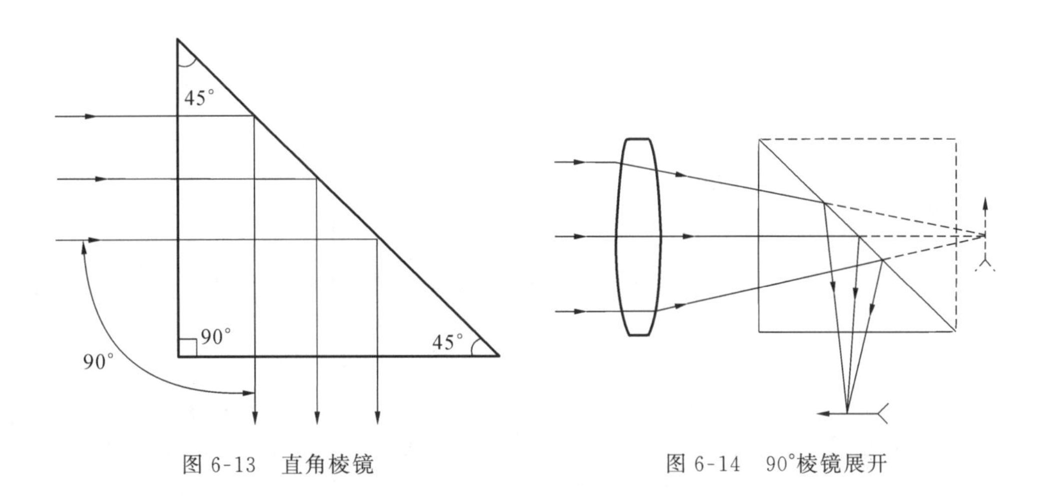

图 6-13　直角棱镜　　　图 6-14　90°棱镜展开

45°-90°-45°直角棱镜的使用状态如图 6-15 所示，光束进入棱镜后经两个直角边依次反射，再从斜边出射，偏离原方向 180°。图 6-15 还表明了棱镜的展开光路及成像方位，成像的上下方向已经颠倒，但左右方向不变。棱镜的展开光路称为对折图，利用对折图可以确定棱镜的角视场及通过棱镜的光束尺寸。

以这种方式应用的棱镜称为固定偏折角棱镜，无论光线以何种角度入射到棱镜，出射光线都是平行于入射光线的，如图 6-16(a)所示，该性质是双反射面棱镜的一种特性。使光线向后传播的系统称为后向反射镜，此棱镜只在一个子午方向是后向反射。由两个反射面组成的固定偏折角系统有许多种，图 6-16(b)所示为 90°偏折角结构，反射面彼此成 45°，这种固定偏折角是两块反射镜夹角的两倍，入射光线与反射光线成 90°。

45°-90°-45°直角棱镜的第三种布局如图 6-17 所示，一束平行于棱镜斜边的光线入射到棱镜上，在入射面向下折射之后，斜边将光线向上反射，并在出射面第二次折射后出射。光

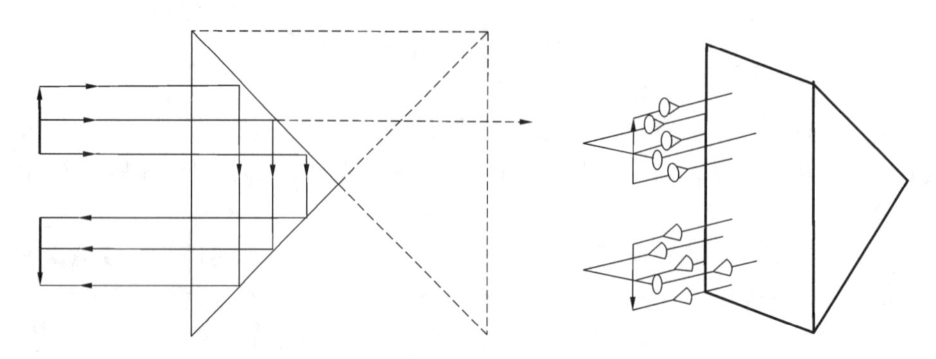

图 6-15　将斜边用作入射面和出射面的直角棱镜

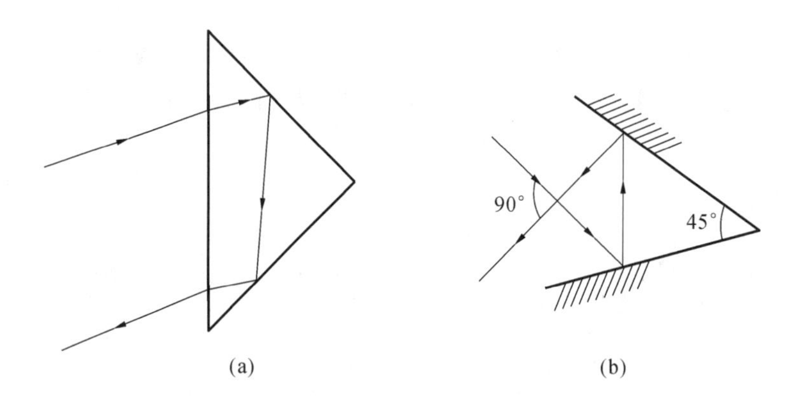

图 6-16　固定偏折角棱镜及固定偏转反射镜

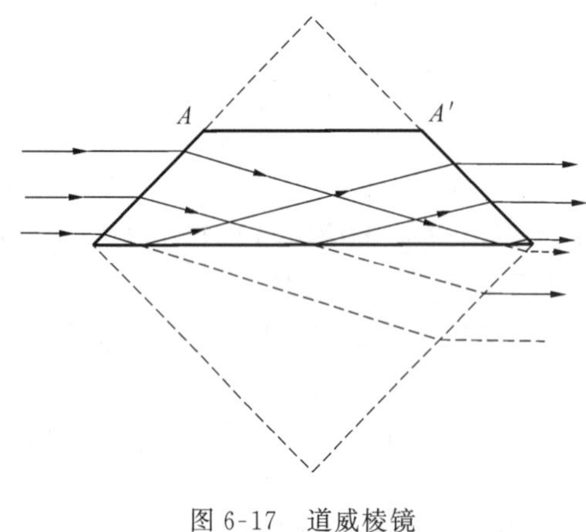

图 6-17　道威棱镜

线的展开光路(虚线所示)表明,该棱镜等效于一块平板玻璃,相对于光轴有倾斜,该棱镜应用于会聚光束中,会产生大量像散(粗略计算,等于其厚度的 1/4),这种棱镜就是道威(Dove)棱镜。因此,道威棱镜总是应用在平行光束中。由于棱镜顶角部位没有光线通过,所以,通常在 AA' 处切趾。

道威棱镜对成像方向有一个非常重要的影响。在图 6-18(a)中,箭头横杠图上下方向颠倒,但左右方向不变;将棱镜旋转 45°,如图 6-18(b)所示,则像旋转 90°;如果棱镜旋转 90°,如图 6-18(c)所示,则图像旋转 180°。因此,像的旋转速度是棱镜旋转速度的两倍。

道威棱镜的长度是透过光束直径的 4～5 倍。如果将两个道威棱镜的斜边表面镀银或镀铝之后胶合在一起,其孔径增加一倍而不增加长度。与单个道威棱镜一样,双道威棱镜也

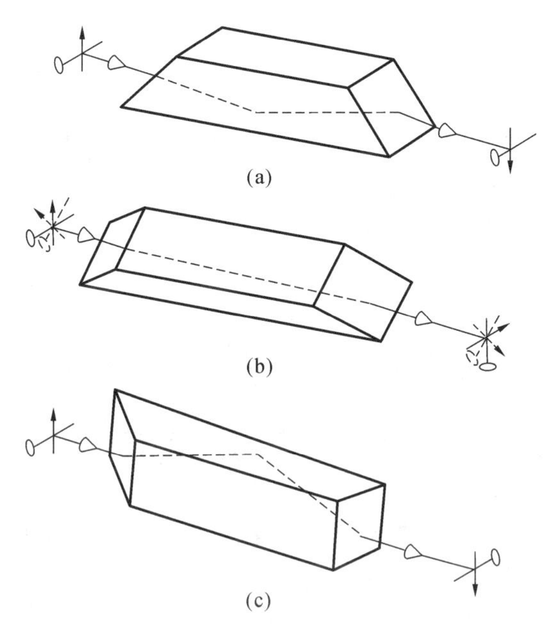

图 6-18　道威棱镜成像方位的分析

应用在平行光束中，必须精确地加工道威棱镜以避免产生两个分离像。倾斜或绕中心旋转双道威棱镜，可以用作扫描器以改变望远镜或潜望镜的瞄准方向。

第五节　屋脊棱镜

如果用一个“屋脊”，即两个成 90°的正交表面，代替直角棱镜的斜边反射面，则该棱镜就称为屋脊棱镜或阿米西(Amici)棱镜。屋脊棱镜的正视图和侧视图如图 6-19 所示。棱镜中增加屋脊面使像增加一次反转，比较图 6-18 中横杆的最终方向和图 6-20(a)中的方位，就可以看出屋脊面的作用。追迹图 6-20(a)中虚线表示的光路，将箭头横杆图中通过棱镜前后的圆圈连接起来，可以进一步得到理解。

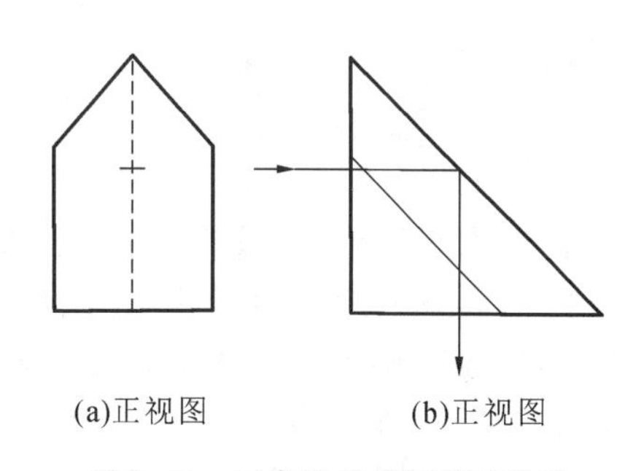

图 6-19　屋脊棱镜或阿米西棱镜

图 6-20(a)中的光线(在屋脊面上)入射角大约是 60°，同一光线在直角棱镜中的入射角是 45°。即使光线垂直于屋脊棱，其入射角也是 45°，其结果是在直角棱镜斜边表面透过的光束将会在屋脊面上发生全反射。

实际上，阿米西棱镜的棱角通常被切掉，如图 6-20(b)所示，目的是减轻重量和去掉易破碎的尖部减小尺寸。必须保证 90°屋脊角有很高的精度，如果屋脊角有误差，光束会分成两束，以 6 倍于误差的角度发散。因此，为避免明显出现双像，通常屋脊角的精度要求是 1″～2″。

无论棱镜制造得多么理想，引进屋脊面都会在垂直于屋脊棱方向(由于偏振或反射造成

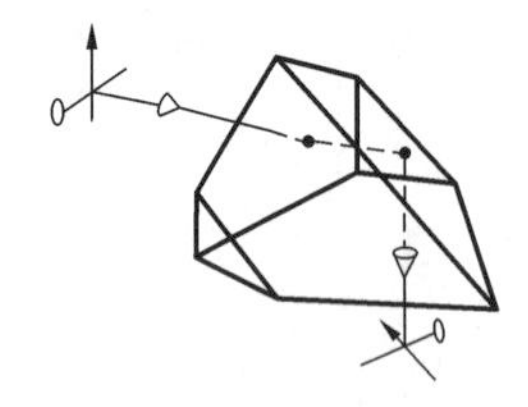

(a) 一条光线通过棱镜的光路及像的方位

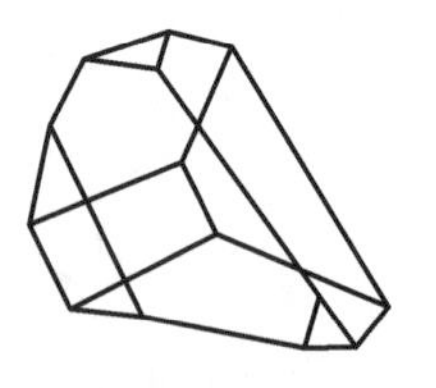

(b) 切掉棱角以减轻重量但不会影响有效孔径

图 6-20　阿米西棱镜

相移)使衍射受限分辨率降低一半,目前已经研发出降低该效应的多层膜系。

第六节　正像棱镜

在普通望远镜中,物镜对物成倒像,再通过目镜观察。人眼看到的是上下颠倒、左右反转的像,如图 6-21 所示。观察一个倒像很不习惯,为了消除这种效应,需要设计一个正像系统,把倒像重新颠倒过来,恢复到正确位置。正像系统既可以是透镜系统,也可以是棱镜系统。

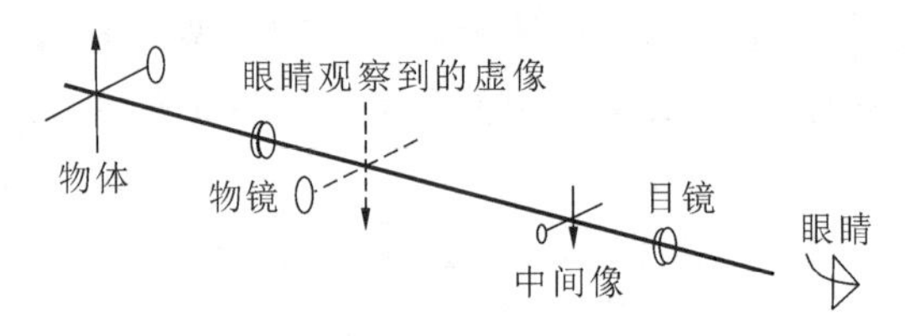

图 6-21　望远镜物像关系

一、第一型珀罗(Porro)棱镜

最常用的正像棱镜系统是第一型珀罗棱镜,如图 6-22 所示。珀罗棱镜系统由两块直角棱镜组成,彼此互成 90°角。第一块棱镜将像上下翻转,第二块棱镜将像左右反转,光轴有横向位移,但不偏折。可以看到,如果将该系统安装在图 6-21 所示的望远镜中,最终得到的像会与物体有相同的方位。通常,为减小系统尺寸,棱镜系统都是安插在物镜与目镜之间。

第一型珀罗棱镜深受设计者欢迎,原因在于,45°-90°-45°直角棱镜制造容易,不需要苛刻的公差,经济性好。然而,如果安装棱镜并没有使屋脊棱彼此严格地成 90°,那么,像的最终旋转角度误差将是角度安装误差的两倍。在双目镜系统中,展示给两只眼睛的像必须一样,因此,上述性能要求尤显重要。

二、第二型珀罗棱镜

第二型珀罗棱镜如图 6-23 所示,与第一型珀罗棱镜有同样的作用。两种类型珀罗棱镜都具有全内反射功能,所以无须镀银反射膜。通常,需要将棱镜的棱角滚圆以防破损,并节

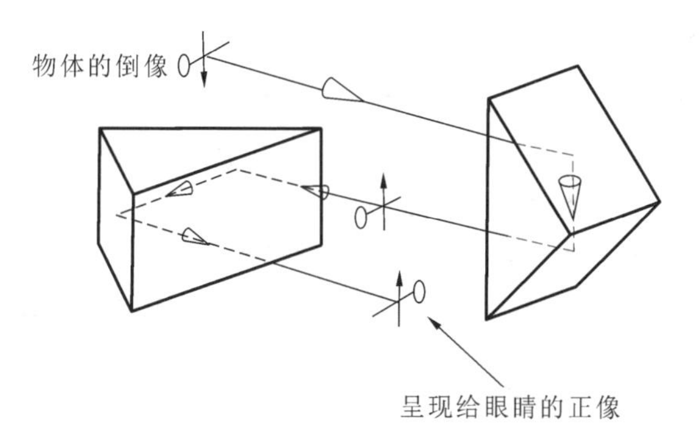

图 6-22 珀罗棱镜系统(第一型)

约空间和减小尺寸。

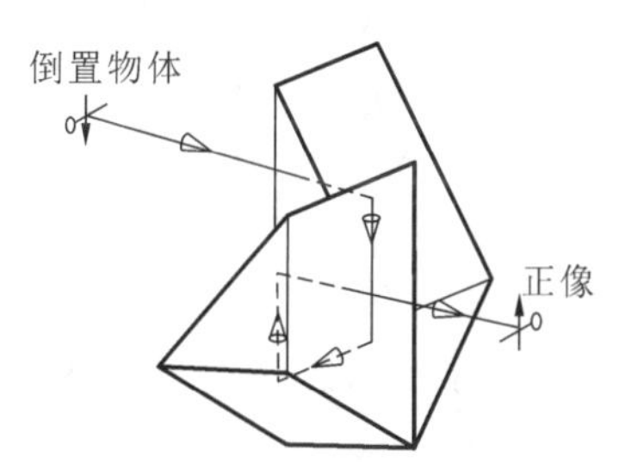

(a) 显示将倒像进行正像的过程，图中的系统由两块棱镜组成

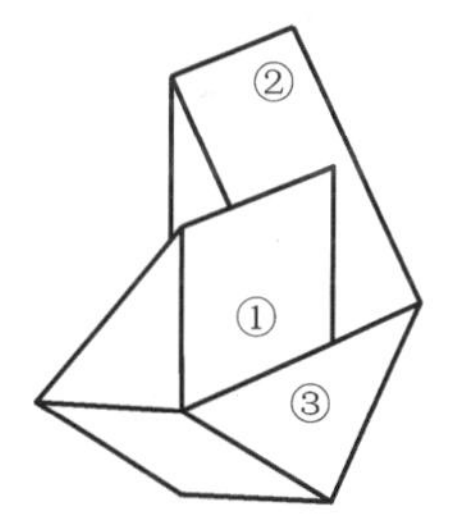

(b) 系统由三块棱镜组成

图 6-23 第二型珀罗棱镜系统

与第一型珀罗棱镜系统相比，第二型珀罗棱镜系统加工难度稍大，但是其紧凑性及棱镜胶合易操作性的优点，使其缺点得以弥补。第二型珀罗棱镜系统通常做成三片型，将两块小的直角棱镜胶合在大直角棱镜的斜面上，如图 6-23(b)所示，轴的横向位移要比第一型珀罗棱镜系统小。

三、阿贝棱镜

图 6-24 所示为阿贝(Abbe)或 Koenig、Brashear-Hastings 棱镜，是另一种正像棱镜，不会像珀罗棱镜那样产生光轴位移。为使像的左右方向反转，必须使用屋脊面，屋脊角必须精确以避免双像。

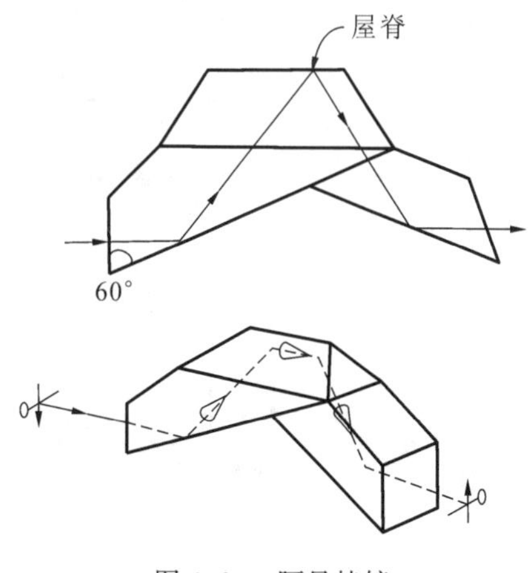

图 6-24 阿贝棱镜

如果这种棱镜没有屋脊面，会使像仅在一个子午面内反转方向，与道威棱镜一样。由于该棱镜入射和出射面垂直于系统光轴，因此可以应用在会聚光束中而不产生像散。

四、其他正像棱镜

图 6-25 中列出了多种正像棱镜。利用第四节介绍的方法可以验证图像经过正像棱镜后被倒置，并被左右反转。每种棱镜轴向光线都垂直于棱镜表面入射和出射，所有反射都是全内反射。对列曼（Leman）棱镜和哥慈（Goerz）棱镜，光轴有偏移，没有偏折；施密特（Schmidt）棱镜和改进型阿米西（Amici）棱镜，光轴会有一定量的偏折角，可以由设计师自己选择（在全反射容许的限定范围内）。还要注意，屋脊面应选择在入射角较小、使用普通表面可能会漏光的位置。

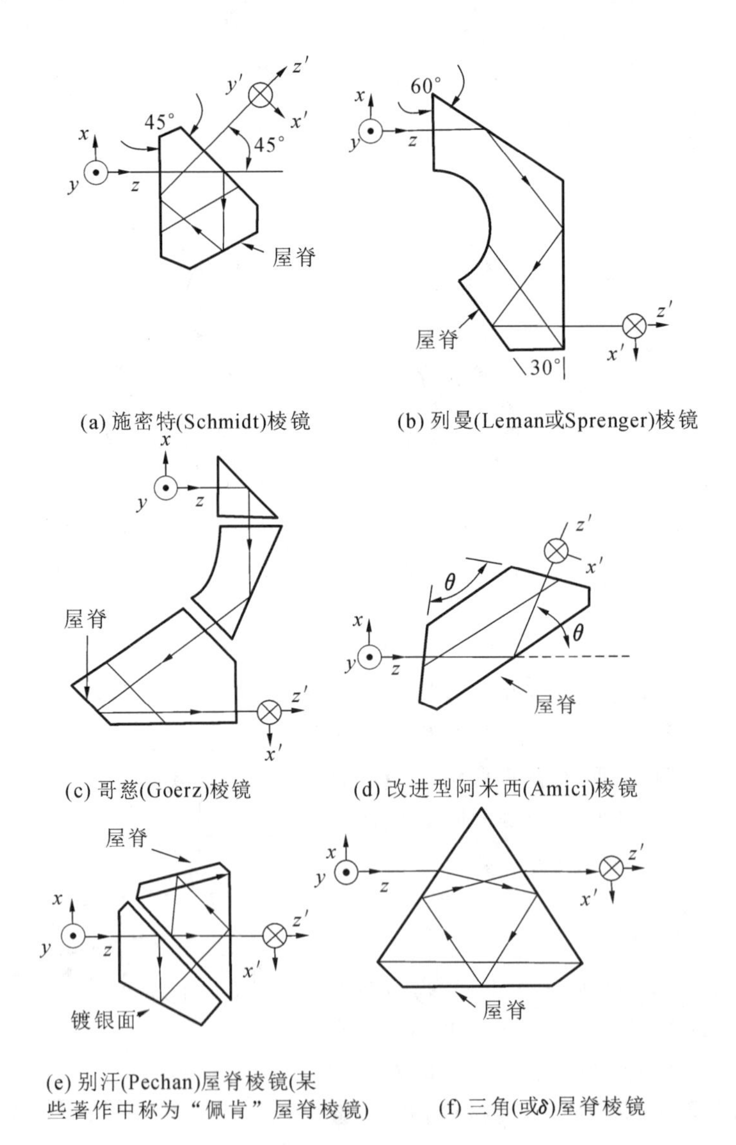

图 6-25　正像棱镜

第七节　倒像棱镜

道威棱镜和无屋脊阿贝棱镜都是在一个子午方向倒像，对其他方向没有影响。平面反射镜和直角棱镜也是简单的倒像系统。图 6-26 列出了上述棱镜和别汗棱镜，其中，别汗棱镜是该类应用中比较紧凑的一种棱镜。注意，在这些棱镜中加入一个“屋脊面”，就可转换成正像系统。

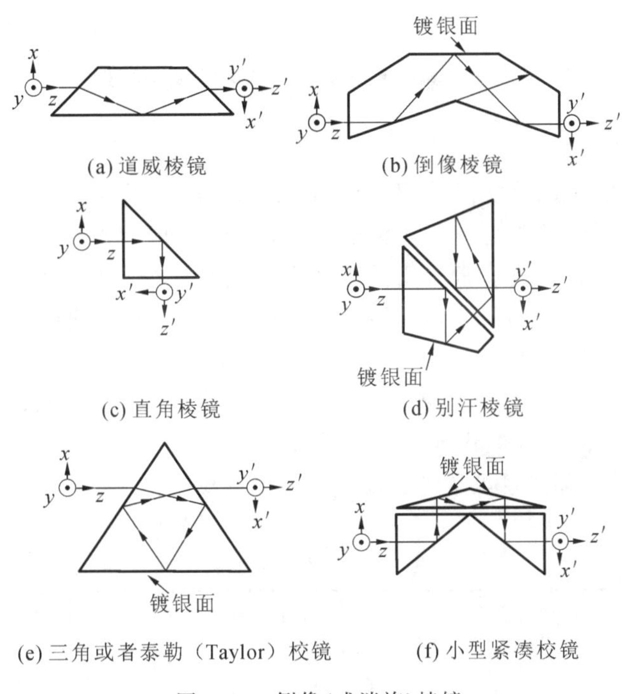

图 6-26　倒像(或消旋)棱镜

倒像棱镜也称为消旋棱镜，因为所有倒像棱镜与图 6-18 所示的道威棱镜使像旋转的方式一样。

图 6-26(b)所示的反射镜形式称为 k-反射镜，这类结构形式在红外和紫外光谱范围非常有用，因为这些波段的实体棱镜系统材料较为稀少。

第八节　五角棱镜的反射原理

图 6-27 所示为五棱镜，经过五棱镜所成的像既不上下颠倒，也不左右反转，其功能是将瞄准线偏转 90°。五棱镜是固定偏折角棱镜，无论瞄准线处于何种方位，都会使瞄准线准确地偏转 90°角。

本章介绍的大部分棱镜系统可以用一系列反射镜替代。棱镜作为单块玻璃，是一个非常稳定的结构，而反射镜系统是多个反射镜固定在一块金属支架上的组合体，因此棱镜系统

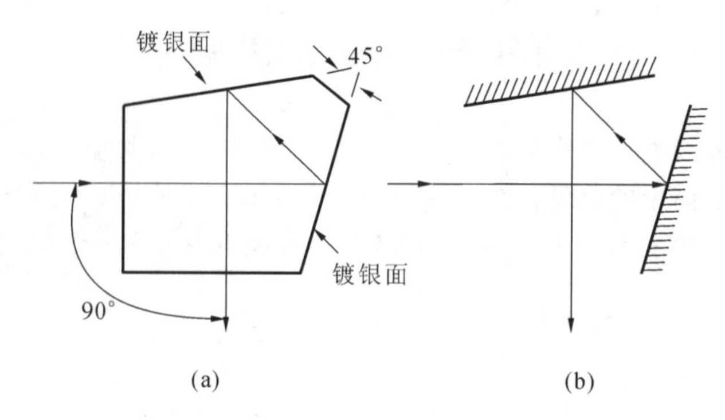

图 6-27　五棱镜(a)及其等效反射镜系统(b)

不易受环境变化的影响。

如果希望光束产生精确 90°偏折，而又无须精确地确定棱镜的位置，就可以应用五角棱镜，测距机的端面反射镜经常使用这类棱镜。在光学加工车间和精密装调车间，利用五角棱镜确定一个精确的 90°偏折是非常有用的。在大型测距机中，通常用两块反射镜胶合成一体来代替五角棱镜，如图 6-27(b)所示，可减轻重量、减少吸收并降低大块实体玻璃的成本。图 6-27 所示的两块反射镜系统造成的偏折角等于反射镜间夹角的两倍。

有时，为使一个子午面内的像颠倒，也会采用一个屋脊面代替五角棱镜的一个反射面。

一些常用反射棱镜的名称、代号、角度关系、尺寸关系和物像关系如表 6-2 所示。剩余种类的全部棱镜及其全部信息可从光学设计手册中查找得到。

表 6-2　常用反射棱镜

名称及代号	外形及展开图	角度关系	尺寸关系	物像关系
道威棱镜 DⅠ-0°	D C d A B D′ C′ L	$\angle A=\angle B=45°$ $\angle C=\angle D=135°$	$AD=BC=1$ $AB=\dfrac{2\sqrt{2n^2-1}\cdot d}{\sqrt{2n^2-1}-1}$ $L=\dfrac{2nd}{\sqrt{2n^2-1}-1}$	镜像
直角棱镜 DⅠ-90°	A d C B L	$\angle A=\angle B=45°$ $\angle C=90°$	$AD=BC=d$ $AB=CD=1.41d$ $L=d$	镜像

续表

名称及代号	外形及展开图	角度关系	尺寸关系	物像关系
斜方棱镜 XⅡ-0°	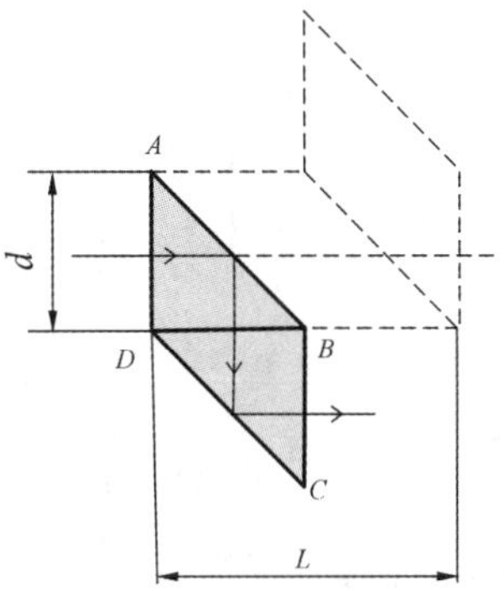	$\angle A=\angle C=45°$ $\angle B=\angle D=135°$	$AD=BC=d$ $AB=CD=1.41d$ $L=2d$	正像
半五棱镜 BⅡ-60°	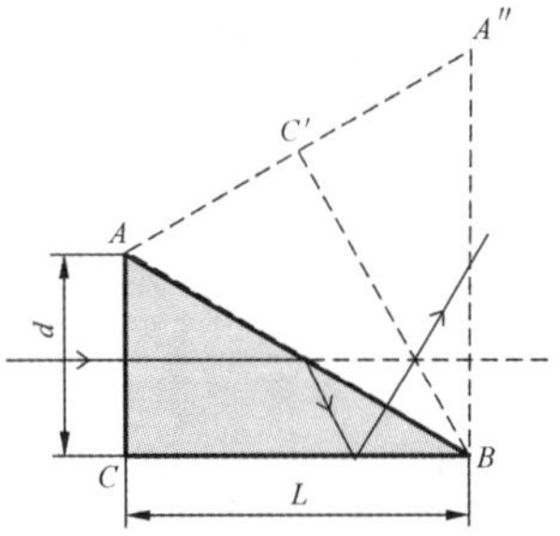	$\angle A=60°$ $\angle B=30°$ $\angle C=90°$	$AC=d$ $AB=2d$ $L=1.73d$	正像
WⅡ-90° 五棱镜	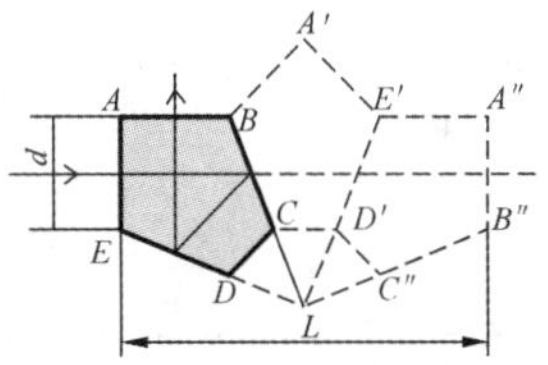	$\angle A=90°$ $\angle B=\angle C=\angle D=\angle E=112.5°$	$AE=AB=d$ $BC=ED=1.08d$ $CD=0.59d$ $L=3.41d$	正像
列曼棱镜 LⅢ-0°	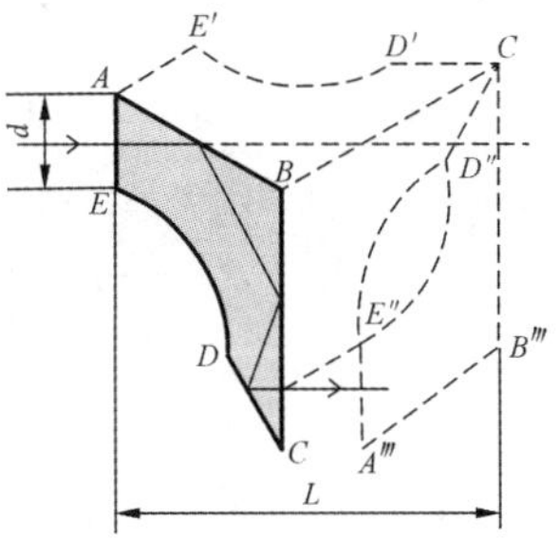	$\angle A=60°$ $\angle B=120°$ $\angle C=30°$	$AE=d$ $AB=2d$ $BC=3d$ $L=4.33d$	镜像

续表

名称及代号	外形及展开图	角度关系	尺寸关系	物像关系
施密特 棱镜 DⅢ-45°	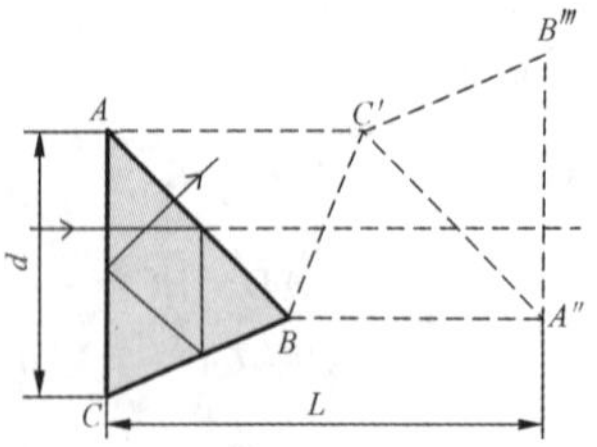	$\angle A=45°$ $\angle B=\angle C=67.5°$	$AB=AC=1.41d$ $BC=1.09d$ $L=2.41d$	镜像
别汉棱镜 FB-0°	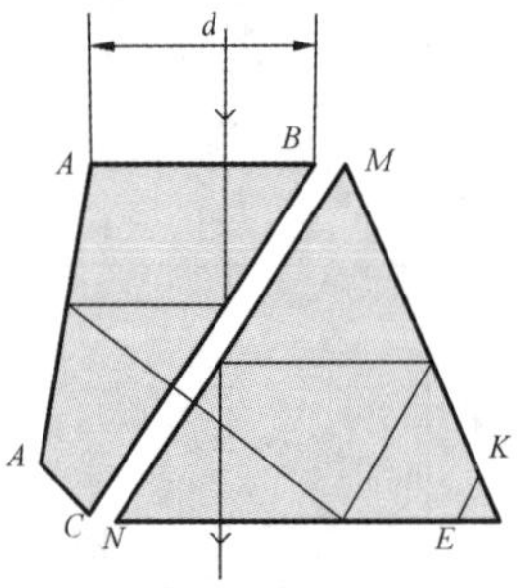	$\angle A=112.5°$ $\angle B=\angle N$ $\angle M=\angle K=67.5°$	$AB=d$ $BC=MN$ $=MK=1.71d$ $AD=1.08d$ $NE=1.41d$ $L=4.62d$	镜像
珀罗Ⅰ型 棱镜 FP-0°	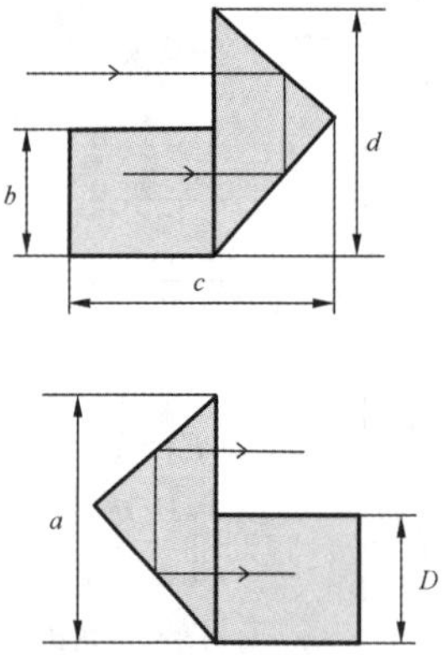		$a=C=d=2D$ $b=2D$	倒像
珀罗Ⅱ型 棱镜 FP-0°	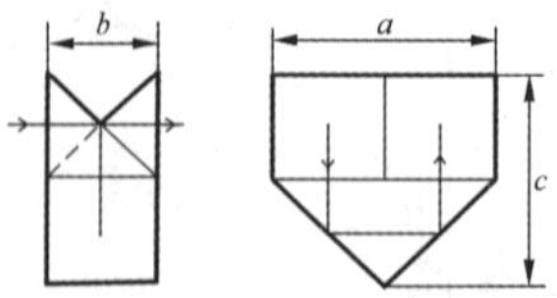		$a=b=2D$ $b=D$	倒像
道威屋脊 棱镜 DIJ-0°	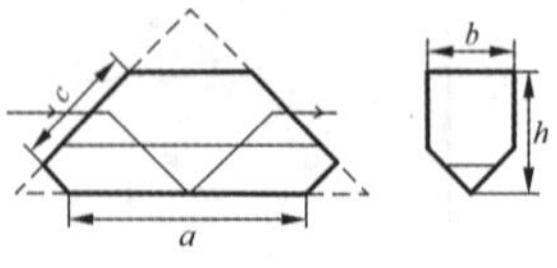	$\angle A=\angle B=45°$ $\angle C=90°$	$a=\frac{2\sqrt{2n^2-1}D}{\sqrt{2n^2-1}-1}$ $b=D$ $c=1.41D$ $h=1.207D$ $L=\frac{2.828nD}{\sqrt{2n^2-1}-1}$	倒像

续表

名称及代号	外形及展开图	角度关系	尺寸关系	物像关系
五角屋脊棱镜 WIIJ-90°	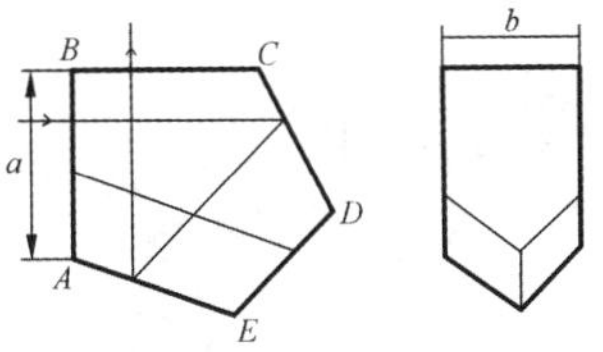 B C D E A a b	$\angle B=90^\circ$ $\angle C=\angle D=112^\circ30'$	$a=1.237d$ $b=d$ $L=4.223d$	镜像
施密特屋脊棱镜 DIIIJ-45°	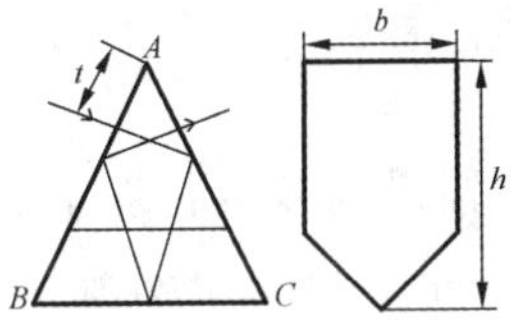 A t B C b h	$\angle A=45^\circ$ $\angle B=\angle C=67^\circ30'$	$a=1.363d$ $b=d$ $t=0.63d$ $h=1.645d$ $L=3.04d$	倒像

第七章　辐射度学原理

第一节　辐射度学度量

辐射计量处理的是辐射能量(即电磁波、电磁辐射),辐射的基本物理量是功率,从而需要建立一套物体辐射功率的衡量标准,即辐射度学衡量标准。以下是辐射理论中常用的几个参量定义。

一、辐射通量 Φ

辐射通量,也称为辐射功率,是光源在单位时间内辐射的能量,单位为 W(W=J/s)。在时间 t 和 $t+\mathrm{d}t$ 间隔内的辐射通量定义为

$$\Phi = \frac{\mathrm{d}Q}{\mathrm{d}t} \tag{7-1}$$

式中,Q 为辐射能量。

二、辐射强度 I

辐射强度是指辐射源在单位立体角内的辐射通量,单位为 W/sr,表示为

$$I = \frac{\mathrm{d}\Phi}{\mathrm{d}\Omega} = \frac{\partial^2 Q}{\partial t \partial \Omega} \tag{7-2}$$

式中,$\mathrm{d}\Phi$ 为该辐射源(点光源)发出并沿给定方向在一个立体角元 $\mathrm{d}\Omega$ 内传播的辐射通量,如图 7-1 所示。

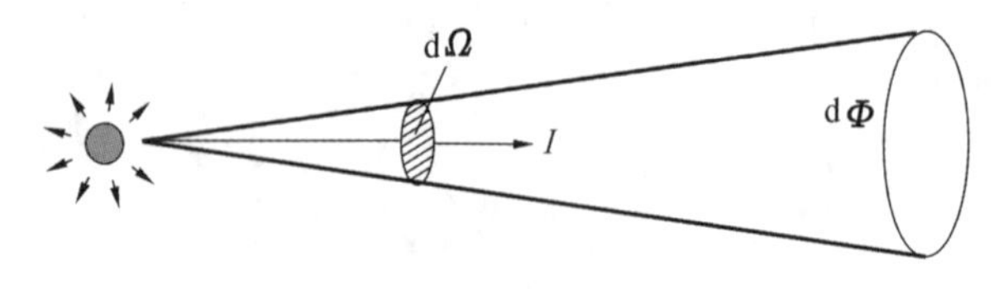

图 7-1　辐射强度示意图

立体角是指从球心出发一个锥体所占的空间角度,单位为球面度,用 sr 表示,其有不同的表达形式,例如:

$$\mathrm{d}\Omega = \frac{\mathrm{d}A}{r^2} \tag{7-3}$$

式中,r 为球半径;$\mathrm{d}A$ 表示球面被锥体所截得的面积。

采用如图 7-2 所示的球坐标系，其中，$dA = r^2 \sin\theta d\theta d\varphi$，则平面角 θ_{max} 对应的立体角表示为

$$\Omega = \int d\Omega = \int_0^{2\pi} d\varphi \int_0^{\theta_{max}} \sin\theta d\theta = 2\pi(1 - \cos\theta_{max}) \tag{7-4}$$

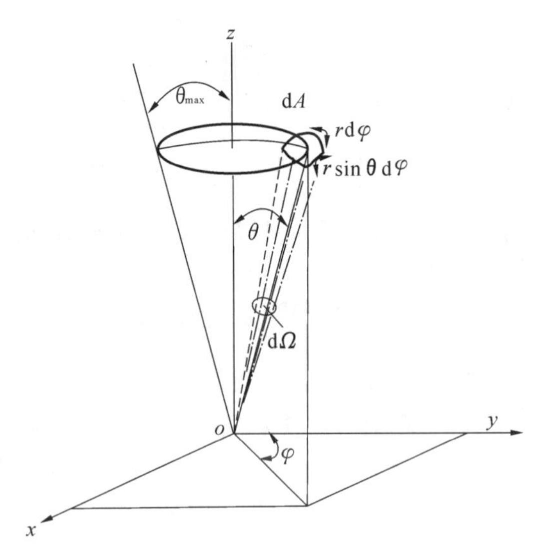

图 7-2　立体角与平面角的关系示意图

三、辐照度 E

辐照度是入射辐射通量在表面一点上的密度，定义为单位面积上的辐射通量，单位为 W/cm^2，表示为

$$E = \frac{\partial \Phi}{\partial A} = \frac{\partial^2 Q}{\partial t \partial A} \tag{7-5}$$

式中，$\partial\Phi$ 为入射在含有该点的面元 ∂A 上的辐射通量，如图 7-3(a)所示。

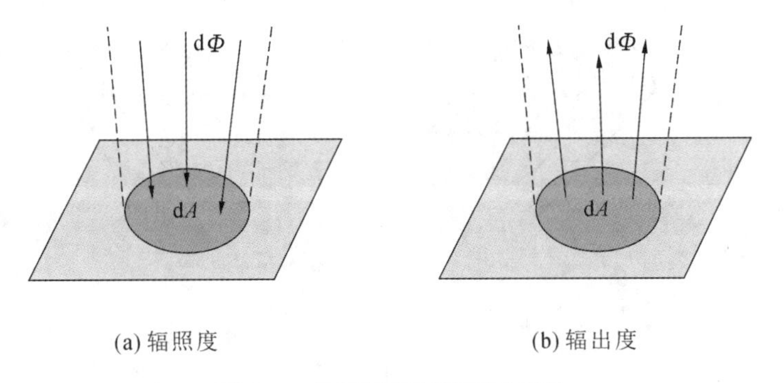

(a) 辐照度　　(b) 辐出度

图 7-3　辐照度与辐出度示意图

对于点光源，假设其具有均匀的辐射光强度 l，接收面积为 A 的面元到点光源的距离为

r，结合式(8-2)可以得到：

$$\Phi = \int \mathrm{d}\Phi = \int I \mathrm{d}\Omega = I \int \frac{\mathrm{d}A}{r^2} = I \frac{\int \mathrm{d}A}{r^2} = I \frac{A}{r^2} \tag{7-6}$$

于是：

$$E = \frac{\Phi}{A} = \frac{I}{r^2} \tag{7-7}$$

特别地，对于扩展光源，要使式(7-7)成立，面元到光源的距离必须足够远。

四、辐出度 M

辐出度表示离开辐射源表面某点处的辐射通量密度，是单位面积辐射源向半球空间发射的功率，单位为 $\mathrm{W/cm^2}$，定义为

$$M = \frac{\partial \Phi}{\partial A} = \frac{\partial^2 Q}{\partial t \partial A} \tag{7-8}$$

式中，$\partial\Phi$ 为离开光源的辐射光通量，如图 7-3(b)所示。

辐照度和辐出度单位相同，但是具有完全不同的物理含义。辐照度是投射到单位表面积的功率量，表示表面被动接受能量的性质，常用于描述探测器的相关特性。辐出度是离开单位表面积的功率量，用于阐述光源产生能量的能力特性。

五、辐射亮度 L

辐射亮度是给定方向的面元在单位立体角内发射的辐射光通量，面元的单位投影面积要垂直于该方向(图 7-4)，单位为 $\mathrm{W \cdot sr/cm^2}$，定义为

$$L = \frac{\partial^2 \Phi}{\partial \Omega \partial A \cos\theta} \tag{7-9}$$

式中，$\partial\Phi$ 为面元发射在给定方向立体角 $\partial\Omega$ 内传播的辐射光通量，如图 7-4 所示；∂A 为面元面积；θ 为面元法线与光束方向的夹角；$\partial A\cos\theta$ 为面元在垂直于测量方向上的投影面积。

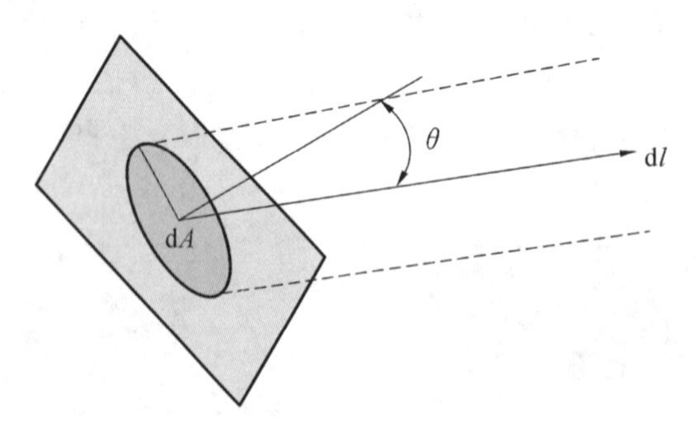

图 7-4　辐射亮度示意图

辐射亮度主要用于表示扩展光源的辐射特性(图 7-5)。根据式(7-9)，探测器接收到的光通量是辐射光通量相对于光源的投影面积和探测器立体角的微分。于是有：

$$\partial^2 \Phi = L \cdot \partial \Omega_d \cdot \partial A_s \cos\theta_s \tag{7-10}$$

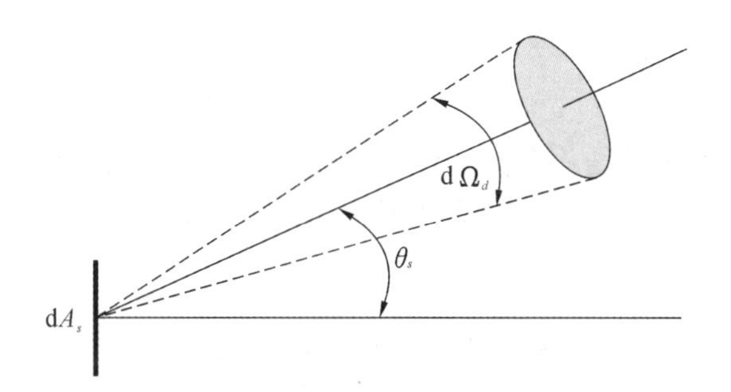

图 7-5　扩展光源辐射亮度示意图

由此，通过对扩展光源投影面积进行一次积分，可以得到光源辐射强度：

$$I=\frac{\partial \Phi}{\partial \Omega_d}=\int_{A_s} L\cos\theta_s \mathrm{d}A_s \tag{7-11}$$

同理，对探测器立体角进行一次积分，可以得到光源辐出度：

$$M=\frac{\partial \Phi}{\partial A_s}=\int_{\Omega_d} L\cos\theta_s \mathrm{d}\Omega_d \tag{7-12}$$

第二节　辐射度学的基本定律

一、朗伯余弦定律

朗伯辐射体的辐射亮度在各个方向上是恒定不变的(图 7-6)。实际上，没有真正的朗伯表面，大部分粗糙表面可以近似于理想的漫反射装置，但是在斜视观测方向上，仍然呈现出半透半反的光学特性。理想的热源(如黑体)近似于理想的朗伯体。部分实际的光源在观测角度 $\theta_s<20°$ 的范围内，可以近似于朗伯体。

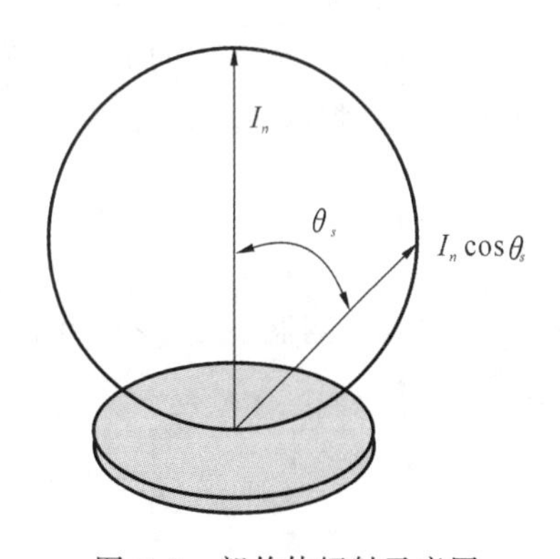

图 7-6　朗伯体辐射示意图

对于朗伯体光源，其辐射强度依然与观测角 θ_s 有关。假设辐射亮度 L 与发射点在光源处的位置无关，由式(7-11)得到朗伯余弦定律：

$$I=\frac{\partial \Phi}{\partial \Omega_d}=\int_{A_s} L\cos\theta_s \mathrm{d}A_s=L A_s\cos\theta_s=I_n\cos\theta_s \tag{7-13}$$

式中，I_n 为朗伯体表面法线方向出射光线的辐射强度。一般对于非朗伯体，辐射亮度是观测角度 θ_s 的函数，I 随 θ_s 要比随 $\cos\theta_s$ 衰减得更快。

对于朗伯体表面辐出度与辐射亮度的关系，利用式(7-12)，可以得到：

$$M=\frac{\partial \Phi}{\partial A_s}=\int_{\Omega_d} L\cos\theta_s \mathrm{d}\Omega_d=\int_0^{2\pi}\mathrm{d}\varphi\int_0^{\pi/2} L\cos\theta_s\sin\theta_s \mathrm{d}\theta_s=\pi L \tag{7-14}$$

二、余弦四次方定律

在实际的光学测量过程中，光源与探测器的布局形态多种多样。首先考虑观测角度 $\theta_s=0$ 的情况，如图 7-7 所示的结构布局，将系统类比为理想点光源模型（即 A/r^2 是非常小的值，同时系统光传输无损耗），将探测器的立体角乘以光源面积和光源辐射亮度，可以得到探测器上的辐射光通量：

$$\Phi_d = LA_s\Omega_d = \frac{LA_sA_d}{r^2} = LA_d\Omega_s \tag{7-15}$$

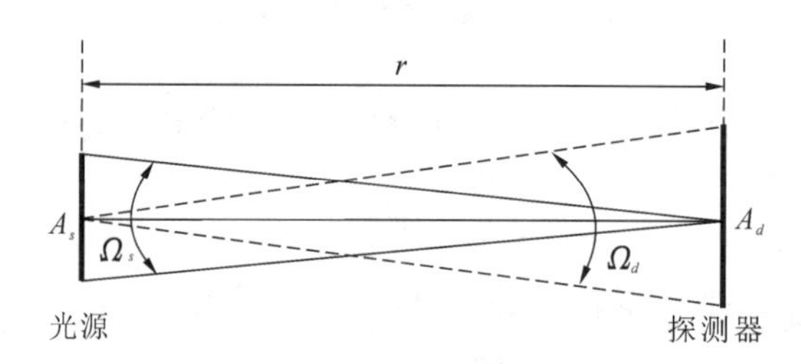

图 7-7　光源到探测器辐射示意图

在上述布局中，如果探测器倾斜放置，如图 7-8(a)所示，θ_d 为中心连线与探测器表面法线间的夹角，此时探测器上的辐射通量：

$$\Phi_d = LA_s\Omega_d = LA_s\frac{A_d\cos\theta_d}{r^2} \tag{7-16}$$

最后，对于一个平面朗伯体光源，在 θ_s 和 θ_d 非零（图 7-8(b)）的情况下，光源和探测器均包含一个余弦衰减因数，探测器接收到的辐射通量：

$$\Phi_d = LA_s\cos\theta_s\frac{A_d\cos\theta_d}{\left(\dfrac{r}{\cos\theta_s}\right)^2} \tag{7-17}$$

假设，光源与探测器表面平行，并且，$\theta_s=\theta_d=\theta$，则辐射强度正比于 $\cos^4\theta$，式(7-17)称为余弦四次方定律。

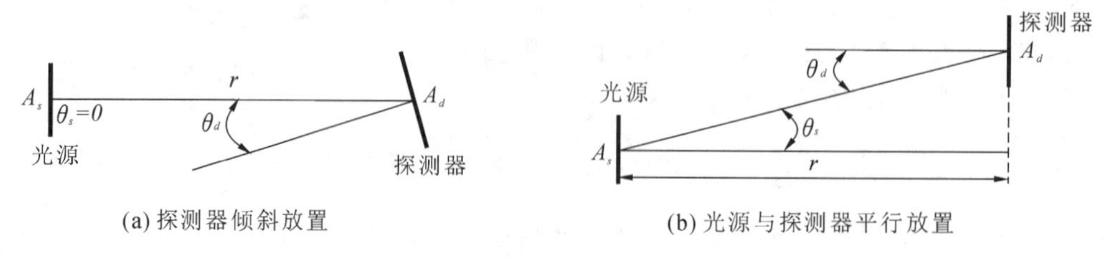

图 7-8　光源到探测器辐射示意图

将上述定律应用到如图 7-9 所示的成像系统中，考虑近轴光学系统情况，以透镜为中间接收装置，则有：

$$d\omega_d = \frac{dA_d}{f^2} = d\omega_s = \frac{dA_s\cos\theta}{r^2} \tag{7-18}$$

式中，θ 为被测物体表面法线与中心连接线的夹角；$d\omega_s$ 和 $d\omega_d$ 分别为被测物体和对应像相对于透镜的立体角。

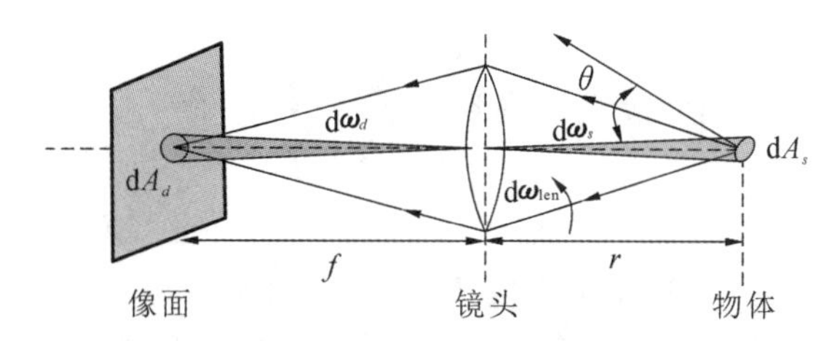

图 7-9　光学系统中辐射示意图

结合式(7-15)，像面接收的辐射通量等于像面的辐射照度乘以像面面积，则有：

$$EdA_d = L\cdot(dA_s\cos\theta)\cdot d\omega_{len} = L\cdot(dA_s\cos\theta)\cdot\frac{A_{len}}{r^2} \tag{7-19}$$

于是，根据式(7-18)和式(7-19)，可以得到像面辐照度为

$$\begin{aligned} E &= L\cdot(dA_s\cos\theta)\cdot\frac{A_{len}}{r^2}\cdot\frac{1}{dA_d} = L\cdot(dA_s\cos\theta)\cdot\frac{A_{len}}{r^2}\cdot\frac{r^2}{f^2 dA_s\cos\theta} \\ &= L\frac{A_{len}}{f^2} \end{aligned} \tag{7-20}$$

式中，A_{len}是光学系统入光口径的面积。从式(7-20)可以看出，像面照度与目标辐射亮度和光学系统口径成正比，与系统焦距的平方成反比，与目标距离无关。此结论成立的条件是系统成像建立在近轴范围内，同时，对于远距离目标，还需要目标完全、均匀地填充视场。

三、普朗克定律

温度超过绝对零度(－273℃)的任何物质都会向外辐射红外能量。物体的温度越高，对外辐射的能量越高。马克斯·普朗克于 1900 年建立了黑体辐射定律的公式，并于 1901 年发表。该定律是物理学发展的一个里程碑，其阐述理想黑体的光谱辐出度是波长 λ 和温度 T 的函数，函数表达有如下形式：

$$M(\lambda,T) = \frac{2\pi hc^2}{\lambda^5(e^{hc/\lambda kT}-1)} = \frac{C_1}{\lambda^5(e^{C_2/\lambda T}-1)} \tag{7-21}$$

$$M(\tilde{v},T) = \frac{2\pi hc^2\tilde{v}^3}{e^{hc\tilde{v}/kT}-1} = \frac{C_1\tilde{v}^3}{e^{C_2\tilde{v}/T}-1} \tag{7-22}$$

式中，h 为普朗克常数，$h=6.63\times10^{-34}\,J\cdot s$；$k$ 为玻尔兹曼常数，$k=1.38\times10^{-23}\,J/K$；$c$ 为光速，$c=3\times10^8\,m/s$；C_1 为第一辐射常数，$C_1=2\pi hc^2=3.741832\times10^{-12}\,W\cdot cm^2$；$C_2$ 为第二辐射常数，$C_2=hc/k=1.4388cm\cdot K$。

1893 年，威廉·维恩通过对实验数据的经验总结提出，在一定温度下，绝对黑体的温度与辐射本领最大值相对应的峰值波长的乘积为一常数，即维恩定律。其表达式为

$$\lambda_{max}T = 2897.79(\mu m\cdot K) \tag{7-23}$$

由式(7.23)可知,黑体光谱辐出度的峰值波长随着温度升高向短波方向移动。虽然维恩提出定律的时间是在普朗克黑体辐射定律出现之前,且过程完全基于对实验数据的经验总结,但可以证明,维恩定律是更广义的普朗克黑体辐射定律的一个直接推论。如果将普朗克公式对波长求导并取零值,如式(7-24)所示,就可以得到维恩定律。

$$\frac{dM(\lambda,T)}{d\lambda}=0 \tag{7-24}$$

同理,结合对波数求导并取零值,就可以得到:

$$\omega_{\max}=1.961\cdot T \tag{7-25}$$

式中,$\omega_{\max}$的单位为 cm^{-1};T 的单位为 K。

通常来说,我们可以把太阳看成温度为 6000K 的绝对黑体,其最大辐射波长对应于 0.48μm处,基本符合人眼光谱响应的最佳区域。图 7-10 利用普朗克黑体辐射定律和维恩位移定律给出了各种温度的光谱辐出度曲线以及最大辐射波长。地球背景温度 300K 的红外辐射峰值在 9.66μm,其中 8～14μm 波段的辐射能占辐射总能量的 46%,温度低于 300K 的室温物体辐射有 75%集中在 10μm 以上的长波红外区域。不利用太阳光反射探测室温环境下的物体,如树木、行人和车辆等,一般采用工作波段在 10μm 的长波红外探测器。对于高温目标,如飞机尾喷管及尾焰等,温度范围为 600～2000K,最大辐射波长出现在中、短红外波。

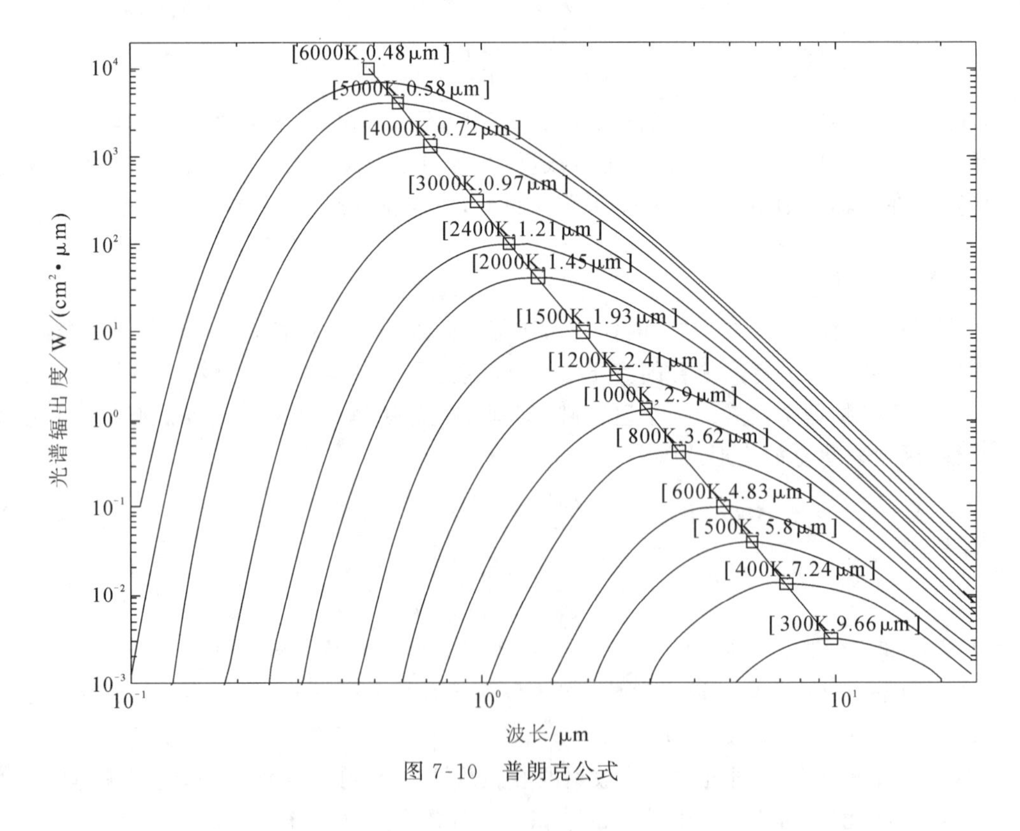

图 7-10　普朗克公式

如果将普朗克公式中光谱辐出度在整个波长范围内积分就可以得到温度为 T 的黑体

总辐出度：

$$M(T)=\int_0^{\infty}M(\lambda,T)\mathrm{d}\lambda=\int_0^{\infty}\frac{2\pi hc^2}{\lambda^5(\mathrm{e}^{hc/\lambda kT}-1)}\mathrm{d}\lambda=\frac{2\pi^5k^4}{15c^2h^3}T^4=\sigma T^4 \tag{7-26}$$

式中，$\sigma=2\pi^5k^4/(15c^2h^3)=5.67\times10^{-12}\,\mathrm{W/(cm^2\cdot K^4)}$，称为斯忒藩-玻耳兹曼常数。根据式(7-26)确定的黑体总辐出度与温度的关系，称之为斯忒藩-玻耳兹曼定律。在室温300K的情况下，人体的辐出度是500W/m^2，人体皮肤表面积大约1.8m^2，辐射功率9000W，但辐射吸收部分地补偿了能量损失。温度300K的黑体在8～14μm光谱范围内的辐出度为173W/m^2，等效于温度430K的黑体在3～5μm光谱范围内的辐出度。事实上，直至600K范围，$M_{(8-14)}/M_{(3-5)}$才会小于1。

四、基尔霍夫定律

基于能量守恒定律，光或者辐射能量入射到物体表面，会同时发生辐射能量的吸收、反射和透射作用，公式为

$$\alpha+\rho+\tau=1 \tag{7-27}$$

式中，α为吸收率；ρ为反射率；τ为透过率。

一般地，对任意物体与同温度下黑体的辐出度之比定义为比发射率，通常取决于波长λ和温度T，即

$$\varepsilon(\lambda,T)=\frac{M(\lambda,T)}{M_b(\lambda,T)} \tag{7-28}$$

记$\varepsilon(\lambda)$为波长λ处的比发射率，称为光谱发射率，根据$\varepsilon(\lambda)$的不同，一般将辐射源分为三类，如图7-11所示：

(1) 黑体：$\varepsilon(\lambda)=1$。

(2) 灰体：$\varepsilon(\lambda)<1$，与波长λ无关。

(3) 选择性吸收体：$\varepsilon(\lambda)<1$，且随波长λ变化。

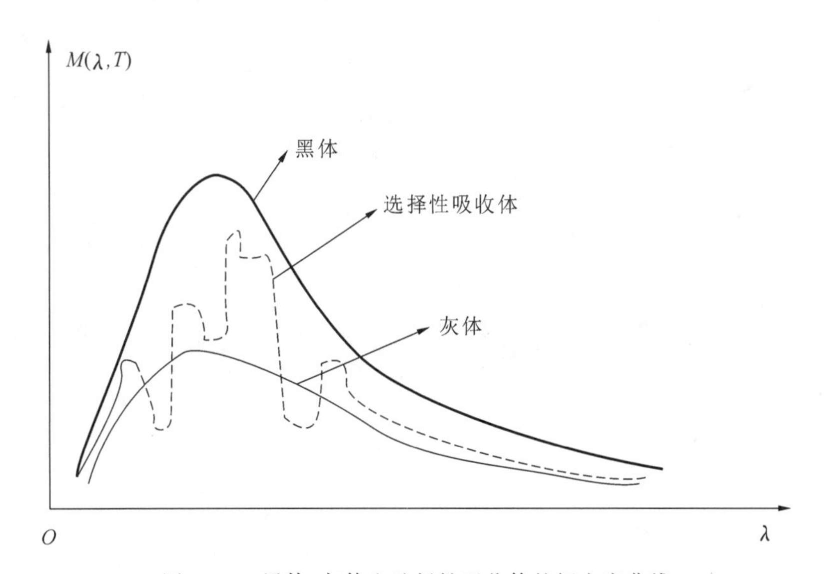

图7-11 黑体、灰体和选择性吸收体的辐出度曲线

1860—1862年，基尔霍夫深入研究物体红外辐射吸收与发射过程发现物体的辐出度 M 和吸收率 α 的比值 M/α 与物体本身无关，都等于同一温度下绝对黑体（$\alpha=1$）的辐出度 M_b。基尔霍夫定律表示如下：

$$\frac{M(\lambda,T)}{\alpha}=M_b(\lambda,T) \tag{7-29}$$

由基尔霍夫定律可以推知吸收本领大的物体，其发射本领也大，如果物体不能吸收某波长的辐射能，则它也不能发射该波长的辐射能；反之，亦然。

第八章　光学材料

第一节　光学玻璃的光学性质

对光学玻璃的要求，首先是它们自身的光学性质，人们要求光学玻璃能满足透射、吸收、折射、反射、偏振等性能；有时要求对某波段有最高的透过率，但对其余波段要求有最大的吸收率；而且使用范围不只局限于可见波段，有时也要应用于不可见的红外及紫外波段。在大口径、广视场的照相光学系统里往往要求高折射率而低色散的光学玻璃，但在光谱仪里要求高色散的棱镜材料，在某些特殊情况下还要求能防辐射和耐辐射。在复消色差的系统里要求具有特殊相对部分色散的光学玻璃。

光学玻璃的光学常数是指玻璃对几种特定的单色波长的折射率，如折射率 n_D，中部色散 n_F-n_C，部分色散 $n_{\lambda_1}-n_{\lambda_2}$、$n_e-n_c$……色散系数（阿贝数）$V=\dfrac{n_D-1}{n_F-n_C}$及相对部分色散 $\dfrac{n_F-n_D}{n_F-n_C}$、$\dfrac{n_F-n_e}{n_F-n_C}$、$\dfrac{n_G-n_F}{n_F-n_C}$，这些量值是衡量玻璃光学性质的主要参数。

玻璃的折射率取决于光的波长、玻璃本身的组成（玻璃牌号）和周围的介质。波长为 λ 的电磁波在真空中的传播速度 c 与在某透明物质中传播速度 v 之比，称为该物质的绝对折射率 $n_\lambda=c/v$，该比值还等于入射角的正弦与折射角的正弦之比，即

$$n_\lambda=\frac{\sin i_1}{\sin i_2} \tag{8-1}$$

在两种不同的透明介质中，波长为 λ 的电磁波的传播速度之比，称为相对折射率。如果以空气作为第二介质，那么物质的绝对折射率等于该物质对空气的相对折射率乘以空气的绝对折射率，空气的绝对折射率等于 1.000275（温度为 15℃，压力为 760mmHg（毫米汞柱），$\lambda=589.3$nm）。光学玻璃的折射率是指玻璃对空气的相对折射率。折射率是描述光在玻璃中传播速度快慢的程度，它与入射角无关，与介质及波长有关。折射率与波长的关系称作色散，对于一切透明物质，折射率 n 是波长的函数，即 $n=f(\lambda)$，折射率 n 随着波长的减少而单调地增加。色散现象可以由白光通过玻璃棱镜后分成红、橙、黄、绿、青、蓝、紫七种颜色的光谱而看到。描述色散的公式是科希（Cauchy）于 1836 年提出的，如式（8-2）所示：

$$n=A+\frac{B}{\lambda_2^2}+\frac{C}{\lambda^4}\qquad (A、B、C\ 为常数) \tag{8-2}$$

可以利用下面公式计算玻璃折射率。

$$n^2=A_0+A_1\lambda^2+A_2\lambda^{-2}+A_3\lambda^{-4}+A_4\lambda^{-6}+A_5\lambda^{-8} \tag{8-3}$$

商品目录中会给出各种光学玻璃的常数 A_0、A_1、A_2、A_3、A_4、A_5，这些常数在 400～

700nm 光谱范围内计算出的折射率精度为$\pm3\times10^{-6}$，在 365～400nm 和 50～1000nm 光谱范围内计算出的折射率精度为$\pm5\times10^{-6}$。因此，测量玻璃折射率应该明确折射率的测定是针对哪一种波长而言。在可见光范围，玻璃折射率的测定常是采用下列波长，这些波代表氢、氮、钠、钾、汞等发射的一些谱线，其数据列于表 8-1 中。

表 8-1 常见光源折射率测定

谱线符号	A′	C	D	d	e	F	g	G′	h
波长/nm	768.5	656.3	589.3	587.6	546.1	435.8	435.8	434.1	404.7
光源	钾	氢	钠	氦	汞	氢	汞	氢	汞
元素符号	K	H	Na	He	Hg	H	Hg	H	Hg
光谱色	红	红	黄	黄	绿	浅蓝	浅蓝	蓝	紫

某些透镜原材料厂也会按光谱线给出相应的折射率，常见玻璃的光谱线如表 8-2 所示。

表 8-2 常见玻璃的光谱线

光谱线	汞紫外线 i	汞紫线 h	汞蓝线 g	镉蓝线 F′	氢蓝线 F	汞绿线 e	氦黄线 d	钠黄线 D	镉红线 C′	氢红线 c	氦红线 r	红外线 s	汞红外线 t
元素符号	Hg	Hg	Hg	Cd	H	Hg	He	Na	Cd	H	He	Cs	Hg
波长/nm	365.0	404.6	435.8	479.9	480.1	546.1	587.5	589.3	643.8	656.2	706.5	852.1	1013.9

光的色散现象是指由于物质的折射率随光的波长变化而发生的一种现象。

平均色散

$$\frac{n_2 - n_1}{\lambda_2 - \lambda_1} = \frac{\Delta n}{\Delta\lambda}$$

色散系数

$$V = \frac{n_D - 1}{n_F - n_C}$$

V 值为玻璃色散性质的变量(色散的收敛程度)，V 值大就表示色散作用低，不同玻璃色散特性不同。光学玻璃品种繁多，每种玻璃在 n_D-V 图中都有确定的位置，光学设计者可根据 n_D-V 图的数值，选用光学玻璃。因此，必须先确定每种牌号的光学玻璃的标准光学常数及其公差范围，并根据公差范围划分类级。

第二节 玻璃的反射、吸收和色散

作为一种有用的光学材料，必须满足以下基本要求：能进行平滑抛光，具有机械和化学稳定性、均匀的折射率，要能够透射（或反射）使用波长范围内的辐射能量。

光学材料的两种性质，透射率（透过率）和折射率都随波长变化。光束通过光学玻璃，光能受到损失，这主要是由光的反射、吸收和散射引起的。光的反射是在光能投射到两种折射率不同的物质的分界面上时发生的，在光学仪器中，光束由空气到玻璃或由玻璃到空气或者投射到两个不同折射率玻璃的分界面时发生反射，反射光能量与透射的光能量之比称为反射率。光线由折射率为 n_1 的物质垂直入射到折射率为 n_2 的物质界面上时，它们的反射率可按照下式计算：

$$R = \left(\frac{n_2 - n_1}{n_2 + n_1}\right)^2 \tag{8-4}$$

由于空气的折射率近似等于 1（实际上空气的折射率等于 1.000275），所以若光线由空气投射到折射率为 n 的玻璃界面上，式(8-4)可写成

$$r = \left(\frac{n-1}{n+1}\right)^2$$

玻璃对空气的反射率随入射光线的入射角增大而增大，还随玻璃的折射率变化而变化，折射率越高的玻璃，其反射率越大，一般冕牌玻璃的反射率在 5%左右，石英玻璃的反射率在 6%～7%。在光学仪器中光学零件数越多，则光学表面越多，由反射产生的光能也就越多。某些光学仪器的光能损失可达 70%～80%，尤其是在军用光学仪器中，照明主要依靠自然光，特别是在气候恶劣的情况下，反射损失更是影响观测，所以光学零件镀增透膜主要是为了减少反射损失。散射是指光在玻璃表面上的漫反射，当玻璃表面凹凸不平时，反射光便向各个方向杂乱地反射，例如，研磨以后的玻璃不透光主要就是散射的结果，光学玻璃的表面都是经过抛光的，因此，一般来说，散射能量损失不大。

在光学零件内部，一些辐射可能被材料吸收。假设，1mm 厚的滤光片材料透过某种波长入射光的 25%（包括表面反射），那么，2mm 厚的材料将透过 25%的 25%，3mm 厚的材料透过 0.25×0.25×0.25=0.0156。所以，如果 t 是单位材料厚度的透射率，那么通过厚度为 x 的透射率 T 的计算公式如下：

$$T = t^x \tag{8-5}$$

这种关系常以下面形式阐述，其中 a 称为吸收系数，并等于 $-\ln_e t$：

$$T = \mathrm{e}^{-ax} \tag{8-6}$$

因此，一个光学零件的总透射率近似等于其表面透射率和内部透射率的乘积。对一块位于空气中的平板，其第一表面的透射率是

$$T = 1 - R = \frac{4n}{(n+1)^2} \tag{8-7}$$

透过第一表面的光通过介质，继续传播到第二表面，然后又部分地反射和部分地透过。部分反射光（向后）通过介质传播，又被第一表面部分反射和部分透射，诸如此类。由此产生的透射可以表示为无穷级数形式：

$$T_{1,2} = T_1 T_2 [K + K^3 R_1 R_2 + K^5 (R_1 R_2)^2 + K^7 (R_1 R_2)^3 + \cdots] \tag{8-8}$$

式中，T_1 和 T_2 分别为两个表面的透射率；R_1 和 R_2 为两表面的反射率；K 为两表面间材料的透射率（可以利用该公式确定两块或更多零件的透射率，对于多块平板元件，首先确定 $T_{1,2}$ 和 $R_{1,2}$，然后一起利用 $T_{1,2}$ 和 T_3，诸如此类）。

一块完全没有吸收的平板的透射率(包括所有内反射)R计算如下:

$$R = \frac{(n-1)^2}{n^2+1} \tag{8-9}$$

一块滤光片的照相密度是其不透明度(透射率的倒数)的对数,因此

$$D = \log \frac{1}{T} \tag{8-10}$$

式中,D是照相密度;T是材料的透射率。

注意,透射率并不是引起表面反射损耗的原因,因此密度正比于厚度。简单地说,多个中性密度吸收滤光片叠加在一起的密度是单个密度之和。但是,反射并不是只有有害的一面,在光学仪器中,往往需要反射面或半反射面,这时我们就应尽量地提高反射面的反射率,或者达到某一反射值,这可以用镀反射膜或半反射膜来实现。

光的吸收是指光通过任何物质时,光能被介质所吸收。玻璃虽然是透明物质,但并不能说明玻璃对光能不吸收,只是比其他透明物质吸收得较少,对于应用在光学仪器中的光学玻璃来说,对光的吸收是很严格的。光学玻璃的光吸收,用吸收率K(或光吸收系数)表示。吸收率K的定义是光(无色玻璃指白光)在玻璃中传播1cm长的路程被玻璃吸收的光能和起始的光能的百分比,它是表示玻璃透明程度的指标。

设进入玻璃的光强度为I_0,经过1cm长路程后为I_1,则$I_1=I_0(1-K)$,经过2cm后为$I_2=I_1(1-K)=I_0(1-K)^2$,依此类推,则经过厚度为$e$cm的玻璃后光强度I为$I=I_0(1-K)^e$。

光学玻璃的吸收率K依光学玻璃的牌号而定,一般吸收率在0.4%~1.5%范围内。K值依光波波长而变化,就是说吸收是有选择性的。对于无色玻璃来说,K值的选择并不是很明显的,因此,无色光学玻璃的光吸收是对光学的积分吸收。

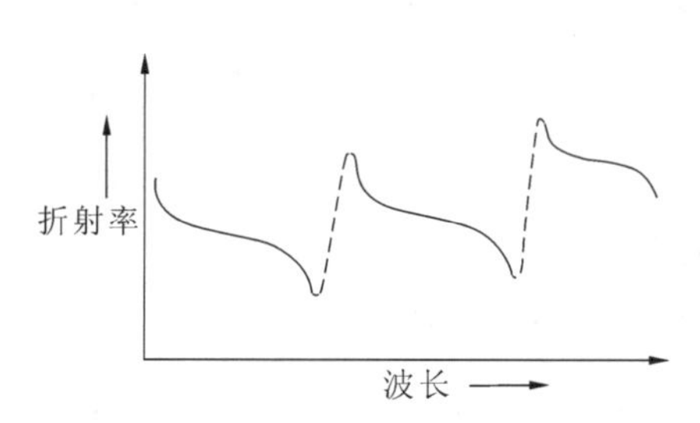

图8-1　一种光学材料的色散曲线
(建议坐标轴有刻度)

光学材料的折射率色散随波长变化,如图8-1所示,曲线的虚线部分代表吸收带。在每一个吸收带之后折射率都明显上升,然后,随波长增大开始下降。随波长继续增大,曲线的斜率变得平坦,在接近下一个吸收带之前,向下的斜率再次增大。对于光学材料,需要关心的仅仅是曲线的一部分,因为绝大部分光学材料在紫外光谱区有一个吸收带,在红外光谱区有另外一个吸收带,而有用的光谱区位于二者之间。

许多研究者已经研究了这个现象,设法用一个公式描述折射率随波长的非理性变异指数。这些表达式的价值或意义在于,插值求得两种波长之间的折射率,平整(校平)数据,测量出色散曲线上的点,还可以用来研究光学系统的二级光谱特性。下面列出其中一些色散公式:

Cauchy
$$n(\lambda) = a + \frac{b}{\lambda^2} + \frac{b}{\lambda^4} + \cdots \tag{8-11}$$

Hartmann
$$n(\lambda) = a + \frac{b}{(c-\lambda)} + \frac{d}{(e-\lambda)} \tag{8-12}$$

Sellmeier
$$n^2(\lambda) = a + \frac{b\lambda^2}{c-\lambda^2} + \frac{\mathrm{d}\lambda^2}{e-\lambda^2} + \frac{f\lambda^2}{g-\lambda^2} + \cdots \tag{8-13}$$

Conrady $$n(\lambda)=a+\frac{b}{\lambda}+\frac{c}{\lambda^{3.5}} \tag{8-14}$$

Old Schott $$n^2(\lambda)=a+b\lambda^2+\frac{c}{\lambda^2}+\frac{d}{\lambda^4}+\frac{e}{\lambda^6}+\frac{f}{\lambda^8} \tag{8-15}$$

新的肖特(光学材料)目录使用 Sellmeier 公式。

当然,常数(a,b,c 等)是针对每种材料单独推导出的,将已知的折射率和波长值代入并求解由此而产生的公式,得到上述常数。很明显,Cauchy 公式允许在零波长时只有一个吸收带。Hartmann 公式是一个经验公式,但的确使吸收带置于 c 和 e 波长处。研究工作中,Herzberger 利用 0.028 作为分母常数。Conrady 公式是经验公式,并指定适用于可见光光谱区的光学玻璃。所有这些公式的缺点是,当逼近一个吸收波长时,折射率接近无穷大。由于很少用到靠近吸收带的材料,所以,这里不重点讨论。

直至最近,式(8-15)还被肖特公司和其他生产厂商用作光学玻璃的色散公式。在 0.4~0.7μm 光谱区精确到约 3×10^{-6},在 0.36~1μm 光谱区精确到约 5×10^{-6}。在紫外光光谱区,增加一项 λ^4,在红外光光谱区增加一项 λ^{-10} 可以提高的精度。

一种材料的色散是折射率相对于波长的变化速率,即 $\mathrm{d}n/\mathrm{d}\lambda$,短波长色散较大,长波长色散较小。在后续更长的波长范围,当接近长波吸收带时,色散会再次增大。在图 8-2 中,当波长大于 1μm 时,玻璃材料几乎有相同的斜率。

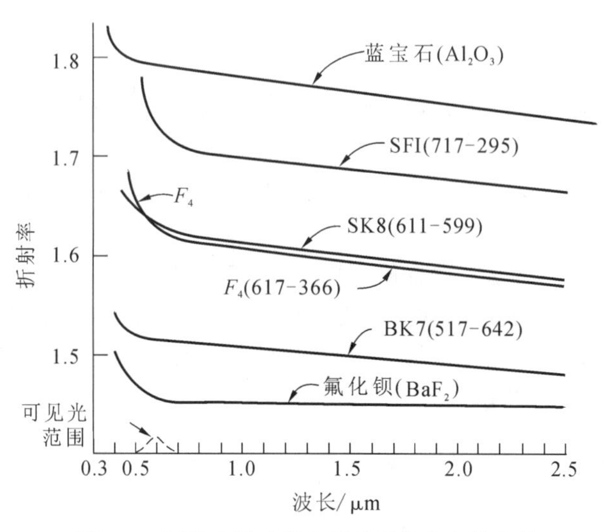

图 8-2 四种光学玻璃和两种晶体的色散曲线

对在可见光光谱区应用的材料,习惯给出两个数字,即氦的 d 谱线(0.5876pm)折射率和阿贝数 V 或者相对色散的倒数以规定折射特性。阿贝数 V 或者 V 值定义为:

$$V=\frac{n_d-1}{n_F-n_C} \tag{8-16}$$

式中,n_d、n_F 和 n_C 分别是氯的 d 谱线、氢的 F 谱线(0.4861μm)和氢的 C 谱线(0.6563μm)的折射率。注意,$\Delta n=n_F-n_C$ 是色散的一种计量,与 n_d-1(有效地表明材料的基本折射能力)之比给出了与光线折转量有关的色散。

对光学玻璃，这两个数描述了玻璃的类型，习惯将$(n_d-1):V$写成六位数的一个编码。例如，一种玻璃的折射率是1.517，V值是64.5，则写为1.517，64.5或者517－645，其含义都是一样的。

第三节　光学玻璃的物理机械性质

一、光学玻璃的比重

光学玻璃的比重是使用者及制造者必须了解的基本物理性质之一。光学玻璃比重越大，光学零件自重下的变形越大，特别是在大型零件和大而薄的零件中，比重对光学仪器的影响越明显。另外，光学玻璃零件比重大会增加金属框架的压力，从而影响光学仪器成像质量。

玻璃的比重决定于组成玻璃的氧化物的比重及其含量，不同的玻璃其比重不同。

二、玻璃的硬度及脆性

材料抵抗其他物体入侵的能力称为硬度。一种物体可用不同方法侵入另一个物种中，所以有各种硬度表示方法，如莫氏硬度、显微硬度、研磨硬度等。

玻璃硬度常用研磨法与显微法测定，玻璃硬度大小直接影响光学零件的加工量与速度，研磨、抛光各类光学玻璃，结合光学玻璃硬度选择适宜的磨料和研磨方法，对玻璃切割、钻孔或切削、研磨、抛光，选择适当方法及材料。

微晶玻璃具有特别高的硬度，石英玻璃和含B_2O_3(10%～12%)的硼硅酸盐玻璃的硬度很大，含碱性氧化物的玻璃的硬度小，高铅玻璃的硬度更小。

玻璃的硬度是光学玻璃使用时重要的物理特性之一。我国标准玻璃中，硬度用相对抗磨硬度表示，相对抗磨硬度是指在相同加工条件下，以K9玻璃为标准，玻璃的磨去量与K9玻璃磨去量之比。光学玻璃的硬度越低，对光学玻璃的研磨越有利，对光学玻璃的抛光越有利，对光学玻璃的表面粗糙度越有利。材料在稍许超过它们的强度极限后就立刻破裂，称之为脆性材料。玻璃是典型的脆性材料，没有明显的变形直接破裂，玻璃的这一性质往往限制了它的加工方法和使用范围。

三、玻璃的抗张强度、抗压强度

玻璃的抗张强度、抗压强度都随玻璃的成分不同而不同。玻璃的抗张强度一般在3～8.5kg/mm^2，玻璃的抗压强度比抗张强度高15～16倍，接近于钢的抗压强度，一般在50～60kg/mm^2。光学玻璃的弹性决定玻璃在受外力以及自重作用下变形的大小，用弹性系数E表示，一般为4800～8300kg/mm^2。当玻璃中CaO、B_2O_3含量小于12%时，E将增加。碱金属氧化物会降低弹性系数。在可见光和近红外光光谱区，光学玻璃几乎是理想的光学材料，在相当宽的范围内性能稳定、易于加工、均匀、透明且比较经济。

表8-3列出一些典型光学玻璃的性质，表中各类型玻璃的数据都是从玻璃主要生产厂商获得的。所以，列出的所有玻璃都可以买到，给出的折射率数据来自肖特玻璃目录。出自其他供应商的同类玻璃的标称性质可能会稍有不同。

表 8-3　一些典型光学玻璃的性质

类型	n_d	V_d	n_F-n_C	n_t	n_C	n_F	n_B	n_b	CR	FR	SR	AR	a	T_g	D	HK	t_i
BK7	1. 51680	64.17	0.008054	1.51289	1.51432	1.52283	1. 52669	1.53024	2	0	1	2.0	7.1	559	2.51	520	0.991
K5	1.52249	59.48	0. 008784	1.51829	1.51982	1.52910	1.53338	1.53735	1	0	1	1.0	8.2	543	2.59	450	0.984
BaK1	1.57250	57.55	0. 009948	1.56778	1.56949	1. 58000	1. 58488	1.58940	2	1	4	1.2	7.6	602	3.19	460	0.976
BaK2	1.53996	59.71	0. 009043	1.53564	1.53721	1.54677	1.55117	1.55525	2	0	1	1.0	8.0	562	2.86	450	0. 974
SK4	1.61272	58.63	0.010451	1.60774	1. 60954	1.62059	1.62569	1.63042	3	2	51	2.0	6.4	643	3.57	500	0.973
SK16	1.62041	60.33	0.010284	1.61548	1.61727	1.62814	1.63312	1.63774	4(2.0)	4	52	3.0	6.3	638	3.58	490	0.970
SKN18	1.63854	55.42	0.011521	1.63308	1. 63505	1.64724	1.6S290	1.65819	3	4～5	52	2.2	6.4	643	3.64	470	0.93
KF6	1.51742	52.20	0.009913	1.51274	1.51443	1.52492	1.52984	1.53446	1	0	1	2.0	6.9	446	2.67	420	0.985
SSK4	1.61765	55.14	0.011201	1.61235	1.61427	1.62611	1.63163	1.63677	2	1	51	1.0	6.1	639	3.63	460	0.972
SSKN5	1.65844	50.88	0.012940	1.65237	1.65456	1.66825	1.67471	1.68080	2	3	52	2.2	6.8	641	3. 71	470	0.91
LaKN7	1.65160	58.52	0.011134	1.64628	1.64821	1.65998	1.66540	1.67042	4(2.3)	2	53(30)	4.2	7.1	618	3.84	460	0.960
LaK8	1.71300	53.83	0.013245	1.70668	1.70898	1.72298	1.72944	1.73545	3	2	52	1.0	5.6	640	3. 78	590	0.950
LaK9	1.69100	54.71	0.012631	1.68498	1.68716	1. 70051	1.70667	1.71240	3	3	52	1.2	6.3	650	3.51	580	0.950

光学玻璃有几百种不同的型号,完整的信息可以从厂商提供的目录中获得。表 8-3 描述了光学玻璃的光谱透射率。一般地,大部分光学玻璃在 0.4～0.7μm 光谱范围内都有良好的透射率。重火石玻璃在短波长区域吸收得更多,在长波长区域透过得更多,稀土玻璃在蓝光区域也有较多吸收。由于玻璃的透射率在很大程度上受微小杂质影响,所以,每种玻璃不同炉之间的确切性质,即使同一厂家生产,也会有较大差别。一般地,随时间流逝,原材料的纯度不断改善,透射率会逐渐得到提高。

普通的窗玻璃和平板玻璃不是光学玻璃,窗玻璃的折射率范围约是 1.514～1.52,取决于厂家。普通窗玻璃稍微有些发绿,原因是在红光和蓝光区有适量吸收。“水白色”而非淡绿色质量的窗玻璃也可以使用。对于由一个或两个平面组成的零件,由于具有中等精度要求,常常使用窗玻璃而无须进一步处理,通常中心部分的表面和厚度更均匀。

第四节　特种玻璃

一、低膨胀系数的玻璃

在一些应用中,光学系统中的零件要承受很强的热冲击(例如投影聚光镜),或者在温度必须变化的环境中要保证极高的稳定性(例如天文望远镜的反射镜或实验室仪器),此时就希望使用一种热膨胀系数低的材料。一些硼硅酸盐玻璃的热膨胀系数就比普通玻璃小一半。康宁公司的耐热玻璃(Corning's Pyrex)7740# 和 7760# 的热膨胀系数为$(30\sim40)\times10^{-7}$。这些玻璃的折射率约为 1.474,V 值约 60,相对密度约 2.2。遗憾的是,这些玻璃常常会出现裂纹和擦痕,因此,当作为折射元件时,只适合于聚光系统,广泛用作样板以及反射镜。其中一些玻璃材料呈黄色或棕色,有些是透明的白色。另一种低膨胀系数的玻璃是熔凝石英,也称为熔凝二氧化硅玻璃。这种材料基本上是纯(量多少取决于等级和厂商)二氧化硅(SiO_2),具有特别低的热膨胀系数,其值为 5.5×10^{-7}。熔炼粉末状晶体石英得到的熔凝石英的均匀性等级相当于光学玻璃。熔凝石英是一种与晶体石英完全不同的材料,其折射率是 1.46 与 1.55,具非结晶(玻璃状)结构,没有晶体结构;与石英一样,熔凝没有双折射。

熔凝石英有良好的光谱透射特性,与普通光学玻璃相比,在紫外和红外光谱区也有较好的透射率,因此,常常用于分光光度计及红外和紫外仪器。熔凝石英的良好热稳定性使它能够应用于特别精密的反射面,大反射镜和样板常常用熔凝石英玻璃制造。并且,纯熔凝石英有非常高的耐辐射变黑性能。熔凝石英的折射率和透射率列于表 8-4 中。

一种新型材料是局部晶化玻璃,因为它们的热膨胀系数是零,适合用作热稳定性要求极高的反射镜基板,Owens-Illinois CER-VIT 是原材料。康宁公司的 ULE 和肖特公司的 ZERODUR 玻璃有类似性质。这些材料在一定温度下具有零热膨胀系数(正负约 1×10^{-7})。零热膨胀系数源自晶体(具有负的热膨胀系数)和具有正热膨胀系数的非晶态玻璃的混合。这些材料易脆,呈黄色或棕色,并散射光,所以,不适合用作折射元件。

表 8-4 熔凝石英的光学性质

波长/μm	折射率(24-C)	透射率(10mm 厚度)
0.17		0.0～0.56(取决于纯度)
0.1855	1.5746®	0.0～0.78
0.2026	1.54725®	0.3～0.84
0.2573	1.50384®	0.58～0.90
0.2729	1.49624®	0.88～0.92
0.35	1.47701	0.93
0.40	1.47021	0.93
0.45	1.46564	0.93
0.4861(F)	1.46320	0.93
0.5	1.46239	0.93
0.55	1.45997	0.93
0.5893(D)	1.45846	0.93
0.60	1.45810	0.93
0.6563(C)	1.45642	0.93
0.70	1.45535	0.93
0.80	1.45337	0.93
1.0	1.45047	0.93
1.35	吸收带	0.76～0.93
1.5	1.44469	0.93
2.0	1.43817	0.93
2.2	吸收带	0.50～0.93
2.5	1.42991	0.93
2.7	吸收带	0～0.8
3.0	1.41937	0.45～0.85
3.5	1.40601	0.6～0.7
4.0		0.1～0.15

二、透红外玻璃

有一些特殊的“红外”玻璃，非常类似于重火石玻璃，折射率是 1.8～1.9，透射光谱的波

长为 $4\mu m$ 或 $5\mu m$，砷化硒玻璃甚至可以透过更远的红外光谱。不同配方的砷化硒玻璃的透射光谱范围是 $0.8\sim18\mu m$，在 $70°C$ 时变软，并会流动。这种玻璃的折射率如下：波长 $1.041\mu m$时为 2.578，波长 $5\mu m$ 时为 2.481，波长 $10\mu m$ 时为 2.476，波长 $19\mu m$ 时为 2.474。硫化砷（三硫化砷）玻璃的透射光谱范围是 $0.6\sim13\mu m$，稍微有些脆和软，折射率值是：波长 $0.6\mu m$ 时为 2.6365，波长 $2\mu m$ 时为 2.4262，波长 $5\mu m$ 时为 2.4073，波长 $122\mu m$ 时为 2.3645。

三、梯度折射率玻璃

如果折射率不均匀，光将沿曲线路径传播，而不是直线传播。基于此，光线总是弯向高折射率区域。当折射率以一种可控方式变化，就可以非常有力地利用这种性质。在玻璃中掺杂一些其他材料，典型的方法是将玻璃浸在一个熔化了的盐池中，实现离子交换，形成变化的折射率。将不同折射率的玻璃层熔化在一起也可以形成梯度折射率玻璃。一些型号的梯度折射率玻璃在光学系统中非常有用，径向梯度折射率玻璃的折射率随离开光轴的径向距离变化，球向梯度折射率玻璃的折射率是离开轴上点的径向距离的函数。球面上轴向梯度折射率对像差的影响类似于非球面的作用。径向梯度折射率可以使平面元件具有透镜的光焦度（或具有透镜的会聚能力）。例如，一个平面元件，其折射率按照下面规律变化，是径向距离 r 的函数：

$$n(r)=n_0(1-Kr^2) \tag{8-17}$$

如果元件的长度是 L，则焦距是：

$$f=\frac{1}{n_0\sqrt{2K}\sin(L\sqrt{2}K)} \tag{8-18}$$

后截距是：

$$bf_1=\frac{1}{n_0\sqrt{2K}\tan(L\sqrt{2}K)} \tag{8-19}$$

这种作用是梯度折射率（GRIN）棒状透镜和自聚焦导光纤维（SELFOC）透镜的基础。K 是梯度常数，是波长和材料的函数。

第五节　晶体材料

某些天然晶体有价值的光学性质已被认知许多年，但以往，这些材料在光学领域的可应用性受到严重限制，原因是不能实现零件所需要的尺寸和质量。现在，许多晶体可以人工合成获得，在可控条件下，使晶体生长到某一尺寸，否则，透明度不能满足要求。表 8-5 列出了一些有用晶体的重要特性。由于双折射，不常使用晶体石英和方解石，其应用完全局限于偏振棱镜等方面。蓝宝石特别硬，必须用金刚石粉加工，主要用于光窗、干涉波光片基板，有时也用于透镜元件，这种材料稍有双折射，限制可以使用的角视场。卤化盐有良好的透射率和折射性能，但物理性能常常与期望值相差甚远，因为这类材料较软、较脆，有时易于吸湿。

表 8-5 光学晶体的性质

材 料	透射范围/μm	折 射 率	备 注
晶体石英(SiO_2)	0.12～4.5	n_o=1.544,n_e=1.553	双折射
方解石($CaCO_3$)	0.2～5.5	n_o=1.658,n_e=1.486	双折射
金红石(TiO_2)	0.43～6.2	n_o=2.62,n_e=2.92	双折射
蓝宝石(Al_2O_3)	0.14～6.5	1.834@0.265,1.755@1.01,1.586@5.58	硬,稍有双折射
锶钛石($SrTiO_3$)	0.4～6.8	2.49@0.486,2.292@1.36,2.1@5.3	红外油浸透镜
氟化镁(MgF_2)	0.8～7.5	n_o=1.378,n_e=1.390	红外元件,低反射膜
氟化锂(LiF)	0.12～9	1.439@0.203,1.38@1.5,1.109@9.8	棱镜,光窗,复消色差物镜
氟化钙(CaF_2)	0.13～12		与氟化锂一样
氟化钡(BaF_2)	0.25～15	1.512@0.254,1.468@1.01,1.414@20	光窗
氯化钠(NaCl)	0.2～26	1.791@0.2,1.528@1.6,1.175@27.3	棱镜,光窗吸湿性
氯化银(AgCl)	0.4～28	2.096@0.5,2.002@3,1.907@20	可塑性,易腐蚀,变黑
溴化钾(KBr)	0.25～40	1.590@0.404,1.536@3.4,1.463@25.1	棱镜,光窗,软,吸湿性
碘化钾(KI)	0.25～45	1.922@0.27,1.630@2.36,1.557@29	软,吸湿性
溴化铯(CsBr)	0.3～55	1.790@0.5,1.667@,5.1562@39	棱镜,光窗,吸湿性
碘化铯(CsI)	0.25～80	1.806@0.5,1.742@5,1.637@50	棱镜.光窗
硅(Si)	1.2～15	3.498@1.36,3.432@3,3.418@10	红外元件
锗(Ge)	1.8～23	4.102@2.06	红外元件,高温下吸收,
硒化锌(ZnSe)	0.5～22	2.489@1,2.430@5,2.406@10,2.366@15	
硫化锌(ZnS)	0.5～14	2.292@1,2.246@5,2.2@10,2.106@15	
硒砷化镓	0.7～14	2.606@1,2.511@5,2.497@10,2.482@14	
砷化镓(GaAs)	1～15	3.317@3,3.301@5,3.278@10,3.251@14	
锑化镉(CdTe)	0.2～30	2.307@3,2.692@5,2.680@10,2.675@12	
氧化镁(MgO)	0.25～9	1.722@1,1.636@5,1.482@8	

锗和专用硅广泛用作红外系统中的折射元件,其物理性能非常像玻璃材料,可以用普通的玻璃加工技术进行加工;从表面上看,二者都是金属,在可见光光谱范围内完全不透明。与同类玻璃系统相比,高折射率材料形成小的曲率可以获得普通光学系统不能达到的成像质量。未镀膜锗表面的反射率是36%,所以必须在锗表面镀低反膜。硫化锌、硒化锌也广泛应用于红外光学系统。

值得专门关注的是氟化钙,这种材料在紫外和红外光谱区都有非常好的透射性能,特别适用于光学仪器设计。氟化钙具有局部色散性质,使其可以与光学玻璃相组合,形成一个没有二级光谱的透镜系统。但由于氟化钙材料较软、脆,对气候适应性差,并且其晶体结构有时会使抛光困难,所以其物理性能并不十分优秀。在暴露应用条件下,氟化物元件可以设计在玻璃零件之间,以保护其光学表面。氟化钙材料在显微物镜系统中常有应用,FK 玻璃,特别是 FK51、FK52 和 FK53 具有氟化钙的许多性质,对校正二级光谱非常有用。

第六节　光学塑料

塑料光学元件的制造技术经历了相当大的发展,如今,除了小巧廉价的新颖物品,如玩具和放大镜之外,在许多光学应用中,都可以发现塑料透镜,包括便宜的一次性照相机镜头、许多变焦物镜、电视投影物镜和一些高质量的照相物镜。

低成本是批量生产塑料光学元件获得广泛应用的重要原因。另一个因素是非球面加工比较容易,一旦完成非球面模具加工,则非球面加工就如同加工球面一样(与玻璃光学元件的显著对比)。根据经验,在光学系统中加入一个非球面就可以代替系统中的一个零件,这就充分证明光学塑料的价值。这种非球面的性能大大弥补了其中的缺憾,即使用的光学塑料种类或数量非常少。

光学塑料广泛应用于制造菲涅耳透镜,具有非常精细的条纹或阶梯。字幕片放映机的聚光系统和单透镜反射式照相机取景器的镜头就是塑料菲涅耳物镜的例子。目前非常流行的另一应用是衍射光学,衍射表面基本上就是一个菲涅耳表面,其阶梯高度在半个波长数量级。

塑料的折射率随温度变化非常大(大约是玻璃的 20 倍)。因此,对于塑料光学零件,在一个温度范围内要保持焦点不变是相当大的问题,必须对它们进行消热化和消色差。塑料的密度较低,通常在 1.0～1.2 数量级。

塑料在光学方面另一应用是复制。在这种应用中,一种精密制造的母模真空镀有一种剥离层或脱模层,再加上所需要的高或低反射膜(剥离层的性质通常是有专利的,但非常薄的银、盐、硅和塑料膜层已成公开资料)。接着,将几滴低收缩率的环氧树脂加进母模与过盈配合的基板间的薄层(理想厚度是 0.001in 或 0.002in,1in＝2.54cm)中。基板可以是耐热玻璃(Pyrex)、陶瓷、非常稳定的铝(适用反射光学元件)或者玻璃(适合透射光学元件)。当环氧树脂固化后,卸去母模,在基板上留下一个相当精密的(负版)复制品。这种工艺有几个优点。例如,任何表面(包括非球面),只要制造出母模,都可以比较便宜地进行复制,因为母模可以反复使用。另一个优点是,反射镜可以设计成能集成安装的零件,盲孔底部可以进行光学抛光或成形,可生产特别薄和特别轻的零件。在许多应用中,使用标准制造技术是不可能完成这些事情的,复制零件的局限性是环氧树脂固有的柔软性以及脱模后表面形状的改变。

第七节　吸收滤光片

吸收滤光片由选择性透射光的材料组成,更多地透过一定波长的光。少量的入射光被反射,大部分能量并没有透过滤光片,而是被滤光片材料吸收。很明显,从广义角度讲,本章前一节讨论的每一种材料都是吸收滤光片,有时也将这些材料作为滤光片设计在光学系统中。

大部分光学玻璃滤光片是在透明玻璃上增加一层金属盐,或者将一层薄胶膜染色,产生一种比"自然"材料更有选择性的吸收。

染色胶膜滤光片主要源自柯达(Eastman Kodak)公司。对于使用染色胶膜多功能性及对环境要求并非过分苛刻的应用领域,Wratten 滤光片得到最广泛应用。通常胶膜滤光片要固定在玻璃之间以保护柔软的胶膜免受损伤。

适合作光学滤光片玻璃的彩色材料数量有限,而且合适的滤光片玻璃并不昂贵。在可见光光谱区,有几种主要类型:红色、橙色和黄色玻璃全部透射红光和近红外光,并有相当陡峭的截止,如图 8-3 所示,截止位置决定滤光片的表观颜色;绿色滤光片易于吸收光谱的红光和蓝光部分。它们的透射率曲线类似于眼睛的光谱灵敏度曲线。蓝色光学玻璃滤光片有时不仅透射蓝光,而且也透射一些绿光、黄光、橙色光,并常透射相当数量的红光;紫色玻璃的滤光片透射光谱中红光和蓝光,对黄光和绿光光谱区域有很好的抑制。大部分光学玻璃公司及制造彩色玻璃的企业(与"光学"玻璃相反,这些玻璃得到更精细的控制)可以生产滤光片玻璃。

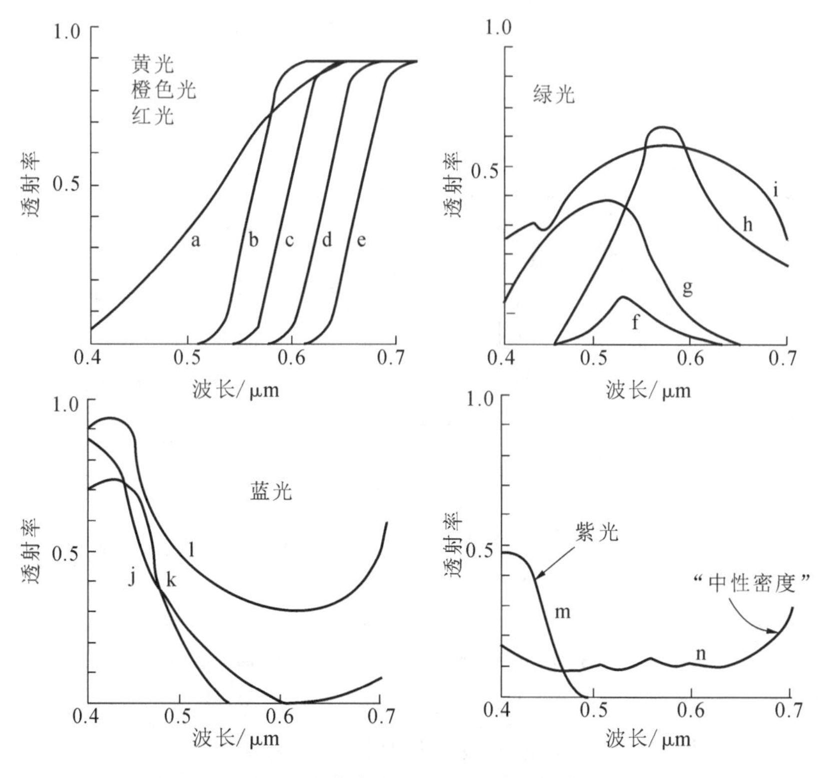

图 8-3 一些光学玻璃滤光片的光谱透射率曲线

同一类玻璃滤光片在不同熔炉的透射率性质是变化的。如果一块滤光片要求仔细控制透射率,常需要调整滤光片的抛光厚度以补偿这种变化。红光滤光片或许变化最大,因为它们对热非常敏感,一些红色玻璃不可能重新被压成坯件。通常波光片的光谱透射率数据是针对特定厚度给出的,并包括菲涅耳表面反射造成的损失。为了确定非标称厚度下的透射率值,也就是透明度,必须确定零件在没有反射损失的“内部”透射率。

通过使用透明度的 log-log 标度曲线,大大简化了该过程,肖特公司的滤光片玻璃目录就是使用这类方法。涂一层透明的覆盖层有可能立即评价出厚度变化的效果,图 8-4 表明了一种透明度曲线在这方面的用途。

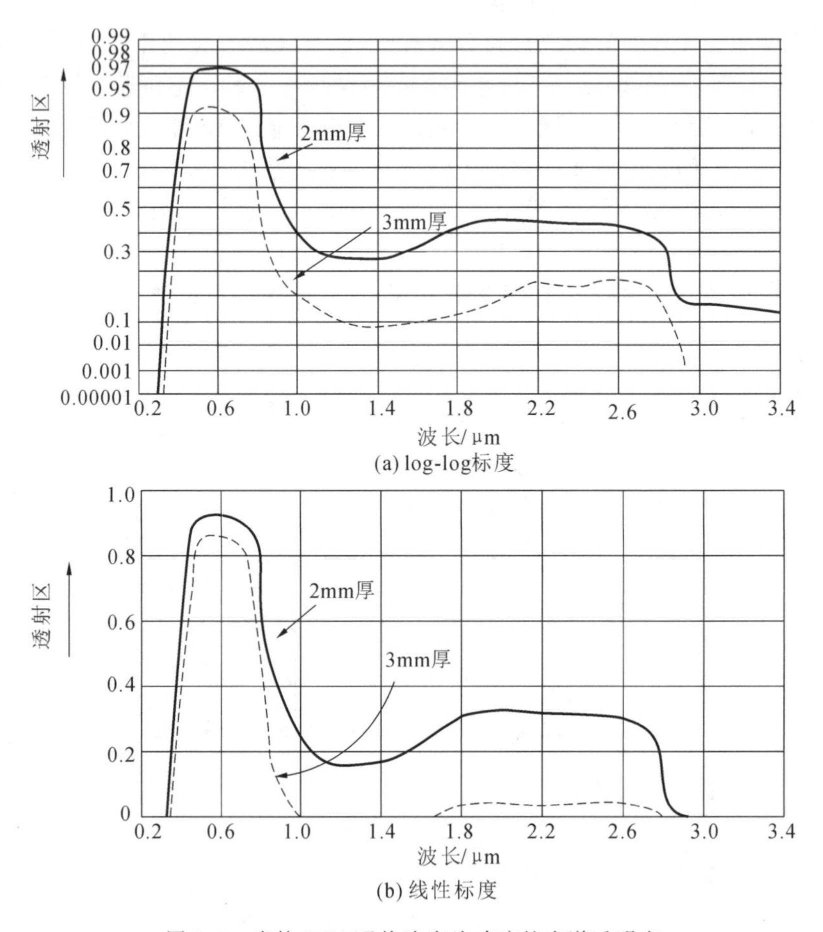

图 8-4　肖特 KG2 吸热滤光片玻璃的光谱透明度

同样的滤光片给出两种厚度,图 8-4 曲线图是 log-log 标度,下面的曲线图是线性标度。对于 log-log 标度,厚度变化受曲线在垂直方向的简单位移影响,右边标出的厚度给出了位移量。

玻璃滤光片也可以用来透射紫外或红外光谱而不是可见光光谱。这些滤光片的典型透射率曲线表示在图 8-5 中,吸热玻璃被设计成透过可见光并吸收红外光。这些滤光片常常应用于投影仪中,以保护胶片或 LCD 免受投影灯的热辐射,由于吸收大量的辐射能量,所以,滤光片变得非常热,一定要小心安装和冷却,避免由于热膨胀而破裂。根据图 8-3 给出的光谱透射特性,磷酸盐吸热玻璃要比 Akio 玻璃更有效,磷酸盐玻璃属于大气泡和大夹杂。

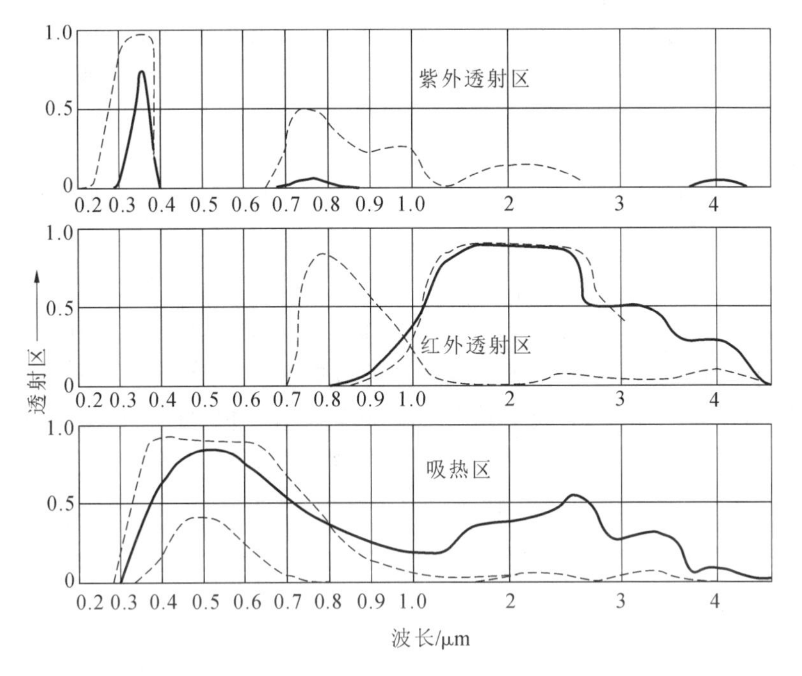

图 8-5　专用玻璃滤光片的透射特性

第八节　散射材料与投影屏

一张白色的吸墨纸就是一种(反射)散射材料的例子。投射到表面上的光向各个方向散射,因此,这张纸上的亮度几乎一样,而与照明或观察角度无关。一个理想的或朗伯散射体就是任意角度的表观亮度都一样的散射体。因此,表面上单位面积发出的辐射由 $I_0\cos\theta$ 计算出,其中,θ 是与表面法线的夹角,I_0 是垂直于表面方向一个面积元的强度。

好的反射式散射体,具有较高的散射效率。粗糙的白纸就是非常方便的一种,入射光(可见光)的 70%～80%被反射。由于氧化镁和碳酸镁有较高的效率,可以到 97%或 98%数量级,所以经常用于光度学测量。理想散射反射体的亮度(照度)正比于投射到表面上的照度及表面的反射率。如果照度以英尺烛光(ftc)计量,乘以反射率就得到亮度,单位是英尺・朗伯(ft・la),由照度流明每平方厘米($\mathrm{lm/cm^2}$)乘以反射率就得到单位是朗伯的亮度,该乘积除以照明面积结果就是以烛光每平方厘米($\mathrm{cd/cm^2}$)为单位的亮度,或流明每平方厘米每球面度[$\mathrm{lm/(cm^2 \cdot sr)}$]。

一个理想的散射体表面似乎有同样的亮度,与观察角度无关。一个非理想散射体的投影屏的亮度范围是零到投影仪光源的亮度。例如,一个椭球形理想反射屏,观察者的眼睛位于一个焦点上,投影仪放置在另一个焦点处,所有光线都反射到眼睛处,没有散射。从眼睛位置观察,该屏幕有相同的亮度,仿佛直接观察投影物镜,而从其他位置观察,屏幕完全是暗的。投影屏幕的增益是其亮度与理想散射(朗伯)屏幕亮度之比,理想散射屏的增益定义为

1.0。一个散射屏可以从任意方向观察，亮度较低时，与观察角无关。屏幕的增益越高，其标称增益所涵盖的角度就越小。珠光银幕（或粒状荧光屏）和琢面银光银幕（或双凸透镜状银幕）利用一种可控方式聚光和配光，在屏幕上刷涂一层铝（一定要保持偏振不变，并有平滑的曲面）可以使商业产品的增益高达 4.0。珠光屏幕的增益高达 10，但仅在一个特别有限的角度内，许多投影屏的标称增益是 2.0。

对于诸如后投影屏幕并产生均匀照明的一类应用，可以使用透射式散射体，最常使用的是乳色玻璃和毛玻璃（磨砂玻璃）（图 8-6）。乳色玻璃含有悬浮着的微小胶粒，这些胶粒多次散射而形成对光的散射。由于短波长的光要比长波长的光散射得更多，所以透过的光稍呈淡黄色。乳色玻璃通常用作套料乳白玻璃（或涂层乳白玻璃），是熔焊到透明玻璃支撑板上的一层非常薄的乳色玻璃。套料乳白玻璃的散射性能非常好，垂直照明时，与法线成 45°方向上的亮度是理想散射体可能照度的 90%。其总透射率相当低，约为 35%或 40%。

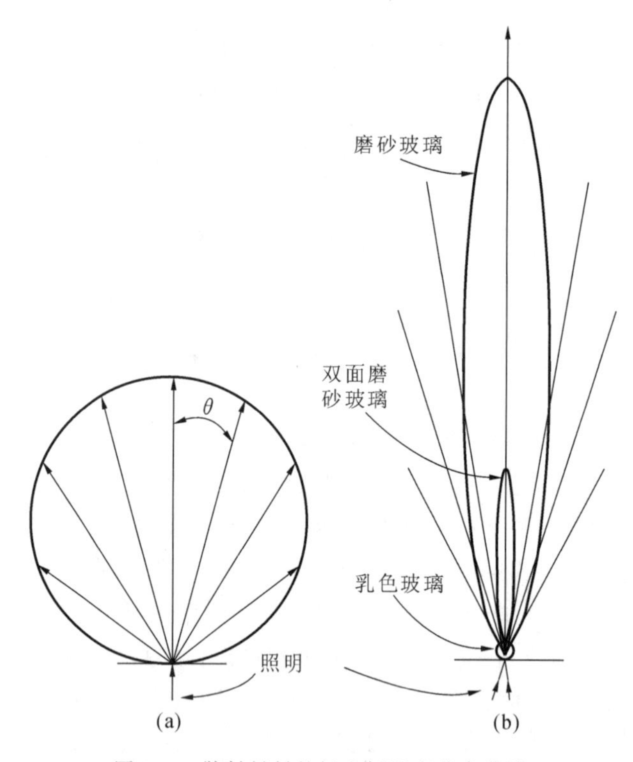

图 8-6　散射材料的极坐标强度分布曲线

对玻璃板的一个表面进行精磨（或者蚀刻），形成大量的、非常小的小面，使其或多或少随机地折射光，就可以加工出毛玻璃。毛玻璃的总透射率约为 75%。这些透射有相当强的方向性，远非一个理想的散射体。

描图纸的散射特性非常类似于毛玻璃体。其性质稍微有点变化，取决于表面的粗糙度。例如，对于光线垂直照射的表面，偏离法线 10°方向的亮度约是垂直方向亮度的 50%。在 30°方向，亮度约是垂直方向亮度的 2.5%。当然，如果希望利用局部散射，这种性质就相当有用。将两块毛玻璃组合(毛面接触),透射率降低约10%,但提高了散射:在20°方向上,亮度约为垂直方向亮度的20%;在30°方向,亮度约为垂直方向亮度的7%。

第九节　偏振材料

光具有横波性质,在垂直于传播方向上振动。如果将波的运动看作相互垂直平面内这样两束波的矢量之和,那么,当其中一种成分从光束中消除,就会产生平面偏振光。当一个普通光源发出的辐射通过偏振棱镜(几种类型都可以)就会形成平面偏振光,这些棱镜取决于材料方解石($CaCO_3$)的双折射性质,在两个偏振平面内有不同的折射率。由于一个偏振方向的光要比另一个偏振方向有更强的折射,所以,有可能通过全内反射(例如尼科耳棱镜和格兰一汤姆逊棱镜)或不同方向的偏折(例如罗雄棱镜和汤姆逊棱镜)使它们分开。

偏振棱镜比较大、笨重和昂贵。偏振层板既薄又轻,比较便宜,可以用于宽视场,又能简单地加工成几乎不受限制的尺寸和形状。这种偏振器在一个合适的底座上用显微法对晶体调校对准,因此,尽管该偏振仪不能像一台好的棱镜偏振仪那样有效,也没有大的有效视场范围,但对于需要偏振的大多数应用,这种偏振仪已大部分地取代了棱镜。一些公司生产各类偏振层板。如若应用在可见光光谱范围内,如何选择合适的产品,取决于需要最佳透射率还是最佳消光性(使用正交偏振器);如果应用在高温以及近红外光谱区(0.7~2.2μm),必须使用特殊类型的偏振器。由于平面偏振器将消除一半的能量,很明显,一个"理想"偏振器在一束非偏振光中的最大透射率将是50%;对于层板偏振器,实际透射率范围为25%~40%,取决于偏振类型。如果两个偏振器是"正交的",即偏振轴成90°方向排列,若是全偏振,则透射率是零。也可以用尼科耳棱镜实现,但层板偏振器会有$10^{-6}\sim5\times10^{-4}$的残余透射率,仍然与偏振类型有关,层板偏振器的透射特性也与波长有关。

当两个偏振器放置在一束未经偏振的光束中,这对偏振器的透射率取决于二者偏振轴的相对方位。θ是两轴间的夹角,则这对偏振器的透射率是:

$$T = K_0 \cos^2\theta + K_{90} \sin^2\theta \tag{8-20}$$

式中,K_0为最大透射率;K_{90}为最小透射率。K_0和K_{90}的典型数值对是42%和1%或2%,32%和0.005%,22%和0.0005%。

一块玻璃板表面的反射也可以形成平面偏振光。当光线以布儒斯特角(偏振角)入射到平面上时,一个偏振面完全透过(如果玻璃是理想的透明),另一个面15%反射。这种情况发生在反射光和折射光彼此90°相交时。因此,布儒斯特角是:

$$I = \arctan \frac{n'}{n} \tag{8-21}$$

反射光束完全偏振,透过光束部分偏振。利用一叠全都以布儒斯特角倾斜的薄板可以增大透过光束中偏振光束的百分比。如果折射率是1.52,则布儒斯特角是56.7°。

第十节　光学胶和溶剂

光学胶用于将光学元件固定在一起。胶合有两个目的:零件彼此精确对准而与机械安装支架无关，且能通过胶合大大消除表面反射(特别是全内反射)。通常使用的胶层特别薄，对系统光学性能的影响完全可以忽略不计。一些新型塑料胶能经受特别高的温度，用于千分之几英寸的厚度(在光线大斜率的苛刻条件下，可能影响光学系统的性能)。

加拿大树脂由加拿大香树脂制成，呈液体(溶于二甲苯)和黏稠或固体形式。首先，清洗将要被胶合的零件；然后将其放置在一块加热的平板上，当零件被加热到足以使加拿大树脂熔化时，在下面元件上抹擦树脂棒，放置上面零件，通过来回摆动或晃动上面零件，以便撵出多余的胶及陷入的气泡；最后，将胶合后的两个零件放置在一台校正器上冷却。加拿大树脂胶的折射率约为 1.54，V 值为 42。这些性质通常处于冕牌和火石牌玻璃折射性质中间。加拿大树脂胶经受不住高低温，加热时会变软，低温时会裂开，因此不适合严格的热环境。如今，加拿大树脂胶已很少使用。

目前已经研制出大量能够经受高温和强烈冲击的塑料胶。对绝大多数零件，这些胶具有热固性(热固化)或者是紫外光固化性，但只有很少几种热塑(加热软化)材料被使用。如果使用得当，这些胶能经受 $-65\sim82$℃的温度考验而不会失效。一般地，热固化胶放在两种容器(有时冷冻)中，其中一个装催化剂，使用前与胶混合。一滴胶滴在要胶合的零件之间，将过量的胶和气泡挤出，然后将元件放置在一个固定装置或夹具上，一个加热循环时间后，使胶固化。一旦胶体固化，将部件分开是极其困难的。习惯采用的分离技术是将其浸在热的(150～200℃)蓖麻油中，并将它们震开。塑料胶的折射率范围是 1.47～1.61，取决于胶的类型，大部分胶的折射率为 1.53～1.58，V 值在 3～45 之间。环氧树脂和丙烯酸酯是经常使用的材料。由于胶的类型多且性能不同，应咨询厂家每种胶的详细资料。

有一种将光学元件固定在一起的方法称为光胶法。这种方法要求必须非常严谨地清洗(用一块稍带抛光红粉的布完成最后清洗)两种元件，并贴在一起。如果表面形状匹配得相当好，那么随着空气从元件之间挤压出来，分子吸引将以非常强的结合力使它们黏结在一起。使光胶表面分开的唯一方法是加热其中一块，利用受热膨胀的原理破坏光胶(常使玻璃破裂)，有时可以浸在水中使零件分开。

第九章　人眼和颜色

了解人眼特性对于光学仪器工程是十分重要的，因为人眼常常作为目视光学系统的接收器。目视系统要用来分辨一定大小的目标或要测量到一定的精度，要求在人眼视视网膜上的像足够大，大于人眼能分辨细节的极限。

人眼是一种个体性很强的光学系统，一个人和另一个人的眼睛不一样，同一个人的眼睛，今天和昨天也会有所改变，事实上人眼每小时都在变化。因此，作为人眼特征的数据都是对许多人统计取的平均值，是一个取值范围的中心值。

在生理光学中，用屈光度(Diopter)衡量透镜或光学系统的光焦度，缩写为 D。它定义为：以米为单位的焦距的倒数，比如一米焦距的透镜就是一个屈光度。半米焦距的透镜，光焦度是 $2D$。焦距 1in 的透镜光焦度约为 $40D$。对于单个折射面，屈光度等于 $(N'-N)/R$，R 是以米为单位的曲面半径，一屈光度的棱镜，在 1m 远处产生 1cm 偏折或相当于 0.01rad (0.57°)。

第一节　人眼构造

图 9-1 是一只右眼的水平剖面图。眼球是一个坚韧的塑料状球壳，里面充满了胶状物，并且有一定压力以保持眼球的形状。由六条肌肉保持眼球的位置和使眼球灵活地转动，眼球前边除了角膜以外的部分是白色不透明的。

人眼的大部分光焦度是由角膜提供的。角膜厚约 0.55mm，折射率 1.3771，角膜后面是前室，里面是折射率为 1.3374 的水状液体，深度约 3.05mm。虹膜可以放大、缩小以控制进入眼睛的光通量。虹膜的颜色有多种多样，有黑的、蓝的、黄的、灰的等。虹膜是人眼的孔径光阑，由它构成的眼瞳直径可在 8～12mm(?)范围中变化。

虹膜后面是水晶体，也称为眼透镜，它是由多层薄膜构成的双凸透镜，其中间较硬、外层较软，在自然状态下，水晶体前表面半径 10.2mm，后表面半径 6mm。各层的折射率不同，中央为 1.42，最外层为 1.373。在水晶体周围肌肉的作用帮助下，可使水晶体的前表面半径变化，进而改变眼睛的焦距，使不同距离的物体都能成像在视网膜上。

水晶体后面是后室，里面充满着一种类似于蛋白质的透明液体——玻璃体，折射率为 1.336。后室的内壁是视网膜(由视神经细胞和神经纤维构成的一层膜)，它的作用是感光。视网膜外面包围着一层黑色的膜，它吸收透过视网膜的光，使后室变成一个暗室。视网膜上有两个特殊的区域：黄斑和盲斑。

当眼睛注视目标时，眼球转动使目标的像落在黄斑上，黄斑和眼睛光学系统像方节点的连线构成眼睛的视轴。人眼的视场，水平 200°，垂直方向 130°。双瞳视觉范围是 130°直径

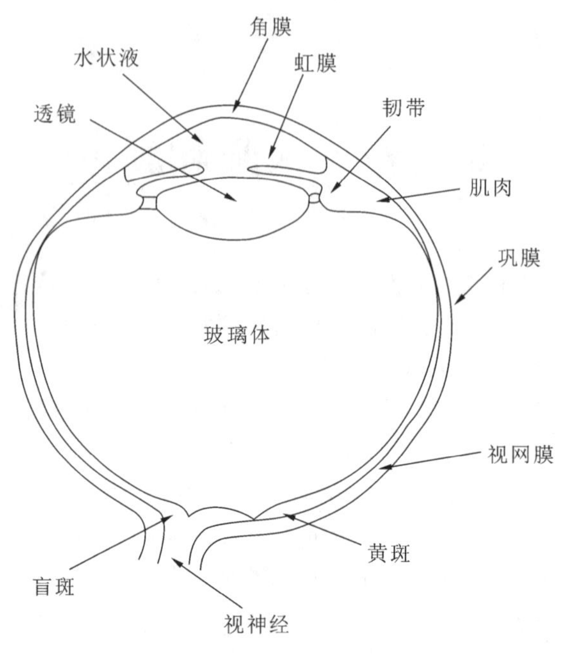

图 9-1　人右眼水平剖面

的圆形区域,但是只在视轴周围 6°～8°范围内能够清晰辨认目标,其他部分比较模糊。因此当我们观察周围景物时,眼球自动地不停转动。

视视网膜上分布 600 万～700 万个锥(状)细胞和 12 亿个杆(状)细胞,但是只有几百万条神经。中心窝里只有锥细胞(数目约占全部锥细胞的一半),直径为 1～1.5μm,每个锥细胞连着一条视神经,往外,锥细胞逐渐减少,杆细胞出现并逐渐增多。最后在视视网膜四周部分只有杆细胞,并且间距很大。几百个细胞连到一条神经上,因此视网膜周围部分的分辨力很差。

杆细胞含视紫红质,它的吸收峰近于 500nm。锥细胞又分三小类,含有红、绿、蓝三种色素,它们的吸收峰分别在 440nm,540nm 和 580nm 附近。视紫红质的吸收光谱略窄。杆状细胞灵敏度又高,在低亮度情况下($9^{-6}\sim9^{-3}\ \mathrm{cd/m^2}$),只杆细胞有反应,称为暗视觉(scotopic vision)。当亮度达到数烛光/平方米时,杆系统的活动开始被抑制,主要由锥细胞起作用,称为明视觉(photopic vision)。因为杆细胞只有一种,所以暗视觉只有明暗感,没有颜色。明视觉情况,三种锥细胞对不同的色光产生不同的响应,于是有了色觉。

为了计算人眼性能的方便,希望把人眼作为一个普通的光学系统来描写。为此瑞典眼科工作者古尔斯特兰(Gullstrand)提出一套模型眼,被称为古氏模型眼,共四组数据。其中,最常用的是 1 号古氏眼,它是眼透镜处于自然状态下即人眼调焦于无限远的情况。图 9-2 是 1 号古氏眼的光学结构图,表 9-1 是它的光学参数。

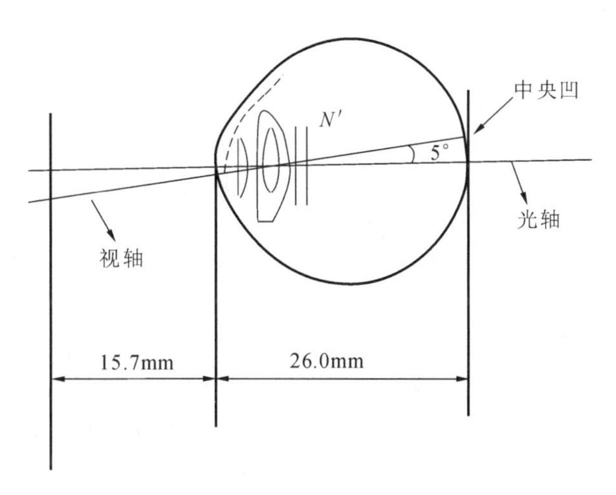

图 9-2　1 号古氏眼结构

表 9-1　1 号古氏眼光学参数

名称		表面位置（距角膜顶点）	半径	折射率	全眼焦距	f	−17.05mm
						f'	+22.78mm
角膜		0	7.7mm	1.376	主面焦距	前	1.348mm
		0.5mm	6.8mm	1.336		后	1.602mm
状体		3.6mm	10.0mm		节点焦距	前	7.08mm
	核心	4.146mm	7.911mm	1.386		后	7.33mm
	核心	6.565mm	−5.76mm	1.406	焦面位置	前	−15.70mm
		7.2mm	−6.0mm	1.386		后	24.38mm
				1.366	中央凹位置		24.0mm

第二节　人眼的特性

一、视觉锐度

光学工程师最感兴趣的人眼特性是它分辨细节的能力。以往都是用视觉锐度来衡量人眼的这一能力，它定义为人眼能分辨的最小目标的张角（以角分为单位）的倒数，称为 $V.A$ 值，通常用来衡量人眼 $V.A$ 值的目标图形是大写 E 字和有一个开口的圆环 C（兰道尔特圆）。

E 字有三个等间隔的横杠，如果它对人眼张角等于 $5'$，它的每一杠或是一个间隔对人眼的张角就是 1′。假若这么大小的 E 字正好能被辨认，$V.A$ 值就等于 1.0，正常视觉锐度是 1 分，这是设计光学仪器通常采用的人眼分辨力数值。

影响 $V.A$ 值的因素有景物亮度、照明的均匀性、目标对比度、照明光的颜色。景物亮度降低时，瞳孔放大，同时锥细胞不起作用，杆细胞起作用，视觉锐度降低(因为杆细胞直径大，间距也大，并且许多细胞连于一条神经)。目标对比度降低，$V.A$ 值也降低。均匀照明，$V.A$值比不均匀照明时高，用单色光照明时，如用黄色或绿光，$V.A$ 值稍高；用红光，$V.A$ 值稍低；用蓝光，$V.A$ 值可降低 10%～20%；用紫光，$V.A$ 降低 20%～30%。

人眼分辨细节的能力最好用阈值调制度曲线来表示。阈值调制度，是指一定空间频率的正弦目标在对视网膜上成像照度一定情况下，人眼所能察觉的最低调制度。它是空间频率和视网膜照度的函数。已知这个函数关系就可以知道人眼对任何亮度、任何形状和对比度的目标的分辨情况。图 9-3 就是人眼的一组阈调制度曲线，曲线上标记的数值是视网膜的照度水平，单位是特罗兰，它是亮度为 1nit 的物体通过眼瞳每 $1mm^2$ 在视网膜上产生的照度值。测定时加直径 2mm 的人工眼瞳，一般情况下可以粗略地认为人眼的阈值调制度为 0.02。

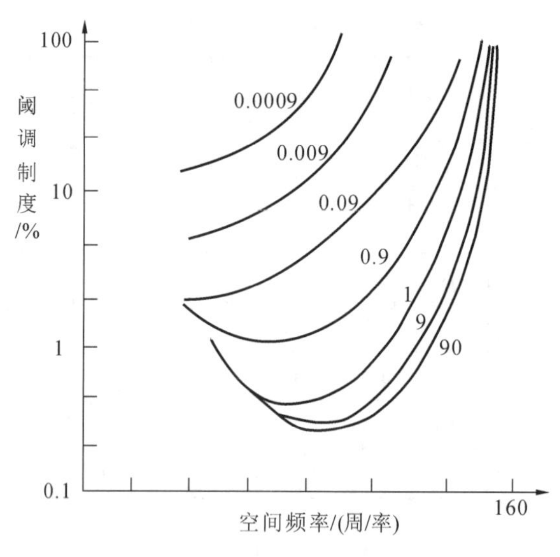

图 9-3　人眼阈值调制度曲线(绿光)

二、其他类型的锐度

(1) 游标视锐度(vernier acuity)是人眼对准两个目标的能力，比如两根直线，一条直线和一个十字线，两条平行线夹一条直线等。作这类游标定位，人眼的能力是很强的。在仪器设计中可以假设大多数人能重复瞄准达到优于 5s 的精度，准确到 10s 左右，个别人可以达到 1～2s。因此游标视锐度是视觉锐度的 5～10 倍。将一根直线对准两条直线中间的游标视锐度最高，其次是将一直线和十字线对准，或将两根对接的直线对齐，最差的是使两根直线重合(见图 9-4)。

(2) 人眼能察觉到亮背景(比如天空)上很细的黑线(比如高压线),张角可以小到0.5′~1′。但在暗背景上观察亮度或黄斑时,目标的大小和目标的亮度相比,变得不重要,决定因素是使视网膜细胞产生反应的能量多少,最低的水平是50~100个光量子入射于角膜(其中实际只有百分之几到达视网膜细胞)。

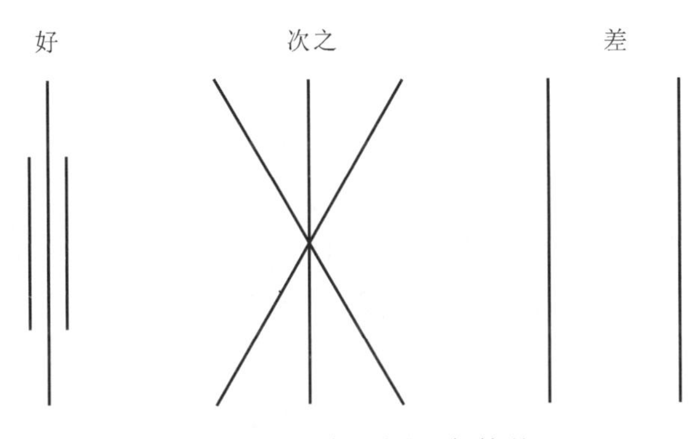

图9-4　不同的对准目标情况

(3) 对运动目标,人眼能察觉最慢每秒1′~2′的移动,而另一极端,当移动速度高于每秒200°时,就会模糊成一道亮光(如流星)或一道暗影。

(4) 体视锐度。当我们观察外界物体时,除了知道物体的大小、形状、明亮程度和颜色外,还能知道它们的远近,这种远近感觉称为深度感。无论用单眼或是双眼观察都有深度感。但这种感觉,双眼比单眼强得多,也正确得多。

单眼深度感来源于:① 物体的高度已知(根据经验),根据它们对应的视角大小就知道它们的远近,同一种物体,视角大就近,视角小就远;② 根据透视关系和日光的投影可以判断物体的相对位置;③ 根据物体细节的分辨程度和空气的透明度也能判断物体的远近;④ 根据眼睛的调节程度,但只在2~3m以内的目标才能根据眼睛的调节程度感觉出远近差别。

当用双眼观察时,除了以上的因素外,还有两个因素起作用:① 注视某物时,两眼视轴自动对向该物。近的物体,视轴夹角大,远物夹角小。因而眼球肌肉的紧张程度也就不同,于是产生远近感。经验证明,这种远近感只在1.6m以内才能产生,实际能精确判断的距离只有数米。② 双眼立体观察。当用双眼观察点A时(见图9-5),两眼视轴对向A点,二视轴之间的夹角α称为视差角。A的像a_1和a_2都落在黄斑上。假若另有一点B,它和A到人眼的距离相等,设它的像为b_1、b_2,因为$\alpha_A=\alpha_B$,所以,视网膜上二像点之间的距离$a_1b_1=a_2b_2$,并且b_1和b_2在黄斑的同一侧。如果A、B远近不等,则$\alpha_A\neq\alpha_B$,因而$a_1b_1\neq a_2b_2$,于是产生远近感。这样一种远近感觉就是双眼立体视感,它能精确地判定物体的位置。

物体远近反映为视差角不同。人眼能分辨的最小视差角之差$\Delta\alpha$决定人眼的"体视锐度",即人眼判断物体远近的能力大小。它大约是10″,有的人可以达到3″~5″,无限远物点对应的$\alpha_\infty=0$。当物点对应的视差角α等于$\Delta\alpha_{min}$时,人眼刚刚能分辨出它和无限远点的距离有差别,这也就是人眼能分辨出远近的最大距离(超过这个距离将分不出远近)。

设人眼瞳孔距平均为$b=62$mm,$\Delta\alpha_{min}=10''$,则

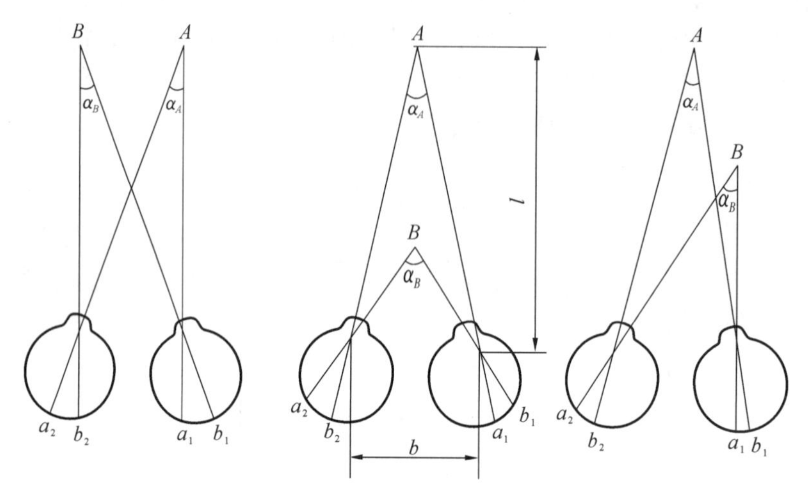

图 9-5　双眼立体视角

$$l_{\max}=\frac{b}{\Delta\alpha_{\min}}=\frac{62}{10}\times 206000\approx 1200(\mathrm{m})$$

$l_{\max}$称为体视觉半径。体视半径以外的目标，人眼分辨不出远近。

第三节　人眼的灵敏度

人眼所能察觉的最低亮度与暗适应时间有关。当照度减低时，眼瞳放大，同时视网膜变得敏感起来。这是由于从锥状细胞起作用变为杆状细胞起作用，同时因为包括视紫红质的光化学机构起作用，这个过程称为暗适应。不论暗适应时间多长，中心窝可察觉的亮度水平是一定的，而在低照度水平下，只是视网膜的周围部分起作用，它可察觉的亮度水平却随暗适应时间加长而开始迅速减小，随后趋于一极限值。图 9-6 给出了在张角 2°目标的情况下，目标张角增大时，阈值亮度降低，反之，目标张角减小时，阈值亮度升高。图中虚线是暗适应前眼睛适应高和低亮度水平得出的结果，这就说明测量条件对人眼亮度阈值影响是很大的。

人眼判断亮度绝对水平的能力极差，但是它比较两个相邻视场的亮度是否相同的能力却非常好，在平常的亮度水平下，2%的亮度差就能被人眼察觉。

人眼对光的响应度和波长有关。同样功率各种波长的光对人眼产生的相对刺激量（相对于最灵敏波长和刺激量）代表了人眼的光谱响应特性，被称为视见函数，正常亮度情况下和低亮度情况下视见函数有差别（图 9-7）。明视觉的视见函数通常用 V_λ 表示，它的峰值波长是 0.555μm；暗视觉的视见函数通常用 V_λ'表示，峰值波长移向短波，在 0.52μm 附近。对于大多数用途，可以认为人眼感光的波长范围是 0.4～0.7μm。短波方面主要受水晶体对紫外光吸收的限制，因为人眼对深红和蓝光不敏感，所以目视仪器一般对 0.5893μm（D 线）校正单色像差，对红亮线（0.6563μm）和蓝线（0.4861μm）校正色差。

人眼在近红外区仍有很低的响应，在计算红外探照灯（比如用于红外瞄准镜等）的能见度时，对这一点要加以考虑。

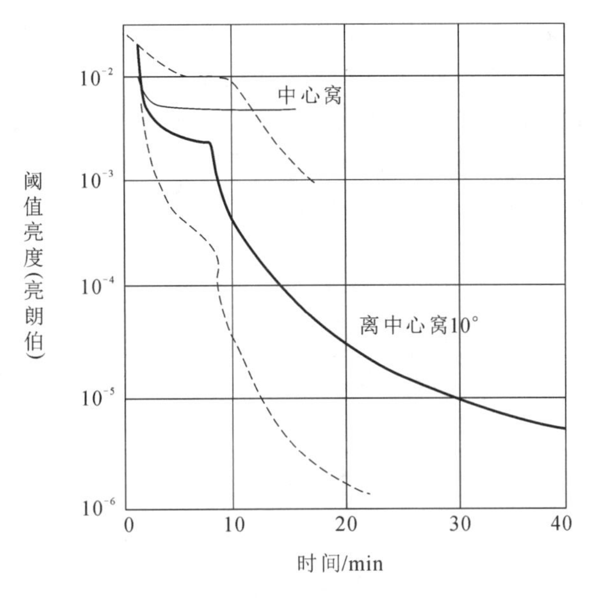

图 9-6　阈值亮度与暗适应时间的关系

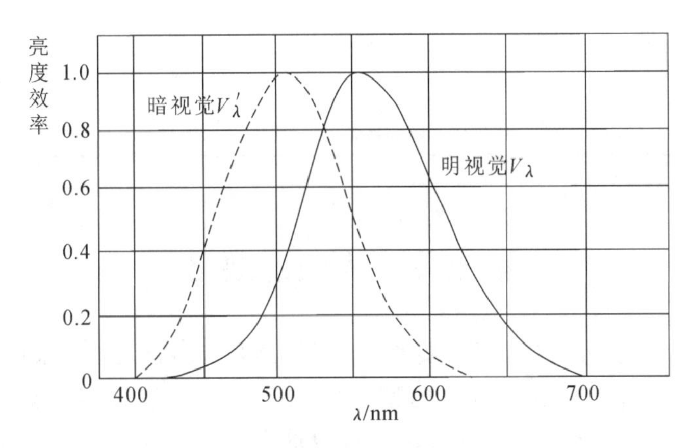

图 9-7　人眼明视觉和暗视觉的视见函数

第四节　人眼的调节

在水晶体周围肌肉的作用帮助下，可使水晶体的前表面半径变化，进而改变眼睛的焦距，使不同距离的物体都能成像在视网膜上，这种过程称为眼睛的调节。

正常人眼处于自然状态下(眼内肌肉完全放松)，眼睛的像方焦点正好落在视网膜上，因此观察无限远物体最不易疲劳。直接用于人眼观察的光学仪器，如望远镜和显微镜，它们的像都成在∞，使眼睛处在自然状态。

一般用视度表示眼睛的调节能力，视度被定义为观察距离(以 m 为单位)的倒数。例如观察前面 0.5m 处的目标时，视距为 $l=-0.5\mathrm{m}$，于是视度 $N=1/l=-2$。对于正常人眼，从 ∞ 到 250mm 的范围可以毫不费力地进行调节。一般人在阅读或操作时，常把被观察物体放在 250mm 左右的地方，称为明视距离。它对应的视度 $N=-4$。但由 ∞ 到 250mm 并不是人眼的最大调节范围，人眼还能看清更近的东西。人眼能看清的最近距离称为近点，从 ∞ 到近点才是最大调节范围。这两个极端距离的对应视度差(也就等于近点的视度)用来代表人眼的调节范围，它随人的年龄增加而变化，表 9-2 列出不同年龄时正常人眼的调节范围和近点距。

表 9-2　不同年龄时正常人眼的调节范围和近点距

年龄/岁	最大调节范围/视度	近点距/mm
10	−14	70
15	−12	83
20	−10	100
25	−8.5	130
30	−7.0	140
35	−5.5	180
40	−4.5	220
45	−3.5	290
50	−2.5	−400

第五节　人眼的缺陷

正常人眼明视觉，在自然状态下，像方焦点正好落在视网膜上。如果像方焦点与视网膜不重合，就是视力不正常。焦点落在视网膜前的是近视眼，焦点在视网膜后的是远视眼。

近视眼是由于眼透镜和角膜光焦度太大或眼球太长造成的，超出一定距离的目标成像在视网膜前面而不能聚焦在视网膜上，因此近视眼看不清远处的东西。眼睛能看清的最远距离称为远点距。正常人眼的远点距为 ∞，近视眼则为有限值，通常用近视眼的远点距对应的视度表示近视程度。例如当远点距为 0.5m 时，即为近视 −2 个视度，和医学上的近视 200 度对应。如果眼睛的调节能力不变，则近视眼的明视距离和近点距也要相应地缩短，近视度加(−4)就是近视眼明视距离的视度；近视视度加近点视度就是近视眼的近点视度。例如一个 −2 视度的年轻人，假设他眼睛的调节能力是 −10 视度，则他的明视距离即为 $1/l_{明}=-2+(-4)=-6$，即 $l_{明}=1/6(\mathrm{m})\approx 167\mathrm{mm}$；他的近点距为 $1/l_{近}=-2+(-10)=-12$，即 $l_{近}=1/12(\mathrm{m})\approx 83\mathrm{mm}$。

为了校正近视，可在眼睛前面加一块负透镜，它的焦距正好和远点距相同，这时它能把无限远处的物体成像在要矫正的近视眼的远点，因而它正好落在视网膜上，如图 9-8(a)所示。这负透镜的屈光度数值正好和要矫正的近视眼的远点视度也就是用视度表示的近视程度相同，这是在生理光学中用屈光度表示透镜光焦度的方便之处。

远视眼和近视眼正好相反，它是由于水晶体和角膜的光焦度太小或眼球太短造成的。依靠眼的调节，它能看清∞处的东西，但是近到一定距离的东西却看不清。假设有一个远视+2视度的年轻人，视度调节范围为$-10D$，则他能看清的最近距离为

$$1/l_{近}=+2+(-10)=-8 \quad 或 \quad l_{近}=1/8(\mathrm{m})\approx 125\mathrm{mm}$$

而正常人眼近点距离$l_{近}=1/10(\mathrm{m})\approx 100\mathrm{mm}$。

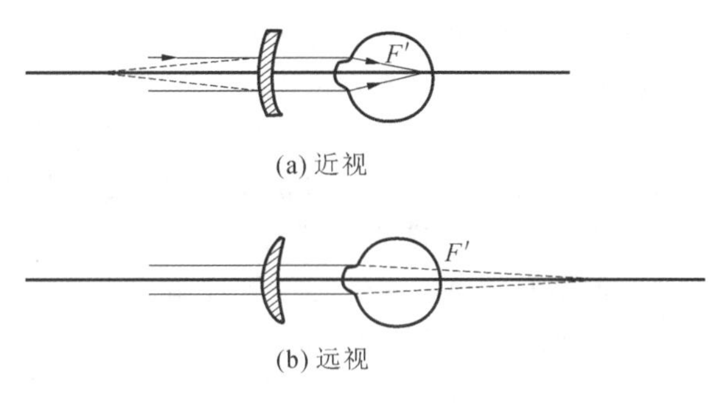

图 9-8　视力的矫正

为校正远视眼，可在眼睛前面加一块正透镜，它使处于自然状态下的眼睛正好把无限远的物体成像在视网膜上，如图 9-8(b)所示。

光学仪器为了适应不同视力个体的使用，利用改变目镜的前后位置，使物镜所成的像可以不在∞而位于无限远前后一定距离上，以适应近视眼或远视眼的需要(图 9-9)，这就是目视仪器的视度调节。

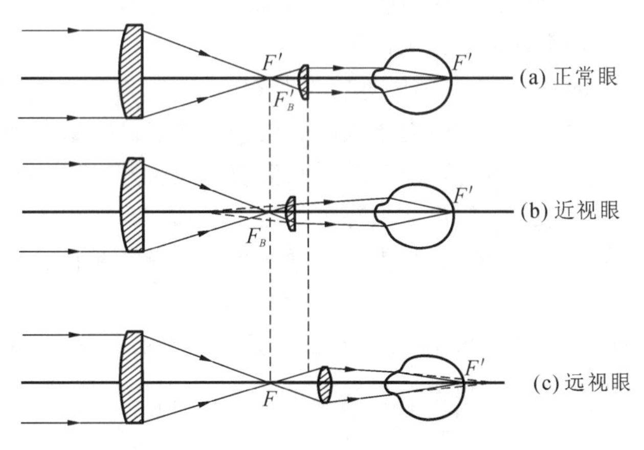

图 9-9　目视仪器的视度调节

现在来确定视度与目镜调节量之间的关系。假定要求仪器的视度值为N，则要求像距为$x'=1000/N(\mathrm{mm})$，根据牛顿公式即可求出目镜的移动量x。

$$x=\frac{-f_{目}'^{2}}{Nx'}=\frac{-Nf_{目}'^{2}}{1000} \tag{9-1}$$

一般目视仪器视度调节范围为±5视度。绝大多数移动目镜可实现5视度调节，视度分划就刻在目镜圈上。

散光眼通常是由于角膜某个方向的曲率半径大于其他方向造成眼睛各截面光焦度不等，这种眼睛要用复曲面(Tori dal)——散光眼镜校正。

人眼有1～2$\frac{1}{2}$视度的轴向色差，用外加透镜可以加以校正，也可以使色差增大。增大1倍时人眼还感觉不出来，增大到4倍时就能察觉了。人眼除了有色差以外，还存在一些球差。这是由于水晶体具有非球表面，且折射率中间高、边上低，这两方面因素都使得眼睛透镜边缘部分光焦度变小，从而有利于校正角膜造成的严重正球差(少数人有负球差)。大多数人随眼的调节，球差变负，和色差一样，球差对人眼的分辨力影响很小。

在设计人眼观测光学仪器时，还要考虑到其他一些因素，特别是用双目观测的仪器。比如，眼瞳间距要能调节(这一距离的范围是50～75mm)；两只眼睛的放大倍率必须相等，只允许0.5%～2%的误差(因人而异)，否则将失去体视感；两只眼睛光轴必须平行(允许1/4～1/2棱镜屈光度)；每只眼睛必须单独调焦，±4视度调节范围可以满足98%的人的需要，±2视度满足85%的人。人眼的视场深度(对应于最佳焦点两侧能清晰成像的距离)是$\pm D/4$，因为人眼能非常迅速地对所注视的目标自动调焦，因此大多数目视仪器可以允许有$1D$的剩余场曲，但应当是负场曲；出瞳距应大于15mm(不戴眼镜)和25mm(戴眼镜)。

第六节　人眼的其他特性

人眼还有许多其他有趣的特性。比如，成在视网膜上的像是倒的，但是我们感觉到的却是正像；当放映机绕垂直轴转动时，放映出来的图像看起来是模糊的(因为像在不断移动)；但是假若绕垂直轴转动头部，虽然视网膜上的图像同样会移动，却感觉看到的是稳定的图像。这些都是和大脑处理由视神经提供的信息结构有关。

在涉及电影和电视的场合，人眼的闪烁特性是很重要的，对于人眼，存在一个临界闪烁频率，高于这一项频率变化的光刺激，对于人眼和同一平均能量的稳定刺激产生的感觉十分类似，这称为Talbot定律。临界闪烁频率随景物亮度增高而增高。播送电视时，为了提高闪烁频率，采取隔行扫描的办法，假设原来每秒传送25帧图像，现在就变成了50场/″(场频正好是比帧频率高一倍)。实验证明，临界闪烁频率与荧光屏亮度有下列关系：

$$f_C = F + 12.6\lg B \tag{9-2}$$

式中，F是一个常数；B是景物亮度(单位ft·la)。这一结果被为Ferry-Porter定律。表9-3列出了不同亮度水平的临界闪烁频率。

表9-3　不同亮度水平下人眼的临界闪烁频率

亮度/(ft·la)	0.001	0.01	0.1	1	10	100
临界闪烁频率/(周/″)	13	19	26	34	43	51

美国规定电影银幕标准亮度为(16±2)ft·la。拍摄电影是24帧格/″，放映时要使观众

没有闪烁感，就必须把闪烁频率提高一倍左右。采取的办法是加一个遮光板，放映每帧画面时遮挡一次，使闪烁频率变为 48 周/″。

第七节　颜色和色度学基础

颜色，即是物体的固有物理属性，也是一种视觉。看作视觉，因为它是由视网膜上的三种不同锥细胞产生的一种感觉；看作物体的固有特性，是因为物体的颜色反映了它透射或反射或自身发光的光谱特性。

用分光光度计可以测定物体透射或反射光的光谱功率分布，可确定一种物质的固有颜色。由于人眼对光的响应也和波长有关，因此物体的表面色还与照明光源的光谱功率分布有关。两个色样在白炽灯下对人眼三种锥细胞产生相同的刺激，就产生相同的颜色感觉。但在日光下，就可以看出来颜色是不相同的，除非两个色样的光谱反射率或光谱透射率完全相同，因为白炽灯和日光的光谱功率分布很不同。

从产生色觉的机理知道，颜色可以且只需用三个变量来描写（因此色度空间是三维空间）。因为颜色既决定于客观存在的物体特性，又决定于它们对人眼产生的主观感觉。所以它既是物理量，又是心理量，称为心理物理量。

描写颜色的三个量（颜色三要素）是主波长、色纯度、亮度，为客观物理量，可以用仪器定量测定。色调、饱和度、明度（主观亮度）为三种客观物理量对应的主观心理量，是那些客观量产生的主观感觉，色度学研究的就是如何定量描述颜色的问题。

三原色理论的实际根据是色匹配实验，图 9-10 是这个实验的示意。实验表明：任何色都可以用一定量红、绿、蓝三种色光（称为三基色）比配（包括其中一种色光的量可能取负值，意思是被比配的色加上这一基色可以和另外两基色比配），对灵长类动物眼睛的解剖证明确实存在三种锥细胞，这为三基色理论提供了生理物理基础。

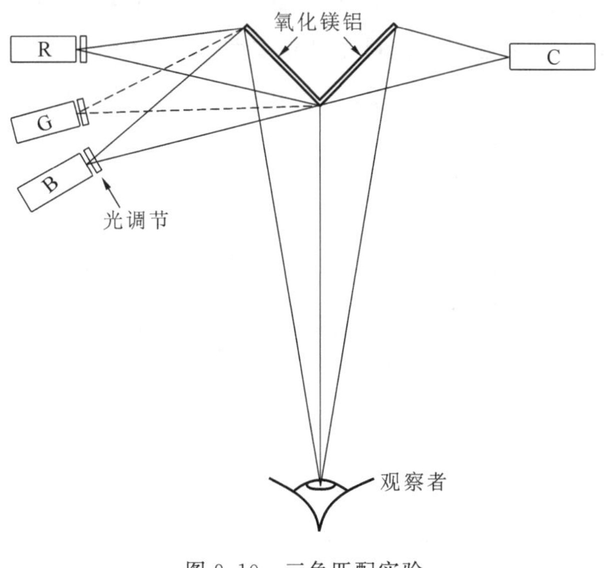

图 9-10　三色匹配实验

选定了一组基色(它们必须是独立的,即不可能由其中的两个匹配第三者)及其单位量值,根据色匹配实验,就可以确定任意色的比配系数,这个色完全由相应的三个数决定。当然,假若另外选一组基色,或者采用不同的单位量值,描写同一个色的三个数(称三刺激值)也就变了。为了各国标准统一,国际光照协会(CIE)规定了一组虚拟基色(实际不存在)及三个量值系统,称为(XYZ)基色系统,在这个系统里任意一种色都可以用三个正数(或0)表示,而亮度正好与量Y基色匹配系数相等,假若用(x)、(y)、(z)代表单位量三基色,则任意色可用与它匹配的上述三基色的量X、Y、Z来表示。在不考虑亮度的情况下,可以用x、y来表示颜色的另外两个要素,即主波长和色纯度。x、y值是由X、Y、Z(三刺激值)按下式得出来的。

$$\begin{cases} x = \dfrac{X}{X+Y+Z} \\ y = \dfrac{Y}{X+Y+Z} \\ z = \dfrac{Z}{X+Y+Z} \end{cases} \tag{9-3}$$

显然$x+y+z=1$,x、y称为该颜色的色度值。

我们将各种单色光(光谱色)的x、y值,在$x-y$直角坐标中作图即形成一条马蹄形的曲线称为光谱轨线,如图9-11所示。在这个图上,我们还可以同时表示出“白光”的位置(白光的x、y值)C,和我们所研究的某个色的位置G(由它的x、y值决定),这样一张图称为色度图,它有许多用处。比如,由色度图我们很容易确定出某色的主波长和色纯度,只要将C、G连直线,它的延长线与光谱轨线交点D对应的单色光波长就是G的主波长。距离CG与CD长度之比,就是G的色纯度(百分数),白光色纯度等于0,光谱色(单色光)色纯度为100%,这实际说明任意一个颜色都可以用一定量的单色光(主波长)加上白光来匹配。加的白光量越少,色纯度越高,加的白光量越多,色纯度越低。又比如,假设在色度图上画出两个颜色点G、P,那么由它们就可以混合出连线G、P上各点所代表的颜色。这对于调色工作非常有用,因此色度图对于与彩色有关的行业是非常重要的。

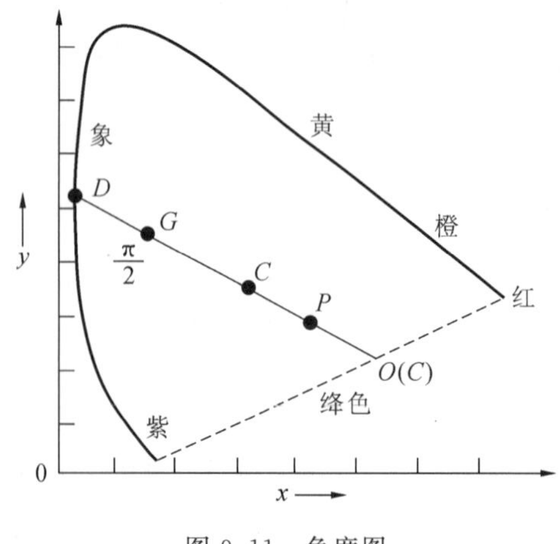

图9-11　色度图

与1W各波长可见光匹配的三基色功率瓦数 x、y、z 称作分布系数(图9-12),人眼的色觉特性可完全由分布系数描写。

前面讲过物体色和照明光源的光谱功率有关。为了便于颜色的测量和比较,CIE还规定了几种标准光源,其中最常用的有:

A光源:它是色温2848°K的完全钨丝灯。

B光源:用于模拟没有太阳时的日光,它由A光源,加专门的滤光片获得。

C光源:用于模拟平均日光(包括太阳光在内),也由A光源加专门滤光片获得。

平均日光 D_{65}:用于更加准确地代表平均日光。

图9-13是A、B、C标准光源的相对光谱功率分布。根据物体的光谱透射率 $T(\lambda)$ 或反射率 $\rho(\lambda)$ 和照明光源的光谱功率 $E(\lambda)$,就可以按照CIE分布系数确定物体的三刺激值 X、Y、Z:

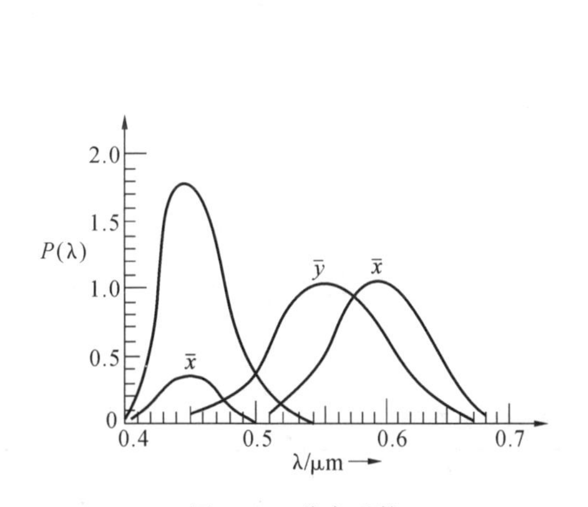

图9-12 分布系数

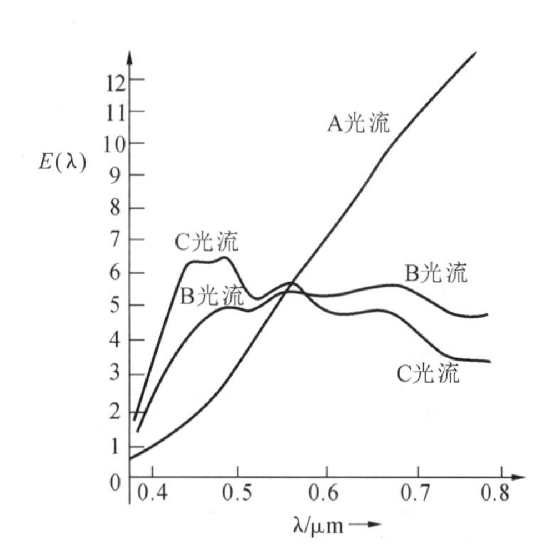

图9-13 标准光源 A、B、C 的光谱功率

$$\begin{cases} X = \sum E(\lambda)T(\lambda)x(\lambda) \\ Y = \sum E(\lambda)T(\lambda)y(\lambda) \\ Z = \sum E(\lambda)T(\lambda)z(\lambda) \end{cases} \tag{9-4}$$

根据式(9-4),可以确定物体色的亮度、主波长和色纯度。

第十章　望远系统

第一节　望远系统的光学性能

望远系统是帮助人眼对远方物体进行观察、检验和测量的光学系统，是光学仪器中最经典的光学系统之一。目视望远系统由于与人眼耦合接收成像，所以望远系统是焦距为无限大的光学系统。本章所提的望远系统均指目视望远系统，其基本的光学特征是：入射到系统的平行光束，经系统出射后仍然是平行光束。

首先介绍用以描述望远系统光学性能的物理量。

一、鉴别率

按照衍射理论，即使理想光学系统，甚至假定无限小光源是存在的，也不可能形成纯粹的点像，而是形成一个衍射光斑——艾里斑，即在中心亮斑外面围绕一系列亮度迅速减弱的同心圆环。艾里斑的照度分布如表 10-1 所示。

表 10-1　艾里斑的照度分布

环	圆　孔		
	环半径	相对照度	环中能量
中心主极大	0	1.0	83.9%
第一暗环	$0.61\lambda/n'\sin U'$	0.0	
第一亮环	$0.82\lambda/n'\sin U'$	0.017	7.1%
第二暗环	$1.12\lambda/n'\sin U'$	0.0	
第二亮环	$1.33\lambda/n'\sin U'$	0.0041	2.8%
第三暗环	$1.62\lambda/n'\sin U'$	0.0	
第三亮环	$1.85\lambda/n'\sin U'$	0.0016	1.5%
第四暗环	$2.12\lambda/n'\sin U'$	0.0	
第四亮环	$2.36\lambda/n'\sin U'$	0.0078	1.0%
第五暗环	$2.62\lambda/n'\sin U'$		

两个相距较远的物点，其衍射斑是相互独立的，人眼通过仪器不难鉴别这两个分开的物

点，如果这两个物点靠近到一定程度，它们的衍射斑就有一部分相互重叠，其照度分布如图10-1所示。图中①和②分别为两个物点的衍射斑照度分布曲线，二者的叠加结果如图中虚线所示。当叠加后的照度极大值 E_{max} 与极小值 E_{min} 差别较大时，人眼比较容易鉴别这两个物点；但当两个物点进一步靠近时，E_{max} 与 E_{min} 的差别越来越小，直到不能被鉴别，于是两个物点被看成一个点。

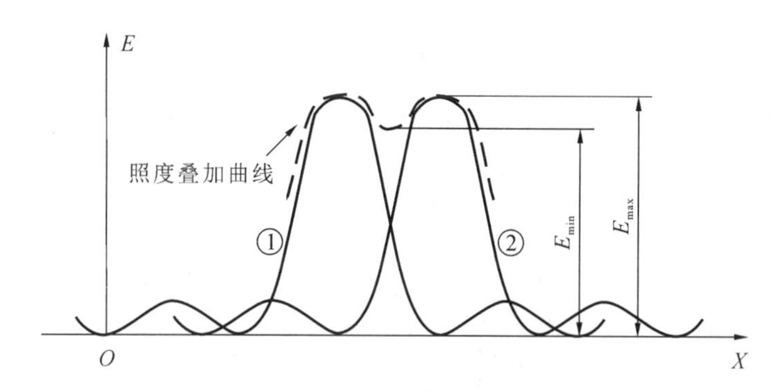

图 10-1　两个点物衍射像的分辨

所谓鉴别率，就是两物点之间角距的一个临界数值，这时 E_{max} 和 E_{min} 的差别刚刚能被察觉，因此两物点刚能被鉴别开。

瑞利条件指出：当一个物点的衍射斑中心落在另一个物点的第一衍射暗环上时，两物点刚好能被鉴别开，这条件对应于

$$C=\frac{E_{max}-E_{min}}{E_{max}}=26\% \tag{10-1}$$

此时两个衍射斑中心之间的距离等于

$$R=\frac{0.61\lambda}{n'\sin U'} \tag{10-2}$$

式中，λ 为物点发射光的波长，对于白光可取 $\lambda=0.56\mu m$；n' 为系统像空间折射率，像空间一般为空气，$n'=1$；U' 为系统像方半孔径角。

实践经验证明，瑞利判据还是比较保守的，实际上当 $C=5\%$ 时人眼已能鉴别，此时两个衍射斑之间的距离为

$$R=\frac{0.5\lambda}{n'\sin U'} \tag{10-3}$$

这就是 Sparrow 标准。

望远系统的鉴别率，是指望远系统鉴别无限远处两个相近物体的能力，以刚能鉴别开的两物点对入瞳中心的夹角 α 来表示。

显然 α 值越小，系统鉴别远物体细节的能力就越强，也就是系统鉴别率越高。

对于齐明系统，即校正了球差和彗差的系统，当物点位于无穷远处时，相对孔径 $D_{入}/f'$ 与数值孔径有如下关系：

$$\frac{D_{入}}{f'}=2n'\sin U'$$

如图 10-2 所示，根据瑞利条件，对波长 λ 为 0.555μm 的光进行计算，得到望远系统的理论鉴别率为

$$\alpha = \frac{140}{D_{入}}('') \tag{10-4a}$$

式中，$D_{入}$ 为望远系统的入瞳直径(mm)。

而根据 Sparrow 标准，得

$$\alpha_0 = \frac{120}{D_{入}}('') \tag{10-4b}$$

可见，望远系统的理论鉴别率与入瞳直径有关，鉴别率主要根据要求鉴别一定距离上的目标大小及细节情况来确定。

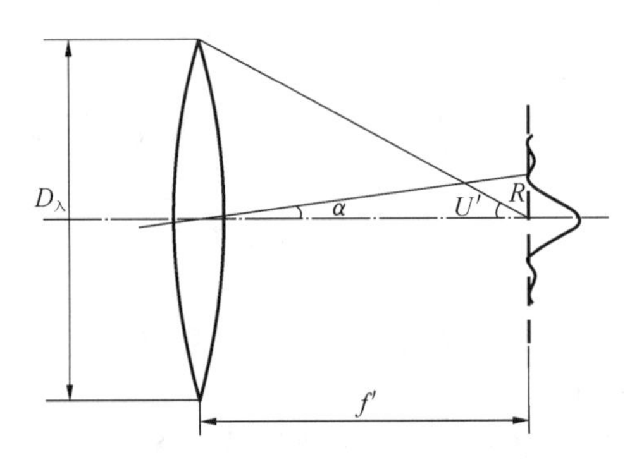

图 10-2 望远镜角分辨率光路图

对于实际望远系统，由于存在剩余像差、光学零件制造误差、安装误差、装配时的应力及光学材料质量等一系列实际因素对鉴别率均有影响，因此在设计仪器时实际鉴别率不能直接按上述公式计算，必须乘以修正系数：

$$\alpha = k\,\frac{140}{D_{入}} \sim k\,\frac{120}{D_{入}}('') \tag{10-4c}$$

一般来说，对于复杂结构、倍率较高的系统，应当取得大一点，修正系数 k 的取值范围一般为 1.05～2.2，参见表 10-2。

表 10-2 修正系数 k 的选取原则

系统类型	修正系数
小孔径物镜和低倍率系统	1.05
普通望远系统(小型天文、大地测量和计量仪器中)	1.2
带一个透镜转像系统的系统	1.3
带一个棱镜转像系统的系统	1.5
带三个透镜转像系统的系统	1.6
高变焦比的复杂系统	2.0
有数个棱镜与透镜转像系统的系统	2.2

二、视放大率

如图 10-3 所示，假定位于光轴上无限远处的物体 AB 的主光线在物方与光轴夹角为 ω，实际上等于肉眼直接观察时这同一物体对眼瞳中心的张角；主光线在像方与光轴夹角为 ω'，实际上也就是眼睛通过望远系统观察时同一物体的像对眼瞳中心的张角。

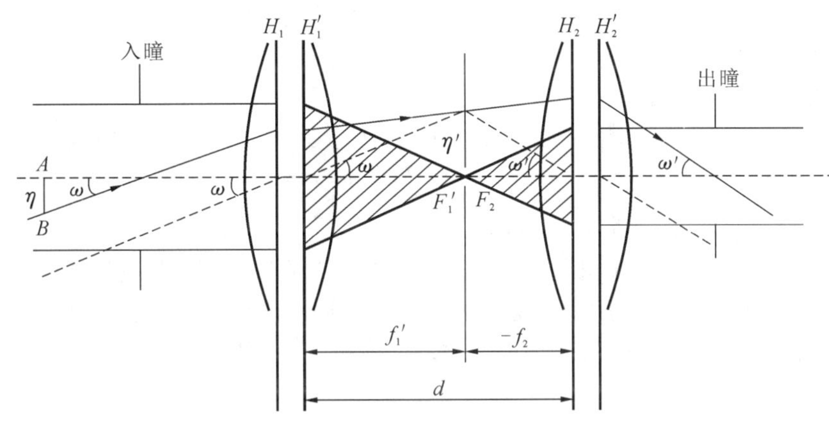

图 10-3　视放大率光路图

若通过物镜所形成的像以字母 η' 表示，由画阴影线的两个三角形相似，得

$$\eta' = -f_1 \cdot \tan\omega = -f_2 \cdot \tan\omega'$$

若入瞳直径为 $D_{入}$，出瞳直径为 $d_{出}$，并注意到出瞳是入瞳的倒像，则由画有阴影线的两个相似三角形，得

$$\frac{D_{入}}{-d_{出}} = \frac{f_1'}{-f_2}$$

根据视放大率定义，望远系统的视放大率等于

$$\Gamma = \frac{\tan\omega'}{\tan\omega} = \frac{D_{入}}{d_{出}} = -\frac{f_1'}{f_2'} \tag{10-5}$$

公式中的符号代表像的正与倒，负号表示倒像。

因为实际的望远系统，物镜焦距 f_1' 较之目镜焦距 f_2' 大得多，所以望远系统的像空间的像对人眼张角较之其在物空间的共轭角大得多。因此通过望远镜观察时，远处的物体似乎被移近，原来看不清楚的物体能够被看清楚了。

另外，对标准望远系统，从无限远轴外物点发出的平行光束，经过系统后仍然是平行光束，所以不论人眼位置沿轴怎样变化，ω 角和 ω' 角均不变，因此视放大率与人眼的位置无关。可见，对于标准望远系统，视放大率与角放大率在数值上相等。

在设计望远系统时，确定视放大率时应注意以下几点：

(1) 满足仪器的精度要求。

对于一般观察仪器，精度指它的极限鉴别角，由式(10-4)可知

$$\alpha = \frac{60''}{\Gamma} \tag{10-6}$$

当 α 已确定即可求出所需要的视放大率 Γ 。对于瞄准仪器,精度要求指它的瞄准误差 θ,例如使用夹线对准时,由式(10-7)可知,当 θ 确定后即可求出所需要的视放大率。

$$\theta = \frac{6''}{\Gamma} \tag{10-7}$$

(2) 适用于仪器使用的方式。

对于置于支架上的地面观察瞄准仪器,因为气流的抖动将引起物像的抖动,所以限制了仪器的有效鉴别率,使其一般不超过 $30^{\times}\sim40^{\times}$;而对于手持仪器,为避免因手的抖动而引起像模糊,视放大率一般以不超过 $8^{\times}$ 为宜。

(3) 满足仪器的视场要求。

由式(10-5)可知,对于一定类型的目镜,它的视场角是一定的,增大视放大率必然同时减小视场角,这对搜索和捕捉目标,尤其是对快速目标不利。

(4) 满足仪器体积小、重量轻的要求。

由上所述,在确定视放大率时,必须在抓住主要矛盾时,兼顾上述各项要求。根据式(10-6)、式(10-7)所确定的视放大率是按眼睛极限鉴别率值计算所得。然而对于实验室使用的检测仪器,为了保证检测精度,减轻操作者的疲劳,一般使视放大率比上述公式求得的值大 1.5～3 倍。

三、视场

望远系统的视场,是当人眼处于出瞳位置上,通过该系统观察时,所能看到的物方最大范围。如图 10-3 所示,由于物是处于无限远处,因而不能用线度来表示,而采用入射窗边缘对入瞳中心的张角——物方视场角 2ω 来表示。

根据视放大率公式 $\Gamma=\tan\omega'/\tan\omega$ 可知,对于一定视场的目镜,仪器放大率越大,物方视场将越小,欲使视场和放大倍率同时增加,唯一的途径是扩大目镜视场。所以设计优良的广角目镜,是提高望远系统光学性能的重要途径之一。

对于双目仪器,为了保证最小眼基线 56mm,在考虑到视度调节时,目镜通光直径不应大于 42mm,因此当要求出瞳距大于 20mm 时,相应的目镜视场不能超过 80°。出瞳距越长,目镜视场越小。

对于单目仪器,目镜视场虽不受上述限制,但视场如果太大,镜片数目太多,轴外像质较差,观察时眼球转动费力,故用处不多。最常用的视场是 $2\omega=40°\sim70°$。

四、出瞳直径

对于望远系统,其出瞳就是限制轴向光束的孔径光阑在目镜后面所成的最小的像。如果使系统的衍射鉴别率与人眼的视觉鉴别率相适应,即 $\alpha=140''/D_{入}=60''/\Gamma$ 时,则可得到望远系统视放大率 $\Gamma=D_{入}/2.3$。

将此式与 $\Gamma=D_{入}/d_{出}$ 相比较可知,出瞳直径 $d_{出}=2.3\text{mm}$ 即可。但是实际上确定出瞳直径还必须考虑以下几点。

(1) 与眼瞳直径相一致。

由于眼瞳直径随视场亮度的改变而变化,从保证主观亮度要求考虑,某些只用于白天的系统，出瞳直径可在2mm左右；而对于可以同时在白天和黄昏时使用的观察瞄准系统，出瞳直径一般取4～5mm；而专门用于夜间的系统，出瞳直径可达7.5mm。

(2) 适应使用的条件。

当仪器在不规则震动状态下工作时，为了避免因仪器与眼瞳的相对运动而丧失目标，要求适当增大出瞳直径。因此大部分军用观察瞄准仪器的出瞳直径大于2.3mm，其像方衍射鉴别率都高于视觉鉴别率。

(3) 从测量精度考虑。

一般仪器即使经过精心校正，仍然残存视差，并随出瞳直径的增大而增大，对于瞄准和测量系统，将引起瞄准误差。为此，对于测角仪和经纬仪等仪器，出瞳直径约为1mm。

另外，对于实验室检测仪器，为了减轻工作人员疲劳，它们的视放大率比正常放大率高1.5～3倍，这时出瞳直径大约为1mm。

上述直径小于2.3mm的仪器，其视觉鉴别率高于像方衍射鉴别率。由于出瞳直径减小，因而使主观亮度降低，这一缺点可以通过照明条件的改善来弥补。

五、出瞳距离

从望远系统目镜最后一面顶点到出瞳的距离，称为出瞳距离，以符号p'表示。

由于所有的光线在像方都汇集于出瞳处，所以在观察时，眼瞳应与出瞳相重合，这样，出瞳距离实际上也表明了系统目镜最后一面顶点到眼瞳的距离。

为了使人眼睫毛不碰到目镜表面，出瞳距不得小于10mm；对于军用仪器，为使瞄准手不摘掉防毒面具就能观察，出瞳距不得小于20mm；枪炮上的瞄准具，为防止后坐力撞击，出瞳距在30～160mm范围之内。

第二节　望远系统的物镜和目镜

一、物镜

望远物镜是用来获得远方物体的实像。通常采用焦距f'、相对孔径$D_{入}/f'$和视场ω来表征它的基本光学性能。常用的望远物镜有双胶物镜和双分离物镜。

双胶合物镜如图10-4(a)所示，它的优点是结构简单，光能损失少；适当地选择玻璃可以校正球差、色差和彗差。缺点是不能校正带球差及像散和场曲，由于后两种像差，使得视场2ω一般不超过8°～10°。因为轴上点的像差与焦距的一次方和相对孔径的二次方成正比，所以焦距和相对孔径不能同时增大，它们之间的关系如表10-3所示。

表10-3　焦距和相对孔径对应表

焦距	50	100	150	200	300	500	1000～3000
相对孔径	1∶3	1∶3.5	1∶4	1∶5	1∶6	1∶8	1∶10～1∶15

双分离物镜如图 10-4(b)所示，它的优点是利用正负透镜间的空气间隔进一步校正球差，以增大相对孔径。另外，利用正负透镜间的空气间隔，在装调时，可以使双目仪器两物镜焦距相等。缺点是光能损失比双胶合物镜大一些，共轴性的装配难度较大。

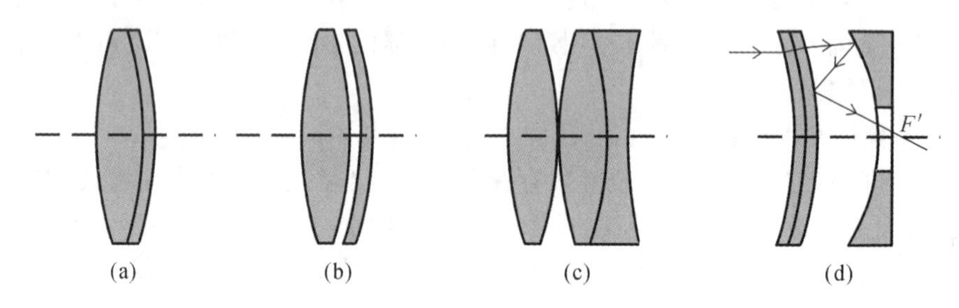

图 10-4　几种望远物镜形式

在要求使用大相对孔径物镜时，往往采用一片单透镜与一块双胶合物镜密接，三片分离等，如图 10-4(c)所示。

在天文望远镜中，若要增大鉴别率或提高像的主观亮度，则要求物镜有大口径，折射式物镜由于像差和工艺水平所限，不能做得很大，故常采用折反射式(图 10-4(d)及反射式。

在有特殊要求时，可以用目镜作大视场物镜，用照相物镜作大相对孔径、大视场物镜。

二、目镜

目镜是用来观察物镜所形成的物体像和分划板，其作用与放大镜相同。目镜的基本光学性能有如下 4 项。

（一）视场

在视场范围内，目镜能给出足够清晰的像。由 $\Gamma=\tan\omega'/\tan\omega$ 可知，无论增加放大率或物方视场，均要求增加目镜视场，因而设计优良的广角目镜是提高系统光学性能的重要途径之一。常用的目镜视场角为 40°～70°。

（二）焦距

焦距决定了目镜的放大倍率。常用的目镜焦距范围为 20～30mm。

（三）工作距和后截距

目镜前焦点相对于前表面顶点的距离 l_f 称为前截距，由于目镜前焦点处常放置分划板，所以距离 l_f 也称为工作距。

目镜后焦点相对后表面顶点的距离 l_f' 称为后截距。因为望远系统的出瞳一般在后焦点外附近，所以由 l_f' 可以大体上判断出该目镜的出瞳距大小。常用目镜的 $l_f'=(0.4\sim1)f'$。

（四）相对孔径

目镜的相对孔径小，一般为 1/4～1/10。由于目镜焦距短，相对孔径小，所以轴上点像差(球差、位置色差)一般较小,可以不考虑;但是由于视场大,像又位于系统外面,因此轴外像差(彗差、像散、场曲、畸变及倍率色差)难以校正。特别是轴外非对称像差(畸变、倍率色差和彗差)非常突出,因此如何校正这些像差,成为目镜设计的主要矛盾。此外,还应注意校正像球差。

常用的目镜类型及其主要性能、特点和用途如表10-4所示。

表10-4　常见目镜类型及主要性能

类型及其结构形式	视场 2ω	相对出瞳距 p'/f'	主要特点	用途
1. 冉姆斯登目镜 F　F'	30°～40°	1/3	场曲与倍率色差不能校正。出瞳距、工作距皆小	用于小视场低倍率仪器中,如大地测量仪器
2. 开尔纳物镜	40°～50°	1/2	色差和畸变都较小,工作距小	用于低倍和中倍仪器中,用途较广
3. 对称型目镜	40°～50°	3/4	结构紧凑,工艺性好,像质较好,工作距和出瞳距较大	广泛用于观察和瞄准仪器中
4. 无畸变目镜	40°	3/4	像质较好,特别是畸变小,工作距和出瞳距皆较大	适用于测量仪器中

续表

类型及其结构形式	视场 2ω	相对出瞳距 p'/f'	主要特点	用途
5. 长出瞳距目镜	50°	1	像质较好，场曲很小，出距长	广泛应用在军用光学仪器中
6. 伊尔弗型目镜	65°～72°	3/4	像质很好，但畸变较大，视场较大，出瞳距较大	常用于大视场仪器中
7. 其他	60°～70°	4/5	像质较好，视场较大，工作距较大，结构较简单	较常用

第三节　开普勒望远系统和伽利略望远镜

一、开普勒望远系统

开普勒望远系统如图 10-5 所示，它由正物镜和正目镜组成。它具有负视放大率，即观察者看到的物像是倒立的。

假设，已知视放大率为 Γ、视场为 2ω、出瞳直径为 $d_{出}$，那么再从筒长 L、目镜焦距 f_2'和出瞳距 p'三个参数中选择一个之后，即可进行外形尺寸计算。

（1）例如当选定筒长时，则由 $L = f_1' + f_2'$，$\Gamma = -f_1'/f_2'$即可决定物镜与目镜焦距。

（2）例如当选定目镜焦距 f_2'时，由 $\Gamma = -f_1'/f_2'$即可决定物镜焦距。

（3）当选定出瞳距 p'时，为确定 f_2'，首先确定目镜后焦点到出瞳的距离 x'及目镜后截

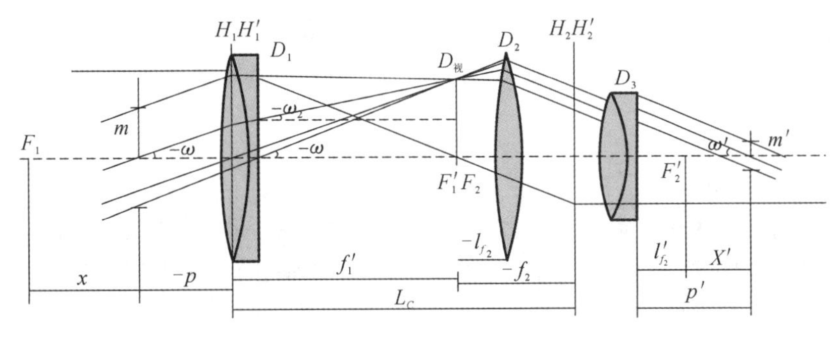

图 10-5 开普勒望远系统

距 l_{f_2}'。若物镜前焦点距入瞳的距离为 x，则 $x' = x/\Gamma^2$，由已知的 p'，求出 l_{f_2}'。

$$l_{f_2}' = p' - \frac{x}{\Gamma^2} \tag{10-8}$$

因为对于一定类型的目镜，l_{f_2}' 与其焦距 f_2'成正比，在选定目镜类型后，即可由 l_{f_2}' 求得f_2'，进而确定物镜焦距 f_1'。

目镜类型的选择主要是根据所要求的视场 2ω 和出瞳距 p'来确定。

入瞳位置的选择主要根据外形尺寸的要求来确定，例如有时物镜之前带有棱镜时，为了使结构紧凑，入瞳常在棱镜与物镜之间；有时根据像差校正的需要来确定，例如当视场较大时，为了改善视场边缘像质，入瞳置于物镜之前；或者在选定目镜型式和出瞳位置 x'时，即可确定入瞳位置。经常选择入瞳在物镜上，即 x 等于物镜焦距大小。

线渐晕系数 $k=2m/D_入$（$2m$ 为子午斜光束在入瞳截面上的宽度），主要根据使用条件和外形尺寸的要求来确定。一般由于视场边缘只起辅助观察作用，所以取 $2m<D_入$，无论对于改善视场边缘像质，还是对于减小仪器体积，减轻重量都是很有意义的，实践证明当 $2m=0.3D_入$ 时，人眼还不至于感觉到视场边缘有亮度显著减弱的现象。一般取 $k=0.5$。

在求得目镜焦距 f_2'和物镜焦距 f_1'，又选定入瞳位置、线渐晕系数之后，继续进行外形尺寸计算，根据图 10-5 得到下面一系列公式。

（1）镜通光直径：

$$D_1 = -2p \cdot \tan\omega + 2m \tag{10-9}$$

如果计算的 D_1 值小于 $D_入$ 时，须取 $D_1=D_入$。

（2）视场光阑通光直径：

因为视场光阑置于物镜后焦平面处，因此其通光直径为

$$D_视 = -2f_1' \cdot \tan\omega \tag{10-10}$$

（3）目镜通光直径：

目镜的场镜的通光直径由斜光束光路决定，由于目镜焦距已确定，则对于被选定的目镜类型，截距 l_{f_2}' 为已知，故

$$D_2 = -2(f_1' - l_{f_2})\tan\omega_2 + 2m_2 + 2p \cdot \tan\omega \tag{10-11}$$

其中，由三角形相似得：

$$m_2 = -m\frac{l_{f_2}}{f_1'} \tag{10-12}$$

$$\tan\omega_2 = (f'_1 + p) \cdot \frac{\tan\omega}{f'_1} \tag{10-13}$$

接目镜通光直径为

$$D_3 = -2p' \cdot \tan\omega' + 2m' \tag{10-14}$$

其中，$p' = l'_{f_2} + x'$；$m' = m/\Gamma$。

开普勒望远系统的焦平面处可以安置分划板或瞄准线，这一点对瞄准和测量仪器很重要。但由于它形成倒像，不能直接用于地面观察，为了获得正像，需要附加正像系统，因而增加了系统的复杂性与光能的损失。

二、具有场镜的开普勒望远系统

设计时，为了得到所必需的出瞳距，但同时又不改变系统的其余特性，如放大率、视场等，可以在焦平面上安置透镜——场镜，它仅仅影响到出瞳位置，如图 10-6 所示。

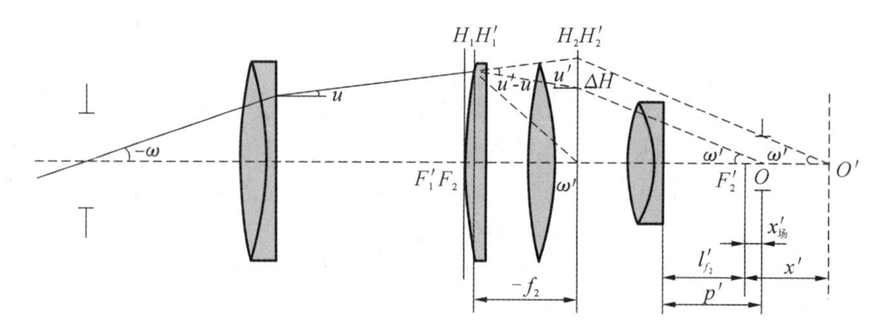

图 10-6　具有场镜的开普勒望远系统

在没有场镜时，出瞳与目镜后焦点的距离为 $x' = x/\Gamma^2$。

当置平凸透镜的主平面与像平面重合时，出瞳由点 O 移到 O'。在这两种情况下，主光线以相同的角度由目镜射出，假设它们的延长线与目镜主平面相交的高度差为 ΔH，并假设采用场镜后，从目镜后焦点到出瞳之距为 $x'_场$，则 $x'_场 = x' - \Delta H/\tan\omega'$。由于 $\tan\omega' = h/f'_2$，故 $x'_场 = x' - \Delta H \cdot f'_2/f'_场$。

又由图 10-6，显而易见得出 $\Delta H = f'_2(\tan u' - \tan u)$，最后得到 $x'_场 = x' - (f'_2)^2/f'_场$。

可见当设置场镜时

$$p'_场 = l'_{f_2} + x'_场 = l'_{f_2} + \frac{x}{\Gamma^2} - \frac{(f'_2)^2}{f'_场} \tag{10-15}$$

因此，当对出瞳距提出要求时，在选定物镜、目镜及入瞳之后，由式(10-15)即可决定场镜的焦距。

由式(10-15)可知，采用正场镜，出瞳距减小；而采用负场镜，出瞳距增大。

因为场镜是通过改变主光线方向来改变出瞳距，因此，也常常采用正场镜来减小场镜后面光学元件的径向尺寸。

有时还把场镜兼作分划板使用，此时，使一个表面为平面，分划线在这个平面上。另外，当场镜的主平面与像平面重合时，除产生一定的匹兹瓦尔和及畸变外，不产生其他像差，由于焦距一定后，匹兹瓦尔和也几乎为定值，畸变则随透镜的弯曲情况而改变，因此，场镜也可以用来校正场曲和畸变。

当场镜主平面不与像平面完全重合时，它对系统的光焦度产生影响，但其基本作用还是在光瞳位置与轴外光束方向方面。同时它也产生一些其他像差，使之对整个系统像差校正产生有利影响。

三、伽利略望远系统

伽利略式望远镜是由正光焦度的物镜和负光焦度的目镜组成的，其视觉放大率大于 1，形成正立的像，无须增加转像系统。但无法安装分划板，应用较少，可以应用于观剧，倒置的伽利略望远镜可以用于门镜。图 10-7 为伽利略望远镜的系统原理图。

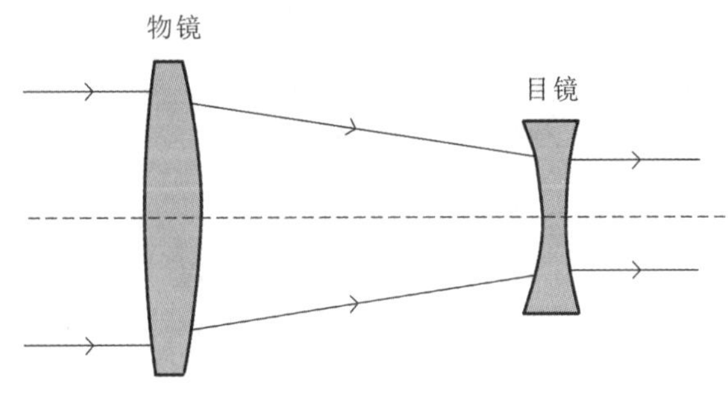

图 10-7　伽利略望远系统

第四节　具有透镜转像系统的望远系统

一、具有一个转像透镜的望远系统

在像质要求不太高的仪器中，使用一个转像透镜，它的垂轴放大率通常在$-1/2 \sim -1/4$范围。

具有一个转像透镜的光学系统如图 10-8 所示，物镜、场镜、转像透镜和目镜的光焦度分别以 φ_1、φ_2、φ_3、φ_4 表示。

加入转像透镜后，在物镜后焦平面上得到物体的倒立的实像，由转像透镜传递到目镜前焦平面上，从而得到正像。因此，转像透镜的作用相当于一个视场与相对孔径都较小的投影物镜。

为了减小转像透镜的直径，在物镜后焦平面处（或其附近）常常放置场镜，场镜焦距的选择取决于主光线相对于转像透镜应该具有怎样的方向，而不一定必须要求主光线由场镜出射后与光轴的交点与转像透镜重合。因为转像透镜轴外像差的校正与主光线有关，因此，场镜焦距的选择影响到转像透镜像差的校正。

轴上点光线与光轴的夹角分别以 u_1、u_2、u_3 等表示，如果这条光线与物镜相交的高度为

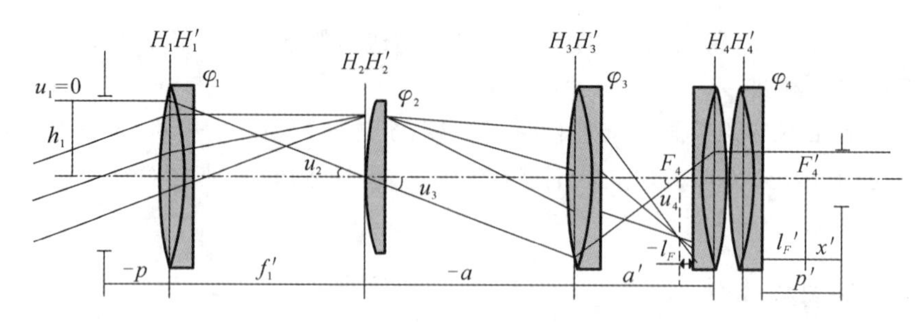

图 10-8　带转像透镜的光学系统

h_1，则物镜、场镜、转像透镜的组合焦距 $f'_{123}=h_1/\tan u_4$，而 $\tan u_4=-\tan u_3/\beta_{转}$。式中，$\beta_{转}$ 为转像透镜垂轴放大率。

除此之外，$\tan u_3=\tan u_2=h_1/f_1'$，由此，$f'_{123}=\beta_3 f_1'$。

所以整个系统的视放大率为

$$\Gamma=-\frac{f'_{123}}{f'_4}=-\frac{f'_1}{f'_4}\beta_{转} \tag{10-16}$$

若整个系统的筒长为 L，则

$$L_{转}=-l+l'=L-f'_1-f'_4 \tag{10-17}$$

$$\beta_{转}=\frac{l'}{l} \tag{10-18}$$

式中，$L_{转}$ 为物镜后焦平面与目镜前焦平面之间的距离。

具有一个转像透镜的望远系统的计算可以用各种方法实现。例如，在选定物镜和目镜之后，可以根据式(10-17)、式(10-18)，确定转像透镜位置，而其焦距为

$$f'_3=-\frac{L_{转}\,\beta_{转}}{(1-\beta_{转})^2} \tag{10-19}$$

二、具有两个转像透镜系统的望远系统

这种转像系统应用很广，可以较好地校正整个系统的像差。为了便于系统装调，使转像系统之间的光束成为平行光束，这样，转像透镜之间的距离变化将不影响系统放大率、视场等。

这种系统如图 10-9 所示，可见，整个系统仿佛是由放大率为 Γ_1 和 Γ_2 的两个望远系统组成的，总放大率 $\Gamma=\Gamma_1\times\Gamma_2=f'_1f'_4/f'_3f'_5$，式中 $\Gamma_1=-f'_1/f'_3$，$\Gamma_2=-f'_4/f'_5$。

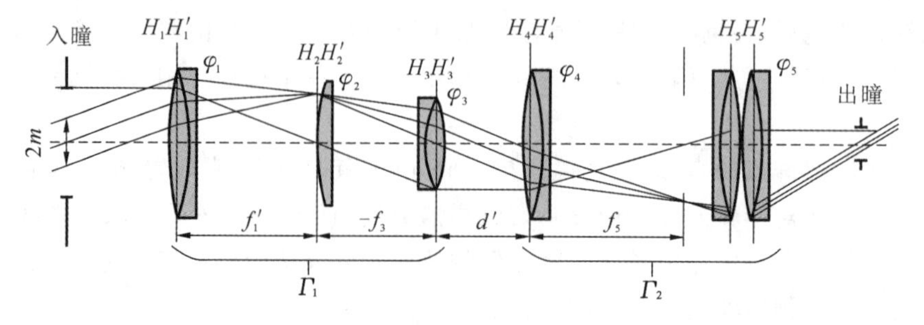

图 10-9　具有两个转像透镜系统的望远系统

因为场镜置于物镜后焦平面上，所以并不影响整个系统的放大率。有时为了使前后两组负担的孔径近乎相等，转像透镜系统之间采用非平行光路的结构。

三、具有由两组对称透镜组成的转像系统的望远系统

所谓两组对称透镜组成的转像系统，是指前组和后组焦距相等，结构完全对称，物面（物镜的像面）位于前组前焦平面处，而像面位于后组后焦平面处，两组之间是平行光路。它的应用使望远系统结构简化，同时若主光线通过转像系统空气间隔时交光轴于这个间隔的中点，则因为前组和后组完全对称，畸变、彗差和倍率色差将互相抵消，减轻整个系统的计算量。

当目镜的彗差和倍率色差不能与物镜彼此补偿时，则不能采用这种转像系统。具有对称转像系统的望远系统如图 10-10 所示。

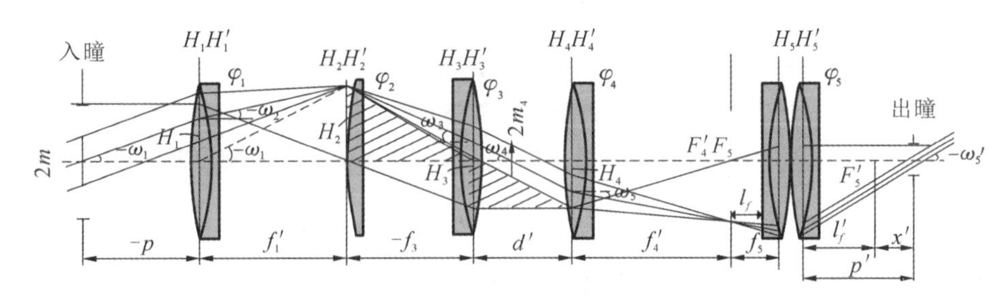

图 10-10　具有对称转像系统的望远系统

对于这种系统的计算，在技术条件中，一般给出下列光学性能：视放大率 Γ、视场 2ω、出瞳直径 $d_{出}$ 和望远系统长度 L。

为了使计算有一定的解，尚需引入一些辅助条件。这些辅助条件之一是根据对称的条件可知：

$$f'_3 = f'_4 \tag{10-20}$$

$$D_3 = D_4 \tag{10-21}$$

式中，D_3、D_4 为前、后组转像透镜通光直径。假定 D_3、D_4 由轴上点光束的光路所决定，场镜通光直径 D_2 及与转像透镜通光直径 D_3 的关系为

$$D_3 = C \cdot D_2 \tag{10-22}$$

式中，C 为设计者选取的系数。

斜光束宽度 $2m_1$ 与入瞳直径的关系为

$$2m_1 = kD_{入} \tag{10-23}$$

式中，k 为线渐晕系数。因此

$$D_{入} = \Gamma d_{出} \tag{10-24}$$

视放大率：

$$\Gamma = \frac{f'_1}{f'_5} \tag{10-25}$$

场镜直径：

$$D_2 = -2f_1' \cdot \tan\omega_1 \tag{10-26}$$

由三角形相似原理，有

$$f_3' = f_1' \frac{D_3}{D_入} \tag{10-27}$$

再由式(10-22)和式(10-26)得

$$f_3' = -\frac{2Cf_1'^2 \cdot \tan\omega_1}{D_入} \tag{10-28}$$

由画有阴影线的三角形相似，有 $D_2/f_3' = D_2 - 2m_4/d$，由于

$$2m_1 = KD_入$$

$$2m_4 = KD_3 \tag{10-29}$$

因此 $d=2(1-k)D_3 f_3'/D_2$，再由式(10-22)得

$$d = 2C(1-k)f_3' \tag{10-30}$$

筒长 L 的计算公式：

$$L = f_1' + f_3' + d + f_4' + f_5'$$

$$L = f_1' + 2[1 + C(1-k)]f_3' + f_5' \tag{10-31}$$

由式(10-25)、式(10-28)和式(10-31)，得到只有一个未知数 f_5'的方程式为

$$-\frac{4[1 + C(1-k)]C \cdot \Gamma^2 \cdot \tan\omega_1}{D_入} \cdot f_5'^2 + (1+\Gamma)f_5' - L = 0 \tag{10-32}$$

借助于这个方程式，在适当地选择值 C 和 k 后，可进行望远系统外形尺寸计算。

必须注意，$\tan\omega_1$ 是负的，选择不同的系数 C 和 k，将得到不同的方案。若设 $C=1$，$k=0.5$，则

$$-\frac{6\Gamma^2 \cdot \tan\omega_1}{D_入} \cdot f_5'^2 + (1+\Gamma)f_5' - L = 0 \tag{10-33}$$

这种望远系统外形尺寸可按下面步骤进行：

(1) 目镜焦距，由式(10-32)确定；

(2) 物镜焦距，由式(10-25)确定；

(3) 转像透镜焦距，由式(10-28)确定；

(4) 转像透镜之间距离，由式(10-30)确定；

(5) 场镜通光直径，由式(10-26)确定；

(6) 转像透镜通光直径，由式(10-22)确定；

(7) 物镜通光直径取决于入瞳位置，即

$$D_1 = -2p \cdot \tan\omega_1 + 2m_1 \tag{10-34}$$

但 D_2 必须不小于 $D_入$。

(8) 出瞳距：

$$p' = l_f' + x' = l_f' + \left(f_4' - \frac{d}{2}\right)\left(\frac{f_5'}{f_4'}\right)^2 \tag{10-35}$$

(9) 场镜焦距，由主光线光路决定，由图 10-10 得

$$H_1 = p \cdot \tan\omega_1$$

$$\tan\omega_2 = \tan\omega_1 + H_1\varphi_1$$

$$H_2 = -f_1'^2 \cdot \tan\omega_1$$

$$H_3 = \frac{d}{2} \cdot \tan\omega_4 = -\left(\frac{f_1'}{f_3'}\right)^2 \cdot \frac{d}{2}\tan\omega_1$$

$$\tan\omega_3 = \frac{H_2 - H_3}{f_3'}$$

$$f_2' = \frac{H_2}{\tan\omega_3 - \tan\omega_2} \tag{10-36}$$

（10）目镜通光直径：

$$D_5 = 2\left[H_4 + (f_4' - l_{f_5})\tan\omega_5 - \frac{kD_3}{f_4'} l_{f_5}\right] \tag{10-37}$$

$$D_6 = -2p'\tan\omega_6 + kd_{出} \tag{10-38}$$

第五节　8倍望远镜的初始参数计算

光学设计是制造光学系统的重要环节，目前光学设计的最基本流程可分为：

（1）明确设计指标与设计目的；

（2）系统初始结构选型与参数确定；

（3）通过计算机软件优化光学系统参数；

（4）像质评价与分析。

在进行软件优化之前，必须输入合理的初始结构参数（曲面半径、镜片厚度、空气层厚度、玻璃型号、非球面系数等）；而错误的初始结构参数会导致后续优化难以达到像质要求，并且结构参数出现各种不合理之处。目前常见的能得到合理初始结构参数的方法包括两类：计算法和选型法。

选型法主要基于光学系统的相似性与计算机软件的强大优化能力。设计者可以通过参考设计指标，在期刊论文、会议报道、专利库、各镜头库中选择与设计指标相近的镜头参数，在这些已经被验证为合理的镜头基础上，对视场、数值孔径、焦距等参数稍加修改，往往能优化出不错的光学系统。但该方法属于在前人的基础上进行改进，而究其根源，是通过不断地摸索，得出一套科学的基于光线追迹的镜头初始结构求解算法。该求解算法是本节重点讲解内容。

本节考虑设计一款8倍双目望远镜，通过实例讲述计算法求解初始结构的步骤。设计指标如下：

（1）全视场：$2\omega=6°$。

（2）出瞳直径：$D'=4\text{mm}$。

（3）镜目距：$p=10.5\text{mm}$。

（4）分辨率：$\varphi=6''$。

（5）渐晕系数：$K=0.5$。

（6）目镜初始结构：《光学仪器设计手册》295页，目镜2-28。

一、目镜的计算

目镜在望远系统里的作用是观察望远物镜所形成的物体的像和分划板，直接负责光学系统与人眼的耦合，具有重要的作用。但它并不需要单独设计，只要根据设计的参数需求在已有型号的目镜中选择即可。

在本次设计中所需的目镜的结构形式作为已知条件给出：目镜 2-28，查找《光学仪器设计手册》295 页，如图 10-11 所示。

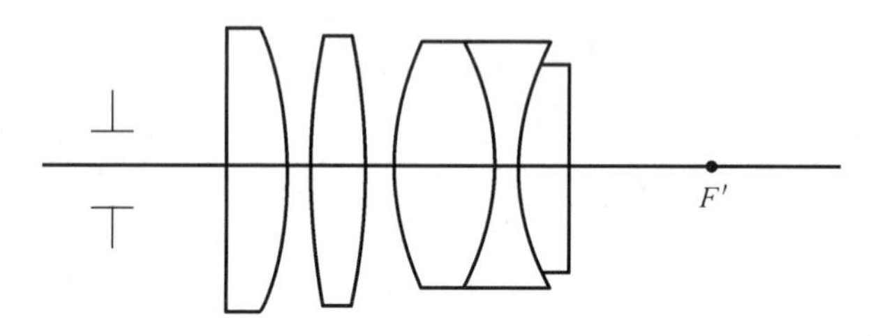

图 10-11　目镜 2-28 光学结构图

其相关结构参数如表 10-5 所示，其他主要光学参数如下，均可在光学设计手册中查询得到：$f'=20.216$，$2\omega=57°$，$s_{f'}=4.49$，$d=5.0$。

表 10-5　目镜 2-28 主要参数

r	d	n_D	υ	$\varphi_{效}$
∞	5.3	1.5524	63.3	24.1
−25.24	0.2			25.4
50.93	5.5	1.5524	63.3	27.5
−50.93	0.2			27.5
25.53	10.0	1.4874	70.0	26.1
−25.53	1.8	1.7280	28.3	24.2
17.989	6.0	1.4874	70.0	21.8
−157.04				21.6

目前所得的 $s_{f'}=4.49$ 并不能直接使用（此处 $s_{f'}$ 是指 F' 与目镜最后一面之间的距离）。这是因为手册直接给出的材料中目镜的出瞳位于整个系统的左侧，但实际设计时出瞳应该处于系统的像空间（右侧）。此时应当将手册中给出的目镜倒置。

倒置目镜的具体操作就是将原有折射面按从右往左的顺序重新排列，此外还要注意所有折射面曲率半径的正负号也要发生改变。即原第一个曲面改为第八个曲面（$r_8=\infty$），原第二个曲面改为第七个曲面，同时改变曲率值符号（$r_1=25.24$），以此类推，倒置后的新的数据如表 10-6 所示。

表 10-6　目镜 2-28 倒置后主要参数

r	d	n
157.04	6.0	1.4874
−17.989	1.8	1.7280
25.53	10.0	1.4874
−25.53	0.2	1
50.93	5.5	1.5524
−50.93	0.2	1
25.24	5.3	1.5524
∞		

接下来，进行手动追迹光线，求出倒置后的 s_f。利用光线追迹法求得目镜的像方焦点到最后一个透镜平面顶点的距离 s_f，根据公式

$$\begin{cases} \dfrac{n'}{l'} - \dfrac{n}{l} = \dfrac{n' - n}{r} \\ n'u' - nu = \dfrac{n' - n}{r}h \\ i = \dfrac{(u' - u)n'}{n' - n} \\ i' = \dfrac{n}{n'}i \\ l_{k+1} = l'_k - d_k \\ h_{k+1} = h_k - d_k u'_k \\ u_{k+1} = u'_k \\ n_{k+1} = n'_k \end{cases} \tag{10-39}$$

设定光线进入的初始高度为 $h=1$，则追迹结果如表 10-7 所示。

表 10-7　光线追迹过程主要参数

	1	2	3	4
l	∞	473.239	−170.685	−86.0892
u	0	0.00208664	−0.00584706	−0.0131163
l'	479.239	−168.885	−76.0892	551.317
u'	0.00208664	−0.00584706	−0.0131163	0.00204810
i	0.00636781	−0.0569802	0.0449388	−0.0311128
i'	0.00428117	−0.0490465	0.0522080	−0.0462772
h	1	0.987480	0.998005	1.12917

续表

	5	6	7	8
l	551.117	117.115	41.2910	28.3715
u	0.00204810	0.00920570	0.0259846	0.0318646
l'	**122.615**	**41.4910**	**33.6715**	**18.2759**
u'	0.00920570	0.0259846	0.0318646	0.0494666
i	0.0201149	−0.0303745	0.0165245	−0.0318646
i'	0.0129573	−0.0471534	0.0106445	−0.0494666
h	1.12876	1.07813	1.07293	0.904048

因此目镜倒置后焦点 F 与目镜最后一面的距离为：$s_f=18.2759\text{mm}$。

根据出瞳的定义：孔径光阑经后面的光学系统在像空间所成的像是出瞳，该系统结构的孔阑是物镜边框，如图 10-12 所示。则有 $x\approx f_1'$，$x'=p'-s_f$。

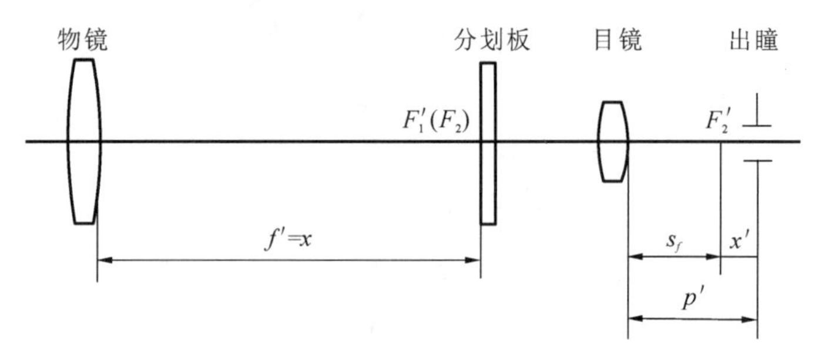

图 10-12 系统结构原理图

公式中的 x、x' 分别是指物距和像距。则根据 $xx'=ff'$，有

$$-f_1'(p'-s_f)=-f_2'^2\Rightarrow(p'-s_f)=\frac{f_2'}{\Gamma}\Rightarrow p'=s_f+\frac{f_2'}{\Gamma}\tag{10-40}$$

可得

$$p'=18.2759+\frac{20.216}{8}=20.8029(\text{mm})$$

根据所求得的出瞳距 p'，与题目要求的出瞳距比较，$p'>10.5\text{mm}$，满足设计要求。

二、物镜设计与参数计算

（1）物镜焦距：由 $\Gamma=f_1'/f_2'$ 得出 $f_1'=\Gamma\cdot f_2'$。

其中 f_1' 为物镜焦距，f_2' 为目镜焦距，计算可得 $f_1'=8\times20.216=161.728\text{mm}$。

（2）物镜视场：$2\omega=6°$。

（3）物镜的通光口径：

根据公式 $\Gamma = D/D'$ 得 $D = \Gamma \cdot D'$，得出物镜的通光口径 $D=8\times4=32\text{mm}$。

（4）确定物镜的相对口径 D/f_1'，$D/f_1'=32/161.728\approx0.20$。

物镜的相对口径为0.2，本设计案例的相对口径与焦距都不大，可以选择结构较为简单的双胶合物镜作为物镜。双胶合物镜的结构如图10-4(a)所示。

对于物镜来说，首要任务是消色差，同时要满足焦距要求，认为空气间隔很小，有如下等式成立：

$$\varphi = \varphi_1 + \varphi_2$$

$$\frac{\varphi_1}{\upsilon_1} + \frac{\varphi_2}{\upsilon_2} = 0$$

双胶合物镜选择冕牌K9和火石F5，具体参数如表10-8所示。

表10-8　冕牌K9和火石F5参数

	折射率	阿贝数
K9	1.5163	64.1
F5	1.6242	35.9

根据上面两个公式，可以计算得到：

$$\varphi_1 = 0.0140548$$

$$\varphi_2 = -0.00787155$$

设前面正透镜为等凸透镜，中间厚度为6mm，负透镜的厚度设为3mm。则根据透镜公式：

$$\varphi_1 = (n_1 - 1)\left(\frac{1}{r_1} - \frac{1}{r_2}\right) + \frac{d}{n_1}\frac{(n_1 - 1)^2}{r_1 r_2}$$

对于等凸透镜，$r_2 = -r_1$，把透镜看作薄透镜，可以算出对于后面的负透镜，由于是双胶合，所以负透镜的前表面半径与正透镜的后表面半径相等。负透镜的光焦度为

$$\varphi_2 = (n_2 - 1)\left(\frac{1}{r_2} - \frac{1}{r_3}\right) + \frac{d}{n_2}\frac{(n_2 - 1)^2}{r_2 r_3}$$

根据以上公式即可以算出 $r_3 = -1243.9942\text{mm}$。

上面的计算结果没有考虑物镜和目镜的补偿，也没有考虑棱镜的像差，这些需要在后面物镜计算机软件自动优化过程中予以考虑。

三、分划板设计

（1）分划板直径可以通过下式计算得到：

$$D_{分} = 2\tan\omega \times f_1' = 16.95\text{mm}$$

（2）根据 $D_{分}$ 查询《光学仪器设计手册》中分划板厚度 $d_{分}$ 及其公差值，如表10-9所示。

表 10-9　分划板厚度及其公差

分划板直径/mm	厚度及厚度公差/mm
<10	1.5±0.3
>10～18	2±0.3
>18～30	3±0.5
>30～50	4±0.5
>50～80	5±0.5

第十一章　放大镜、目镜与显微系统

放大镜和显微系统都是用来观察近距离微小物体或其细节的光学仪器，显微系统较之放大镜具有更高的视放大率和更大的鉴别率。

第一节　放大镜的光学特性

一、视放大率

假定肉眼直接观察明视距离250mm处的高度为η的物体，人眼直接观察物体对应的视角为ω，而通过放大镜观察这同一物体，所成的像对应人眼的视角为ω'，则定义放大镜的视放大率为

$$\Gamma=\frac{\tan\omega'}{\tan\omega} \tag{11-1}$$

其中，$\tan\omega=\eta/250$，而$\tan\omega'$与眼睛的调节情况即成像的距离有关。

(1) 眼睛调节于无限远处时：

如果将物体置于放大镜的前焦点F处，如图11-1所示，则得$\tan\omega'=\eta/f'$。故

$$\Gamma=\frac{250}{f'} \tag{11-2}$$

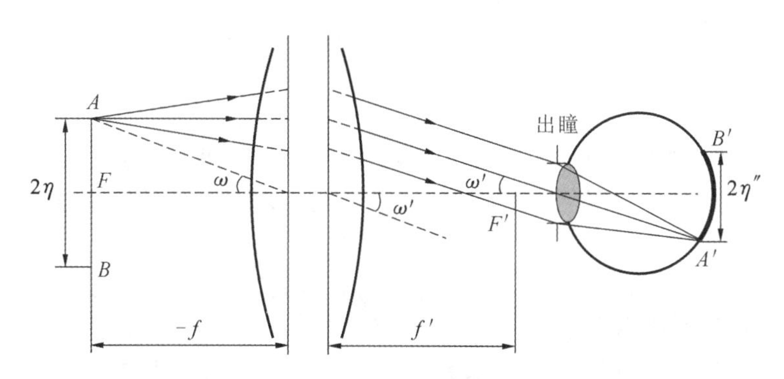

图11-1　物体置于放大镜的前焦点时的光路图

(2) 眼睛调节于有限距离处时：

假定眼睛调节于距离L的平面P'处，此时物体置于距前焦点为x处，如图11-2所示。则得$\tan\omega'=-\eta'/L$，另假定眼睛与后焦点的距离为x_0，由此可得$\eta'=\beta\eta=-[(L+x_0)/$

$f']\cdot\eta$，故 $\tan\omega'=[(L+x_0)/Lf']\cdot\eta$，代入公式(11-1)可得

$$\Gamma_{调} = \left(1+\frac{x_0}{L}\right)\Gamma \tag{11-3}$$

由式(11-3)可知，若眼睛置于放大镜后焦点处，即 $x_0=0$ 时，$\Gamma_{调}=\Gamma$。

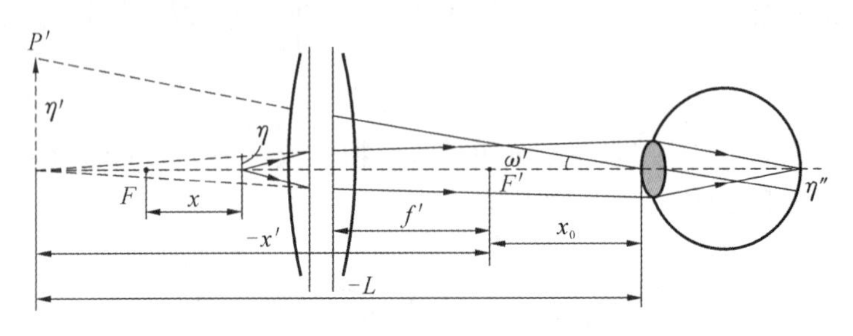

图 11-2　眼睛调节于有限距离处时的光路图

综上所述，放大镜的视放大率随眼睛的调节情况和眼睛位置的不同而不同。但是当眼睛置于后焦点处时，不管眼睛调节于何处，即不管像成于何处，视放大率都具有相同的值，即 $\Gamma=250/f'$。通常所说的放大镜倍数，就是指视放大率，望远镜和显微镜的目镜也可以看作一种放大镜，并且因为观察时，眼睛常置于目镜后焦点附近，所以 Γ 也可以作为目镜的倍率。

【例 11-1】 放大镜的焦距 $f'=50$mm，眼睛位于放大镜后焦点后面 50mm 处、调节在明视距离 250mm 处，此时放大镜的视放大率为多少？物体位于何处？

【解析】 由题意可知 $f'=50$，$x_0=50$，$-L=250$，代入式(11-2)，得

$$\Gamma_{调} = \left(1+\frac{x_0}{L}\right)\Gamma = \frac{250}{50}\left(1+\frac{50}{-250}\right)=4$$

$$x=\frac{ff'}{L+x_0}=-\frac{50^2}{-250+50}=12.5\text{mm}$$

即此时放大镜视放大率为 4，物体在其前焦点后面 12.5mm 处。

二、视场

假定眼睛调节于无限远处，如图 11-3 所示，由于放大镜通光口径较之眼瞳大得多，所以眼瞳就是放大镜和眼睛的组合系统的孔径光阑，又是出瞳。而入瞳则是眼瞳经放大镜在物空间所成的像。

放大镜的镜框既是视场光阑，又是入射窗和出射窗。由于物平面与入射窗不重合，因而存在渐晕，使得视场边缘模糊。

放大镜的视场不仅与其通光口径有关，也与眼睛位置有关。由图 11-3 得

$$2\eta = 2f'\cdot\tan\omega' = \frac{D_{放}-D_{眼}}{f'+x_0}f' \tag{11-4}$$

式中，$D_{放}$ 为放大镜自由通光直径；$D_{眼}$ 为眼瞳直径。可见，对于焦距 f' 和自由通光直径 $D_{放}$ 一定的放大镜，眼睛距放大镜越远，视场越小。

最常用的放大镜，视放大率 Γ 为 $4^{\times}\sim12^{\times}$，最大约为 $40^{\times}$。简单放大镜的视场 2ω 为

10°～15°,复杂的可达40°～60°,目镜是很好的放大镜。放大镜出瞳距离与使用条件有关,如对于接近于眼睛的钟表放大镜出瞳距 p' 为 15～30mm,拿在手中的放大镜出瞳距 p' 为 150～200mm。

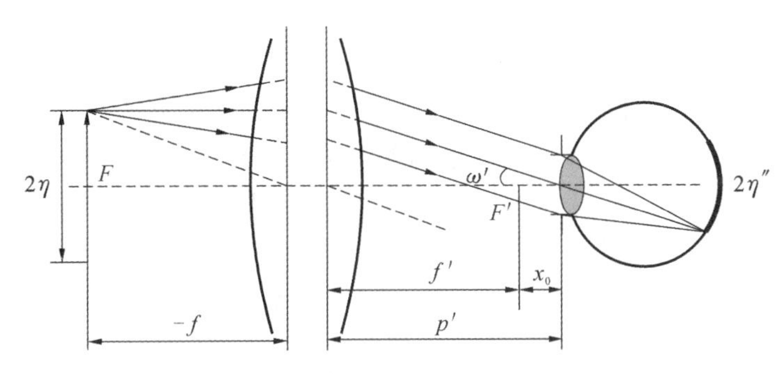

图 11-3　眼睛调节于无限远时与放大镜组合的光路图

第二节　显微系统的光学性能

一、视放大率

图 11-4 所示是显微镜的光学系统示意图,其中物镜和目镜均以单薄透镜代表。位于物镜前焦点 F_1 前面的物体 2η 经物镜成放大且倒立的实像 $2\eta'$,其像位于目镜的前焦点 F_1 处或其附近。目镜的作用与放大镜一样,人眼通过它观察被放大的虚像 $2\eta''$。虚像 $2\eta''$的位置由实像 $2\eta'$与目镜前焦点 F_2 之间距离决定,可位于明视距离处,也可位于无限远处。在目镜前焦点 F_2 一般装有分划板,通过目镜能同时清晰地看到分划板上的刻线和被测物在分划板上的像,因此能方便地进行测量或瞄准。

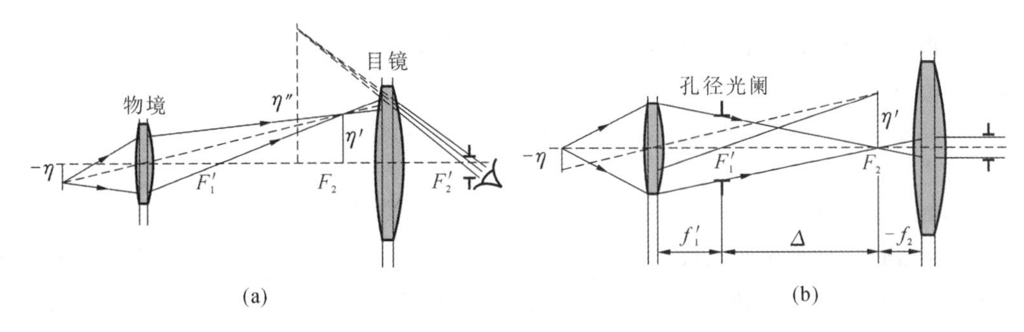

图 11-4　显微镜光学系统示意图

假设物镜焦距为 f_1',从物镜后焦点到目镜前焦点 F_2 的距离为 Δ,物体的大小为 2η,则当物体经物镜成像在目镜前焦点处时,像的大小为 $2\eta'=2\beta_1\eta=(-2\Delta/f_1')\cdot\eta$,此时通过目镜观察的视角 ω' 为 $\tan\omega'=\eta'/f_2'=(-\Delta/f_1'f_2')\cdot\eta$,肉眼直接观察在明视距离处的同一物体

2η时，视角 ω 为 $\tan\omega=\eta/250$，因此显微镜的视放大率为

$$\Gamma=\frac{\tan\omega'}{\tan\omega}=-\frac{250\cdot\Delta}{f'_1f'_2}=\beta_1\Gamma_2 \tag{11-5}$$

因为整个显微系统的后焦距 $f'=-f'_1f'_2/\Delta$，因此把显微镜看作放大镜时，其视放大率为

$$\Gamma=\frac{250}{f'} \tag{11-6}$$

式(11-5)中的 Δ 称为光学筒长，其大小随物镜倍率的不同而不同。在特殊情况下，例如在金相显微镜中 $\Delta=\infty$，即物体置于物镜前焦点 F_1 处，而由物镜所形成的像位于无限远处，为使眼睛能观察到这个像，采用单目望远镜来代替目镜，因此这种显微镜的视放大率 $\Gamma=(250/f'_1)\Gamma_{望}$。

二、视场

显微镜的视场是由成像在视场光阑处的物平面上的圆的直径所确定的，以符号 2η 来表示。

显微镜线视场与物镜轴放大率的乘积，便是目镜物方线视场大小，称为目镜视场线度。对于视场光阑在目镜之前的系统，它等于视场光阑的直径：而对于视场光阑在目镜内部的系统，它等于目镜入射窗的直径。通常在目镜目录里同时记载目镜的焦距和视场线度。

若目镜的视场线度以 $2\eta'$ 表示，则有

$$2\eta=\frac{2\eta'}{\beta_1} \tag{11-7}$$

又若目镜像方视场角为 $2\omega'$ 时，因为 $\tan\omega'=2\eta'/2f'_2$，故

$$2\eta=\frac{2f'_2\cdot\tan\omega'}{\beta_1}=\frac{500\tan\omega'}{\Gamma} \tag{11-8}$$

一般显微镜所用目镜的 $\tan\omega'$ 为 0.3～0.6，变化范围不大，所以线视场的大小主要取决于显微镜的视放大率，因此高倍显微镜的线视场必然是很小的。

三、出瞳直径

一般低倍显微镜常以物镜框作为孔径光阑，高倍显微镜则往往以物镜的最后一个镜框或特设的光阑作为孔径光阑。

如图 11-5 所示，若物体经物镜成像于目镜的前焦点 F_2 处，则出瞳直径 $d_{出}$ 为

$$d_{出}=2f'_2\cdot\tan u' \tag{11-9}$$

式中，u'为物镜像方孔径角之半。

由于显微物镜满足正弦条件，即 $n\sin u=\beta_1 n'\sin u'=\beta_1\sin u'$，其中 n 为物镜物方介质折射率；$n\sin u$ 为物镜数值孔径，通常记为 NA；n'为物镜像方介质折射率，常等于 1；故 $\sin u'=NA/\beta_1$。又由于物镜像方孔径角之半 u'很小，可以认为 $\sin u'=\tan u'$，因此

$$d_{出}=2f'_2\cdot\tan u'=\frac{500NA}{\Gamma} \tag{11-10}$$

由此可知，在高倍显微镜中，出瞳直径很小。为了使眼睛视网膜得到足够的照度，必须使物体有足够的照明。

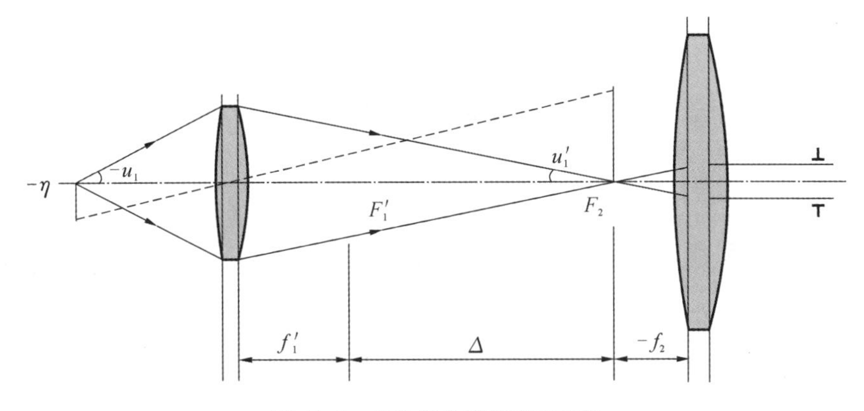

图 11-5 显微镜出瞳光路示意图

四、鉴别率和有效放大率

显微镜的鉴别率通常用物平面上刚能鉴别开的两物点(两线)之间的最小距离 σ 表示。当照明条件不同时,σ 的数值也会有些改变,一般在以下范围内:

$$\sigma = (0.5 \sim 0.61)\frac{\lambda}{NA} \tag{11-11}$$

如果显微镜物镜的像差校正得足够好,鉴别率的高低仅取决于波长和数值孔径两个因素。物镜的数值孔径越大,照明光束波长越短,显微镜的鉴别率越高。

为了利用显微镜的鉴别率,显微镜必须具有适当的视放大率,以便将物镜所能鉴别的距离 σ 放大到人眼也能鉴别的程度。

因为 σ 的极限值是 $0.5\lambda/NA$,其在像方明视距离 250mm 处的对应线值 σ' 为 $\sigma' = \sigma \cdot \Gamma = (0.5\lambda/NA) \cdot \Gamma$,为了使观察者能较长时间地工作而不太疲劳,$\sigma'$ 对应的角值应达到 $2' \sim 4'$,将这个角值换算成明视距离处的线值(mm),就得到以下不等式:

$$250 \times 2 \times 0.0003 < (0.5\lambda/NA) \cdot \Gamma < 250 \times 4 \times 0.0003$$

为便于计算,以 $\lambda = 580\text{nm}$ 作为白光的平均波长代入不等式,得到

$$500NA < \Gamma < 1000NA \tag{11-12}$$

满足不等式(11-12)的视放大率称为显微镜的有效放大率。

如果视放大率小于有效放大率,则物镜的鉴别率未被充分利用。此时,物体的细节虽然被物镜所鉴别,但人眼仍不能鉴别。另一方面,采取短焦距目镜容易得到较有效放大率还大的视放大率,但这并没有用。因为这时鉴别率已被物镜限制,除物镜所能鉴别的细节,目镜并不能鉴别物体上更细的细节,只能将像放大一些而已。其次,当视放大率大于有效放大率时,由式(11-10)知显微镜的出瞳直径小于 0.5mm。此时,不但像的主观亮度很小,而且由于衍射现象较严重,使像模糊。此外,当射入眼睛的光束很细时,眼睛的水晶体和玻璃体的不均匀性将反映在视网膜上成为阴影,影响观察,由此可见一味任意地增加视放大率并没有好处。

第三节　显微镜的景深

显微镜的景深是指经显微镜光学系统观察时，能同时观察到清晰像的物空间沿轴方向的深度范围。

一、几何景深

光学系统成像光束在像平面上所形成的弥散圆直径小于眼睛鉴别极限时所对应的物方深度范围，称为几何景深。

当讨论眼睛调节于无限远时的情况，如图 11-6 所示。

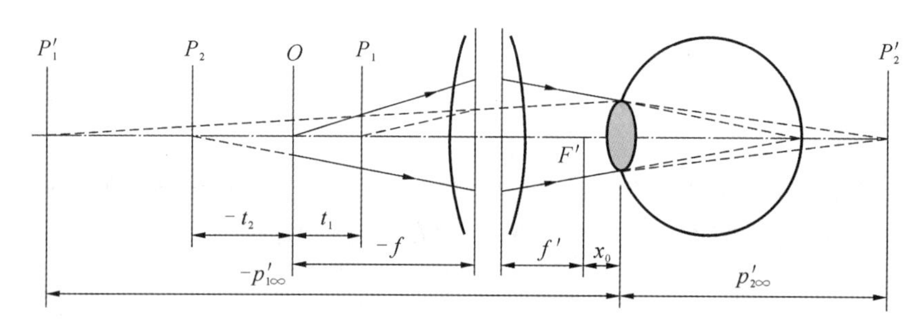

图 11-6　几何景深

显微镜可以看作一个复杂的放大镜。当眼睛调节于无限远处时，相当于瞄准面(物平面)P 位于此放大镜前焦点处，P_1 和 P_2 分别为前景面和后景面，它们所对应的像平面分别位于 $-p'_{1\infty}$ 和 $p'_{2\infty}$ 处。因在使用显微镜时，眼瞳靠近系统的后焦点，故 x_0 数值很小。利用牛顿公式和焦距关系式 $f/f'=-n/n'$，并注意到显微镜像空间的折射率 $n'=1$，则由图 11-6 可得到：

$$t_1=-\frac{nf'^2}{p'_{1\infty}+x_0}=-\frac{nf'^2}{p'_{1\infty}}$$

$$t_2=-\frac{nf'^2}{p'_{2\infty}+x_0}=-\frac{nf'^2}{p'_{2\infty}} \tag{11-13}$$

并假设仪器出瞳小于或等于眼瞳 $D_{眼}\geqslant d_{出}$，故式(11-13)可简化为

$$t_1=-t_2=\frac{nf'^2\cdot\psi'}{d_{出}} \tag{11-14}$$

又因为

$$d_{出}=\frac{500NA}{\Gamma},\quad \Gamma=\frac{250}{f'}$$

得

$$t_1=-t_2=\frac{125\cdot n\psi'}{NA\cdot\Gamma}$$

所以，几何景深

$$2t_{几何}=\frac{250\cdot n\cdot\psi'}{NA\cdot\Gamma}\tag{11-15}$$

若取 $\psi'=2'$，则

$$2t_{几何}=\frac{250\cdot 0.0006\cdot n}{NA\cdot\Gamma}=\frac{n}{7NA\cdot\Gamma}$$

例如，当 $n=1, NA=0.3, \Gamma=200^{\times}$ 时，$2t=24\text{nm}$。

二、物理景深

根据衍射成像理论可知，在一定范围内调焦时，成像质量基本不变，与此相对应的物空间深度称为物理景深。显微镜的物理景深用式(11-16)计算。

$$2t_{物理}=\frac{n\cdot\lambda}{2(NA)^2}\tag{11-16}$$

例如，当 $\lambda=0.5\mu\text{m}$ 时，对于上面例子物理景深 $2t_{物理}=28\text{nm}$。

三、调节景深

眼睛的调节通常为 8 个屈光度，则通过显微镜观察时，它对应的物空间深度范围为

$$2t_{调节}=\frac{n\cdot f'^2}{1000}\bar{A}=\frac{500}{\Gamma^2}\tag{11-17}$$

例如对于上例，$2t_{调节}=28\text{nm}$。

综上所述，通过显微镜观察时，总的景深为

$$2t=\frac{n}{7\Gamma(NA)}+\frac{n\lambda}{2(NA)^2}+\frac{500n}{\Gamma^2}\tag{11-18}$$

因此对于高倍显微镜，景深很小，故必须具有精密的微调机构。

第四节 显微镜的物镜和目镜

一、物镜

为了提高鉴别率，显微镜的数值孔径比所有其他系统的都大，物镜的倍率与它的数值孔径所提供的鉴别率相适应。数值孔径越大，放大倍率越高。

为了在视场中心得到清晰的像，应很好地校正球差，满足正弦条件，消除位置色差，这就是消色差物镜；也应充分校正大孔径的高倍物镜的色球差和二级光谱，为此往往使用萤石制成复消色差物镜。

用于显微照相与显微投影的物镜，还必须校正场曲，做到平像场。

显微镜可分为低倍、中倍、高倍及油浸高倍几种类型，如表 11-1 所示。

其中，油浸物镜是为了增大数值孔径而使用的，原理如下。

首先假设，如果在物镜的前透镜与所观察物体之间是 $n=1$ 的空气，则数值孔径仅以半孔径角 u 来决定，该角在理论上可达 $90°$，数值孔径最高情况下达到 1。实际中因角 u 到不了 $90°$，数值孔径必须小于 1，实际物镜不大于 0.95。

表 11-1　显微镜类型

类型	放大倍率	数值孔径	结构形式
低倍 单组双胶合	$1^{\times}\sim5^{\times}$	0.1～0.15	
中倍 李斯特型	$5^{\times}\sim20^{\times}$	0.15～0.35	
高倍 阿米西型	$20^{\times}\sim65^{\times}$	0.35～0.85	
油浸高倍 阿贝油浸型	$90^{\times}\sim100^{\times}$	1.2～1.35	

其次，如果在物镜的前透镜与所观察物体之间具有折射率为 $n_{盖}$ 的盖片玻璃时，如图 11-7 所示，因为角度比 $\arcsin(1/n_{盖})$ 还大的光线在盖片玻璃与空气相邻的界面处发生全反射而不能向外射出，如果 $n_{盖}=1.5163$，则 $u_{盖}=41°$。此时的数值孔径是 $n_{盖}\sin u_{盖}$，欲使其达到 1 也是不可能的。

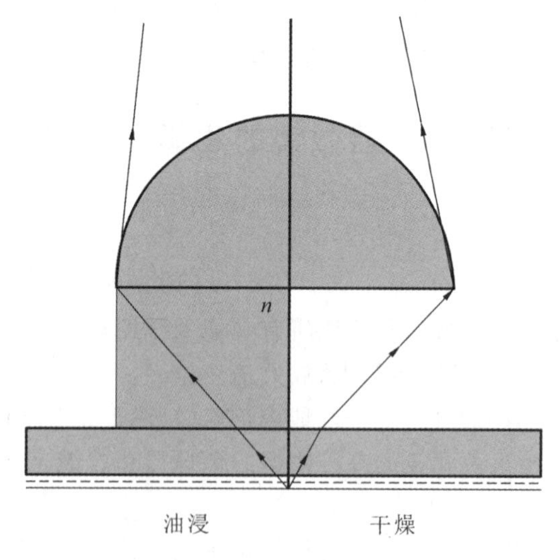

图 11-7　加入盖片玻璃的显微镜

但是，如果在物镜前透镜与盖片玻璃之间充满折射率为 n 的液体后，数值孔径就将提高到原来的 n 倍，液体的折射率越高，所得到的数值孔径越大，如表 11-2 所示。

表 11-2 折射率与数值孔径对应表

液体名称	折射率	最大数值孔径
水	1.333	1.25
香柏油	1.515	1.40
溴代萘	1.658	1.35

使用浸液的物镜称为油浸物镜,与此对应的不用浸液的称为干燥物镜。

除上述折射式物镜,还有反射式和折反射式物镜。

二、目镜

由于物镜高倍放大的结果,目镜所接受的数值孔径不大,相对孔径在 1∶40 左右,而物镜的像差又不能由目镜校正,因此目镜的视场也不大,故目镜总是用最简单的惠更斯目镜。补偿目镜就是将惠更斯目镜做成适当消色差的;平场目镜与平场物镜一起使用,一般是克尔纳型目镜;为了显微照相和显微投影,则可使用负焦距的目镜,如霍马目镜。目镜的种类见表 11-3。

表 11-3 目镜的种类

惠更斯目镜	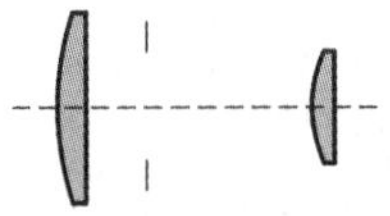	克尔纳目镜	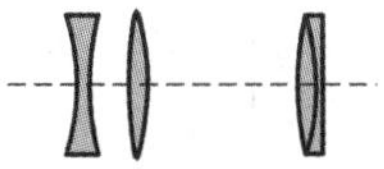
补偿目镜	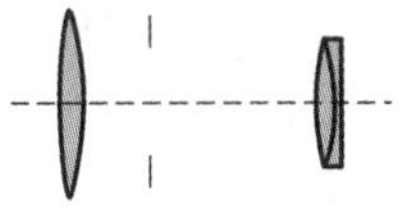	霍马目镜	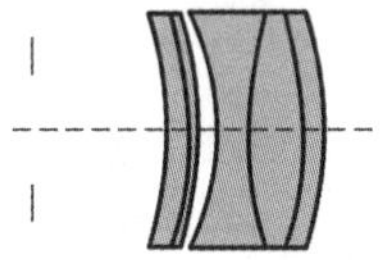

望远系统的目镜也可以用作显微镜目镜。

第十二章　摄影、投影与照明系统

第一节　放大镜的光学特性

将空间物体或平面物体成像在平面感光板上的光学系统，称为照相物镜。

一、焦距

焦距决定了物像的比例。为得到已知物体清晰的像，必须使底片感光层与该物体的像相重合，如图 12-1 所示。

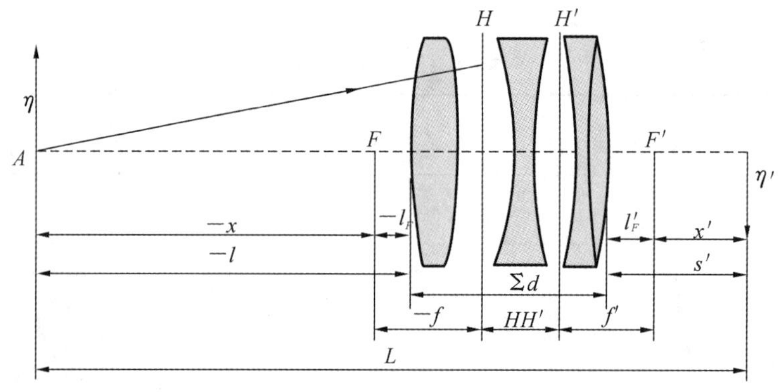

图 12-1　有限元物距成像光路图

物体 η 相对照相物镜的位置，由它到物镜的距离 l 或者是到底片 MN 的距离 L 确定。这在小型相机或电影摄影机中经常采用。

若物体位于无限远处，则它的像成在物镜的后焦平面处与底片重合，如图 12-2 所示。

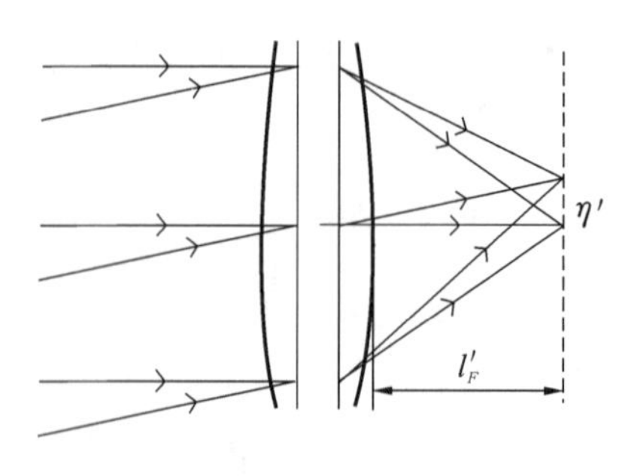

图 12-2　无穷远物距成像光路图

物镜最后一面与底片的距离等于后截距 l'_F。若物位于近距离处，则物镜与底片之间距离必须增大 x' 值(图 12-1)。

在大多数相机中，上述距离的变动是借助于物镜的移动来实现的。这种调整动作称为调焦(对焦)。假设已知物体到物镜的距离为 l，则由图 12-1 得 $x=l-l_F$。

根据牛顿公式，物镜移动量 x'等于

$$x' = -\frac{f'^2}{x} = -\frac{f'^2}{l-l_F} \tag{12-1}$$

在 $l \gg l_F$ 的条件下，近似得到

$$x' = -\frac{f'^2}{l} \tag{12-2}$$

物镜到底片的距离 l'为

$$l' = l'_F + x'$$

当已知物体与底片的距离 L 时，得到下面关系式：

$$L = -x - f + HH' + f' + x'$$

引入记号

$$-f + HH' + f' = -l_F + \Sigma d + l'_F = c$$

得

$$-x + c + x' - L = 0$$

根据牛顿公式，用 x'代替 x，最后得到

$$x'^2 + (c-L)x' + f'^2 = 0 \tag{12-3}$$

小相机进行清晰对焦，一般按上式刻度计算。

底片上像的比例，即垂轴放大率：

$$\beta = \frac{f'}{x} = \frac{f'}{l-l_F} = \frac{f'}{-L+c+x'}$$

因为，一般地 $x' \ll |L|$，故有

$$\beta = \frac{f'}{-L+c} \tag{12-4}$$

可见，底片上像的大小与照相物镜焦距 f'成正比。

除了焦距从 25mm 到 100mm 的显微照相机和某些视用途而定的放大或缩小的复制用照相机外，大多数照相机所摄的像是缩小的。

根据不同用途，焦距相差极大，有短到几毫米的，也有长 1m 以上的。

二、相对孔径

相对孔径决定像面照度，像面照度公式为

$$E = \frac{1}{4}\tau\pi B\left(\frac{D_入}{f'}\right)^2 \frac{\beta_0^2}{(\beta_0-\beta)^2} \tag{12-5}$$

式中，E 为照度；τ 为透过系数；B 为物体亮度；$D_入/f'$为物镜相对孔径；β_0 为物镜瞳孔处垂轴放大倍率；β 为垂轴放大倍率。如果物体位于很远处时，则 $l\to\infty$，$x\to\infty$，$\beta\to 0$，因此

$$\underset{l\to\infty}{E} = \frac{1}{4}\tau\pi B\left(\frac{D_入}{f'}\right)^2 \tag{12-6}$$

对于翻拍物镜，则必须利用式(12-5)，但是在许多瞳孔处垂轴放大率接近于 $\beta_0=1$ 的物镜中，则可以利用公式

$$\underset{\beta_0=1}{E} = \frac{1}{4}\tau\pi B\left(\frac{D_{入}}{f'}\right)^2 \frac{1}{(1-\beta)^2} \tag{12-7}$$

这对于实际来说，具有足够的精确度。

在拍摄本身不发光，无光泽的散射物体时，式(12-7)中的亮度可用照度来代替，

$$B = \frac{k}{\pi}E_{物} \tag{12-8}$$

式中，$E_{物}$ 为物体照度；k 为物体漫反射系数。

将其分别代入式(12-5)、式(12-6)和式(12-7)得到：

$$E = \frac{1}{4}\tau kE\left(\frac{D_{入}}{f'}\right)^2 \frac{\beta_0^2}{(\beta_0-\beta)^2} \tag{12-9}$$

$$\underset{l\to\infty}{E} = \frac{1}{4}\tau kE\left(\frac{D_{入}}{f'}\right)^2 \tag{12-10}$$

$$\underset{\beta_0\to1}{E} = \frac{1}{4}\tau kE\left(\frac{D_{入}}{f'}\right)^2 \frac{1}{(1-\beta)^2} \tag{12-11}$$

若物体被某些如图 12-3 所示的光源照明时，它的照度按下述公式进行计算：

$$E_{物} = \sum_{k=1}^{k=p}\frac{I_k}{L_k^2}\cos i_k \tag{12-12}$$

式中，I_k 为光源发光强度，i_k 为物面法线与光源发出的光束轴线之间夹角。

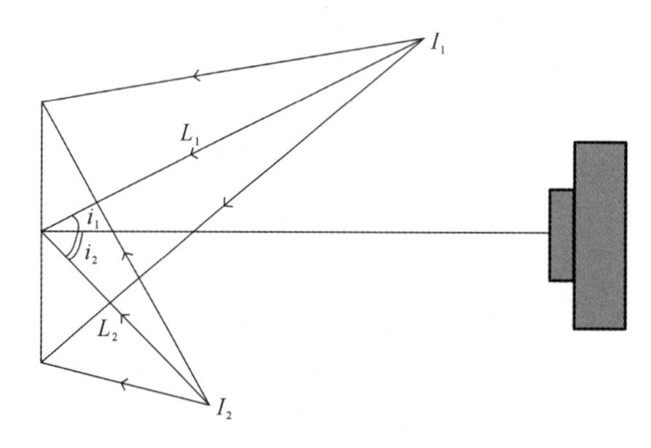

图 12-3　光源照明

由上述公式可知：像面照度 E 与相对孔径 $\left(\frac{D}{f'}\right)^2$ 成正比。

弱光镜头：　$\frac{D_{入}}{f'}<1:6.3$

普通镜头：　$1:6.3<\frac{D_{入}}{f'}<1:3.5$

强光镜头：　$1:3.5<\frac{D_{入}}{f'}<1:1.2$

超强光镜头：
$$\frac{D_{入}}{f'}>1:1.2$$

视场边缘的像面照度与中心的相比下降很快，即

$$E_{\omega}=KE\cos^{4}\omega' \tag{12-13}$$

式中，K 为面积渐晕系数；ω'为像方视场角之半。

为使同一个照相物镜能适应各种拍摄条件以控制像面具有适当的照度，照相物镜的孔径光阑都是具有直径可以连续变化的可变光阑。光阑直径变化时，物镜相对孔径也随之变化。物镜框上刻有与相对孔径对应的数字与标记，但是数字都标成相对孔径的倒数——光阑指数（F 数）（表 12-1）。

表 12-1　相对孔径与 F 的关系

相对孔径	1∶1	1∶1.4	1∶2	1∶2.8	1∶4	1∶5.6	1∶8	1∶11
F	1	1.4	2	2.8	4	5.6	8	11

光阑指数 F 这个系列基本上是以$\sqrt{2}$为公比的等比级数。因为 E 与 F 数的平方成反比，因此，光阑按上述系列变化一挡，像面照度增大（或减小）一倍。由于不同型式的物镜结构不同，透过率 τ 也不相同，由上述公式可知，即使光阑指数 F 固定不变，像面照度仍可能由于物镜透过率 τ 变化而变化。换句话说，如果两种照相物镜的透过率相差较多，那么虽然采用相同的相对孔径对同一目标拍照，也可能得到完全不同的曝光效果，这给使用者带来不便。

为了解决这个问题，某些物镜，特别是电影摄影物镜，采用了一种新的光阑刻度 T。T 称为有效光阑指数，其定义如下：

$$T=\frac{F}{\sqrt{\tau}} \tag{12-14}$$

于是式(12-5)可以写成

$$E=\frac{1}{4}\pi B\frac{\beta_0^2}{T^2\ (\beta_0-\beta_1)^2} \tag{12-15}$$

三、视场

视场角 2ω 决定了能在底片上成清晰像的空间范围。照相物镜按照视场大小可分为：小视场物镜（$2\omega<40°$）、普通物镜（$40°<2\omega<70°$）、广角物镜（$70°<2\omega<100°$）、超广角物镜（$2\omega>100°$）。

相机中，通常以设置在底片面上矩形或正方形的框作为视场光阑来限制视场。

底片的有效面积若用圆来表示，如图 12-4 所示，其直径为

$$D=-2f'\cdot\tan\omega \tag{12-16}$$

若底片为矩形，其边长各为 a 及 b，则

$$D^2=a^2+b^2 \tag{12-17}$$

可见，最大限度地利用像平面有效面积的情况是底片为正方形。

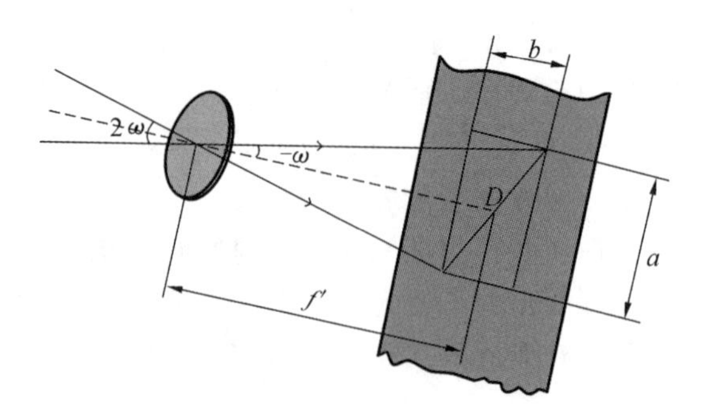

图 12-4　底片有效面积示意图

照相物镜的上述三个基本光学性能是互相制约的，提高某种性能就必然降低其他性能，瓦洛索夫研究了若干优良物镜之后，认为这三种特性的关系为。

$$\frac{D_{入}}{f'} \cdot \tan\omega \cdot \sqrt{0.01f'} = C \tag{12-18}$$

式中，C 为质量因素系数。现代照相物镜其值达到 0.24～0.5。

在设计新的照相物镜时，如果焦距、相对孔径和视场的选择使得 $C \leqslant 0.24$，就可以具有优良像质。随着新品种玻璃的出现、人造晶体的进步、玻璃反射作用的降低等，质量因素进一步提高是非常可能的。

四、照相物镜鉴别率

人眼通过显微镜观察照相物镜像面上的黑白线条相间的图案像，设刚能鉴别开的相邻黑线之间距离为 δ(mm)，则其倒数为照相物镜的目视鉴别率，以 1mm 内刚能鉴别的线对数 N 表示，即

$$N_m = \frac{1}{\delta}(\text{对线 /mm})$$

在物镜像面上能鉴别的两个点或两条线之间的最小距离为

$$\delta = \frac{1.22\lambda}{\dfrac{D_{入}}{f'}}$$

如果波长为 $\lambda = 555\text{nm}$，则 1mm 内所能鉴别的线对数为

$$N_m = \frac{1}{\delta} = 1475\frac{D_{入}}{f'} \tag{12-19}$$

为研究照相物镜的鉴别率，常使用光栅。所谓光栅，是由一组明暗相间条纹构成的。如果 $\lambda = 555\text{nm}$，照相物镜对光栅的目视鉴别率为

$$N_m = 1800\frac{D_{入}}{f'} \tag{12-20}$$

实际上，由于照相物镜具有较大的残余像差，实际的目视鉴别率较式(12-20)计算的理想系统的值低得多，尤其是视场边缘，受轴外像差的影响，目视鉴别率降低得更多。一般摄影物镜，在视场中心能鉴别 40～60 对线，视场边缘能鉴别 20～30 对线已算是相当优良的。

照相底片乳剂层粒度大小和其他因素决定了底片本身的鉴别率 N_p，一般黑白片鉴别率 $N_p=75\sim120$ 对线/mm。

照相物镜和底片构成一个系统，这个系统总的鉴别率 N 与 N_m 和 N_p 之间有以下近似关系：

$$\frac{1}{N}=\frac{1}{N_m}+\frac{1}{N_p} \tag{12-21}$$

例如，一个相对孔径为 1∶4 的物镜，其目视鉴别率不会高于 450 对线/mm，像差很大时，鉴别率将大大低于这个数值，假设 $N_p=100$ 对线/mm，则

$$\frac{1}{N}=\frac{1}{450}+\frac{1}{100}$$

$$N=82\ \text{对线}/\text{mm}$$

根据计算结果，这个物镜的照相鉴别率估计在视场中心不会高于 82 对线/mm。

第二节　照相系统的景深

一、景深

如图 12-5 所示，瞄准平面 P 上的 A 点经照相物镜成像在像平面 P' 上为 A' 点，眼睛位于 $P_眼$ 处观察这个像点。平面 P_1 和 P_2 上的 A_1 和 A_2 点分别在平面 P' 处形成直径为 δ' 的弥散圆，若该弥散圆对人眼张角小于极限鉴别角，则这个弥散圆仍会被感觉是一个点，因此，A 和 A_1 及 A_2 点的像会被感觉到是同样清晰的。平面 P_1 和 P_2 之间的空间范围称为景深。

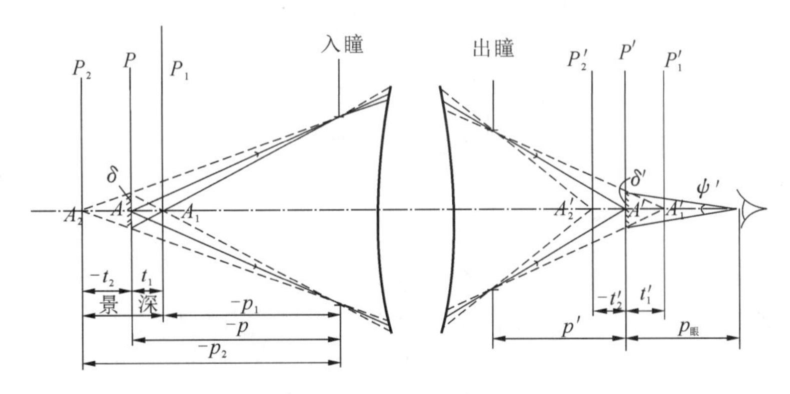

图 12-5　照相系统的景深

由图 12-5 可知，

$$\delta'=p_眼\,\psi'$$

设共轭面 P 和 P' 的垂轴放大率为 β，则

$$\delta=-\frac{\delta'}{\beta} \tag{12-22}$$

$$
\begin{cases}
p_1 = \dfrac{D_{入}\, p}{D_{入} + \delta} \\[2ex]
p_2 = \dfrac{D_{入}\, p}{D_{入} - \delta}
\end{cases}
\tag{12-23}
$$

$$
\begin{cases}
t_1 = -\dfrac{\delta p}{D_{入} + \delta} \\[2ex]
t_2 = \dfrac{\delta p}{D_{入} - \delta}
\end{cases}
\tag{12-24}
$$

将式(12-22)代入式(12-24)中，得：

$$
\begin{cases}
t_1 = -\dfrac{\delta' p}{D_{入}\, \beta - \delta'} \\[2ex]
t_2 = \dfrac{-\delta' p}{D_{入}\, \beta + \delta'}
\end{cases}
\tag{12-25}
$$

一般因为 $p \gg f'$，则有

$$
\beta = -\frac{f}{x} = \frac{f'}{p}
$$

由此

$$
\begin{cases}
t_1 = -\dfrac{\delta' p^2}{Af'^2 - \delta' p} \\[2ex]
t_2 = \dfrac{-\delta' p^2}{Af'^2 + \delta' p}
\end{cases}
\tag{12-26}
$$

或

$$
\begin{cases}
p_1 = \dfrac{p}{1 - \dfrac{\delta' p}{Af'^2}} \\[3ex]
p_2 = \dfrac{p}{1 + \dfrac{\delta' p}{Af'^2}}
\end{cases}
\tag{12-27}
$$

式中，$A = \dfrac{D_{入}}{f'}$。

由式(12-25)可知：

(1) 当相对孔径一定时，焦距越短，景深越大。

(2) 当焦距一定时，相对孔径越小，景深越大。所以人们在照相时，喜欢把光圈缩得小一些，以获得大景深，这不仅可使拍照的主要目标清晰，还能得到清楚的背景。

(3) 当相对孔径和焦距一定时，瞄准面距离越远，景深越大。所以高空摄影，不需要调焦，只要把底片固定在物镜后焦平面上即可。

从式(12-27)可知：

若调焦于无限远处，即 $p = \infty$，则

$$
p_{1\infty} = \frac{-Af'^2}{\delta'}
\tag{12-28}
$$

即从 $-\dfrac{Af'^2}{\delta'}$ 一直到无限远的物体，都能给出清晰的像，而无须另调焦；式中 $p_{1\infty}$ 为无限远起

点(超焦距离),通常记以 H。

若调焦于“无限远起点”处,即 $p=p_{1\infty}$,则

$$\bar{p}_{1\infty}=-\frac{Af'^2}{2\delta'}=\frac{1}{2}p_{1\infty} \tag{12-29}$$

即从 $-\frac{Af'^2}{2\delta'}$ 一直到无限远的物体都能给出清晰的像。

比较上述两种情况得知,调焦在“无限远起点处”,景深范围较大。因此,许多相机调焦刻度中的“无限远”,实际上不是无限远,而是“无限远起点”。

如果以“无限远起点”H 表示景深时,则由式(12-26)和式(12-27)分别得

$$\begin{cases} t_1=-\dfrac{p^2}{p+H} \\ t_2=\dfrac{p^2}{H-p} \end{cases} \tag{12-30}$$

$$\begin{cases} p_1=\dfrac{pH}{p+H} \\ p_2=\dfrac{pH}{H-p} \end{cases} \tag{12-31}$$

上述公式中的弥散圆直径 δ' 的大小取决于观察条件,如果直接在明视距离处观察照片,并取 $\psi'=1'\sim4'$ 时,则 $\delta'=0.075\sim0.3\text{mm}$。

实践证明,在明视距离下,弥散圆直径小于 0.25mm 时,眼睛就感觉其与点无异,而观察照片最好的距离就是等于焦距,这时弥散圆直径为

$$\delta'=\frac{f'}{1000} \tag{12-32}$$

$$H=1000f'A=1000\frac{f'}{F} \tag{12-33}$$

若拍摄小型底片,经放大后在明视距离处观察,则

$$\delta'=\frac{250\psi'}{\beta_{放}} \tag{12-34}$$

式中,$\beta_{放}$ 为底片放大倍率。

二、焦深

在像空间与景深共轭的深度范围,称为焦深。如图 12-5 所示,设照相物镜出瞳直径为 $d_{出}$,则

$$\begin{cases} t_1'=\dfrac{\delta' p'}{d_{出}-\delta'} \\ t_2'=-\dfrac{\delta' p'}{d_{出}+\delta'} \end{cases} \tag{12-35}$$

因为大多数照相物镜瞳孔处的线放大率 $\beta_0=1$,即 $D_{入}=d_{出}$,又 $\delta'\ll d_{出}$,则式(12-35)可记为

$$t_1'=t_2'=\frac{2\delta'}{A}(1-\beta)$$

所以焦深为

$$2t' = \frac{2\delta'}{A}(1-\beta) \tag{12-36}$$

如果物体位于距物镜较大的距离处，即 $\beta \to 0$，则

$$2t' = \frac{2\delta'}{A} \tag{12-37}$$

可见焦深与物镜相对孔径成反比，与所允许的弥散圆直径成正比。t'值可作为物镜相对于底面的安装尺寸公差，例如当 $\delta'=0.02\text{mm}$，$A=1:3.5$，得 $t'=0.07\text{mm}$，又考虑到底片的不平整性等因素影响，故公差应严一些。

三、景深刻度的近似计算

照相物镜一般调焦在已知距离 L 处，这在小型相机中是借助于螺旋联结使物镜绕光轴转动实现的。若以 ω^0 表示物镜的转动角度，以 h 表示螺纹节距，则它的前后移动量 x'为

$$x' = h\frac{\omega^0}{360°} = h\frac{\omega}{2\pi} \tag{12-38}$$

对应于各种不同的物体到底片的距离，物镜的移动量 x'按式(12-38)计算，对于距离刻尺的刻度使用公式

$$\omega^0 = \frac{x'}{h}360° \quad 或 \quad \omega = \frac{x'}{h}2\pi \tag{12-39}$$

瞄准无限远物体时，带有∞符号的距离刻尺的分划线与符号 N 重合，如图 12-6 所示。

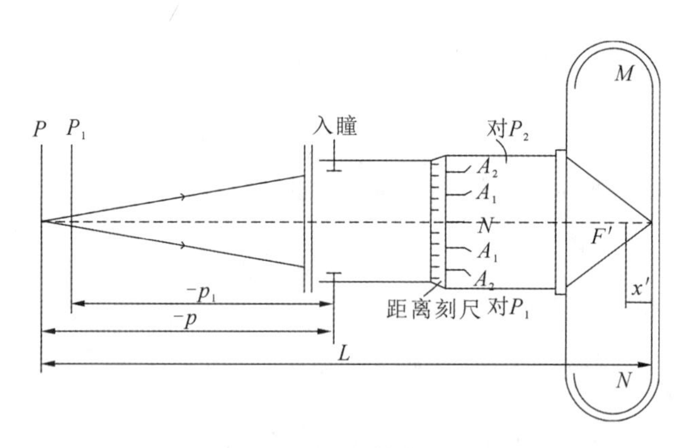

图 12-6 相机螺旋连接

下面进行景深刻度的近似计算。

假定到瞄准面的距离远大于物镜焦距，即 $|-p| \ll f'$，则可令

$$x' = -\frac{f'^2}{p}$$

到前景的距离 p_1 类似地可写成

$$x_1' = -\frac{f'^2}{p_1}$$

与此相应的物镜转角为

$$\omega_1^0 = \frac{x_1'}{h}360° = -\frac{f'^2}{hp_1}360° \quad 或 \quad \omega_1 = -\frac{f'^2}{hp_1}\cdot 2\pi$$

$$\omega^0 = -\frac{f'^2}{hp}\cdot 360° \quad 或 \quad \omega = -\frac{f'^2}{hp}\cdot 2\pi$$

转角之差

$$\Delta\omega^0 = \omega_1^0 - \omega^0 = -\frac{f'^2}{h}\left(\frac{1}{p_1} - \frac{1}{p}\right)\cdot 360°$$

或

$$\Delta\omega = -\frac{f'^2}{h}\left(\frac{1}{p_1} - \frac{1}{p}\right)\cdot 2\pi$$

若以式(12-27)中的 p_1 代换，最后可得

$$\Delta\omega^0 = \frac{\delta'}{hA}\cdot 360° \quad 或 \quad \Delta\omega = \frac{\delta'}{hA}\cdot 2\pi \tag{12-40}$$

由此可见，$\Delta\omega$ 与物体的距离无关，仅与物镜的相对孔径 A 有关，给定极限值 δ' 和物镜框的螺纹节距 h，就可以对各种不同的相对孔径 A_1、A_2 等算出一系列的 $\Delta\omega$。由于 $\Delta\omega$ 不取决于物体到相机的距离，所以它的数值可刻在固定的指数 N 的旁边，一边是相对于决定前景 p_1 的那些 A_1、A_2 等刻度，在另一边则是对于后景 p_2 值的那些 A_1、A_2 等刻度。根据辅助指数 A_1、A_2 等，距离 p_1、p_2 本身按距离 L 刻度进行计算，这时假定 $p=L$。

第三节　照相感光胶片性能

一、黑白片的主要构成部分

黑白片大多是将感光物质涂布于支持体上而构成的，所以它的主要构成部分是乳剂层和片基。乳剂层通常是由包含在明胶内的无数微小的卤化银晶体组成的。卤化银是感光物质，各种乳剂内所包含银盐的成分可以是纯氯化银、溴化银或碘化银。通常多用溴化银，并掺杂有少量的氯化银和碘化银来调节它的感光灵敏度。明胶是分散介质，能够隔离各个卤化银晶粒，使其感光，显影各自独立进行，互不影响；还能够吸收卤化银分解时产生的卤素。片基是乳剂的支持体。胶片片基是醋酸片基和涤纶片基；干板片基是玻璃。

二、感光、显影和定影过程概述

（一）感光原理

在胶片曝光后，乳剂层中的卤化银起光化作用，产生了肉眼看不见的影像，在摄影学上称为潜影。只有经过显影处理之后，才能变为眼睛所能看见的影像。

如图 12-7 所示，潜影的形成可分解为四个步骤。

（1）曝光时，卤化银晶体吸收光子而分解出自由溴原子和少量银离子，并且释放出若干自由电子，这种电子能够自由地在晶体内运动。其过程可用下式表示：

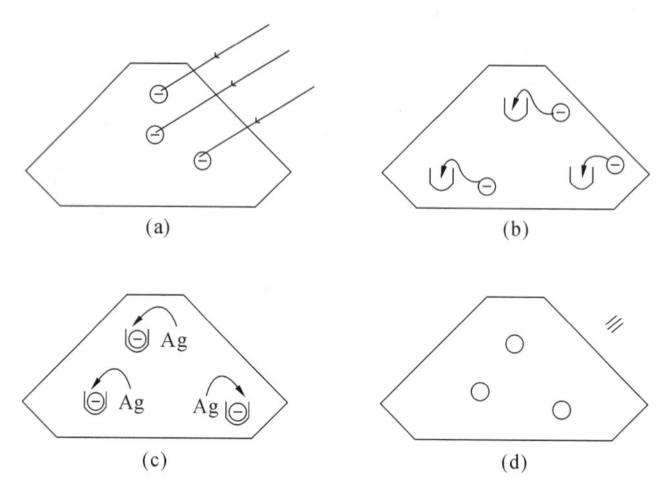

图 12-7　潜影的形成过程

$$AgBr + h\nu \longrightarrow Ag^{+} + Br + e^{-}$$

式中，h 为普朗克常数；ν 为光频率；e 为自由电子的电量。

(2) 靠近晶体表面或在晶体表面上，图 12-7 存在某些感光中心(电子陷阱)，它们坑陷电子，并获得负电荷。其过程可用下式表示：

$$e^{-} + \mathrm{trap} \longrightarrow \mathrm{trappede}^{-}$$

(3) 卤化银晶体内晶格间的银离子被吸引而移向感光中心。其过程可表示为

$$\mathrm{trappede}^{-} + Ag^{+} \longrightarrow Ag$$

(4) 银离子和电子结合成银原子而沉积于感光中心上。当这种由银原子组成的核心积累至一定大小时，便形成显影中心，潜像就是由许多这样的显影中心所组成。其过程可表示为

$$Ag \cdots Ag \cdots\cdots Ag \longrightarrow nAg$$

(二) 显影

显影就是用还原剂将曝过光的卤化银中的银离子还原成银原子，而把溴离子溶解掉的还原反应。其过程可表示为

$$Ag^{+} + Br + \mathrm{red} \longrightarrow Ag + Br^{-} + \mathrm{oxi}$$

式中，red 为显影离子；oxi 为氧化了的显影剂。

这样一来，将曝光开始的小量分解扩展到 10^{8}，以潜像银原子为中心形成银原子团，从而生成黑色的影像。因为显影剂是一种性能恰当的还原剂，只能将那些因曝光而晶格受到破坏的卤化银中的银还原出来，而且构成黑色影像的银原子的数量与通过像面上该点的相应光能量成正比。因而在感光层上便按照受光强弱的分布而出现了能够看得见的有层次的黑色影像。

（三）定影

虽然感光材料曝光后经显影，看不见的潜像已被显现成可见的像，但是由于乳剂层中还残存大量的未经曝光的卤化银：一方面将得不到透明的影像；另一方面在光的作用下，将继续发生分解，使既得的影像不能稳定，因此必须经过定影处理。定影的目的就是将未曝光的卤化银变为不感光的物质或者将其全部溶解掉，从而使显影所得的影像固定下来。

定影一般使用硫酸钠、硫代硫酸铵。

三、介绍几个定义

（一）曝光量

曝光时，感光片上的照度 E 与曝光时间 t 的乘积称为曝光量，以字母 H 表示，单位为勒克斯·秒(lx·s)：

$$H = Et \tag{12-41}$$

在一定的照度大小范围内，似有这样的规律，曝光量相等的各种可能组合，能产生相等的黑度，这规律称为倒数律，$Et=$常数。但是当照度过大或过小时，虽然用相应的时间令 $Et=$常数来拍照，但所得黑度便会有明显的差别，这一现象称为倒数律失效。

（二）曝光量的对数

在感光特性曲线中，以曝光量对数 $L=\lg H$ 而不是曝光量本身作横坐标，其目的是避免在低曝光量级上用压缩的比例；使曝光正确的部分是一条直线；使沿曝光量对数轴上每一个既定增加量永远划定相同的曝光量比例，而重要的是曝光量比例，而不是光量的差数。

例如，在时间 t 内拍照具有一定亮度范围的景物，设最暗与最亮处的亮度之比为 1∶200，由于景物在底片成像的照度正比于其亮度，则底片上的照度之比亦为 1∶200，故底片曝光量范围亦为 1∶200，若最大和最小曝光量分别为 $H_{\max}$ 与 $H_{\min}$，其对数分别为 $\lg H_{\max}$ 和 $\lg H_{\min}$，其差值为

$$\lg H_{\max} - \lg H_{\min} = \lg \frac{H_{\max}}{H_{\min}} = \lg 200 = 2.3$$

此式说明，曝光量对数差值反映了景物亮度范围的大小，等于景物亮度比值的对数。

（三）不透明度

当负片上单位面积沉积一定量的金属银时，只能允许投射到它上面的一部分光通过，沉积的金属银越多，通过的光越少，因而可由不透光的多少来衡量曝光效果。

设入射光的发光强度为 I_0，透射光的发光强度为 I，则定义

$$\frac{1}{\tau} = \frac{I_0}{I} \tag{12-42}$$

为不透明度。它与透射光强成反比。例如，当透射光强度是入射光强度的 1/10 时，不透明度为 10。

(四)密度

负片的不透明度可以高达100、1000,甚至更高些,如果以不透明度对曝光量作图时,则必须取一个很小的比例,并且在不透明度低的一端,曲线变得很短。因而采用不透明度的常用对数来衡量曝光效果。密度以字母 D 表示,即

$$D = \lg \frac{I_0}{I} = - \lg \tau \tag{12-43}$$

四、感光特性曲线

感光材料能够反映被摄物体的明暗层次是依靠这样一个特性:不同的曝光量产生不同的密度,可以绘制感光特性曲线,其是表示曝光量与密度之间关系的曲线。这种曲线是以密度 D 为纵坐标,曝光量对数 L 为横坐标画出,如图12-8所示。

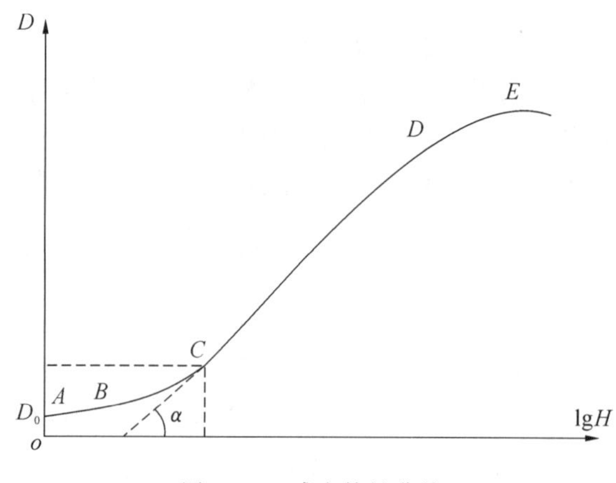

图12-8　感光特性曲线

特性曲线是理解感光材料性能的基础。如果不理解特性曲线,就无法了解各种感光材料的摄影特性,也无法知道曝光和显影对于摄影效果的影响。

特性曲线大体可分为五个部分。

(1) ($A-B$)称为灰雾部。

在这一部分,曲线和横轴平行,即曝光量增加,其密度不变,即未曝光的乳剂密度称为灰雾密度,以 D_0 表示。

此段曲线的终止位置所对应的横坐标值,称为曝光量阈值,此值越小,就表示乳剂越灵敏;此段曲线的纵坐标愈大,即灰雾越大,则此乳剂的质量越差。

(2) ($B-C$)称为趾部,又称曝光不足部分。

在这一部分,曝光量对数增加较大时,密度变化不大。摄影时,相当于这一部分的影像亮度的明暗层次必然受到较大而不成比例的压缩。

(3) ($C-D$)称为直线部,也称曝光正确部分。

在这一部分,曝光量对数和密度是成比例增大的。摄影时,若用曲线的这一部分,可将

原光学影像的明暗层次按比例地记录下来。

(4) ($D-E$)称为肩部，也称曝光过度部分。

在这一部分，光量对数增加较大时，密度变化很小。摄影时，相当于这一部分的影像亮度的明暗层次必然遭到很大的损失。

(5)E 之后称反转部。

在这一部分，出现反常情况，随着曝光量对数的增加，密度反而减小。

不同感光材料，有不同的特性曲线，同一感光材料，在不同的冲洗条件下，获得的特性曲线也不同。所以特性曲线既表示胶片的特性，也表示了冲洗条件的特性。

五、感光层的主要摄影特性

（一）感光度

感光度是指感光材料光化的灵敏度，定义为

$$s=\frac{k}{H_D} \tag{12-44}$$

式中，s 为感光度；k 为常数；H_D 为达到一定的密度所需的曝光量(lx・s)。

上式表示感光度和曝光量之间存在反比关系，即为了达到一定的密度，感光度高的材料只需很小的曝光量；反之，感光度低的材料则需要很大的曝光量。目前存在若干种感光度标准，其差别在于对 H_D 的规定不一致，或常数 k 的值不同。

例如，我国电影胶片感光度暂行标准是

$$s=\frac{4}{H_{D_0+0.65}} \tag{12-45}$$

式中，$H_{D_0+0.65}$ 为使密度比灰雾度 D_0 高 0.65 所需曝光量。从特性曲线上可以求出感光度。

（二）反差系数

感光特性曲线的直线部分的斜率，称为反差系数，以字母 γ 表示，即

$$\gamma=\frac{\mathrm{d}D}{\mathrm{d}\lg H} \tag{12-46}$$

$$\frac{\mathrm{d}\tau}{\tau}=-\gamma\frac{\mathrm{d}E}{E} \tag{12-47}$$

式中，$\mathrm{d}\tau/\tau$ 表示底片上像的反差；而 $\mathrm{d}E/E$ 表示物体原有的反差。式(12-47)表示二者成比例，因此反差系数表示感光材料表达被摄景物反差的能力，即决定底片上影像的反差(影调软硬)。

当 $\gamma=1$ 时，$\alpha=45°$，这时密度的增量等于相应的曝光量对数的增量。即底片的反差等于被摄影景物的反差，景物的影调能得到最真实的模拟。

当 $\gamma>1$ 时，$\alpha>45°$，这时密度的增量大于相应的曝光量对数的增量。即底片的反差大于被摄景物的反差。

当 $\gamma<1$ 时，$\alpha>45°$，这时密度的增量小于相应的曝光量对数的增量。即底片的反差小于被摄景物的反差。

例如，在拍摄白色纸页上的羽灰色的斑点时，若 $\gamma>1$，灰斑点在普通背景上就明显地显现出来；而当 $\gamma<1$ 时，灰斑点更不明显。

（三）宽容度和有效宽容度

感光特性曲线的直线部分两端相对应的曝光量对数的差，称为宽容度，它表示感光材料能按正比关系反映景物反差范围大小的能力。设这一区间为 $H_{起}$，$H_{终}$，则

$$L=\lg H_{起}-\lg H_{终} \tag{12-48}$$

在被摄景物最大亮度与最小亮度之间存在许多中间亮度，在实际摄影时，感光材料的各个不同部分，便受到不同的曝光量。底片上曝光量最小的部分，相当于景物最暗部分。但是曝光量除了取决于景物亮度最暗部分的亮度，还与曝光时间有关。因此曝光时间必须适当地选择，以便景物阴暗部分的影像有足够的密度，按照 ToсТ 系统所规定的感光度标准，这个密度应不小于灰雾密度加 0.2。如果所采用的感光材料的感光度较高，则曝光时间可缩短。当感光材料获得适当的曝光量后，则这阴暗部分的影像具有足够辨识的密度，而景物中其余亮度较大部分，必然会产生较大的密度。这样从特性曲线上所对应的位置来看，它们都落在最暗部分的影像密度点之上。

由于负性的感光材料的宽容度较大，而一般摄影景物的亮度差并不很大，因此，所得的密度均可落在特性曲线的直线部分，也就是景物的所有亮度都能按一定比例表达出来。

在同一摄影条件下，若摄影时曝光时间减少，那么各部分的影像密度便沿着特性曲线向左方移动，而相当于景物最小亮度部分的密度落在特性曲线的不足部分；如果曝光时间延长，影像密度便沿着特性曲线向右方移动，景物最亮部分的密度可能落在曝光过度部分。这样，对应于曝光不足或曝光过度部分的影像亮度的明暗层次便受到不成比例的压缩，而对应于特性曲线直线部分的影像亮度的明暗层次依然按比例地将景物亮度的明暗层次反映出来。

由上述可知，感光材料的宽容度应尽可能地大；曝光时间应正确，以使影像落在特性曲线的直线部分。

景物的反差与感光材料的宽容度的关系可能有下面三种情况：

(1) 景物的反差等于底片宽容度。这时只有一个合适的曝光时间能使影像完全按比例表达景物亮度。若稍增加或减少一些曝光时间，就有一部分影像落到曝光过度或曝光不足部分，降低构像质量。

(2) 景物反差大于底片宽容度。此时不论怎样选曝光时间，均不能使影像完全成比例地表达景物亮度。因此始终有一部分影像密度落在直线部分以外。

(3) 景物反差小于底片宽容度。这是最有利的，而且是实际上最常遇到的一种情况。

此时，曝光时间可以在一定范围内变动。这样，按不同曝光时间所得的负片，虽然影像的密度不一致，但是每张上的影像仍然能成比例地表达景物亮度。

在实际摄影工作中，除特性曲线的直线部分，还可以利用一部分弯曲部分，一张正确曝光的底片，要或多或少地用到曲线的趾部。而有效宽容度是指在特性曲线直线部分以外(以上和以下)对摄影有效的两点所对应的曝光对数之差的范围。

一般认为特性曲线弯曲部分的斜率为 0.2 或 0.2 以上，就能有效地表达影像层次，尽管

它不严格按比例地增加或减少密度。因此，一般以曲线两端斜率为 0.2 的两点的相应曝光量对数差作为有效宽容度。

（四）灰雾密度

感光特性曲线灰雾部曲线的纵坐标值 D_0，称为灰雾密度。它相当于感光材料不经曝光而冲洗后所得到的密度。灰雾密度大，就会缩小感光材料表现景物亮度的明暗层次的密度范围，因此灰雾密度越小越好。

（五）感色性

感光材料对各种不同波长光波段的光谱灵敏度，称为感色性。

只对波长短于 490nm 的近紫外区的蓝紫光感光，它的明暗层次和人眼感受的明暗层次很不一致，例如，人眼看上去很明亮的黄色，拍出来的影像却很灰暗，因此有人将其称为色盲片。在乳剂中加入增感染料之后，感色范围得到扩展。按感色范围可分为：

（1）正色片：虽只感蓝紫光及绿光，但所摄景物颜色的明暗，比较接近人眼，较色盲片要正常得多，因此称为正色片。

（2）全色片：能感全部可见光，灵敏度在橙红区最大，在青黄色区则下降。

（3）等色片：对大部分可见光有相等的灵敏度。

（4）红外片：不一定感红光及绿光，但感蓝光。

第四节　数码相机的光学性能

数码相机与胶片相机的根本区别在于把焦平面上的光化学胶片替换为 CMOS 或者 CCD 感光电子元件。其最大优点在于能够通过显示屏实时观察拍照取景情况，做到“所见即所得”。此外，数码相机坚固耐用、操作容易、图像储存量大的特点，促使数码相机技术发扬光大并逐步取代了不方便、难操作的胶片相机，成为主流的拍摄设备。而数码相机在数十年的发展过程中逐渐分化出可更换镜头的单反、无反（微单）相机，与不可更换镜头的卡片机、手机相机。可更换镜头的数码相机有着优异的成像能力和强悍的电子学性能，成为摄影师可靠的生产力工具。而不可更换镜头相机凭借轻巧的重量、袖珍的体积、智能的算法、便宜的价格，广泛地活跃在人们的日常生活中。

本节重点对数码相机的光学性能与光学特点进行说明与简述。

一、单反相机的结构特点

数码光学系统的最基本结构如图 12-9 所示。

数码相机光学部分的最基本结构可以分为镜头和传感器两部分。照相镜头部分已在前文表述，此处不再赘述。系统中低通滤波器往往和 CMOS 器件集成在一起，也可能再设计一层保护玻璃以防止污染。低通滤波器由两片双折射方向相互垂直的石英晶体薄板和一层红外滤光片组成，石英晶体的作用是滤除光束中的高频部分，避免采样频率混叠造成莫尔条纹干扰；而红外滤光片的作用是拦截波长大于 760nm 的红光，确保参与成像的光束的光谱

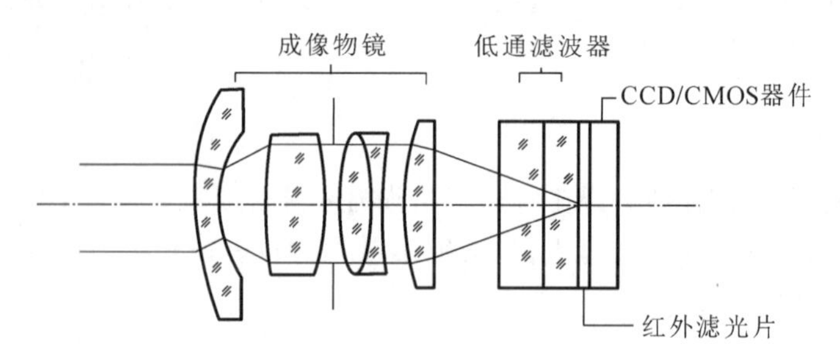

图 12-9　数码光学系统基本结构图

范围处于可见光范围内。

单反相机全称为“单镜头反光式取景相机”，数码单反相机的结构原理如图 12-10 所示。

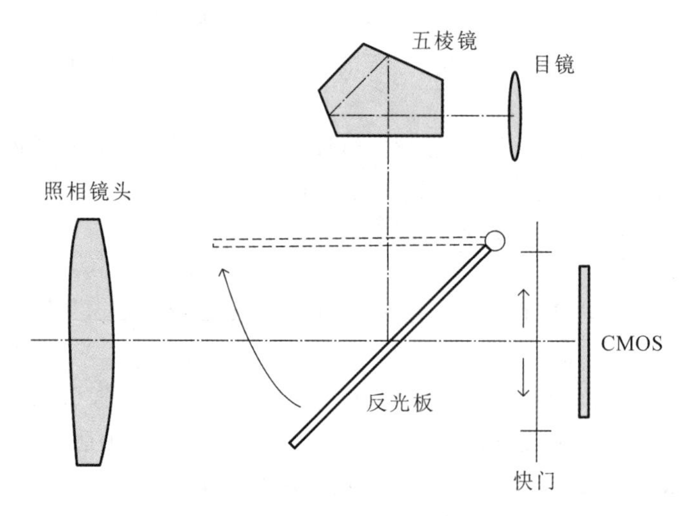

图 12-10　单反相机光学结构原理图

单反相机的结构采用取景器与 CMOS 共用一个镜头的形式，这决定了拍摄者从光学取景器里看到的画面就是映在 CMOS 上的画面。其取景光路由反光镜、五棱镜及取景器目镜组成。在构图时，拍摄者可以通过取景光路实时观察被拍摄对象；在成像时，拍摄者按下快门，反光镜瞬间抬起，机械快门开始按照设定好的曝光时间工作，光束没有了反光板的阻碍落在 CMOS 上成像，曝光结束后反光镜落下，返回初始状态，准备下次拍摄。

随着计算机芯片性能、液晶显示屏性能的快速发展，单反相机也可以不通过取景器取景，将相机设置为液晶显示屏工作时，反光镜一直处于抬起的状态，此时 CMOS 可以实时将采集到的画面投射到液晶显示屏上，解决了在低机位或高机位拍摄时摄影师无法利用取景器取景的问题。

与旁轴相机相比，单反相机不存在视差，其“所见”更接近“所得”；而通过取景器进行光学取景比 CMOS 实时取景更省电，工作时间更长，性能非常可靠。但单反相机由于内部庞大而复杂的光路、沉重的反光镜与反射五棱镜，难以做到轻便灵巧，搭配上镜头后，其体积与重量往往会让普通人和体力差的摄影师难以接受。因此，数码相机的发展更趋向于在保证光学性能的基础上极力减小体积与重量，无反数码相机与手机数码相机得到了空前的发展。

二、无反相机的结构特点

2010 年后，随着 CMOS 实时取景技术日趋成熟，液晶显示屏的性能突飞猛进，数码相机的设计者开始考虑摒弃复杂且沉重的取景光路，以达到小体积、轻重量的目的。2013 年 10 月，索尼公司推出世界上首款无反全画幅尺寸数码相机。所谓“无反”即无反光镜，原单反中五棱镜位置也用一枚小尺寸电子显示屏代替，该显示屏连接机内的微型计算机，组成“电子取景”光路。图 12-11 为无反相机的简单结构原理图。

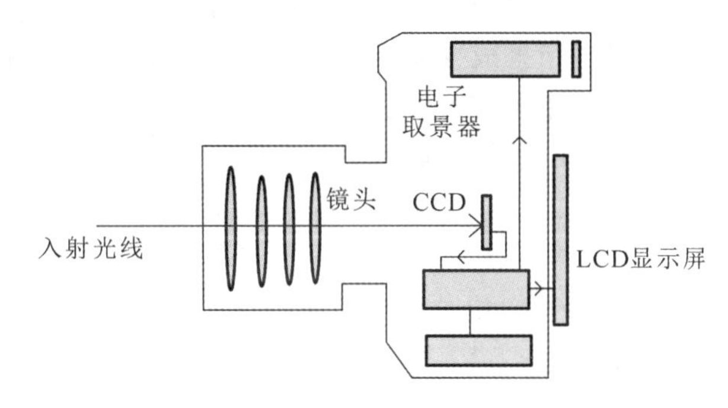

图 12-11　无反相机光学结构原理图

无反相机的优点在于取消了反光镜，这将减少相机在拍摄时产生的抖动，同时极大提升连拍速度，具有了拍摄高质量视频的能力；取消了五棱镜，这大大减轻了数码相机的重量与体积；相机的法兰距缩短，易于设计大光圈镜头。但缺点是耗电量大，并且价格比单反相机昂贵。

三、手机相机的结构特点

在如今的互联网信息时代，手机几乎成为每一个社会成员不可缺少的生活工具，手机也从诞生之初的语音通话功能，逐步集成了信件、电脑、U 盘、钱包、银行卡等日常物品的功能。随着光学加工、光学设计、电子电路、精密机械等领域的技术突破，相机也被集成到手机中，更逐渐成为评价一款手机性能的重要指标，图 12-12 是手机数码相机的简单系统图。

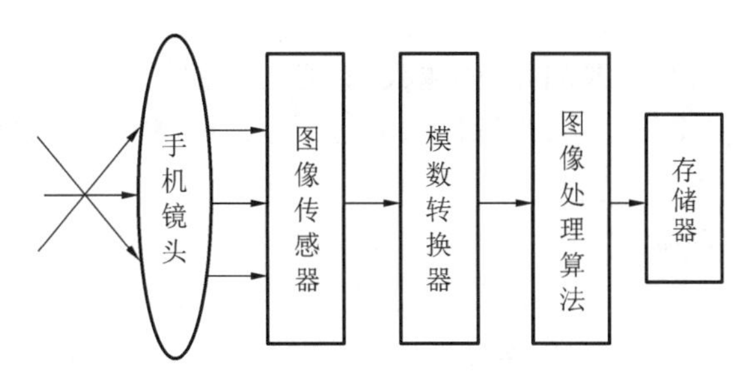

图 12-12　手机相机系统

手机数码相机目前已经取代了一大批低端的卡片式数码相机。与高端的专业数码相机不同，手机数码相机成像元件只采用 CMOS 元件，原因是 CMOS 的集成度高，满足了手机相机设计时轻薄的要求；CMOS 信号读出与处理的速度远远快于 CCD，是 CCD 的 10 倍以上；CMOS 的功耗低、价格便宜，满足便携性需求，降低生产成本。但 CMOS 元件噪声大、灵敏度低的缺点是固有的，所以图像处理算法在手机相机中尤为重要。

手机相机镜头一般采用光学塑料材质，片数在 5 片左右，光学塑料具有轻便、耐摔、成本低廉的特点。由于近年来光学塑料加工技术的进步，塑料光学镜片的纯净度、均匀性、可靠性以及重量都达到能够广泛工业化使用的要求。但根据不同的设计指标要求，光学塑料可用材料较少，难以平衡一部分像差，因而有些手机镜头的少部分光学元件引入了光学玻璃、光学晶体，甚至液体透镜材料。但传统球面平衡像差的能力依然有限，现在的手机镜头设计已经广泛使用塑料非球面、塑料衍射成像元件，以保证在少量镜片的条件下平衡轴外单色像差与色差。截至目前，如何在越来越有限的手机空间和重量要求下实现接近传统数码相机镜头的成像质量，依然是光学设计前沿领域的一大难题。

四、感光元件尺寸

数码相机常用感光元件为 CCD（电荷耦合器件）和 CMOS（互补金属氧化物半导体），两者的优缺点对比如表 12-2 所示。

表 12-2　CCD 与 CMOS 特点比较

CCD	CMOS
灵敏度高	单一电源供电
噪声低	集成度很高
暗电流低	可靠性高
技术成熟	功耗小
成像质量更好	电路简单
动态范围大	尺寸小
电子快门功能	处理速度快
量子效率高	价格低

感光元件的尺寸一般称为画幅，画幅越大，感光元件的尺寸越大，能够接受的光通量就越大，同时可输出的分辨率就越高，因此图像的细节表现就越好。在日常数码相机上常用的感光元件尺寸一般分为以下几类：

1. 手机摄像头模组画幅

目前手机数码相机中的 CMOS 采用尺寸、像素数与分辨率等参数进行衡量。主流旗舰手机数码相机主摄像头的 CMOS 像素数在 1200 万像素及以上，这类感光元件的尺寸很小，并且像元尺寸也非常小，普遍长宽比为 4∶3，但不同型号的 CMOS 拥有不同的像元尺寸和不同的分辨率，因而总尺寸会不同。例如，iPhone12 上搭载的 CMOS 像元尺寸为 1.7μm，分辨率为 4000×3000；而小米 9 采用的 CMOS 像元尺寸为 0.8μm，分辨率为 8000×6000。

2. M43 画幅

专用数码相机中尺寸最小的画幅，为 17.3mm×13mm，面积仅约为全画幅的 1/4，目前 M43 画幅应用非常少。

3. APS-C 画幅

APS 画幅源自数码相机起源之前的 APS 胶卷尺寸，而 CMOS 的 APS-C 画幅即根据该胶卷尺寸制作，约为 25mm×17mm，其面积约为全画幅的一半。

4. 全画幅

全画幅并非数码相机的最大画幅，其名来源类似于 APS-C 画幅，同样对标于胶片尺寸。全画幅 CMOS 的尺寸约为 36mm×24mm，对标于传统照相机胶卷的 35mm 尺寸，该类尺寸的感光元件相机无论在胶片时代还是数码时代均处于主流。

5. 中画幅

中画幅的常见尺寸为 60mm×60mm、60mm×70mm、60mm×90mm 等，这一类 CMOS 传感器的尺寸巨大，其镜头的光学素质可以做到非常强悍，但其动辄数万元至数十万元的价格限制了其应用范围，除了少部分商业摄影师或某些研究机构，生活中难觅该类相机的踪迹。

第五节　投影光学系统性能

将物体照明后成像于投影屏上的光学系统，称为投影系统(图 12-13)。

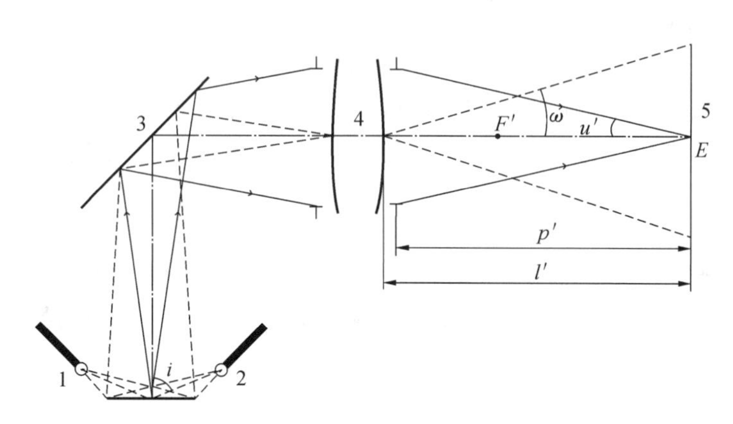

图 12-13　投影系统

投影系统主要由照明系统和投影物镜组成。照明系统是为了使光源尽可能多的光通量通过物镜后到达屏上，以使屏获得足够的照度；而投影物镜是使物体以一定的放大率成像于屏上。

投影系统可分为两大类：透射式和反射式。前者是指光线透过待投影物体而成像；后者则指光线自侧面照射不透明的待投影物体，然后利用物体漫反射光束经物镜成像于屏上。

投影系统的基本光学性能包括垂轴放大率、像面照度和被投影物体的尺寸(或屏尺寸)。

这些基本光学性能取决于：投影距离——从投影物镜到屏的距离，投影物镜焦距和相对孔径，光源亮度，系统透过率和照明方式。

放大率取决于仪器用途。如对于不同的工件进行直接比较测量的投影仪，其放大率为 $10^{\times}\sim200^{\times}$，而放大机的放大率是 $2^{\times}\sim10^{\times}$。

像面照度也取决于仪器用途。当屏的漫反射系数 $k=0.8$ 时，屏中心的照度对于检查和测量系统，$E=60\sim100\text{lx}$；放映系统，$E=100\sim150\text{lx}$；反射式投影系统，$E=60\sim80\text{lx}$。

为了消除由于光源亮度不均匀和照明系统像差所造成的屏的不均匀现象，可以在待投影物体前面放置毛玻璃。如果知道屏的照度和它的面积，就可以确定由投影系统入射到屏上的光通量 F'。屏上的照度对不同的点是不相同的，在视场边缘

$$E_0 = kE\cos^4\omega' \tag{12-49}$$

式中，E_0 为屏边缘的照度；k 为屏边缘处系统的渐晕系数；ω' 为屏边缘的视场角；E 为屏中心处的照度。

对于一般投影仪，渐晕系数 ν 接近于 1，视场很少超过 30°，$\sin^4\omega'$ 和 ω' 具有如表 12-3 所示的关系。

表 12-3　$\sin^4\omega'$ 和 ω' 对应关系

ω'	0°	5°	10°	15°
$\sin^4\omega'$	1	0.98	0.94	0.87

由此可见，可以近似地认为屏的照度是均匀的，并等于屏的中心照度。如果屏面积是 S，则入射到屏上的光通量

$$F' = ES \tag{12-50}$$

实际上，当光通量为 F' 时，屏的照度将小一些。为了保证所必需的光通量，就必须选择相应的投影系统和光源。例如，对于电影放映机，入射到屏上的光通量仅是光源辐射的 0.01～0.05 倍，即

$$ES = F' = (0.01 \sim 0.05)F$$

如果屏的照度 $E=50\text{lx}$，面积 $S=4\text{m}^2$，该仪器对光通量利用系数为 0.02，则灯的光通量就不得小于 10000lm。而此时，光源亮度和屏的照度之间的关系：当瞳孔处放大倍率 $\beta_0=1$ 时，由式(12-15)知

$$B = \frac{4E(1-\beta)^2}{\pi\tau A^2} \tag{12-51}$$

可见，放大倍率越高，相对孔径越小，则要求光源的亮度越大；反之，当光源的亮度越大，则物镜虽有小相对孔径，也能在屏上得到同样照度。而若光源亮度很小，即使它的光通量充分大，仍不能适用于投影，因为它可能导致过大的，根本不可能的投影物镜相对孔径。由此可见，光通量大小并不是光源质量的唯一指标，可以说它的亮度是更重要的质量指标，它和物镜的相对孔径起同样作用。

投影物镜基本光学性能是：焦距、相对孔径及视场。

值得注意的是：在物镜像差计算时，是假设光线从屏的一方发出，在底片平面上确定像

差，因此，朝向屏的一面是物镜的第一面，如图 12-14 所示。

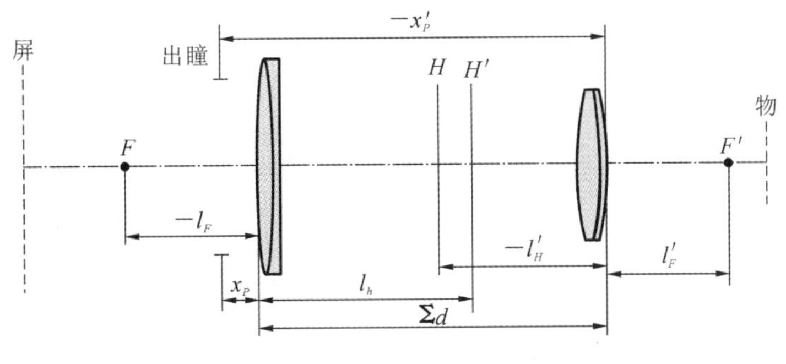

图 12-14　投影物镜光路

第六节　照明系统的光学特性

以一定方向的光束照明有限尺寸物体的光学系统，称为照明系统。

因为显微镜所观察的是微小的不发光的物体，所以必须配有照明系统。其作用就是使被观察物体得到充分照明和使显微镜所成的像有足够的亮度，使光束充满物镜的孔径角。显微镜的鉴别率除与数值孔径密切相关外，还与照明光束的波长及照明方式有关。因此，显微镜的照明系统结构复杂，种类多，但对其总的要求是：照明均匀，照明光束充满物镜的孔径角。

照明系统应最充分地利用入射到它上面的光通量，并使物体具有均匀的照度。照明系统的基本光学性能是：焦距，相对孔径，垂轴放大率和包容角（物方孔径角）。

根据光源成像位置的不同，照明方式有两种。

一、照明方式

（一）临界照明

光源经照明系统成像于物平面处，如图 12-15 所示。临界照明的优点是系统简单。除显微镜，电影放映机也大多采用这种方式。

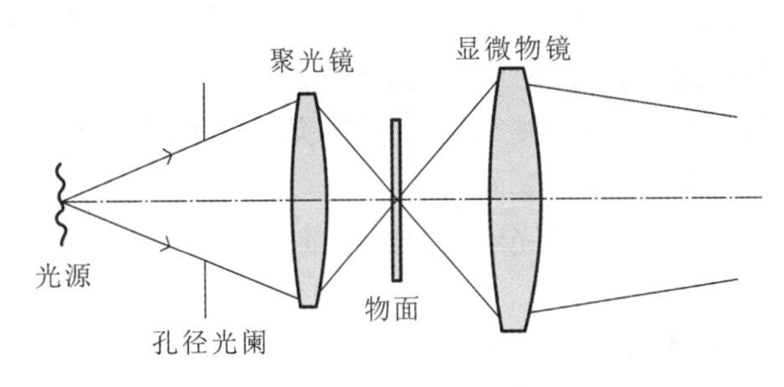

图 12-15　临界照明

这种照明的缺点是：若发光面不均匀或明显地表现出灯丝的细小结构，则使像面照明也不均匀。另外，在大视场情况下，若物镜数值孔径小，视场边缘光线不能全部进入物镜，致使视场边缘与中央亮度不一致。

（二）柯勒照明

光源经照明系统成像在物镜入瞳处，如图 12-16 所示。

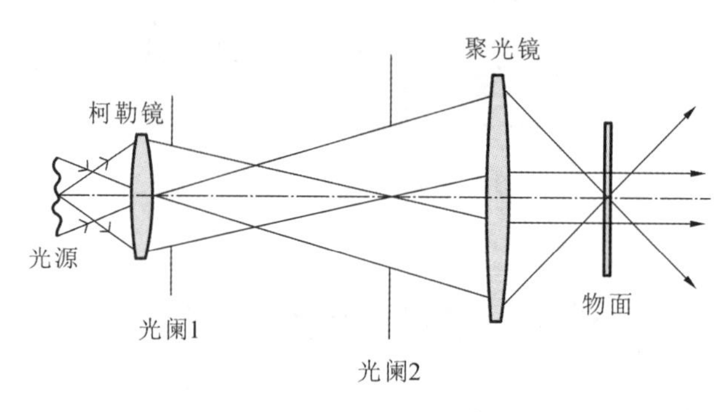

图 12-16　柯勒照明

柯勒照明的优点是：因为物面每点被从光源各点发出的光线所照明，所以尽管发光面不均匀，但物面照明还是均匀的；又由于可以利用全部照明光束，也避免了视场亮度不一致；另外，由于在 S 面处放置视场光阑，视场的轮廓能清晰地显现出来。

柯勒照明有两种变型，可以是非远心光路，也可以是远心光路。目前对于像面照明均匀性要求高的光学系统，如显微照相、投影仪、工具显微镜，一般采用柯勒照明系统。柯勒照明的缺点是入瞳处照明不均匀。

二、照明系统分类

根据照明光束的不同，照明系统可分为两类。

（一）用透射光照明透明标本的照明系统

例如，通过生物显微镜观察标本时，采用透射光照明透明标本的照明系统。

1. 平凹反射镜照明系统

这种系统适用于小数值孔径低倍显微镜。通常将一块平面反射镜和一块凹面反射镜一起装在一个能转动的镜框里。在光源面积较大的情况下，例如利用天空自然光线，使用平面镜；在光源面积较小时，例如白炽灯，则采用凹面镜，如图 12-17 所示。

2. 透镜反射镜照明系统

如图 12-18 所示，光源 1 发出的光线通过绿色滤光片 2、聚光镜 3、反射镜 4 会聚在被照明物体上或其附近。适当选择聚光镜 3 的焦距和通光口径，能得到与物镜数值孔径相适应的锥形光束，充满物镜的整个孔径。当光源 1 安置在聚光镜 3 的焦平面上时，则物体由平行光束照明，例如机床上的对刀显微镜往往采用这种照明方式。

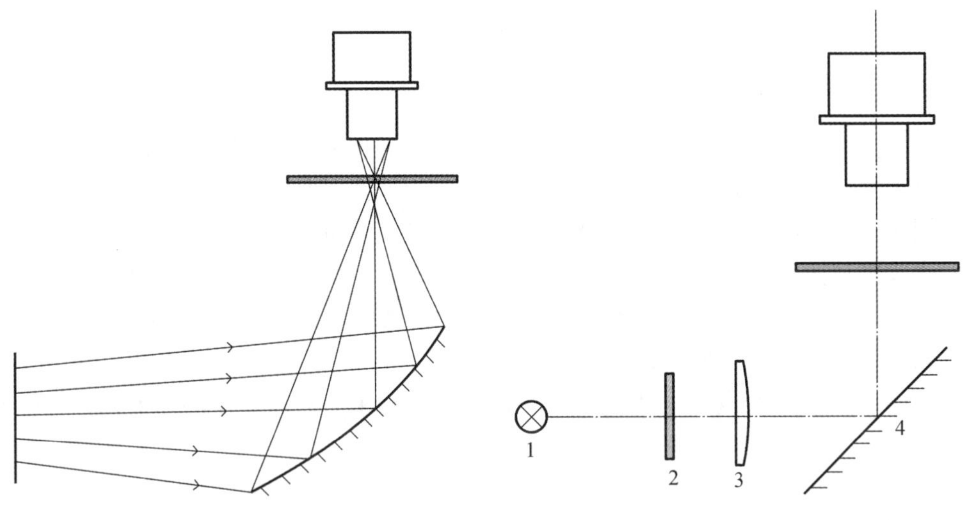

图 12-17　平凹反射镜照明系统　　　　图 12-18　透镜反射镜照明系统

如图 12-19 所示，是加可变光阑的反射镜透镜照明系统。光源 1 发出的光线通过绿色滤光片 2，可变光阑 3，反射镜 4 和聚光镜 5 照明物体。由于可变光阑 3 位于聚光镜 5 的焦平面上或其附近，被聚光镜成像于无限远，又被显微镜物镜成像在物镜后焦平面处。而显微镜的孔径光阑也在后焦平面处，因此可变光阑 3 的像与物镜孔径光阑基本重合。调节可变光阑 3 的孔径可使照明光束的孔径角与物镜数值孔径相适应。大型工具显微镜的照明系统往往采用这种形式。

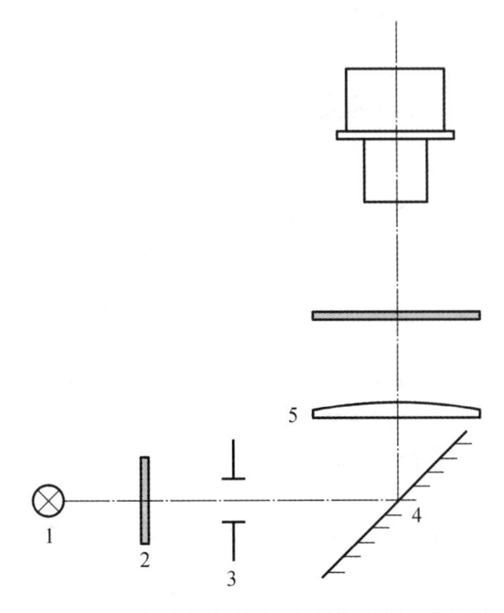

图 12-19　加可变光阑的反射镜透镜照明系统

在高倍物镜中，孔径角也很大，因此聚光镜也具有很大的孔径角，为了使残余像差较小，它一般由 2～3 个透镜组成。

（二）用于照明非透明体的照明系统

例如通过金相显微镜来观察金属磨片时，采用照明非透明体的照明系统。

1. 具有折光镜（或棱镜）的照明系统

如图 12-20 所示，光源 1 发出的光线通过可变光阑 2、可变光阑 3，投射在折光镜 4 上，反射的光线经显微物镜 5 照明物面 6。光线经物面反射后再通过物镜 5、折光镜 4 将物面成像在目镜的焦平面上。光阑 1 决定了物面 6 的视场，光阑 2 是聚光镜和物镜的孔径光阑。

2. 具有全反射棱镜的照明系统

如图 12-21 所示，光源 1 发出的光线经过聚光镜 2、全反射直角棱镜 3、显微物镜 4、照明物面 5。

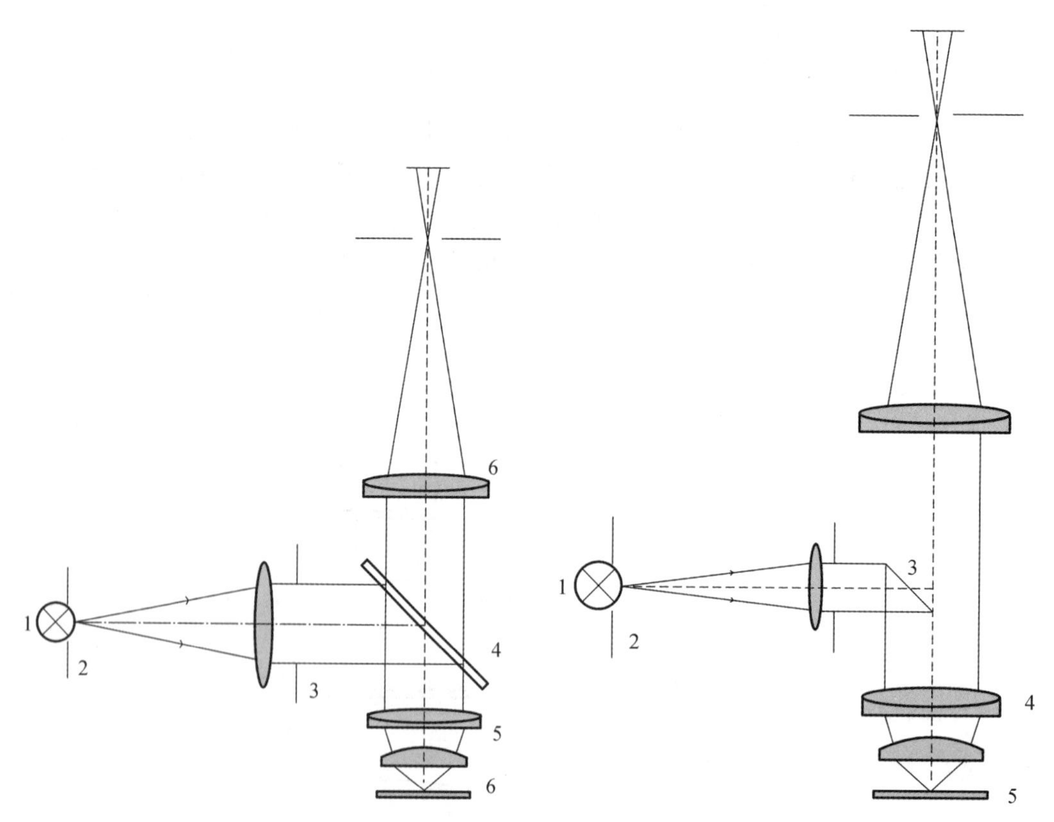

图 12-20　具有折光镜（或棱镜）的照明系统

图 12-21　具有全反射棱镜的照明系统

这种照明方式的优点是：杂光少，像的衬度好。缺点是：物镜数值孔径不能充分利用，鉴别率受到一定影响。

除了上述的亮视场照明，还有暗视场照明。

第七节　液晶投影仪的光学特性

投影仪是较复杂的工业电子产品，涵盖光学、电子、机械等多学科，不同于其他电子产品，投影仪的光学元件和部件对产品起着关键性作用。目前市场上使用最多的投影仪是LCD(Liquide Crystal Display)投影仪和DMD(Digital Micromirror Device)投影仪，本节针对LCD液晶投影仪进行简要介绍。

一、液晶投影仪的典型结构

LCD液晶投影仪的核心原理是液晶的光电效应：液晶分子的微观排布在电场的作用下变化，据此改变其透射率或者反射率，从而产生具有灰度层次和色彩变化的图像。液晶投影仪主要由光源、液晶板、驱动电路及光学系统构成。光学系统包括照明系统、分色合色系统、投影成像系统。图12-22为一种典型的液晶投影仪的结构。

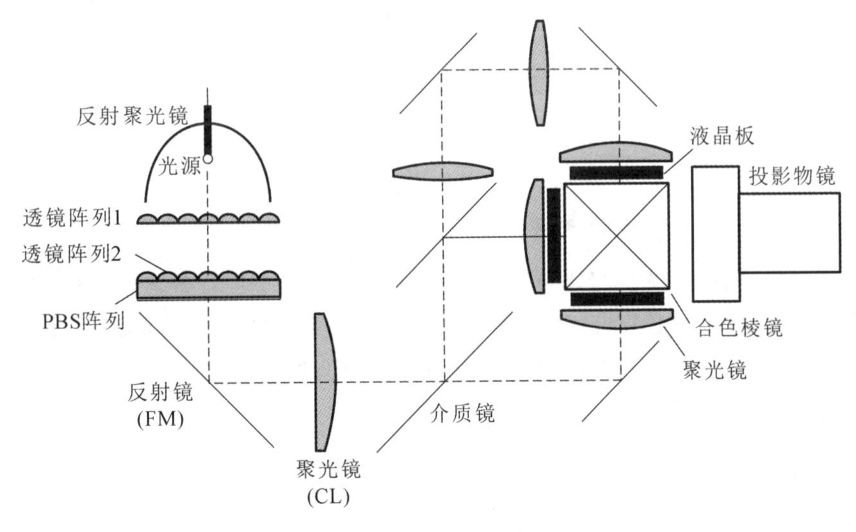

图12-22　液晶投影仪结构

液晶投影仪中有诸多复杂结构：

1. 光源

因为液晶是一种受温度影响、工作性质会变化很大的物质，所以液晶投影仪中的光源是金属卤素灯或UHP(冷光源)，发出明亮的白光。发出的光束经过光路系统中的介质分光镜，被分成三束分别进行调制。

2. 反射聚光镜

光源发出的光是四面八方的，将光源放置于半椭球罩状的反射聚光镜的半焦点位置，将出射光线转化为准平行光，有利于光束的均匀化。

3. 微透镜阵列

微透镜阵列是由许多尺寸微小的透镜在透明基板上按一定顺序、密度排布制造而成的，好像小水滴滴在玻璃片上一样。其作用是获得高的光能利用率和大面积的均匀照明，为后续提供优秀的照明条件。

4. PBS 阵列

PBS 指偏振分光晶体，由于从光源发出的光是包含诸多偏振方向的光，并没有明显的偏振特性，这种光无法直接为液晶板所利用。PBS 阵列的作用是将照明光中的 P 光通过偏振晶体棱镜转化成 S 光，以便后续液晶板利用。

5. 介质镜

介质镜是一种平面的半反半透镜，主要用于分光。三种色光的能量配比并不是相同的，由于将可见光分解为三原色后绿光所携带的能量最高，而能量决定了亮度，所以一般情况下绿光的能量占比最多。

6. 液晶板

这是液晶投影仪的核心器件，由 3 面相互独立的液晶玻璃（LCD）面板组成，每个 LCD 面板都含有数以百万计的液态晶体，每一个液态晶体都像快门一样可以被电信号控制打开或闭合。照明光通过分光镜形成 RGB 三束光，分别透射过 RGB 三色液晶板；信号源经过 A/D 转换，调制加到液晶板上，通过控制液晶单元的开启、闭合及通过光的多少，从而控制光路中光的亮暗，即以这种方式将彩色图像或视频信号加载到光束中。

7. 合色棱镜

RGB 光将在合色棱镜中会聚，最后再由投影镜头投射在屏幕上形成彩色图像。

二、液晶投影仪的优点与缺点

液晶投影仪相比于传统的投影仪，优点是色彩还原度好，分辨率能够达到 SXGA 标准，体积小，重量轻，图像存储数字化，无须携带胶片，操作简单，在技术成熟后成本较低。缺点是由于投射式调制，光在液晶内会被吸收，光利用率低，像素感太强，易出现纱窗效应，亮度和分辨率均受到一定的限制。

三、投影仪的发展趋势

投影仪自发明以来经历了幻灯片投影仪、电影胶片放映机、CRT 投影仪、LCD 投影仪和 DMD 投影仪多个阶段。其中，LCD 投影仪和 DMD 投影仪可以直接与计算机链接，直接实现图像、视频的数字化写入。LCD 器件属于投射式调制，其缺点在前文已叙述，而 DMD 器件属于反射式调制器件，色彩效果与分辨率等参数更优于 LCD 投影仪，但是高性能 DMD 器件的生产制造技术只掌握在少数厂家手中，成本非常高。因此投影仪未来必然走向小型化、轻型化、成本低廉化、色彩更逼真、分辨率更高的发展道路。而 DMD 器件凭借其优秀的性能，不会因为技术的垄断而被限制住，在未来随着 DMD 的技术壁垒被攻关，成本必然会下降，也将有越来越多的家庭、企业、学校能用上更便宜、更优秀的投影仪。

第十三章　航天折反射光学系统

第一节　航天光学系统的特殊要求

卫星运行轨道高,航天相机工作距离是机载相机工作距离的几十倍至数千倍,为了得到类似于机载遥感的图像效果,一般要求航天相机光学系统具有长的焦距。另外,航天相机需要经受火箭发射阶段产生的振动和过载冲击,入轨后需要适应卫星平台的姿态运动、高频颤震等问题。因此,航天相机的光学系统既要具有高的成像品质,还要保证系统在太空长期运行期间性能稳定、探测准确。下面将从光学系统材料选择、杂散光控制、偏振控制、环境适应性等方面介绍航天相机光学系统的特殊设计要求。

一、光学材料选择

航天相机光学系统的材料选择首先要考虑材料的温度特性和耐辐照特性。这要求光学材料和结构材料的线膨胀系数很小,且光学材料和结构材料的线膨胀系数相近,这样有助于光学系统具有好的热稳定性。

卫星工作在太空环境中,存在宇宙空间高能粒子辐射,而玻璃材料经电子、质子或其他高能粒子辐照会发生暂时或永久变化,包括材料变黑、透过率严重衰降,严重的甚至会导致材料变性。因此在光学材料的选择上要求航天相机选取耐辐照的材料。

二、杂散光控制

杂散光是指到达航天相机像面的非成像光。航天相机探测的信号除景物目标发出或反射的光信号外,还存在太阳光、云层的反射光、大气的散射光、视场外的景物光等。航天相机杂散光控制就是消除或抑制视场外的光信号,从而提高航天相机的成像品质。消杂光控制措施应从航天相机的工作环境出发,合理地配置遮光罩,避免或减少太阳光等视场外非景物目标的光辐射经过光学系统到达探测器上。对于红外相机,相机的自身辐射也是杂散光,应控制相机的自身辐射,避免引起系统探测精度下降。

三、偏振控制

光学系统的偏振控制主要包括两方面:一是控制光学系统的偏振像差。光学系统中的透镜、棱镜、反射镜、光栅、镀膜和晶体等都会引起偏振,出现偏振像差,导致系统成像质量下降。另一方面是要控制系统偏振灵敏度。地面景物、大气、海洋表面等目标反射太阳光具有一定的偏振特性,因此在进行航天相机光学设计时,特别是航天相机要求高辐射灵敏度条件下，应注意光学系统偏振特性的设计，尽可能降低系统偏振灵敏度。

四、环境适应性设计

航天相机工作在高真空外层空间。光学设计需要进行相应的环境适应性分析，主要内容包括：重力场影响、没有大气压强的高真空环境对光学系统成像品质的影响以及光学系统工作环境温度和温度梯度要求等。

第二节　球面反射镜和非球面反射镜

一、球面反射镜

球面反射镜又称为球面镜，是光学系统中常用的光学零件(图 13-1、图 13-2)。由于反射定律只是折射定律在 $n'=-n$ 时的特殊情况，故球面镜的成像公式可从折射球面的相应公式中推导得到。即

$$\frac{1}{l'}+\frac{1}{l}=\frac{2}{r} \tag{13-1}$$

$$f'=f=\frac{r}{2} \tag{13-2}$$

$$\begin{cases}\beta=\dfrac{y'}{y}=-\dfrac{l'}{l}\\ \alpha=\dfrac{\mathrm{d}l'}{\mathrm{d}l}=-\beta^2\\ \gamma=\dfrac{u'}{u}=-\dfrac{1}{\beta}\\ \alpha\gamma=\beta\end{cases} \tag{13-3}$$

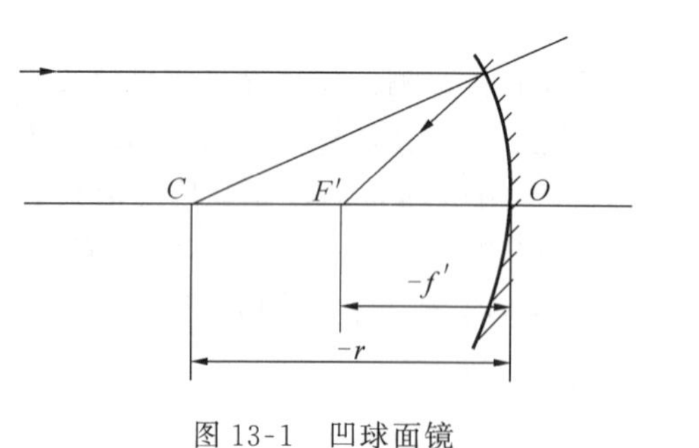

图 13-1　凹球面镜

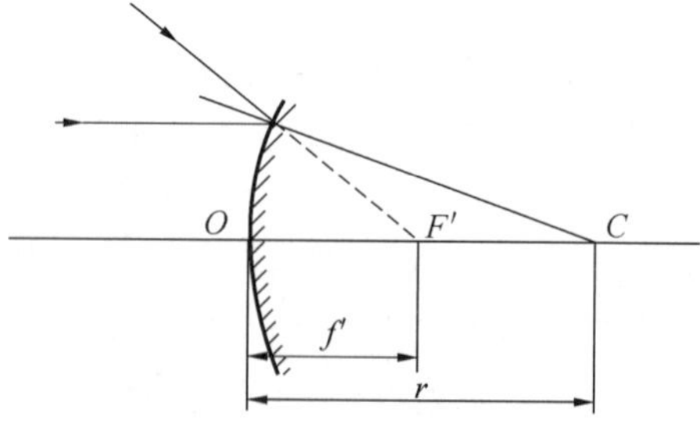

图 13-2　凸球面镜

由此可见，球面反射镜的轴向放大率 $\alpha<0$。这说明当物体沿光轴移动时，像总是以相反的方向移动。另外，对于凸面镜，当 $|l|\gg r$ 时，$\beta\ll 1$，即目标景物经过球面镜成一正立、缩小的虚像，且有很大的成像范围。因此，凸面镜常用作汽车后视镜。

球面镜的拉赫不变量为

$$J = uy = -u'y' \tag{13-4}$$

当物点位于球面镜球心，即 $l=r$ 时，$l'=r$，且

$$\beta = \alpha = -1, \quad \gamma = 1 \tag{13-5}$$

可见，此时球面镜成倒像，且通过球心的光线会沿原光路反射，仍会聚于球心。因此，球面镜对于球心是等光程面，成完善像。

二、非球面反射镜

（一）非球面的数学表示

所谓非球面，就是除了球面和平面以外的所有面形。常规光学系统中主要应用的是能够用含有非球面系数的高次项表示的旋转对称的非球面，其中最简单的一种是二次曲面。设光轴为 z 轴，非球面顶点为坐标原点，则二次曲面的表达式可以写为

$$z = \frac{cr^2}{1 + \sqrt{1-(1+k)c^2r^2}} \tag{13-6}$$

式中，r 为非球面上任一点到光轴的距离，即 $r^2 = x^2 + y^2$；c 为非球面顶点处的曲率（即半径的倒数）；k 是二次曲面的圆锥系数，它与二次曲面的离心率有关。$k<-1$ 代表双曲面，$k=-1$代表抛物面，$-1<k<0$ 代表椭球面，$k=0$ 代表球面，$k>0$ 代表扁平椭球面。不失一般性，设 a 和 b 分别表示椭球面的半主轴和半辅轴，则有

$$k = -\left[\frac{a^2-b^2}{a^2}\right] \tag{13-7}$$

在大多数情况下，光学系统中应用较多的是高次小变形的非球面，即在球面或二次曲面的基础上做一些微小的变形，从而达到校正像差的目的。因此，这种旋转对称非球面可以用在二次曲面上附加变形的方法表示，即

$$z = \frac{cr^2}{1 + \sqrt{1-(1+k)c^2r^2}} + \beta_1 r^1 + \beta_3 r^3 + \beta_4 r^4 + \cdots \tag{13-8}$$

式中，第一项表示基准二次曲面；β_1，β_2，β_3，β_4 等为高次项系数，高次项表示非球面相对于基准二次曲面的变形；r 是非球面上的点到光轴的距离，可以由如下公式表示，r 又被称为径向坐标：

$$r = \sqrt{x^2 + y^2} \tag{13-9}$$

因为基准二次曲面部分已经包含二次项，所以式(13-8)中不再有 r 的二次项，如果出现二次项，将影响基准面形。由于以式(13-8)表示的非球面含有 r 的奇次项，一般称为奇次非球面(odd aspheric surface)。在实际应用中，偶次非球面(even aspheric surface)更普遍，其方程可表示为

$$z = \frac{cr^2}{1 + \sqrt{1-(1+k)c^2r^2}} + \alpha_4 r^4 + \alpha_6 r^6 + \alpha_8 r^8 + \cdots \tag{13-10}$$

也可以用 z 关于 r 的级数展开式表示非球面，即

$$z = A_1 r^1 + A_2 r^2 + A_3 r^3 + A_4 r^4 + \cdots \tag{13-11}$$

由式(13-8)、式(13-10)表示的非球面与式(13-11)表示的非球面并无本质的区别，但

在应用上以式(13-8)、式(13-10)为主。因为这种表示易于看出非球面相对于基准面形的变形,在讨论像差贡献时比较方便。式(13-11)表示的非球面求导方便,但并不适用于任意大小的孔径,并且容易出现较大的计算误差,一般不予采用。

上面介绍的非球面可以看成先在子午平面画一段曲线,然后让这曲线绕光轴旋转 360°所得到的曲面。在光学设计软件中,一般 yz 平面是子午平面,如果先在 yz 平面关于光轴对称地画一段曲线,然后绕与 y 轴平行并与 z 轴相交的某个轴旋转,则可得到环形面(oroidal surface)。其在 yz 平面内的曲线可以用以下方程表示:

$$z=\frac{cy^2}{1+\sqrt{1-(1+k)c^2y^2}}+\alpha_4y^4+\alpha_6y^6+\alpha_8y^8+\cdots \tag{13-12}$$

同时还要定义非球面的顶点沿光轴方向到以上曲线的旋转轴之间的距离 R,这就得到一个在 yz 平面内的截线高次式而在 yx 平面内的截线是圆的非球面。

如果该曲面在 xz 平面和 yz 平面内的截线都是二次曲线,并且这两条二次曲线具有不同的曲率和圆锥系数,则该曲面为双圆锥面(biconic surface)。这种非球面表达式如下:

$$z=\frac{c_xx^2+c_yy^2}{1+\sqrt{1-(1+k_x)c_x^2x^2-(1+k_y)c_y^2y^2}} \tag{13-13}$$

式中,c_x和c_y分别表示 x 轴方向和 y 轴方向的曲率;k_x和k_y分别表示 x 轴方向和 y 轴方向的圆锥系数。

(二)光线经非球面时的光路计算

对于旋转对称的非球面,计算子午面内经非球面时的光路是比较简单的。如图 13-3 所示,为了便于求得光线入射点的坐标,可把光线的方程表示为

$$L\sin U=Q=z\sin U+y\cos U \tag{13-14}$$

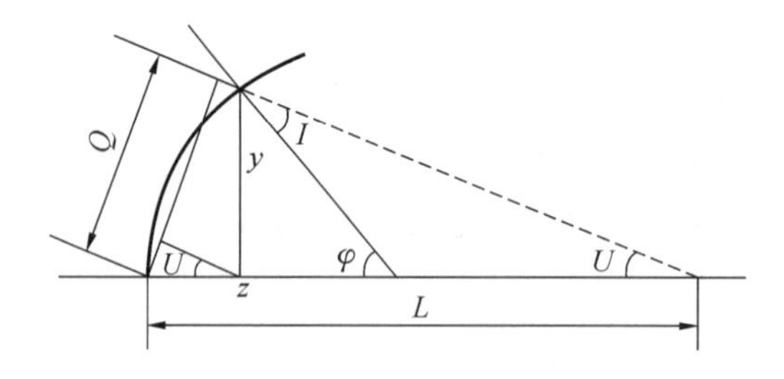

图 13-3　光线经非球面时的光路

将式(13-14)与非球面方程联立,可以得到一个非线性方程组,并用迭代法求解。选择入射光线与基准面的交点作为迭代起始点,只需要迭代几次即可求出满足精度要求的交点(y,z)。

对于法线的倾角,显然应有

$$\tan\varphi=\tan(U+I)=\frac{\mathrm{d}z}{\mathrm{d}y} \tag{13-15}$$

按此式可求得光线的入射角 I。接下来联立式(13-15)、式(13-16)和式(13-17),可以

得式(13-17)，即经过非球面的光线转面时的过渡公式如下所示，与计算球面时的相同。

$$\sin I' = \frac{n}{n'}\sin I \tag{13-16}$$

$$U = U + I - I' \tag{13-17}$$

$$L' = r + r\frac{\sin I'}{\sin U'} \tag{13-18}$$

在通用的光学设计软件中，空间光路的计算是不可缺少的部分。由于空间光路计算更具有一般性，所以不再需要单独计算子午光线的光路。

对于空间光线经非球面的光路计算，需要使用矢量形式的折射定律。设光线从前一面出射时的交点坐标为(x_0, y_0, z_0)，其方向余弦为$(\cos\alpha, \cos\beta, \cos\gamma)$，非球面的面形方程为$F(x,y,z)=0$，则联立光线方程与非球面方程，得方程组

$$\begin{cases} F(x,y,z) = 0 \\ \dfrac{x-x_0}{\cos\alpha} = \dfrac{y-y_0}{\cos\beta} = \dfrac{z-z_0+d}{\cos\gamma} \end{cases} \tag{13-19}$$

式中，d为前一面到当前非球面的距离。利用适当的迭代法可以求得以上方程组的解，即为光线和非球面的交点(x,y,z)。过该点的法线方向单位矢量为

$$N = \frac{\dfrac{\partial F}{\partial x}i + \dfrac{\partial F}{\partial y}j + \dfrac{\partial F}{\partial z}k}{\sqrt{\left(\dfrac{\partial F}{\partial x}\right)^2 + \left(\dfrac{\partial F}{\partial y}\right)^2 + \left(\dfrac{\partial F}{\partial z}\right)^2}} = \lambda i + \mu j + \nu k \tag{13-20}$$

式中，(λ,μ,ν)为法线的方向余弦。利用入射光线单位矢量，易于求得光线的入射角，即

$$\cos I = \lambda\cos\alpha + \mu\cos\beta + \nu\cos\gamma \tag{13-21}$$

利用折射定律可求得折射角I'，即可得到$P = N \cdot A' - N \cdot A = n'\cos I' - n\cos I$。然后利用折射定律的矢量形式：

$$A' = A + PN \tag{13-22}$$

将已知参数代入式(13-22)即可求得折射光线的方向余弦。

我们想了解非球面光学系统的初级像差情况，特别是像散和像面弯曲情况，需要针对细光束计算非球面产生的像散和场曲。对于非球面而言，在主光线的入射点处，其子午曲率半径r_t和弧矢曲率半径r_s是不同的，需根据非球面方程和入射点坐标进行计算。当光学系统存在偏心、倾斜时，在整个系统中不再有统一的子午细光束或弧矢细光束，这时我们应追迹与主光线无限靠近的两对光线——一对上下光线和一对前后光线，在像方求取它们的交点或最接近点，作为子午的细光束像点和弧矢的细光束像点。

（三）非球面的初级像差及在光学系统中的应用

为了更好地设计非球面，应研究非球面的初级像差贡献，以了解非球面像差校正的能力。我们通过考察非球面产生的波差就可以得出其初级像差贡献的数学表达式。对于偶次非球面，它的初级像差贡献比较简单，如图13-4所示，将偶次非球面看成一个球面与一个中心厚度无限薄的校正板的结合。非球面方程可以表示为

$$z = \frac{1}{2}cr^2 + Br^4 + Cr^6 + Dr^8 + \cdots \tag{13-23}$$

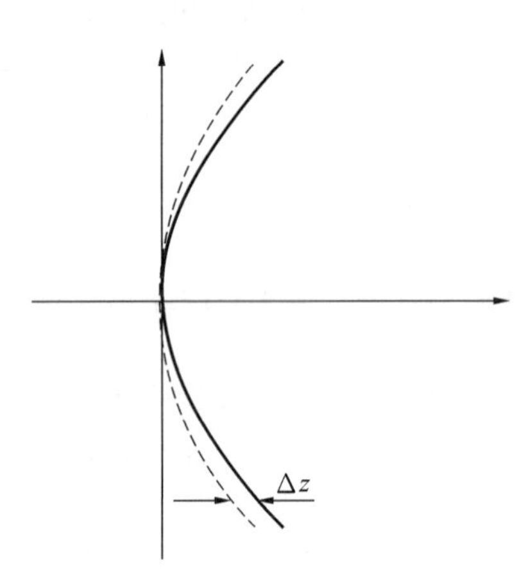

图 13-4　偶次非球面示意图

在原点与非球面相切的球面方程的级数展开式为

$$z=\frac{1}{2}cr^2+\frac{1}{8}c^3r^4+\frac{1}{16}c^5r^6+\frac{5}{128}c^7r^8+\cdots \tag{13-24}$$

比较式(13-23)和式(13-24)，可得

$$\begin{cases}B=\frac{1}{8}c^3(1+\Delta B)\\ C=\frac{1}{16}c^5(1+\Delta C)\\ D=\frac{5}{128}c^7(1+\Delta D)\\ \cdots\end{cases} \tag{13-25}$$

式中，$\Delta B,\Delta C,\Delta D$ 等为变形系数，表示非球面与球面的差异。

将式(13-23)和式(13-24)相减，可得

$$\Delta z=\frac{\Delta B}{8}c^3r^4+\frac{\Delta C}{16}c^5r^6+\frac{5\Delta D}{128}c^7r^8+\cdots \tag{13-26}$$

由式(13-26)表示的 Δz 引起附加光程差。当只考虑初级量时的附加光程差为

$$\Delta s=(n'-n)\Delta z=(n'-n)\frac{\Delta B}{8}c^3r^4 \tag{13-27}$$

这就是光阑在非球面顶点时的附加波差。若考虑光阑不在校正板上的一般情况，第二近轴光线在非球面上的入射高度不为零，根据初级像差理论，可得

$$\begin{cases}\Delta S_{\mathrm{I}}=(n'-n)\Delta Bc^3h^4\\ \Delta S_{\mathrm{II}}=\Delta S_{\mathrm{I}}\frac{h_p}{h}\\ \Delta S_{\mathrm{III}}=\Delta S_{\mathrm{I}}\left(\frac{h_p}{h}\right)^2\\ \Delta S_{\mathrm{IV}}=0\\ \Delta S_{\mathrm{V}}=\Delta S_{\mathrm{I}}\left(\frac{h_p}{h}\right)^3\\ \Delta C_{\mathrm{I}}=0\\ \Delta C_{\mathrm{II}}=0\end{cases} \tag{13-28}$$

式中，h、h_p 分别为第一、第二近轴光线在非球面上的入射高度。

在光学系统中应用非球面，应该先确定哪个光组或哪个表面最合适采用非球面。从式(13-28)可见，选 h_p 小、h 大的位置(即靠近孔径光阑的位置)设置非球面，能得到较小的轴外像差贡献和较大的轴上像差贡献；反之，在远离孔径光阑的位置设非球面，可以在尽量少地影响轴上像差的同时对轴外像差施加影响。

因此，单光组和多光组的定焦光学系统，可以参照非球面位置与初级像差贡献的关系，根据非球面应起的校正像差作用确定非球面的位置。当然在这个前提下，也要适当考虑光学材料的加工性能，将非球面设置在易于加工的表面上。

对于镜组之间有相对运动的变焦距系统，孔径光阑可能固定不动，也可能随光阑之前或光阑之后的镜组运动，也可能以自己特定的曲线运动。这几种不同运动方式使 h_p 和 h 在不同焦距时产生不同的变化。此时，非球面的应用要着眼于整个系统的性能优化。可以根据初级像差方程组的解大致确定非球面引进的可能性和位置。在具体实施时，应该先确定非球面在哪个镜组，再进行具体到面的求解。上述原则同样适用于多组元复杂定焦系统和中梯度折射率透镜等系统的设计。

第三节　双反射镜系统的计算

卡塞格林系统的基本结构形如图 13-5 所示，主镜 M_1 为抛物面型的反射镜，镜面朝向平行光，D_1 为其通光孔径；M_2 为双曲面型次反射镜，D_2 为其通光口径。主镜和次镜均是二次曲面非球面镜，其表达式为

$$y^2 = 2Rx(1-e^2)x^2 \tag{13-29}$$

式中，$e^2=-k$，k 为反射镜的非球面系数；R 为反射镜的顶点曲率半径。

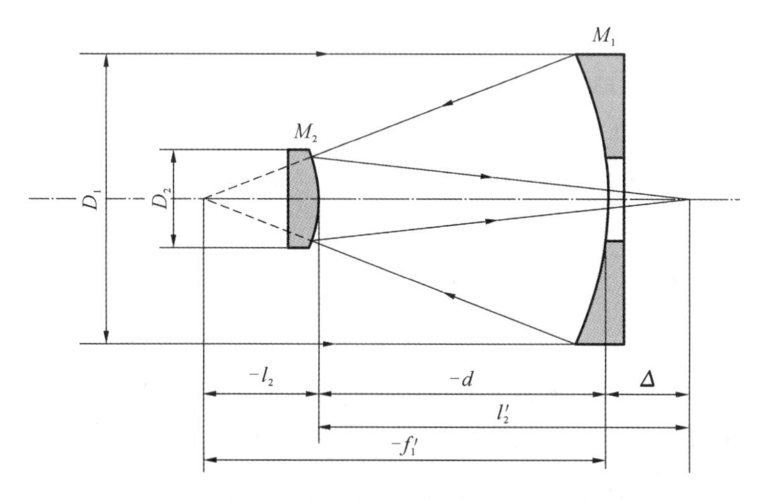

图 13-5　卡塞格林系统初始结构计算图

在卡塞格林系统的初始结构计算中，可以设定两个条件：

(1) 物体位于无穷远，即 $l_1=\infty$，$u_1=0$；

(2) 光阑位于主镜上，即 $x_1=y_1=0$。

在上述两个条件中，l_1 表示入射光线与光轴的交点到主镜的距离，u_1 表示入射光线与光轴的夹角，x_1 表示光阑与主镜的轴向距离，y_1 表示光阑与主镜的径向距离。

再定义两个与轮廓有关的参数 α 和 β：

$$\alpha = \frac{l_2}{f_1'} = \frac{2l_2}{R_1} = \frac{D_2}{D_1} \tag{13-30}$$

$$\beta = \frac{l_2'}{l_2} = \frac{2f'}{R_1} = \frac{f'}{f_1'} \tag{13-31}$$

式(13-30)和式(13-31)中 D_1 为主镜的通光口径，D_2 为次镜的通光口径，R_2 为次镜的顶点曲率半径，R_1 为主镜的顶点曲率半径，α 为次镜的遮光比，β 为次镜的放大倍数，f_1'为主镜的焦距，f'为系统焦距，l_2 为物体对次镜成像的物距，l_2'为物体对次镜成像后的像距。

根据近轴光学计算公式及各参数的相对位置关系可以得到：

$$R_2 = \frac{\alpha\beta}{1+\beta} R_1 \tag{13-32}$$

对于 R-C 系统只考虑 S_{I}（球差）、S_{II}（彗差）、S_{IV}（场曲），根据三级像差理论可以得到其表达式：

$$S_{\mathrm{I}} = \left[\frac{\alpha(\beta-1)^2(\beta+1)}{4} - \frac{\alpha(\beta+1)^3}{4}e_2^2\right] - \frac{\beta^3}{4}(1-e_1^2) \tag{13-33}$$

$$S_{\mathrm{II}} = \frac{1-\alpha}{\alpha}\left[\frac{\alpha(\beta+1)^3}{4\beta}e_2^2 - \frac{\alpha(\beta-1)^2(\beta+1)}{4\beta}\right] - \frac{1}{2} \tag{13-34}$$

$$S_{\mathrm{IV}} = \beta - \frac{1+\beta}{\alpha} \tag{13-35}$$

令 $S_{\mathrm{IV}}=0$，则

$$\alpha = \frac{1+\beta}{\beta} \tag{13-36}$$

结合式(13-32)和式(13-36)可得消场曲条件为：$R_1=R_2$。由此可知，两个反射镜的顶点曲率半径差值越小，像面弯曲系数越小。

再令 $S_{\mathrm{I}}=S_{\mathrm{II}}=0$，可得

$$e_1^2 = 1 + \frac{2\alpha}{(1-\alpha)\beta^2} \tag{13-37}$$

$$e_2^2 = \frac{\dfrac{2\beta}{1-\alpha} + (1+\beta)(1-\beta)^2}{(1+\beta)^2} \tag{13-38}$$

以焦距为 $f'=415\text{mm}$、口径 $D_1=100\text{mm}$ 的系统为例，求解光学系统的初始结构。综合考虑镜筒长度、主次镜相对口径及镜面加工难度等因素，取主镜焦距为 $f_1'=140\text{mm}$。

则次镜的放大倍数 β 值为

$$\beta = \frac{f'}{f_1'} = -2.964 \tag{13-39}$$

根据技术指标要求和系统的总体设计方案，给出焦点伸出量(即主镜顶点到系统总焦点的距离)$\Delta=60\text{mm}$，因此，可计算出次镜位置 l_2 及 α 值：

$$l_2 = \frac{-f_1'+\Delta}{\beta-1} = -50.45 \tag{13-40}$$

$$\alpha = \frac{l_2}{f_1'} = 0.3604 \tag{13-41}$$

根据式(13-39)和式(13-41)的结果，计算得非球面系数为

$$k_1 = -e_1^2 = -1.128277 \tag{13-42}$$

$$k_2 = -e_2^2 = -4.856155 \tag{13-43}$$

主镜的顶点曲率半径与主镜口径有关，即

$$R_1 = 2 \times \frac{l_2}{\alpha} = -279.967\text{mm} \tag{13-44}$$

$$R_2 = \frac{\alpha\beta}{1+\beta} \times R_1 = -152.275\text{mm} \tag{13-45}$$

两镜的间隔为

$$d = f_1' - l_2 = -89.55 \tag{13-46}$$

第四节　典型同轴反射光学系统

在反射系统中，参与成像的光学表面全部为反射面，主要优点是没有色差，因此光谱范围宽。由于全部采用反射表面，同一个光学系统对从紫外到热红外光谱区全部适用。缺点是反射系统通常需要采用非球面技术，光学加工和检测难度大，且装调相对困难。

一、同轴两反光学系统

同轴两反光学系统常用的是卡塞格林系统和格里高利系统，主次镜为二次曲面，主要应用于光机扫描仪和天文望远镜系统。同轴两反光学系统的技术较成熟，如美国的甚高分辨率辐射计(AVHRR)、主题测绘仪(TM)均采用双反射系统。

（一）卡塞格林系统

卡塞格林系统的主镜为抛物面，次镜为双曲面，如图 13-6 所示。该系统轴上点可以完善成像，没有像差，轴外像差也可通过双曲面次镜进行校正。为了消除不同的像差，已经发展出多种结构的卡塞格林系统。例如，主镜和次镜均采用双曲面型的光学系统可消除球差和彗差；主镜采用椭球面、次镜采用球面的光学系统则可消除球差。

同样地，卡塞格林系统也存在以下缺点：① 视场小，一般只有 20′左右；② 次镜对视场中心的光束有遮挡，影响光通量；③ 次镜尺寸通常是主镜尺寸的 0.2～0.25 倍，一旦系统的视场和相对孔径变大，像质就会迅速下降。但是在小视场小口径情况下，焦距较长、像质良好，筒长与焦距的比例可以缩小到 1/3，且卡塞格林系统轴上点无像差，具有较广泛的应用范围。

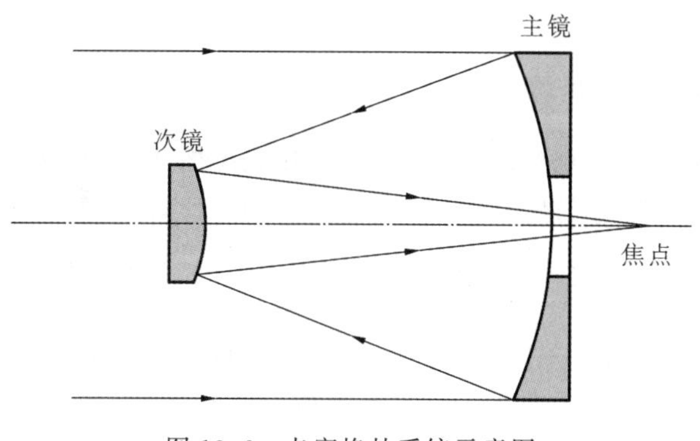

图 13-6　卡塞格林系统示意图

（二）格里高利系统

格里高利系统的主镜为抛物面，次镜为椭球面且位于主镜焦距之外，如图 13-7 所示。次镜的一个焦点与主镜的焦点重合，次镜的另一个焦点是整个系统的焦点。与卡塞格林系统一样，格里高利系统没有轴上像差。若主次镜均采用椭球面镜，则系统可以同时消除球差和彗差。但是和卡塞格林系统相比，格里高利系统的杂散光大，凹椭球面次镜加工困难，并且主镜与次镜间的距离较长。

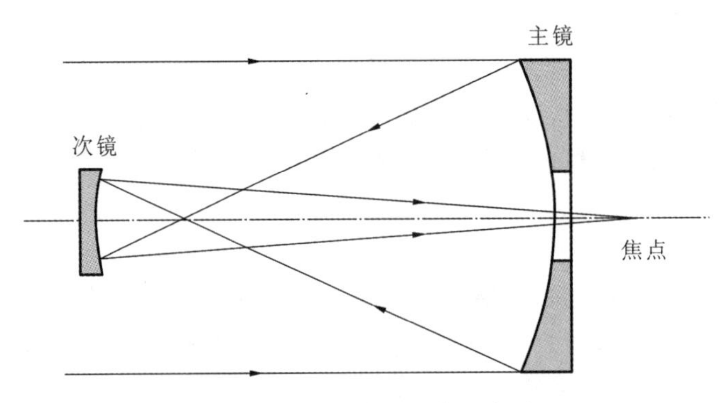

图 13-7　格里高利系统示意图

二、同轴三反光学系统

三反射系统通过增加一个反射镜面来扩大两镜系统的视场。例如，在卡塞格林系统的次镜后再加入一个反射镜，这三个非球面能够校正系统的球差、彗差、像散等，提高了系统的视场。这是目前长焦距、大视场要求的空间相机最常选择的光学系统结构。

（一）共轴三反光学系统

共轴三反光学系统孔径同轴，视场不偏置，属于完全同轴系统，系统通过一个与光轴夹角 45°的平面反射镜来缩短系统的尺寸（图 13-8）。系统的整体光路结构便于安装机械结构和其他辅助结构。且系统完全同轴，易于装调，但是该光学系统有两次中心遮拦，因此系统的衍射传递函数值不高。

（二）十字共轴三反光学系统

图 13-9 所示的光学系统是美国学者 D. Korsh 提出的十字共轴形式的 TMA。这类光学系统孔径同轴，视场不偏置，是完全同轴光学系统，其特点是折转反射镜位于主次镜之间，并位于光束中心的“空心”中，即被次镜遮挡的光束位置。因此若设计适当，系统可以避免折转反射镜对光束的二次遮拦。

按照设计经验，在不考虑折转反射镜二次遮拦的情况下，十字同轴 TMA 系统在相对孔径 1/10 左右时的视场一般在 3°左右。该光学系统完全同轴，易于装调，但是其尺寸比较大，且对实像面处的平面反射镜面型要求高。

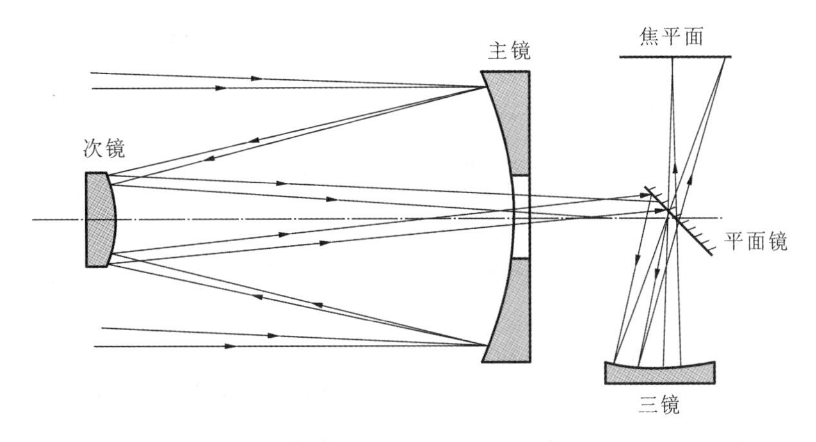

图 13-8　共轴三反光学系统结构图

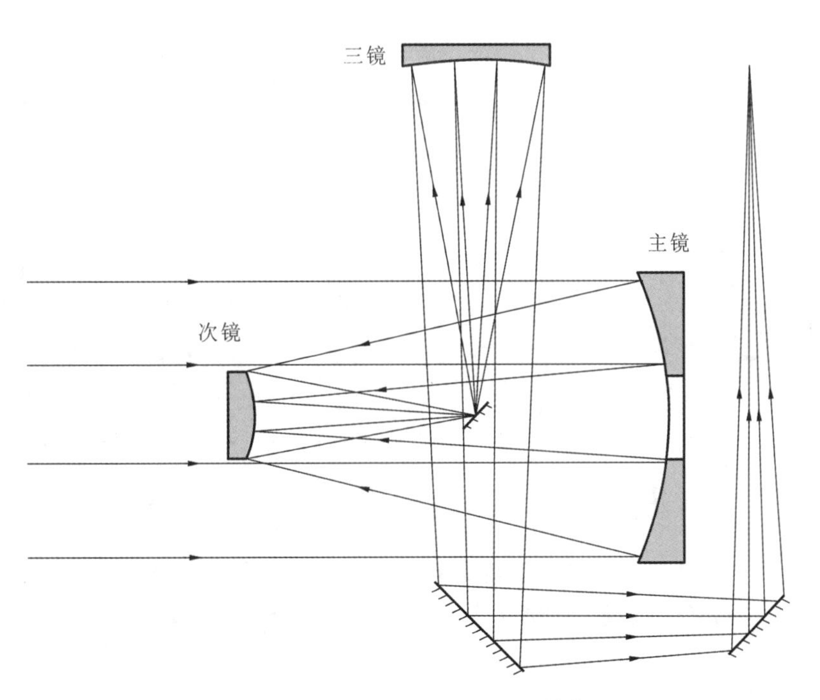

图 13-9　十字共轴三反光学系统结构图

（三）消除二次遮拦的共轴三反光学系统

为了消除二次遮拦，发展如图 13-10 所示的共轴三反光学系统。这种光学系统的特点是视场偏置、孔径同轴，属于不完全同轴系统，通过使用一个平面反射镜折转光路，便于安放探测器。该光学系统的孔径同轴，光学元件易于加工，但由于视场偏置，给装调工作带来一定困难。

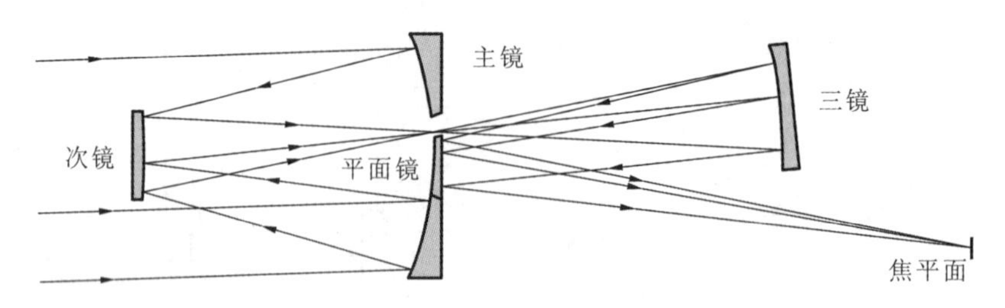

图 13-10 消二次遮拦的共轴三反光学系统结构图

在反射式系统的结构中，有一种特殊形式，即经过四次反射的三反系统，如图 13-11 和图 13-12 所示。这种系统的次镜出射光经过第三镜反射后再次进入次镜反射，其优点是能够得到简长超短的长焦距光学系统。但是这种系统只适用于小相对孔径和小视场角的应用场景。由于这类系统的结构尺寸已基本定型，所以在多数情况下需要为反射镜加入高次非球面项来校正轴外像差。

图 13-11 所示的系统，三镜和主镜的位置重合，光线经过主镜和三镜各一次，经过次镜两次后会聚在焦平面上；图 13-12 所示的系统其次镜为凹面，第三镜位于主次镜之间，光线经过次镜和三镜各一次，经过主镜两次。

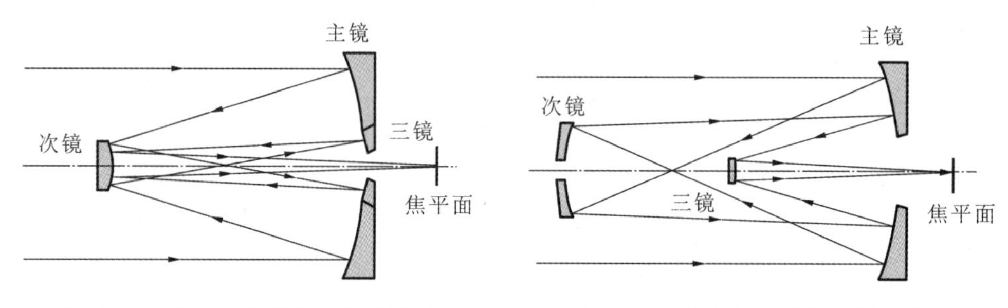

图 13-11 经四次反射的三反系统图　　图 13-12 经四次反射的三反系统图

研究四反射系统的另一个目的是得到外形尺寸小和相对孔径大的光学系统，图 13-13 所示为俄罗斯国家光学技术研究院生产的一个四反射式镜头，反射镜面型采用高次非球面，用于红外系统。

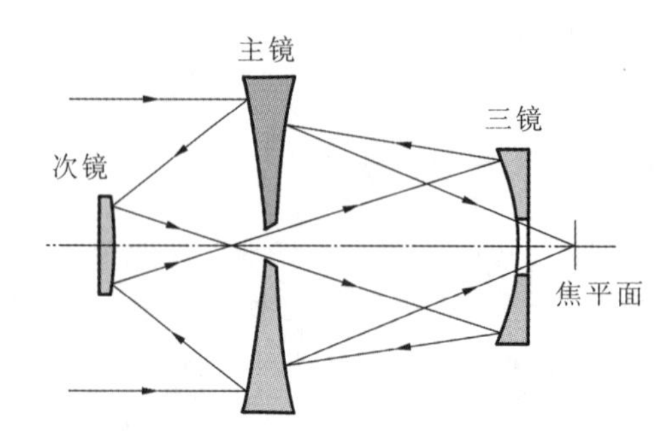

图 13-13 俄罗斯国家光学技术研究院生产的四反射式镜头

第五节　典型离轴反射光学系统

常规的同轴反射系统由于有中心遮拦，接收孔径的有效面积减少，中央光斑能量减小，降低了系统的实际探测能力。因此，目前国内外反射系统的一个发展方向就是离轴无中心遮拦反射系统。

对于离轴反射式光学系统的分类有多种方法，我们按成像元件数量将其分为离轴两反系统、离轴三反系统、离轴四反系统、离轴五反系统等。

一、离轴两反系统

离轴两反系统的设计通常将同轴两反系统的主镜偏心，由于这类系统对遮拦比和焦点的引出量(系统像点距次镜的距离和主次镜间距的差值)不存在严格的要求，所以对结构要求相对放松。设计取自同轴系统的一部分，对于孔径为 D、离轴量为 D_y 的离轴系统，相应的光阑坐标取值范围为 $x\in[-D/2,D/2]$，$y\in[D_y-D/2,D_y+D/2]$，可以得到离轴系统的均方根波像差，以及弥散斑均方根半径，但所得到的结果非常复杂。为此取 $D=2$，$D_y=1$ 来估算离轴系统的均方根波像差和弥散斑均方根半径。

$$\begin{aligned}\mathrm{RMS_{Ray}}=(TR-\overline{TR})^2=\frac{1}{n^2u^2}\Big[&\frac{19}{1024}S_{\mathrm{I}}^2-\frac{19}{64}S_{\mathrm{I}}S_{\mathrm{III}}+\left(\frac{19}{192}S_{\mathrm{I}}S_{\mathrm{III}}+\frac{1043}{768}S_{\mathrm{II}}^2+\frac{1}{24}S_{\mathrm{I}}S_{\mathrm{IV}}\right)\eta^2-\\&\left(\frac{5}{16}S_{\mathrm{III}}S_{\mathrm{IV}}+\frac{7}{8}S_{\mathrm{II}}S_{\mathrm{IV}}\right)\eta^3+\left(\frac{5}{32}S_{\mathrm{III}}^2+\frac{1}{8}S_{\mathrm{III}}S_{\mathrm{IV}}+\frac{5}{32}S_{\mathrm{IV}}^2\right)\eta^4\Big]\end{aligned}\tag{13-47}$$

$$\begin{aligned}\mathrm{RMS_{OPD}}=(w-\bar{w})^2=&\frac{317}{368640}S_{\mathrm{I}}^2-\frac{11}{1536}S_{\mathrm{I}}S_{\mathrm{II}}\eta+\left(\frac{67}{6144}S_{\mathrm{I}}S_{\mathrm{III}}+\frac{31}{2048}S_{\mathrm{II}}^2+\frac{15}{4096}S_{\mathrm{I}}S_{\mathrm{IV}}\right)\eta^2-\\&\left(\frac{1}{64}S_{\mathrm{II}}S_{\mathrm{IV}}+\frac{1}{384}S_{\mathrm{II}}S_{\mathrm{III}}+\frac{5}{768}S_{\mathrm{I}}S_{\mathrm{V}}\right)\eta^3+\left(\frac{19}{512}S_{\mathrm{III}}^2+\frac{11}{384}S_{\mathrm{II}}S_{\mathrm{V}}+\frac{19}{768}S_{\mathrm{III}}S_{\mathrm{IV}}\right)\eta^4-\\&\left(\frac{3}{64}S_{\mathrm{III}}S_{\mathrm{V}}+\frac{1}{64}S_{\mathrm{IV}}S_{\mathrm{V}}\right)\eta^5+\frac{1}{64}S_{\mathrm{V}}^2\eta^6\end{aligned}\tag{13-48}$$

现设计焦距为 150mm、视场角为 1°、相对孔径为 1/3 的两反系统。系统设计采用同轴设计，然后采取将系统主镜偏心的方法，得到离轴两反系统的结构如图 13-14 所示，调制传递函数曲线图如图 13-15 所示。从图中可以看出，对系统离轴解决了镜子的遮挡问题，由调制传递函数曲线图可以看出系统的像质较高，各个视场基本达到衍射极限。

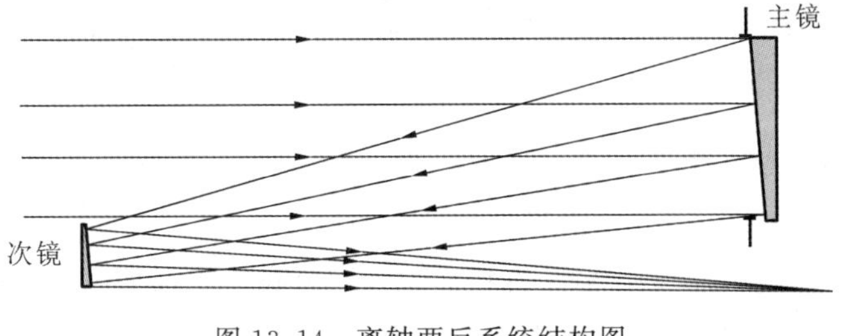

图 13-14　离轴两反系统结构图

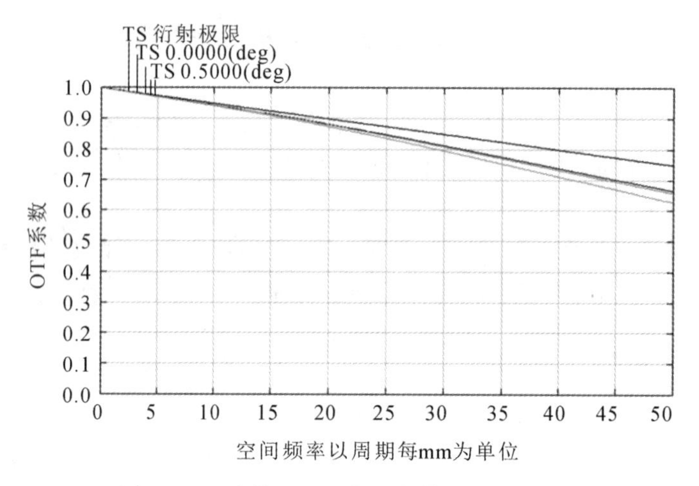

图 13-15　离轴两反系统调制传递函数曲线图

二、离轴三反系统研究

离轴三反系统没有色差，其工作波段范围可以从可见光到长波红外，并具有大视场、无中心遮拦等优点。近年来，在空间遥感、大视场宽波段辐射测量等领域得到了实际应用，是空间光学系统的重要发展方向。无遮拦的离轴三反系统有孔径离轴、视场偏置、孔径离轴同时视场偏置三种基本类型。

（一）孔径离轴

如图 13-16 所示，其光阑的位置很灵活，光阑可以放置在主镜前或主镜上，也可放在次镜上。光阑放在主镜之前可以得到实出瞳位置，有利于消除杂光；光阑放在次镜上，则类似于经典的 Cooke 三片系统。

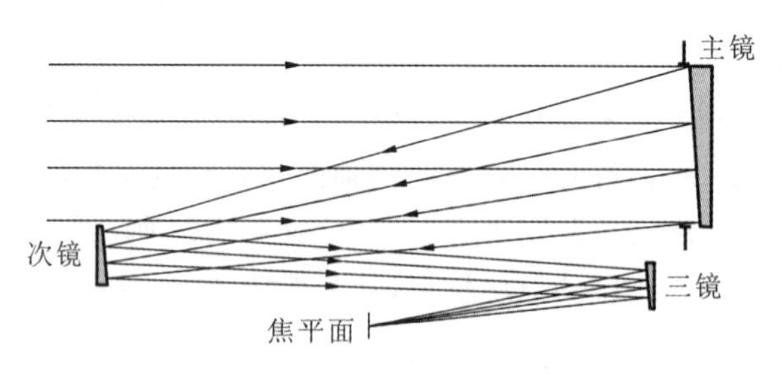

图 13-16　孔径离轴三反系统结构图

（二）视场偏置

图 13-17 所示的离轴三反系统的三个反射面均为高次非球面，视场角为 15°×0.6°，相对孔径为 1/4.5，焦距为 1m。该光学系统将光阑位置放置于次镜上，其视场偏置，使用离轴

视场，其轴向尺寸约为焦距的 2/3。此种结构的对称性比较好，能够得到较大的视场，当相对孔径为 1/10、焦距为 1m 时，其视场可以在 30°以上。

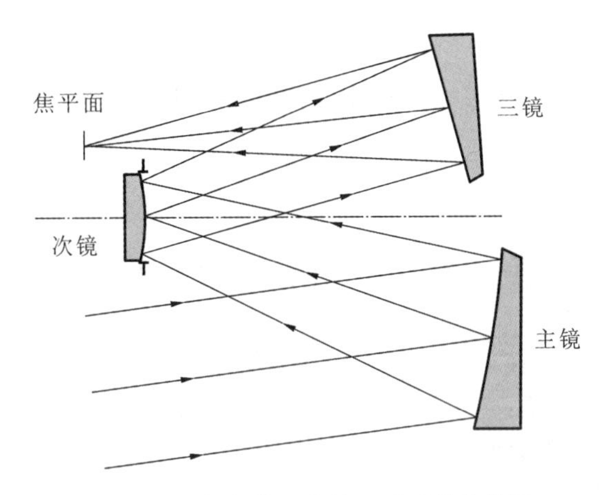

图 13-17　视场偏置离轴三反系统结构图

三、离轴五反光学系统

五反系统是在非球面加工工艺不很成熟的时期，为避免在反射系统中使用难以加工和装调的非球面而设计的。图 13-18 所示是俄罗斯生产的一个五反系统，五个面均为球面，可得到视场角为 5°、相对孔径为 1/4 的长焦距系统。

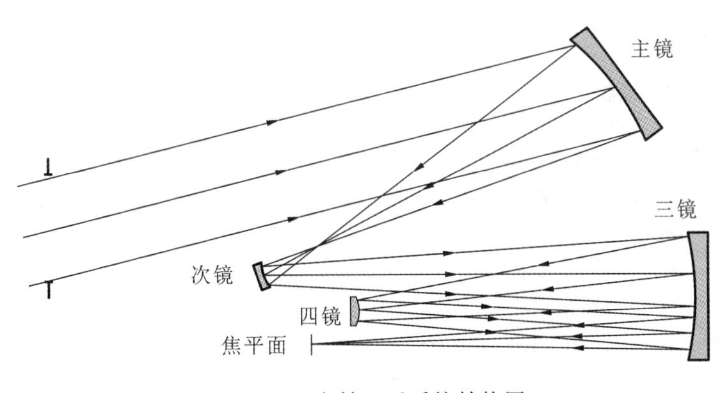

图 13-18　离轴五反系统结构图

第十四章　光的干涉和衍射效应

第一节　光的电磁理论基础

光的电磁理论出现时间在19世纪中期，麦克斯韦(Maxwell)推导得到光速与电磁波的传播速度相等，由此得出结论：光的传播具有一定的特殊性，光的传播是一种电磁现象，是电磁振动在空间中传播。随着时间的推移，赫兹(Hertz)开展了相关的实验，通过实验结论可知，光波即电磁波，表明麦克斯韦的观点是正确的，从而使光的电磁理论正式确立。在此之后，物理学步入了发展的黄金时期，对光学的发展也起到明显的促进作用。虽然诸多新的领域均与现代光学存在紧密联系，同时大部分光学现象与量子理论分不开，但想要科学、合理地解释光学现象，依旧需要以光的电磁理论为载体。

本章以光的电磁性质为主要切入点，讨论光在均匀媒质中传播的基本规律，还将介绍光波叠加和复杂波分析的基本知识。本章是全书的理论基础。前面讲述的几何光学，实际上是波长趋于零时物理光学的一种近似。

一、电磁场的波动性

(一)麦克斯韦方程组

麦克斯韦针对前人的电磁学研究成果进行分析后，总结并阐明了恒定电磁场和似稳电磁场的基本规律，提出时变场情况下电磁场的传播规律，并将相应的表达式总结为麦克斯韦方程组，表述如下：

$$\nabla\cdot \boldsymbol{D} = \rho \tag{14-1}$$

$$\nabla\cdot \boldsymbol{B} = 0 \tag{14-2}$$

$$\nabla\times \boldsymbol{E} = -\frac{\partial \boldsymbol{B}}{\partial t} \tag{14-3}$$

$$\nabla\times \boldsymbol{H} = \boldsymbol{j} + \frac{\partial \boldsymbol{D}}{\partial t} \tag{14-4}$$

式中，$\boldsymbol{D}$、$\boldsymbol{B}$、$\boldsymbol{E}$、$\boldsymbol{H}$分别表示电感强度(电位移矢量)、磁感强度、电场强度和磁场强度；封闭曲面内的电荷密度用ρ表示；积分闭合回路上的传导电流密度用$\boldsymbol{j}$表示，对于位移电流密度用$\frac{\partial \boldsymbol{D}}{\partial t}$表示。

麦克斯韦方程组中的式(14-1)代表电场的高斯定律，表示电场可以是有源场，此时电力线一定是从正电荷处发出，在负电荷处终止。麦克斯韦方程组中的式(14-2)为磁通连续定律，表明磁场是无源场，磁力线始终是闭合的。式(14-3)为法拉第电磁感应定律，表明当磁场变化时，将会随之产生感应的电场，这是一个涡旋场，它的电力线是闭合的。麦克斯韦认为，只要所限定面积中磁通量产生了变化，那么无论导体存在与否，必然随之出现变化的电场。式(14-4)为安培全电流定律，即在交变电磁场的情况下，磁场既包含传导电流产生的磁场，也包含位移电流产生的磁场。麦克斯韦指出，在激发磁场这个点上，电场的变化等同于一种电流，可以称为位移电流。它不同于电荷流动产生的传导电流，其是由变化电场产生的，但两种电流在磁效应的产生上是等效的。

（二）物质方程

麦克斯韦方程组在时变场情况下可以用来描述电磁场的变化规律。但是在现实情况中，电磁场总是在介质中传播的，因此介质的性质会影响电磁场的传播。物质方程是描写物质在场作用下特性的关系式。静止的、各向同性的(物质每一点的物理性质不随方向改变)介质中的物质方程表述如下：

$$\boldsymbol{j} = \sigma \boldsymbol{E} \tag{14-5}$$

$$\boldsymbol{D} = \varepsilon \boldsymbol{E} \tag{14-6}$$

$$\boldsymbol{B} = \mu \boldsymbol{H} \tag{14-7}$$

式中，σ 是电导率；ε 和 μ 是两个标量，分别是介电常数(或电容率)和磁导率。在真空中，$\varepsilon=\varepsilon_0=8.8542\times10^{-12}\,C^2/(N\cdot m)^2$(库^2/(牛·米^2))，$\mu=\mu_0=4\pi\times10^{-7}\,N\cdot s^2/C^2$(牛·秒^2/库^2)，在各向同性均介质中，$\varepsilon$、$\mu$ 是常数，$\sigma=0$。在非磁性物质中，$\mu=\mu_0$。

物质方程阐明了介质的电学和磁学性质，它们是光与物质相互作用下介质中大量分子平均作用所产生的结果。由此，麦克斯韦方程组与物质方程共同组成一组完整的方程组，可以表述电磁场在时变场情况下的普遍规律，并且在适当的边值条件下，可以用于处理某些具体的光学问题。

（三）电磁场的波动性

根据麦克斯韦方程组可以得到，随时间变化的电场在周围空间产生一个涡旋磁场，随时间变化的磁场在周围空间产生一个涡旋电场，它们交替产生，互相激发，在空间中形成一个统一的场——电磁场。在空间中交变电磁场以一定的速度由近及远地传播，这样就形成了电磁波。

根据麦克斯韦方程能够证明电磁场传播是有波动性的。针对无限大各向同性均匀介质的情况进行讨论，ε、μ 是常数，$\sigma=0$。若电磁场远离辐射源，则 $\rho=0$，$j=0$。此时麦克斯韦方程组简化为

$$\nabla\cdot \boldsymbol{E} = 0 \tag{14-8}$$

$$\nabla\cdot \boldsymbol{B} = 0 \tag{14-9}$$

$$\nabla\times \boldsymbol{E} = -\frac{\partial \boldsymbol{B}}{\partial t} \tag{14-10}$$

$$\nabla\times \boldsymbol{B} = \varepsilon\mu \frac{\partial \boldsymbol{E}}{\partial t} \tag{14-11}$$

分别对式(14-10),式(14-11)取旋度,利用场论公式,同时令

$$v=\frac{1}{\sqrt{\varepsilon\mu}} \tag{14-12}$$

则 $\boldsymbol{E}$、$\boldsymbol{B}$ 的方程转化为

$$\nabla^2\boldsymbol{E}-\frac{1}{v^2}\frac{\partial^2\boldsymbol{E}}{\partial t^2}=0 \tag{14-13}$$

$$\nabla^2\boldsymbol{B}-\frac{1}{v^2}\frac{\partial^2\boldsymbol{B}}{\partial t^2}=0 \tag{14-14}$$

上两式具有一般的波动微分方程的形式。由此可知,$\boldsymbol{E}$,$\boldsymbol{B}$ 随空间和时间的变化均遵循波动的规律,当电磁场以波动形式在空间中传播,电磁波的传播速度为 $v=1/\sqrt{\varepsilon\mu}$,它与介质的电学和磁学性质有关联。

由式(14-12),电磁波在真空中的传播速度为

$$c=\frac{1}{\sqrt{\varepsilon_0\mu_0}} \tag{14-15}$$

将 ε_0、μ_0 的值代入后,可以计算得到电磁波在真空中的传播速度 $c=2.99794\times10^8$ m/s,这一数值与实验测定的数值一致。

在介质中,引入相对介电常数 $\varepsilon_r=\varepsilon/\varepsilon_0$ 和相对磁导率 $\mu_r=\mu/\mu_0$,由式(14-12)得电磁波的速度:

$$v=\frac{c}{\sqrt{\varepsilon_r\mu_r}} \tag{14-16}$$

称电磁波在真空中的速度 c 与介质中速度 v 的比值 n 为介质对电磁波的折射率,则由式(14-16),有

$$n=\frac{c}{v}=\sqrt{\varepsilon_r\mu_r} \tag{14-17}$$

上式给出了介质的光学常数 n 与介质电学常数 ε 和磁学常数 μ 的关系。

经过理论计算之后,麦克斯韦提出了如下观点:交变的电场和磁场产生电磁波,而光波就是电磁波。麦克斯韦的观点在 20 年之后由赫兹的实验证实。赫兹发现了电磁驻波,同时证明了电磁波具有与光波一致的反射、折射、相干、衍射和偏振特性,且它的传播速度等于光速。在此之后,光的电磁理论真正被人们接受。

二、平面电磁波及其性质

利用波动方程式(14-13)和式(14-14),能够得出 $\boldsymbol{E}$ 和 $\boldsymbol{B}$ 的多种形式的解,例如平面波、球面波和柱面波解,并且方程的解能够写成各种频率的简谐波及其叠加。接下来,以平面波为例求解波的方程,并讨论在光学中有重要意义的平面简谐波解。

(一) 波动方程的平面波解

在与传播方向正交的平面上,各点电场或磁场具有相同值的波称为平面电磁波。假设平面波沿直角坐标系 xyz 的 z 轴方向传播,则平面波的 $\boldsymbol{E}$ 和 $\boldsymbol{B}$ 只是关于 z 和 t 的函数。波动方程式(14-13)、式(14-14)化为

$$\frac{\partial^2 \boldsymbol{E}}{\partial x^2}-\frac{1}{v^2}\frac{\partial^2 \boldsymbol{E}}{\partial t^2}=0 \tag{14-18}$$

$$\frac{\partial^2 \boldsymbol{B}}{\partial x^2}-\frac{1}{v^2}\frac{\partial^2 \boldsymbol{B}}{\partial l^2}=0 \tag{14-19}$$

应用数理方法中的行波法求解方程。首先作变量变换，令 $\zeta=\frac{z}{v}-t$，$\eta=\frac{z}{v}+t$，则有 $E(\zeta,\eta)$、$B(\zeta,\eta)$，然后代入式(14-18)及式(14-19)，分别对 η 和 ζ 积分后得波动方程的通解为

$$\boldsymbol{E}=\boldsymbol{f}_1\left(\frac{z}{t}-t\right)+\boldsymbol{f}_2\left(\frac{z}{v}+t\right) \tag{14-20a}$$

$$\boldsymbol{B}=\boldsymbol{f}_1\left(\frac{z}{t}-t\right)+\boldsymbol{f}_2\left(\frac{z}{v}+t\right) \tag{14-20b}$$

$\boldsymbol{f}_1$ 和 $\boldsymbol{f}_2$ 为两个分别以 $\left(\frac{z}{v}-t\right)$ 和 $\left(\frac{z}{v}+t\right)$ 为自变量的任意函数，各代表以相同速度 v 沿 z 轴正、负方向传播的平面波。一般选取沿 z 轴正方向行进的形式，即

$$\boldsymbol{E}=\boldsymbol{f}\left(\frac{z}{v}-t\right) \tag{14-21a}$$

$$\boldsymbol{B}=\boldsymbol{f}\left(\frac{z}{v}-t\right) \tag{14-21b}$$

这是行波的表示形式，表明电磁场是逐点传播的，源点的振动经过一定的时间推迟才可以传播到场点。

（二）平面简谐电磁波的波动公式

上面得到了波动方程的通解，具体的波动形式将取决于源的波动形式，可取最简单的简谐振动作为波动方程的特解。这不仅由于这种振动形式比较简单，更重要的是，根据傅里叶分析方法可以发现，任何形式的波动都可以由很多不同频率的简谐振动合成。

于是，可以得到

$$\boldsymbol{E}=\boldsymbol{A}\cos\left[\omega\left(\frac{z}{v}-t\right)\right] \tag{14-22}$$

$$\boldsymbol{E}=\boldsymbol{A}'\cos\left[\omega\left(\frac{z}{v}-t\right)\right] \tag{14-23}$$

式(14-22)和式(14-23)即是平面简谐电磁波的波动公式。式中，$\boldsymbol{A}$ 代表的是电场的振幅矢量，$\boldsymbol{A}'$ 代表的是磁场的振幅矢量，两者表示平面波的偏振方向和大小；v 是平面波在介质中的传播速度；ω 是角频率；$\left[\omega\left(\frac{z}{v}-t\right)\right]$ 是时间和空间坐标的函数，表示平面波在不同时刻空间各点的振动状态，称为相位。

利用物理量之间的如下关系：

$$\begin{aligned}
&\omega=2\pi\nu=\frac{2\pi}{T}\\
&\lambda=\nu T \quad （介质中）\\
&\lambda_0=cT \quad （真空中）\\
&\lambda=\frac{\lambda_0}{n}
\end{aligned} \tag{14-24}$$

式中，ν 代表振动频率；T 代表振动周期；λ 代表光波的波长。

引入波传播方向上的波矢量 $\boldsymbol{k}$，其大小 k（称为空间角频率或波数）与 λ、ω 及 ν 的关系：

$$k = \frac{2\pi}{\lambda} = \frac{\omega}{\nu}$$

于是，波动公式(14-22)可以写成下面两种形式：

$$\boldsymbol{E} = \boldsymbol{A}\cos\left[2\pi\left(\frac{z}{\lambda} - \frac{t}{T}\right)\right] \tag{14-25}$$

$$\boldsymbol{E} = \boldsymbol{A}\cos(kz - \omega t) \tag{14-26}$$

由波动公式(14-22)、式(14-25)、式(14-26)所描述的波在时间和空间上无限延续并且具有单一频率，可以看出，波在空间某一时刻是一个以波长 λ 为周期的周期分布。在空间域中，能够通过空间周期 λ、空间频率 $1/\lambda$ 及空间角频率 $k=2\pi/\lambda$ 来表示空间上的周期性；对于空间固定的点，波在该点是以时间周期 T 为周期的一个周期振动；在时间域中，可以用时间周期 T、时间频率 $\nu=1/T$ 及角频率 $\omega=2\pi/T$ 表示它的时间上的周期性。传播速度 v 由式(14-24)联系空间周期性与时间周期性。

基于波矢 $\boldsymbol{k}$ 可以写出沿空间任一方向传播的平面波的波动公式。如图 14-1 所示，沿空间任一方向 $\boldsymbol{k}$ 传播的平面波在垂直于传播方向的任一平面 Σ 上场强相同，并且场强由该平面与坐标原点的垂直距离 s 决定，则平面 Σ 任一点 P 的矢径 $\boldsymbol{r}$ 在 $\boldsymbol{k}$ 方向上的投影都等于 s，因此 $\boldsymbol{k}\cdot\boldsymbol{r}=ks$，于是有

$$\boldsymbol{E} = \boldsymbol{A}\cos(\boldsymbol{k}\cdot\boldsymbol{r} - \omega t) \tag{14-27}$$

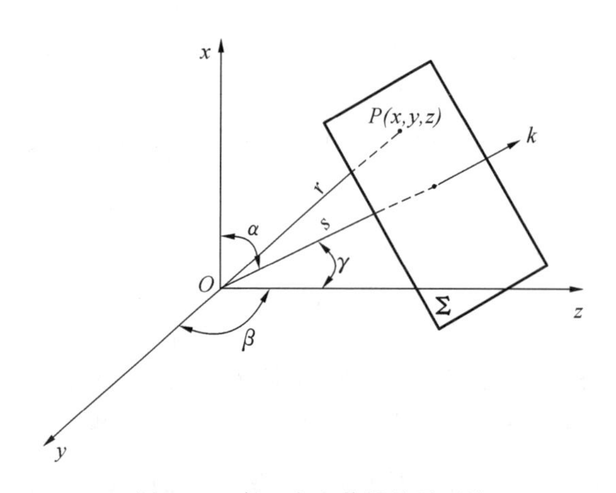

图 14-1　任一方向传播的平面波

式(14-27)即为传播方向为 k 的平面波波动公式，平面波的波面是 $\boldsymbol{k}\cdot\boldsymbol{r}=$常数的平面。设 k 的方向余弦为 $\cos\alpha$、$\cos\beta$、$\cos\gamma$，平面上任意点 P 的坐标为 x、y、z，则式(14-27)可以写为

$$\boldsymbol{E} = \boldsymbol{A}\cos[k(x\cos\alpha + y\cos\beta + z\cos\gamma) - \omega t] \tag{14-28}$$

可以将单色平面波波动公式(14-27)写成复数形式：

$$\boldsymbol{E} = \boldsymbol{A}\exp[\mathrm{i}(\boldsymbol{k}\cdot\boldsymbol{r} - \omega t)] \tag{14-29}$$

式(14-27)是式(14-29)的实数部分。这种代替只是形式上的，主要目的是避免计算过于复杂。

把式(14-29)中的振幅和空间相位因子的乘积记为

$$\widetilde{\boldsymbol{E}} = \boldsymbol{A}\exp(\mathrm{i}\boldsymbol{k} \cdot \boldsymbol{r}) \tag{14-30}$$

将$\widetilde{\boldsymbol{E}}$称为复振幅，它表示光波某一时刻在空间的分布。如果只关心场振动的空间分布则常常用复振幅表示一个简谐光波。

（三）平面电磁波的性质

下面由麦克斯韦方程组介绍平面电磁波的性质。

1. 平面电磁波是横波

平面电磁波的波动公式为

$$\begin{aligned} \boldsymbol{E} &= \boldsymbol{A}\exp[\mathrm{i}(\boldsymbol{k} \cdot \boldsymbol{r} - \omega t)] \\ \boldsymbol{B} &= \boldsymbol{A}'\exp[\mathrm{i}(\boldsymbol{k} \cdot \boldsymbol{r} - \omega t)] \end{aligned} \tag{14-31}$$

取式(14-29)的散度

$$\nabla \cdot \boldsymbol{E} = \boldsymbol{A} \cdot \nabla \cdot \exp[\mathrm{i}(\boldsymbol{k} \cdot \boldsymbol{r} - \omega t)] = \mathrm{i}\boldsymbol{k} \cdot \boldsymbol{E} \tag{14-32}$$

由式(14-8)，$\nabla \cdot \boldsymbol{E}=0$，因此

$$\boldsymbol{k} \cdot \boldsymbol{E} = 0 \tag{14-33}$$

同样，由式(14-9)，$\nabla \cdot \boldsymbol{B}=0$，得

$$\boldsymbol{k} \cdot \boldsymbol{B} = 0 \tag{14-34}$$

式(14-33)、式(14-34)表明，电矢量与磁矢量的方向均与波传播方向垂直，这就表明电磁波是横波。

2. $\boldsymbol{E}$、$\boldsymbol{B}$，$\boldsymbol{k}_0$ 互成右手螺旋系

将式(14-29)、式(14-31)代入式(14-10)，利用式(14-11)运算后得

$$\dot{u}\omega\boldsymbol{B} = \mathrm{i}k(\boldsymbol{k}_0 \times \boldsymbol{E}) \tag{14-35}$$

式中，$\boldsymbol{k}_0$ 是波矢量 $\boldsymbol{k}$ 的单位矢量。由式(14-24)，上式可写为

$$\boldsymbol{B} = \frac{1}{\nu}(\boldsymbol{k}_0 \times \boldsymbol{E}) = \sqrt{\varepsilon\mu}(\boldsymbol{k}_0 \times \boldsymbol{E}) \tag{14-36}$$

通过式(14-36)可以知道，$\boldsymbol{E}$ 和 $\boldsymbol{B}$ 互相垂直，又分别垂直于波的传播方向 $\boldsymbol{k}_0$，$\boldsymbol{E}$、$\boldsymbol{B}$、$\boldsymbol{k}_0$ 互成右手螺旋系。

3. $\boldsymbol{E}$ 和 $\boldsymbol{B}$ 同相位

取式(14-36)的标量形式，得

$$\frac{E}{B} = \frac{1}{\sqrt{\varepsilon\mu}} = \nu \tag{14-37}$$

此式表示 $\boldsymbol{E}$ 和 $\boldsymbol{B}$ 的复振幅比为一正实数，因此 $\boldsymbol{E}$ 和 $\boldsymbol{B}$ 的振动从始至终是同相位的。它们在空间某一点对时间的依赖关系相同，同时到达最大值，也同时到达最小值。图 14-2 是沿 z 轴方向传播的平面电磁波的模型。

从式(14-36)还可以知道，当知道一个场量及波传播方向时，另一个场量的大小和方向也就确定了。特别是考虑光与物质产生相互作用时，实验和理论表明，对光检测器起作用的

不是磁矢量而是电矢量，所以只需考虑电场的作用，此时就用电矢量代表光矢量（即光振动）。

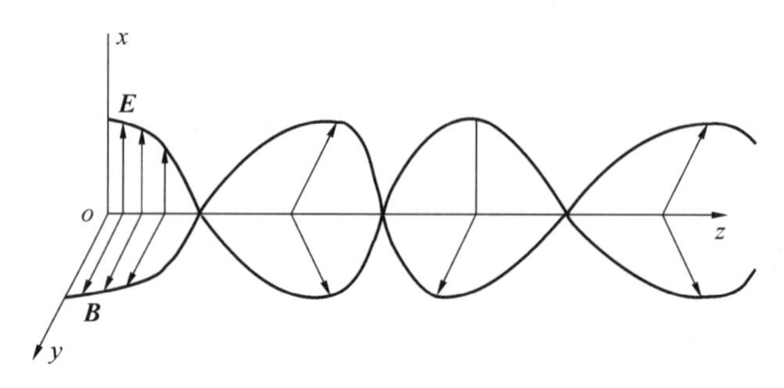

图 14-2　沿 z 轴方向传播的平面电磁波的模型

第二节　光的干涉效应

一、光的干涉

光的干涉现象是光波叠加产生的，往往表现为亮暗交替的或彩色的条纹。杨氏双缝干涉实验是历史上有名的实验之一，其原理如图 14-3 所示。一个光源通过狭缝 S，之后再传播到两个狭缝 S_1 和 S_2，此时通过 S_1 和 S_2 的光在屏幕相遇时产生了干涉现象，且在 BB 屏上可观察到彩色的干涉条纹。如果光源发射单色光，BB 屏上呈现出明暗相间的单色条纹。

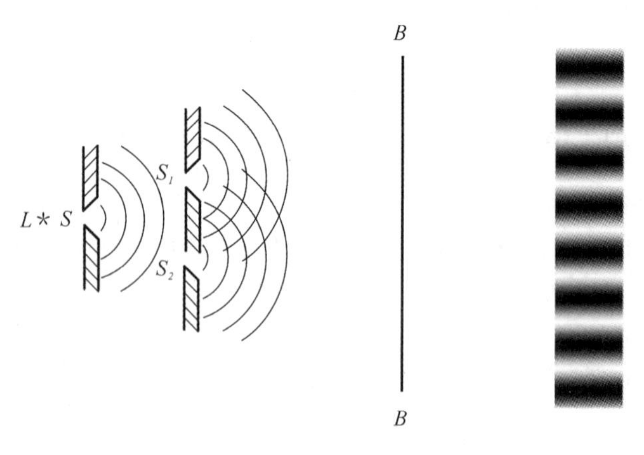

图 14-3　双缝干涉

干涉现象具有波动过程的基本特征。实际上，光的波动理论最初就是在研究光的干涉现象的基础上建立起来的。光的干涉原理已广泛应用于现代光学仪器中，特别是精密计量及测试仪器中。激光的出现为干涉仪器提供了优质光源，不仅使全息照相成为可能，更进一步促进了光学干涉技术的发展。

光的干涉的基本原理是波的叠加。当两列波在同一空间传播时,某一点上的振动是每一个波单独在该点产生的振动矢量之和。对于光波,振动是电矢量(和磁矢量),干涉就是两个简谐振动电量之叠加而形成的强度分布。比如,计算 BB 屏(图 14-3)上一点 M 的光强,若次波源 S_1 和 S_2 到 M 点的距离分别是 d_1 和 d_2(图 14-4),则从 S_1 和 S_2 到达 M 点的两列光波分别为

$$E_1 = E_0 e^{j\left(\omega t-\frac{2\pi d_1}{\lambda}+\varphi_0\right)} \tag{14-38}$$

$$E_2 = E_0 e^{j\left(\omega t-\frac{2\pi d_2}{\lambda}+\varphi_0\right)} \tag{14-39}$$

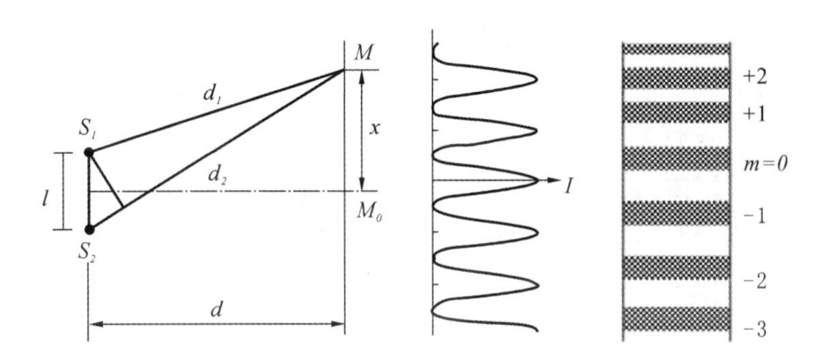

图 14-4　干涉光强分布

按叠加原理,合振动 $E=E_1+E_2$,所以 M 点的光强度为

$$I = EE^* = (E_1+E_2)(E_1+E_2)^* = 2E_0^2 + E_0^2\left(e^{j\frac{2\pi(d_2-d_1)}{\lambda}} + e^{-j\frac{2\pi(d_2-d_1)}{\lambda}}\right) \tag{14-40}$$

取$E_0^2=I_0$,为单束光的强度;$d_2-d_1=\Delta$ 是两光源到 M 点的路程之差,即两束光波在介质中行经的路程差,称为光程差,与 Δ 对应的相位差为 $\Delta\varphi=-\dfrac{2\pi\Delta}{\lambda}$,注意到欧拉公式

$$\cos x = \frac{e^{jx}+e^{-jx}}{2} \tag{14-41}$$

则得合成强度公式为

$$I = 2I_0\left(1+\cos\frac{2\pi\Delta}{\lambda}\right) = 4I_0\cos^2\frac{\pi\Delta}{\lambda} \tag{14-42}$$

或

$$I = 4I_0\cos^2\frac{\Delta\varphi}{2} \tag{14-43}$$

这是干涉场中的光强度公式,也是干涉条纹的强度公式。由上式可以看出,任一点的光强度仅与此点的光程差和波长有关,因而有确定的分布。在图 14-4 的情形,如果两光源之间的距离 l 远小于光源和屏之间的距离 d,有近似关系:

$$\frac{d_2-d_1}{l} = \frac{x}{d} \quad 或 \quad \Delta = d_2-d_1 = \frac{l}{d}x$$

代入式(14-42),得

$$I = 4I_0\cos^2\frac{\pi l}{\lambda d}x \tag{14-44}$$

也就是说，屏上强度沿 x 轴方向是余弦平方分布。图 14-4 右边画出了按此公式计算的分布曲线，以及由这种分布形成的明暗条纹。

结合上述理想的条纹分布，再介绍几个描述干涉条纹的物理量。由式(14-42)可知，当干涉场中某点光程差满足条件：

$$\Delta = m\lambda \quad (m = 0, \pm 1, \pm 2, \cdots) \tag{14-45}$$

时，这些点上的光强度最大，即极大值：$I_{\max}=4I_0$。满足式(14-44)中任一值的光程差相同的各点形成一条亮线，叫作亮条纹。

同理，满足条件：

$$\Delta = \left(m + \frac{1}{2}\right)\lambda \quad (m = 0, \pm 1, \pm 2\cdots) \tag{14-46}$$

时，$I_{\min}=0$，这些点的光强度为零。同一个 m 值的点形成一条暗线，叫作干涉暗条纹。显然，亮暗纹是相间的，它们一起组成了干涉条纹。

m 是条纹的干涉级数，它并非简单的条纹编号。由 $m=-\Delta/\lambda$ 可知，m 的顺序就是产生该级条纹的光程差大小的顺序。如图 14-4 所示，屏中央一点的光程差为零，$m=0$；向上下延伸，光程差愈大，m 值愈大。

为了表示条纹疏密，我们引入条纹间距和条纹空间频率的概念。条纹间距是指相邻两个亮纹(或暗纹)之间的距离，用符号 e 表示；空间频率 v 则是它的倒数，即 $v=1/e$。在图 14-4 的具体情况下，我们看看 e 由哪些因素确定。由式(14-45)可知，第 m 级亮条纹相应的光程为：$\Delta_m=m\lambda$。

它在屏上的位置用 x_m 表示，则有

$$\Delta_m = \frac{l}{d}x_m = m\lambda$$

即

$$x_m = \frac{d}{l}m\lambda \tag{14-47}$$

同理，第 $m+1$ 级亮条纹有：

$$x_{m+1} = \frac{d}{l}(m+1)\lambda \tag{14-48}$$

可知条纹的间距为

$$e = x_{m+1} - x_m = \frac{d}{l}\lambda \tag{14-49}$$

条纹的空间频率为

$$\nu = \frac{l}{\lambda d} \tag{14-50}$$

也就是说，在图 14-4 的情况下，条纹间距与光波波长、光源及干涉场距离和两光源间隔有关。

注意到间距公式中有一个光波波长，要在干涉场(比如图 14-4 的屏)中得到人眼能看清的条纹，e 不能小于 2mm。如果在实验上用波长 550nm 的绿光，$d=2$m，则要求：

$$l = \frac{d}{e}\lambda = \frac{2\times 10^3}{2}\times 0.55\times 10^{-3} = 0.55\text{mm} \tag{14-51}$$

两光源距离如此之近，以致实验做起来有一定难度。在干涉现象中，相干光程差是以波长为单位计算的；这也从原理上说明了干涉技术是一种精密计量技术。

二、相干光波和非相干光波

从上节的例子中可以看到，两束光波：

$$E_1 = E_{01}\mathrm{e}^{j\left(\omega_1 t - \frac{2\pi d_1}{\lambda_1} + \varphi_{01}\right)} \tag{14-52}$$

$$E_2 = E_{02}\mathrm{e}^{j\left(\omega_2 t - \frac{2\pi d_2}{\lambda_2} + \varphi_{02}\right)} \tag{14-53}$$

只有：① $\omega_1 = \omega_2 (\lambda_1 = \lambda_2)$；② $E_1 // E_2$；③ $\Delta\varphi_0 = \varphi_{02} - \varphi_{01} = 0$ 或常数时，才能得到：

$$E^2 = (E_1 + E_2)(E_1 + E_2)^* = E_{01}^2 + E_{02}^2 + 2E_{01}E_{02}\cos\left(\frac{2\pi\Delta}{\lambda} + \Delta\varphi_0\right) \tag{14-54}$$

或

$$I = I_1 + I_2 + 2\sqrt{I_1}\sqrt{I_2}\cos\left(\frac{2\pi\Delta}{\lambda} + \Delta\varphi_0\right) \tag{14-55}$$

当 $I_1 = I_2$，$\Delta\varphi_0 = 0$ 时，上式回到式(14-38)，此时，在干涉场中形成了仅与 $\Delta = d_2 - d_1$ 有关而不随时间改变的光强分布，即稳定的干涉条纹。一般把满足上述三个条件——频率相同、振动方向一致和有确定不变初相位差的两束光波，称为相干光波。

实验表明：两个普通光源所辐射的光波叠加时，或者同一非相干光源的不同部分叠加时，一般看不到干涉现象。这是因为光源发光是一种原子或分子辐射的过程，由于辐射能量不断消耗，发光是断续的。在第一章已经指出，连续辐射的时间约为 10^{-8} s，从一次辐射到下一次辐射中间停留的时间并不相等而且无规，因此初相位时时改变。同时，相距稍远的两个原子的辐射彼此无关。所以从光源的不同部分发出的光波因初相位差$(\varphi_{02} - \varphi_{01})$时时改变，而条纹强度迅速变化。由于光的频率很高，人眼或普通仪器都无法觉察到这种瞬时光强的变化，只能得到光强度的平均作用；所接受的光强度大小是一定长的观察时间 τ 内的平均值，即

$$\begin{aligned}\overline{E^2} &= \overline{E_{01}^2 + E_{01}^2 + 2E_{01}E_{02}\cos\left(\frac{2\pi\Delta}{\lambda} + \Delta\varphi_0\right)} \\ &= E_{01}^2 + E_{02}^2 + 2E_{01}E_0\frac{1}{\tau}\int_0^\tau \cos\left(\frac{2\pi\Delta}{\lambda} + \Delta\varphi_0\right)\mathrm{d}t\end{aligned} \tag{14-56}$$

对于两个光源的辐射或一个光源中相距较远的两原子的辐射，在光波叠加的时候，因为初相位 φ_{01} 与 φ_{02} 无相关性且快速变化，式中积分部分在时间间隔 τ 稍大将趋近于零(相对连续辐射时间而言，因而在 τ 内经过很多次无规则变化)：

$$\frac{1}{\tau}\int_0^\pi \cos\left(-\frac{2\pi\Delta}{\lambda} + \Delta\varphi_0\right)\mathrm{d}t \to 0 \tag{14-57}$$

由此得到平均强度：

$$\bar{I} = \overline{E^2} = E_{01}^2 + E_{02}^2 = I_1 + I_2 \tag{14-58}$$

即光场中各点的光强度等于两光源分别在该点的原始光强度之和。这就是非相干光的情况，就是日常我们看到的多光源照明的情况。

如果光波是光源上同一原子或极靠近原子(距离远小于波长)产生的辐射，即便 φ_{01} 和

φ_{02}同时改变，$\Delta\varphi_0=\varphi_{02}-\varphi_{01}$等于零或维持不变，这样平均光强度将仍为

$$\overline{E^2}=E_{01}^2+E_{02}^2+2E_{01}E_{02}\cos\left(\frac{2\pi\Delta}{\lambda}+\Delta\varphi_0\right) \tag{14-59}$$

因而在光场中能够观察到稳定的干涉条纹。这就是相干光的情况。

所以，在普通光源中，只有同一原子或非常靠近的一些原子的辐射才是相干光波。但在均匀介质中同一原子辐射的光波是发散的，要使光波叠加产生干涉现象，有两类办法：一是分波前法，即在一发散光波中，在不同方位上分取出两束或多束相干次波，如图 14-4 所示，即用 S_1 和 S_2 两个缝分取出 S 所发射的光波(双缝干涉)。这一类干涉称为菲涅耳干涉，我们将在本节第三部分讨论。另一是分振幅法，即用光学方法将同一光波分成(通过反射、折射)几个光波，这一类称为分振幅干涉，此部分内容我们将在本节第四部分讨论。

应该注意的是，单是从同一原子辐射的光波，条件还不够充分。同一原子前一时刻发出的一列波同后一时刻(时间间隔大于或接近于连续辐射的时间)发出的另一列波叠加时，由于初相位差不能保持不变，仍旧没有干涉现象。为了使干涉现象产生，需要同一时刻发出的同一波列相遇。这样，叠加的两列光波的光程差就不能太大。对于常用的单色光源，根据光连续辐射的时间(波列长约 1m 的数量级)，要想得到较明晰的干涉条纹，一般建议光程差不超过 100～200mm。

在激光光源中，由于大量原子的辐射有相位联系(称为相干辐射)，所以它发射的是相干光波，并且光波近似为不发散的平面波。激光光源的波列长度(单色性)比一般单色光源大得多，可达数十米到几十千米不等。所以，激光是优质的相干光源。

三、分波前干涉——菲涅耳型干涉

(一) 双缝干涉

我们再回到图 14-3 的干涉实验上来，如果 S 是发射相干光波的点光源，这个杨氏双缝干涉就属于分波前的菲涅耳型干涉。我们就以此为例来讨论菲涅耳型干涉条纹的一些特征(图 14-5)。

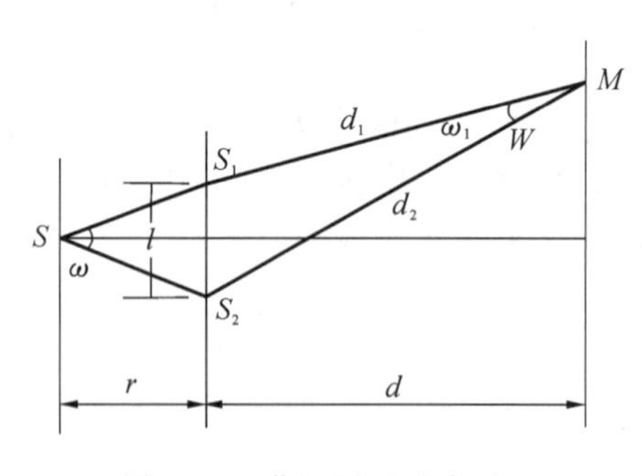

图 14-5　菲涅耳型干涉原理

1. 干涉场中光强度分布

此时，两个次波光源S_1 和S_2 完全相同，所以两相干光束的振幅相同 $E_{01}=E_{02}$，相位相同

$\varphi_{01}=\varphi_{02}$，干涉场中任一点的光强度仍用式(14-42)表示：

$$I=4I_0\cos^2\frac{\pi\Delta}{\lambda} \tag{14-60}$$

这种条纹的特点已在本章第一节中讨论过。从条纹的特征来看，有两点是重要的：一是条纹的锐度，即由亮到暗强度变化的快慢；二是条纹强度的对比，即亮暗的差别大小。一个物体的清晰程度，不仅与亮暗差别有关，也与平均强度有关。条纹的强度对比定义为

$$K=\frac{I_M-I_m}{I_M+I_m} \tag{14-61}$$

式中，I_M 和 I_m 是强度的极大值和极小值。从图 14-3 的条纹来看，余弦平方分布的亮暗变化，"锐度"并不好；但对比度很好，因为 $I_m=0, K=1$。关于干涉条纹的对比度，以后还要专门讨论。

2. 干涉条纹形状

凡是从S_1 和S_2 发出的两束光波叠加的地方都可以产生干涉现象，所以一般来讲，两个点光源干涉范围逼近S_1 和S_2 周围的整个空间。但是人们总是观测某一个面(如照相底板、毛玻璃等)上的干涉条纹，这个观测平面就称为干涉场。

前面提到，干涉条纹中光程差相同的点形成强度相同的线条，是一些等光程差线，或称等色线。考虑到空间的情况，则光程差相同各点组成一个面，叫作等色面。

等色面的方程式可根据光程差公式导出。干涉场中各点的光程差显然是该点坐标的函数；如果取其为一常数并与一定的干涉级对应，就可得到该干涉级的等色面公式。从等色面公式定出等色面，由此便可推知干涉条纹的形状。

我们采用直角坐标系求菲涅耳型干涉的等色面公式。如图 14-6 所示，设相干光源 S_1 和 S_2 与原点等距位在 x 轴上，二者的距离为 l，则 S_1 和 S_2 两点的坐标将分别为$(l/2,0,0)$和$(-l/2,0,0)$。若 $M(x,y,z,)$为干涉场中任一点的位置，则 M 点与 S_1 及 S_2 之间的距离 d_1、d_2 可分别写成：

$$\begin{cases} d_1=\sqrt{\left(x-\dfrac{l}{2}\right)^2+y^2+z^2} \\ d_2=\sqrt{\left(x+\dfrac{l}{2}\right)^2+y^2+z^2} \end{cases} \tag{14-62}$$

所以光程差的公式为

$$\Delta=d_2-d_1=\sqrt{\left(x+\frac{l}{2}\right)^2+y^2+z^2}-\sqrt{\left(x-\frac{l}{2}\right)^2+y^2+z^2} \tag{14-63}$$

消去根号，化简得

$$\frac{x^2}{\left(\dfrac{\Delta}{2}\right)^2}-\frac{y^2+z^2}{\left(\dfrac{l}{2}\right)^2-\left(\dfrac{\Delta}{2}\right)^2}=1 \tag{14-64}$$

将 $\Delta=m\lambda$ 代入式(14-64)，就得到等色面的方程式：

$$\frac{x^2}{\left(\dfrac{m\lambda}{2}\right)^2}-\frac{y^2+z^2}{\left(\dfrac{l}{2}\right)^2-\left(\dfrac{m\lambda}{2}\right)^2}=1 \tag{14-65}$$

可见等色面是一组以 m 为参数的旋转双曲面，x 轴为旋转轴。如果给出 m 值，就可求

出相应的等色面。图 14-7 给出 $m=0,1,2,3,\cdots$ 时的等色面，在 $m=0$ 时等色面为 $x=0$ 的平面。

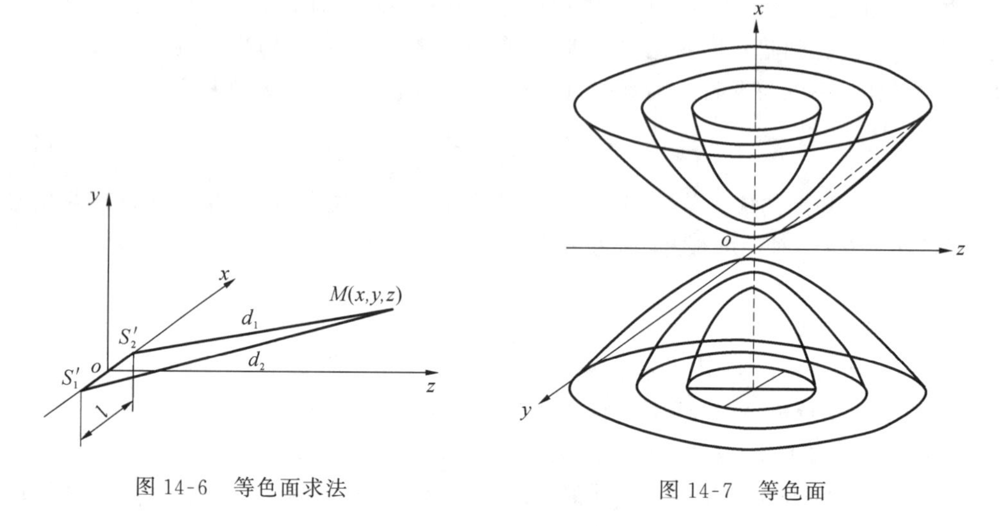

图 14-6　等色面求法

图 14-7　等色面

如果干涉场与 xoy 面平行，并且位在 $z=d$ 处，则由式(14-62)得到：

$$\frac{x^2}{\left(\frac{m\lambda}{2}\right)^2}-\frac{y^2}{\left(\frac{l}{2}\right)^2-\left(\frac{m\lambda}{2}\right)^2}=1+\frac{d^2}{\left(\frac{l}{2}\right)^2-\left(\frac{m\lambda}{2}\right)^2} \tag{14-66}$$

这就是干涉场中的等色线方程，它代表一组双曲线。如果干涉场在 z 轴附近，并且面积不大，由于 $l\gg m\lambda$，上式中左边第二项与第一项相比很小，可以略去，则等色线方程简化为

$$x=\pm\frac{m\lambda d}{l}=\pm\frac{d}{e}\Delta \tag{14-67}$$

就是说，条纹平行于 y 轴(图 14-3 中就是这种位置上的条纹)。

随着干涉场位置的改变，等色线的形状变化。图 14-8 展示干涉场在不同方位时等色线的形状。第Ⅰ位置是干涉场平行于 xoy 面；第Ⅱ位置是干涉场垂直于 xoz 面并且与 oz 轴有一夹角；第Ⅲ位置是干涉场平行 yoz 面，此时条纹为同心圆环。从式(14-65)可以看出，如果 S 发射的不是单色光，则对应于复色光，则会因 λ 不同而在空间有不同的双曲面，这就是等光程面称为等色面的原因。

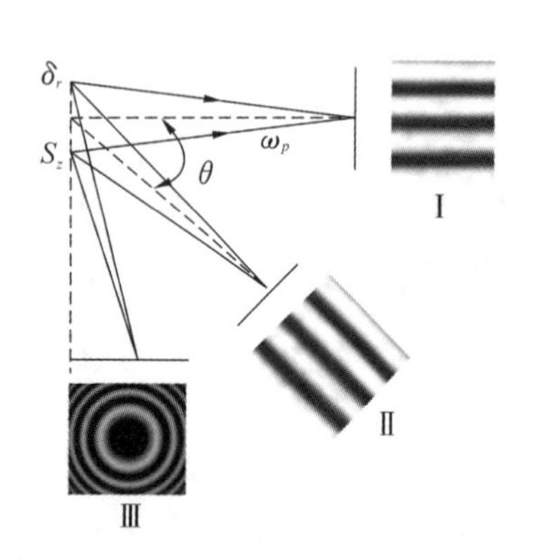

图 14-8　不同方位下等色线的形状

通过以上的讨论，可以了解到干涉场在不同位置时条纹形状的变化。应该注意，在干涉实验中，相干光束只能在一定范围内叠加，因此在干涉场偏离一定的角度后就不会再看到干涉条纹，比如双缝干涉，只能看到第Ⅰ位置附近的干涉条纹。

3. 干涉条纹的间距和空间频率

当干涉场在第Ⅰ位置时，条纹位置仍由式(14-54)确定，条纹间距 e 和空时频率 ν 仍由式(14-49)和式(14-50)确定。

参看图14-3，对于干涉场中任一点，两条相干光线 S_1M 和 S_2M 都有一夹角，我们称为相干光线的会聚角，用 w 表示。两缝和 S 的夹角称为相干光源的孔径角，用 ω 表示。这两个概念在以后的讨论中很有用。

从图中可以看出，$\frac{l}{d}=w$，所以式(14-49)和式(14-50)又可以写成：

$$e=\frac{\lambda}{w} \tag{14-68}$$

和

$$\nu=\frac{w}{\lambda} \tag{14-69}$$

实际上，干涉场中各点光程差的变化直接与会聚角 w 有关，式(14-52)和式(14-53)才是更普遍的公式。在图14-8中，e 和 ν 都随干涉场的位置变化，用 $e=\lambda/w=\lambda/w_0\cos\varphi$ 可以明显地表示出来。

可以证明，式(14-62)和式(14-65)在菲涅耳干涉中普遍成立。参考图14-9。

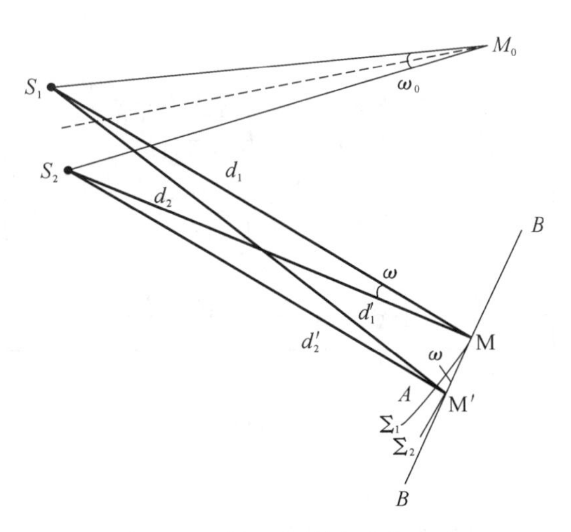

图14-9　菲涅耳干涉场几何表示

设 M 和 M' 为任一位置于干涉场上靠近的两个点，并且干涉场与 S_2 在此两点的光波面相切。我们以 S_2 为中心，S_2M 为半径作圆(波面 Σ_2)，M' 点位于此圆周上。由于 S_2M 比 $\widehat{MM'}$ 大得多，$\widehat{MM'}$ 可看作与干涉场 BB 重合的直线。同时，以 S_1 为中心，S_1M 为半径，通过 M 点做一波面 Σ_1，S_1M' 与 Σ_1 相交于 A 点。在干涉场中，M' 点与 M 点之间的光程差改变量为

$$\begin{aligned}\delta\Delta &= \Delta M'-\Delta M=(d_2'-d_1')-(d_2-d_1)\\ &=(d_2'-d_2)+(d_1-d_1')\end{aligned} \tag{14-70}$$

因为 M 和 M' 两点位在波面 Σ_2 上，故有 $d_1'=d_2$，而 $d_1=d_1'-AM'$，代入上式，则有：

$$|\delta\Delta| = |AM'| \tag{14-71}$$

另一方面，因为 $S_1M \perp \Sigma_1$，$S_2M \perp \Sigma_2$ 和 $\angle S_1MS_2 = w$，所以 Σ_1 和 Σ_2 间的夹角等于 w，故有：

$$AM' = MM'w \tag{14-72}$$

由于当 $|\delta\Delta| = |AM'| = \lambda$ 时，MM' 的大小等于条纹的间距，所以有：

$$\lambda = e \cdot w \quad 或 \quad e = \frac{\lambda}{w} \tag{14-73}$$

和

$$\nu = \frac{w}{\lambda} \tag{14-74}$$

（二）菲涅耳型干涉的其他实验装置

下面列出数种分波前干涉实验装置（图 14-10～图 14-13）。采用点光源时，所得干涉条纹和双缝干涉一样，皆属菲涅耳型。在下面讨论中，将应用到上述讨论的公式，标出 l、d、ω、w 等量。

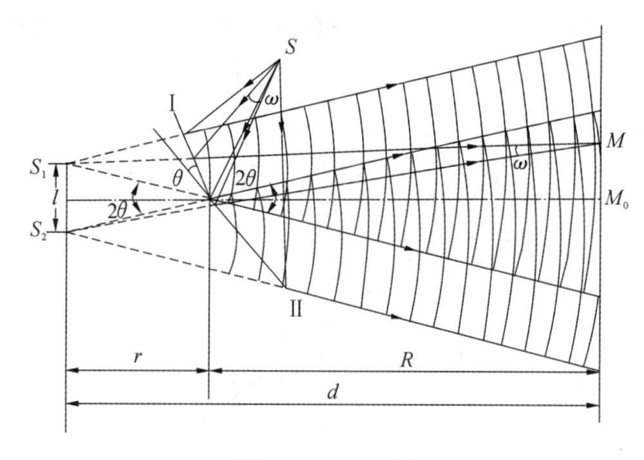

图 14-10　双面镜

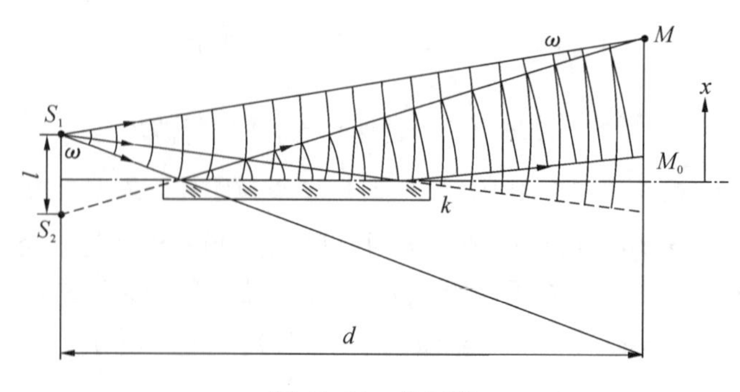

图 14-11　单面镜

1. 双面镜

图 14-10 中，θ 是两镜面之间很小的夹角，r 是光源 S 与两镜面交线的距离。因此有

$$l = 2\theta r \tag{14-75}$$

2. 单面镜

图 14-11 显示了利用单面镜产生干涉的情况。此时干涉光路相对简单，但观测起来有一定难度。

3. 双棱镜

图 14-12 中 α 是棱角，一般很小（小于 1°）。由图 14-12(b)可以看出此时

$$l \approx 2r(n-1)\alpha \tag{14-76}$$

式中，n 是双棱镜的折射率。

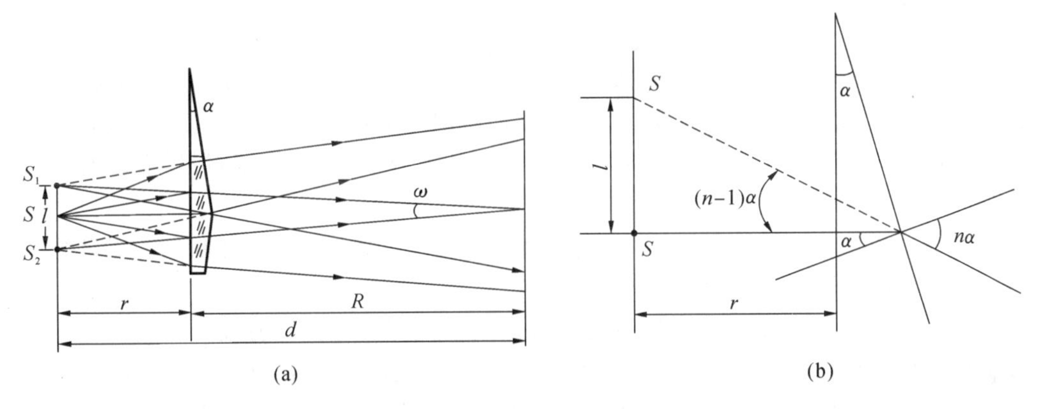

图 14-12　双棱镜

4. 双半透镜

如图 14-13 所示，这是将一块透镜沿直径分成两半，并分开很小距离的装置。如果分开的距离为 a，则

$$l = \frac{a(r + r')}{r} \tag{14-77}$$

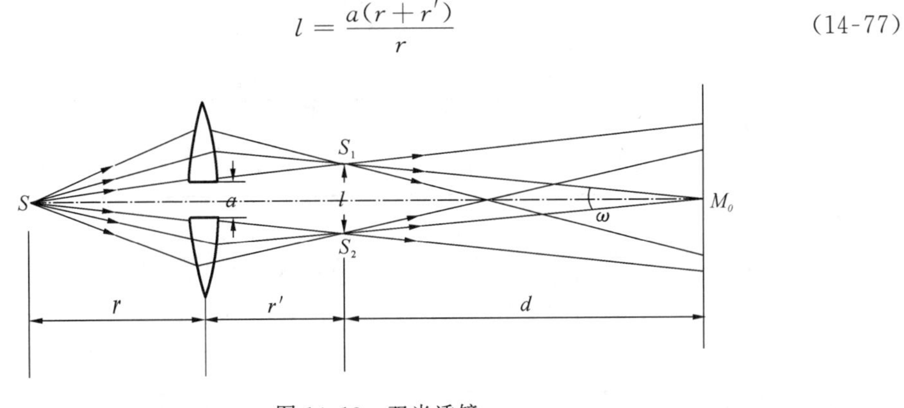

图 14-13　双半透镜

按照透镜公式：

$$\frac{1}{r}+\frac{1}{r'}=\frac{1}{f} \tag{14-78}$$

则

$$r'=\frac{f\cdot r}{r-f} \tag{14-79}$$

代入式(14-77)得

$$l=\frac{af}{r-f} \tag{14-80}$$

式中，f 是透镜的焦距。

四、分振幅干涉——薄板的两束光干涉

(一) 薄板干涉

本节讨论薄板干涉问题，这是一类在干涉技术中广泛涉及的干涉现象。顾名思义，薄板(包括薄膜)干涉是光波在透明薄板上产生的干涉现象。如水面上的油膜或肥皂泡在阳光下呈现的彩色条纹，就属于这一类。这是光波在薄板的上下两表面反射和折射而成的相干光波叠加而产生的干涉现象。

薄板干涉现象虽然种类繁多，比较复杂，但是产生干涉的原理和基本规律不难理解。我们从比较简单的情况开始讨论。

来自光源的一束光波在透明薄板的上表面产生反射和折射，折射进入薄板的光波在下表面上产生反射和折射，因此会产生多束的反射光和透射光(图 14-14)。这些反射光或透射光都来自同一入射光波，它们当然满足相干光波的条件，在空间某一点相遇时就会叠加形成干涉条纹。

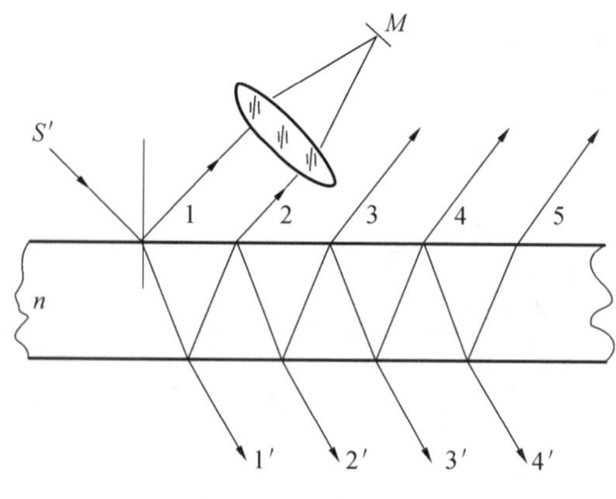

图 14-14　薄板干涉

对于一般透明介质，虽然有许多反射或透射的相干光束，然而实际上我们只看到反射光的近似余弦平方分布的两束光干涉条纹。这是因为各光束的相对强度相差很大。各光束的强度可以用菲涅耳公式计算。这里介绍一下结果，例如对于折射率 $n=1.52$ 的玻璃板，在入

射角很小时，各反射光波1，2，…的相对强度（与入射波相比）分别为

$$0.04, 0.037, 0.00006, \cdots$$

各透射光波1′，2′，…的相对强度分别为

$$0.92, 0.0015, 0.0000023, \cdots$$

所以，各透射光波实际上不能形成干涉条纹。当然如果我们改变条件使透射光束强度差别缩小，还是可以产生干涉条纹的。因为透射光各光束在本质上是相干光。

至于反射光，前序两束较强，也大致相等；以后各束很弱，可以忽略不计。因此，在一般情况下，我们只讨论薄板的反射光干涉，并且是两束光干涉。前面在非涅耳型干涉中讨论过的两束光干涉的一些数学公式和结论可以直接采用。

下面我们从干涉现象的一般规律和性质两个方面讨论。

1. 干涉场的强度公式

设薄板上两束反射光的强度分别为 I_1 和 I_2（图14-15），两束光叠加后，干涉场光强度 I 可用下式表示：

$$I = I_1 + I_2 + 2\sqrt{I_1 I_2}\cos\left(-\frac{2\pi\Delta}{\lambda}\right) \tag{14-81}$$

式中，Δ 是两束光的光程差，$\frac{2\pi\Delta}{\lambda}$是两束光的相位差。如果 $I_1 = I_2$，上式可化为

$$I = 4I_1\cos^2\frac{\pi\Delta}{\lambda} \tag{14-82}$$

就是说，干涉场的强度仍是余弦平方分布。

2. 光程差

设薄板的折射率为 n，厚度为 h，薄板上下两边的介质为空气（折射率等于1）。参看图14-15和图14-16，薄板上两束反射光的光程分别为(ADP)和$(ABCP)$，图中 CD 是垂直于光束1的垂线。当 w 很小时，DP 和 CP 近似相等，两光束的光程差为

$$\Delta = (ABC) - (AD) \tag{14-83}$$

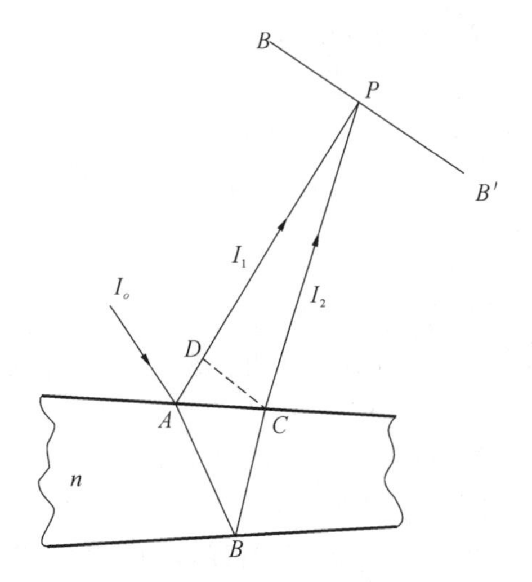

图14-15　薄板干涉场的强度计算示意图

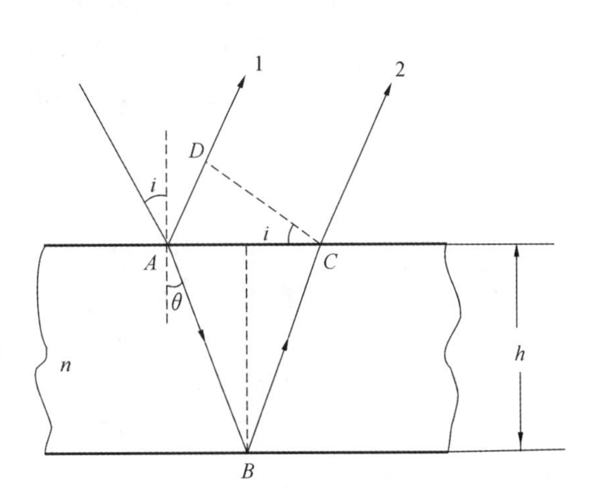

图14-16　薄板干涉光程差计算

注意到光程和光所通过的几何路程不同，光程是指光所通过的几何路程与介质折射率的乘积，决定光波相位的是光程而不是几何路程。所以光程差公式为

$$\Delta = (ABC) - (AD) = n(AB + BC) - AD \tag{14-84}$$

式中，

$$AB = BC = \frac{h}{\cos\gamma} \tag{14-85}$$

$$AD = AC\sin I = 2h \cdot \tan\gamma \cdot \sin i \tag{14-86}$$

代入式(14-84)，得

$$\Delta = \frac{2nh}{\cos\gamma} - 2h \cdot \tan\gamma \cdot \sin i = \frac{2h}{\cos\gamma}(n - \sin\gamma\sin i) \tag{14-87}$$

由折射定律：

$$\sin i = n\sin\gamma \tag{14-88}$$

及

$$\cos\gamma = \sqrt{1 - \sin^2\gamma} = \sqrt{1 - \frac{\sin^2 i}{n^2}} = \frac{1}{n}\sqrt{n^2 - \sin^2 i} \tag{14-89}$$

将 $\sin\gamma$，$\cos\gamma$ 代入光程差公式得：

$$\Delta = \frac{2nh}{\sqrt{n^2 - \sin^2 i}}\left(n - \frac{1}{n}\sin^2 i\right) = 2h\sqrt{n^2 - \sin^2 i} \tag{14-90}$$

上式就是薄板两束光干涉的光程差公式。公式虽然是在一定的具体条件下推导出来的，但对薄板是普遍适用的，也是光的干涉中的重要公式之一。

计算光程差时应该注意，光波在介质面上反射时，可能有相位跃变，由此引起了一个附加程差 δ，两束反射光的光程差应该是：

$$\Delta = 2h\sqrt{n^2 - \sin^2 i} + \delta \tag{14-91}$$

对于透明介质，薄板两边介质的折射率大于或小于薄板的折射率时，有附加程差，$\delta=\lambda/2$；当薄板折射率介于两边介质折射率之间时，没有附加程差，$\delta=0$。

对于金属，相应的相位跃变 δ 与入射角有关，并非简单地为 0 或 $\lambda/2$。

考虑到附加程差，薄板干涉中的亮暗纹的条件应该写成：

$$\begin{aligned} &\text{亮纹}: \Delta = 2h\sqrt{n^2 - \sin^2 i} + \delta = n\lambda \\ &\text{暗纹}: \Delta = 2h\sqrt{n^2 - \sin^2 i} + \delta = \left(m + \frac{1}{2}\right)\lambda \end{aligned} \tag{14-92}$$

式中，m 仍称干涉级次。

3. 条纹分类

干涉条纹的形状直接由光程差的分布决定，在薄板干涉中光程差 Δ 由 n，h，i 三个因子决定。一般来说，虽然比较复杂，但规律性清楚。如果 n，h 不变，即对一个均匀介质的平行平板，光程差仅由光波入射角 i 决定，形成的条纹称为等倾干涉条纹。如果 i，n 不变，即一束平行光入射在均匀且厚度变化的薄板(如楔形板之类)上，光程差仅与薄板厚度有关，形成的条纹称为等厚干涉条纹。如果 i，h 不变，即一平行光束投射在平行平板上，光程差仅随薄板折射率变化，形成的条纹称为光性条纹。在下一节中我们将专门讨论等倾条纹和等厚条纹。

在性质上，薄板干涉和菲涅耳型干涉不同。后者是将光波波前的不同部分（次波源）取出叠加形成的。而光波在薄板上反射时，两束反射光波都来自入射光波的同一波阵面，只是将光能分成几部分，即将入射光振幅分成几束光，如图 14-14 所示，又称为分振幅干涉。

在薄板干涉中产生干涉叠加的各相干光束来自同一入射光束，按照光源干涉孔径角 ω 和相干光束会聚角 w 的定义，w 可以为零或不为零，但 ω 总是等于零（图 14-17）。$\omega=0$ 决定了此干涉条纹性质和菲涅耳型干涉的基本不同点。

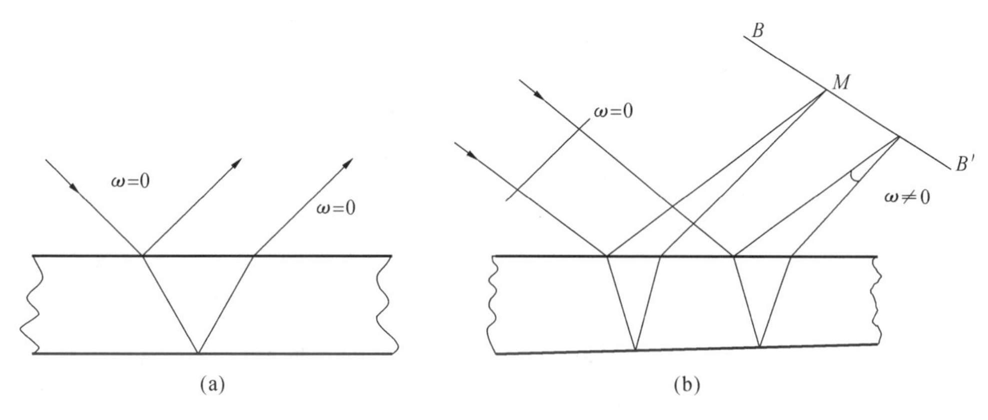

图 14-17　干涉孔径角

首先，$\omega=0, b_0=\dfrac{\lambda}{\omega}\to\infty$，即对光源大小没有限制。可以采用扩展光源。在菲涅耳型干涉中，光源线度受很大限制，实际很小，可以称为点光源的干涉；而在薄板干涉中，是扩展光源干涉（因而条纹很亮，适于技术应用）。

光源大小可以不受限制的物理道理也不难理解。过去，在讨论菲涅耳型干涉中光源宽度的影响时，我们看到，光源上每一点都产生一组干涉条纹，但不同点在干涉场形成的干涉条纹有位移，叠加的结果是对比度下降，以致条纹消失。在薄板干涉中，如图 14-18 光源上每一点也在干涉场上产生自己的一组干涉条纹，总的光强也是各点形成的干涉条纹叠加，但是，不同点形成的干涉条纹之间没有位移，完全重合。比如，从 P,Q 两点发出的入射角 i 相同的光线，它们各自的光程差都相同，在场中形成的强度也相同，并且都聚焦在同一点 M 上。所以叠加的结果对比度不变，而条纹变亮。

其次，$\omega=0$ 不像菲涅耳型干涉那样，有一个有限的干涉空间范围，在此范围内任一平面上都有干涉条纹只能在相干光束相交的位置上叠加。例如，在图 14-17(a)中，干涉叠加在无穷远处（$w=0$）。如果用一透镜，即在此透镜的焦平面的 BB' 面上（图 14-17(b)）。即干涉场有一确定的位置，称为定位面。这种条纹又称为定位条纹。（实际上在定位面前后，仍有干涉条纹，只是定位面上条纹对比度最高。）

以上讨论说明，在薄板干涉中，可以不考虑光源的空间相干性。那么对于光源的时间相干性，即单色性呢？我们知道，薄板干涉中的光程差（即干涉级）与薄板厚度有关。因此，一定厚度的薄板要求一定单色性的光源使其相干光程和薄板产生光程差相适应，即

$$\Delta \leqslant \boldsymbol{L}_M$$

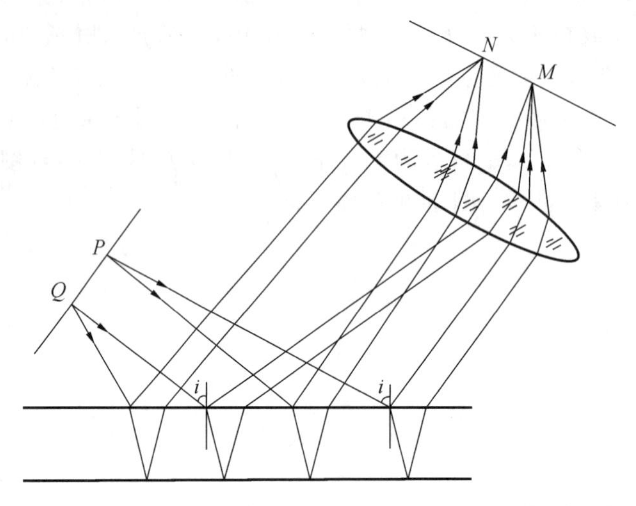

图 14-18　薄板干涉不同点的干涉成像情况

式中，$L_M=l_0$。$l_0=c\tau$，定义为相干长度，其中 c 为光速。对于同时到达干涉场中某一点 M 的两束光，在光源 S 中是在不同时刻 t_1 和 t_2 发出的，如果这个时差 t_2-t_1 超过相干时间 τ，就可认为不产生干涉现象。所谓光源的时间相干性，是指光源能在多大时间间隔内形成可见的干涉条纹，即用 τ（或 l_0）来表示。

量子光学证明，谱线宽度 $\Delta\lambda$ 强烈地依赖于原子发光时间 τ，它们的关系是：

$$\Delta\lambda=\frac{\lambda^2}{c\tau}\quad 或 \quad l_0=\frac{\lambda^2}{\Delta\lambda}$$

由上式和式(14-90)得

$$2h\sqrt{n^2-\sin^2 i}\leqslant\frac{\lambda^2}{\Delta\lambda}$$

或

$$h\leqslant\frac{\lambda^2}{2\Delta\lambda}\cdot\frac{1}{\sqrt{n^2-\sin^2 i}} \tag{14-93}$$

当 $i\approx 0$ 时，有：

$$h\leqslant\frac{\lambda^2}{2n\Delta\lambda} \tag{14-94}$$

例如，采用汞灯的 5461Å 绿线作光源，$\lambda=5461\text{Å}$，$\Delta\lambda=0.1\text{Å}$，对于 $n=1.52$ 的玻璃，可得

$$h\leqslant\frac{(5461)^2}{2\times1.5\times0.1}=10^8\,\text{Å}=1\text{cm}$$

对于白光光源或宽带滤光片，h 在 10^3 Å 数量级，能够看到条纹的薄板厚度不超过数个波长。

所以，和在菲涅耳型干涉中主要考虑光源的空间相干性相似，在薄板干涉中，主要考虑光源的单色性，在干涉技术中经常采用的单色性良好的光源有钠光灯、汞灯、氢灯等，但板的

厚度也超不过数厘米，这就是称为薄板干涉的原因。当然，如果采用单色性极优良的激光光源。板的厚度几乎不受限制。尽管厚度不同，但干涉原理是一样的，并且说明了干涉技术有更广泛的应用前景。

（二）等倾干涉条纹

若薄板的两平面平行，如图 14-18 所示，在薄板的上下两表面将产生两束平行光束。假如添加一块会聚透镜在光路中，将促使干涉现象出现。在此情形下，光程差受到的干扰因素小，主要受到入射角 i 的影响。当光束的入射角相同，但入射面产生差异性时，将呈现出相等的光程差和等厚条纹；如果入射光视场较大，则将出现等倾条纹。

在平面平行薄板中等倾条纹的定位面位将呈现于无限远，所以在观察这种干涉现象时需要用望远系统，对于光源则要求有宽光束照明。这是定位干涉的优点，因为它可以在不影响条纹的明晰程度和锐度的条件下增大干涉条纹的总强度。通常获得具有不同发射角的面光源的最简单方法，是在普通光源的前面放置一块毛玻璃。

等倾条纹的形状与观察的方位有关。参见图 14-19，S_1 和 S_2 相当于一对相干光源。当垂直于薄板表面观察时，也就是说透镜或眼睛的光轴方向与薄板的法线平行时，条纹是一组同心圆环，且圆心所处位置在过透镜中心的薄板法线上。若光轴与法线之间并不是平行的，那么条纹将可能是椭圆环。

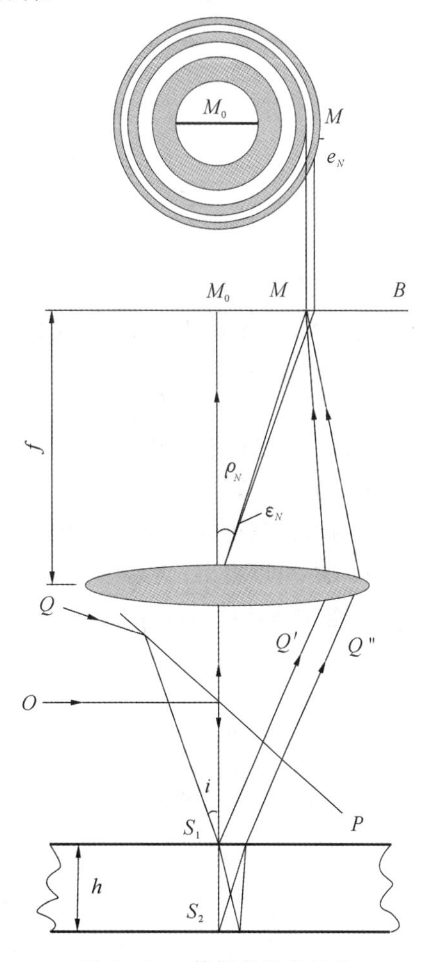

图 14-19　等倾条纹的呈现

下面介绍几个表示等倾环纹规律的概念和计算公式。

(1) 中央条纹。由图 14-19 可以看出，垂直薄板表面入射的 O 光束入射角为零，它在薄板两表面反射产生的两束相干光 O'、O'' 重合并交于 BB 平面的 M_0 点，这点是条纹的中心。由式(14-91)可得到达 M_0 点的这两束光的光程差为

$$\Delta_0 = 2hn + \frac{1}{2}\lambda \tag{14-95}$$

相应的干涉级为

$$m_0 = \frac{\Delta_0}{\lambda} = \frac{2nh}{\lambda} + \frac{1}{2} \tag{14-96}$$

式中，m_0 是中央条纹的干涉级，当 m_0 是 0，1，2，…整数时，中央是亮点；当 m_0 是 1/2，3/2，…时，中央是暗点。

(2) 环纹的干涉级和序数。将式(14-92)和光程差公式

$$\Delta = m\lambda = 2h\sqrt{n^2 - \sin^2 i} + \frac{1}{2}\lambda \tag{14-97}$$

比较,可知中央条纹的干涉级 $m_0(i=0)$ 最大,随着 i 的增加,光程差变小,因而干涉级减少。所以等倾条纹的干涉级是从中心向外递减的,干涉级依次为 $m_0, m_0-1, m_0-2, \cdots$。

为了使用方便,常常引入环纹序数的概念,用字母 N 表示。环纹序数即从中央向外数的顺序,中央条纹的序数为 0,依次向外为 1,2,…。所以环纹的序数 N 与级数 m 的关系为:$m=m_0-N$,设以中央亮点作标准,则第 N 个亮纹的光程差应满足以下关系:

$$\Delta_N = 2h\sqrt{n^2-\sin^2 i}+\frac{1}{2}\lambda = m\lambda = (m_0-N)\lambda \tag{14-98}$$

因为在大多数情况下,i 角很小,公式中的根号值可以用二项式定理展开,并且忽略高次项,仅取其一级近似值,即

$$\begin{aligned} 2h\sqrt{n^2-\sin^2 i} &= 2nh\left(1-\frac{\sin^2 i}{n^2}\right)^{-\frac{1}{2}} = 2nh\left(1-\frac{i^2}{n^2}\right)^{\frac{1}{2}} \\ &= 2nh\left(1-\frac{i^2}{2n^2}-\frac{1}{8}\cdot\frac{i^4}{n^4}-\frac{1}{16}\cdot\frac{i^\theta}{n^0}-\cdots\right) \\ &\approx 2nh-\frac{hi^2}{n} \end{aligned} \tag{14-99}$$

代入式(14-98)中,得

$$m\lambda = (m_0-N)\lambda = 2nh-\frac{hi^2}{n}+\frac{1}{2}\lambda$$

及

$$m = \frac{2nh}{\lambda}-\frac{hi^2}{n\lambda}+\frac{1}{2} \tag{14-100}$$

注意式(14-96),即可求得环纹序数公式为:

$$N = \frac{hi^2}{n\lambda} \tag{14-101}$$

(3) 环纹的角半径和半径。环纹的角半径指环纹对会聚透镜 L 的中心的张角,至于环纹的半径就是圆环半径 r_{N_0}。

容易求得条纹的角半径和半径公式。如果形成第 N 序环纹的入射光束的入射角是 i,由图 14-19 可以看出,两束相干光 Q',Q'' 的反射角也是 i;它们聚焦在 M 点,与光轴的夹角为 ρ_N。由透镜性质可知,$\rho_N=i$,从式(14-101)中求出 i 值,得:

$$\rho_N = \sqrt{\frac{Nn\lambda}{h}}\ (\text{rad}) \tag{14-102}$$

相应的环纹半径:

$$r_N = \rho_N\cdot f = f\cdot\sqrt{\frac{Nn\lambda}{h}} \tag{14-103}$$

式中,f 为透镜 L 的焦距。从上面两个式子可以看出,环纹的半径与厚度的平方根成反比,薄板变厚时,条纹半径就变小,只有较薄的薄板,才能产生可观察的干涉条纹。

(4) 环纹的角间距和间距。环纹的角间距即相邻两个环纹对透镜中心的夹角,环纹的间距即相邻两个环纹的径向距离,如图 14-19 中的 ε_N 和 e_N。我们在式(14-102)和式(14-103)中分别求 ρ_N 和 r_N 对 N 的微分:

$$\mathrm{d}\rho_N = \sqrt{\frac{n\lambda}{h}}\mathrm{d}\sqrt{N} = \frac{1}{2}\sqrt{\frac{n\lambda}{hN}} \cdot \mathrm{d}N$$

$$\mathrm{d}r_N = f \cdot \sqrt{\frac{n\lambda}{h}}\mathrm{d}\sqrt{N} = \frac{f}{2}\sqrt{\frac{n\lambda}{hN}}\mathrm{d}N$$

取 $\mathrm{d}N=1$，对应地，$\mathrm{d}\rho_N=\varepsilon_N$，$\mathrm{d}r'_N=e_{N_0}$，则有：

$$\begin{cases} \varepsilon_N = \dfrac{1}{2}\sqrt{\dfrac{n\lambda}{hN}} & (14\text{-}104) \\ e_N = \dfrac{f}{2}\sqrt{\dfrac{n\lambda}{hN}} & (14\text{-}105) \end{cases}$$

ε_N 和 e_N 表示环纹的疏密程度，上两式说明它们和环纹序数的平方根成反比。就是说，对于一组条纹，靠近中心（N 较小）的条纹较稀，越往边缘（N 越大），条纹愈密，如图 14-20 所示。另外，薄板厚度变大时条纹也较密。

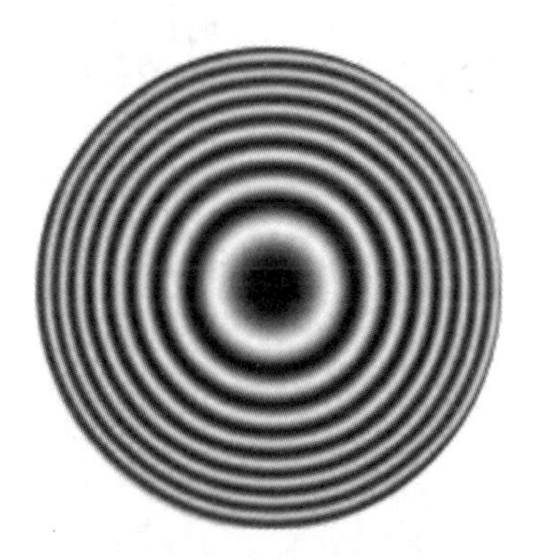

图 14-20　环纹的间距

（三）等厚干涉条纹

薄板上产生等厚干涉条纹的原理可在图 14-21 上看出。图中薄板是厚度不等的一个楔形平板，入射光是一束入射角恒定的平行光。同一光束经过薄板上下两表面反射后构成的一对相干光束在 BB' 本面上相交而产生干涉现象。因为到达干涉场 BB' 上不同点的光波，在板中经过时所走的路程可能不同，它们就有不同程差，因而叠加后干涉场上各点的光强度不同。这样，对整个干涉场来说，通过薄板中厚度相同各点的光波就有相同的光强度，即形成等厚干涉条纹。

采用如图 14-17 所示的装置时，干涉场位于薄板的外面，在实际应用上很不方便。因此改用如图 14-21 所示的装置。图中 P 是半透半反膜，使入射平行光束垂直投射在薄板上。入射在表面任一点的光束（例如 N）在上表面后射后仍按表面法线方向原路返回（光束 N'），进入薄板的光束在下表面按 2θ 角（θ 是薄板的楔角，一般很小）反射，通过上表面时按 $2n\theta$ 角折射出去（光束 N''）。这两个相干光束 N'，N'' 是发散的，有发散角 $2n\theta$。我们从上方观察它们的相干情况时，就好像它们是在二者的延长线交点 M（虚交点）发出似的，也就是说和在 M 点相干一样。因此，在这个装置中，我们观察到的干涉场 BB 在薄板内。也就是说，观察到的等厚干涉条纹在薄板内 BB 平面上。

观察上述情况的干涉条纹：如用眼睛直接观察，只要眼睛聚焦在 BB 面上，就能观察到条纹。如用仪器（比如放大系统）观察，条纹出现在共轭面 $B'B'$ 上。如果不需要放大，可取透镜和 BB 平面之间的距离等于透镜的 2 倍焦距。

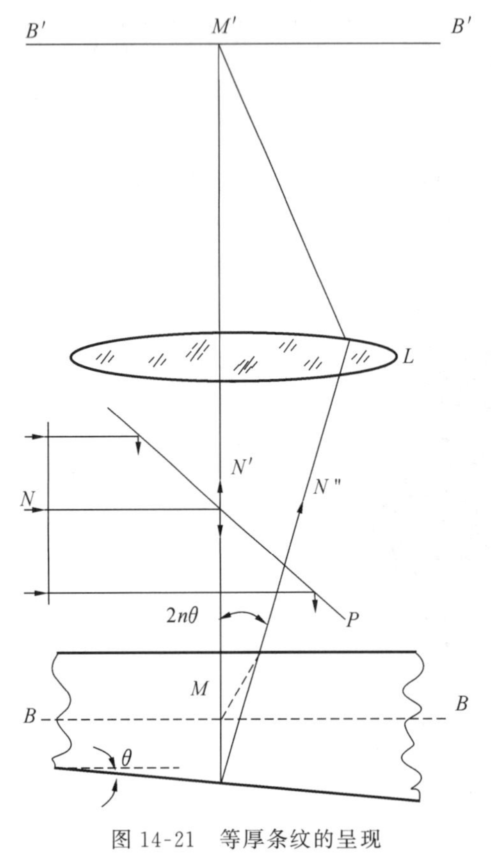

图 14-21　等厚条纹的呈现

等厚条纹的形状与薄板的等厚线相当。所以，在上述图 14-21 的实验中，如果薄板是楔形平面，则条纹是与楔形平面棱线平行的直线（图 14-22(a)）。如果薄板是由一个平面和一个圆柱面的间隙组成，条纹是与柱面母线平行的直线（图 14-22(b)）。如果薄板是由一个平面和一个球面组成的，条纹是同心圆环（图 14-22(c)），这种圆环条纹又称牛顿环。

现在求等厚条纹的间距公式。在入射角 $i\neq 0$ 情形下，光程差为

$$\Delta = m\lambda = 2h\sqrt{n^2-\sin^2 i}+\frac{\lambda}{2} \tag{14-106}$$

求微分：

$$\lambda \mathrm{d}n = 2\sqrt{n^2-\sin^2 i}\,\mathrm{d}h \tag{14-107}$$

参看图 14-19，当 θ 角很小时，$\mathrm{d}h=\theta\mathrm{d}l$，而当 $\mathrm{d}m=1$ 时，对应的 $\mathrm{d}l$ 值就是条纹的间距 e，故有：

$$e=\frac{\lambda}{2\theta\sqrt{n^2-\sin^2 i}} \tag{14-108}$$

在入射角 $i=0$ 时：

$$e=\frac{\lambda}{2n\theta} \tag{14-109}$$

等厚条纹的疏密与楔角 θ 的大小成反比。所以，在图 14-22(a)中，因楔形角 θ 值不变，条纹是等间距的；在图 14-22(b)、(c)中从，中央向外倾角 θ 变大，所以条纹内稀外密。应该注意，牛顿环和等倾条纹外形相似，但规律不同。

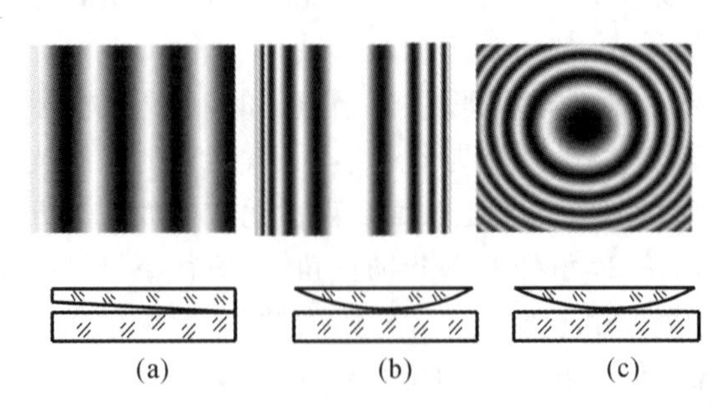

图 14-22　不同薄板组成时对应形成的等厚干涉条纹

在实现薄板等厚干涉或实际观察等厚干涉现象时，有几个问题需要注意。第一，实现等厚干涉，需要一束平行光。对光源的这种要求，如果是激光器，不难做到。无论固体还是气体激光器的输出，都是方向性好的准平行光，如果再用望远镜扩束，能以扩束的比例提高平行性。如果是普通光源，通常是用平行光管产生平行光，如图 14-23 所示。这时候光阑有一定大小，射出的平行光有一定的偏角范围 Δi，就是说，形成等厚条纹的光束的入射角 i 有一变化范围 Δi，因而影响条纹的对比度。要得到清晰的条纹，对光源或平行光管光阑的大小有一定限制。和讨论光源宽度影响类似，取 $P=1/2, K=0.65$，可以求得允许的最大偏角 Δi_N 或光源光阑 S_N 为

$$\begin{cases}\Delta i_N = \dfrac{\lambda\sqrt{n^2-\sin^2 i}}{2h\sin 2i}\\[2ex] S_N = f\cdot\Delta i_n = \dfrac{f\lambda\sqrt{n^2-\sin^2 i}}{2h\sin 2i}\end{cases} \tag{14-110}$$

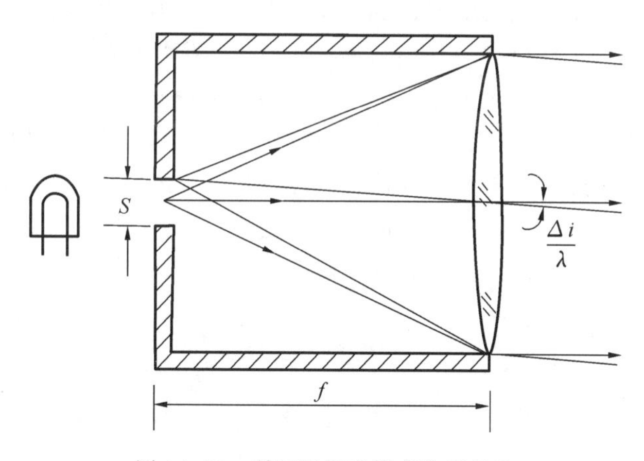

图 14-23　利用平行光管产生平行光

当 i 很小时，简化为

$$\begin{cases}\Delta i_N = \dfrac{n\lambda}{4hi}\\[2ex] S_N = \dfrac{nf\lambda}{4hi}\end{cases} \tag{14-111}$$

在实际设计或使用干涉仪器时，需要注意这种限制。

第二，在上节讨论薄板干涉中的时间相干性时提到，薄板的厚度受光源单色性的限制。采用单色性很差的白光光源或宽带滤光片时，只有厚度为几个波长的薄片才有干涉条纹。此时的等厚条纹是彩色光带，并且彩色条纹在零厚度附近对称分布。这种条纹分布明显地表示出薄片接近零厚度时的厚度分布。所以，等厚彩色条纹用于测量薄膜厚度是非常合适的。

第三，上面提到只有平行光入射时，或对光源作严格限制时才能产生等厚干涉。但在实际中，我们常在漫射光的照耀下直接观察到油膜、肥皂泡上的彩色等厚条纹，好像对入射光的平行性无所要求。这是因为，用人眼观察时瞬时进入人眼的只是从薄膜很小面积反射来的、孔径角很小的光束。这部分光束的入射角变化很小，当膜层很薄(观察到彩色条纹)时，

形成干涉条纹的光程差变化主要是膜层厚度的变化。至于人们看到肥皂泡上“大片的”彩色条纹，是由于眼睛的快速扫描和视觉暂留作用，实际上并非“同时”看到一大片干涉条纹。

当然，严格地讲，这不是纯粹的等厚干涉，特别是薄膜较厚的时候。因为这时候光程差与 i，h 两个因子有关，光程差相同的地方并不在等厚线上。对条纹的性质需要针对具体的条件进行分析。等厚或等倾干涉，只是一般薄板干涉在某种极限情况下的特例。

第四，关于光性条纹，显然可以在平行光入射在平行平板上时观察到，这时候的条纹形态完全由平板介质折射率 n 决定，条纹的分布完全反映了介质折射率的分布。光性条纹在研究液体或气体的光学性质时特别有用（让液体或气体通过平面平行的透明管子），在全息干涉测量中也经常碰到。

（四）迈克尔逊干涉仪

迈克尔逊干涉仪是迈克尔逊在 1881 年为了研究“以太”是否存在而设计的。仪器的结构和使用在实验课中介绍，光路如图 14-24 所示，P_1 和 P_2 为两块折射率和厚度都非常均匀的平面平行玻璃板，安置的位置互相平行，M_1 和 M_2 是两块表面精细磨平并镀以高反射率金属膜层的平面反射镜，与 P_1P_2 成 45°角。P_1 的后表面镀有半反射膜，从光源 S 射出的光束经过 P_1 时分为反射和透射两光束，所以 P_1 称为分束器。P_1 表面所镀膜层厚度以使反射光和透射光进入观察系统时强度相同为标准。透射光束 1 经过 M_1 反射，再从 P_1 反射进入观察系统（人眼或其他观察仪器）。反射光束 2 通过 M_2 镜的反射，再通过 P_1 而进入观察系统，与光束 1 构成一对相干光束，产生干涉现象。

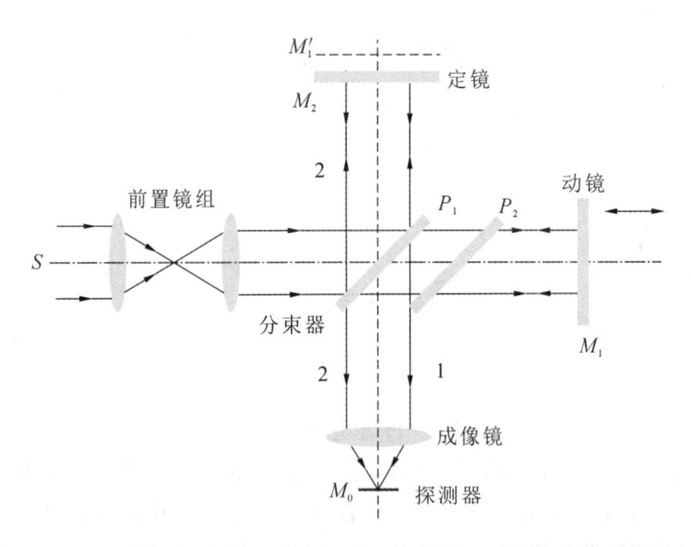

图 14-24　迈克尔逊干涉仪（其中一平面镜与另一平面镜的像严格平行）

为了解这种仪器的干涉现象，可以作出 M_1 经 P_1 反射后的虚像 M_1'，将看到镜面 M_2 和 M_1 的虚 M_1'构成一假想空气层。在 M_1 和 M_2 的后面各有三个调节机构，用来调节它们的相对位置。如果 M_1 和 M_2 准确地互相垂直，则空气层的二平面严格平行（图 14-24）；如果不十分垂直，则构成一楔形的空气层（图 14-25）。空气层的厚度可由平移 M_2 的位置来调节。

利用这种仪器可以产生厚的、薄的、平面平行的和楔形平板的各种干涉现象。

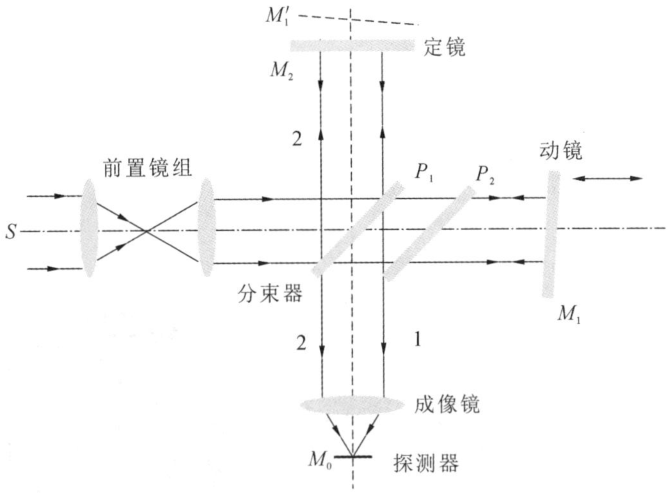

图 14-25　迈克尔逊干涉仪(其中一平面镜与另一平面镜的像不平行)

仪器的作用与空气薄板相当,干涉条纹的定量讨论就和前两节一样,只要注意空气薄板的折射率 $n=1$。

图 14-24 和图 14-25 中,玻璃平板 P_2 是用来补偿光程差的,以确保干涉图的过零光程差采样。在单色光照明时,这种补偿可以不需要,对于光束 2 而言,能够通过空气中的行程补偿。但用白光作光源时,因为平板内有色散,不同的波长行进的光程是完全相同的,而且通过空气中的行程补偿是无法完成的,所以采用与分束器厚度和材料完全相同的另一个平板来补偿色散。白光的干涉条纹只有当两束光等光程时,即零光程差时才能观察到。因此,我们常用白光的干涉条纹来确定 M_2 的零光程差或等光程位置。

迈克尔逊干涉仪发挥着至关重要的作用,对分振幅干涉的适用性较强,其优势为两束光可以分开很远,可以在光路中很方便地安置被测量的样品。迈克尔逊干涉仪可以测量光的波长,用波长测量长度和测量透明薄片的折射率等。由它变型的近代干涉仪有用来测量面粗糙度的林尼克干涉显微镜,测量光学系统像差的棱镜透镜干涉仪或泰曼干涉仪,检验各种光学元件表面质量的平面干涉仪,以及鉴定标准块规长度的干涉测长仪等;激光出现后迅速增长了相干光程,使这些干涉仪器应用更广泛。在近代科技发展中,与迈克尔逊干涉仪相关的理论或实验研究在物理、天文等领域已经产生至少 3 次诺贝尔物理学奖,包括用于寻找引力波的 LIGO 干涉仪。

五、多光束干涉

(一) 薄板的多束光干涉

在薄板的单次反射率 $\rho=\gamma^2$ 较大时,反射光和透射光各自有多束相干光,形成多束光干涉。这时候以由式(14-110)和式(14-111)出发来讨论干涉的情况。

设薄板为一均匀等厚薄板，我们就得到等倾条纹，如图 14-26 所示，在透镜焦平面 BB 上的是透射光等倾条纹。如果取薄板两边介质的折射率相同，则薄板单反射率有 $\rho=\gamma_{01}^2=\gamma_i^2$，及 $\gamma_{01}=-\gamma_{12}-\sqrt{\rho}$，代入式(14-110)得：

$$
\begin{aligned}
I_R = RI_0 &= \frac{\rho+\rho-2\sqrt{\rho}\sqrt{\rho}\cos\varphi}{1+\rho\cdot\rho-2\sqrt{\rho}\sqrt{\rho}\cos\varphi}I_0 = \frac{2\rho(1-\cos\varphi)}{1+\rho^2-2\rho\cos\varphi}I_0 \\
&= \frac{4\rho\sin^2(\varphi/2)}{(1-\rho)^2+4\rho\sin^2(\varphi/2)}I_0
\end{aligned} \tag{14-112}
$$

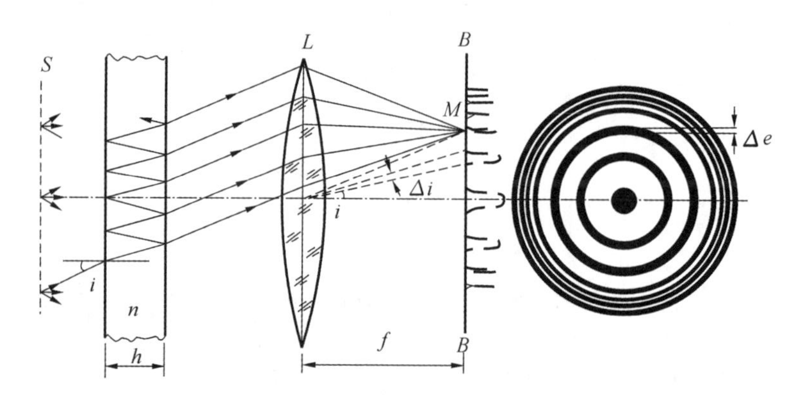

图 14-26　薄板的多光束干涉原理

这是薄板多束反射光干涉的强度公式。透射光的强度公式则为

$$
I_T = TI_0 = \frac{(1-\rho)^2}{(1-\rho)^2+4\rho\sin^2(\varphi/2)}I_0 \tag{14-113}
$$

下面根据式(14-112)和式(14-113)分析条纹分布的特点。

多束光干涉中亮纹和暗纹的条件及亮暗纹的强度均由式(14-112)、式(14-113)求出。

在反射光的情形，亮纹条件为

$$
\varphi=(2m+1)\pi \quad 或 \quad \Delta = 2h\sqrt{n^2-\sin^2 i}=\left(m+\frac{1}{2}\right)\lambda \tag{14-114}
$$

亮纹强度为

$$
I_{R\max} = \frac{4\rho}{(1+\rho)^2}I_0 \tag{14-115}
$$

暗纹条件为

$$
\varphi = 2m\pi \quad 或 \quad \Delta = 2h\sqrt{n^2-\sin^2 i}=m\lambda \tag{14-116}
$$

暗纹强度为

$$
I_{R\min} = 0 \tag{14-117}
$$

在透射光的情形，亮纹和暗纹的条件分别为

$$
\varphi = 2m\pi,\quad \Delta = 2h\sqrt{n^2-\sin^2 i}=m\lambda \tag{14-118}
$$

和

$$
\varphi=(2m+1)\pi,\quad \Delta = 2h\sqrt{n^2-\sin^2 i}=\left(m+\frac{1}{2}\right)\lambda \tag{14-119}
$$

亮纹和暗纹的强度分别为

$$I_{T\max}=I_0 \quad 和 \quad I_{T\min}=\frac{(1-R)^2}{(1+R)^2}I_0 \tag{14-120}$$

从式(14-115)、式(14-117)可知，在薄板多束光干涉中，干涉场的强度分布与薄板反射率 ρ 密切相关。我们在图 14-27 中绘出透射光干涉场中的强度分布(a)，以及反射光干涉场中的强度分布(b)。各曲线的反射率分别为 $\rho=0.045$(一般玻璃薄板)、0.27、0.64、0.87。

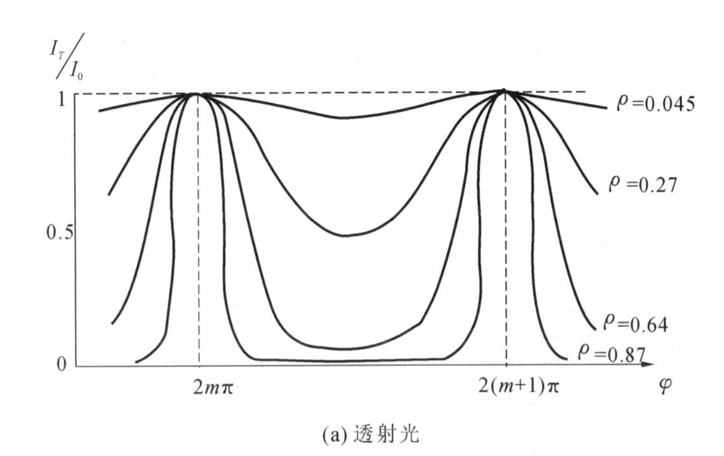

(a) 透射光

(b) 反射光

图 14-27　干涉场中的强度分布

由公式及图中曲线可以看出：

(1) 当 ρ 很小时，公式分母中的 ρ 和 $4\sin^2\frac{\varphi}{2}\ll 1$，公式简化为

$$\begin{cases} I_R=\left(4\rho\sin^2\dfrac{\varphi}{2}\right)I_0 \\ I_T=\left(1-4R\sin^2\dfrac{\varphi}{2}\right)I_0 \end{cases} \tag{14-121}$$

这时反射光的干涉条纹是正弦平方分布，并且条纹有全对比，和两束光干涉的情况(式

(14-91))一样(注意 $\rho I=I_1$)。这就是我们讨论过的薄板两束光干涉。而透射光的干涉条纹对比度很小。

(2) 当 ρ 增大时,透射光的暗纹强度下降,对比度变好,并且亮纹的宽度变窄,不再是余弦平方分布的规律,而是在较暗的背景上呈现很细的亮线,看起来条纹十分清晰。所以在实际工作中都采用透射光的干涉条纹,并且 ρ 越大,这种条纹越好。至于反射光的干涉条纹,是在亮背景上呈现的很细的暗纹,实际上条纹是看不清楚的。

关于干涉条纹的形状,主要由光程差决定,在这一点上是和两束光的情形一样的,我们不再讨论。例如在等倾情形下,与薄板表面平行的干涉场是同心圆环形式,如图 14-28 所示。

关于透射光干涉的亮纹宽度与反射率 ρ 有关。当暗纹强度很小时,亮纹宽度的定义是亮纹上强度为最大值的一半的两点间的距离,如图 14-29 所示。设 Δe 表示亮纹宽度,图中 $\Delta\varphi$ 为与 Δe 对应的相位改变;根据定义,再注意亮纹极大值条件,由式(14-81)可得:

图 14-28　多光束干涉的等倾圆环

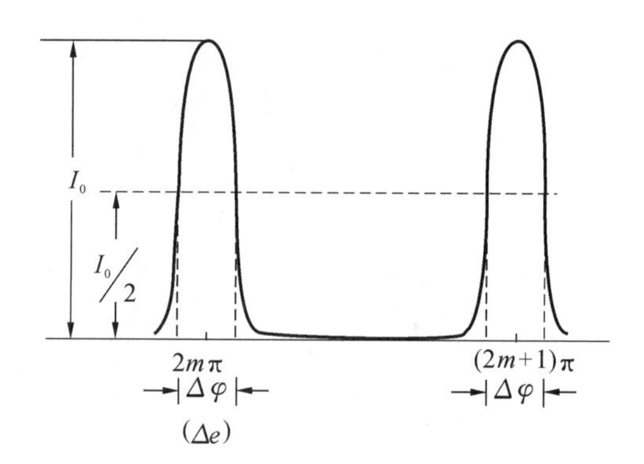

图 14-29　亮纹宽度

$$\frac{1}{2}I_0=\frac{(1-\rho)^2I_0}{(1-\rho)^2+4\rho\sin^2\left(m\pi+\frac{\Delta\varphi}{4}\right)} \tag{14-122}$$

因为 $\Delta\varphi$ 很小,所以

$$\sin^2\left(m\pi+\frac{\Delta\varphi}{4}\right)=\sin^2\left(\frac{\Delta\varphi}{4}\right)\approx\left(-\frac{\Delta\varphi}{4}\right)^2$$

简化后可得:

$$\Delta\varphi=\frac{2(1-\rho)}{\sqrt{\rho}} \tag{14-123}$$

可见亮纹的宽度随着薄板反射率的增加而减小。有较窄的亮纹,这是多束光干涉和两束光干涉的区别。实际上 ρ 增大,表示薄板上递次反射和透射的光束数目增加;光束振幅衰减变慢,也就是说可用的相干光束数目增加了。所以,我们可以这样认为,相干光束的数目越多,形成的干涉条纹越窄。这后一结论有普遍性,在波动理论中是一重要规律。

至于干涉场中亮纹的具体线度 Δe,还与干涉场的具体安置情况有关。在图 14-29 的情况下,如果 Δe 对应的倾角为 Δi,则 $\Delta e=f\cdot\Delta i$。而根据相位差公式:

$$\varphi=\frac{4\pi h}{\lambda}\sqrt{n^2-\sin^2 i} \tag{14-124}$$

求微分：

$$\delta\varphi = -\frac{2\pi h}{\lambda} \cdot \frac{\sin 2i \cdot \delta i}{\sqrt{n^2 - \sin^2 i}} \tag{14-125}$$

如果 $\delta\varphi$ 是亮纹宽度的相位改变 $\Delta\varphi$，δi 就是 Δi，因此

$$\Delta e = f \cdot \Delta i = \frac{f \cdot \lambda}{\pi h} \cdot \frac{\sqrt{n^2 - \sin^2 i}}{\sin 2i} \cdot \frac{(1-R)}{\sqrt{R}} \tag{14-126}$$

这就是此种情况下的亮纹宽度公式。从式中倾角的位置可知，i 增大时，Δe 变小，在图 14-28 中即离中心越远亮纹越锐。

如何增加薄板的反射率呢？一般的透明介质如玻璃和水等，反射率很小，不超过 5%。要增加反射率有两个途径：一种是在透明薄板上加镀反射膜层来提高反射率，可以使反射率高达 90%以上；另一种方法是使入射角加大，比如接近 90°，也可使反射率接近于 1（参见图 14-19 和图 14-21）。下面要介绍的法布里-珀罗干涉仪就是利用镀膜增加反射率的方法得到多束相干光的。

（二）法布里-珀罗干涉仪

由于条纹的特征明显，利用多束光干涉而制成的干涉仪器和装量很多。最常用的是法布里—珀罗干涉仪，其光路原理如图 14-30 所示。将两块平板玻璃或水晶（用于紫外光时）互相平行放置，在相对的两个表面上镀膜以增大反射率（一般超过 90%）。入射光束在此两板间多次反射而产生多束相干光，并且在透镜 L 的焦平面上得到等倾干涉条纹。条纹形状如图 14-28 所示。

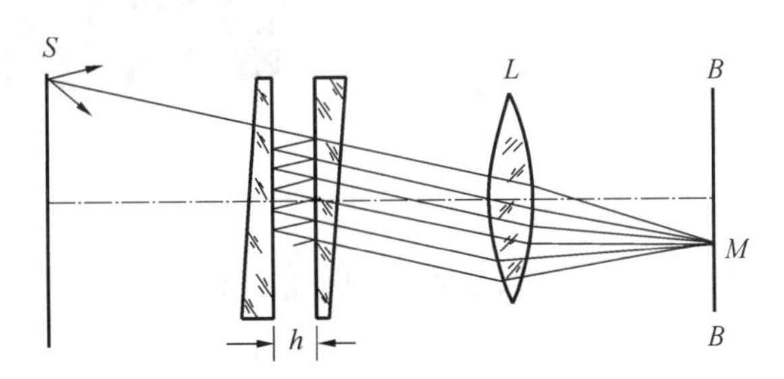

图 14-30　法布里-珀罗干涉仪原理

在法布里-珀罗干涉仪中得到的条纹形态前面均已讨论，此处不再重复，只是在使用多束光干涉的各类公式时应注意薄板实际上是空气层，因而 $n=1$。比如，此时相邻两相干光束的光程差为

$$\Delta = 2h\sqrt{1-\sin^2 i} = 2h\cos i \tag{14-127}$$

仪器中两板间距离 h 可以调节。也有为了精密测量而使 h 固定不变，即往往在两板间加进一个平行精度很高的垫圈，这种距离 h 不变的仪器叫法布里-珀罗标准具。一组厚度不同（如 h=1mm、2mm、5mm、10mm）的标准具对精确测定光波波长很有用。

下面介绍用法布里—珀罗标准具测量波长差的方法。设有两种波长 λ_1 和 λ_2（其波长差 $\Delta\lambda=\lambda_2-\lambda_1$ 很小）的光波投射到标准具上，那么它们将形成两组干涉条纹，如图 14-31 所

示。为展示清楚，图中 λ_1 的亮纹用实线表示，λ_2 的用虚线表示。按光程差公式，对干涉场中任一点有：

$$\Delta = 2h\cos i = m_1\lambda_1 \tag{14-128}$$

及

$$\Delta = 2h\cos i = m_2\lambda_2 \tag{14-129}$$

两式相减运算后可得：

$$\frac{\lambda_2 - \lambda_1}{\lambda_1 \cdot \lambda_2} = \frac{m_1 - m_2}{2h\cos i} \tag{14-130}$$

用 $\delta m = m_1 - m_2$，$\delta\lambda = \lambda_2 - \lambda_1$ 及 $\overline{\lambda^3} = \lambda_1 \cdot \lambda_2$ 代入上式，得：

$$\delta\lambda = \frac{\delta m}{2h\cos i} \cdot \bar{\lambda}^2 \tag{14-131}$$

式中，$\bar{\lambda}$ 称为 λ_1 和 λ_2 的平均波长。在法布里-珀罗干涉仪中，对中央的一些干涉圆环，$i=0$，故有：

$$\delta\lambda = \frac{\bar{\lambda}^2}{2h} \cdot \delta m \tag{14-132}$$

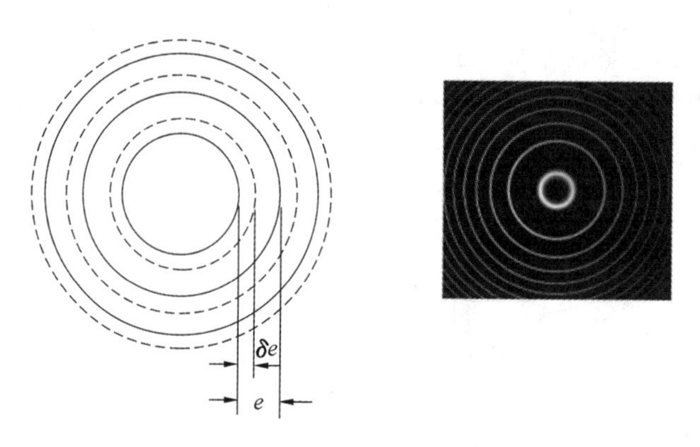

图 14-31　基于法布里-珀罗标准具的波长差测量

从图 14-31 可以看出，

$$\delta m = \frac{\delta e}{e} \tag{14-133}$$

因此，测量条纹间距 e 和两个波长条纹间的距离 δe，就可以计算出波长差 $\delta\lambda$，即

$$\delta\lambda = \frac{\bar{\lambda}^2}{2h} \cdot \frac{\delta e}{e} \tag{14-134}$$

当用这种方法测量时，不应该使 δm 的值大于 1，因为当 $\delta m = 1$ 时，对应的两种波长的条纹已经重合，难以区分。

如果我们把 $\delta m = 1$ 时对应的波长差 $\Delta\lambda$ 叫作标准具常数，则此常数值为

$$\Delta\lambda = \frac{\bar{\lambda}^2}{2h} \tag{14-135}$$

显然，$\Delta\lambda$ 是标准具能测量的最大波长范围。

第三节　光的衍射效应

和干涉现象一样，衍射也是波动过程的基本现象。光束通过一个小孔或狭缝之类的光阑时，就会出现这种光线偏离直线传播的衍射现象。如图 14-32 所示，在屏上看到的不仅仅是一个和小孔相似的亮斑，亮斑中还有明暗相间的环纹。由于光的波长较短，只有通过很小的光阑时，光的衍射现象才明显。建立在光的直线传播基础上的几何光学的规律，都要受到衍射现象的影响和限制。历史上，正是通过对干涉和衍射现象的研究而认识光的波动特性的。

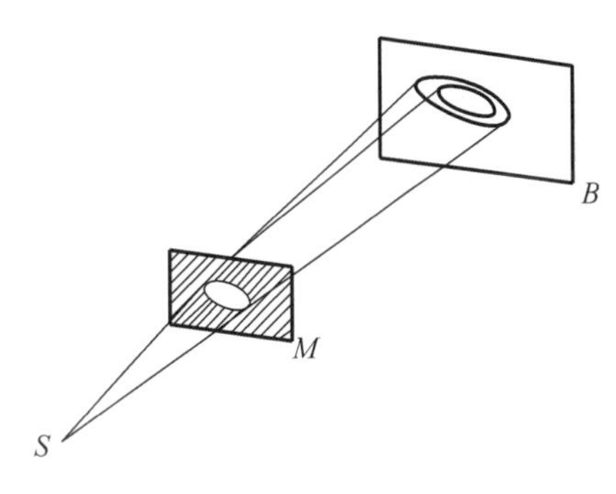

图 14-32　光的衍射现象

光的衍射现象分为两类：菲涅耳衍射和夫琅禾费衍射，本章将从菲涅耳-基尔霍夫公式出发，讨论这两类衍射中的基本问题。衍射理论也是了解全息学、光学信息处理等傅里叶光学的基础。本章的讨论也将为下面两章介绍这方面内容作好准备。

一、菲涅耳衍射

（一）惠更斯-菲涅耳原理

惠更斯原理是最早描述光波传播过程的一个原理。这个原理指出：某一时刻 t 光波波前上的每一点都是一个子波波源，发射子波。在新时刻 $t+\Delta t$ 时新的波前是这些子波的包迹面，如图 14-33 所示。用惠更斯原理可以求得新波前，也就解决了波的传播问题。惠更斯原理可以解释衍射现象的存在，但没有给出新波前关于光波的振幅等参数，不能完整地解释衍射现象。

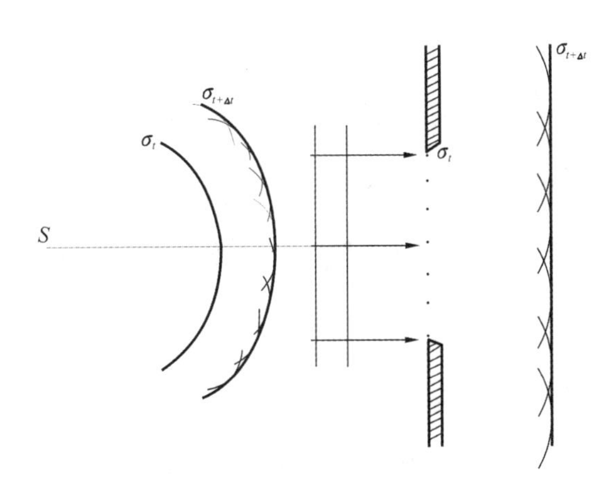

图 14-33　用惠更斯原理描述光的传播过程

菲涅耳在研究了光波的干涉以后，认为惠更斯原理中提出的子波来自同一波源，它们应该是相干波。因而新波前上任一点的光振动应该是所有子波在这一点叠加的结果。这样用干涉原理补充的惠更斯原理叫作惠更斯-菲涅耳原理。

利用惠更斯-菲涅耳原理，就可以求得新波前上各点的光强度。如图 14-34 所示，σ 是某一时刻的波前，σ' 是新时刻的波前。求 σ' 一点 P 的光振动 E_P，它是由 σ 面上各子波中心 1，2，… 发出的子波在 P 点叠加的结果。

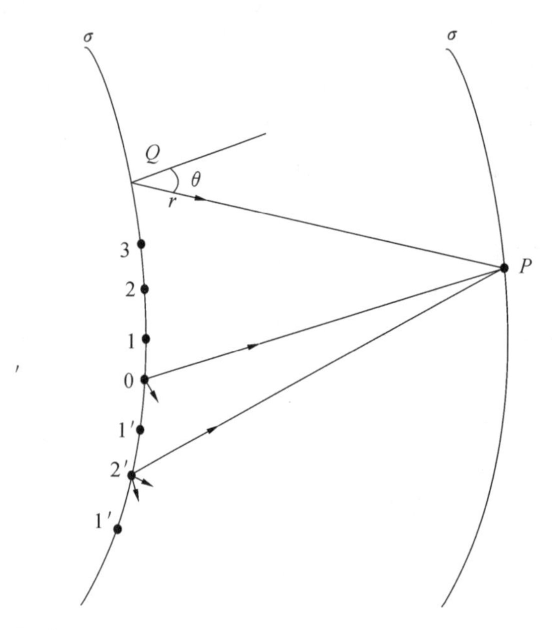

图 14-34　利用惠更斯-菲涅耳原理计算新波前的光强度

设 σ 面上子波源的振动用 E_0 表示，则在 t 时刻 σ 面的任一小波面 $\mathrm{d}\sigma$ 上：子波源的振动为

$$\frac{E_0\mathrm{d}\sigma}{\sigma}\mathrm{e}^{-j\omega t} \tag{14-136}$$

传播到 P 点时的贡献为

$$\mathrm{d}E_P = \frac{E_0}{\sigma}\mathrm{e}^{-j\omega t}q(\theta)\,\frac{\mathrm{e}^{jkr}}{r}\mathrm{d}\sigma \tag{14-137}$$

式中，$q(\theta)$ 是一个与方向有关的因子，指数项是子波在 P 点的相位因子。P 点的振动就是：

$$\begin{aligned} E_P &= \int \mathrm{d}E_P = \int_\sigma \frac{E_0}{\sigma}\mathrm{e}^{-j\omega t}q(\theta)\,\frac{\mathrm{e}^{jkr}}{r}\mathrm{d}\sigma \\ &= \frac{E_0}{\sigma}\mathrm{e}^{-j\omega t}\int_\sigma q(\theta)\,\frac{\mathrm{e}^{jkr}}{r}\mathrm{d}\sigma \\ &= \frac{C}{\sigma}\int_\sigma q(\theta)\,\frac{\mathrm{e}^{jkr}}{r}\mathrm{d}\sigma \end{aligned} \tag{14-138}$$

式中，$C=E_0\mathrm{e}^{-j}\omega t$ 是 σ 波前上的振动分布，对平面波或球面波都是常数。如果光波受光阑限制，只让一小部分波前通过，σ 就代表这一部分波前(图 14-33)。

在惠更斯原理中，波前 σ 上的子波源向各方向发射次波，向前有包络波前，向后也有包络波前。为了消除次波向后传播的困难，菲涅耳曾假定次波振幅随衍射角 θ 的增大而减小，当 $\theta=\frac{\pi}{2}$ 时，方向因子 $q(\theta)=0$。

（二）菲涅耳-基尔霍夫公式

基尔霍夫利用衍射屏的边界条件得到和式(14-138)类似的公式，采用图 14-33 的符号，这个公式可写成：

$$E_P=-\frac{jC}{2\lambda\sigma}\iint_\sigma\frac{e^{jkr}}{r}(1+\cos\theta)d\sigma \tag{14-139}$$

比较式(14-138)和式(14-139)，可知此时方向因子为

$$q(\theta)=-\frac{j}{\lambda}\,\frac{1+\cos\theta}{2} \tag{14-140}$$

或写成

$$q(\theta)=\frac{1}{\lambda}\,\frac{1+\cos\theta}{2}e^{j\frac{\pi}{2}} \tag{14-141}$$

这个方向因子表明，在 σ 面上，次波振幅和入射波振幅虽成正比，但有三点差别：① 振幅相差 λ^{-1} 倍；② 还相差一个倾斜因子 $\frac{1+\cos\theta}{2}$；③ 相位跃变 $\frac{\pi}{2}$。这些结果在菲涅耳的工作中是靠假设引出的，以得到和实际衍射图形一致的结果。实际上，这是光的波动性质的必然结果。

菲涅耳-基尔霍夫公式虽然是对衍射孔上波前 σ 为理想的球面波或平面波导出的(图 14-35(b))，也就是说，衍射孔是点光源照明的情况。但实际上，针对任意照明的普遍情形，菲涅耳-基尔霍夫公式也能应用。因为任意照明总可以分解为很多点光源照明的集合，由于光学系统的线性性质，这只是在运算中多了一个积分。就是说，如果衍射孔的 σ 面上振动不是常数 $E_0e^{-j\omega t}$，而有一分布 $E_0(\xi,\eta)e^{j\omega t}$，则对观察屏 BB 上任一点 $P(x,y)$ 的光振动(图 14-35(c))，菲涅耳-基尔霍夫公式可表示成：

$$E_P(x,y)=\iint_\sigma E_\sigma(\xi,\eta)q(\xi,\eta_j;x,y)\,\frac{e^{jkr(\xi,\eta,x,y)}}{r(\xi,\eta,x,y)}d\xi d\eta \tag{14-142}$$

式中，q 是与面元 $d\sigma$ 和 P 点位置有关的方向因子。

（三）菲涅耳衍射和夫琅禾费衍射

利用式(14-139)或式(14-142)讨论衍射现象，对相位因子指数中的 r 进行积分是很困难的，还必须按照衍射孔的实际情况进行简化。由图 14-35(c)可以看出：

$$r=\sqrt{z^2+(x-\xi)^2+(y-\eta)^2}=z\sqrt{1+\left(\frac{x-\xi}{z}\right)^2+\left(\frac{y-\eta}{z}\right)^2} \tag{14-143}$$

如果满足一级近似条件 $z\gg x-\xi, z\gg y-\eta$(这对实际衍射现象中衍射孔大小、观察范围和衍射孔与观察屏之间距离的限制来说，总是满足的)，式(14-146)取近似为

$$r=z\left[1+\frac{1}{2}\left(\frac{x-\xi}{z}\right)^2+\frac{1}{2}\left(\frac{y-\eta}{z}\right)^2\right] \tag{14-144}$$

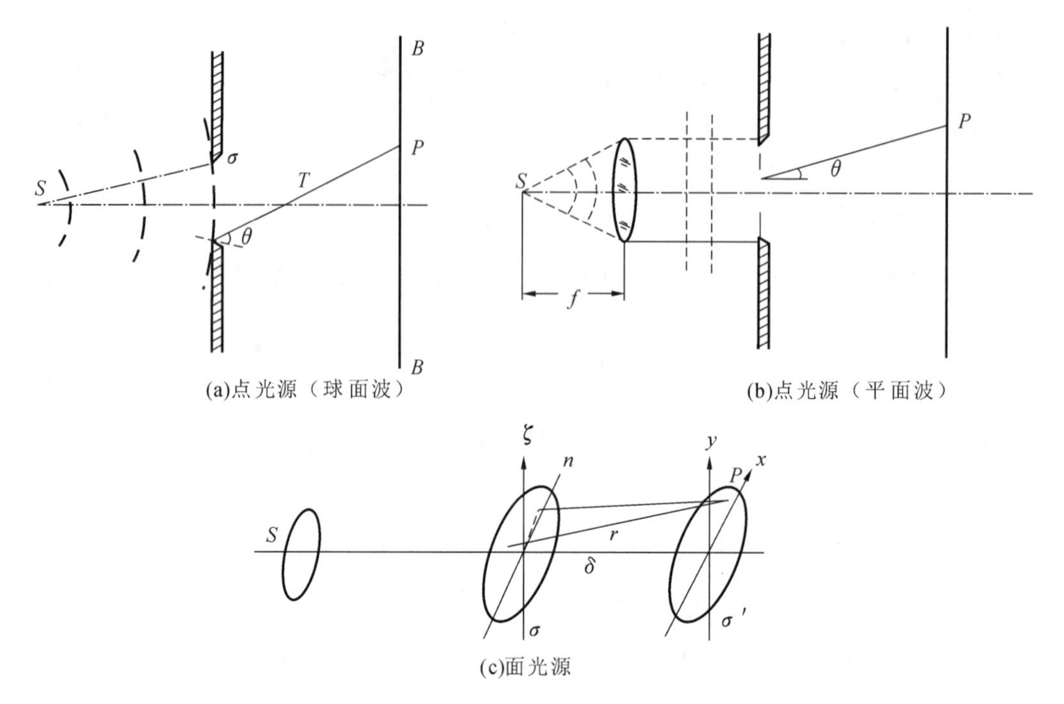

(a)点光源（球面波）

(b)点光源（平面波）

(c)面光源

图 14-35　不同光源(入射波前)形成的衍射

另外,在这个近似条件下,式(14-142)分母中的 r 只是影响衍射波的振幅,可以用 z 代替。参见式(14-140),此时方向因子也可看作不变的常数值 $q(\xi,\eta;x,y)=q(x-\xi,y-\eta)=q$,将这些结果代入式(14-142),简化为

$$E_P(x,y)=\frac{q}{z}e^{jkz}\iint_{\sigma}E_{\sigma}(\xi,\eta)e^{j\frac{k}{2z}[(x-\xi)^2+(y-\eta)^2]}d\xi d\eta \tag{14-145}$$

这种近似称为菲涅耳近似,满足这个近似条件的衍射称为菲涅耳衍射。上式还可以写成

$$E_P(x,y)=\frac{q}{z}e^{jk\left(z+\frac{x^2+y^2}{2z}\right)}\iint_{\sigma}E_{\sigma}(\xi,\eta)e^{jk\left(\frac{\xi^2+\eta^2}{2z}\right)}e^{-jk\left(\frac{x\xi+y\eta}{z}\right)}d\xi d\eta \tag{14-146}$$

如果满足更多的近似条件,式(14-146)还可以进一步简化。取

$$\left.\frac{k(\xi^2+\eta^2)}{2}\right|_{最大}\ll z \tag{14-147}$$

则得

$$E_P(x,y)=\frac{q}{z}e^{jk\left(z+\frac{x^2+y^2}{2z}\right)}\iint_{\sigma}E_{\sigma}(\xi,\eta)e^{-jk\left(\frac{x\xi+y\eta}{z}\right)}d\xi d\eta \tag{14-148}$$

条件(14-147)称为夫琅禾费近似,满足这种零级近似的衍射称为夫琅禾费衍射。这个衍射条件是相当苛刻的。比如一个孔径为 5cm 的通光透镜,对波长 $\lambda=6328$Å 的红光,观察距离应远大于 6300m。也就是说,在无限远处观察到的才是夫琅禾费衍射。实际上,只要在衍射孔后置一会聚透镜,在透镜的焦平面上观察到的就是这种衍射,在很多仪器的光学系统中都是如此设置的。

综上所述,夫琅禾费衍射是无限远处的平行光衍射(远场衍射);在透镜的焦平面上观察，可用式(14-148)计算衍射场的光振动。菲涅耳衍射是有限距离处的衍射(近场衍射)，用式(14-145)或式(14-146)计算。

最后，关于相位因子，在式(14-138)，式(14-139)和式(14-142)的积分号内的 kr 表示元面 $\mathrm{d}\sigma$ 传至 $P(x,y)$ 点的次波的相位。而在式(14-146)和式(14-148)中，因为已提出一个对 P 点来说不变的相位因子 $k\left(z+\frac{x^2+y^2}{2z}\right)$，积分号内的相位因子 $k\left(\frac{\xi^2+\eta^2-2x\xi-2y\eta}{2z}\right)$ 或 $-k=\left(\frac{x\xi-y\eta}{z}\right)$ 只表示 σ 上任一点 (ξ,η) 元面和中心点(0,0)元面在 P 点的次波的相位差。这对我们分析衍射花样是重要的。

二、夫琅禾费单孔衍射

比较重要的、基本的衍射现象，是平行光在单一的规则衍射孔(如单缝、矩孔、圆孔)上的夫琅禾费衍射。我们首先讨论这几种情形。

(一) 单缝衍射

如图 14-36 所示，光源 S 通过透镜 L_1 形成的一束平行光照射单缝，在透镜 L_2 的焦平面 BB 上得到衍射条纹。如果 S 是和单缝平行的线光源，衍射条纹是和缝平行的一组直线；如果 S 是点光源，衍射条纹也收缩成沿 x 轴方向的点阵，但强度分布不变。

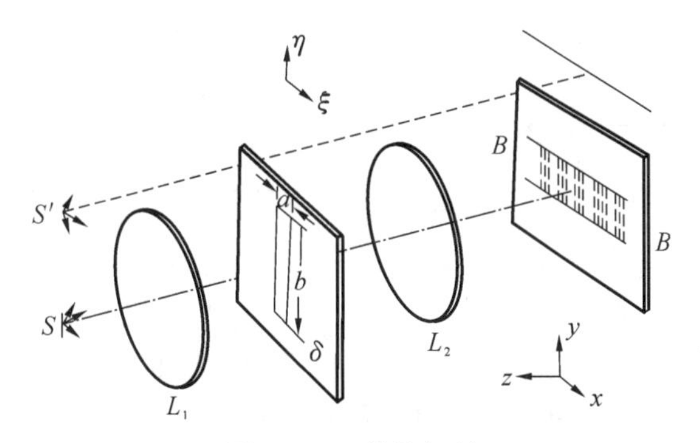

图 14-36　单缝衍射

我们讨论衍射场中的强度分布：由于单缝的长 b 远大小宽 a，实际上沿长度方向 y，衍射效应很小(后面将会解释原因)，只要考虑与缝长垂直的 x 方向上的强度分布即可。式(14-148)中只保留对 ξ 和 x 的一维积分。我们注意到，入射光是点光源产生的平面波，单缝上的强度分布均匀，$E_0(\xi,\eta)=E_0$ 是常数。由式(14-148)，xx' 方向上某一点 P 的光振动为

$$E_P(x)=\frac{qE_\sigma}{z}\mathrm{e}^{jk\left(z+\frac{x^2}{2z}\right)}\int_{-\frac{a}{2}}^{\frac{a}{2}}\mathrm{e}^{-jk\frac{x\xi}{z}}b\,\mathrm{d}\xi=\frac{E_0}{a}\mathrm{e}^{jk-\frac{x^2}{2z}}\int_{-\frac{a}{2}}^{\frac{a}{2}}\mathrm{e}^{-jk\frac{x\xi}{z}}\mathrm{d}\xi \qquad (14\text{-}149)$$

式中，沿缝宽从 $-\frac{a}{2}\sim\frac{a}{2}$ 的积分是取 $d\sigma=b\mathrm{d}\xi$ 时对整个衍射孔的积分(图 14-37)，$E_0=\frac{qE_Pab}{z}\mathrm{e}^{jkz}$ 是衍射屏上中心点 P_0 的光振动。

在实际情况中，到达屏上的衍射光线的衍射角 θ 很小，并且只要会聚透镜 L_2 的口径足

以收集各方向的衍射光线,可以取 $f=z$,及 $\sin\theta=x/z$。如果用角坐标 θ 代替 x,则得

$$E_D(\theta) = \frac{E_0}{a}\mathrm{e}^{j\frac{1}{2}kz\sin^2\theta}\int_{-\frac{a}{2}}^{\frac{a}{2}}\mathrm{e}^{-jk\xi\sin\theta}\mathrm{d}\xi = \frac{E_0 e^{j-\frac{1}{2}kz\sin^2\theta}}{ajk\sin\theta}(\mathrm{e}^{j\frac{kas\sin\theta}{2}} - \mathrm{e}^{-j\frac{ka\sin\theta}{2}})$$

$$= E_0\mathrm{e}^{j-\frac{1}{2}kz\sin^2\theta}\frac{\sin\left(\frac{ka\sin\theta}{2}\right)}{\frac{ka\sin\theta}{2}} = E_0\mathrm{e}^{j\frac{1}{2}kz\sin^2\theta}\frac{\sin\frac{\psi}{2}}{\frac{\psi}{2}} \tag{14-150}$$

式中

$$\psi = ka\sin\theta = \frac{2\pi a\sin\theta}{\lambda} \tag{14-151}$$

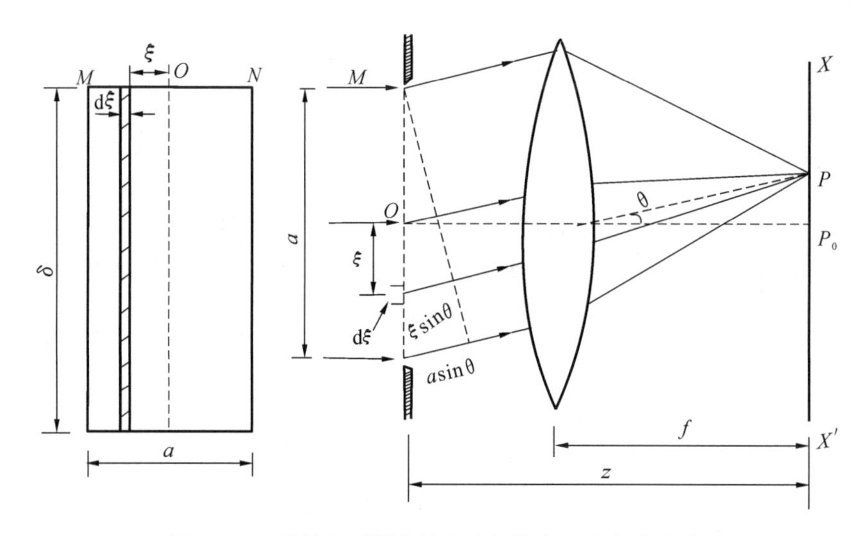

图 14-37　单缝上不同点的次波与像点 P 之间光程差

注意到 $\xi\sin\theta$ 是单缝上中心点和 Q 点的次波到达 P 点的光程差(图 14-37),ψ 乃缝宽方向两端点次波到达 P 点的相位差,相应的光程差是 $a\sin\theta$。

P 点的光强度为

$$I_P = E_P E_P^* = I_0\left(\frac{\sin\frac{\psi}{2}}{\frac{\psi}{2}}\right)^2 \tag{14-152}$$

式中,$I_0=|E_0|^2$ 是衍射屏中心 P_0 点的光强度。这就是单缝衍射时衍射场的强度公式。它以 θ 或 ψ 为自变量表示了衍射花样的分布。

现在来分析这个强度分布的特点。由式(14-152)不难看出,当 $\psi=\pm\pi,\pm 2\pi,\cdots$ 时,$I_P=0$,所以暗纹的条件为

$$\begin{cases}\psi = 2m\pi \\ \Delta = a\sin\theta = m\lambda\end{cases}\quad (m=\pm 1,\pm 2,\cdots) \tag{14-153}$$

即暗纹条件是衍射场中各点的最大光程差是波长整数倍的时候。

亮纹的条件可由强度极大值的条件:

$$\frac{\mathrm{d}}{\mathrm{d}\psi}\left(\frac{\sin\frac{\psi}{2}}{\frac{\psi}{2}}\right)=0$$

上式的解为

$$\tan\frac{\psi}{2}=\frac{\psi}{2} \tag{14-154}$$

这是一个超越方程,可用图解法求解,即作曲线 $T=\tan\frac{\psi}{2}$ 和 $T=\frac{\psi}{2}$,此二曲线交点所对应的 ψ 值即方程(14-154)的解(图 14-38),也就是亮纹条件值。将求得的 ψ 值代入式(14-152),得相应各级亮纹的强度值,如表 14-1 所示。

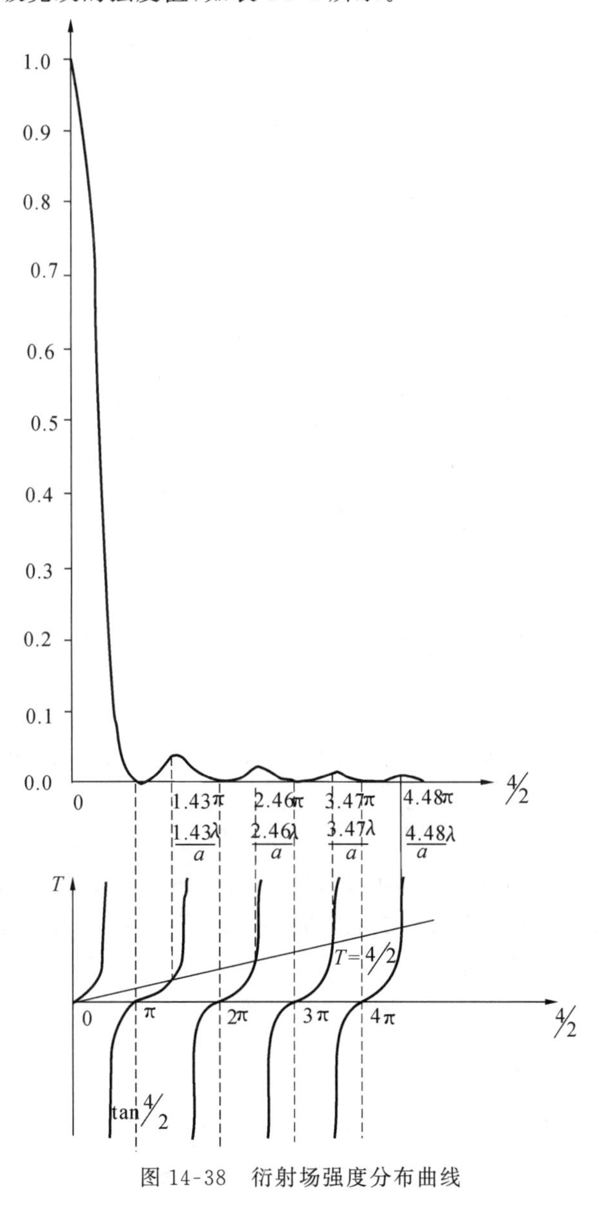

图 14-38　衍射场强度分布曲线

表 14-1　亮纹强度

序号	中央亮纹	一级亮纹	二级亮纹	三级亮纹	四级亮纹
$\frac{\psi}{2}$	0	1.430π	2.459π	3.470π	4.479π
$\frac{I}{I_0}$	1	0.0472	0.0169	0.0083	0.0050

强度分布曲线如图 14-38 所示。由图可见，从中心向外，亮纹强度下降很快，绝大部分光能集中在中央亮纹上。如果将条纹对透镜中心的夹角设为角半径(即衍射角)，并用相邻两暗纹的角半径之差表示条纹的宽度，即角宽度，则在 θ 角不大的情形下，由式(14-153)可得到角宽度值为

$$\theta = \sin^{-1}\frac{\lambda}{a} = \frac{\lambda}{a} \tag{14-155}$$

如果用一级暗纹的角半径表示中央亮纹的半角宽度：

$$\theta_1 = \frac{\lambda}{a} \tag{14-156}$$

则 $\theta_1=\theta$，可知中央亮纹的角宽度 2θ 比其他亮纹大一倍。式(14-155)说明，单缝的宽度越大，条纹越窄越密，当 $a\gg\lambda$ 时，实际上看不到衍射条纹。反之，缝越窄，条纹越宽，当 a 大于波长而接近波长时，条纹清晰(图 14-39)。

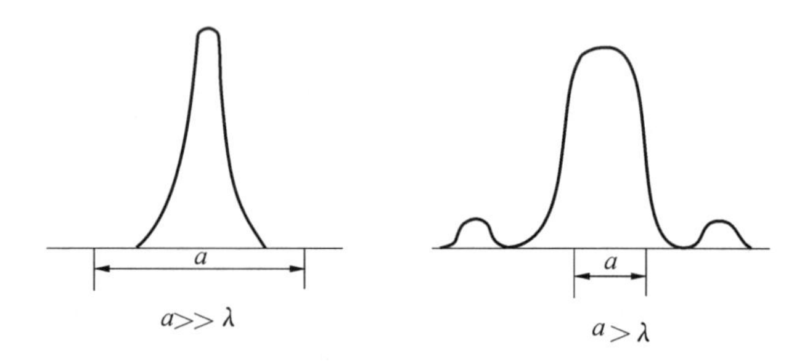

图 14-39　条纹随 a 和 λ 之间的关系变化而产生的强度分布变化

现在讨论光源宽度对衍射条纹对比度的影响。假定光源不是点光源而是有一定宽度，和干涉情况一样，从光源上不同点发出的光波不相干，各自形成自己的衍射条纹，且它们之间有一定的相对位移。衍射场中的光强度是它们的强度和，因而对比度降低。设光源宽度用孔径角 2α 表示，其叠加情形如图 14-40 所示。

处理这个问题时可近似地采用干涉中光源宽度影响的结论，不同的是干涉的各亮纹的强度相等，而现在不相等，因而影响更大些。其影响可由 α 和中央亮纹的半角宽 $\theta_1\left(=\frac{\lambda}{a}\right)$ 之比来说明。如图 14-41 所示，当 $\alpha>\theta_1$，即光源较宽，但缝宽很大而导致 θ_1 很小，此时衍射条纹和光源的几何像相似，看不到衍射现象。当 $\alpha=\theta_1$ 时，光源的几何像已经模糊，而衍射条

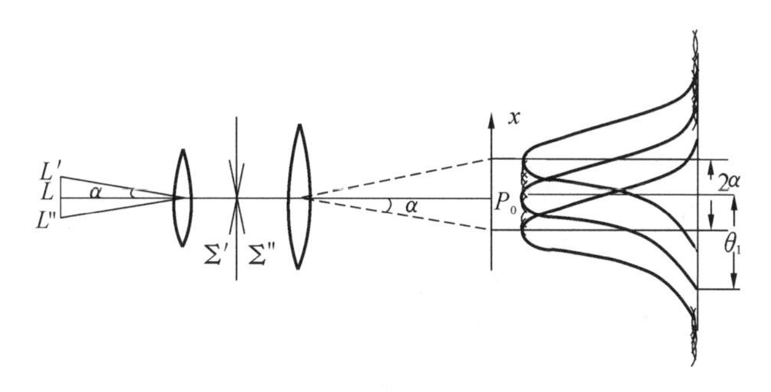

图 14-40　不同点光源产生的衍射强度叠加

纹的对比度还不够好，但是已有条纹出现。当 $\alpha<\theta_1$ 时，即在光源很窄，但单缝宽度很小而 θ_1 较大时，因光源宽度引起的条纹相对位移很小，条纹清晰可见。α 比 θ_1 小得越多，则条纹的对比度越好。

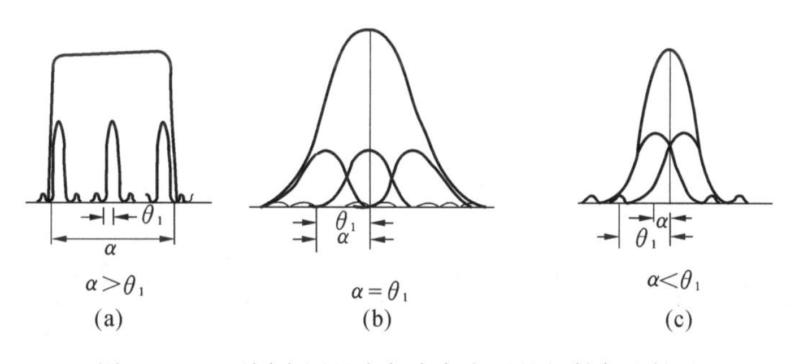

图 14-41　不同光源尺度与半角宽下的衍射条纹情况

当光源不是单色光源而是包含一定的波段的复色光（从 λ 到 $\lambda+\Delta\lambda$）时，由于不同波长的光不相干，而且它们各自形成的衍射条纹的宽度 $\theta=\dfrac{\lambda}{a}$ 也因波长不同而有色散，和干涉情形一样，除中央亮纹外，其他各级亮纹都有位移，因而使对比度降低，如图 14-42 所示。如果入射光是白光，波段 $\Delta\lambda$ 很宽，不但第一、二级亮纹出现明显的彩色，同时由于对不同颜色的光波，一级暗纹的位置也显著不同，在中央白色亮纹的边缘将呈现彩色。白光衍射条纹由内向外的次序是紫蓝到黄红。

（二）矩孔衍射

如果仍和图 14-36 的情形类似，一个点光源产生的平行光照明宽为 a，长为 b 的矩孔，这时在衍射屏上 x 和 y 两个方向都有衍射条纹产生。我们只要把单缝讨论的一维情形推广到二维就可以。

先计算光强度，此时仍有条件 $E_0(\xi,\eta)=E_0=$ 常数。代替式（14-149）得到：

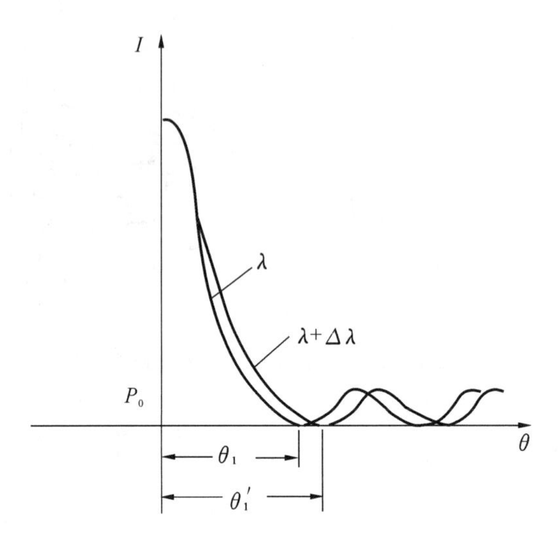

图 14-42　不同波长产生的衍射条纹位移

$$\begin{aligned}E_P(x,y) &= \frac{qE_\sigma}{z}\mathrm{e}^{jk\left(z+\frac{x^2+y^2}{2z}\right)}\int_{-\frac{a}{2}}^{\frac{a}{2}}\mathrm{e}^{-jk\frac{x\xi}{z}}\mathrm{d}\xi\int_{-\frac{b}{2}}^{\frac{b}{2}}\mathrm{e}^{-jk\frac{y\eta}{z}}\mathrm{d}\eta \\ &= \frac{E_0}{ab}\mathrm{e}^{jk\left(\frac{x^2+y^2}{2z}\right)}\int_{-\frac{a}{2}}^{\frac{a}{2}}\mathrm{e}^{-jk\frac{x\xi}{z}}\mathrm{d}\xi\int_{-\frac{b}{2}}^{\frac{b}{a}}\mathrm{e}^{-jk\frac{y\eta}{z}}\mathrm{d}\eta\end{aligned} \tag{14-157}$$

若用两个方向的衍射角的三角函数 $\sin\theta=\dfrac{x}{z}$ 和 $\sin\beta=\dfrac{y}{z}$ 代替 x 和 y，可得和(14-150)类似的结果：

$$\begin{aligned}E_P(\theta,\beta) &= E_0\mathrm{e}^{j\frac{1}{2}kz\left(\sin^2\theta+\sin^2\beta\right)}\cdot\frac{\sin\left(\dfrac{ka\sin\theta}{2}\right)}{\dfrac{ka\sin\theta}{2}}\cdot\frac{\sin\left(\dfrac{kb\sin\beta}{2}\right)}{\dfrac{kb\sin\beta}{2}} \\ &= E_0\mathrm{e}^{j\frac{1}{2}kz(\sin^2\theta+\sin^2\beta)}\frac{\sin\dfrac{\psi}{2}}{\dfrac{\psi}{2}}\cdot\frac{\sin\dfrac{\phi}{2}}{\dfrac{\phi}{2}}\end{aligned} \tag{14-158}$$

式中

$$\psi=\frac{2\pi a\sin\theta}{\lambda},\quad \phi=\frac{2\pi b\sin\theta}{\lambda} \tag{14-159}$$

分别是矩孔两个方向在 P 点的最大相位差。

P 点的光强度为

$$I_P = I_0\left(\frac{\sin\dfrac{\psi}{2}}{\dfrac{\psi}{2}}\right)^2\left(\frac{\sin\dfrac{\phi}{2}}{\dfrac{\phi}{2}}\right)^2 \tag{14-160}$$

$I_0=|E_0|^2$ 是衍射屏中心点 P_0 的光强度。

式(14-160)所表示的衍射场上强度，在 x 和 y 两个方向都有如图 14-43 所示的相对强度分布，衍射花样如图 14-43(c)所示。两个方向的条纹密度用角宽度表示，分别为 $\theta=\dfrac{\lambda}{a}$ 和 $\beta=\dfrac{\lambda}{b}$。

即当 $b>a$ 时，$\beta<\alpha$，xx' 方向分布较 yy' 方向密。如果衍射孔是 $b=a$ 的方孔，则 $\beta=\theta$，两个方向有完全相同的强度分布。衍射花样在轴线上较强，在轴线以外的地方则很弱。

由此也可看出，当 $b\ll a$ 时 $\beta=0$，条纹收缩在 xx' 方向上，yy' 方向上没有条纹，这就是单缝的情形(图 14-43(b))。如果用和缝长方向平行的线光源照明(黄色)，从上面光源宽度对条纹影响的讨论表明，在 yy' 方向是光源的像，且不管 b 的大小如何，得到的都是与光源方向平行的条纹(图 14-43(a))。

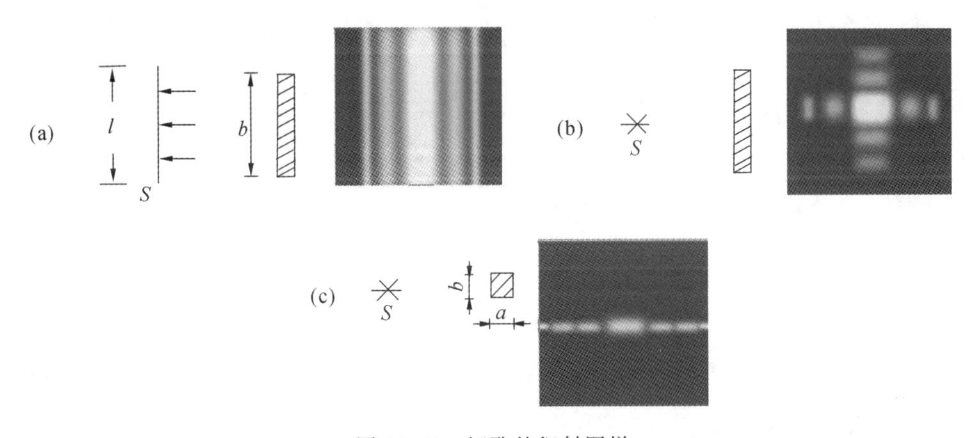

图 14-43　矩孔的衍射图样

(三) 圆孔衍射

在图 14-36 的装置中，如果衍射屏是一个半径为 R 的圆孔，光源是点光源，则在观察屏上可看到圆孔的衍射条纹。从圆孔的径向对称性不难想到，衍射条纹应是同心环纹，计算分布时只需考虑条纹的径向变化即可。

这时用极坐标比较合适，在衍射孔上，用(ρ,α)代替(ξ,η)：

$$\xi=\rho\cos\alpha,\quad \eta=\rho\sin\alpha \tag{14-161}$$

在衍射屏上，用(r,β)代替(x,y)：

$$x=r\cos\beta,\quad y=r\sin\beta \tag{14-162}$$

注意到 $E_\delta(\xi,\eta)=E_\delta=$常数和 $x^2+y^2=r^2$。根据式(14-148)，衍射屏上任一点 $P(r,\beta)$ 的光振动可以写成

$$E_P=\frac{qE_\sigma}{z}e^{jk\left(z+\frac{r^2}{2z}\right)}\int_0^R\int_0^{2\pi}e^{-jk\frac{r\rho}{z}\cos(\alpha-\beta)}\rho\mathrm{d}\rho\mathrm{d}\alpha \tag{14-163}$$

如果取 $\sin\theta=\dfrac{r}{z}$，则从圆孔上发出的所有衍射角为 θ 的平行次波都会聚在 P 点(图 14-44)，并取 $\alpha'=\alpha-\beta$，上式变成：

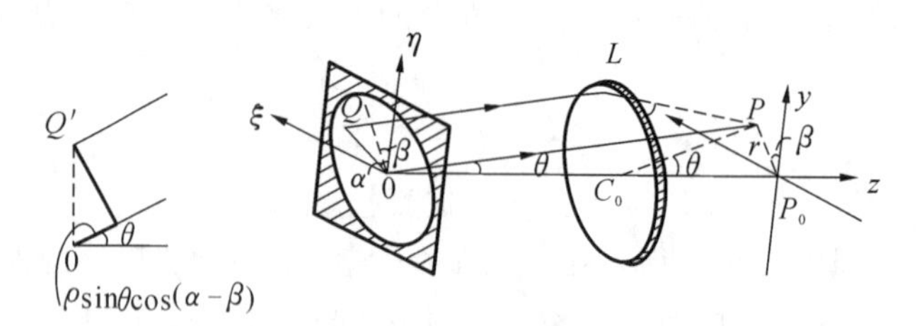

图 14-44　圆孔衍射

$$
\begin{aligned}
E_P(\theta) &= \frac{qE_\sigma}{z}\mathrm{e}^{jkz}\,\mathrm{e}^{j\frac{1}{2}kz\sin^2\theta}\int_0^R\int_0^{2\pi}\mathrm{e}^{-jk\rho\sin\theta\cos\alpha'}\rho\mathrm{d}\rho\mathrm{d}\alpha' \\
&= \frac{E_0}{\pi R^2}\mathrm{e}^{j\frac{1}{2}\cdot kz\sin^2\theta}\int_0^R\int_0^{2\pi}\mathrm{e}^{-jk\rho\sin\theta\cos\alpha'}\rho\mathrm{d}\rho\mathrm{d}\alpha'
\end{aligned}
\tag{14-164}
$$

式中，E_0 是衍射屏上 P_0 点的光振动。利用贝塞耳积分：

$$
J_n(x) = \frac{j^{-n}}{2\pi}\int_0^{2\pi}\mathrm{e}^{-jx\cos\alpha}\,\mathrm{e}^{-jn\alpha}\,\mathrm{d}\alpha \tag{14-165}
$$

如果取 $n=0$，$x=k\rho\sin\theta$，则式(14-164)可简化为

$$
E_P = \frac{2E_0}{R^2}\int_0^R J_0(k\rho\sin\theta)\rho\mathrm{d}\rho \tag{14-166}
$$

式中，J_0 是零级贝塞耳函数。再利用关系式：

$$
xJ_1(x) = \int_0^x x'J_0(x')\mathrm{d}x' \tag{14-167}
$$

求出式(14-166)的积分，即得：

$$
E_P = \frac{2E_0}{kR\sin\theta}J_1(kR\sin\theta) = E_0\,\frac{2J_1(\psi)}{\psi} \tag{14-168}
$$

式中，

$$
\psi = kR\sin\theta = \frac{2\pi R\sin\theta}{\lambda} \tag{14-169}
$$

是圆孔中心和边缘次波到达 P 点的相位差。P 点的光强度为

$$
I_P = E_P\cdot E_P^* = I_0\left(\frac{2J_1(\psi)}{\psi}\right)^2 \tag{14-170}
$$

式中，$I_0=|E_0|^2$ 是 P_0 点的光强度。这就是圆孔衍射的强度分布公式，其中的 J_1 称为一级贝塞耳函数，展开式为

$$
J_1(\psi) = \frac{\psi}{2} - \frac{\psi^3}{2^2\times 4} + \frac{\psi^5}{2^2\times 4^2\times 6} - + \cdots \tag{14-171}
$$

当 $\psi\neq 0$ 而 $J_1(\psi)$ 时，$I_P=0$，是暗纹条件。至于亮纹条件，可由 $\dfrac{J_1(\psi)}{\psi}$ 的极值条件：

$$
\frac{\mathrm{d}}{\mathrm{d}\psi}\left(\frac{J_1(\psi)}{\psi}\right) = -\frac{J_2(\psi)}{\psi} = 0 \tag{14-172}
$$

即 $J_2(\psi)=0$ 求得。另外，当 $\psi=0$ 时

$$
\lim\frac{2\cdot J_1(\psi)}{\psi} = \frac{1}{2}\times 2 = 1 \tag{14-173}
$$

此时 $I_P=I_0$ 乃中央亮纹的极大值。以上亮暗纹的条件$J_2(\psi)=0$ 和$J_1(\psi)=0$ 时的 ψ 值可由贝塞耳函数表中查出。将查得的 ψ 值代入式(14-126)中，就得到各级亮纹的强度。表 14-2 列出圆孔衍射时，中间几个亮纹和暗纹的条件及强度值，并在最后一列中给出各亮级占有的能量比例。图 14-45 绘出圆孔衍射的强度分布情况，其中(b)是衍射花样的照片，称为艾里斑。

表 14-2　贝塞耳函数表

条纹序数	$\psi=\frac{2\pi R\sin\theta}{\lambda}$	$\frac{I}{I_0}=\left[\frac{2J(\psi)}{\psi}\right]^2$	能量分配
中央亮纹	0	1	83.78%
第一暗纹	$1.22\pi=3.83$	0	0
第一亮纹	$1.64\pi=5.14$	0.01745	7.22%
第二暗纹	$2.33\pi=7.02$	0	0
第二亮纹	$2.68\pi=8.42$	0.00415	2.77%
第三暗纹	$3.24\pi=10.17$	0	0
第三亮纹	$3.70\pi=11.62$	0.00165	1.46%

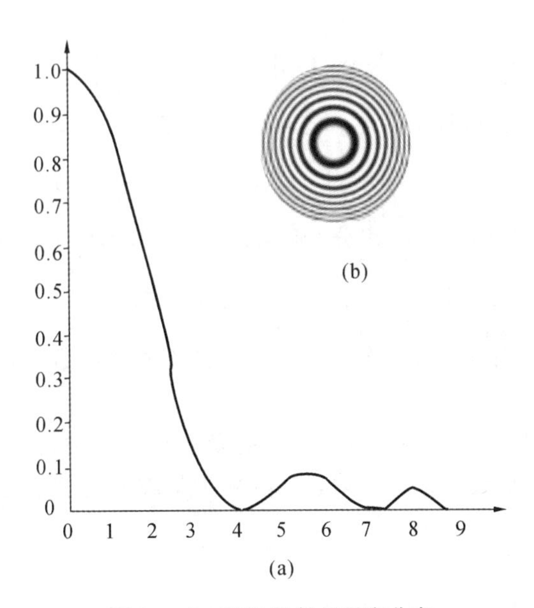

图 14-45　圆孔衍射的强度分布

由此可见，圆孔衍射时，中央是一个亮盘，周围有亮暗交替的环纹。由于各亮环强度下降很快，所以只能看到一、二级，光能绝大部分分布在中央亮盘上。由表 14-2 所列数值可求

得中央亮盘的角半径为

$$I_P = E_P \cdot E_P^* = I_0\left[\frac{2J_1(\psi)}{\psi}\right]^2 \tag{14-174}$$

$$\theta_1 = \frac{1.22\pi\lambda}{2\pi R} = \frac{0.61\lambda}{R}\text{或}\frac{1.22\lambda}{D} \tag{14-175}$$

式中，D 是圆孔的直径。

（四）衍射花样与光学傅里叶变换

在上面几小节的讨论中，我们采用式(14-74)和

$$E_P(x,y) = \frac{q}{z}e^{jk\left(z+\frac{x^2+y^3}{2z}\right)}\iint_\sigma E_\sigma(\xi,\eta)e^{-jk\left(\frac{x\xi+y\eta}{z}\right)}d\xi d\eta \tag{14-176}$$

求得了各种衍射花样的强度分布。如果我们取

$$E(\xi,\eta) = \begin{cases} E_\sigma(\xi,\eta) & \text{（在衍射孔上各点）} \\ 0 & \text{（在孔外各点）} \end{cases} \tag{14-177}$$

并且注意到衍射场在焦距为 f 的透镜的焦平面上，则式(14-176)可以写成

$$E(x,y) = \frac{q}{z}e^{jk\left(f+\frac{x^2+y^2}{2f}\right)}\iint_{-\infty}^{\infty}E(\xi,\eta)e^{-j\frac{2\pi}{\lambda f}(x\xi+y\eta)}d\xi d\eta \tag{14-178}$$

因为我们讨论的是衍射光的相对强度分布，即

$$I(x,y) = |E(x,y)|^2 = \frac{q^3}{z^2}\left|\iint_{-\infty}^{\infty}E(\xi,\eta)e^{-j\frac{2\pi}{\lambda f}(x_1\xi+y\eta)}d\xi d\eta\right|^2 \tag{14-179}$$

记常数因子

$$C = \frac{q}{z}\exp\left[jk\left(f+\frac{x^2+y^2}{2f}\right)\right]$$

可以在函数 $E(x,y)$ 规一化过程中简化。这样式(14-178)可以写成

$$E(x,y) = C\iint_{-\infty}^{\infty}E(\xi,\eta)e^{-j\frac{2\pi}{\lambda f}(x\xi+y\eta)}d\xi d\eta \tag{14-180}$$

这个公式在数学上叫作傅里叶积分，函数 $E(x,y)$ 是函数 $E(\xi,\eta)$ 的傅里叶变换，或称 $E(\xi,\eta)$ 的傅里叶频谱，空间频率是 $\frac{x}{\lambda f}$ 和 $\frac{y}{\lambda f}$。就是说，在夫琅禾费近似中，透镜焦平面上的衍射光场分布 $E(x,y)$ 是衍射孔上光场分布 $E(\xi,\eta)$（又称光瞳函数）的傅里叶变换，是它在空间频率上的谱分解。

傅里叶变换可以更广泛地引至光的干涉衍射及成像问题中，并且有着深刻的数学和物理含义。在近代光学中，已建立以光学傅里叶变换为基础的光学分支。

三、夫琅禾费多缝衍射

现在我们讨论平行光通过多个相同孔时的夫琅禾费衍射。这时候不但每一个孔上产生衍射，而且各孔的衍射光之间也要产生干涉，在透镜焦平面上得到的光场是衍射和干涉作用的结果。为简化数学运算，我们前面只讨论了一维光孔即一狭缝的情形，由双缝到多缝等其他情形的多孔（圆孔、方孔）衍射，在物理道理上是相似的，可以从类推中得到认识。

（一）双缝的干涉和衍射

在图 14-46 的衍射装置中，如果衍射孔是宽度相等的两个平行单缝，光源是与缝长方向平行的线光源，可获得双缝的衍射现象，我们先分析它们的条纹应该是怎样的。参见图 14-46，M_1 和 M_2 是双缝，如果挡住 M_2 的光波，屏上得到的条纹就是 M_1 的单缝衍射纹，位置以光轴中心对称。如果挡住 M_1，则 M_2 产生的衍射条纹和 M_1 的完全一样。如果两个缝都放开，并不是两个单缝的衍射条纹简单叠加。

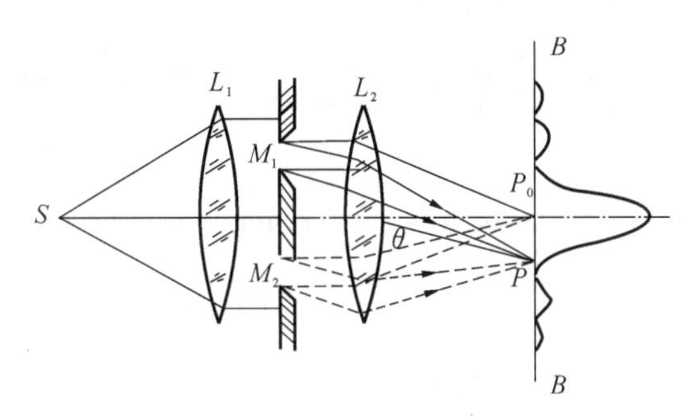

图 14-46　同一光源通过双缝时的干涉和衍射效应

这是因为两个缝发出的两束子波是相干的。也就是说，要考虑两缝之间的干涉问题，衍射场 BB 上的光强度是两个缝发出的相干光叠加的结果。所以在双缝中(包括在多缝中)得到的都是干涉和衍射的统一现象。

设双缝中每个缝的宽度为 a，两缝距离为 d。按照单缝衍射的公式(式(14-150)和式(14-151))，在衍射场中某一点 P，如果从两缝射至该点的两束光的衍射角为 θ，则两缝在 P 点产生的光振动的振幅相等：

$$E_{1P} = E_{2P} = E_0 \frac{\sin \frac{\psi}{2}}{\frac{\psi}{2}} \tag{14-181}$$

式中，$\psi=\frac{2\pi}{\lambda}a\sin\theta$。

这两束相干光之间有一定的光程差和相位差。由图 14-47 可以看出，它们分别为

$$\Delta = d\sin\theta$$

及

$$\varphi = \frac{2\pi\Delta}{\lambda} = \frac{2\pi}{\lambda}d\sin\theta \tag{14-182}$$

因此，光波在 P 点叠加后的振幅和光强度可用两束光干涉的公式计算，即

$$E_P^2 = 4E_{1P}^2\cos^2\frac{\varphi}{2} = 4E_0^2\left(\frac{\sin\frac{\psi}{2}}{\frac{\psi}{2}}\right)^2\cos^2\frac{\varphi}{2}$$

或

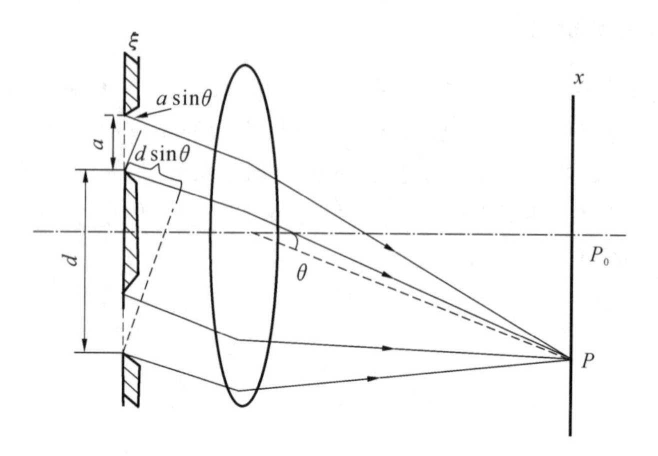

图 14-47　双缝中在同一点的两束光产生干涉的情况

$$I_P = 4I_0 \left(\frac{\sin\frac{\psi}{2}}{\frac{\psi}{2}} \right)^2 \cos^2\frac{\varphi}{2} \tag{14-183}$$

式(14-183)就是双缝衍射的强度公式。式中，I_0 是一个缝在衍射中心 P_0 点产生的光强度，ψ 和 φ 分别是单缝上和两缝间的相位差。它们之间的关系由缝宽距决定，因为：

$$\frac{\varphi}{\psi} = \frac{\frac{2\pi}{\lambda}d\sin\theta}{\frac{2\pi}{\lambda}a\sin\theta} = \frac{d}{a} \tag{14-184}$$

式(14-183)中的两个因子 $\left(\frac{\sin\frac{\psi}{2}}{\frac{\psi}{2}} \right)^2$ 和 $\cos^2\frac{\varphi}{2}$ 显然表示两种作用，前者是衍射因子，和单缝衍射一样；后者是干涉因子，和两束光干涉一样。

我们在图 14-48 中画出强度分布曲线(c)，图中采用的 d 和 a 的关系是 $d=4a$，并分别画出单缝衍射的曲线(a)和两束光干涉的曲线(b)，以便比较。

由公式及图形可知，双缝衍射中的亮暗纹条件和干涉时一样，亮纹为

$$\Delta = d\sin\theta = m\lambda \quad 或 \quad \varphi = 2m\pi \quad (m = 0, \pm 1, \pm 2, \cdots) \tag{14-185}$$

暗纹条件为

$$\Delta = d\sin\theta = \left(m + \frac{1}{2}\right)\lambda \quad (m = 0, \pm 1, \pm 2, \cdots)$$

及

$$\Delta = a\sin\theta - m\lambda \quad (m = \pm 1, \pm 2, \cdots) \tag{14-186}$$

至于亮纹的强度，随着干涉级 m 的增加而下降很快。由于 $d>a$，相应于单缝衍射的主亮纹和次亮纹内，有 n 组干涉条纹。如图 14-48(c)中在 $d=4a$ 的情况，中央亮区内有 7 条亮纹，第一、二级亮区内各有 8 条亮纹。一般地，当 $d=ka$ 时，中央亮区内有 $(2k-1)$ 条亮纹。

第一、二级亮区内各有$(k-1)$条亮纹。总之，双缝衍射条纹的情况基本上是双缝干涉条纹受单缝衍射因子“调制”的结果。

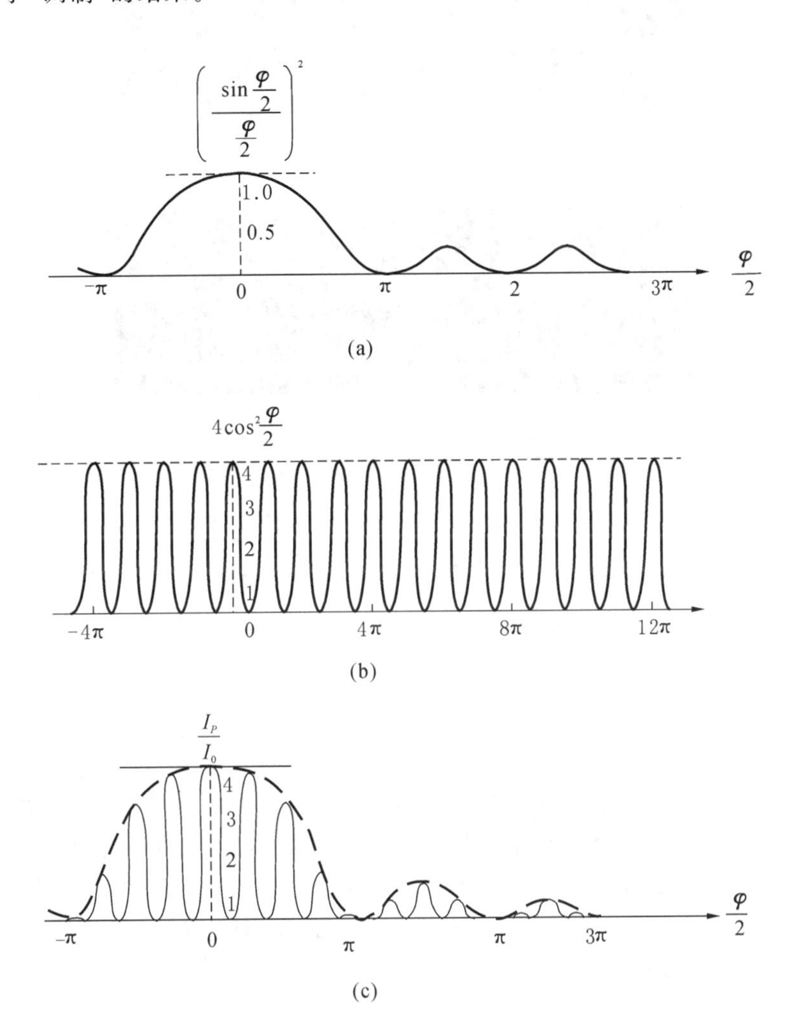

图 14-48　双缝衍射强度分布曲线

图 14-49(a)是双缝衍射的照片，在图 14-36 的装置中透镜 L_2 的焦平面上得到的就是这种形式的条纹分布。为了比较，下面给出相应的单缝衍射照片(b)。这些照片上条纹的强度分布与我们上面的分析和计算一致，只有在中央亮区的干涉条纹强度较大，相应于衍射一、二级亮区的干涉亮纹很弱。

有两种极限情形帮助我们理解双缝中干涉和衍射的关系。其一：当两缝距离很大而每一缝的宽度很小，即 $d\gg a$ 时，中央亮区中包含的干涉条纹数目$(2k-1)$很多$\left(k=\frac{d}{a}\right)$，而且条纹亮度的衰减很慢。这时在衍射场中看到的是基本上按余弦平方规律分布的干涉条纹，图 14-50 可看作两束光干涉。这就是我们讨论过的杨氏双缝干涉。

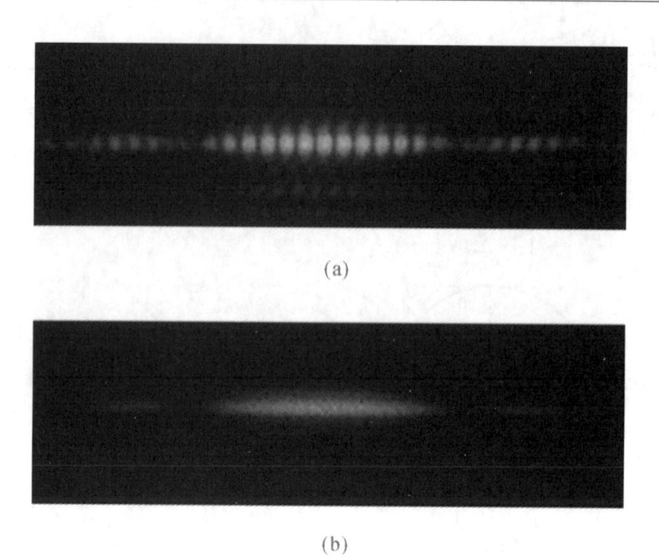

(a)

(b)

图 14-49　双缝衍射照片

从公式来看，对于中央亮区的干涉条纹，由于 a，θ 很小，而 $\frac{\psi}{2}=\frac{\pi}{\lambda}-a\sin\theta\to 0$，且 $\varphi \gg \psi$，式(14-183)化简为

$$I=4I_0\left(\frac{\sin\frac{\psi}{2}}{\frac{\psi}{2}}\right)^2\cos^2\frac{\varphi}{2}\bigg|_{\psi\to 0}=4I_0\cos^2\frac{\varphi}{2} \tag{14-187}$$

和两束光干涉的公式相同。这种情况是衍射影响弱而干涉因素占主导地位的情形。

其二：当双缝距离变小，而使缝距 d 接近于缝宽 a，如图 14-51 所示。从现象来看，这时候衍射屏上两缝之间不透明部分的面积很小。它对光波的阻碍如果忽略不计，双缝的作用将和宽度为 $2a$ 的单缝一样。所以条纹是单缝型衍射条纹，只是条纹宽度比一个缝时窄了一半，这可从公式上得到证明。当 $b=a$ 时，$\varphi=\psi$，则

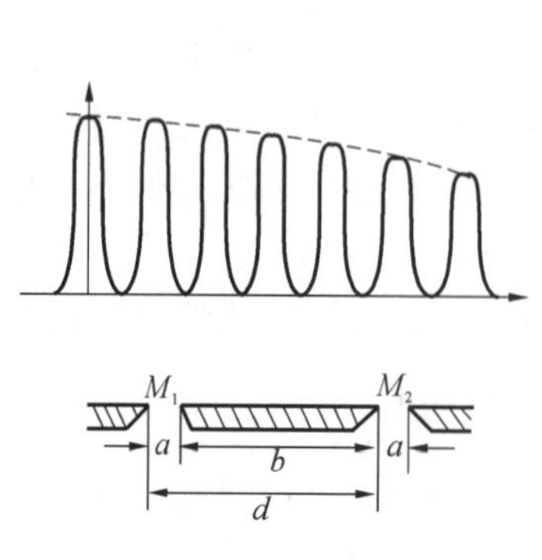

图 14-50　$d \gg a$ 时的双缝衍射

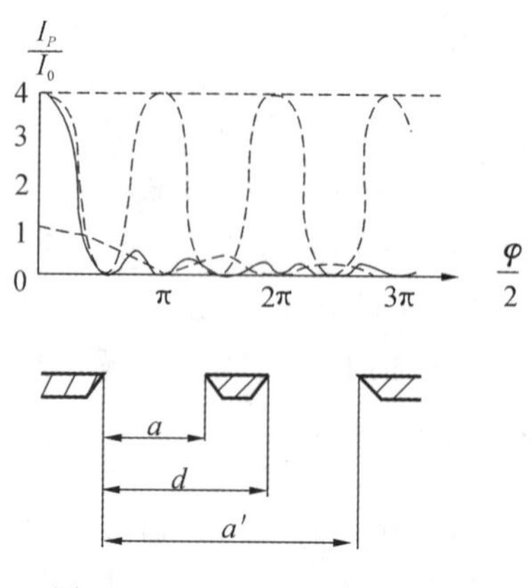

图 14-51　$d \approx a$ 时的双缝衍射

$$I = 4I_0 \left(-\frac{\sin\dfrac{\psi}{2}}{\dfrac{\psi}{2}} \right)^2 \cos^2\frac{\psi}{2} = 4I_0 \left(\frac{\sin\psi}{\psi}\right)^2 = 4I_0 \left(\frac{\sin\dfrac{\psi'}{2}}{\dfrac{\psi'}{2}} \right)^2 \tag{14-188}$$

式中，

$$\psi' = 2\psi = \frac{2\pi}{\lambda}(2a)\sin\theta = \frac{2\pi}{\lambda}a'\sin\theta \tag{14-189}$$

上式与缝宽 $a'=2a$ 的单缝衍射强度公式相同。这种情况就是双缝衍射相当于缝宽加1倍、强度变成4倍的单缝衍射。干涉因素的影响很弱，而衍射效应起主导作用。

（二）多缝的干涉和衍射

在上面讨论双缝现象中，我们看到一些普遍存在的规律，即两个缝发出的光波产生干涉现象，只是因为每一个缝有一定的宽度，它发出的子波光束要受衍射规律限制，所以双缝干涉的结果要受单缝衍射的“调制”。如果我们把衍射物的缝数加多时，则只需要研究各个缝中发出的光波的干涉现象，也就是多束光的干涉现象，然后加上单缝的“调制”就可以。

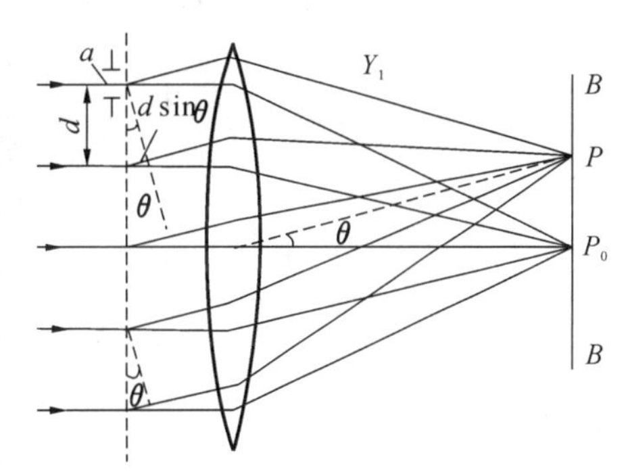

图 14-52　多缝的干涉和衍射现象

设有一个缝数为 N 的光阑，每一个缝的宽度为 a，相邻两缝的距离为 d（图 14-52）。那么，每一个缝发出的衍射子波在衍射场 BB 上一点 P 的振幅应为

$$E_{1P} = E_{2P} = \cdots = E_{NP} = E_0 \frac{\sin\dfrac{\psi}{2}}{\dfrac{\psi}{2}} \tag{14-190}$$

式中，$\psi=\dfrac{2\pi}{\lambda}a\sin\theta$ 是单个缝上的相位差，E_0 是单个缝在 P_0 点的振幅。相邻两缝的相位差为 $\varphi=\dfrac{2\pi}{\lambda}d\sin\theta$ 这样，各缝到达 P 点的光振动依次为

$$\begin{aligned} E_1 &= E_{1P}\mathrm{e}^{j\left(\omega t-\frac{2\pi r_1}{\lambda}\right)} = E_{1P}\mathrm{e}^{j\phi_1} \\ E_2 &= E_{2P}\mathrm{e}^{j(\phi_1+\varphi)} \\ E_3 &= E_{3P}\mathrm{e}^{j(\phi_1+2\varphi)} \\ &\cdots \\ E_N &= E_{NP}\mathrm{e}^{j}[\phi_1+(N-1)\varphi] \end{aligned} \tag{14-191}$$

P 点上衍射光的合振动为

$$
\begin{aligned}
E &= E_1 + E_2 + \cdots + E_N = E_{1P}\mathrm{e}^{j\phi_1}(1+\mathrm{e}^{j\varphi}+\mathrm{e}^{j2\varphi}+\cdots+\mathrm{e}^{j(N-1)\varphi}) \\
&= E_{1P}\mathrm{e}^{j\phi_1}\sum_{n=0}^{N-1}\mathrm{e}^{jn\varphi} = E_{1P}\mathrm{e}^{j\phi_1}\left(\sum_{n=0}^{N-1}\mathrm{e}^{jn\varphi}+\sum_{n=N}^{\infty}\mathrm{e}^{jn\varphi}-\sum_{n=N}^{\infty}\mathrm{e}^{jn\varphi}\right) \\
&= E_{1P}\mathrm{e}^{j\phi_1}\left(\sum_{n=0}^{\infty}\mathrm{e}^{jn\varphi}-\mathrm{e}^{jN\varphi}\sum_{n=0}^{\infty}\mathrm{e}^{jn\varphi}\right) \\
&= E_{1P}\mathrm{e}^{j\phi_1}(1-\mathrm{e}^{jN\phi})\sum_{n=0}^{\infty}\mathrm{e}^{jn\varphi} \\
&= E_{1P}\mathrm{e}^{j\phi_1}\frac{1-\mathrm{e}^{jN\varphi}}{1-\mathrm{e}^{j\varphi}} \\
&= E_{1P}\mathrm{e}^{j\phi_1}\frac{-\mathrm{e}^{j\frac{N\varphi}{2}}}{-\mathrm{e}^{j\frac{\varphi}{2}}}\cdot\frac{(\mathrm{e}^{j\frac{N\varphi}{2}}-\mathrm{e}^{-\frac{jN\varphi}{2}})}{(\mathrm{e}^{\frac{j\varphi}{2}}-\mathrm{e}^{-\frac{j\varphi}{2}})} \\
&= E_{1P}\mathrm{e}^{j\left(\phi_1+\frac{(N-1)\varphi}{2}\right)}\cdot\frac{\sin\frac{N\varphi}{2}}{\sin\frac{\varphi}{2}} \\
&= E_0\frac{\sin\frac{\psi}{2}}{\frac{\psi}{2}}\cdot\frac{\sin\frac{N\varphi}{2}}{\sin\frac{\varphi}{2}}\cdot\mathrm{e}^{j\left(\phi_1+\frac{(N-1)\varphi}{2}\right)}
\end{aligned}
\tag{14-192}
$$

P 点的光强度为

$$
\begin{aligned}
I_P = E\cdot E^* &= E_0^2\left(\frac{\sin\frac{\psi}{2}}{\frac{\psi}{2}}\right)^2\left(\frac{\sin\frac{N\varphi}{2}}{\sin\frac{\varphi}{2}}\right)^2 \\
&= I_0\left(\frac{\sin\frac{\psi}{2}}{\frac{\psi}{2}}\right)^2\left(\frac{\sin\frac{N\varphi}{2}}{\sin\frac{\varphi}{2}}\right)^2
\end{aligned}
\tag{14-193}
$$

式中，I_0 是单个缝在 P_0 点形成的光强度。式(14-193)就是多缝干涉和衍射的强度公式。显然，$\left(\frac{\sin\frac{\psi}{2}}{\frac{\psi}{2}}\right)^2$ 是衍射因子，而 $\left(\frac{\sin\frac{N\varphi}{2}}{\sin\frac{\varphi}{2}}\right)^2$ 是多缝的多束光干涉因子。在分析式(14-191)表示的强度分布时，先讨论干涉因子决定的分布，即

$$
I = I_0\left(\frac{\sin\frac{N\varphi}{2}}{\sin\frac{\varphi}{2}}\right)^2 \tag{14-194}
$$

所决定的曲线。图 14-53(a)是取 $N=6$ 画出的干涉曲线。由曲线可以看出，在暗纹(极小值)之间有很多亮纹(极大值)。在相邻两主亮纹(主极大)之间又有$(N-1)$个次亮纹(次极大)，主亮纹的强度比次亮纹大得多。

我们从式(14-140)推求这些规律。先看暗纹，条件是 $I=0$，即 $\sin\frac{N\varphi}{2}=0$ 和 $\sin\frac{\varphi}{2}\neq 0$，

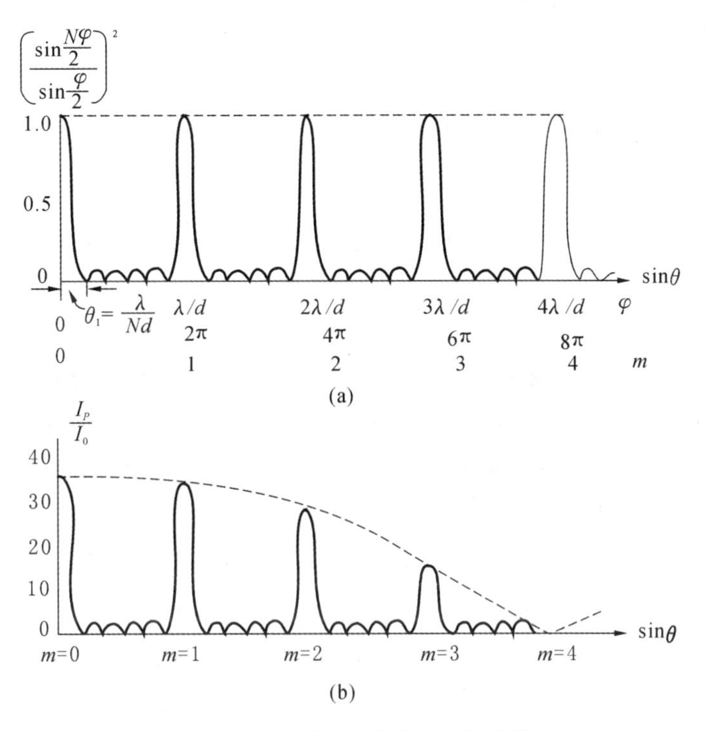

图 14-53　干涉和受衍射调制的曲线

也就是：

$$\varphi=\left(m+\frac{n}{N}\right)2\pi \quad 或 \quad \sin\theta=\left(m+\frac{n}{N}\right)\frac{\lambda}{d} \tag{14-195}$$

式中，$m=0,1,2,\cdots$，$n=1,2,3,\cdots,(N-1)$。

再分析亮纹，此时可对式(14-194)求导数而计算极大值。我们从物理角度分析，如果相邻两缝间的光程差及相位差满足：

$$\Delta=d\sin\theta=m\lambda \text{ 及 } \varphi=2m\pi \quad (m=0,1,2,\cdots) \tag{14-196}$$

则各缝发出光波同相，在该点得到的是相长干涉。代入式(14-194)可得亮纹强度为

$$I=I_0\left(\frac{\sin Nm\pi}{\sin m\pi}\right)^2=N^2 I_0 \tag{14-197}$$

这个亮纹强度是单缝情形下强度的 N^2 倍，在缝数 N 较多时是很大的，故称主亮纹。由式(14-196)可知主亮纹的位置和双缝情形的亮纹位置一样。实际上，这个位置与缝数无关。还有一部分亮纹的位置近似地处在相邻两暗纹之间，即处于条件：

$$\varphi=\left(m+\frac{n+\frac{1}{2}}{N}\right)\cdot 2\pi \quad \begin{cases} m=0,1,2,\cdots \\ n=1,2,3,\cdots,(N-2) \end{cases} \tag{14-198}$$

此时，在两个主亮纹之间共有$(N-2)$个亮纹，它们的强度比主亮纹小很多，称为次亮纹。在 N 较大时，亮纹可忽略不计。

我们再分析主亮纹的宽度，它用主亮纹两侧暗纹间的夹角表示。由式(14-195)可知第

一暗纹的条件是 $n=1$，相应的位置 θ' 满足：

$$\sin\theta'_{m1}=\left(m+\frac{1}{N}\right)\frac{\lambda}{d} \tag{14-199}$$

旁边的主亮纹位置 θ 满足：

$$\sin\theta=m\frac{\lambda}{d} \tag{14-200}$$

如果 $\theta'-\theta=\theta_1$ 很小，$\sin\theta_{m1}-\sin\theta_m=2\cos\dfrac{\theta'+\theta}{2}\sin\dfrac{\theta'-\theta}{2}=\theta_1\cos\theta$，可得主亮纹半宽度为

$$\theta_1=\frac{\lambda}{Nd\cos\theta} \tag{14-201}$$

此时，主亮纹在多缝干涉中很突出，它的强度大、宽度窄，并随着缝数 N 的增加而更甚，它的很亮、很细的条纹和薄板多束光干涉中的条纹相似。在薄板情形下，反射率 R 越大，条纹越清晰，R 大了，也就是相应的相干光束多了。一般地，相干光束的数目越多(不论产生相干光束的具体方法)，产生的干涉条纹越锐利。

现在把单缝衍射因子 $\left(\dfrac{\sin\psi/2}{\psi/2}\right)^2$ 考虑进去，就可得多缝衍射场的强度分布，如图 14-53(b)所示，图中取 $d=4a$。和双缝情形相似，此时只有衍射中央亮区内有可观的干涉亮纹，在图中的情形可观的亮纹有 $(2k-1)=7$ 条，我们分别称为零级条纹($m=0$)，一级条纹($m=\pm1$)……当 $d\gg a$ 时，中央亮区内的条纹较多，条纹的强度变化也小。当 $d>a$ 而 k 不大时，则衍射场中只有几组条纹，且强度的衰减很明显。

图 14-54 是 3 缝和 40 缝的衍射条纹照片。照片清晰显示，随着 N 的增加而亮纹变锐。例如，有一光栅(这是多缝的典型例子)，缝数 $N=10^4$ 条，$d=2.1\mu\text{m}$，$a=0.6\mu\text{m}$。我们来计算 $\lambda=0.5\mu\text{m}$ 的单色光波在此光栅的衍射中所形成条纹的宽度及各级条纹的位置。

利用式(14-201)，条纹宽度为

$$2\theta_1=\frac{2\lambda}{Nd}=\frac{2\times0.5}{10^4\times2.1}=4.8\times10^{-6}\,\text{rad}\approx10''$$

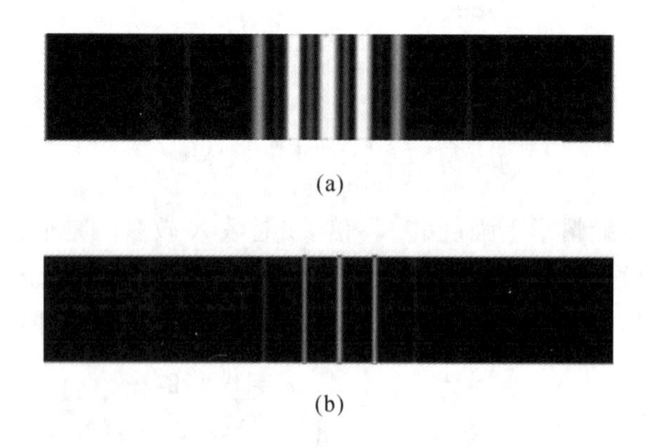

图 14-54　3 缝和 40 缝时对应的衍射条纹照片

由 $d=ka$ 得 $k=3.5$,即在中央亮区内的干涉条纹最大干涉级为 8,共有条纹 7 条。条纹的位置由 $\Delta=d\sin\theta=m\lambda$ 决定。

对一级条纹,$m=\pm 1$,$\sin\theta\pm\dfrac{\lambda}{d}$,故有:

$$\theta=\sin^{-1}\left(\pm\frac{\lambda}{d}\right)=\sin^{-1}\left(\pm\frac{0.5}{2.1}\right)=\pm 13°48'$$

对二级条纹,$m=\pm 2$,$\sin\theta\pm\dfrac{2\lambda}{d}$,有:

$$\theta=\sin^{-1}\left(\pm\frac{2\lambda}{d}\right)=\sin^{-1}\left(\pm\frac{1}{2.1}\right)=\pm 28°27'$$

对三级条纹,$m=\pm 3$,$\sin\theta\pm\dfrac{3\lambda}{d}$,有:

$$\theta=\pm 45°35'$$

至于中央亮区的范围,由衍射因子中的一级暗纹决定,由公式可知:

$$\theta=\sin^{-1}\frac{\lambda}{a}=\sin^{-1}\frac{0.5\mu\text{m}}{0.6\mu\text{m}}\approx 56°$$

$$2\theta=112°$$

上述计算结果展示在图 14-55 中。

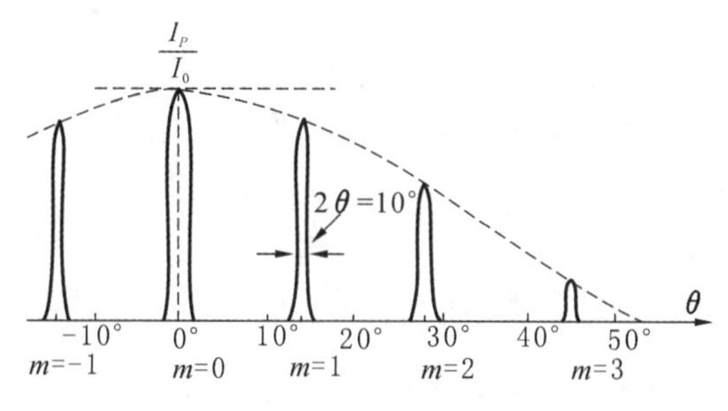

图 14-55　暗亮纹的分布特征

第四节　光学系统的分辨极限

一、理想光学系统成像

现在我们讨论物体(发光点)在理想光学系统中成像的问题。图 14-56(a)、(b)分别展示望远镜和显微镜物镜的成像过程。图中 O 是物镜,D 是物镜的光阑,半径用 R 表示,A 和 A'分别是位在光轴上的物点和像点,P 和 P'分别是物平面和像平面,d 为物镜光阑和像平面间的距离,u 和 u'则表示物方和像方孔径角。

在望远系统中,物体位于无穷远,$u=0$。光阑 D 和物镜重合,d 等于物镜焦距 f,就是说 P'是焦平面。设物体是一个光点,发出波长为 λ 的单色光(平行光)。如果物镜是没有像差的理想光学系统，经过物镜后光的波阵面是中心在 A' 点的球面 Σ'。也就是说，自 A 点发出的光经物镜折射到达 A' 点是严格等光程的。从几何光学知道，像和物几何相似。

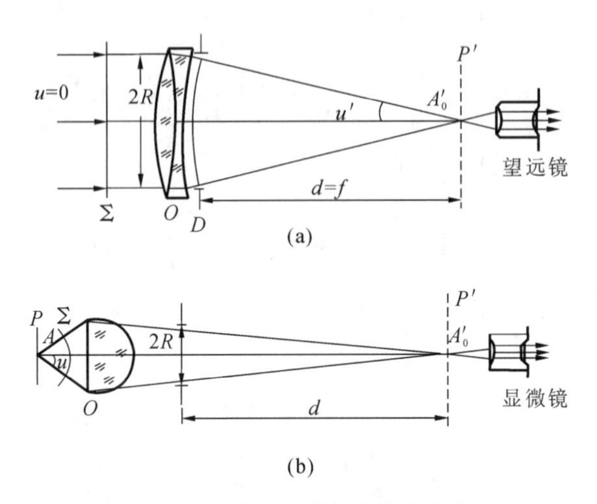

图 14-56　望远镜和显微镜物镜的成像过程

从波动光学的观点来看，入射光束通过物镜光阑成像就是通过衍射孔产生衍射现象。在这两种系统中，像平面都在物镜的焦平面上，衍射均属夫琅禾费衍射。这时候 D 是衍射圆孔，像平面是衍射场，像是夫琅禾费圆孔衍射的环纹。A' 点只是等光程次波形成的这个环纹的中央亮点。条纹的强度分布在前面已讨论，称为艾里斑：

$$I = I_0\left[\frac{2J_1(\psi)}{\psi}\right]^2 \tag{14-202}$$

即式(14-174)中，I_0 是 A' 点的光强度，$\psi=\dfrac{2\pi R\sin\phi}{\lambda}$ 是像场中衍射角为 θ 的某一点 P 的相位差。因为入射光能的 84％集中在中央亮斑内，常将中央亮斑当作物体的衍射像。就是说点物体的像不是一个点，而是一个像斑，其角半径为

$$\theta_1 = 0.61\frac{\lambda}{R}$$

半径为

$$a = d\cdot\theta_1 = \frac{0.61\lambda}{R}d \tag{14-203}$$

在望远镜中可写成

$$a = \frac{0.61\lambda f}{R} \tag{14-204}$$

由于在实际仪器中 $R\gg\lambda$，像斑很小，近似地可当作一点，这就是几何光学中得到的结果。在讨论范围可以和波长比较的情况下，几何光学规律便不能应用。

在显微镜中，注意到 $\dfrac{R}{d}=\tan u'=\sin u'$ 及 $\lambda=\dfrac{\lambda_0}{n}$，像斑半径应为

$$a = \frac{0.61\lambda_0}{n'\sin u'} \tag{14-205}$$

式中，n'是像方折射率；λ_0 是光在真空中的波长。

二、像空间的光强分布

公式(14-202)表示像平面上的光强分布，现在讨论像空间几何像点 A'附近沿着光轴 zz'的光强分布。先计算 A'附近一点 A_1'的光强度，如图 14-57 所示。如果 σ'是衍射孔的波面，中心在 A'。再以 A_1'为中心，OA_1'为半径作一与 σ'相切的辅助球面 $\sum_1'$。如设 $QA_1'=r_1'$，$QA_1'=r_1$，则在 σ'面和 σ_1'面上两对应点 Q'和 Q_1'间的距离乃是 Q'点次波与中心 O 点次波到达 A_1'点的光程差。

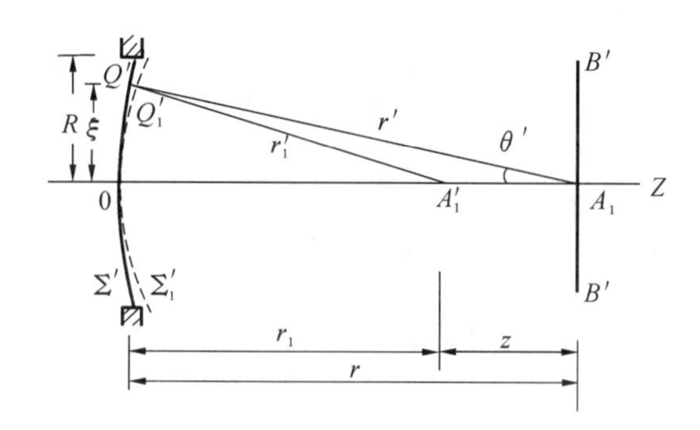

图 14-57　像空间几何像点附近沿着光轴的光强分布

用 $d\sigma'$表示 Q'附近的元波面，按菲涅耳-基尔霍夫公式(式(14-145))，注意近似条件，则 A_1'点的光振动可写成

$$E=\frac{E'_{\sigma}q}{r_1}\iint_{\sigma'}e^{jkr_1'}d\sigma'=C\iint_{\sigma'}e^{jkr_1'}d\sigma' \tag{14-206}$$

参见图 14-57，当 z 与 r 比较很小时：

$$r_1'=r^2-2rz\cos\theta'+z^2\approx r^2-2rz\cos\theta'$$

则

$$r_1'=\sqrt{r^2-2rz\cdot\cos\theta'}\approx r-z\cos\theta' \tag{14-207}$$

上式中，θ'也是一个很小的角度，利用展开式

$$\cos\theta'=1-\frac{\theta'^2}{2}+\cdots\approx 1-\frac{\rho^2}{2r^2}$$

可得：

$$r_1'=r-z+\frac{z\rho^2}{2r^2}=r_1+\frac{z\rho^2}{2r^2} \tag{14-208}$$

注意到 $r_1'-r_1=\Delta$，可知：

$$\Delta=\frac{z\rho^2}{2r^2} \tag{14-209}$$

即为 Q'和 O 点的光程差。

如果把元波面写成 $d\sigma'=\rho d\rho d\alpha$，则式(14-206)可写成：

$$E=Ce^{jkr_1}\int_0^{2\pi}\int_0^R e^{jk\frac{z\rho^2}{2r^2}}\rho d\rho d\alpha=2\pi Ce^{jkr_1}\int_0^R e^{j\frac{kz\rho^2}{2r^2}}\rho d\rho \tag{14-210}$$

利用$C_1=Ce^{jkr_i}=\dfrac{E'_A}{\sigma'}$，则得：

$$E=\frac{\pi E'_A}{\sigma'}\int_0^R e^{j\frac{kz\rho^2}{2r^2}}d(\rho^2)=\frac{\pi E'_A}{\sigma'}\cdot\frac{2r^2}{jkz}(e^{j\frac{kzR^2}{2r^2}}-1)$$

$$=E'_A\frac{\pi R^2}{\sigma'}\frac{4r^2}{kzR^2}\left(\frac{e^{j\frac{kzR^2}{4r^2}}-e^{-j\frac{kzR^2}{4r^2}}}{2j}\right)e^{j\frac{kzR^2}{4r^2}}$$

$$=E'_A\frac{\sin\frac{\psi}{2}}{\frac{\psi}{2}}e^{j\frac{\psi}{2}} \tag{14-211}$$

式中，

$$\psi=\frac{kzR^2}{2r^2}=\frac{\pi zR^2}{\lambda r^2} \tag{14-212}$$

注意到由式(14-209)，可知：

$$\Delta=\frac{zR^2}{2r^2} \tag{14-213}$$

即为波面上 M 点和 O 点到A_1'点的光程差，即衍射次波在A_1'点的最大程差。所以式(14-212)的 $\psi=k\Delta_x$ 中A_1'点的最大相位差。由式(14-213)求得A_1'点的光强度为

$$I=I_0\left(\frac{\sin\frac{\psi}{2}}{\frac{\psi}{2}}\right)^2 \tag{14-214}$$

式中，I_0 是 A'点的光强度。上式中 ψ 和 z 成正比，所以，沿光轴的强度分布和单缝衍射的情况相仿。图 14-58 的上方绘出理想像点 A'附近的光强度分布曲线(按照式(14-214))。

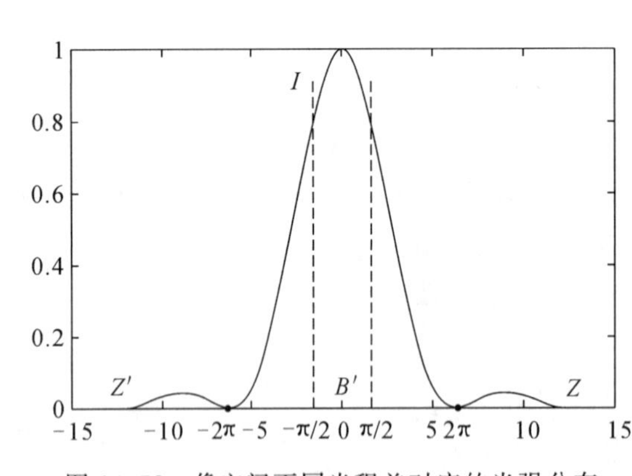

图 14-58　像空间不同光程差对应的光强分布

图 14-58 绘出与理想平面 BB'平行的、光程差分别为 0，$\pm\dfrac{\lambda}{4}$和$\pm\lambda$ 的平面上光强度的分布。由图可见，当 $\Delta_N=\pm\dfrac{\lambda}{4}$ $\left(\varphi=\pm\dfrac{\pi}{2}\right)$时，光强度分布和理想像面的情形($\Delta_N=0$)很接近，其中心强度下降小于 20%，像的半径略有增大。可以认为这个平面上像的形状和理想情形相似，即像和物仍保持几何相似。因此，在几何光学中，取像面的允许公差为

$$z=\pm\frac{2r^2}{R^2}\cdot\frac{\lambda}{4}=\pm\frac{\lambda}{2}\left(\frac{r}{R}\right)^2 \tag{14-215}$$

或取

$$2z=\lambda\left(\frac{r}{R}\right)^2 \tag{14-216}$$

此参数称为像面的深度。在望远系统中，$r=f$，取

$$2z=\lambda\left(\frac{f}{R}\right)^2 \tag{14-217}$$

称为焦点深度。

例如，一个望远物镜的直径为 $f/10$，如果白光的平均波长为 5.5×10^{-7} m，则焦点深度为：$2z=5.5\times10^{-7}\times(2\times10)^2=2.2\times10^{-4}\text{m}=0.22\text{mm}$。

在显微镜中，式(14-217)可改写成：

$$2z=\frac{\lambda'}{\sin^2u'}=\frac{\lambda_0}{n'\sin^2u'} \tag{14-218}$$

利用霍色洛条件：$n\sin^2(u/2)=Mn'\sin^2(u'/2)$，上式变成：

$$2z_0=2\frac{z}{M}=\frac{\lambda_0}{4n\sin^2(u/2)} \tag{14-219}$$

式中，$2z_0=2z/M$ 称为成像物体的深度；M 是物镜的纵向放大率。

另外，在实际光学系统中，透镜都有一定的像差，其衍射条纹和无像差透镜中理想像平面上的分布有一些差别。这时平面波经透镜折射后，边缘光线的折射程度较中央光线大(这在球面镜中总是如此)，如图 14-59 所示。由图可见，这时折射光的波面不再是球面，与理想球面有一定的偏差 Δ。像平面上的能量分布随 Δ 的不同各异，可近似地用图 14-60 表示。因此在规定光学系统的波差公差时，恒采用 $\Delta=\lambda/4$ 为标准，这就是平常所说的波像差的瑞利标准。

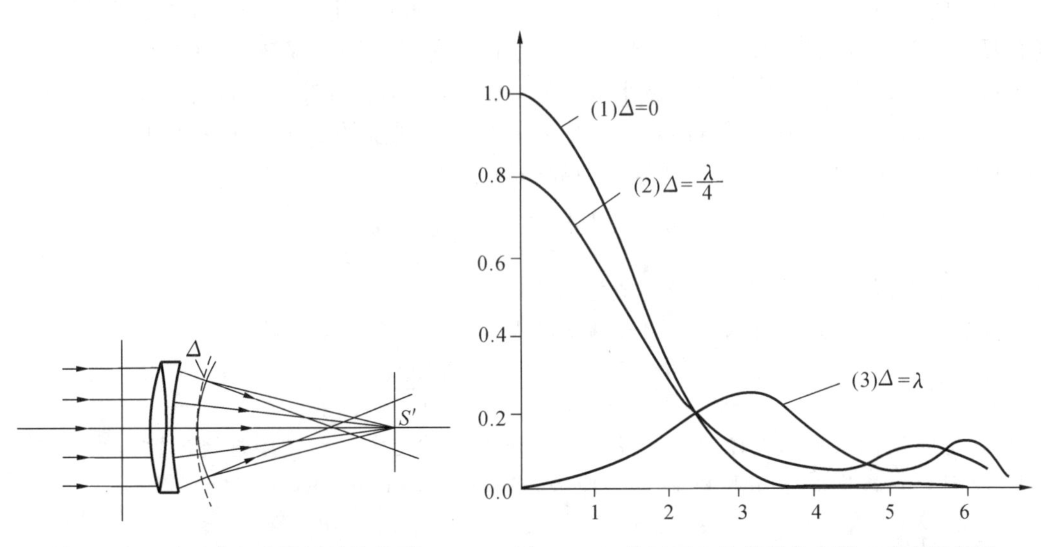

图 14-59　平面波经透镜折射的情形　　图 14-60　像平面上的能量分布随 Δ 的变化情况

三、分辨本领和瑞利判据

光学仪器的分辨本领，是指仪器分开两个很靠近物点的能力，用物点能够被分辨的距离表示。在望远系统中这个距离用最小分辨角表示，在显微系统中仍用这个能分辨的最小距

离表示。

(一) 望远镜

按照光学仪器成像的衍射理论,一物点的像是一个衍射圆斑,在理想系统中的强度分布如图 14-61 所示。如果两物点是不相干光点,当两个像靠近时,像场中的光强度是两个亮盘的光强度之和:

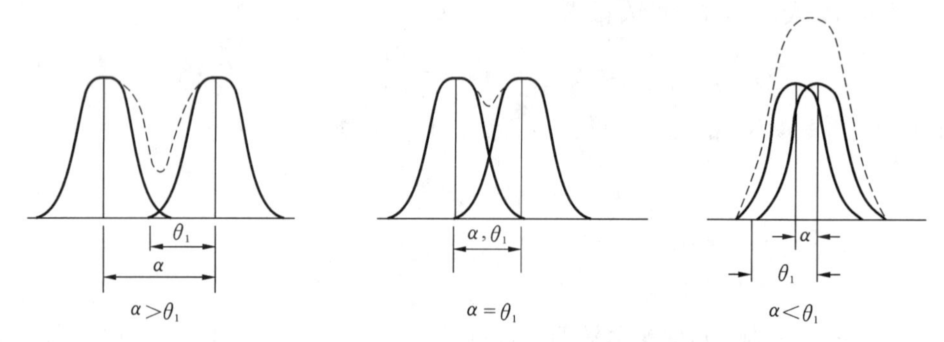

图 14-61　两物点衍射的强度分布

$$I = I_0\left\{\left[\frac{2J_1(\psi_1)}{\psi_1}\right]^2 + \left[\frac{2J_1(\psi_2)}{\psi_2}\right]^2\right\} \tag{14-220}$$

因此,能否分辨出有两个像就与亮盘的强度分布和角半径有关。如图 14-61 所示,如果两个像点的角距离为 α,亮盘的角半径为 θ_1($0.61\alpha<\theta_1/R$)。当 $\alpha>\theta_1$ 时,两个亮盘的合成强度有两个显著的极大值,所以能清楚地分辨这是两个像点。当 α 逐渐减小并使 $\alpha<\theta_1$ 时,则合成强度曲线的极大值靠近,中央极小值消失,两个像点不能分开。通常规定 $\alpha=\theta_1$ 为恰能分辨的最小角度,称为最小分辨角。这个条件称为瑞利条件。在这种情况下,因为 $\psi_1=\psi_2=0.61\pi$,由式(14-219)求得合成强度曲线的极小值为

$$I = 2I_0\left[\frac{2J_1(0.61\pi)}{0.61\pi}\right]^2 = 0.74I_0 \tag{14-221}$$

而两侧之极大值等于 I_0,即中央极小值为两边极大值之 74%。

在望远镜的情形,分辨本领就用瑞利条件规定的最小分辨角表示:

$$\alpha = \theta_1 = \frac{0.61\lambda}{R} = \frac{1.22\lambda}{D} \tag{14-222}$$

式中,D 是望远镜物镜的直径。可见,D 越大,分辨本领越大。天文望远镜的物镜所以做得很大,原因之一就是提高分辨本领(另一原因是增加光通量,提高像的照度)。

(二) 显微镜

因为显微镜用于观察微小物体,所以它的分辨本领用物体上恰能分辨的两点间的最小距离表示。按照瑞利条件,两像点恰能分辨时,其距离 ε' 应等于像点亮盘的半径 a,由式(14-205)得

$$\varepsilon' = a = \frac{0.61\lambda_0}{n'\sin u'} \tag{14-223}$$

因为显微镜物镜的设计恒满足正弦条件：

$$\varepsilon n\sin u = \varepsilon' n' \sin u' \tag{14-224}$$

式中，n 和 n' 分别为物方和像方折射率（$n'=1$），$2u$ 和 $2u'$ 分别为显微镜的物方和像方孔径角，ε 是和 ε' 对应的两物点的距离。将正弦条件代入上式就得到显微镜的分辨本领公式：

$$\varepsilon = \frac{0.61\lambda_0}{n\sin u} = \frac{0.61\lambda_0}{A} \tag{14-225}$$

式中，$A=n\sin u$ 叫作显微镜的数值孔径。

当物体本身不发光而需用相干光照明时，显微镜中是两个相干光点成像，这种情况下分辨本领和物点自身发光时稍有不同。此时像场中的合成强度应该用振幅相加的方法推求，即

$$I = I_0\left[\frac{2J_1(\psi_1)}{\psi_1} + \frac{2J_1(\psi_2)}{\psi_2}\right]^2 \tag{14-226}$$

如果采取同样的分辨本领的标准，即中央合成强度极小值为两侧极大值的 74%（注意：这已不是瑞利条件，而是采用在非相干情况下瑞利条件得到的结果）。由上式可求得

$$\psi_1 = \psi_2 = \psi = 0.77\pi$$

参见图 14-62，可知：

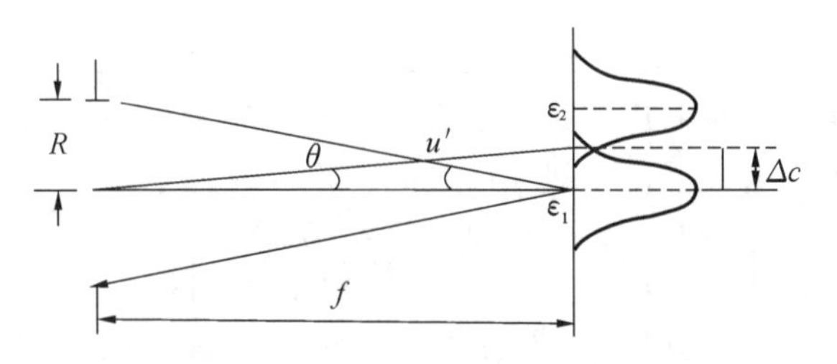

图 14-62　距离为 R 的两物点的像点强度分布

$$\psi = \frac{2\pi}{\lambda}R\sin\theta = \frac{2\pi}{\lambda}\cdot\frac{R}{f}\cdot\Delta c = \frac{2\pi}{\lambda_0}n'\sin u'\cdot\Delta c \tag{14-227}$$

式中，Δc 是中央极小值和两侧极大值间的距离。因此：

$$\varepsilon' = 2\cdot\Delta c = 0.77\pi\cdot\frac{\lambda_0}{\pi}\frac{1}{n'\sin u'} = \frac{0.77\lambda_0}{n'\sin u'} \tag{14-228}$$

再代入正弦条件，便得到显微镜用相干光照明时的分辨本领：

$$\varepsilon = \frac{0.77\lambda_0}{n\sin u} = 0.77\frac{\lambda_0}{A} \tag{14-229}$$

式(14-225)及式(14-229)指出了提高显微镜分辨本领的方向：增加数值孔径及减小波长。加大 A 有两种方法：一是减小物镜的焦距使孔径角 u 增大，另一是用油浸没物体和物镜（即油浸物镜）以加大物方折射率 n。但 u 最多不超过 90°，透明液体的折射率最大也只在 1.5 左右，所以加大 A 有一定的限制。例如 $n=1.5$，$u=90°$，当 $\lambda=0.60\mu m$ 时，$\varepsilon=0.24\mu m$（不相干光点）或 $0.31\mu m$（相干光点）。

提高分辨本领的另一方向是减小波长。这对不发光的物体，只要用短波长的光照明即

可。一般显微镜的照明设备附加一块紫色滤光片,就是这个原因。进一步使用波长约在2500Å到2000Å之间的紫外光,和用紫光($\lambda=4500$Å)相比,分辨本领可提高一倍。这种显微镜的光学系统要用石英、萤石等光学材料制造,并且只能照相,不能目视观察。紫外光显微镜的另一优点是能观察对可见光透明的物体,如生物组织、细胞等。这些物体用可见光照明时,必须使用特殊的干涉显微镜或相衬显微镜;但用紫外光照明时,它们的不同部分对光的吸收显著不同,借此可分辨物体的细节。改用波长更短的射线可以进一步提高分辨本领,不过制造适用于这种射线的光学系统更困难。

随着光学理论的进展,在认识了光的粒子性以后,又发现物质微粒的波动性,即任何质点流的传播都受波动规律的制约,相应的波称为物质波,其波长为$\lambda=\dfrac{h}{mv}$($h=6.63\times10^{-34}$ J·s是普朗克常数)。对于电子,质量m为0.90×10^{-30} kg,当电子以其容易获得的普通速度运动时,相应的物质波波长极短,例如,加速电位差为150V的阴极射线的波长为1Å。所以,用电子波长使物体成像时,可以得到更大的分辨本领。一般电子显微镜的分辨本领可达到光学显微镜的百倍以上。

(三)史派劳判据

瑞利判据是人为的规定,实际上,即使对于目测者,小于瑞利规定时仍能判别两个点像。就是说,中央极小值$0.74I_0$的规定偏严了。特别是,如果非人眼记录,比如照相、光电接收等,能否分辨为两个信号的极限应该是两个极大值消失时中央极小消失(等于I_0)为准。从合成强度曲线来看,就是合成强度曲线在中央的二阶导数为零:

$$\frac{\mathrm{d}^a}{\mathrm{d}\psi^2}\left[\left(\frac{2J_1(\psi)}{\psi}\right)^2+\left(\frac{2J_1(\psi-\Delta\psi)}{\psi-\Delta\psi}\right)^2\right]\Bigg|_{\dot{\psi}=\Delta\psi/2}=0 \tag{14-230}$$

式中,$\Delta\psi$是两个几何像点的间隔。这个条件称为史派劳(Sparrow)判据(图14-63)。由此求得的分辨本领公式,在望远镜下的情形为

$$\alpha_s=\frac{0.47\lambda}{R} \tag{14-231}$$

显微镜对应的情形:

$$\varepsilon_s=\frac{0.47\lambda_0}{A} \tag{14-232}$$

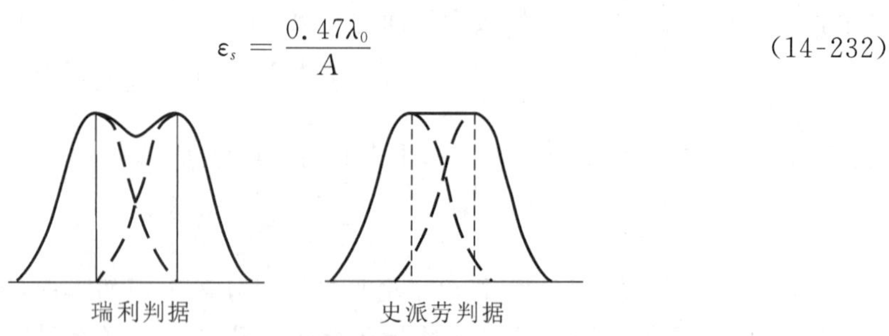

图14-63 史派劳判据与瑞利判据的比较

史派劳判据和瑞利判据还有一区别在于:后者只能用于非相干照明系统;而前者是从像面上的合成强度定义的,与物点发光的相干性无关,因此可以用于相干照明系统。此时,条件(14-230)可以换成:

$$\frac{\mathrm{d}^2}{\mathrm{d}\psi^a}\left[\frac{2J_1(\psi)}{\psi}+\frac{2J_1(\psi-\Delta\psi)}{\psi-\Delta\psi}\right]^2\Bigg|_{\psi=\Delta\psi/2}=0 \tag{14-233}$$

表 14-3 列出两种判据对望远镜给出的分辨本领公式。其中，史派劳判据的数值是由式(14-230)和式(14-233)计算，再查阅贝塞耳函数表求得的。

表 14-3　分辨本领公式

	非相干照明	相干照明
瑞利判据	$\alpha=\frac{0.61\lambda}{R}$	$\alpha=\frac{0.77\lambda}{R}$
史派劳判据	$\alpha_s=\frac{0.47\lambda}{R}$	$\alpha_s=\frac{0.73\lambda_0}{R}$

第十五章　光谱分光器件与仪器系统

光与物质相接触时，作用的性质会随光的波长及物质的性质而异。一方面，光可以透过物质，也可以被物质吸收、反射、散射或偏振等。另一方面，当物质受到电磁辐射或其他能量(如电能或热能)作用被激发后，又可以光的形式将能量释放出来。这些光学光谱与物质作用的相互关系，提供了建立光谱分析法的依据。

根据分光原理的不同，光谱仪器可划分为滤光片型、色散型、傅里叶变换型(也称干涉型)三种。

滤光片型：依据不同的带通滤光片进行分光。滤光片可以采用可调谐滤光片和空间可变滤光片。滤光片型的特点是光谱维是对全波段范围进行窄波段的选择。

色散型：包括棱镜色散型和光栅衍射型。棱镜色散型是依据不同波长的光线对棱镜产生的不同折射率进行分光。光栅衍射型是根据光栅衍射特性，利用不同波长的光线对光栅产生的不同衍射角而进行分光。

傅里叶变换型(Fourier Transform)：利用分波前法或分振幅法干涉分光原理，先由干涉仪完成对目标光谱图像的光学傅里叶变换，再对产生的干涉图进行测量，对其进行数学上的傅里叶反变换积分，获取目标的光谱信息和图像信息。

第一节　滤　光　片

滤光片是用于从一段光谱带中提取出所需的窄波段光谱的光学元件。滤光片因工作原理的不同可以分为吸收滤光片、干涉滤光片和双折射滤光片三类。滤光片型光谱成像仪是将来自场景目标的光透过滤光片形成一定窄波段的光谱，再成像到单个探测器或者焦平面探测器阵列上。

传统基于滤光片分光的光谱仪器一般光谱通道数在数个至数十个，多适用于地带分类及土地使用评估，一般被研制成多光谱相机。由于多光谱系统是一种需要精准控制的光学系统，因而其对整个系统的机械结构精准性及稳定性要求很高，对光源及滤光片等部件的性能要求也很苛刻。使用多个滤光片的多光谱成像系统拥有的一个共同缺点就是滤光片造成的光学路径的改变。这种机械调谐滤光成像系统一般有运动机构，稳定性差，而且体积相对大，调谐响应速度慢。

近现代材料科学、电子电路以及计算机科学的发展促进了多种新型滤光片型光谱成像技术的产生，主要包括声光可调谐滤光片(Acousto-Optic Tunable Filter，AOTF)型、液晶可调谐滤光片(Liquid Crystal Tunable Filters，LCTF)型和渐变滤光片(Linear Variable Filter，LVF)型光谱成像技术。

AOTF的原理是基于各向异性晶体在声光相互作用下的布拉格衍射效应。通过改变施加在AOTF晶体上射频信号的频率对入射复色光进行衍射，得到特定波长的单色光。与传统分光器件相比，AOTF具有许多优点：①体积小，无运动部件；②晶体衍射效率高，可达90%以上；③视场大，观测范围大且收集光能力强；④调谐迅速快，范围宽。这些优点使得基于AOTF的光谱成像技术在遥感领域具有很大的潜力。但是AOTF也有缺点，目前主要是受声光材料的限制，入射光口径难以做大（一般小于15mm），因而限制了光通量；另外，用于成像的AOTF也存在由于衍射角展宽引起的图像模糊和不同波长处衍射角的变化导致的图像位移问题。

LCTF是根据偏振光的干涉原理和液晶的电控双折射效应制成的新型光器件。LCTF是由若干平行排列的Lyot型滤光片级联而成。其中，每级Lyot型滤光片由两个平行的偏振片、液晶层和石英晶体组成。LCTF具有无移动部件、调谐范围宽、调谐速度快、结构简单、功耗低等优点。

LVF是一种光谱特性随滤光片表面位置变化而变化的光学薄膜器件。渐变滤光片一般可分为线性渐变滤光片和圆谐渐变滤光片两种；前者的光谱特性随着滤光片的表面位置在一定方向上呈线性渐变，而后者的光谱特性则随着滤光片的角度在圆周方向上呈线性变化。LVF具有稳定性好、体积小、重量轻等优点，被广泛应用于便携式快速分光、光谱仪线性度校正，以及光栅二级次光分离/截止等方面。

第二节 棱 镜

棱镜和光栅是最常用的色散元器件。在本书第六章已介绍棱镜基本属性与特点，这里将主要从棱镜作为分光器件的角度分析阐述。

1665年，牛顿使一束近乎平行的白光透过一块玻璃棱镜，在棱镜后的屏幕上得到一条彩色光谱带。后来经研究发现，各种透明介质具有不同的折射率，而同一种介质对于不同波长的光也有不同的折射率。这就是白光经过棱镜时不同波长的光被分解开的原因。

一、棱镜的角色散率

由色散棱镜的分光原理知，不同波长的色光经过棱镜后有不同的偏向角 θ。偏向角的微小增量 $d\theta$ 与波长的微小增量 $d\lambda$ 之比，即称 $d\theta/d\lambda$ 为棱镜的角色散率。

将式(6-2)中的i_1和 α 作为常量，然后对波长进行微分，得角色散率：

$$\frac{d\theta}{d\lambda}=\frac{di'_2}{d\lambda} \tag{15-1}$$

由于

$$\sin i'_2 = n\sin i_2 = n\sin(\alpha - i'_1) = n(\sin\alpha\cos i'_1 - \cos\alpha\sin i'_1) \tag{15-2}$$

$$\cos i'_1 = \sqrt{1-\sin^2 i'_1} = \sqrt{1-\frac{\sin^2 i_1}{n^2}} \tag{15-3}$$

将式(15-3)代入式(15-2)，得

$$\sin i'_2 = \sin\alpha\sqrt{n^2-\sin^2 i_1} - \cos\alpha\sin i_1$$

上式两边对 n 微分可得

$$\frac{\mathrm{d}i'_2}{\mathrm{d}n}=\frac{\sin\alpha}{\cos i'_1\cos i'_2} \tag{15-4}$$

将式(15-1)代入式(15-4),得

$$\frac{\mathrm{d}\theta}{\mathrm{d}\lambda}=\frac{\sin\alpha}{\cos i'_1\cos i'_2}\cdot\frac{\mathrm{d}n}{\mathrm{d}\lambda} \tag{15-5}$$

式中,$\mathrm{d}n/\mathrm{d}\lambda$ 是制造棱镜材料的色散率,它表示介质的折射率随波长变化的程度。

公式(15-5)是棱镜色散率的一般表达式,可适用于以任何角度入射到棱镜上的光束情况,自然也适用于棱镜位于最小偏向角的情况。对于棱镜位于最小偏向角时,棱镜色散率可以用棱镜的折射顶角 α 来表达。

当棱镜对于某一波长而言,处于最小偏向角时

$$\frac{\mathrm{d}\theta}{\mathrm{d}\lambda}=\frac{2\sin\frac{\alpha}{2}}{\sqrt{1-n^2\sin^2\frac{\alpha}{2}}}\cdot\frac{\mathrm{d}n}{\mathrm{d}\lambda} \tag{15-6}$$

由上式可以看到,光谱棱镜的角色散率与棱镜的折射顶角 α、棱镜的折射率 n、材料的色散率 $\mathrm{d}n/\mathrm{d}\lambda$ 及光束射入棱镜的角度、棱镜的个数等因素有关。因此增加三棱镜角色散率可以通过减小光线的入射角,增加折射顶角、材料的折射率和色散率等途径来实现。

二、棱镜的分辨率

两条谱线波长的平均数与这两条刚好能分辨开的谱线之间的波长差之比,称为棱镜的分辨率,即 $R=\lambda/\mathrm{d}\lambda$。在分析棱镜的分辨率与其几何参数的关系时,定义棱镜是整个光学系统的孔径光阑,并假定整个光谱仪器的光学系统是理想的,即系统没有像差,且狭缝无限细。此时棱镜的分辨率决定了整个光学仪器的理论分辨率。

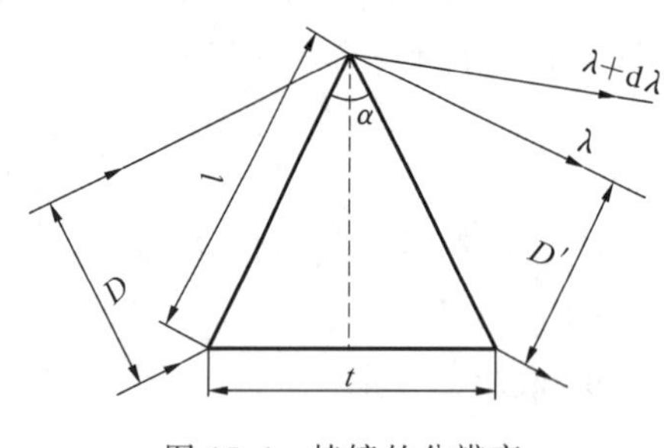

图 15-1　棱镜的分辨率

设含有两个波长且波长差为 $\mathrm{d}\lambda$ 的一束平行光以满足最小偏向角条件通过如图 15-1 所示棱镜,经色散后,其角距离为

$$\mathrm{d}\theta=\frac{2\sin\frac{\alpha}{2}}{\sqrt{1-n^2\sin^2\frac{\alpha}{2}}}\mathrm{d}n=\frac{2\sin\frac{\alpha}{2}}{\cos i_1}\mathrm{d}n \tag{15-7}$$

从衍射角度看,由棱镜矩孔衍射所决定的最小分辨角为

$$\mathrm{d}\theta_0=\frac{\lambda}{D'}=\frac{\lambda}{l\cos i_1}=\frac{2\lambda\sin\frac{\alpha}{2}}{t\cos i_1} \tag{15-8}$$

式中,t 为棱镜的底边长度。

经棱镜色散后分解开的两个波长的光束,在光谱仪器焦面上成像后,要能够分辨得开,根据瑞利判据,则色散后的角距离必须至少等于由衍射决定的最小分辨角,即

$$d\theta = d\theta_0$$

$$\frac{2\sin\frac{\alpha}{2}}{\cos i_1}dn = \frac{2\lambda\sin\frac{\alpha}{2}}{t\cos i_1}$$

两边除以 $d\lambda$ 并整理可得

$$\frac{dn}{d\lambda} = \frac{1}{t}\frac{\lambda}{d\lambda}$$

则棱镜的分辨率为

$$R = \frac{\lambda}{d\lambda} = t\frac{dn}{d\lambda} \tag{15-9}$$

由式(15-9)可见，棱镜的分辨率只与材料的色散率和棱镜底边的长度有关。要增大棱镜的分辨率，可以增大棱镜底边长度 t，也可以选用更高介质色散率 $dn/d\lambda$ 的材料制造棱镜。比较式(15-9)和式(15-5)，可知棱镜的分辨率与角色散率之间没有确定的从属关系。

应该注意到，只有当光束充满棱镜时，才能应用式(15-9)计算棱镜的分辨率。对于如图 15-2 所示的情况，计算公式应修改为

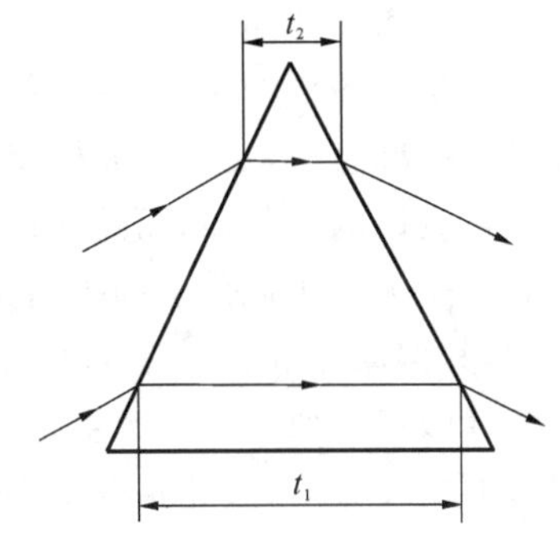

图 15-2 光束未充满棱镜孔径

$$R = \frac{\lambda}{d\lambda} = (t_1 - t_2)\frac{dn}{d\lambda} \tag{15-10}$$

三、棱镜的横向放大率(角放大率)

当光束不是以最小偏向角条件通过光谱棱镜时，出射角不等于入射角，出射光束的孔径也不等于入射光束孔径，如图 15-3 所示。这种现象称为棱镜的横向放大，也称为角放大。

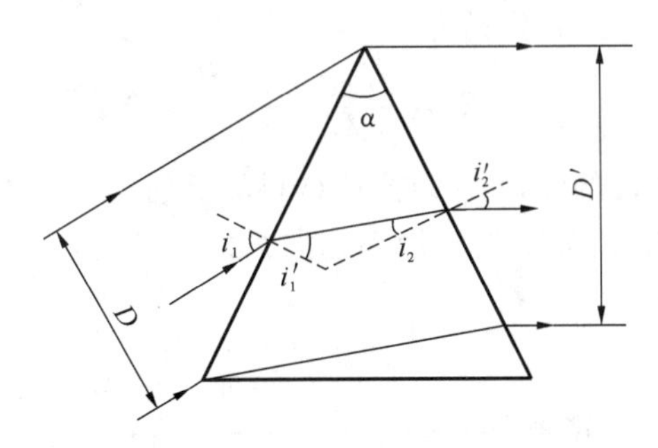

图 15-3 棱镜的横向放大率

棱镜的横向放大率 γ 可表示为出射角与入射角增量之比：

$$\gamma = \frac{di_2'}{di_1} = -\frac{\cos i_1\cos i_2}{\cos i_1'\cos i_2'} \tag{15-11}$$

由式(15-11)可知，对于折射顶角 α 已定的棱镜，γ 是随入射角i_1增加而减小的。当棱镜处于最小偏向角位置时，$i_1 = i_2'$，$i_2 = i_1'$，此时横向放大率为 1。在实际光谱仪器中，棱镜只对

某一种波长处于最小偏向位置，所以只对这一波长有横向放大率等于1，对其他各种不同波长的光束，由于各面的折射角都不同，横向放大率应具体分析。

四、棱镜非主截面的色散——光谱线弯曲

在棱镜光谱仪器中，光谱线是入射狭缝的像。狭缝一般为直缝，而在光谱仪器的焦平面上却得到一条弯曲的光谱线，弯曲的方向朝向短波方向。这表明沿着狭缝长度的不同，同一波长光束的色散率也是不同的。

产生谱线弯曲的原因在于：从狭缝射出的光线经准直镜后变成平行光束，狭缝中心对应的光束是在棱镜的主截面内通过的；狭缝有一定的长度，从狭缝任意长度 S' 点射出的光线经准直镜准直后，变为与光轴交角为 ξ 的倾斜平行光束，该倾斜平行光束入射到棱镜后，没有通过棱镜的主截面，而是在棱镜的倾斜截面上折射。由图 15-4 可见，倾斜面上的折射顶角 α' 总是大于主截面上的折射顶角 α。根据式(15-5)计算的角色散率可知，由 S' 点发出的光束，其偏向角和色散率都要大于狭缝中点 S 发出的，所以 S' 点在焦面上的像点位置相对于狭缝中点的像点就会产生位移。S' 点离中心越远，位移量越大，而且这位移的方向是朝向光谱的短波方向，因此狭缝像会变为两端朝短波方向弯曲的曲线。

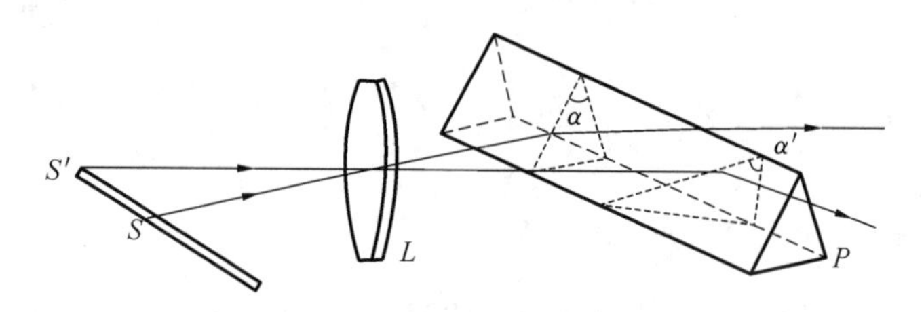

图 15-5　狭缝中心和端点的光路

谱线弯曲的曲率半径 R 计算公式为

$$R=\frac{fn\cos i_1'\cos i_2'}{(n^2-1)\sin\alpha} \tag{15-12}$$

式中，f 为光谱仪器成像物镜的焦距；n 为棱镜材料的折射率；α 为棱镜折射顶角。

如果棱镜对于某个波长的光束处于最小偏向角的位置，则该波长的狭缝像的曲率半径可以简化为

$$R=\frac{fn^2}{2(n^2-1)}\frac{\sqrt{1-n^2\sin^2\frac{\alpha}{2}}}{\sin\frac{\alpha}{2}} \tag{15-13}$$

由上式可见，棱镜材料的折射率越大，同一波长的狭缝像的曲率半径越小；对同一棱镜，波长越短的光束，其狭缝像弯曲得越厉害。

第三节　光　　栅

光栅是一种重要的色散元件，是利用多缝的干涉和衍射现象制成的光学元件。实际应

用的线光栅的缝数可能很多，达到 $10^4 \sim 10^5$ 的数量级。根据工作方式分类，光栅可分为透射光栅和反射光栅两种。透射光栅由一系列大小相等、间隔相等的小狭缝组成。而反射光栅是在反射镜上刻划一道道刻痕制成的。在反射光栅中，按反射镜的形状不同还可分为平面光栅、凹面光栅和凸面光栅。

一般来说，平面衍射光栅是在高精度平面上刻一系列等宽且等间隔的刻痕的光学元件。一般的光栅在1mm内的刻痕数从数十条至数千条不等。

凹面衍射光栅一般是反射式光栅，它的等距划痕是刻划在球面或非球面(除平面外)上的。凹面衍射光栅的划痕可以看作被刻划球面的系列等距的平面的交线。凹面光栅不仅起色散作用，而且能够兼起成像作用。

凹面光栅的色散机理和特点与平面光栅基本相似。因此，我们着重讨论凹面光栅(主要是球面的)在成像中的作用。需要指出的是，在没有特别说明的情况下，我们提到的凹面光栅是指球面凹面光栅。

阶梯光栅是由空间结构像阶梯一样、一系列折射率和厚度都一样的透明玻璃或石英胶合而成的。这种光栅分为两种：反射式阶梯光栅和透射式阶梯光栅。阶梯光栅与一般衍射光栅的差别为阶梯数目(即其中的刻线数 N)很小，仅为 20～50，而阶梯光栅所用光谱级次极高，达到 $10^3 \sim 10^4$ 级，因此也可以获得极高的分辨率。阶梯光栅最前沿的应用是在太阳系外行星搜索领域，作为视向速度法探测太阳系外行星的系统核心器件。

下面以平面光栅为例，分析光栅的分光原理。

光栅作为光谱仪器的分光元件应当工作在平行光束中。如图 15-5 所示，当一束平行的复合光入射到光栅上时，光栅能将它按波长在空间上分解为光谱，这是由于多缝衍射和干涉共同作用的结果。光栅产生的光谱，其谱线的位置是由多缝衍射图样中的主极大条件决定的。

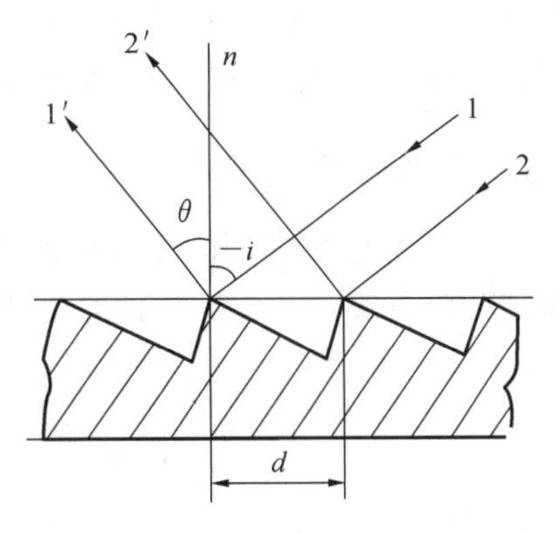

图 15-5 平面光栅色散原理

垂直光栅刻痕的平面称为光栅的主截面。首先考虑光线在主截面内入射和衍射的情形。由图 15-5 可见，相邻两刻痕对应的光线 11′和光线 22′的光程差为

$$\Delta = d(\sin i + \sin\theta) \tag{15-14}$$

从波动光学可知，相干光束干涉极大值的条件为

$$\Delta = m\lambda \tag{15-15}$$

因此可以得到相邻两光线干涉极大值的条件——光栅方程式为

$$d(\sin i + \sin\theta) = m\lambda \tag{15-16}$$

式中，i 入射角；θ 为衍射角；d 为刻痕间距，通常称为光栅常数；m 为光谱级次，为整数。

由式(15-16)可以看出，当光栅常数 d 和入射角 i 一定时，除了零级外，在确定的光谱级次中，波长越长的光线，衍射角越大。在实际的衍射图中，由于光栅总的刻线数目很大，所以主极大所对应的角宽度很小，因此在像面上会形成非常细、非常明锐的亮线——谱线。

一、光栅的角色散率

与棱镜类似，光栅的角色散率定义为波长差为 dλ 的两个波长的光线在空间上被光栅分开的角距离大小。设光栅已定，入射角不变，对光栅方程式(15-16)微分，得

$$\frac{\mathrm{d}\theta}{\mathrm{d}\lambda}=\frac{m}{d\cos\theta} \tag{15-17}$$

这就是光栅的角色散率公式。由此式可见：

(1)光谱的角色散率与光栅常数 d 成反比，使用光栅常数小的光栅，能获得大的角色散。

(2)光栅的角色散率与光谱级次成正比。但对光栅常数 d 一定的光栅来说，各工作波段范围所能利用的光谱级次 m 受衍射角 θ 的限制。

(3)光栅的角色散率与衍射角 θ 的余弦成反比，当改变入射角来增大衍射角时，也会增大角色散率。

(4)在靠近光栅平面法线的范围内，衍射角 θ 很小，$\cos\theta$ 随 θ 的变化很小且 $\cos\theta$ 近似等于 1，这时式(15-17)可写为

$$\left(\frac{\mathrm{d}\theta}{\mathrm{d}\lambda}\right)_{\theta\to 0}=\frac{m}{d}=\text{常数} \tag{15-18}$$

即 θ 与 λ 差不多呈线性关系。这种色散为常数的光谱称为“正常光谱”或“匀排光谱”，是光栅光谱的一个重要特点。在棱镜光谱中，由于棱镜材料的色散率 $\mathrm{d}n/\mathrm{d}\lambda$ 不是常数，所以偏向角 θ 与波长 λ 是线性关系，而是在短波区的偏折比在长波区的偏折大得多。光栅光谱的这种匀排特性，在实际使用中方便按线性比例关系求取光谱仪谱线的位置。

二、光栅的分辨率

与棱镜类似，光栅的分辨率也是以 $R=\lambda/\mathrm{d}\lambda$ 来计算的。同样也是根据瑞利判据，在恰好能分辨两条波长差为 dλ 的等强度谱线的情况下推导出来的，如图 15-6 所示。

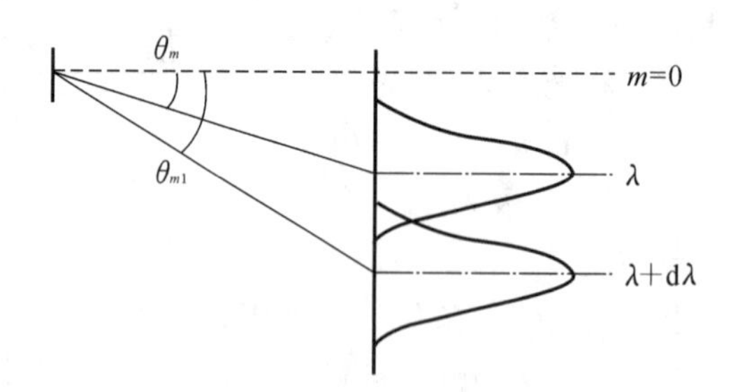

图 15-6　光栅分辨率公式推导示意图

设有一块理想光栅，入射和衍射光线均位于主截面内，为简化起见，设入射角 $i=0$(即正入射)，则波长 λ 的 m 级主亮条纹满足条件：

$$d\sin\theta_m=m\lambda$$

波长 $\lambda+\mathrm{d}\lambda$ 的 m 级主亮条纹满足条件：

$$d\sin\theta_m{}' = m(\lambda + \mathrm{d}\lambda)$$

波长 λ 的 m 级主亮条纹外第一最小值满足条件：

$$d\sin\theta_{m1} = \left(m + \frac{1}{N}\right)\lambda$$

式中，N 为光栅的总刻痕数目。按照瑞利判据，当波长为 λ 的第一最小值落在波长为 $\lambda + \mathrm{d}\lambda$ 的 m 级最大值处，这两波长的谱线恰好可被分辨，也就是

$$\left(m + \frac{1}{N}\right)\lambda = m(\lambda + \mathrm{d}\lambda)$$

由上式可得

$$R = \frac{\lambda}{\mathrm{d}\lambda} = mN \tag{15-19}$$

式(15-19)是光栅理论分辨率公式。光栅的理论分辨率是光谱级次和光栅总刻线数的乘积。为了提高光栅分辨率，应采用高光谱级次或者增加光栅的总刻线数。

三、光栅的横向放大率(角放大率)

光栅在主截面内的横向放大率，取决于入射光束的入射角余弦和衍射光束的衍射角余弦之比：

$$\gamma = \frac{\mathrm{d}\theta}{\mathrm{d}i} = \frac{\cos i}{\cos\theta} \tag{15-20}$$

当 $i=0$ 时，零级光谱的横向放大率为 1。零级光谱两边正负级光谱的横向放大率则随着衍射角的增大而增大。

四、平面衍射光栅的光谱强度分布

由物理光学可知，在光谱面上任一点的光谱强度为

$$I = ca^2\left(\frac{\sin u}{u}\right)^2\left(\frac{\sin Nv}{\sin v}\right) \tag{15-21}$$

式中，c 为比例常数；a 为光栅单个刻槽的宽度；u 为在正入射情况下，单个刻槽两边缘上两条衍射光线的相位差的一半，$u=\pi a\sin\theta/\lambda$；$v$ 为在正入射情况下，相差一个刻槽间隔的两条衍射光线的相位差的一半，$v=\pi d\sin\theta/\lambda$。

当 $u=v=0$，也就是衍射角与入射角均等于零时，光强度 I 最大，这也就是说，零级主极大的光强最大。但是，零级光谱没有色散，是无法分光的。反射式定向光栅的刻槽断面呈锯齿形，每个刻槽的断面 A 相当于一个小反射镜，断面 A 的反射能够使反射光的方向和衍射方向重合，这样就可以把光能量引导到预定的光谱级次，并大大降低零级主极大的光强度，增加光栅的能量利用率。

五、光栅光谱的叠级和自由光谱范围

从光栅方程式可知，在同一个入射角 i 时，同一衍射方向可以有不同级次的波长的光谱重叠在一起。

光谱级次 m 越大，光谱的重叠会越严重。在一个光谱级中，不受其他级次影响波段范

围称为自由光谱范围。这个范围可以由相邻的两个级次恰好互相重叠的两个谱线的波长差$\Delta\lambda$求出，即

$$m\lambda = (m+1)(\lambda - \Delta\lambda)$$
$$\Delta\lambda = \frac{\lambda}{m+1} \tag{15-22}$$

光谱级次的重叠会使光谱分析时产生偏差，因此，在仪器的设计中需要消除叠级现象。消除的方法有以下两种。

(1)利用滤光片将不需要的光谱级滤去，只透过需要的光谱。

(2)色散交错法，利用辅助色散元件(棱镜或光栅)沿着垂直主要色散元件的色散方向将不同级次光谱拉开，这种作用称为预色散作用。

六、光栅光谱的缺级现象

当光栅常数 d 和刻痕宽度 a 的比值为整数 K 时，在 $m=K,2K,3K,\cdots$，将产生缺级。因为满足 $d\sin\theta=m\lambda$ 条件时，可能也满足条件 $a\sin\theta=m'\lambda$，使得本该是干涉主极大的位置被衍射的主极小所替代，导致光栅光谱缺级现象。

七、反射式定向光栅

光栅的分辨本领和色散都与光谱级次成正比。但是，对于一般光栅，绝大部分(80%以上)的光能量会集中在没有色散作用的零级光谱中。对于光栅某一衍射级次，尤其高级次的光谱而言，其光强很弱，光能量利用率很低。在实际应用中，可以利用刻痕有一定形状(一般为锯齿形)的反射光栅，将衍射光能量引导到某一级光谱上。即通过控制刻痕的形状(一般为改变锯齿的角度)可以改变光谱的相对光强分布。

如图15-7所示，每个刻痕的断面相当于一个小反射镜，通过控制入射光束的角度和刻痕断面的角度，就能够把光线反射到预定的方向上，使衍射的大部分光能量集中在所需要的光谱级次中。具有这种特性的光栅称为闪耀光栅或定向光栅。

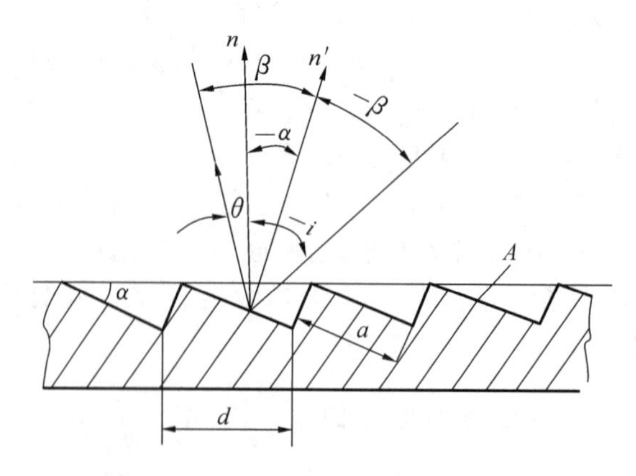

图15-7　光栅分辨率公式推导示意图

定向光栅刻痕断面的几何参数 a 与 α 所必须满足的条件如下：

(1)根据集中光能量于预定的某一光谱级次的要求,应使所要求的衍射方向和断面 A 反射光(即主零级极大)方向重合:

$$\begin{cases} \sin i + \sin\theta = \dfrac{m\lambda}{d} \\ i = \alpha + \beta \\ \theta = \beta' + \alpha = \alpha - \beta \end{cases}$$

根据上式整理可得

$$\begin{cases} 2\sin\alpha\cos\beta = \dfrac{m\lambda}{d} \\ 2\sin\alpha\cos(i - \alpha) = \dfrac{m\lambda}{d} \end{cases} \tag{15-23}$$

(2)根据将光栅的零极主极大方向,置于断面 A 作为单缝时其负第一衍射极小值的方向上,也就是满足

$$a(\sin\beta + \sin\beta') = a[\sin(i - \alpha) + \sin(-i - \alpha)] = (-1)\lambda$$

整理得

$$2\sin\alpha\cos i = \frac{\lambda}{a} \tag{15-24}$$

由式(15-23)及式(15-24)可知,根据预定的入射角、波长和光谱级次,能够计算出所需要的定向光栅的断面参数 α 和 a 的数值。

当光栅已定时,对一定的入射角,其衍射角的方向和断面 A 反射方向符合的波长,就是光栅的闪耀波长 λ_b,这时衍射角称为光栅的闪耀方向 θ_b。

图 15-7 中各角度之间可以推导得到如下关系:

$$\alpha = \frac{i + \theta}{2} \tag{15-25}$$

式中,α 角即是刻槽面与光栅平面的夹角,或者槽面法线 n' 与光栅平面法线 n 的夹角,称光栅的闪耀角。式(15-25)表示光栅闪耀的一般条件,有时称为副闪耀条件。在副闪耀条件下,光栅方程可以写为

$$2d\sin\alpha\cos(\alpha - i) = m\lambda \tag{15-26}$$

一般规定取 $m=1$ 时的波长为闪耀波长 λ_b,则

$$\lambda_b = 2d\sin\alpha\cos(\alpha - i) \tag{15-27}$$

当光栅用于李特洛装置时,即 $i=\theta=\alpha$ 时,闪耀波长 λ_b 为

$$\lambda_b = 2d\sin\alpha \tag{15-28}$$

人们有时把 $i=\theta=\alpha$ 称为主闪耀条件。按照惯例,在光栅目录上列出的闪耀波长就是指上述的 λ_b。

第四节　光栅光谱仪

一、光栅衍射型光谱成像仪成像原理

在光谱仪器中,所用的光学系统主要有两大类:成像光学系统和照明光学系统。

光栅作为光谱成像仪的分光组件，其最大的优点是光谱色散线性，在全光谱波段均可使用，结构简单；缺点是当光谱范围较大时，会发生重级现象。典型光栅衍射型光谱成像仪（透射型）的光学原理结构如图 15-8 所示，主要由指向镜、望远镜物镜、狭缝、准直镜、光栅、成像镜和探测器等组成。

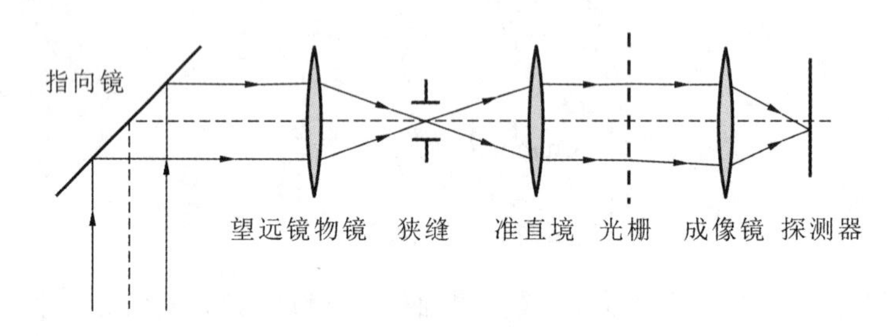

图 15-8　光栅衍射型光谱成像仪成像原理示意图

如果需要光谱仪器的波段范围较宽，常用反射光学系统达到目的。在色散元件为平面光栅的光谱仪器中，经常用凹的球面反射镜作为光谱仪器的照明系统和成像系统。色散元件为平面光栅的光谱仪器的基本装置有两种：利特罗装置和艾伯特装置。

利特罗装置的光路如图 15-9 所示，在光路中，凹的球面反射镜既作为准直镜，又作为成像物镜。这种系统具有结构简单、紧凑的优点，但是要注意抑制杂光。

艾伯特装置是一种对称光学系统，光路如图 15-10 所示。入射狭缝和出射狭缝对称地放置在光栅两侧。在艾伯特系统中，作照明准直系统和成像系统的凹面镜比利特罗系统中的凹面镜大很多，为了减轻重量，在此艾伯特系统中常常将大反射镜分割做成两块小反射镜。

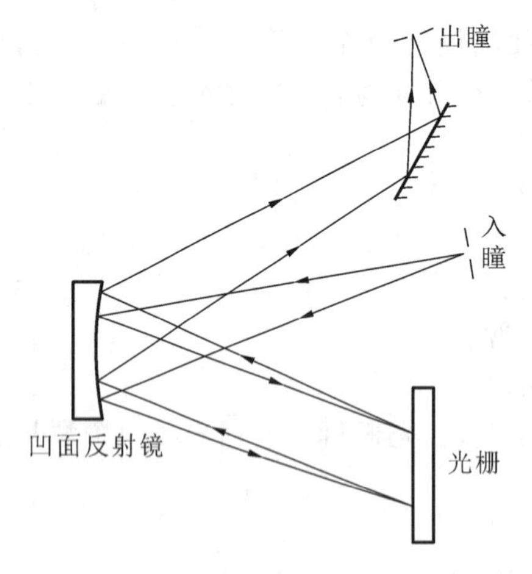

图 15-9　平面光栅利特罗装置光路图

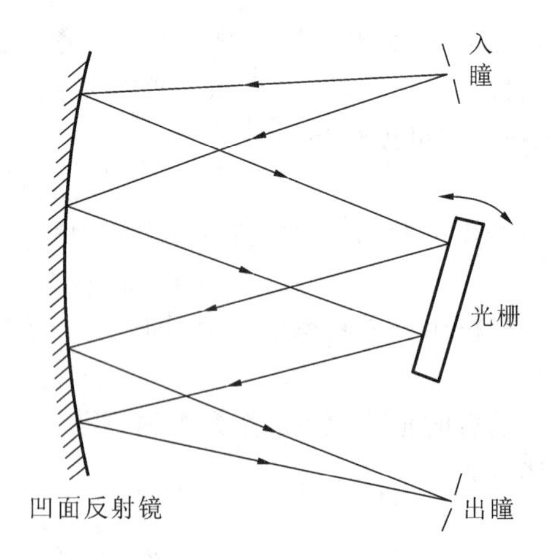

图 15-10　平面光栅艾伯特装置光路

二、光栅光谱仪中的像差

在成像型光栅光谱仪中，常采用球面反射镜，而球面镜在光路中会使轴上点产生球差，

轴外点产生彗差、像散、场曲和畸变。单个球面的各种初级像差可以表示为

$$球差\quad S_I = -\frac{2y^4}{r^3} \tag{15-29}$$

$$彗差\quad S_{II} = -\frac{2y^3}{r^2}i_p \tag{15-30}$$

$$像散\quad S_{III} = -\frac{2y^2}{r}i_p^2 \tag{15-31}$$

$$场曲\quad S_{IV} = \frac{2y^2}{r}u_p^2 \tag{15-32}$$

$$畸变\quad S_V = 2y(u_p^2 - i_p^2)i_p \tag{15-33}$$

式中，r 是球面半径；i_p是主光线的入射角；u_p是主光线与光轴夹角；y 是光束在光栅面上的入射高度。

当光学系统仅用单个球面时，球差是一定会存在的。对于光学系统中有两个反射镜，且一个作为准直镜，另一个用作成像物镜时，两个发射镜的球差会相加。在实际设计中，可以使用抛物面代替球面，从而消除球差。在存在像散时，我们优先选择对焦在子午焦点上，此时，由像散产生的弥散会在狭缝方向延伸，能够减少对谱线质量的影响。当狭缝是弯曲狭缝的时候，像散的延伸量会超出狭缝宽度，超出值Δ可以根据图 15-11 由下式估算：

$$\Delta = \frac{TA_{\text{ast}}^2}{2R} \tag{15-34}$$

式中，TA_{ast}为由像散引起的垂轴像差；R 为狭缝弯曲的曲率半径。

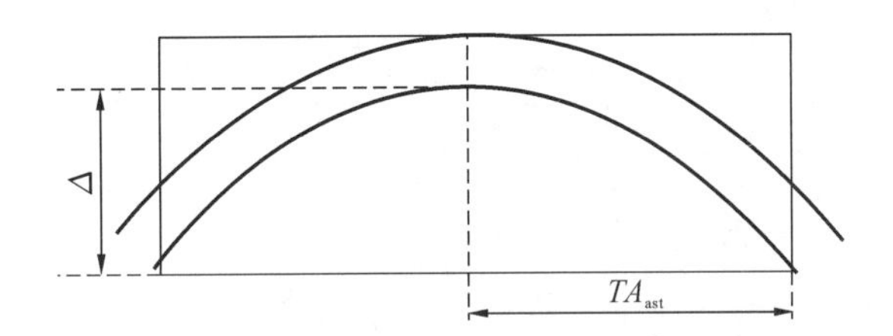

图 15-11　像散引起的狭缝像变宽示意图

彗差是非对称的像差，它会严重地影响仪器的光谱分辨率，应设法消除。在入射光束和衍射光束等宽度的情况下，也就是相当于工作在零级或自准直位置。由彗差系数的表达式(15-30)可知，只要 i_p异号，即相当于两个反射镜的“离轴量”是等值异号的状态下，即可消除系统的彗差。图 15-12 中，两个反射镜呈“之”字状排布，此种结构即为彗差相互抵消的结构。这个彗差消除方法也可以这样理解：A 点成像在 A'，一条路经 $ABCA'$，另一条路经 $AB'C'A'$。AB、$A'C'$ 是短路，AB'、CA'是长路，故 $ABCA'$和 $AB'C'A'$两路的路程是一样的，显然可以消除彗差。反之，图 15-13 中两个反射镜的排列方式，则会导致彗差相互叠加。这种装置的光路是两短路在一起和两长路在一起，所以彗差是不能相消的。

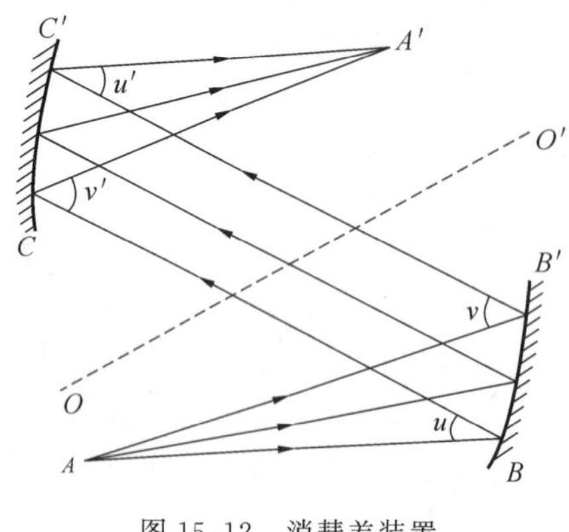

图 15-12　消彗差装置

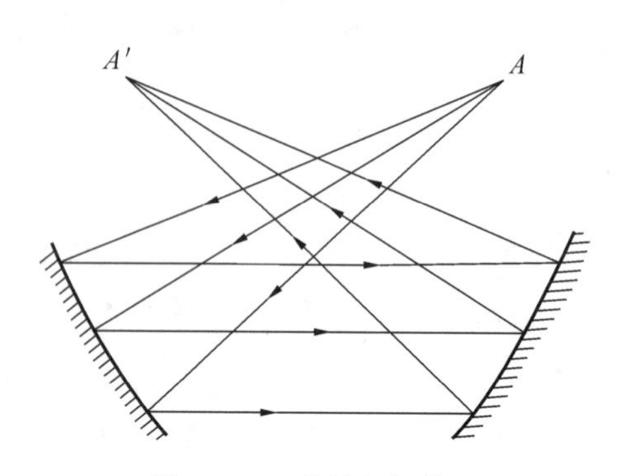

图 15-13　彗差相加装置

如图 15-14 所示的光学结构也是一种光谱仪器中经常使用的装置，称为采纳-特纳装置，它实质上是把艾伯特装置中的一块大的凹面反射镜分成两块小的凹面反射镜。这种光学结构就是按“之”字形排列的结构，能够使两块反射镜产生的彗差相互抵消。但是因为光栅不用于自准直，也不能用于零级(此时无色散)，因此，尽管此种装置在形式上呈“之”字形，且$r_1=r$，$i_{p1}=i_{p2}$，仍然没有完全将彗差抵消。这是因为光束在光栅上投影的宽度有所不同，因而 y 不同，故不能使两个反射镜的彗差完全补偿，而是有一定的残留量。这种残留量会影响整个光谱仪器的成像质量，因此要找到合适的方法来减少这种残留量。

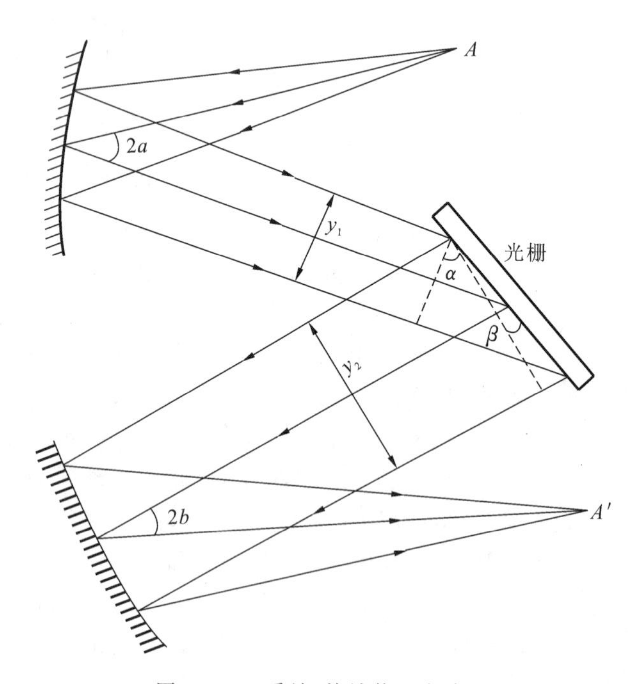

图 15-14　采纳-特纳装置光路图

因为入射光束与衍射光束宽度之比是

$$\frac{y_1}{y_2}=\frac{\cos\alpha}{\cos\beta} \tag{15-35}$$

故彗差残留为

$$\frac{2y_1^3}{r_1^2}i_{p1}-\frac{2y_2^3}{r_2^2}i_{p2}\neq 0 \tag{15-36}$$

即

$$\frac{2y_2^3}{r_1^2}\cdot\frac{\cos^3\alpha}{\cos^3\beta}i_{p1}-\frac{2y_2^3}{r_2^2}i_{p2}\neq 0 \tag{15-37}$$

要想对某一中间波长消彗差，便要求式(15-37)为0，即

$$\frac{i_{p1}\cos^3\alpha}{r_1^2}=\frac{i_{p2}\cos^3\beta}{r_2^2} \tag{15-38}$$

这样有两种方法可以消彗差，一种是令

$$i_{p1}\cos^3\alpha=i_{p2}\cos^3\beta \tag{15-39}$$

仍保持$r_1=r_2$，此时即需

$$\frac{i_{p1}}{i_{p2}}=\frac{\cos^3\beta}{\cos^3\alpha} \tag{15-40}$$

这种要求是打破离轴角的对称性，使离轴角$2a$、$2b$发生变化，从而达到校正残留彗差的目的。此种装置的光学结构如图15-15所示。

另一种校正残留彗差的方法是使

$$\frac{\cos^3\alpha}{r_1^2}=\frac{\cos^3\beta}{r_2^2} \tag{15-41}$$

而保持$i_{p1}=i_{p2}$。

这种方案是通过改变两个反射镜半径来调整入射光束和出射光束的相对孔径，从而消除残留彗差。在这种情况下，离轴角其实也有改变，需要对装置作一些必要的校正，如图15-16所示。

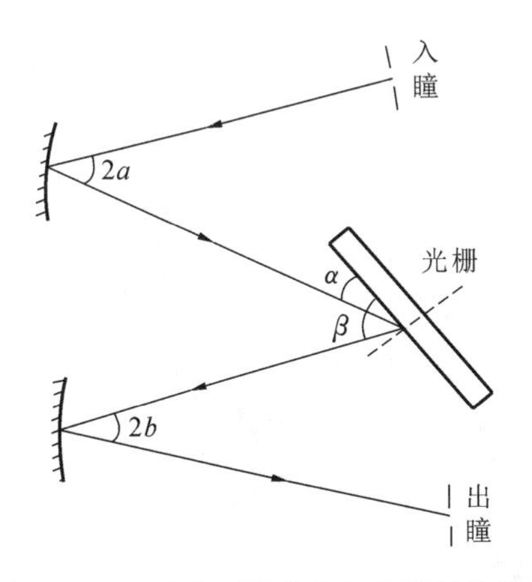

图15-15　改变离轴角校正残留彗差的采纳-特纳装置

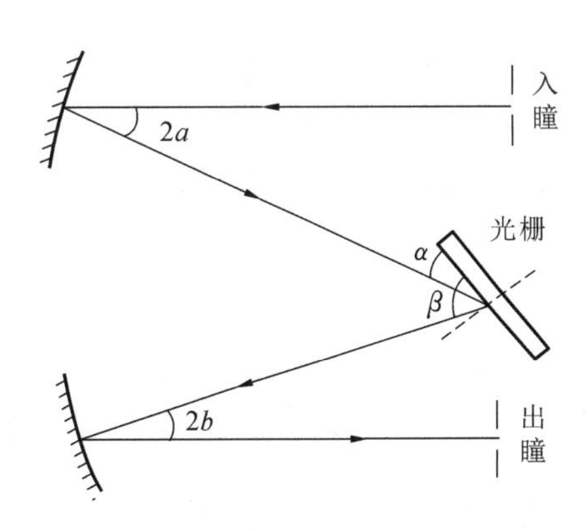

图15-16　改变曲率半径校正残留彗差的采纳-特纳装置

以上的两种校正情况，第二种的结果比第一种的结果更好些。但是这些校正残留彗差

的方法也只能对某一波长的彗差进行校正，对其余的波长，由于达到残留彗差校正条件的孔径比不同，还会有一定量的残留值。

对于光谱仪器来说，也需要统一考虑像散与场曲的平衡。例如我们希望谱面是平直的，这样能够在平的探测器上得到清晰的谱线像。

第五节　傅里叶变换光谱仪

傅里叶变换光谱仪具有较高的光谱分辨率和极快的扫描速度，并且能对微弱信号和微量样品进行光谱测定，这种仪器的出现为分光光谱仪器提供了新的分光方式。在原理上，傅里叶变换光谱仪基于干涉技术，是一种间接光谱获取技术，通过对干涉仪产生的干涉图的测量，并进行傅里叶变换积分的方法来测定和研究光谱图像。因此，基于干涉分光的技术又称傅里叶变换光谱技术，对应的光谱仪器又称干涉光谱仪或傅里叶变换光谱仪。

傅里叶变换光谱技术起源于傅里叶变换光谱学的发展，最早、最典型的傅里叶变换光谱仪是迈克尔逊在 1891 年设计的双光束干涉仪(参见第十四章)。不过，干涉图和光谱图之间存在互为傅里叶积分变换的对应关系，却是由瑞利首先认识到的，由此促进了干涉光谱技术的产生及其发展。

一、傅里叶变换光谱仪的基本原理

傅里叶干涉光谱仪一般由光源、干涉系统、探测器、信号采集与处理电路及上位机数据处理系统组成。图 15-17 是典型的基于迈克尔逊干涉仪的傅里叶变换光谱仪的原理图。干涉仪主要由前置镜组(包括准直镜)、分束器、动镜及其驱动机构、定镜、成像镜和探测器等组成。其中，干涉仪的分束器镀有半透半反膜，用于透射和反射光线；而动镜关于分束器的像与定镜平行，且动镜是运动部件。

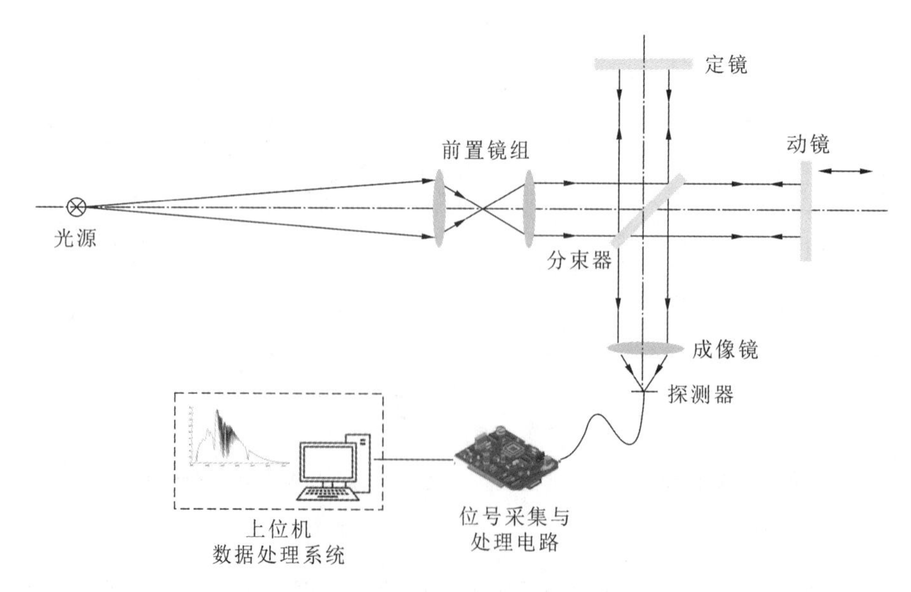

图 15-17　傅里叶变换光谱仪原理图

目标辐射经前置镜组成像于干涉仪物面，再经准直后以平行光进入干涉仪内部到达分束器；分束器将入射光束分为透射部分和反射部分，其中透射光束到达干涉仪的动镜，而反射光束到达干涉仪的定镜。由于定镜和动镜均为平面反射镜，两路光束分别被原路返回，再次到达分束器，而被分别分为透射光束和反射光束；来自定镜的透射光束和来自动镜的反射光束经会聚镜后成像于焦面处，并产生干涉信号，被探测器接收。动镜的匀速直线运动产生变化的光程差，在探测器上则接收到变化的干涉图（条纹）信号。

傅里叶变换光谱仪光通量高、信噪比高，特别是可以依靠角镜（有时又称角反射体）的直线运动产生很大的光程差而做到很高的光谱分辨率，可远远超过目前任何其他种光谱探测技术；但是因为动镜运动中的速度和姿态控制对干涉仪的校准精度要求很高，因而光机稳定度较差；在动镜以直线型运动方式时，还存在加速和减速的过程，因而时间分辨率不高，但是在某些摆动或转动方式运动下，光谱仪获取干涉图的时间分辨率则可能很高。

设入射光束为振幅为 a、波数为 v 的理想准直单色光束，入射到反射率为 r、透射率为 t 的分束器上；分束器将入射光束分为振幅分别为 r_a、t_a 的反射光束和透射光束。这两束光束分别经定镜和动镜反射后又回到分束器，从而形成两束相干光束，其中一束沿与入射方向相反的方向返回，另一束则行进到成像镜，经会聚后到达探测器。在成像平面的信号振幅为：

$$A_I = r \cdot t \cdot a(1 + e^{-i\varphi}) \tag{15-42}$$

式中，φ 为向探测器方向传播的两束相干光之间的相位差：

$$\varphi = 2\pi v x \tag{15-43}$$

其中，x 为干涉仪两臂之间的光程差。

则干涉的信号强度为

$$I(x,v) = A_I \cdot A_I^* = 2r^2t^2 \cdot B_0(v)(1 + \cos\varphi) \tag{15-44}$$

式中，$B_0(v)$是入射光束的强度。上式表示探测器接收到的信号强度变化为一沿光程差方向扩展的余弦函数。这即是理想单色光通过干涉仪后形成的干涉图。

令 $R=r^2$，$T=t^2$，将式(15-43)代入式(15-44)可得：

$$I(x,v) = 2RTB_0(v)[1 + \cos(2\pi x v)] \tag{15-45}$$

在由干涉图计算复原光谱图时，直流分量被去掉，因此保留反映输入光谱形状的交流分量，得：

$$I(x,v) = 2RTB_0(v)\cos(2\pi x v) \tag{15-46}$$

式(15-46)为理想状况下单色光去直流分量后的干涉图。而实测的干涉强度除与光源辐射强度$B_0(v)$有关外，还与多种因素有关，如光学系统、分束器性质、探测器光谱响应、电子电路等。因此，对于实测干涉图：

$$I(x,v) = 2RTH(v)B_0(v)\cos(2\pi x v) \tag{15-47}$$

式中，$H(v)$表示修正因子，小于1，反映了仪器特性与理想状态所产生的偏差。令 $B(v) = 2RTH(v)B_0(v)$表示修正后的光源强度，则

$$I(x,v) = B(v)\cos(2\pi x v) \tag{15-48}$$

式(15-48)为干涉仪对单色光产生的干涉图的数学表达式。对于理想准直复色光形成的干涉图，可用积分表示为

$$I(x,v)=\int_{-\infty}^{\infty}B(v)\cos(2\pi xv)\mathrm{d}v \tag{15-49}$$

式中，$B(v)$表示随波数变化的目标辐射强度函数，为目标的光谱。光谱图是干涉图的傅里叶变换，则

$$B(v)=\int_{-\infty}^{\infty}I(x)\mathrm{e}^{-i2\pi vx}\mathrm{d}x \tag{15-50}$$

式中，$B(v)$即为复原光谱。

因此，傅里叶变换光谱技术在理想情况下的基本傅里叶变换关系式为

$$\begin{cases}B(v)=\int_{-\infty}^{\infty}I(x)\cos 2\pi vx\mathrm{d}x\\ I(x)=\int_{-\infty}^{\infty}B(v)\cos 2\pi xv\mathrm{d}v\end{cases} \tag{15-51}$$

对于理想情况，干涉图是一个实偶函数，上式复原光谱图的表达式可简化为

$$B(v)=\int_{-\infty}^{\infty}I(x)\cos 2\pi vx\mathrm{d}x=2\int_{0}^{\infty}I(x)\cos 2\pi vx\mathrm{d}x \tag{15-52}$$

二、傅里叶变换光谱仪的分辨本领

式(15-52)表明，在理论上，人们可以测量$(0,+\infty)\mathrm{cm}^{-1}$且分辨率无限高的光谱，然而这就要求干涉仪的动镜必须扫描无限长的距离。而实际上，动镜只能在$(-L,+L)$有限的范围内移动，所以我们只能测量到某一有限的极大光程差L，则傅里叶变换光谱仪的光谱被截断为

$$B(v)=\int_{-\infty}^{\infty}I(x)\cdot T(x)\cos 2\pi vx\mathrm{d}x \tag{15-53}$$

式中，

$$T(x)=\mathrm{rect}\left(\frac{x}{2L}\right)=\begin{cases}1 & |x|\leqslant L\\ 0 & |x|>L\end{cases} \tag{15-54}$$

式(15-54)中，矩形函数$T(x)$称为截断函数，表示截取$(-L,+L)$区间内的干涉图来复原光谱，而这一区间外的干涉图全部赋值为零。

由于截断函数的影响，此时的复原光谱不再是原光谱$B(v)$，而是原光谱$B(v)$与截断函数的傅里叶变换函数$F^{-1}[T(x)]$的卷积：

$$B_t(v)=B(v)\otimes F^{-1}[T(x)]=B(v)\otimes t(v) \tag{15-55}$$

由于$T(x)$为矩形函数，因此$t(v)$的形式如下：

$$t(v)=F^{-1}[T(x)]=2L\cdot\frac{\sin(2\pi vL)}{(2\pi vL)}=2L\cdot\mathrm{sinc}(2\pi vL) \tag{15-56}$$

$t(v)$为仪器线型函数(Instrumental Line Shape Function)，缩写为ILS函数。该函数和光谱分辨率是相关的。利用瑞利判据或史派劳判据，可以对傅里叶变换光谱仪的光谱分辨率进行量化分析。分辨率是指分辨复色光中两条相邻谱线(即相邻频率)的能力。傅里叶变换光谱仪的分辨率是由动镜移动的有效距离(光程差)决定的，但同时受多种因素制约，如噪声、采样点误差、切趾函数等。

瑞利判据给出的分辨率标准为：对两条强度和半高宽相等的谱线，当其中一条的主极大

位置正好与另一条的第一极小位置相重合时，这两条谱线即可以分辨。依据瑞利判据，当 ILS 函数为 $\mathrm{sinc}^2(z/2)$时，分辨率为 $\delta z=2\pi$，此时两峰中间凹陷点的强度值约为主峰强度值的 80%，如图 15-18 所示。

史派劳判据以仪器输出光谱的形状作为其可分辨的依据：对两条强度和半高宽相等的光谱线，当合成光谱分布曲线中两峰之间有下凹时，即认为可分辨。依据史派劳判据，当 ILS 函数为 $\mathrm{sinc}^2(z/2)$时，分辨率为 $\delta z=2\pi$，这正好是瑞利判据的两倍。

由于人们对如何区分两峰给出不同定义，产生了针对分辨率的不同判据。但无论何种判据，分辨率都是正比于最大光程差的倒数。为简便起见，人们常使用瑞利判据来确定光谱仪的分辨率。

由式(15-56)可知，采用矩形函数截断干涉图后，傅里叶变换光谱仪的 ILS 函数为 sinc 函数，同时它也说明了另外一个现象，即 ILS 函数的外形决定于截断函数 $T(x)$。事实上，sinc 函数是一个剧烈振荡的收敛函数，它有一系列的正负旁瓣，如图 15-19 所示。它的正值旁瓣往往是虚假信号的来源，而强度为主峰的 22%的负值旁瓣又常使邻近的微弱光谱信号淹没。产生旁瓣的真正原因是干涉图在 $\pm L$ 处被突然截断，因而出现了尖锐的不连续现象。为抑制旁瓣，人们引入了切趾函数。

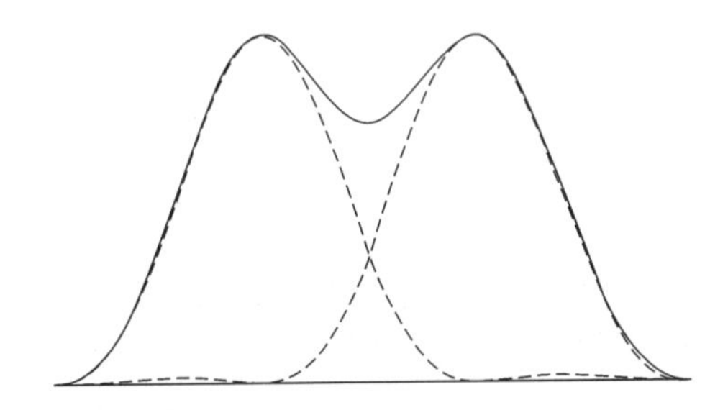

图 15-18　瑞利判据示意图

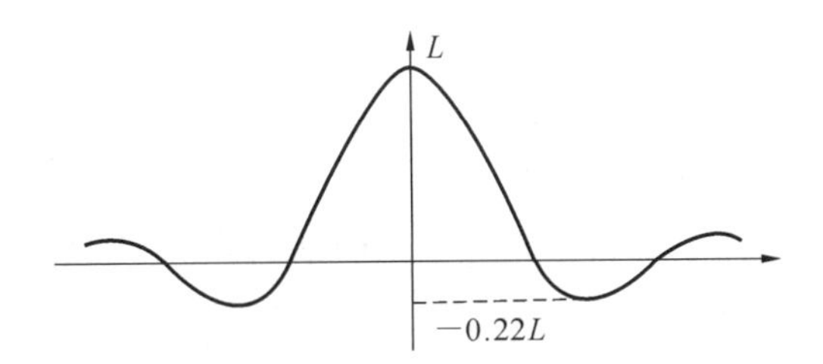

图 15-19　sinc 函数的第一极小值示意图

最常见的切趾函数是三角形切趾函数：

$$A(x)=\begin{cases}1-\left|\dfrac{x}{L}\right| & (-L<x<L)\\ 0 & (x<-L,X>L)\end{cases} \tag{15-57}$$

由瑞利判据不难得到波数分辨率：

$$\delta v=\begin{cases}\dfrac{1}{2L} & (\text{矩形截断函数})\\ \dfrac{1}{L} & (\text{三角形截断函数})\end{cases} \tag{15-58}$$

以上结论都是建立在输入光源是理想准直情况下的，事实上，输入光总为扩展光源。此时，除了要考虑在轴光线外，还需考虑轴外光线。当光源或入射孔径所张半角为 ω，动镜移动的距离为 d 时，则在轴光线两相干光束间产生的光程差为 $2d$，轴外光线两相干光束间的光程差 δ 为

$$\delta=\frac{2d}{\cos\omega}-2d\tan\omega\cdot\sin\omega=2d\cos\omega \tag{15-59}$$

不同光程差的轴外光线的存在必然导致干涉信号的扩展，也导致了前述 ILS 函数的变化。同时，它也确定了一个分辨率极限，限制了人们通过不断增大光程差来不断提高分辨率的措施。

光源为扩展源情况下干涉图的一般表达式为

$$I(x,\Omega)=\Omega\int_0^{\infty}2B(v)\operatorname{sinc}\left(\frac{vx\Omega}{2}\right)\cos\left[2\pi vx\left(1-\frac{\Omega}{4\pi}\right)\right]\mathrm{d}v \tag{15-60}$$

式中，Ω 为光源或入射孔径所张立体角，且 $\Omega=2\pi(1-\cos\omega)$。对上式进行傅里叶变换：

$$B(v)=\int_{-\infty}^{\infty}I(x,\Omega)\mathrm{e}^{-i2\pi vx}\,\mathrm{d}x=\Omega\int_{-\infty}^{\infty}\operatorname{sinc}\left(\frac{vx\Omega}{2}\right)\mathrm{e}^{i2\pi vx\left(1-\frac{\Omega}{4\pi}\right)}\mathrm{e}^{-i2\pi vx}\,\mathrm{d}x \tag{15-61}$$

对式(15-61)的进一步分析可以得到如下结论：假定光程差→∞，一个所张立体角为 Ω，波数为 v 的单色扩展源的谱线经傅里叶变换光谱学方法测量后，波数有所漂移，且平均波数为

$$v_{av}=v\left(1-\frac{\Omega}{4\pi}\right) \tag{15-62}$$

同时，波数扩展范围为

$$\delta v=v_2-v_1=\frac{v\Omega}{2\pi} \tag{15-63}$$

式中，δv 确定了在扩展源情况下，用傅里叶变换光谱方法所能达到的分辨率极限。

三、傅里叶变换光谱成像仪

在傅里叶变换光谱学的基础上发展起来的傅里叶变换光谱成像技术，其成像方式可以根据探测器的类型分为单元探测器成像、线阵探测器成像和面阵探测器成像。由于傅里叶变换光谱成像仪探测到的是目标在不同光程差位置的干涉图，所以产生光程差方式及对干涉图采样方式的不同，在很大程度上决定了光谱成像仪工作原理的不同。傅里叶变换光谱成像仪从信号调制方式上可以分为时间调制(动态)型、空间调制(静态)型和时空联合调制(静态)型三种；第一种的基本原理与第五节一致，下面介绍另外两种。

(一) 空间调制型傅里叶变换光谱成像仪

为了克服时间调制型傅里叶变换光谱成像技术中精密动镜系统带来的技术困难，20 世纪 80 年代后期，国际上开始对静态傅里叶变换光谱成像技术进行研究。20 世纪 90 年代，随着面阵探测器的发展，国际上出现了空间调制型傅里叶变换光谱技术(Spatially Modulated Imaging Fourier Transform Spectrometer，SMIFTS)和数字阵列扫描干涉光谱成像仪(Digital Array Scanned Imaging Interferometry，DASI)的概念。90 年代后期，形成了两类代表性的技术方案：一类是以变形 Sagnac 横向剪切分束器为分光元件；另一类是以双折射晶体 Wollaston 棱镜为分光元件。空间调制型傅里叶变换光谱成像仪还有基于双角镜结构、Mach-Zehnder(马赫-曾德)干涉仪结构、三棱镜型及四棱镜型等其他多种技术方案。

典型的空间调制型傅里叶变换光谱成像仪原理如图 15-20 所示，以 Sagnac 干涉仪为分

光元件。它主要由前置物镜、狭缝、干涉仪(Sagnac 横向剪切分束器)、傅氏镜、柱面镜组和探测器六部分组成。

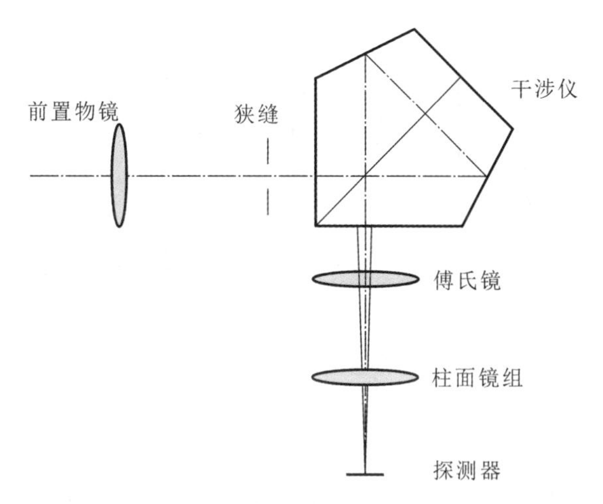

图 15-20 空间调制型傅里叶变换光谱成像仪原理

如图 15-20 所示,Sagnac 横向剪切分束器是光谱成像仪的核心。它的作用可看成将一个点光源横向剪切成为两个相干的点光源。

空间调制傅里叶变换光谱成像仪的主要特点有:①无运动部件;②画幅式;③入射狭缝不影响光谱分辨率;④光谱分辨率主要受探测器像元数量和尺寸的制约(一般在数十至上百个波数)。它的不足在于光谱分辨率相对较低,一般适合高光谱的遥感探测。另外,由于它有一个狭缝,降低了它的能量利用率,虽然其光通量比色散型光谱成像技术高,但比其他类型傅里叶变换光谱成像技术要低。

(二) 时空联合调制型傅里叶变换光谱成像仪

空间调制型傅里叶变换光谱成像技术虽然具有无动镜的特点,比时间调制型在稳定性和可靠性方面有优势,但由于这种技术在光路一次像面处设置了成像狭缝,尽管狭缝的形状与光谱分辨率无关,还是限制了光学系统的通量。为了兼顾高通量和高稳定度,相里斌等(1999)提出了大孔径静态干涉光谱成像技术(Large Aperture Stationary Imaging Spectrometer,LASIS)。这种技术与基于空间调制型光谱成像技术有类似之处,都是采用横向剪切分束器实现分光的,不同的是 LASIS 中的横向剪切分束器处于平行光路中,而空间调制型中的横向剪切分束器处于发散光路中,而且前者的光路中没有类似后者的狭缝。但是这种技术需要推扫完成对目标不同光程差处的干涉信号采样,又具有时间积分的性质,所以,又称为时空联合调制型傅里叶变换(干涉)光谱成像技术。

LASIS 可理解为在普通照相系统中加入 Sagnac 横向剪切分束器实现的,其原理结构如图 15-21 所示。LASIS 内部没有运动部件。LASIS 主要由前置光学系统、Sagnac 横向剪切干涉仪、成像系统(成像镜)、探测器等部分构成。当景物与仪器之间发生相对运动时,完成对景物的视场扫描后,探测器上得到景物的完整干涉图像。

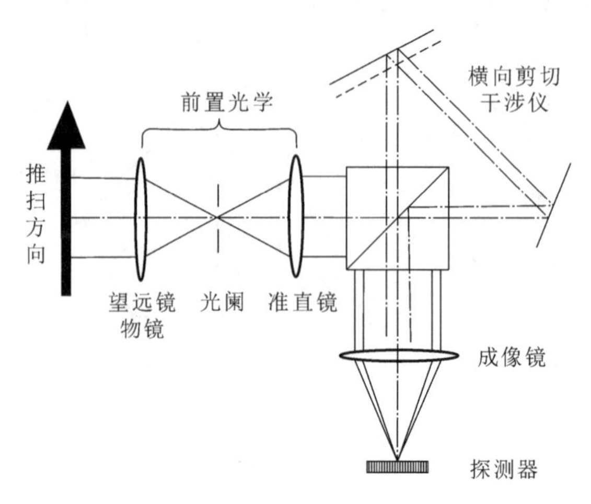

图 15-21　LASIS 原理结构图

值得一提的是，探测器上接收到的是带干涉条纹的图像，但其实干涉条纹不是同一目标景物的干涉，图像是不同视场角（对应不同目标景物）在不同光程差处的干涉强度组合。

时空联合调制型光谱成像仪由于没有狭缝，所以比空间调制型的光通量更高；同时，由于无运动部件，所以仪器稳定度很高；且省略了前置光学系统的方案，相当于在一个简单的照相机前面设置一个横向剪切干涉仪，使得光学系统达到简化。该技术原理的缺点是光谱分辨率不高，且由于需要对物方视场精确扫描才能获得目标的干涉图，因而对仪器平台的稳定性要求较高，也不适合探测快速运动或辐射变化较快的目标。

（三）傅里叶变换光谱成像仪的优势

无论何种类型，傅里叶变换光谱（成像）仪在原理上具有多通道、高通量、杂散光低的基本优点。

1. 多通道优点（或称 Fellgett 优点）

Fellgett 首先提出，在获取光谱信息上，与色散型光谱仪相比，傅里叶变换光谱仪具有多通道优点。

若在时间 T 内以分辨率 δv 测量光谱范围从波数 v_1 到 v_2 的宽带光谱时，被测量的谱元数为

$$N=\frac{v_2-v_1}{\delta v} \tag{15-64}$$

采用传统的色散型光谱仪器（一般带狭缝，即入射光需通过狭缝再到分光器件）测量目标时，一次曝光只能测量一个光谱元。当测量总时间为 T 时，每个光谱元所对应的时间为 $\Delta T=T/N$。然而，采用傅里叶变换光谱仪时，由于所有光谱元的能量是同时通过仪器、同时被接收而形成干涉图的，因此每一个谱元的测量时间为 $\Delta T'=T$，是传统色散型的 N 倍。

由于当探测器输出信号中的噪声是随机性的，且与信号电平本身强弱无关时，接收系统的信噪比是与每个谱元的测定时间的平方根成正比。因此，在传统色散型光谱仪器中，系统

的信噪比正比于 $\sqrt{T/N}$；而在傅里叶变换光谱仪中，信噪比正比于 $\sqrt{T}$。这样在其他条件相同时，在相同的时间 T 内测定同样的目标，傅里叶变换光谱仪的信噪比就比传统色散型光谱仪高 $\sqrt{N}$ 倍。因此，多通道优点又称高信噪比优点。这是傅里叶变换光谱仪形成多通道优点的物理机理。

以实例来说明多通道优点，如果以为 0.5cm^{-1} 的分辨率测量远红外区域波段 200～500cm^{-1} 的光谱，即测量 600 个谱元，则多通道优点产生的信噪比可比传统色散型光谱仪提高约 24 倍。若对中波红外高分辨率测量，则多通道优点可达 10^2～10^3 量级。

需要强调的是，傅里叶变换光谱仪的这种多通道优点，是建立在噪声为随机且与信号电平本身无关时才成立的。在紫外和可见光波段，光子噪声起主导作用，这时傅里叶变换光谱仪就不再具有多通道优点。因为在室温条件下光谱仪系统背景辐射常常可以忽略，落在探测器上的光子主要来自信号本身，此时光子噪声正比于光源强度的平方根。但在中、长波红外波段，起主导作用的是探测器噪声和背景辐射噪声，这种噪声往往是随机的且与信号无关，这时傅里叶变换光谱仪的多通道优点就凸显出来。

2. 高通量优点(Jaquinot 优点)

Jaquinot 首先认识到，若保持相同的光谱分辨率，与色散型光谱仪相比，傅里叶变换光谱仪具有辐射通量大的优点。

对被测量目标来说，没有狭缝的限制，傅里叶变换光谱仪的入射光口径能够扩大，因此在同样光谱分辨率的情况下，其辐射通量比色散型仪器大得多，因此有很高的灵敏度，有利于弱光谱的测量工作。该优点可以定量描述如下：

假设光学系统的光通量为

$$E = A\Omega \tag{15-65}$$

式中，A 为准直镜面积；Ω 是干涉仪对光源所张立体角。对于无损耗光学系统，通光量 E 一般为常数，它决定通过系统可能传输的辐射通量。定义分辨本领

$$R = \frac{v}{\delta v} \tag{15-66}$$

则对傅里叶变换光谱仪，一般取 $\delta v = 1/2L$(L 为光程差)，所以

$$R_{\text{FTS}} = 2vL \tag{15-67}$$

扩展光源所张立体角为

$$\Omega_{\text{FTS}} = \frac{2\pi}{R} \tag{15-68}$$

对于光栅光谱仪，狭缝对准直镜所张立体角为

$$\Omega_G = \frac{wl}{f^2} \tag{15-69}$$

式中，w、l 分别表示狭缝宽度和长度；f 为准直镜焦距。在分辨率为 δv 和色散率为 $\text{d}\theta/\text{d}v$ 情况下，狭缝宽度为

$$w = f\,\frac{\text{d}\theta}{\text{d}v}\delta v = f\,\frac{\text{d}\theta}{\text{d}v}\,\frac{v}{R} \tag{15-70}$$

于是有

$$\Omega_G = \frac{1}{f}\frac{\mathrm{d}\theta}{\mathrm{d}v}\frac{1}{R}v \tag{15-71}$$

根据光栅方程，可得

$$\Omega_G \approx \frac{1}{f} \cdot \frac{1}{R} \tag{15-72}$$

于是，傅里叶变换光谱仪和光栅光谱仪的光通量分别为

$$E_{\mathrm{FTS}} = \frac{2\pi A}{R} \tag{15-73}$$

$$E_G = \frac{1}{f} \cdot \frac{A}{R} \tag{15-74}$$

由于 $1/f$ 一般不会超过 1/30，所以在准直镜面积和光谱分辨本领相等的条件下，傅里叶变换光谱成像仪的光通量E_{FTS}比光栅光谱仪的光通量E_G高约 200 倍。这是干涉仪具有圆柱形对称性的直接结果，是傅里叶变换光谱成像仪高通量优点的物理机理和大致量级。但应当指出，为实现这个高通量优点，对接收来自干涉仪的这一较大立体角范围内的辐射能量，探测器不会产生非线性，也不会增加噪声。

3. 杂散光低

傅里叶变换光谱成像仪将入射的光束经过严格分光后，在固定的光路中按照一定的规律传播，最后在探测器上相遇发生干涉。杂散光无法满足这个精确的传播编码过程，因此无法相干，而是作为一种直流（或低频）背景存在。对干涉图进行适当的滤波，能够简单地剔除杂散光，大大地提高干涉型超光谱成像仪的杂散光抑制能力。

除上述几点外，傅里叶变换光谱成像仪能适应很宽的光谱范围（受限于探测器的光谱响应范围和光学材料的性质），而光栅分光光谱仪的光谱范围是受自身原理限制的。傅里叶变换光谱成像仪也是目前将光谱范围和光谱分辨率融合得最好的仪器。傅里叶变换光谱仪的缺点是光谱图复原的数据处理过程较复杂，需要经过干涉图滤波、切趾、相位修正、傅里叶变换等一系列处理措施得到高精度的光谱图像。

第十六章 光学镀膜

第一节 介电质反射和干涉滤光片

一种普通电介质材料(例如玻璃)表面的(菲涅耳反射)反射率是:

$$R = \frac{1}{2}\left[\frac{\sin^2(I-I')}{\sin^2(I+I')} + \frac{\tan^2(I-I')}{\tan^2(I+I')}\right] \tag{16-1}$$

式中,I 和 I' 分别是入射角和折射角。式(16-1)的第一项是垂直于入射面的偏振光的反射(S 反射),第二项是另一个偏振面(P 反射)内的反射。垂直入射时,式(16-1)简化为

$$R = \frac{(n'-n)}{(n'+n)} \tag{16-2}$$

空气-玻璃界面的反射是入射角 I 的函数,如图 16-1 所示,实线代表 R,粗虚线是正弦项,细虚线是正切项。值得注意的是,在入射角为布儒斯特角时,代表正切项的细虚线降到零反射率。如果表面之间的间隔较大,会出现多于一个表面的反射。然而,当表面间的间隔较小时,不同表面反射光之间将出现干涉,并且许多表面的反射率将明显与给出的值不同。

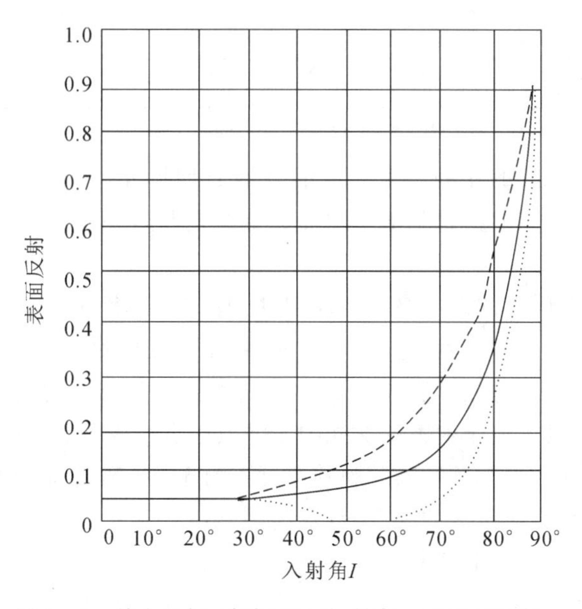

图 16-1 单个空气-玻璃界面(折射率 1.523)的反射

光学镀膜是将一种不同物质的非常薄的多层膜(通常厚几分之一波长)真空淀积在光学表面上,目的是控制或修正表面的反射和透射特性。表16-1列出了光学镀膜中一些常用材料。

表16-1　光学镀膜材料

材料	分子式	折射率	材料	分子式	折射率
氧化铝	Al_2O_3	1.62	二氧化锆	ZrO_2	2.2
碲化镉	CdTe	2.69	硒化锌	ZnSe	2.44
二氧化铈	CeO_2	2.2	红光中硫化锌	ZnS	2.3
氟化铈	CeF_3	1.60	锗	Ge	4.0
冰晶石	Na_3AIF_6	1.35	磷化铅	PbTe	5.1
二氧化铪	HfO_2	2.05	金属硅	Si	3.5
氟化镁	MgF_2	1.38	铝		
氟化镧	LaF_3	1.57	银		
氟化钕	NdF_3		金		
二氧化硅	SiO_2	1.46	铜		
一氧化硅	SiO	1.86	铬		
五氧化二钽	Ta_2O_5	2.15			
氟化钍	ThF_4	1.52			
二氧化钛	TiO_2	2.3			
三氧化二钇	Y_2O_3	1.85			

实线代表未发生偏振的光的反射。细虚线是P偏振光反射,电场矢量平行于入射面,粗虚线是S偏振光反射(注意,最初对偏振面的定义是与现在定义的偏振面/振动面相垂直的面)。

除反射膜外,这些膜系的光学厚度(实际厚度乘以折射率)都以波长计量,典型值是1/4波长或1/2波长。薄膜淀积在真空环境下完成,将需要淀积的材料加热到蒸发温度,使其凝聚在被镀的光学表面上。薄膜厚度取决于材料的蒸发速率(更准确地说,是凝聚度)和该工序允许持续的时间长度。由于薄膜反射光的干涉效应会产生色彩,就像潮湿马路上的油膜,因此,可以根据反射光的表观色判断薄膜的厚度。对于简单膜系,利用这种效应可以通过目视控制镀膜,如果是多层膜组成的膜系,常常利用光电法和单色光监控膜层厚度,这样可以很精确地评估反射率正弦式的涨落,并控制每层膜的厚度。使用两种不同的监控波长(常常是激光光波),可以达到很高精度。另外一种非常流行的监控技术是使用控制无线电广播频率的那类石英晶体,这种晶体的振动频率随质量或厚度变化而变化,直接将膜层镀在石英晶体上并测量其振动频率,就可以精确地监控镀膜厚度。

镀有薄膜的表面反射率由下式给出：

$$R = \frac{r_1^2 + r_2^2 + 2r_1 r_2 \cos X}{1 + r_1^2 r_2^2 + 2r_1 r_2 \cos X} \tag{16-3}$$

$$X = \frac{2\pi n_1 t_1 \cos I}{\lambda} \tag{16-4}$$

$$r_1 = \frac{-\sin(I_0 - I_1)}{\sin(I_0 + I_1)} \tag{16-5}$$

$$r_2 = \frac{-\sin(I_1 - I_2)}{\sin(I_1 + I_2)} \tag{16-6}$$

式中，λ 是光波波长；t_1 是薄膜厚度；n_0、n_1 和 n_2 是介质的折射率；I_0、I_1 和 I_2 是入射角和折射角。图 16-2 是光线通过薄膜传播的示意图，并给出各符号的意义。选择 r_1 和 r_2 的正弦或正切形式取决于入射光的偏振。对于由两个相等的偏振光组成的非偏振光，计算出每个偏振的 R，然后求二者的平均值。假设是非吸收材料，则透射率 T 等于$(1-R)$。在垂直入射时，$I_0=I_1=I_2=0$，则 r_1 和 r_2 简化为

$$r_1 = \frac{n_0 - n_1}{n_0 + n_1} \tag{16-7}$$

$$r_2 = \frac{n_1 - n_2}{n_1 + n_2} \tag{16-8}$$

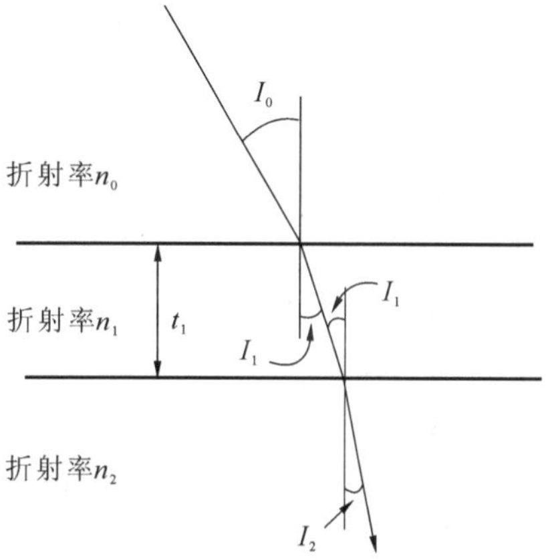

折射率n_0
折射率n_1
折射率n_2
I_0 I_1 I_1 I_2 t_1

图 16-2　光线通过一个薄膜传播示意图

利用计算 r_1 和 r_2 的式(16-7)和式(16-8)可以求解式(16-3)，得到具有最小反射率的厚度。与前面讨论一样，当薄膜的光学厚度是 1/4 波长时也可以得到所希望的表达式：

$$n_1 t_1 = \frac{\lambda}{4} \tag{16-9}$$

垂直入射时，1/4 波长膜系的反射率等于

$$\left[\frac{n_0 n_2 - n_1^2}{n_0 n_2 + n_1^2}\right] \tag{16-10}$$

形成零反射率的薄膜折射率是：

$$n_1 = \sqrt{n_0 n_2} \tag{16-11}$$

因此，为了生成能够完全消除空气-玻璃界面的反射，需要涂镀折射率等于玻璃折射率平方根的 1/4 波长膜系。使用折射率是 1.38 的氟化镁(MgF_2)材料，就是这个目的。尽管氟化镁材料的折射率几乎比所有光学玻璃需要的最佳值稍高，但能够形成耐用硬膜是使用氟化镁膜系的主要目的，这种膜可以经受侵蚀和反复清洗。式(16-10)表明，折射率为 1.38 的氟化镁对于折射率为 $1.38^2=1.904$ 的基板来说，是一种理想的低反射镀膜材料。因此，与普通的低折射率玻璃相比，对高折射率玻璃是一种更有效的低反射膜系。在各种折射率材料上镀低反射膜产生的白光反射率测量值表示在图 16-3 中。

根据式(16-3)，显然，镀膜面的反射率随波长变化，且不同波长的 1/4 膜层在厚度上具

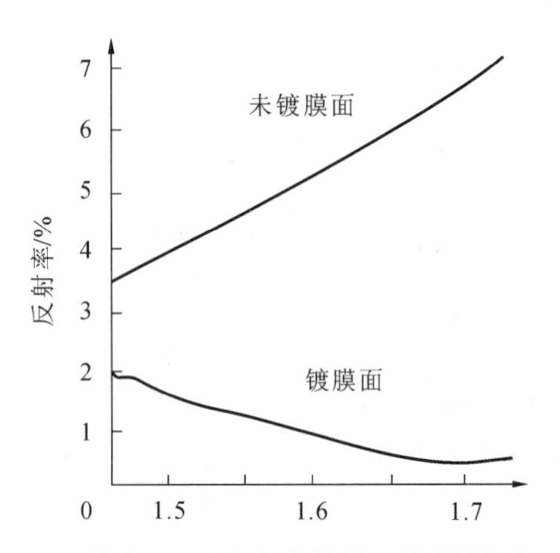

图 16-3 未镀膜表面和镀有 1/4 波长氯化镁低反射膜层的表面对白光的反射率

有细微差别，因此，干涉效应也会有变化。指定在可见光光谱使用的低反射膜层对黄光会有最小的反射率，但对红光和蓝光的反射率会略高，这就是单层低反射膜造成非常典型的紫色光线的原因，图 16-4 表明了这种变化。1/4 波长 MgF_2 膜层（$n=1.38$）在高折射率（$n=1.72$）和低折射率（$n=1.52$）基板上的反射率波长相对于其膜层光学厚度为一个 1/4 波长的那种波长进行归一化。注意到，随着波长趋于无穷大，反射率将趋于未镀膜基板的值（对于折射率为 1.52，是 4.26%；对于折射率为 1.72，是 7.01%），在 0.5 归一化波长处。

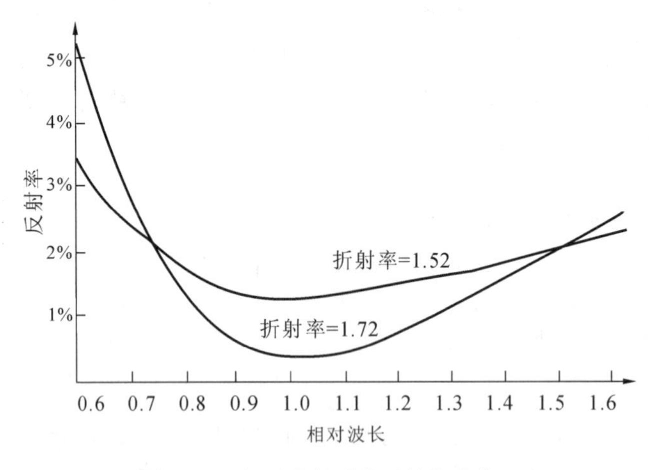

图 16-4 相对波长下的反射率曲线

使用多层膜，可以形成更有效的增透膜（或减反膜）。在理论上，只要有合适折射率的基板，镀两层膜就可以将反射率降至零。为此，常常使用三层膜，这种膜系可以使一种波长的反射率为零，而该波长两侧的波段会有更高的反射率。由于这种反射率曲线的形状而被称为“V 形”膜系，广泛应用于单色系统，例如以激光为光源的系统。

使用三层以上的膜系，可以得到带宽更宽、更有效的低反射率镀膜，如图 16-5 所示。这类膜系可以有两个或者三个最小值，取决于膜系设计的复杂程度。在可见光光谱范围内的一种典型反射率是 0.25%数量级，有时另外会有 0.25%的散射和吸收损失。

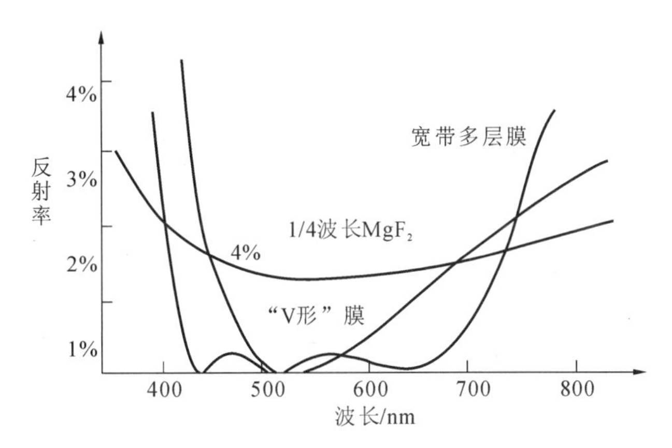

图 16-5　三种代表性膜系的反射率单层 1/4 波长的氟化镁、双层或"V 形"膜系

利用下面公式可以计算任意多层干涉膜的反射和透射。这些公式可应用于倾斜角度及吸收材料，阅读这些内容需要复数算术方面的知识。如果不熟悉这方面的内容，有兴趣的读者可以查阅(或咨询)有关复数算术方面的教科书。这些公式是大多数薄膜设计和计算使用的计算程序的基础。在此给出的公式源自 G. Hass 编辑、Peter 和 Berning 撰写的《薄膜物理》一书。

可以用显式公式描述若干层薄膜组成膜系的反射和透射特性，复杂程度会随膜层数量的增大而迅速增大，因而，更愿意使用下面给出的递推表达式。各层薄膜的实际厚度用 t_j 表示，折射率用 $n_j = N_j - iK_j$ 表示，M 是复折射率(n 是普通折射率，K 是吸收系数，对非吸收材料，该值为零)，第 j 层薄膜中的入射角是 ϕ_j，"有效"折射率是 $u_j = n_j \cos\phi_j$(分别对应垂直于入射平面[S]和平行于入射平面[P]的电矢量偏振光)。因此，对斜入射需要计算两种偏振方向，并将结果平均(假设，入射光是非偏振光，由等量的两种偏振组成)。

由于大部分计算是在垂直入射和非吸收材料($K=0$)的条件下完成的，所以，通常可以设 $u_j = n_j = N_j$。注意，对于基板，下标 $j=0$，第一层薄膜 $j=1$，第二层薄膜 $j=0$ 等；对最后一层薄膜，$j=p-1$；对最后一种介质(通常是空气)，$j=p$。对每一层薄膜，有效光学厚度 g_j(单位弧度)由下式计算：

$$g_j = \frac{2\pi n_j t_j \cos\phi_j}{\lambda} \tag{16-12}$$

式中，λ 是要计算的光波波长。

从 $E_1 = E_0^+ = 1.0$ 和 $H_1 = u_0 E_0^+ = u_0$ 开始，在每个表面交替应用下面公式，下标从 $j=1$ 到 $j=p-1$：

$$E_{j+1} = E_j \cos g_j + \frac{\mathrm{i} H_j}{u_j} \sin g_j \tag{16-13}$$

$$H_{j+1} = \mathrm{i} u_j E_j \sin g_j + H_j \cos g_j \tag{16-14}$$

式中，i 为虚数，$\mathrm{i}^2 = -1$，其他符号已在前面定义。等效矩阵的表达形式如下：

$$\begin{pmatrix} E_{j+1} \\ H_{j+1} \end{pmatrix} = \begin{pmatrix} \cos g_i & \frac{\mathrm{i}}{u_j}\sin g_i \\ \mathrm{i}u\sin g_i & \cos g_i \end{pmatrix} \begin{pmatrix} E_j \\ H_j \end{pmatrix} \tag{16-15}$$

式(16-13)和式(16-14)已经应用于整个膜系，一般来说，会有一个复数形式是 $z=x+\mathrm{i}y$ 的E_P值和H_P值：

$$E_P^+ = \frac{1}{2}(E_P + \frac{H_P}{u_P}) = x_2 + \mathrm{i}y_2 \tag{16-16}$$

$$E_P^- = \frac{1}{2}(E_P - \frac{H_P}{u_P}) = x_1 + \mathrm{i}y_1 \tag{16-17}$$

薄膜的系统反射率是：

$$R = \left| \frac{E_P^-}{E_P^+} \right|^2 \tag{16-18}$$

符号$|z|$表示复数 z 的模，所以式(16-18)改为

$$R = |z|^2 = x^2 + y^2 = \frac{x_1^2 + y_1^2}{x_2^2 + y_2^2} \tag{16-19}$$

如果针对非吸收材料的垂直入射，则透射率是：

$$T = 1 - R \tag{16-20}$$

否则，透射率：

$$T = \frac{n_0 \cos\phi_0}{n_P \cos\phi_P} \left| \frac{E_0^+}{E_P^+} \right|^2 \tag{16-21}$$

用于与入射平面[S]垂直的电矢量的偏振光，与入射平面[P]平行的电矢量的偏振光。将不同折射率和厚度的薄膜适当地组合，可以得到极好的透射和反射效果。已经投入使用的干涉膜是长通或短通透射滤光片、带通滤光片、窄带通(窄带)滤光片、消色差超低反射膜，以及下节将介绍的反射膜。镀膜特别有价值的一个性质是光谱多功能性。一旦设计了一种膜系组合并形成所希望的性质，那么，通过简单地按比例增加或减少所有膜层的厚度就可以移动其波长范围。例如，为透射一个非常窄光谱带而设计的窄带滤光片，使膜系各层薄膜的厚度翻倍，就可以令其光谱带漂移到所需谱段，当然，该性质也受到基板和薄膜材料吸收性质的限制。

图 16-6 列出了一些典型干涉膜的特性。由于(在相当宽的约束范围内)这种特性可以沿波长左右移动，所以，是以任意单位绘制的波长标度，中心波长是 1。大部分干涉滤光片100%有效，所以，当一种膜的反射率就等于 1 减去透射率(除非使用材料在该光谱区成为吸收材料)。由于一种干涉滤光片的性质取决于膜层厚度，所以，当入射角变化时，性质也会改变，这在很大程度上是由于光线倾斜通过一种膜层时，光路会增长。对于中等倾斜角，其结果通常是使光谱特性向稍短些的波长方向漂移，由于斜交造成的波长漂移量近似为：

$$\lambda_\theta = \frac{\lambda_0}{n} \sqrt{n^2 - \sin^2\theta} \tag{16-22}$$

式中，λ_θ是入射角为θ 时漂移后的波长；λ_0 是垂直入射的波长；n 是膜系的“有效折射率”(对大部分镀膜，典型地位于 1.5～1.9 光谱范围内)。镀膜也使波长效应随温度移动，移动量每摄氏度达 0.1Å 或 0.2Å(长度单位)的数量级。

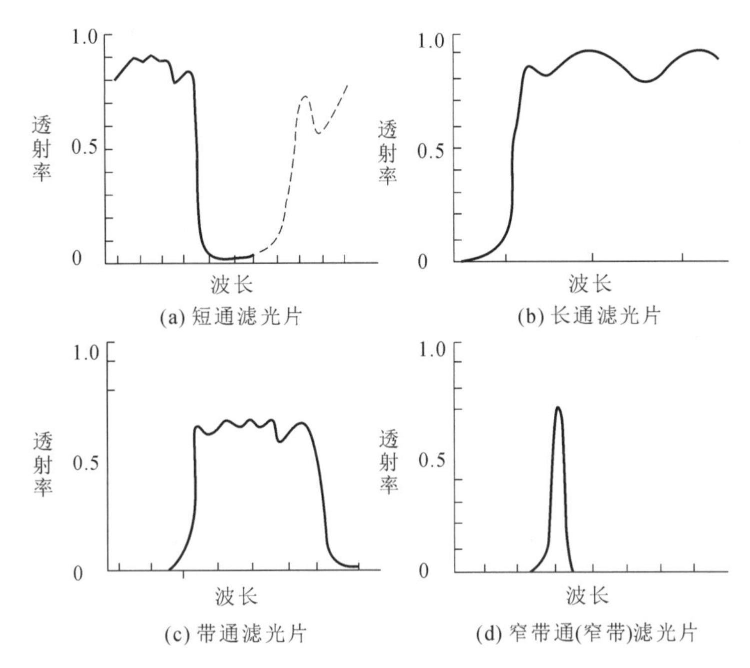

图 16-6　典型的蒸镀干涉膜透射率与波长(任意单位)的曲线
(注意,如果低长波透过是必需的话,一定要用另一块滤光片遮挡掉虚线部分)

由很少几层膜组成的镀膜绝大部分很耐用,经得起反复清洗。由许多层组成的镀膜(有时使用 50 层或更多层的膜系),其性质趋于完美,但会慢慢变软,要小心使用。

作斜入射使用的一些多层膜(可能会发生一些难以解释的现象)是相当好的偏振器,尤其适用于线性偏振激光束的系统。由于偏振效应会引入相当大的误差,在光度学和辐射测量应用中要特别小心。

第二节　反　射　膜

尽管抛光后的金属表面有时用作反射镜表面,但是,大部分光学反射面是在抛光面(通常是玻璃)上蒸镀一层或多层薄膜而成。很明显,前一节介绍的干涉滤光片在此种情况下可以用作专用反射面。然而,对大多数应用,反射膜材料是用真空蒸镀法淀积在基板上的一层铝膜。铝膜有一条反射率很高的宽光谱带,使用恰当,会相当耐用。几乎所有铝反射镜要覆盖一层薄保护膜,通常为一氧化硅或氟化镁。这种膜系组合会形成前表面反射镜(或第一表面反射镜),按照普通方法操作和清洁不会留下擦痕或其他磨损痕迹。

图 16-7 给出了一些金属镀膜的光谱反射率特性。除了材料曲线,在此给出的反射率几乎不能应用于实际:随着时间的推移,银膜将变得晦暗,失去光泽;铝膜会氧化。反射率会随时间流逝而下降,特别在短波长光谱区,更是如此。只有将膜层加以适当保护,银膜的高反射率才会有用。

图 16-8 表示民用铝反射镜的性能变化。一个经过普通保护的铝反射镜在可见光光谱

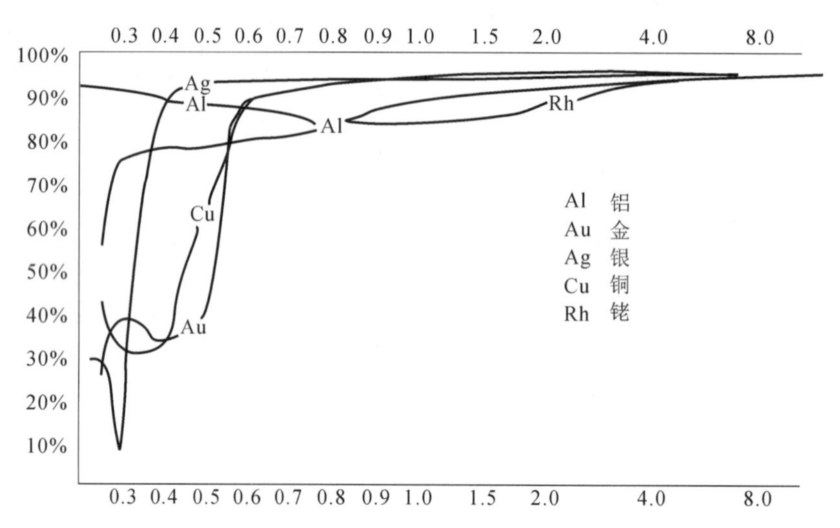

图 16-7 玻璃上镀金属膜的光谱反射率数据代表理想条件下新的膜层

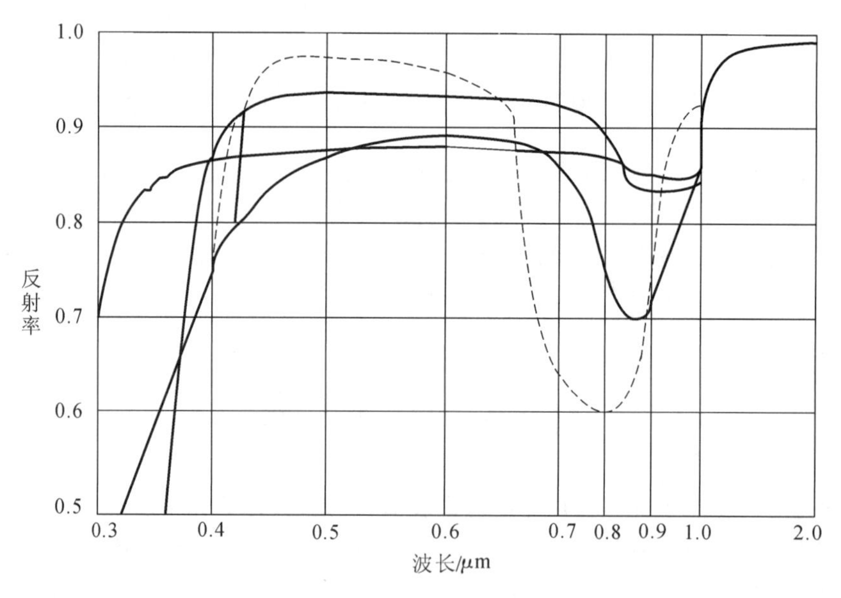

图 16-8 实线是覆盖有不同类型薄膜的铝膜(为了保护或为了提高反射率);虚线代表超高反射率多层膜(图中表示的所有膜系都适合商业化生产)

区的平均反射率约为 88%。将两个、四个或更多的干涉膜加在一起可以提高反射率,增加的成本也可以接受。降低两侧的反射率能够提高反射镜带通范围内的反射率,如图 16-8 中的虚线所示。二向色反射镜和半透半反镜是另一类反射镜,都用于将光束分成两部分。二向色反射镜按光谱分割光束,透射一定波长而反射另一些波长,常常用于投影仪及其他照明装置中的热量控制。一个热反射镜就是一个二向色反射镜,透过光谱区的可见光部分,反射近红外光部分；一个冷反射镜恰恰相反，透射红外光谱而反射可见光光谱。例如，在光路中加入一个冷反射镜就可以使不希望出现的光谱透射到一个吸热器中，从而消除红外辐射中多余的热量。与吸热滤光片玻璃相比，这些反射镜更具优越性，它们本身不吸收热量，不需要制冷电扇。一块半透半反镜，其光谱是中性的，作用是将一束光分成两束，每束都有相似的光谱特性。图 16-9 展示此种反射镜各种类型的性质。

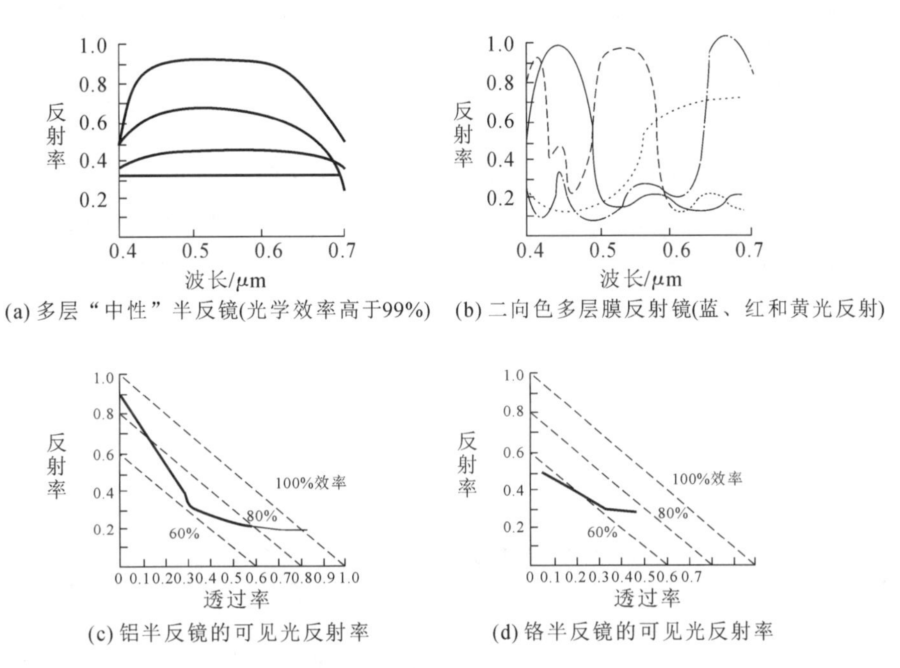

图 16-9　各种半透半反镜的性质

第三节　分　划　板

一块分划板是放置在光学系统焦点处或焦点附近的一种图案，例如望远镜中的十字线。对于简单的十字线图案，有时使用细线或者蜘蛛(网)状线，拉长并通过一个开放框架。刻在一块玻璃(或其他材料)基板上的图案可以提供相当多的功能，大多数分划板、刻度尺、分度盘和图形属于这种类型。

最简单的分划板是用金刚石刀具雕刻或刻划玻璃表面形成。如果希望用这种方法刻出的线条不透明，那么可采用适当方式照明，这些线条就会呈黑色；如果希望在不透明背景下使用透明线条(或亮线条)，可以将玻璃镀一种不透明膜，如真空镀铝，然后，用金刚石或硬钢之类的工具在膜层上刻画出线条。这种刻线工艺可以产生非常细的刻线。

另外一种古老技术是蚀刻基板材料。将一种蜡抗蚀剂涂镀在基板上，在蜡层上刻出所希望的图案。然后，对玻璃基板用氢氟酸蚀刻基板的暴露部分以便在材料上形成沟槽，再用(白色)二氧化钛，或者加炭黑的水玻璃介质，或者真空镀金属填充沟槽。蚀刻分划板十分耐用，其优点是可以从侧面照明。用这种工艺已经制造许多军用分划板，也用于在钢材料上刻画精确的计量刻度。

制造分划板的大部分通用工艺以使用光致抗蚀剂或光敏材料为基础。像照相乳胶一样，通过与母板接触，或者通过照相术使光致抗蚀剂曝光。对光致抗蚀剂“显影”时，曝光部分连同覆盖着的抗蚀剂留下，未曝光部分完全清洗掉。任何一种金属材料(铝、铁合金、铜、银等)的真空镀膜都可以淀积在抗蚀剂上。在抗蚀剂清洗掉的地方，膜层附在基板上，抗蚀剂清除后，就带走了淀积在其上的膜层，留下经久耐用的图案，并且是模板的精密复制品。在分划板加工领域，利用这种技术进行批量生产已经占据重要的位置。

光致抗蚀剂技术可以与蚀刻技术相结合，被蚀刻的基板可以是金属基板，或者真空镀金属膜。

如果要求分划板图案必须是非反射型，就使用镀银工艺或者黑银工艺，除了光敏材料不透明外，该技术类似于制造光致抗蚀剂图案的过程。清洗干净的区域是没有乳胶的。镀银分划板比较脆，但有很高的细节分辨率，黑银工艺更耐用些。有时使用一种特别高分辨率的照相乳胶制造分划板图案，但这通常有一个缺点，即图案(清洁后留下)的透明区域残留乳胶。

表 16-2 说明了这些技术可能得到的分辨率和精度。这些数据代表当前分划板制造商的最高质量水准。如果必须考虑成本因素，那么可以降低对分划板的等级要求，或者低于此表列出的等级。

表 16-2　分划板制造技术可能达到的分辨率和精度

方　法	最细的线宽/in	可重复性/in	最小图案高度/in
刻划	0.00001	±0.00001	
蚀刻(和填充)	0.0002～0.0004	±0.0001	0.004
光致抗蚀剂	0.0001～0.0002	±0.00005	0.002
镀铬	0.000003～0.0004	±0.00005～0.0005	0.002
黑版	0.001	±0.00001	0.005
乳胶	0.00005～0.0001	±0.00005	0.001

【例 16-1】 利用图 16-1 的方法，绘制出单玻璃表面($n=1.52$)反射率与入射角的关系曲线，玻璃表面镀有 1/4 波长的氟化镁($n=1.38$)。

【解析】 利用式(16-4)及下面的数据$n_0=1.0$，$n_1=1.38$，$n_2=1.52$，则有

$$X=\frac{4\pi\ n_1\cos I_1}{\lambda}=\pi\cos I_1$$

$$\sin I_1=\left(\frac{n_0}{n_1}\right)\sin I_0=\left(\frac{1.0}{1.38}\right)\sin I_0$$

$$\sin I_2=\left(\frac{n_0}{n_2}\right)\sin I_0=\left(\frac{1.0}{1.52}\right)\sin I_0$$

利用式(16-5)确定 r_1 的两个值，式(16-6)确定 r_2 的两个值，确定两个偏振面的反射率

从而得到表 16-3 的数据。

表 16-3　两偏振面的反射率

角度	$R(\perp)$	$R(//)$	R(平均值)
0°	1.26%	1.26%	1.26%
20°	1.56%	1.01%	1.28%
40°	3.11%	0.32%	1.71%
50°	5.31%	0.03%	2.67%
51°	5.64%	0.02%	2.83%
52°	5.99%	0.03%	3.01%
53°	6.37%	0.04%	3.21%
55°	7.23%	0.11%	3.67%
60°	10.08%	0.60%	5.34%
80°	44.94%	24.32%	34.63%
90°	100.0%	100%	100%

第十七章　光学系统的检验和光学传递函数

第一节　光学元件和系统焦距的测量

随着科学技术的发展，现代光学仪器已经是集合光、机、电系统的综合装置。透镜是光学仪器的基本光学元件，组成了各种光学镜组和光学系统。而焦距是透镜和光学系统的重要光学参数，迄今已经有很多测量焦距的方法。其中，最基本的焦距测量方法是放大率法。有时，为了进一步提高正负透镜焦距的测量精度，还会采用自准直法和附加透镜法。

当我们对口径较大的光学系统或透镜进行焦距测量时，为了提高测量精度，可以采用精密测角法测焦距。对于短焦距的光学系统，可以采用附加接筒法测量焦距；还有固定共轭距离法、反转法、附加已知焦距透镜法等在焦距测量时也会用到。而光栅法测焦距、激光散斑法测焦距、莫尔条纹同向法测焦距、光电测量法测焦距等是基于物理光学原理的一些测量焦距的新方法，

放大率法测量焦距是目前最常用的方法，这种方法主要用于望远物镜、照相物镜和目镜的焦距测量，也可以在生产中用于检验正、负透镜的焦距和顶焦距。

一、测量原理

将被测透镜放置于平行光管物镜之前，分划板的一对刻线会被平行光管准直为平行光并被物镜会聚在被测透镜的焦平面上。此时，这对刻线的实际间距 y、刻线的像间距 y'、平行光管的焦距 f_c'和被测透镜的焦距 f'有如下关系（图 17-1）：

$$\frac{y'}{y} = \frac{f'}{f_c'} \quad 或 \quad f' = f_c'\frac{y'}{y} \tag{17-1}$$

式中，平行光管的焦距 f_c'和刻线间距 y 是预先准确测定的。这样，只要测出刻线的像间距 y'再乘以系数 f_c'/y 就可以求得被测透镜焦距 f'。

采用本方法也可以测量负透镜的焦距，测量原理图如图 17-2 所示。焦距的计算公式为

$$f' = -f_c'\frac{y'}{y} \tag{17-2}$$

必须指出，平行光管的光经过负透镜后成虚像，因此需要用测量显微镜来观测这个像，且显微镜的工作距离必须大于负透镜的焦距，否则将看不到刻线像。

二、用 GXY-08A 型光具座测量实例

下面以焦距 210mm、相对孔径 1/4.5 的照相物镜为例，将照相物镜放置在光具座上，测

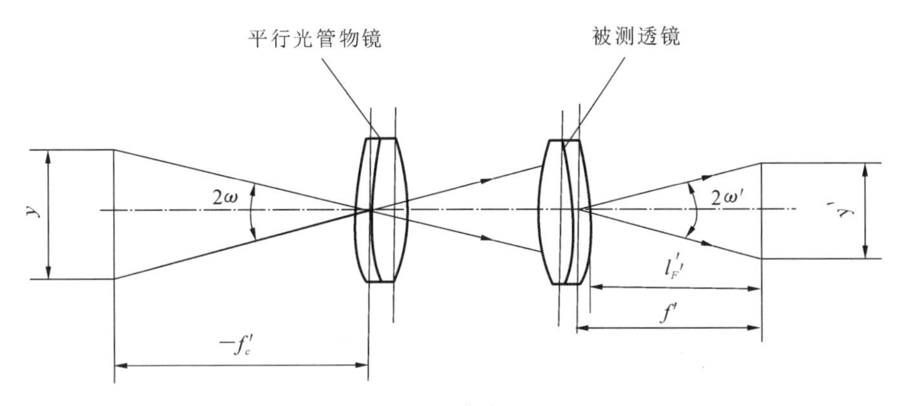

图 17-1 测正透镜焦距的原理图

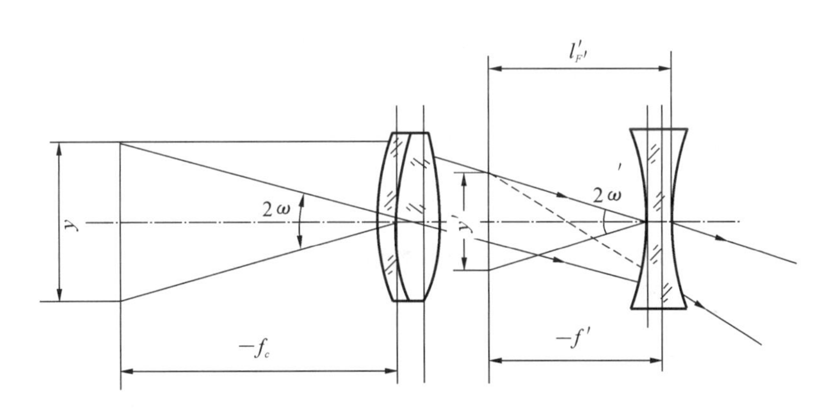

图 17-2 测负透镜焦距的原理图

量其焦距并说明放大率法测量的主要技术。

将照相物镜安装在透镜夹持器上，照相物镜的物方一端对着平行光管，并应注意不要使照相物镜的光轴倾斜。平行光管放置珀罗分划板，该分划板上面的四对刻线的间距分别为30mm、12mm、6mm、3mm。调好平行光管的伸缩筒的零位，此时珀罗分划板经过平行光管后被准直为平行光。我们已知该照相物镜的焦距约为210mm，因此，珀罗分划板最外面的一对刻线在照相物镜焦面上的像距约为5mm，在目镜测微器的测量范围之内。目镜测微器的测量范围见图17-3(a)，目镜测微器共刻有30格，格值为0.25mm，故目镜测微器的测量范围为30×0.25=7.5mm。因此测量显微镜可以选用1×显微物镜(焦距为97.76mm)，该物镜工作距离约为180mm。沿轴向移动透镜夹持器，并用一张纸承接照相物镜焦面上的刻线像，当清晰的像与显微物镜的距离约180mm时，固紧夹持器的底座，然后再通过显微镜对刻线像进行小幅度调焦，直到在显微镜里可以看到清晰刻线像，这时显微镜已经恰好位于照相物镜的后焦面上。

通过上下和左右移动显微镜使珀罗分划板的像成在显微镜的视场中央，再绕显微镜自身的光轴转动显微镜，使显微镜目镜的测微器分划板的竖线与珀罗分划板的刻线像平行，如

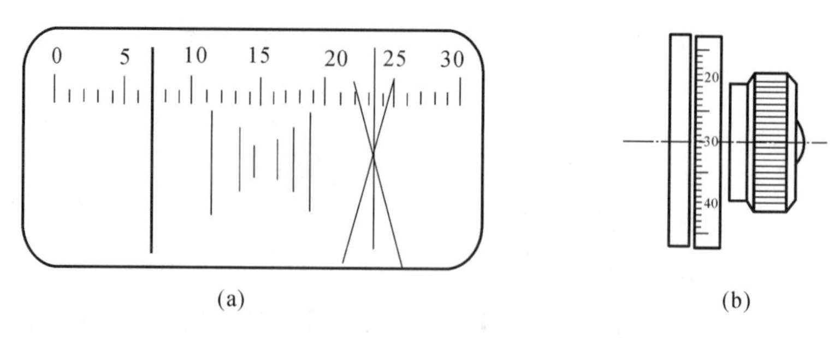

图 17-3　测量显微镜的视场和测微手轮示意图

图 17-3 所示。用目镜测微器测出珀罗分划板某对刻线像的间距 y'，即可计算被测照相物镜的焦距 f'。

由于被测透镜的球差影响，使得透镜全口径所对应的最佳像点的位置一般不与透镜近轴的焦点重合。因此，在焦距测量时应，尽量测量被测透镜在全口径工作时的焦距。为此，除了应要求平行光管的通光口径大于被测透镜的有效孔径之外，还应该要求测量显微镜的数值孔径要大于或者等于被测透镜的相对孔径的一半，即被测透镜的轴上点的成像光束要全部进入显微镜进行成像。例如，测量 $f'=210\text{mm}$、$D/f'=1/4.5$ 的照相物镜的焦距时，应该选择 $5^{\times}$ 显微物镜（$NA=0.14, 1/4.5<0.28$）。

以上对显微物镜数值孔径的要求，在测量负透镜的焦距时，往往是做不到的。这时所测得的透镜焦距值常常接近于它的近轴焦距。

三、焦距的光电法测量

传统的光学系统焦距测量方法是由测量人员在光具座上对各个测量量逐项进行观测、记录和计算。因此传统的焦距测量方法存在对测量人员素质要求高、测量效率低、精度不稳定等缺点。这里介绍一种新的测量方法，即使用光电测量法和数字图像处理的方法测量光学系统的焦距。该方法的思路是使用液晶屏来显示分划图形，从而取代平行光管的珀罗分划板。液晶屏显示的分划图形通过平行光管后变为平行光束，再经过被测物镜成像在 CCD 摄像机上。使用 CCD 摄像机和采集卡来采集该分划图形通过被测系统后所成的像，并形成数字图像输入计算机中。然后在计算机中进行图像的处理，并结合已知的分划图形的参数来计算被测系统的焦距。

光电法测量焦距的方法的整体结构如图 17-4 所示。从图中可以看出，计算机是整个测量系统的核心部件，产生分划图形、CCD 采集到的数字图像的处理、被测元件光学参数的计算都由计算机来控制或执行。实验中，液晶屏上显示的分划板经过平行光管和待测光学元件后成像在 CCD 靶面上，并被采集卡形成数字图像送入计算机中进行分析。

一般来说，图像上的某一点并不能严格地对应 CCD 靶面上的某个像素，因此，难以通过数字图像上的线对来直接计算我们需要的分化图像在 CCD 上的像间距。所幸的是，数字图像上的线对间距与像的线对间距有着一种固定的比例关系。因此，我们可以通过一个已知焦距的标准透镜来确定待测光学系统的焦距。

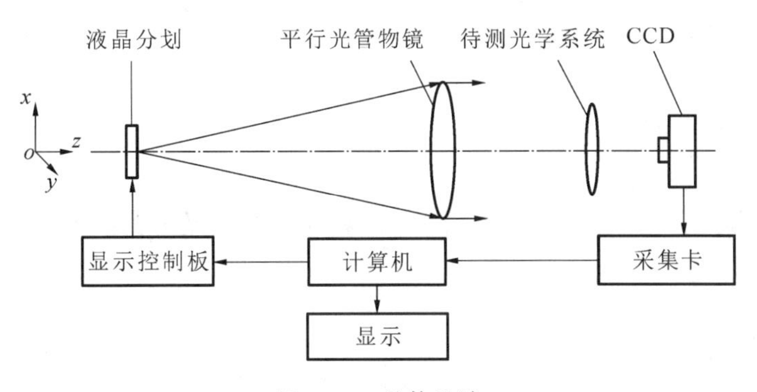

图 17-4　总体设计

图 17-5 给出了分划图形、实际像和数字图像之间的关系。如图所示，当分划图形是间距为 y 的一对平行线时，CCD 上的实际像为一对间距为 y' 的平行线，而数字图像上也有一组对应的平行线，该平行线的间距可以用这两条平行线之间在垂直距离上的像素数 p 来表示，注意 p 的单位不是毫米，而是像素数。p 和 y' 之间存在一个比例系数 r，而且有

$$y' = rp \tag{17-3}$$

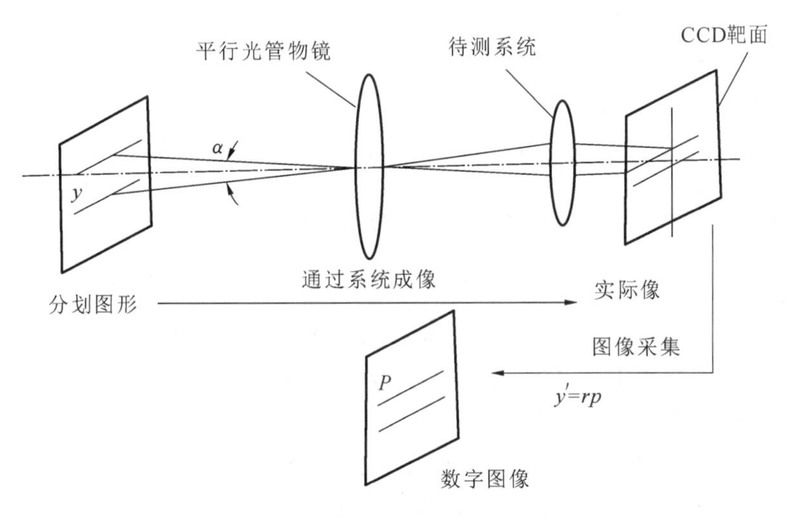

图 17-5　数字图像和实际像的对应关系

如果用 w 表示液晶屏的像素宽度，m 表示分划图形的一对平行线之间所含的液晶像素数，则根据放大率法原理，透镜焦距 f' 可表示为

$$f' = f_c'\frac{y'}{y} = f_c'\frac{rp}{wm} = \frac{f_c'r}{w}\frac{1}{m}p = C_0\frac{p}{m} \tag{17-4}$$

式中，$C_0 = f_c'r/w$ 是一个常数，而 p 的值可以借助计算机对数字图像进行分析和处理，从而精确地得到。利用一个焦距已知的标准透镜标定 C_0 后，对于待测的光学系统就可以根据数字图像的 p 计算出焦距 f'。

光电测量方法对分划图形上的两条平行线的要求比较低，只要求两条直线具有一定的

宽度，不需要特别细；而且对这两条平行线的方向和平行线之间的距离都没有特殊的要求，只要得到的数字图像上的两条直线大致水平以方便处理即可。对于数字图像上的两条具有一定宽度和灰度分布的平行直线，计算机可以用重心法求出这两条直线的重心点，从而拟合出两条平行线，求出间距 p。

第二节　光学系统星点检测和分辨率的测量

一、星点检测

实际光学系统是无法理想成像的，即经过实际光学系统所成的像不可能绝对清晰，一定会存在像差。所谓像差，就是实际光学系统所成的像与理想像之间的差异。像差会引起成像质量的下降，因此我们需要对光学系统的实际成像质量进行评价。

评价光学系统成像质量的方法有两大类：第一类主要用于在光学系统加工制造完成之后对系统进行实际测量，即对实际镜头的像质进行测量；第二类主要用于光学系统的设计阶段，通过计算来评价光学系统的成像质量。我们可以用“星点检验”的方法评价实际镜头成像质量。当镜头对非相干照明物体或自发光物体成像时，可以把物方图样的分布看成无数个不同强度且相互独立的发光点的集合，我们把这些点状物称作点基元。其实也可以将点基元理解为一个无限小的点光源，比如小星点。故可采用单位脉冲 δ 函数来表示点基元，有如下数学关系：

$$O(u,v)=\iint_{-\infty} O(u_1,v_1)\delta(u-u_1,v-v_1)\mathrm{d}u_1\mathrm{d}v_1 \tag{17-5}$$

因系统具有线性和空间不变性，故有如下物像关系式：

$$i(u',v')=\iint_{-\infty} O(u,v)h(u'-M_u u,v'-M_v v)\mathrm{d}u\mathrm{d}v \tag{17-6}$$

式中，$O(u,v)$ 为物方图样；$i(u',v')$ 为像方图样；u、v 和 u'、v' 分别对应物面和像面的笛卡儿坐标；M_u、M_v 为物像的横向放大率；$h(u'-M_u u,v'-M_v v)$ 为系统的点基元像分布，即在 (u,v) 处的一个点基元 $\delta(u,v)$ 的像。

从式(17-6)表示的线性空间不变光学系统的成像过程可知，光学系统像的强度分布可以通过将物的强度分布与光学系统的点像分布卷积得到。只有当点物基元的像分布仍为 δ 函数时，物像之间才能保证严格的点对点的对应关系，或者说此时光学系统才能完善成像。

实际上每一个点物基元在通过光学系统后，都会产生像差，并会受到衍射的影响，因此物像之间严格的点对点的对应关系是不存在的。在实际光学系统中卷积的结果其实是对物强度的分布起到平滑作用，从而造成对应像的对比度下降。因此式(17-6)所表示的用点物基元来描述成像的过程，其实质是一个卷积过程，通过考察系统对点物基元的成像质量的影响就可以了解系统对整个物方图样的成像质量，这就是星点检验的基本思想。

二、星点检测条件

（一）星孔直径

物镜星点检验的光路原理如图 17-6 所示。测量时，为了看清星点像的细节，要保证星点像有足够的亮度和对比度，因此要求使用高亮度的照明光源来提高星点的亮度。另外，还需对被照亮的星孔直径的尺寸加以限制。因为星孔有一定的尺寸，我们得到的星点像其实是很多个彼此错位的衍射斑的叠加，如果星孔尺寸太大，各衍射斑的错位量超出限度，星点像的衍射环细节就会随之消失。根据衍射理论和实践经验，星孔相对于平行光管张角的最大角直径 $\alpha_{\max}$ 应该等于被检系统的艾里斑第一暗环角半径 θ_1 的 1/2，如图 17-7 所示，即应有 $\alpha_{\max}=1/2\theta_1$。又因为 $\theta_1=1.22\lambda/D$，所以

$$\alpha_{\max}=\frac{0.61\lambda}{D} \tag{17-7}$$

式中，D 为被检测系统的入瞳直径；λ 为照明光源的波长。

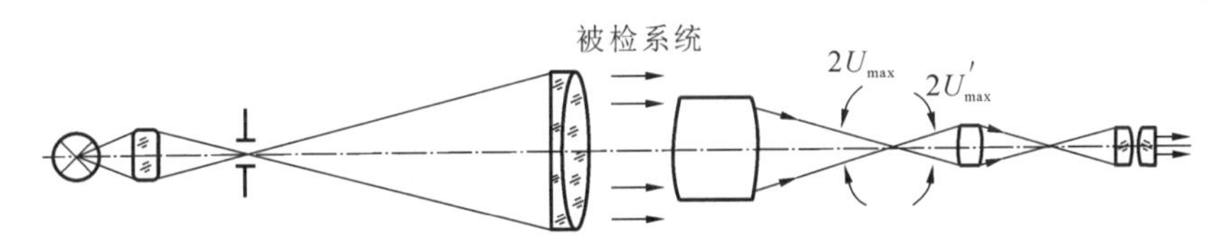

图 17-6　物镜星点检验光路原理图

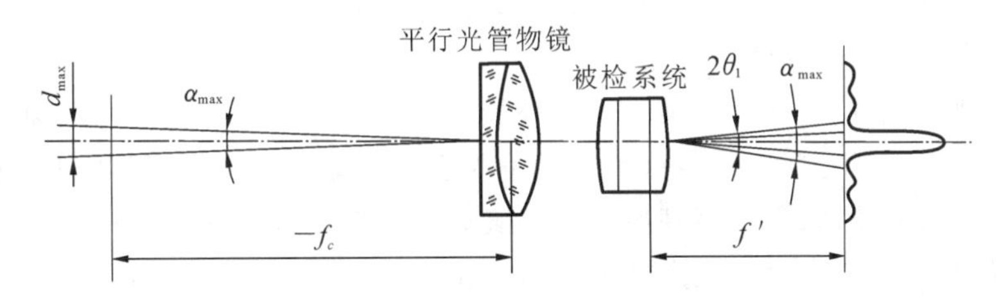

图 17-7　星孔最大角直径与艾里斑角半径的关系

因为星孔板放在焦距为 f_c' 的平行光管物镜的焦面处，所以星孔的最大允许直径为

$$d_{\max}=\alpha_{\max}f_c'=\left(\frac{0.61\lambda}{D}\right)f_c' \tag{17-8}$$

例如，设 $f_c'=1200$mm，通光口径为 100mm；被测物镜的入瞳直径 $D=70$mm，则星孔允许最大直径为 $d_{\max}=(0.61\lambda/D)f_c'=0.61\times0.56\times10^{-3}/70\times1200\approx5.8\mu$m。

（二）观察显微镜的数值孔径和放大率

星点像的尺寸非细小，在检验物镜时需要借助显微镜进行放大观察，在检验望远系统时需要借助望远镜进行放大观察。在用显微镜进行观察时，应合理选择显微物镜的放大率和

数值孔径。为了保证被检验物镜的出射光束全部进入观察显微镜，应该保证显微镜的物方孔径角 U_m 大于或等于被检物镜的像方孔径角 U。

选择显微镜的放大率时，应以人眼能否在观察时能分开星点像的第一、二衍射亮环为准。第一、二衍射亮环的角间距为 $\Delta\theta=1.042D/\lambda$，因此被检物镜的焦面上所对应的线间距可以表示为 $\Delta\theta=1.042Df'/\lambda$。

设经显微镜放大后两衍射环的角间距为 δ 时人眼就能分辨，即应有

$$\frac{1.042\lambda f'\beta}{Df_c'}\geqslant\delta \tag{17-9}$$

式中，β 为显微物镜的垂轴放大率；f_c'为目镜的焦距。

因为显微镜的总放大率

$$\Gamma=\beta\frac{250}{f_c'} \tag{17-10}$$

所以有

$$\Gamma\geqslant\frac{250}{1.042\lambda}\cdot\frac{D}{f'}\delta \tag{17-11}$$

如果取 $\lambda=0.56\times10^{-3}\mathrm{mm}$，$\delta=2'=0.00058\mathrm{rad}$，则上式简化为

$$\Gamma\geqslant250\frac{D}{f'} \tag{17-12}$$

当显微物镜的数值孔径选定后，其垂轴放大率也应满足式(17-12)的要求。

（三）其他

对望远镜做星点检验时，需要用检测望远镜代替显微镜进行对星点像的放大观察。这时要求检测望远镜的入瞳直径不小于被检望远镜的出瞳直径，同时在放大率的选择上应该以人眼能够分辨星点像的细节为准则。

另外，在检验轴上星点像时应该注意使被检镜头的光轴与平行光管的光轴对齐，否则会使检测结果出错。为了发现和避免这种光轴偏差引起的像差，检验时可以使被检镜头在夹持器内绕自身光轴旋转，如果观察到星点像的疵病方位随之旋转，则表明疵病确实是被检镜头本身所固有的；而如果观察到星点像的疵病方位不发生变化，则表明被检镜头相对于平行光管的光轴有倾斜，或者平行光管本身有缺陷，应该排除问题后再使用。

三、分辨率测量

分辨率是用来评价光学系统成像清晰度的指标，是指光学系统成像时，能分辨开的两个物体的最小间隔。测量分辨率不能获得镜头的像差类型，也无法得知镜头像质下降的原因从而做出针对性的改进，但是分辨率这个指标能以确定的数值评价被测光学系统的整体成像质量，方便不同光学系统之间相比较。因为分辨率的测量比较简单，并且能够反映被测光学系统的整体性能，所以测量分辨率仍然是实际生产中检验光学系统成像质量的主要手段。

在光学系统(即无像差理想光学系统)中，由于光的衍射，一个发光点通过光学系统成像后得到一个衍射光斑；两个独立的发光点通过光学系成像后得到两个衍射光斑，考察不同间距的两发光点在像面上两衍射像可被分辨与否就能定量地反映光学系统的成像质量。作为

实际测量值的参照数据，应了解衍射受限系统所能分辨的最小间距，即理想系统的理论分辨率数值。

在无像差的光学系统也会受到衍射的影响，因此星点经过光学系统成像后得到的是一个衍射光斑。当相邻两个星点经过光学系统成像时，像面上两个衍射斑的位置和光强分布情况如图 17-8 所示。当两个星点间距较远时，两个衍射斑的中心距较大，两个衍射斑之间有明显的暗区，此时亮暗区域之间的光强对比度 $k\approx1$，如图 17-8(a)所示；当两星点逐渐靠近时，像面上两个衍射斑之间会有重叠，但重叠部分中心的合光强仍小于两个衍射中心的最大光强，即对比度 $1>k>0$，如图 17-8(b)所示；当两星点靠近到某一限度时，像面上两个衍射斑的合光强会大于每个衍射中心的最大光强，两者“合二为一”，如图 17-8(c)所示，此时两个衍射斑之间没有明暗的差别，即对比度 $k=0$。

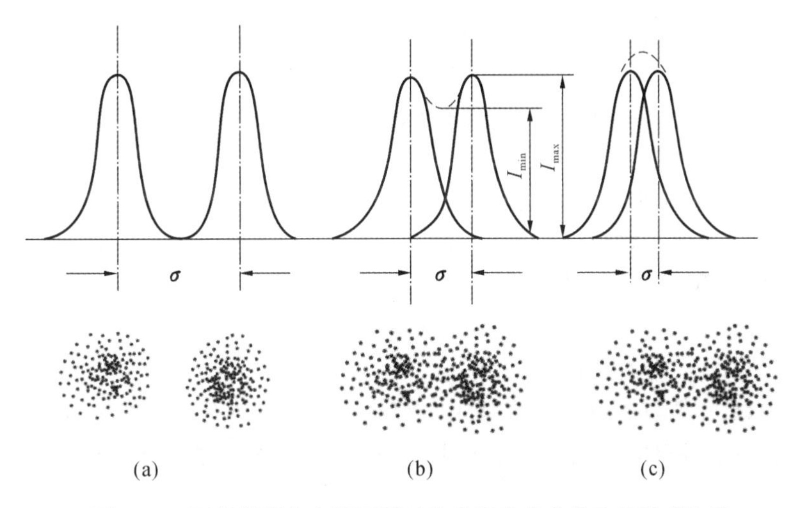

图 17-8　两衍射斑中心距不同时的光强分布曲线和光强对比度

在观察相邻两个星点所对应的衍射光斑时，需要两个光斑之间有一定的明暗变化，人眼才能判断出是两个像点，即光斑重叠部分的合光强要小于两个衍射中心的最大光强，对比度 $k>0$。

瑞利(Rayleig)认为，当衍射光斑中心距正好等于第一暗环的半径时，人眼恰好能分辨开这两个像点，这就是通常所说的瑞利判据，如图 17-9 所示。此时两个衍射光斑的中心距为

$$\sigma_0 = 1.22\lambda\frac{f'}{D} = 1.22\lambda F \tag{17-13}$$

按照瑞利判据，两光斑重叠部分的合光强是最大光强的 73.5%，此时人眼很容易分辨开两个像点。道斯认为瑞利判据过于宽松，于是提出了另一个判据——道斯(Dawes)判据，如图 17-9 所示。根据道斯判据，人眼刚能分辨两个衍射像点时，两个衍射像点的最小中心距为

$$\sigma_0 = 1.02\lambda F \tag{17-14}$$

按照道斯判据，两衍射斑之间合光强的最小值为单个衍射斑中心光强的 1.013 倍，而此

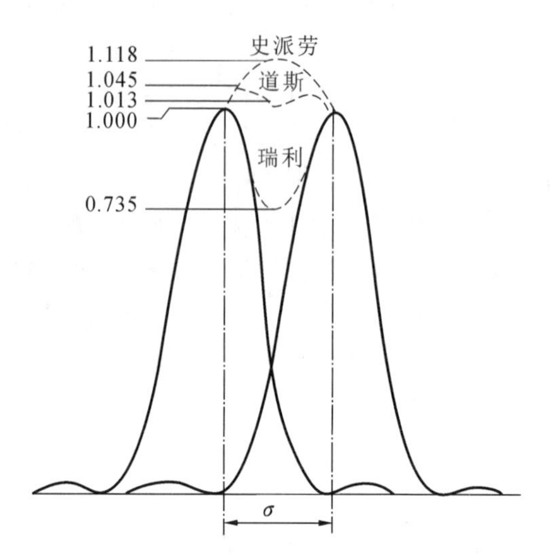

图 17-9　三种判据的部分合光强分布曲线

时两衍射斑中心附近的光强最大值为单个衍射斑中心光强的 1.045 倍。还有人认为，当两个衍射斑之间的合光强刚好出现下凹时为可分辨两个衍射光斑的极限情况，如图 17-9 所示，这个判据称为史派劳判据。根据这一判据，两衍射斑之间的最小中心距为

$$\sigma_0 = 0.947\lambda F \tag{17-15}$$

此时两衍射斑之间的合光强为 1.117。

实际工作中，由于光学系统的种类和用途不同，光学系统分辨率的具体表示形式也不同。例如，望远系统的物体位于无限远处，所以用角距离来描述刚能分辨的两点间的最小距离。

四、分辨率测量方法

（一）分辨率图案

在实际检测中，制造两个无限近的可以随意变换距离的两个非相干点光源是比较困难的。因此，通常采用不同粗细的黑白线条组成的特制图案来检验光学系统的分辨率。

由于光学系统的种类和用途不同，用于检测光学系统分辨率的特制图案在形式上也有所不同，图 17-10 所示为几种比较典型的生产中常用的分辨率图案。下面以图 17-10(a)所示的我国目前应用的《分辨力板》(JB/T 9328—1999)国家专业标准分辨率图案为例，介绍其设计计算方法。

线条宽度 P 按等比级数规律依次递减：

$$P = P_0 q^{n-1} \tag{17-16}$$

式中，$P_0 = 160\mu m$(A1 号板第 1 单元线宽)；$q = \frac{1}{\sqrt[12]{2}} \approx 0.94387$；$n = 85$(85 是最大值，$n$ 是 1～85 个单元中任何单元数)。

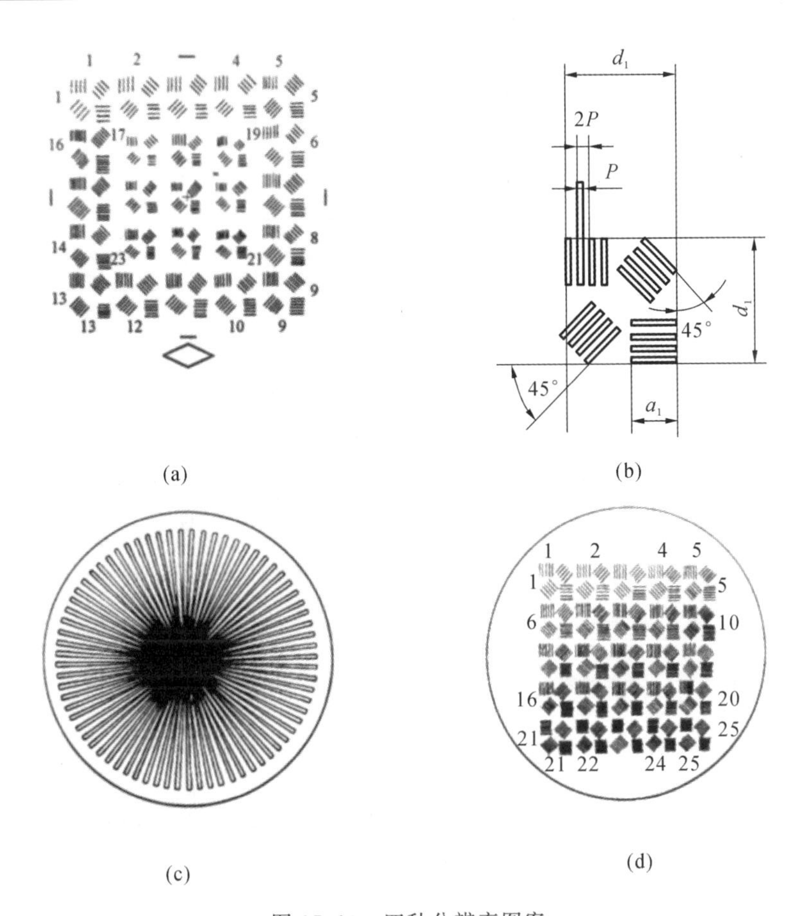

图 17-10 四种分辨率图案

实际图案上的线条宽度按式(17-16)计算后只保留三位数,如表 17-1 所示。

表 17-1 实际图案上的线条宽度

分辨率板号		A1	A2	A3	A4	A5	A6	A7
分辨率板的单元号	单元中每一组的明暗线条总数	线条宽度/μm						
1	7	160	80.0	40.0	20.0	10.0	7.50	5.00
2	7	151	75.5	37.8	17.9	9.44	7.08	4.72
3	7	143	71.3	35.6	17.8	8.91	6.68	4.45
4	7	135	67.3	33.6	16.8	8.41	6.31	4.20
5	9	127	63.5	31.7	15.9	7.94	5.95	3.97
6	9	120	59.9	30.0	15.0	7.49	5.62	3.75
7	9	113	56.6	28.3	14.1	7.07	5.30	3.54
8	11	107	53.4	26.7	13.3	6.67	5.01	3.34

续表

分辨率板号		A1	A2	A3	A4	A5	A6	A7
9	11	101	50.4	25.2	12.6	6.30	4.72	3.15
10	11	95.1	47.6	23.8	11.9	5.95	4.46	2.97
11	13	89.8	44.9	22.4	11.2	5.61	4.21	2.81
12	13	84.8	42.4	21.2	10.6	5.30	3.97	2.65
13	15	80.0	40.0	20.0	10.0	5.00	3.75	2.50
14	15	75.5	37.8	17.9	9.44	4.72	3.54	2.36
15	15	71.3	35.6	17.8	8.91	4.45	3.34	2.23
16	17	67.3	33.6	16.8	8.41	4.20	3.15	2.10
17	11	63.5	31.7	15.9	7.94	3.97	2.97	1.98
17	13	59.9	30.0	15.0	7.49	3.75	2.81	1.87
18	13	56.6	28.3	14.1	7.07	5.54	2.65	1.77
20	13	53.4	26.7	13.3	6.67	3.34	2.50	1.67
21	15	50.4	25.2	12.6	6.30	3.15	2.36	1.57
22	15	47.6	23.8	11.9	5.95	2.97	2.23	1.49
23	17	44.9	22.4	11.2	5.61	2.81	2.10	1.40
24	17	42.4	21.2	10.6	5.30	2.65	1.99	1.32
25	18	40.0	20.0	10.0	5.00	2.50	1.88	1.25

（二）望远系统分辨率的测量

测量望远系统分辨率时的光路设置与星点检验时类同，只是将星孔板换成分辨率板并增加毛玻璃来保证分辨率板上照明的均匀性，如图 17-11 所示。对前置镜（测量用望远镜）的要求也与星点检验时相同。在测量分辨率时，分辨率板上线条宽度大的单元更容易被分辨，因此，从线条宽度大的单元（单元号小）向线条宽度小的单元（单元号大）依次观察，找出四个方向的线条都能被分辨开的所有单元。这些单元中单元号最大的那个单元被称为刚能分辨的单元。根据刚能分辨的单元号和分辨率板号，由表 17-2 查出该单元的线条宽度 P，再根据平行光管的焦距 f_c'，即可求出被测望远系统的分辨率：

$$\alpha = \frac{2P}{f_c'}206265 \tag{17-17}$$

由于望远系统的视场通常很小，一般只测量视场中心的分辨率，所以测量时应注意将分辨率图案调整到视场中心。

（三）照相物镜目视分辨率测量

测量照相物镜的分辨率时通常采用目视法，其光路设置如图 17-12 所示。当采用分辨

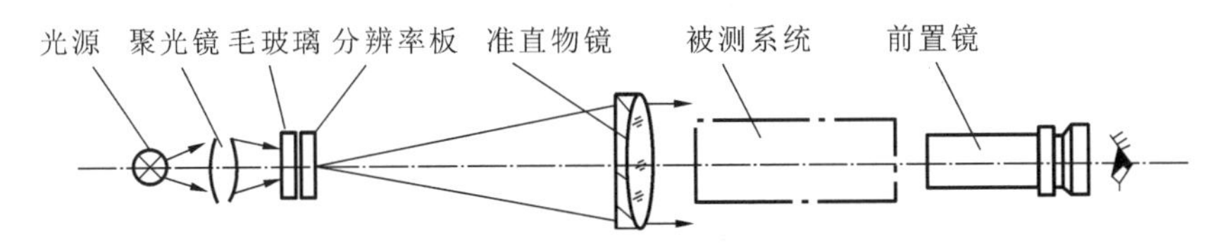

图 17-11　测量望远系统分辨率装置图

率板测量轴上点的分辨率时，根据刚能分辨的单元号和板号由表 17-1 查出该单元对应的线条宽度 P，从而算出每毫米的线对数 N_0（$N_0=1/2P$），再根据以下关系式即可求出被测物镜轴上点的目视分辨率：

$$N=\frac{N_0 f_c'}{f'} \tag{17-18}$$

式中，f_c'为平行光管的焦距；f'为被测物镜的焦距。

当测量轴外点的目视分辨率时，通常将被测物镜的后节点设置在物镜夹持器的旋转轴上，这样，旋转物镜夹持器即可使分辨率板上的图形沿不同视场角入射，从而测量物镜在不同视场角时的分辨率，此时物镜位置如图 17-12 中虚线所示。为了保证轴上物点与轴外物点所成的像都在同一像面上，当物镜转过视场角 ω 时，观察显微镜需要向后移动一段距离 Δ，由图 17-12 所示，该距离可以由以下公式求得

$$\Delta=\left(\frac{1}{\cos\omega}-1\right)f' \tag{17-19}$$

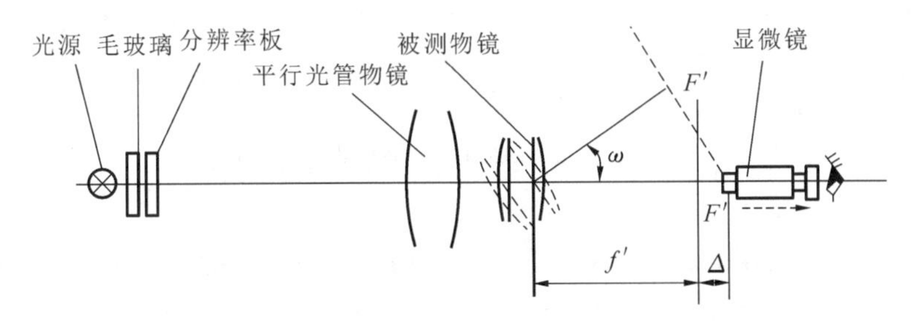

图 17-12　在光具座上测量照相物镜目视分辨率的光路图

当测量轴外点的目视分辨率时，由于分辨率板在经过被测物镜成像后，显微镜所观察的成像面与物镜的高斯像面之间有一倾角 ω，会导致显微镜所观察到的像的大小比实际像稍小，如图 17-13 所示。因此，分辨率板上同一个单元对轴上点和轴外点会有不同的 N 值。由图可以看出，ω 视场角下子午面内的线对间距为

$$2P_t'=\frac{f'}{\cos\omega}\alpha\frac{1}{\cos\omega}=2P_t\frac{f'}{f_c'}\frac{1}{\cos^2\omega} \tag{17-20}$$

或

$$N_t=\frac{1}{2P_t'}=N_0\frac{f_c'}{f'}\cos^2\omega=N\cos^2\omega \tag{17-21}$$

在弧矢面内则有

$$2P_s' = \frac{f'}{\cos\omega}\alpha = 2P_s \frac{f'}{f_c'} \frac{1}{\cos\omega} \tag{17-22}$$

或

$$N_s = \frac{1}{2P_s'} = N_0 \frac{f_c'}{f'}\cos\omega = N\cos\omega \tag{17-23}$$

式中，$N=\frac{N_0 f_c'}{f'}$。

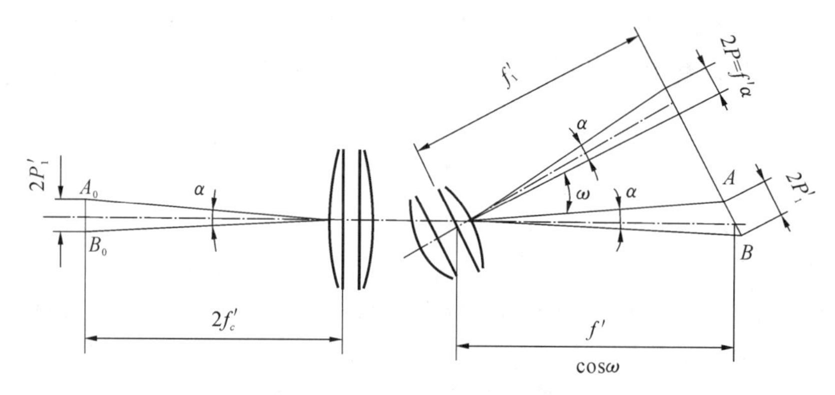

图 17-13　子午面内物面线宽P_t与像面的线宽P_t'对应关系

掌握分辨率测量的基本概念和方法也只是对分辨率测量有了初步了解。随着光学仪器的发展，各个领域对光学系统的成像质量和使用性能都提出更高的要求。如缩微摄影系统、空间侦察等光学系统均有不同的分辨率标准，并且这些标准也在不断地修订和完善。因此，在实际测量中，对于不同的光学系统，需要按相应的最新标准进行检测。

第三节　光学系统畸变的测量

畸变是光学系统的横向放大率随视场的增大而变化所引起的一种失去物像相似的一种像差。为了测定畸变，必须测量出物空间和像空间共轭关系的参数值。对于物方视场角 ω_P 或物高 h，有像方视场角 ω_P' 或像高 h'。对物空间和像空间的理解必须与镜头实际使用情况吻合。

测量方向原则上应从物空间到像空间。测量方向的不同会改变畸变的形状，但为了测量的方便也可以考虑反方向测量。

为了测量物方或像方视场角，被测平行光管或望远镜的像面或物面的相互位置应有利于对应角度的测量。为了使光线充满系统整个孔径，达到较大的视场角，旋转光轴应通过被测系统入瞳或出瞳的中心。

对无限远物距或无限远像距系统，可采用自准直仪代替平行光管或望远镜，其光轴应校正到垂直于被测系统的参考平面。参考平面、物平面和像平面三者应相互平行，此时的物方视场角 $\omega_P=0°$，或像方视场角 $\omega_P'\neq0°$。

测量中应精确调焦，保证测量的像平面精确地与实际使用的像平面一致。测量装置的系统误差应不超过畸变值的1/10～1/5。对于测量光路中的附加光组，应具有良好的像质和足够大的通光孔径，以保证测量过程中不产生拦光现象，不影响测量值。

一、无限远物距、有限远像距系统

对无限远物距、有限远像距的光学系统，通过测量多对物方视场角 ω_P 和像高 h' 的对应关系，可以求得系统的相对畸变和绝对畸变，测量装置如图17-14所示。

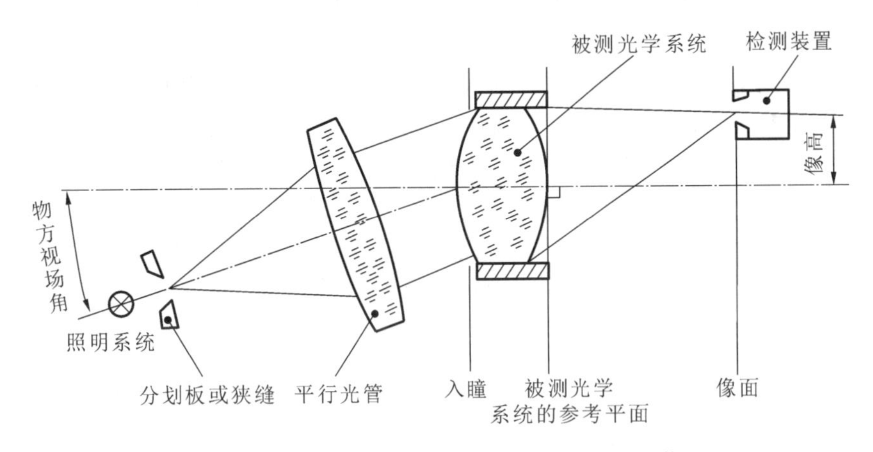

图17-14　无限远物距、有限远像距系统的测量装置

平行光管焦面上安置一个非相干光照明的狭缝，其出射光模拟了无限远物距，经被测光学系统后成像于它的像面上，像面上安装位移测量装置。平行光管和像面上安装有位移测量装置的被测系统，这两个部件都可以转动，且转动角度均可测得。测量时哪个部件转动、哪个部件固定都不重要，但转动轴必须垂直于平行光管的光轴，转动轴位置要通过被测系统的入瞳中心，且与被测系统像面垂直的光轴相垂直。

开始测量之前，应校正好像探测器的位移方向，使其平行于被测系统的参考平面。平行光管的出射光束垂直于参考平面，此时定物方视场角 $\omega_P=0°$，以像平面上所瞄准的像点作为像高的测量原点。用自准直望远镜进行相应的校正后采用带十字分划板的显微镜或光电显微镜对像点进行瞄准测量。

根据测量情况，无限远物距、有限远像距光学系统的绝对畸变 V_a 和相对畸变 V_r 分别可以通过式(17-24)和式(17-25)求得

$$V_a = h' - a'\tan\omega_P \tag{17-24}$$

$$V_r = \frac{h' - a'\tan\omega_P}{a'\tan\omega_P} \times 100\% \tag{17-25}$$

式中，a' 是像距，可以由式(17-26)求得

$$a' = \lim_{\omega_P \to 0} \frac{h'}{\tan\omega_P} \tag{17-26}$$

对于远心成像系统，像距 a' 用光阑到物方主点的距离代替，该光阑位于主光线通过像方焦点处。如果像方焦点位于像面上，则像距 a' 与焦距等效。对于摄影测量镜头，用镜箱

焦距代替像距 a' 来计算绝对畸变。镜箱焦距是用特定的方法，根据视场范围内畸变最小和分布均匀的原则确定的焦距值。

二、无限远物距、无限远像距系统

测量装置应能测定物方视场角 ω_P 和像方视场角 ω'_P 对应的共轭值，其装置与无限远物距、有限远像距系统的测量装置类似。只是用望远物镜替代像面上可移动测量装置，望远物镜能绕位于被测光学系统出瞳中心的垂直轴转动，望远物镜的焦面上安装十字分划板或带光电接收器的狭缝。

测量前应校正测量装置，使其处于 $\omega_P=0°$ 和 $\omega'_P=0°$ 的位置。如图 17-15 所示，望远物镜的旋转轴与平行光管的旋转轴应相互平行。测量装置中哪个部分固定、哪个部分可移动，这并不重要，重要的是角度能被测出。根据测量结果，无限远物距、无限远像距光学系统的相对畸变 V_r 可以按下式计算。

$$V_r=\left(\frac{\tan\omega'_P}{\Gamma\tan\omega_P}-1\right)\times 100\% \tag{17-27}$$

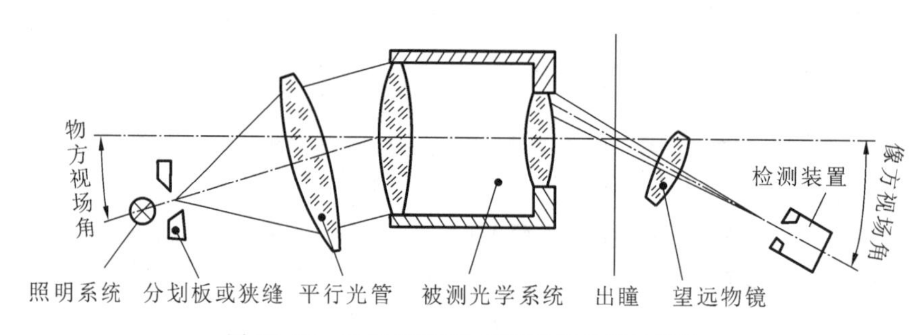

图 17-15　无限远物距、像距系统的测量装置

三、有限远物距、有限远像距系统

有限远物距、有限远像距系统的测量装置应能测定物高 h 和像高 h' 对应的共轭值。如图 17-16 所示，测量装置的物平面和像平面应调至规定的共轭距，测量方向从物空间到像空间，在物平面上安置一十字分划板或一组照明狭缝或单个照明狭缝，在被测光学系统的像平面上安置图像测试装置并校正到物平面、像平面和参考平面相互平行。

当测量方向从像空间到物空间时，在像平面上安置十字分划板，物平面上安置测试装置。

根据测量情况，有限远物距、有限远像距光学系统的绝对畸变 V_a 和相对畸变 V_r 分别可以通过式(17-28)和式(17-29)求得

$$V_a=h'-hm \tag{17-28}$$

$$V_r=\left(\frac{h'}{hm}-1\right)\times 100\% \tag{17-29}$$

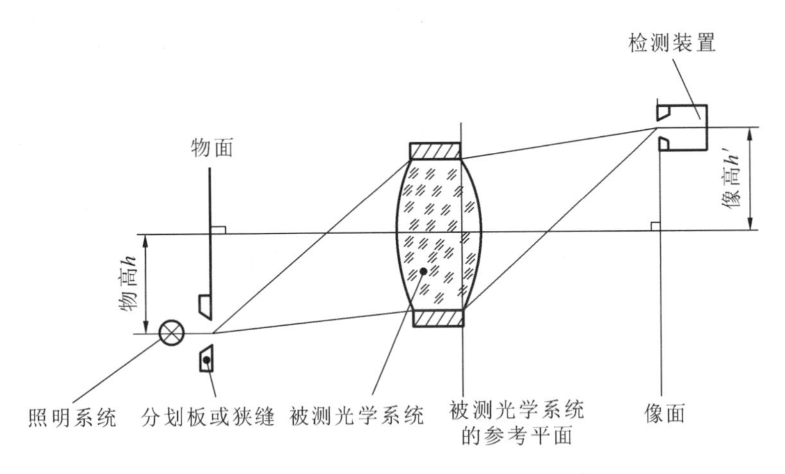

图 17-16　有限远物距、像距系统的测量装置

四、有限远物距、无限远像距系统

有限远物距、无限远像距系统的测量装置应能测定物高 h 和像方视场角 ω'_P 对应的共轭值，测量装置与无限远物距、有限远像距系统的测量装置相同，测量方向与无限远物距、有限远像距系统相反。

根据测量情况，有限远物距、无限远像距光学系统的像距 a' 和相对畸变 V_r 分别可以通过式(17-30)和式(17-31)求得

$$a' = \lim_{h \to 0} \frac{h}{\tan\omega'_P} \tag{17-30}$$

$$V_r = \frac{a\tan\omega'_P - h}{h} \times 100\% \tag{17-31}$$

第四节　光学系统杂光系数和透过率的测量

一、杂光系数概述

光学系统在成像时，在像面上除了按正常光路进行成像的光束外，还有一些的非成像光束会到达像面。这种非成像光束干扰成像的现象称为杂光现象，这些能到达像面的非成像光束被称为杂散光，简称杂光(veiling glare)。

光学仪器中杂光的存在会影响图像质量，使整个像面上产生一个附加照度，画面犹如蒙上一层薄雾，降低探测器所获得的图像的对比度。例如，杂光较大的照相物镜拍出的画面会存在图像清晰度差、色饱和度低的问题；而望远镜系统的杂光会降低系统的鉴别率，导致观察距离减短等。因为杂散光严重影响光学系统的成像质量，所以对杂光的控制、消除和测量已成为研制高性能光学仪器的重要课题。

光学仪器产生杂光的主要原因有以下两个方面：

(1)由光学零件的反射与散射造成的杂光。透镜表面、透镜边缘面的反射会产生杂光，透镜上存在的灰尘、指纹、划痕的散射会产生杂光，玻璃内部的气泡等造成的散射也会产生杂光。

(2)机械部件的反射与散射造成的杂光。镜头中的机械部件也会产生杂光，包括镜筒内壁、内部机械件、光阑叶片和快门叶片对光的反射、散射等。

德国科学家哥尔特贝克于1825年提出测量杂光的面源法，该方法可测量各种因素综合影响下的杂光情况，面源法测量装置简单，至今仍被普遍采用。1872年S. Martin等针对面源法存在的缺陷，提出了测量杂光的点光源法，并由测得的杂光扩散函数(GSF)来评估系统的杂光大小。

二、杂光系数测量的原理及方法

(一) 面源法的检测原理

由一均匀的面光源在像面上造成的杂光光强分布，可以看成由面光源上的各个点光源在像面上造成的杂光叠加。用待测物镜对一扩展的均匀亮背景上的黑斑进行成像，若没有杂光，则黑斑像的位置应该没有光照度；若有杂光，则在黑斑像的位置测得的光照度E_G即为像面上的杂光照度。若面光源的成像光束在像面的照度为E_0，面光源在像面所成像的面积为A，像面总面积为S，则杂光系数的定义式可写为

$$\eta = \frac{E_G S}{E_0 A + E_G S} \times 100\% \tag{17-32}$$

从式(17-32)可以看出，光源面积越大，则像面上造成的杂光光通量也越大，并且杂光分布也越均匀，故越容易测量准确。若A趋近于S，则上式可变为

$$\eta = \frac{E_G}{E_0 + E_G} \times 100\% \tag{17-33}$$

由式(17-33)可见，通过测量大面积均匀光源在像面上所成像的总照度$E_G + E_0$和杂光照度E_G，即可求得杂光系数η。

面源法测量杂光系数的测量装置主要包含两个主要部分：一是黑体目标和亮背景发生器；二是光电检测器。目标和亮背景发生器的作用在于提供一个亮度均匀的、具有一定扩展范围的人工亮背景(即相当于模拟一个天空亮背景)，以及在亮背景下提供一个黑体目标，光电检测器的作用是测定像平面上黑体像和背景像的照度。具体测量装置根据光学系统的类别和使用要求而各有不同，但基本原理是一样的。下面分别介绍测量照相物镜和望远镜系统杂光系数的测量装置及方法。

(二) 照相物镜杂光系数的测量

图17-17是测量照相物镜杂光系数的典型装置示意图。图中带有若干个照明灯泡的积分球将提供一个均匀扩展的亮背景，光在积分球内壁上会均匀地漫反射，因此积分球内壁相对被测物镜的入瞳来说是一个尺寸可能接近170°的均匀亮视场。牛角形消光管和被测物镜相对地装在积分球的直径的两端，牛角形消光管可以为被测的照相物镜提供一个黑体目标。

光电检测器的光敏元件位于黑体目标经过被测物镜所成的像平面上，并在其前放一个小孔光阑，以限制光敏元件接收到的黑斑大小。由于光敏元件的光谱灵敏度与被测物镜实际工作时所用的感光材料或探测器的光谱灵敏度并不一致，所以在光敏元件与小孔光阑之间会放置修正滤光片。以保证光电检测器的光响应与感光材料的光谱特性基本一致。必要时还加一块毛玻璃，使投射在光敏元件上的光尽量均匀，牛角形黑体可以更换成与周围亮背景涂层完全相同的"白塞子"。

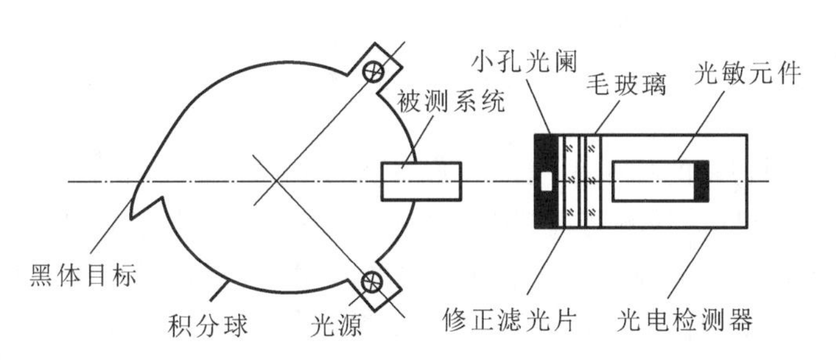

图 17-17 照相物镜杂光系数的测量装置

通过光电检测器分别测出被测物镜像平面上对应黑体目标像和用"白塞子"时像的照度 E_G 和 E_G+E_0，即光电检测器的对应指示值 m_1 和 m_2，则杂光系数为

$$\eta=\frac{E_G}{E_0+E_G}=\frac{m_1}{m_2}\times 100\% \tag{17-34}$$

当需要测量物镜轴外点的杂光系数时，可以和测量物镜的星点和分辨率时一样，将被测物镜转过一定的角度，再进行测量。有些测量杂光系数的装置，为了便于测量物镜在不同视场角下的杂光系数值，会在积分球内壁上以一定的角度间隔，同时装上若干个黑体目标。

（三）望远镜系统杂光系数的测量

图 17-18 为测量望远镜系统杂光系数的测量装置示意图。测量望远镜系统的杂光系数时，为了提供无限远的目标，会加入一个准直物镜，黑体目标恰好位于准直物镜的前焦面处。被测望远镜系统正对准直物镜，入瞳应尽量靠近准直物镜。在被测望远镜的出瞳处装一个圆孔光阑，用以模拟使用望远镜时人眼瞳孔的限制。圆孔光阑的直径应由望远镜的使用条件决定，如白天使用的仪器，眼瞳孔直径约为 3mm，晚上使用时为 8mm 左右，所以圆孔直径也相应地选为 3mm 或 8mm。

三、杂光系数测量条件和注意事项

光学系统的杂光系数与相机使用条件有关，杂光系数的测量结果也与测试条件有关，为了统一测量结果，并保证测量精度，应当根据光学系统的种类和使用场景规定相应的测试条件。例如 ISO 制定的照相物镜杂光系数测量标准草案中，对测试条件做了以下主要规定。

扩展光源应尽量靠近被测物镜的入瞳，使扩展光源尽量能覆盖被测物镜 170°的视场，而且视场亮度应尽量均匀，在被测物镜像平面对角线一半的视场内，亮度不均匀应≤5%，在全视场内则应≤8%。在整个测量过程中，光源亮度变化应小于 5%。

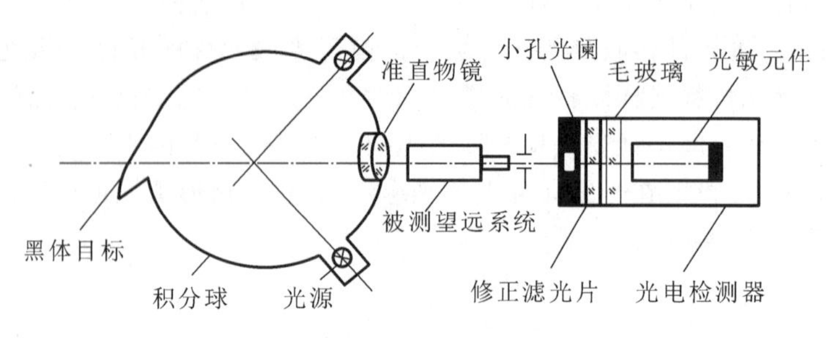

图 17-18　望远镜系统杂光系数的测量装置

黑体目标在被测物镜的像平面上所成像的大小应等于被测物镜像平面对角线视场的1/10±20%；考虑到不同的被测物镜焦距和视场大小的区别，测量装置应该备有一套不同直径的黑体目标。黑体目标的亮度应小于前景亮度的1‰。黑体目标到被测物镜的距离应大于被测物镜焦距的5倍，小孔光阑直径应不大于黑体目标像直径的1/5，光电检测器的灵敏度在一个测量周期内的变化应<2%。

四、透过率概述

光学系统的透过率反映了光能量在经过光学系统后的损失程度。对于目视观察仪器而言，透过率低意味着使用这种仪器观察时目标的亮度降低。如果仪器只对某些波长的光谱透过率低，那么观察时会出现颜色的失调，例如"泛黄"现象就是光学系统对波长较短的光的透过率较低造成的。对于照相物镜而言，透过率低意味着像面照度降低，照相时应增加曝光时间。当彩色相机照相时，如果照相物镜对某个波长的透过率较差，将影响图像的彩色还原效果。

光学系统透过率是系统出射的光通量$\Phi'(\lambda)$与入射光通量$\Phi(\lambda)$的比值，常用符号τ表示。光学系统透过率的降低是由于光学零件表面的反射和光学材料内部的吸收共同造成的。由于表面反射率和内部吸收率均与波长有关，所以光学系统的透过率也是波长的函数。随入射波长而变的透过率称为光谱透过率，即

$$\tau(\lambda)=\frac{\Phi'(\lambda)}{\Phi(\lambda)}\times 100\% \tag{17-35}$$

为简化测量，一般常用色温下的白光作光源来测量系统的透过率。

如果规定色温的光源相对光谱通量(功率)分布函数为$S(\lambda)$，人眼的光谱光视效率为$V(\lambda)$，被测系统的光谱透过率为$\tau(\lambda)$，则进入光学系统的总光通量为

$$\Phi=K\int_{\lambda_1}^{\lambda_2}S(\lambda)V(\lambda)\mathrm{d}\lambda \tag{17-36}$$

同样，射出光学系统的光通量为

$$\Phi'=K\int_{\lambda_1}^{\lambda_2}S(\lambda)\tau(\lambda)V(\lambda)\mathrm{d}\lambda \tag{17-37}$$

则光学系统的目视透过率，即白光透过率为

$$\tau(\lambda)=\frac{\Phi'(\lambda)}{\Phi(\lambda)}=\frac{\int_{\lambda_1}^{\lambda_2}S(\lambda)\tau(\lambda)V(\lambda)\mathrm{d}\lambda}{\int_{\lambda_1}^{\lambda_2}S(\lambda)V(\lambda)\mathrm{d}\lambda} \tag{17-38}$$

其中，$\lambda_1 \sim \lambda_2$为可见光波长范围。通常将式(17-38)给出的透过率称为光学系统的积分透过率或白光透过率。从式(17-38)可以看出，只要使用规定色温的光源，即统一光源的相对光谱能量分布，然后测量入射和射出系统的光通量，就可得到相同标准下的白光透过率，方便对各类光学系统的透过率进行比较和评价。

如果测量要求较高时，应该使测量光源和光学系统使用场景的光照情况的相对光谱能量分布一致。例如，对于白天使用的望远镜，测量时所用的光源应与阳光的相对光谱能量分布相同。

五、望远系统透过率的测量

望远物镜的光学系统视场小，一般只测其轴上的透过率。测量装置主要由光源和接收器两部分组成。光源用来供给进入被测系统的光能，接收器用来测量进入系统前(简称空测)的光通量 $\Phi(\lambda)$和通过系统后(简称实测)的光通量$\Phi'(\lambda)$。光源一般采用点光源配合平行光管的方式来提供轴上光束。接收器根据测量需要分为两种：采用附加透镜式的光电接收器和积分球式光电接收器。下面分别介绍用这两种接收器测量透过率的原理及方法。

（一）附加透镜法

附加透镜法的测量装置的原理如图 17-19 所示，测量装置的光源经过聚光镜成像在小孔光阑上，小孔光阑位于平行光管物镜的焦平面上，光源发出的光经过平行光管物镜后变为平行光。装置中的光阑是用来保证空测和实测时有相同的光通量入射，光阑口径应该略小于被测系统的入瞳直径 D，一般取 0.7～0.9 倍的入瞳直径；光电接收器由与人眼光谱特性相近的硒光电池、毛玻璃(图中未画)和检流计组成，光电池可上下左右调节，对准毛玻璃上的光斑，毛玻璃用来检验空测和实测时的光斑大小是否相同，并且是否落在硒光电池的相同部位。为了衡量光斑大小，在毛玻璃上刻有两个直径为 25mm 和 30mm 的同心圆，外环为参考之用，内环为硒光电池工作部位。

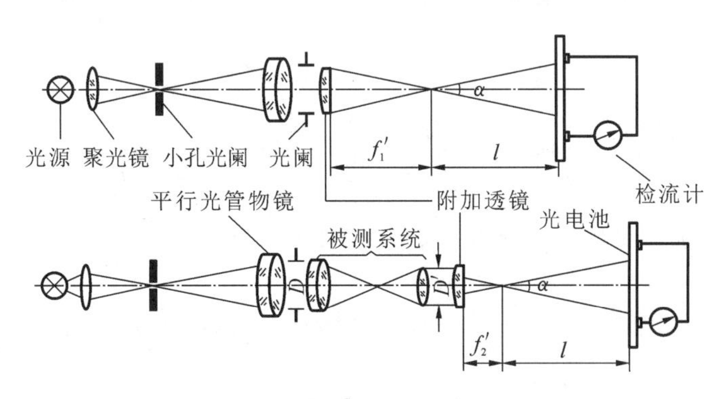

图 17-19　附加透镜法测量透过率

硒光电池产生的光电流与光照度成正比，测量时，用检流计分别测出空测和实测时 Φ 和 Φ'对应的光电流 m_1和 m_2。附加透镜的作用是保证空测和实测时照在光电池上的光斑大小和光束结构相同。如果不用附加透镜，因被测系统视放大率 Γ 的影响，使空测时光斑大小为实测时光斑的Γ倍,这不符合接收器的要求。为了使光电池受照条件在空测和实测时一致,在空测和实测时应分别加一个会聚透镜。要满足空测和实测出射的光束结构相同,必须保证这两种情况下从附加透镜出射的光束夹角相等,需要附加透镜的焦距关系满足$f_1'=\Gamma f_2'$。

(二) 积分球法

积分球法的原理与附加透镜法相同,其不同之处在于该方法以积分球作为接收器,省去了附加透镜装置。使用积分球可以使硒光电池所有外露表面受到均匀的光照,积分球法的测量装置如图 17-20 所示。

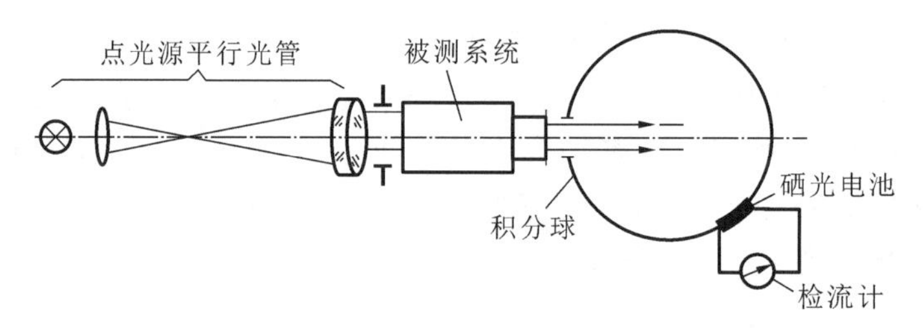

图 17-20　积分球法测量透过率

积分球法操作方便,空测和实测时只要使被测系统的轴向光束全部进入积分球的小孔,根据空测和实测的光电流值即可求被测系统的透过率,通用性强。

六、照相物镜透过率的测量

图 17-21 所示为测量照相物镜透过率的光路图。空测时,可变光阑的口径应小到使经过光阑的光束全部进入积分球,如图 17-21(b)所示。实测时,积分球应放置到被测物镜之后的会聚光路中,如图 17-21(a)所示。并注意调节积分球位置,使投射到积分球内壁上的光斑直径和位置与空测时相近。空测与实测时,分别从检流计上分别读得m_1和m_2,从而求得透过率。

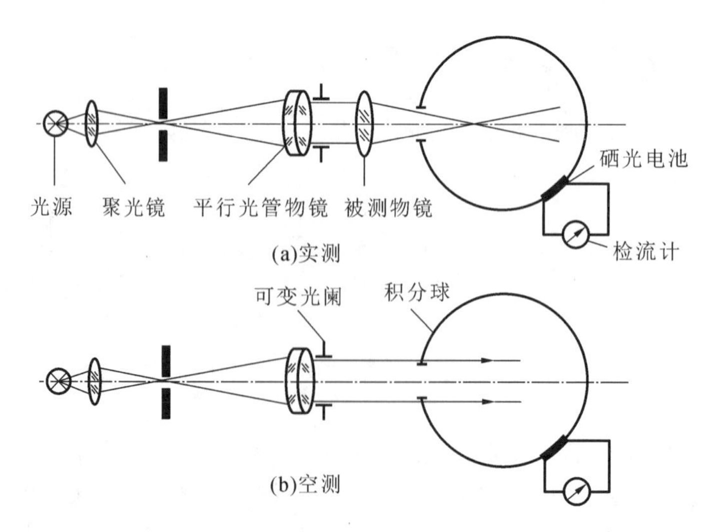

图 17-21　照相物镜透过率的测量

第五节　光学传递函数评价成像质量的方法

一、光学传递函数的定义

当物体是正弦波光栅时，它在经光学系统后所成的像也是一个正弦波光栅，但相应的正弦波参数可能会发生变化。如果光学系统的横向放大率为β，光栅像的大小就放大为原来光栅的β倍，线条间隔也变为β倍，即

$$p_{像} = \beta p_{物} \tag{17-39}$$

也有

$$\nu_{像} = \frac{\nu_{物}}{\beta} \tag{17-40}$$

式中，$p_{像}$为像方正弦波光栅的空间周期；$p_{物}$为物方正弦波光栅的空间周期；$\nu_{像}$是光栅像的空间频率；$\nu_{物}$为原有光栅的空间频率。

可见物与像的ν值通常是不一样的，但我们更关心的是成像清晰度、像的反衬度变化等问题。我们用$M_{物}$表示物体的调制度，用$M_{像}$表示像的调制度来进行研究。

由图 17-22 可知，因为系统的衍射作用和像差影响，实际像中的亮线条会变暗，暗线条会变亮一些，所以实际像的线条没有理想像那样清晰，即实际像的反衬度会有所降低。设实际像的正弦曲线振幅为I'_a，理想像的正弦曲线振幅为I_a，I_0为平均振幅，则实际像的调制度为$M_{像}$可表示为

$$M_{物} = \frac{I_a}{I_0};M_{像} = \frac{I'_a}{I_0}$$

由于$I'_a \leqslant I_a$，可知有

$$M_{像} \leqslant M_{物} \tag{17-41}$$

因此，经过光学系统成像后，与原来物的调制度相比，像的调制度只会降低。而下降的程度，取决于光学系统的成像质量；对于同一个光学系统，不同空间频率的下降程度也不尽相同，所以M也是空间频率ν的函数。因为调制度的降低程度要通过$M_{像}$和$M_{物}$比较得出，所以我们定义某一频率下的调制传递值$T(\nu)$为

$$T(\nu) = \frac{M_{像}}{M_{物}} \tag{17-42}$$

因为$M_{像}$是频率的函数，所以调制传递值T也是频率的函数。我们将包含各个空间频率的$T(\nu)$叫作调制传递函数，一般简写为 MTF(Modulation Transfer Function)。

由式(17-41)可知，$M_{像}$只比$M_{物}$小，在式(17-42)中两者的比值总是在 0 到 1 之间，即

$$0 \leqslant T(\nu) \leqslant 1 \tag{17-43}$$

$T(\nu)$通常小于 1，它体现的是不同频率ν的物所对应像的反衬度的下降，而不是光能的损失。如图 17-22 所示，亮线的亮度降低所损失的光能，刚好补偿了暗线亮度的增加，因此总的光能量不会变化，只是反衬度会下降。

正弦波光栅在成像后，还可能发生相位移动，即实际像的线条位置不在理想像的线条位

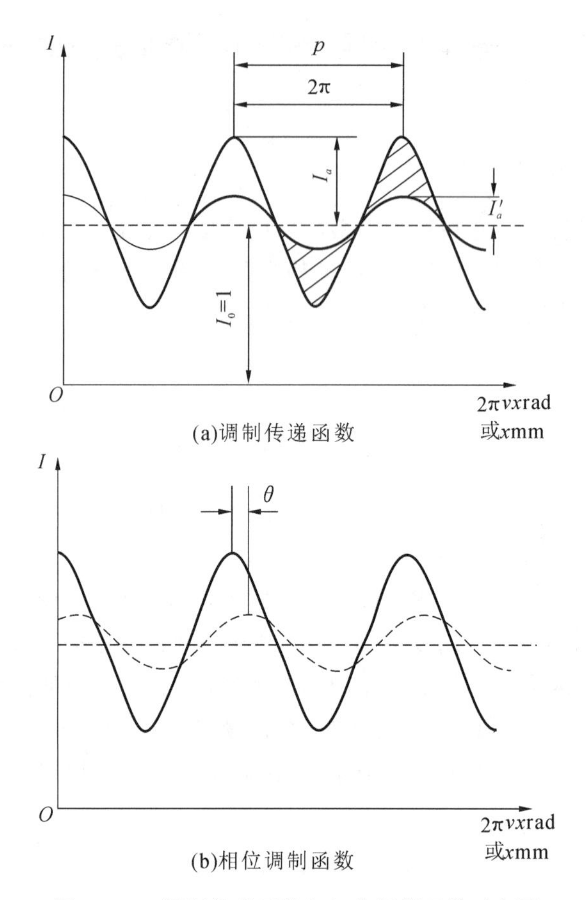

图 17-22　调制传递函数与相位调制函数示意图

置上，而是沿 x 轴方向移动了一定的距离。这段距离的大小可以用线量毫米或者用角度量弧度表示。如图 17-22(a)所示，横坐标用 x 表示时等于 p mm，横坐标用 $2\pi\nu x$ 表示时等于 2πrad。图 17-22(b)的虚线就是实际像的相位移动了 θ 弧度的情况，这种现象称为相位传递，某个空间频率的移动量 θ 叫作相位传递值；包含了各个空间频率 ν 的 $\theta(\nu)$ 叫作相位传递函数，简写为 PTF(Phase Transfer Function)。

图 17-22 中，实线表示的理想像的亮度分布为

$$I(x)=1+M_{像}(\nu)\cos(2\pi\nu x) \tag{17-44}$$

虚线所表示的实际像的亮度分布为：

$$I'(x)=1+M_{像}(\nu)\cos(2\pi\nu x-\theta) \tag{17-45}$$

这两个公式的区别在于$M_{物}$和$M_{像}$不同以及多了 θ。这些变化概括起来用下式表示：

$$D(\nu)=T(\nu)\mathrm{e}^{-\mathrm{i}\theta(\nu)} \tag{17-46}$$

式中，$T(\nu)$就是式(17-42)的调制传递函数，它代表$M_{像}$与$M_{物}$之比；e 是自然对数的底；i 是虚数，$\mathrm{i}^2=-1$。指数式中的 θ 代表实际像的相位移动，负号代表像顺 x 轴方向移动，如果是正号就代表反着 x 轴方向移动。式(17-46)中指数的负号就是式(17-45)中 θ 前面的负号。

$D(\nu)$叫作光学传递函数，简写为OTF(Optical Transfer Function)。由式(17-46)可知，光学传递函数包含两部分，即调制传递函数和相位传递函数。其中，相位传递函数不影响像的清晰程度，因此大家更关心的是调制传递函数。

光学传递函数在发展过程中所用的名词曾经很混乱，例如光学传递函数也叫作频率反应函数或频率对比特性的。OTF、MTF、PTF是经过统一名词以后的名称。光学传递函数是空间频率ν的函数，各个ν都有自己的T值和θ值，因此，对某一个光学系统的光学传递函数往往画成曲线，如图17-23所示。该图中用统一的横坐标ν(线对/毫米，lp/mm)；纵坐标的下半部是调制传递函数，分格从0到1；纵坐标的上半部代表相位传递函数，分格单位用rad。

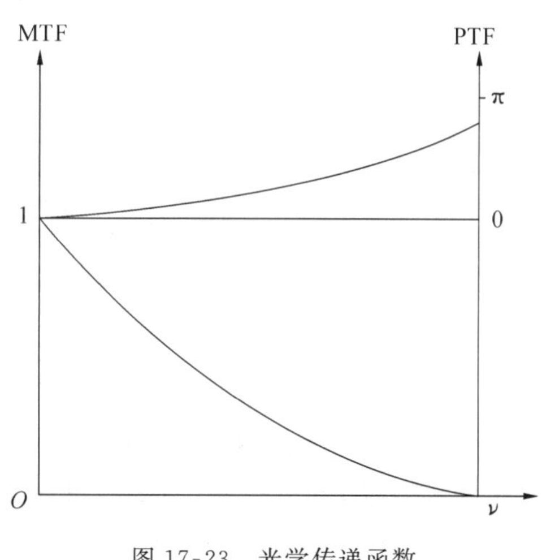

图17-23　光学传递函数

二、光学传递函数的特点

光学传递函数OTF的主要特点有以下三点。

(1)光学仪器的总OTF可由各个环节的OTF求得。OTF包括MTF和PTF两个部分，总的MTF是各个环节的MTF之积，总的PTF是各个环节的PTF之和。

(2)光学传递函数的检测具有普适性，可用于各种类型的光学系统。测量时用正弦波光栅作为目标物，因为任何图样都可以分解成多个频率不同、亮度呈正弦变化的图样，如矩形波就是由许多个正弦波组成的。

(3)用传递的数曲线能够求得光学系统的分辨率。图17-24(a)为MTF曲线，当光学系统像的对比度低到一定程度，就无法分辨出它的亮度变化，这个对比度值称为可察觉的对比度。一般来说，对比度大于5%时明暗变化是易于察觉的，对比度大于2%时通过仔细观察也能分辨出对比度的变化。根据可察觉对比度值，我们在MTF曲线图中画一条虚线，虚线与MTF曲线的交点处所对应的频率就是该光学系统的分辨率。

但是分辨率并不能很好地描述整个光学系统的成像质量，如图17-24(a)所示，从物镜Ⅰ与物镜Ⅱ的MTF曲线中所读出的分辨率虽相同，但显然物镜Ⅰ比物镜Ⅱ像质要好。因为在能分辨的频率范围内，物镜Ⅱ的 MTF 曲线都比物镜Ⅰ的 MTF 曲线低。而图 17-24(b)的例子中，尽管物镜Ⅱ的分辨率比物镜Ⅰ高，但对低频景物的成像质量来说，物镜Ⅰ比物镜Ⅱ好。

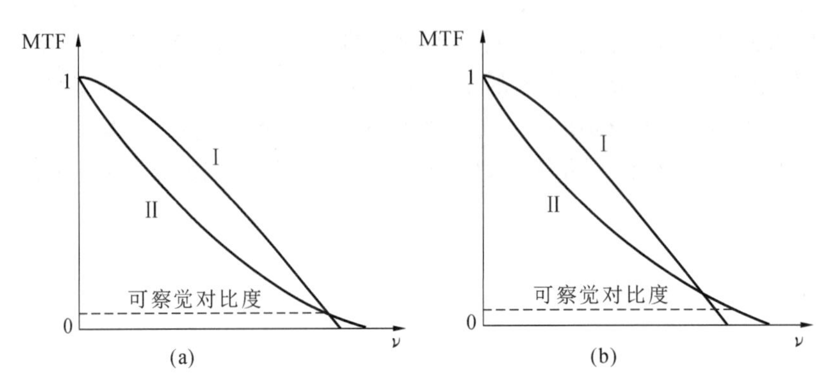

图 17-24　用传递函数求光学系统分辨率示意图

三、根据 MTF 确定像质

（一）比较分析 MTF 曲线

因为人眼的对比度阈值为 0.03 左右，因此我们定义像的对比下降到 0.03 时所对应的频率是目视分辨率。照相物镜要求的对比度比人眼高，因此如果这是两个照相物镜的 MTF 曲线，则镜头Ⅰ比镜头Ⅱ的分辨率高(图 17-25)。并且在一个较宽的低频部分，镜头Ⅰ比镜头Ⅱ的 MTF 值更高，说明镜头Ⅰ低对比的传递能力强，拍出的影像效果会更好。

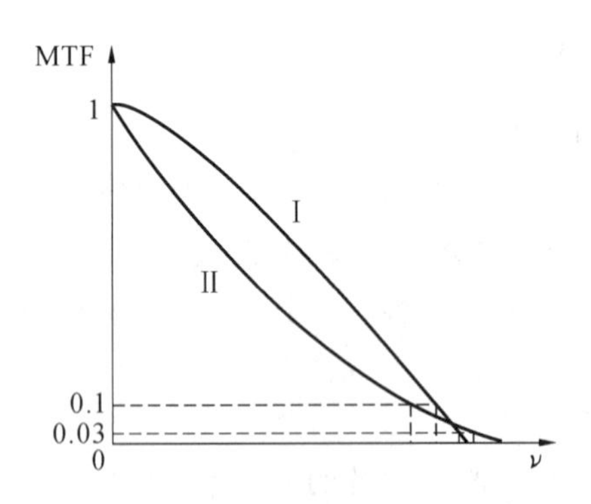

图 17-25　比较分析 MTF 曲线示意图

（二）特征频率的 MTF 值

在实际使用中，需要根据镜头的工作情况，比如探测器像元的大小、镜头的特征频率，以特征频率所对应的 MTF 值作为评价的指标来评价镜头像质的好坏。如图 17-26 所示，如果镜头使用频率为 50lp/mm，要求该频率下 MTF 值大于 0.7 为合格，那么镜头Ⅰ合格，镜头Ⅱ不合格。

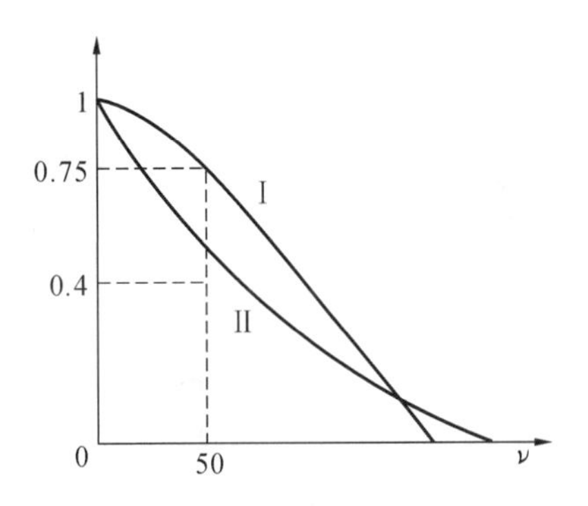

图 17-26 特征频率的 MTF 值

对于各类照相物镜，一般根据两三个特征频率所对应的 MTF 值就可以较好地确定它的像质。与所选特征频率相应的 MTF 值应根据具体要求由试验确定。如一摄影物镜各种情况下 MTF 的要求值，如表 17-2 所示。

表 17-2 摄影物镜各种情况下 MTF 的要求值

孔径	视场	空间频率	
		15lp/mm	30lp/mm
全孔径	轴上	0.55	0.3
	0.7ω	0.25	0.15
$F/5.6$	轴上	0.7	0.4
	0.7ω	0.35	0.2

这种评价方法的优点是测试方便，判断迅速，适用于生产线。

（三）特定 MTF 值对应的频率

特定 MTF 值对应的频率，即根据镜头 MTF 值下降到某个标准值时相对应的频率大小来评价镜头像质的好坏。

（四）利用 MTF 曲线的积分值来评价成像质量

上述三个方法只能反映 MTF 曲线上几个点的情况，而没能表示出 MTF 曲线的整体性质。在理论上，像点的中心点亮度值与 MTF 曲线所围的面积相等，MTF 曲线所围的面积越大，光学系统所传递的信息量就越多，光学系统的成像质量也越好。因此在光学系统所用的探测器的截止频率范围内，可以利用 MTF 曲线所围面积的大小来综合评价光学系统的成像质量。

图 17-27(a)中的阴影部分即为 MTF 曲线所围的面积，从图中可知，所围面积的大小与 MTF 曲线息息相关。总的来说，截止频率越大，在某些频率下 MTF 值越大，所围面积越大，光学系统就能传递较多的信息。图 17-27(b)的阴影部分是两条曲线所围的面积，曲线Ⅰ表示光学系统的 MTF 曲线，曲线Ⅱ表示探测器的分辨率极值曲线(高频信息需要更高的对比度才能被接收器所分辨)。这两个曲线所围的面积越大，表示使用该探测器和该光学系统的仪器总体的成像质量越好。两条曲线的交点处为光学系统和接收器共同使用时的极限分辨率，该像质评价方法能兼顾探测器的性能指标，对仪器的成像质量综合评价。

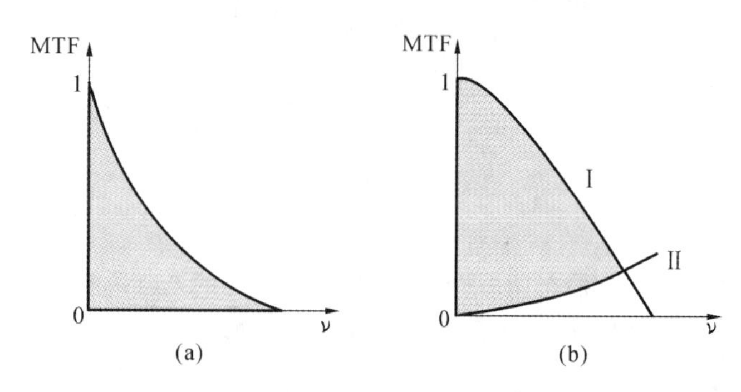

图 17-27　MTF 曲线所围面积

第十八章　光学系统总体布局和分析

本章不准备讨论基本公式，而是举一些例子来说明光学系统总体布局方面的问题，可以看作几何光学等在外形尺寸计算中的一种应用，试图通过这些例子来加深对高斯光学及像差理论方面的理解。

第一节　望远镜设计

本节介绍望远镜的设计，设计一个倍数为 100 倍、总长为 200mm 的望远镜。一般望远镜系统的总长基本上由望远镜的焦距决定，而望远镜的倍数是物镜焦距与目镜焦距之比。所以，当物镜焦距为 200mm 时，目镜焦距必为 2mm，此时即可基本满足要求。但这是不合理的，因为目镜焦距为 2mm 时，出瞳距离一般小于 2mm。这就不满足观察的要求。眼瞳到睫毛的距离约为 8mm，眼瞳到角膜角点距离约 4mm，故目视仪器的光学系统的出瞳距一定要大于 5mm。所以目镜的焦距一般应大于 10mm，至少也要大于 7mm。

假设我们取目镜的焦距为 10mm，则物镜焦距需 1000mm 才能满足倍率为 100 倍的要求，这即要求设计一个焦距为 1000mm 而长度仅有 200mm 的望远物镜。这一点可以有各种办法来实现。如图 18-1 中，正透镜 L_1 的焦距为 1000mm，焦点为 F_1'。

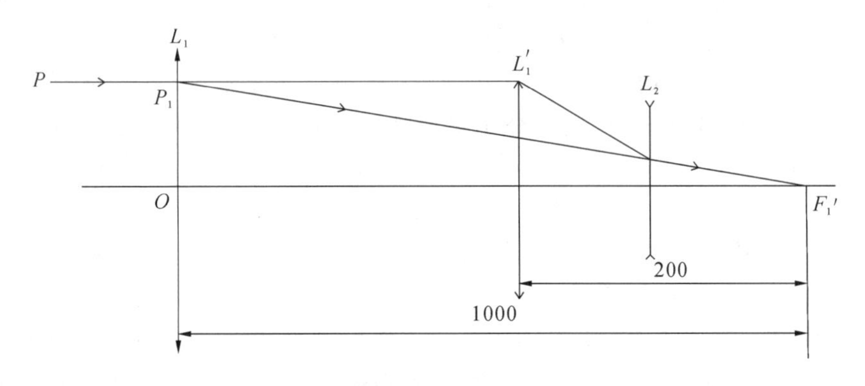

图 18-1　光路布局图(单位：mm)

它使平行于光轴的光线 PP_1 折射后交光轴于F_1'。若任选P_1O 的高度为 1mm，则角$P_1F_1'O$ 等于 1/1000。若我们选正透镜L_1'及负透镜L_2组成一透镜组，使同样入射高度的光线射入后能以同样的光线方向($\overrightarrow{P_1F_1'}$)自L_2射出，则透镜组$L_1'L_2$的焦距必定是 1000mm。只要能使L_1'到F_1'的距离是 200mm，则可以满足上面的要求，而这是可能的。在真正的设计中，L_1'的焦距不能与 200mm 太接近，因为这样将使L_2的焦距太短。L_2的焦距太短了，轴外光线不易通过。例如目镜的焦距为 10mm，视场角为 40°，则线视场为 7mm。因为这个线视场也是物镜的线视场。这就要求透镜L_2的焦距大于 10mm 才能使最大视场的光线通过。下面举一个数字例子。若取L_2的焦距为$f'_2=-12.5\text{mm}$，位置处于中间，则由 $u'_2-u_2=h_2\varphi_2$ 得：

$$1/1000-\frac{1}{f'_1}=\frac{100}{1000}\cdot\frac{1}{-12.5}=-\frac{1}{125}$$

$$f'_1=\frac{1000\times125}{1125}\approx110\text{mm}$$

这样的参数较合适。

上述的这种要求也可用反射系统来实现。但是这些结果是否实际可行，是否有真的实用价值，尚需在其他方面做进一步的讨论。前面我们考虑了沿光轴长度方面的问题。下面再讨论垂轴尺寸方面的问题，即各种因素对光学系统粗细——孔径的影响。

由于衍射，艾里斑的第一暗环半径对瞳孔中心的张角为θ，孔径为D，则

$$D\theta=1.22\lambda$$

$$\theta=\frac{144''}{D}$$

当两等强度非相干光点对光孔中心张角为θ时，眼睛就不能显著地看出亮度起伏，因而不再感到是两个点光源发光，而是感到一个不太圆的点在发光。也就是说，这两点不能被眼睛所分辨开。一般认为人眼的分辨率是 60″。因此望远镜应具有的倍数m_0为

$$m_0=\frac{60''}{\dfrac{140''}{D}}=\frac{D}{2.3}$$

当望远镜的倍率比m_0小时，经望远镜放大后的望远物镜分辨角小于 60″，便不能被眼睛感知。当望远镜的倍率比m_0大时，经望远镜放大后的角度大于 60″，能被眼睛感知。但是过大了便成为无效放大。一般认为经望远镜放大后的角度是 2′，是合适的。此时要求望远镜的倍率等于望远镜物镜口径。若望远镜倍率比m_0小，前述经望远镜放大后的望远物镜分辨角小于眼睛的分辨角，此种分辨不能被眼睛感知，其实际情况是望远镜的倍率过小，于是出瞳直径大于眼瞳，望远物镜的口径不能充分利用，在白天这种大孔径是没有用处的。

根据前面的讨论可知，当望远镜倍率为 100 倍时，入瞳直径（即望远物镜口径）至少应为 100mm。由此看来要求望远镜倍率 100 而筒长仅 200mm 的结果是不易实现的。前已求出$f'_1=110\text{mm}$，故望远物镜的相对孔径为 1∶1.1，这样大的相对孔径像差不易校正。我们知道限制相对孔径做大的像差主要是二级光谱及球差，而球差尚可用复杂化及非球面等手段解决，对二级光谱则显得更困难。在使用普通光学玻璃时对 C、F 二包光校正色差后，这两色光的焦点到校正单色像差色光 e 光焦点的距离为

$$\Delta L_{ce}=0.0005f'$$

而焦深（即允许的二级光谱量）

$$\Delta L_K=\frac{\lambda}{\sin^2U'}\approx\frac{0.0005}{\sin^2U'}$$

要求：

$$\Delta L_{\alpha} \leqslant \Delta L_{K}$$

即要求

$$f' \sin^2 U' \leqslant 1$$

当$f'=100$mm 时，要求 $\sin U'=0.1$，也即相对孔径不能大于 1∶5。现在的相对孔径是1∶1.1，相差太大，此时的像质一定很差。因此上述要求不现实，若筒长要求不是 200mm，而是 1000mm，则$f'_1=1000$mm 求出：

$$\sin U' \leqslant \frac{1}{31.3}$$

即要求相对孔径小于 1∶15.9。而实际的相对孔径是 1∶10，相差不多，还是可以的。由此可见，望远镜的倍率和筒长是有矛盾的，要求倍率越大，则矛盾越严重。

第二节　望远摄影系统设计

本节介绍望远摄影系统的设计，设计一个焦距 5m 的望远摄影系统（目标亮度 $B=0.5$sb，底片的尺寸是 24mm×36mm）。

一、根据能量要求考虑光学系统的口径

一般认为，底片上的光密度 $D\geqslant 0.5$ 才相较可以辨认。我们先取 $D=0.5$ 作为考虑的出发点。对于德国标准 D1N21 的底片，当要求光密度 $D=0.5$ 时，需要的曝光量 $H=0.16$lx·s。当摄影系统快门曝光时间取 0.01s 时，则像面照度需要 $E=0.16\div 0.1=16$lx。据此便可求出成像系统所需的相对孔径 $1:A$ 的值。设光学系统的透过率为 $\eta=0.6$，则由

$$\frac{\pi B}{4A^2} \times \eta \times 10^4 = E(\text{lx})$$

有：

$$\frac{\pi \times 0.5 \times 0.6 \times 10^4}{4A^2} = 16$$

$$A = \sqrt{\frac{\pi \times 3 \times 10^3}{64}} = 12$$

希望密度高些，有一些余地，取 $A=10$。从这样的考虑，望远镜摄影系统的通光口径须有：

$$C\phi = \frac{5000}{10} = 500$$

此时的理想角分辨率为 $140''/500=0.28''$。而后面配用的底片的分辨率一般为 100ls/mm，故角分辨率为

$$\frac{1}{100} \times \frac{1}{5 \times 10^3} \times 2 \times 10^5 = 0.4''$$

由此可见，此类系统的分辨率是受底片限制的。光学系统的口径之所以需要大，是由光能量要求所限制的。因此由直接的结果可以看到，如果底片的感光度能提高，光学仪器尺寸

可以减小。再进一步分析，如果底片的分辨率提高，则需要同样的角分辨率时，光学系统的焦距可以短，因此在相同的相对孔径条件下，口径也就可以小，当然此时的像的线度尺寸也就小了。

二、大口径长焦距系统的实现

大口径的透光光学材料要求质量高，不易获得，价格也高。所以对于大口径系统一般是取折反射系统，反射面是大尺寸的，光束经反射面会聚后，光束宽度变小了，此时再用折射元件，因此折射元件是小尺寸的。一般还希望系统的轴向尺寸小，光路做成往复式的。一般用单反射镜作主镜，有短的焦距，大的相对孔径。然后再用次镜（负组）将焦距放大。次镜可以是反射组元，也可以是折射组元。这种安排方式与前例是一样的。取正负组分离以达到缩短筒长的目的。但此时的主镜（正组）是反射镜，它的相对孔径再大，也不产生色差，当然也就不产 生二级光谱。考虑到折反射系统的杂光问题，曾将此类系统做成折叠式的。一种可能的结构如图 18-2 所示。图中，A 是反射镜，可以是球面镜，也可以是抛物面镜；B 是负透镜组。光线经过 B 组发散后，将 A 组的焦距放大了。P_1、P_2 分别是第一像面 6 和第二像面。M_1、M_2 是转折光路的平面反光镜。C 组是正透镜组。它将像面 P_1 的像成像到像面 P_2。A、B 二组的组合是与前例一样的。

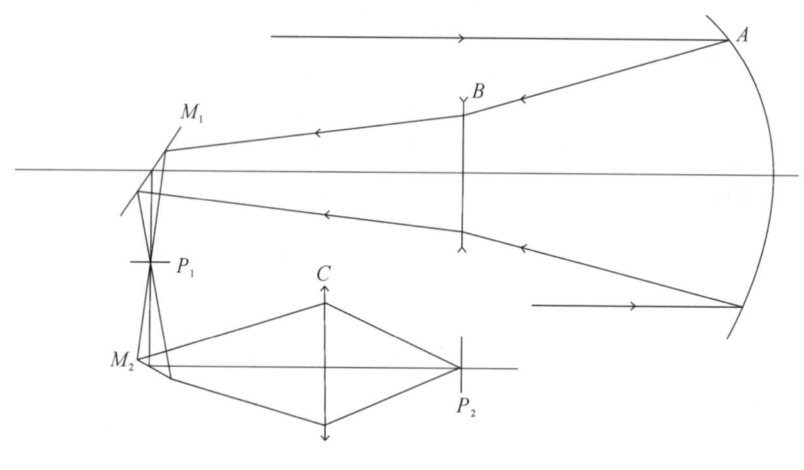

图 18-2　光路布局图

例如，取 A 组的焦距为 1.2m，A 组到 B 组的距离为 1m，若再取 B 组的倍率为 3 倍，则由于 B 组的物距是 $l_2=1.2-1=0.2$m，可由下式求出 B 组的焦距 f_2'：

$$\frac{1}{l_2'}-\frac{1}{l_2}=\frac{1}{f_2'}$$

$$\frac{1}{3l_2}-\frac{1}{l_2}=\frac{1}{f_2'}=-\frac{2}{3l_2}$$

将为 $l_2=0.2$m 代入上式，得 $f_2'=0.3$m。此时 A、B 两组的组合焦距为 $1.2\times3=3.6$m。由于 $l_2'=0.2\times3=0.6$m，故筒长仅 1.5m 左右。取 C 组的倍率为 -1.4 左右时，即可满足总焦距为 5m 的要求。此时由于取折叠式的结构，并不需要增加轴向长度。当取 C 组的共轭距离

为 0.96m，则由

$$\begin{cases} l_c' - l_c = 0.96 \\ \dfrac{1}{l_c'} - \dfrac{1}{l_c} = \dfrac{1}{f_c'} \\ l_c' = -1.4 l_c \end{cases}$$

求出：$l_c = 0.4\text{m}$，$l_c' = 0.56\text{m}$，$f_c' = 0.23\text{m}$。在这种考虑情况下，A 组的相对孔径为 $f/2.4$，B 组的相对孔径为 $f/3.2$，C 组的相对孔径为 $f/4.8$。当更换 C 组以改变 C 组的倍率时，整个系统的焦距可以有所变更。C 组也可以做成连续变焦距的显微镜，可以保持共轭距离不变，而使倍率改变。B 组是负透镜组，产生高级正球差，C 组则是正透镜组，产生高级负球差，两者可以得到补偿。同样两组的色球差和像散都可以有所补偿。而整个系统中，由于反射镜 A 不产生二级光谱而产生光焦度，所以二级光谱可以由 B、C 两组的参数分配得到补偿。对于 B、C 两组都是近距离成像，二级光谱的表示式为

$$LC_{eF} = K\,(1-m)^2 f'$$

$$LC_{eF} = K(1-m)l'$$

$$LC_{eF} = K(1-m)ml'$$

式中，K 为与元学材料有关的常数，对于一般光学玻璃 $K = -0.00054$。

对于负透镜组 B 有：

$$LC_{eF} = -K\,(1-3)^2 \times 0.3 = -1.2K$$

对于正透镜组 C 有：

$$LC_{eF} = K\,(1+1.4)^2 \times 0.23 = 1.3K$$

故这种安排下，二级光谱也是接近校正的。当然在更换 C 组以达到更换焦距时，二级光谱也就不完全补偿了。

在这种结构中，在第一像面 P_1 处加一块场镜，使前部的光瞳成像在 C 组上，以使轴外光线能顺利通过。A 组没有二级光谱，于是主要的像差便是球差。出于反射镜的高级球差也远较折射系统小，所以 A 组可以做成大的相对孔径以缩短筒长。

第三节　眼底照相系统设计

本节介绍眼底照相系统的设计。眼底照相系统是用照相方法将眼底照下相片，然后分析相片上的眼底图像，以研究各种疾病情况。首先明确这种系统眼底是物，眼瞳是系统的瞳孔。于是可以有如图 18-3 所示的光路。物镜 A 是将视网膜 M 成像于 M' 处。实际上是视网膜需先经眼睛成像变为平行光束而发出。故物镜 A 相当于一个目镜，瞳孔在眼瞳 a 上，而物位于无穷远。

要将眼底的大部分拍摄下来，角度 ω 必须有较大的数值。此时若透镜组 A 的焦距过长，则线视场便过大，这要加大系统的横向尺寸。同时由于这系统的入瞳是眼瞳，尺寸是一定的，于是焦距越长，相对孔径越小，照相时像面照度便会有问题。从另一方面考虑，物镜需离开眼睛一定距离，以便于操作，而这段距离相当于目镜的出瞳距离，约需 40mm。所以物镜焦距取得过短时，设计便会有困难。权衡两方面的因素，A 的焦距一般取 30mm 左右。

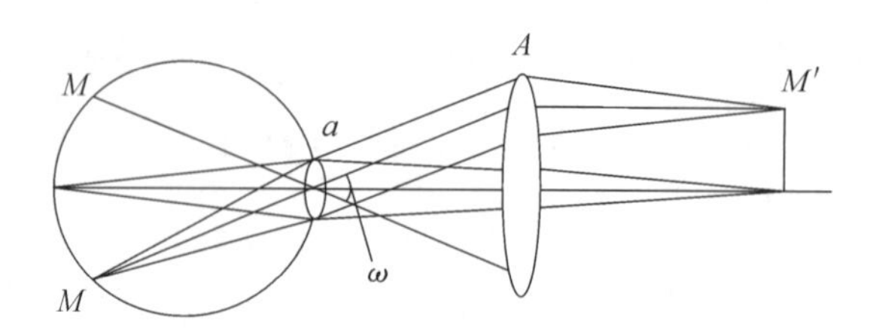

图 18-3　眼底照相系统

取 $\omega \approx 45°$。则 M 处的线视场为

$$2\eta'\phi = 2 \times 30 \times \tan 22.5° = 25\text{mm}$$

物镜的通光口径为

$$\phi = 2 \times 40 \times \tan 22.5° + \text{最大眼瞳直径}$$
$$\phi = 33 + 8 = 41\text{mm}$$

用 135 照相机摄影时，底片尺寸为 24mm×36mm，这样的物镜通光口径还是可以匹配的。但由于照相机还需加取景之类的机构，所以照相机的尺寸显得紧张些。

这里还有一个问题需要注意，视网膜本身不发光，于是视网膜需要照明才能照相。对眼底的照明只能是外部照明，外部照明一定要通过眼瞳，这样眼睛表面的角膜的反射光便要作为光学系统的杂光进入系统之内，这是系统中的一个主要问题。最好的做法是将照明光的部分与成像光的部分相对分开，不互相影响。这种设计方案有很多种，一种有效的设计是：照明光束是环状照明，中间是空的，而空的部分让成像光束通过。此种设计的方案如图18-4中所示，在与眼瞳共轭的位置 a' 处放置一反光镜，它的尺寸也与 a 相对应。但是它的中心部分是一孔，孔的尺寸对应于成像光束的孔径部分。光源经聚光镜系统成像在这里，而光源的中间部分不能经反射镜反射进入物镜 A 而照明眼瞳。这样在眼瞳处成一环状光源的像。而这环状光进入眼瞳后光束散开而能将全部需照相的眼底部分照明。物镜 A 与眼底对眼瞳来说最好是共轭的。

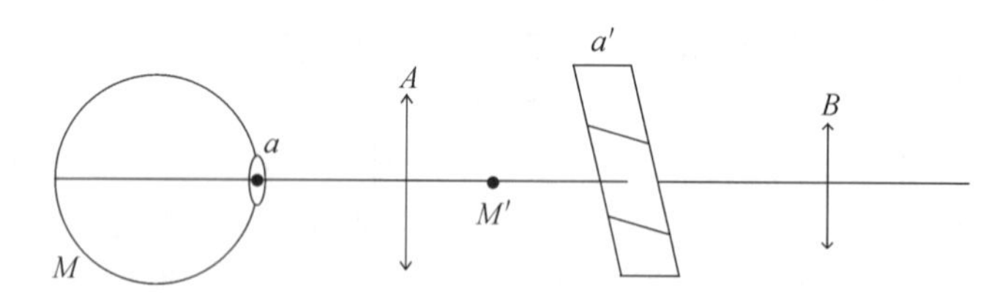

图 18-4　光路布局图

这样在图 18-3 中的 M' 处照相便不可行，需要在反光镜后面加一透镜组 B，以便将 M' 成像于 M'' 处，便于照相。对透镜组 B 而言，M' 是物镜，光瞳也是在外面，倍率可以是 1 倍，也可稍有变化。焦距的选择可以根据仪器的尺寸要求来确定。

这种系统的照明部分及杂光还需仔细研究。

第十九章　光学镜头设计的优化方法

随着计算机技术的发展，光学自动设计软件的用户界面已经日趋完善，软件的使用对用户的要求也越来越低。虽然像差自动校正软件可以极大地减轻设计者的劳动强度，少耗费时间，但它也仅仅是一个工具，只能完成整个设计过程中的部分工作，而人工的智能干预判断更重要。因此，设计者不仅需要一套强有力的光学计算机辅助设计软件，还需要有丰富的像差理论知识和设计经验；不仅要掌握工程光学方面的基础知识，还要知道光学系统优化的原理及光学软件编程方面的有关知识。目前，世界上常用的光学设计软件有 ZEMAX、CODE V、OSLO。本章以 ZEMAX 为例介绍几种经典光学镜头的设计。

第一节　设计实例一：双胶合物镜的设计

一、设计要求

设计一个焦距为 100mm、F 数为 4、全视场角为 2°的双胶合物镜。

二、初始结构参数的确定

初始结构参数的确定通常有两种方法：一种是根据像差理论，结合设计要求求解初始结构；另一种是根据设计要求，查找参数相似的结构作为初始结构。本设计采用第二种方法。双胶合物镜通常作为望远镜的物镜部分，其光学特性是相对孔径和视场都比较小，因此设计过程中需要校正的像差较少。本设计实例选用的初始结构参数如表 19-1 所示。

表 19-1　双胶合物镜初始结构参数

表面	R/mm	d/mm	玻璃牌号
1(STO)	62.09	5	K9
2	−43.85	2	ZF2
3	−124.45	96	

三、设计步骤

（一）初始结构和光学特性参数的输入

将上述双胶合物镜用 ZEMAX 进行优化，首先将物镜特性参数与初始结构数据输入

ZEMAX。

在【General】通用数据对话框定义孔径。在 ZEMAX 主菜单中选择【System\General…】或选工具栏中的【Gen】，打开【General】对话框，选择孔径类型【Aperture Type】为“Image Space F/#”，在孔径值【Aperture Value】中输入“4”，如图 19-1 所示。

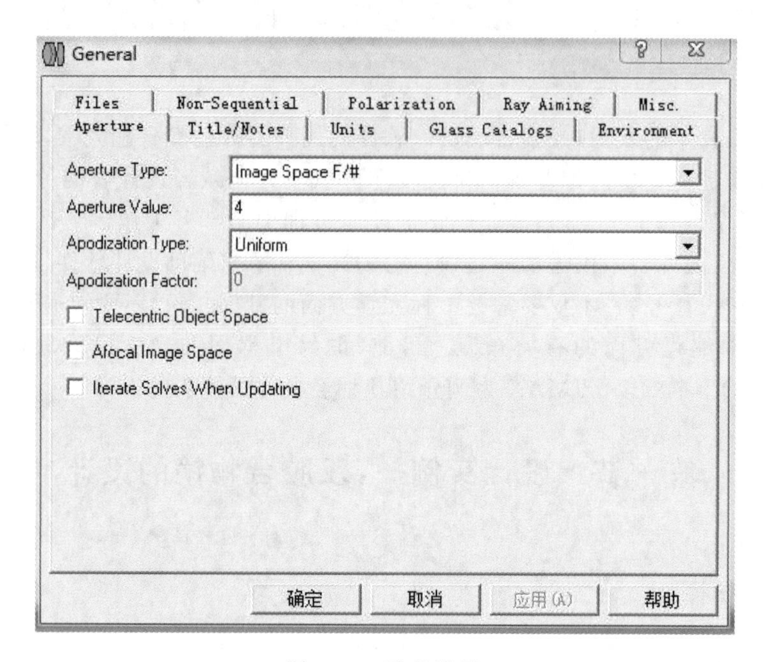

图 19-1　孔径设置

在【Field Data】对话框定义视场。在 ZEMAX 主菜单中选择【System\Fields…】或选工具栏中的【Fie】，打开【Field Data】对话框，选择【Field Type】为“Angle(Deg)”，在【Y-Field】对话框中设置 3 个视场(0、0.7、1.0)，如图 19-2 所示。

Field Data

Type: Angle (Deg)　Object Height　Parax. Image Height　Real Image Height

Field Normalization: Radial

Use	X-Field	Y-Field	Weight	VDX	VDY	VCX	VCY	VAN
☑ 1	0	0	1.0000	0.00000	0.00000	0.00000	0.00000	0.00000
☑ 2	0	0.7	1.0000	0.00000	0.00000	0.00000	0.00000	0.00000
☑ 3	0	1	1.0000	0.00000	0.00000	0.00000	0.00000	0.00000
☐ 4	0	0	1.0000	0.00000	0.00000	0.00000	0.00000	0.00000
☐ 5	0	0	1.0000	0.00000	0.00000	0.00000	0.00000	0.00000
☐ 6	0	0	1.0000	0.00000	0.00000	0.00000	0.00000	0.00000
☐ 7	0	0	1.0000	0.00000	0.00000	0.00000	0.00000	0.00000
☐ 8	0	0	1.0000	0.00000	0.00000	0.00000	0.00000	0.00000
☐ 9	0	0	1.0000	0.00000	0.00000	0.00000	0.00000	0.00000
☐ 10	0	0	1.0000	0.00000	0.00000	0.00000	0.00000	0.00000
☐ 11	0	0	1.0000	0.00000	0.00000	0.00000	0.00000	0.00000
☐ 12	0	0	1.0000	0.00000	0.00000	0.00000	0.00000	0.00000

OK　Cancel　Sort　Help
Set Vig　Clr Vig　Save　Load

图 19-2　视场设置

在【Wavelength Data】对话框定义工作波长。在 ZEMAX 主菜单中选择【System\Wavelengths…】或选工具栏中的【Wav】，打开【Wavelength Data】对话框，选择【Select】中“F，d，C(Visible)”，其余为默认值，如图 19-3 所示。

Wavelength Data

Use	Wavelength (micrometers)	Weight	Use	Wavelength (micrometers)	Weight
☑ 1	0.48613270	1	☐ 13	0.55000000	1
☑ 2	0.58756180	1	☐ 14	0.55000000	1
☑ 3	0.65627250	1	☐ 15	0.55000000	1
☐ 4	0.55000000	1	☐ 16	0.55000000	1
☐ 5	0.55000000	1	☐ 17	0.55000000	1
☐ 6	0.55000000	1	☐ 18	0.55000000	1
☐ 7	0.55000000	1	☐ 19	0.55000000	1
☐ 8	0.55000000	1	☐ 20	0.55000000	1
☐ 9	0.55000000	1	☐ 21	0.55000000	1
☐ 10	0.55000000	1	☐ 22	0.55000000	1
☐ 11	0.55000000	1	☐ 23	0.55000000	1
☐ 12	0.55000000	1	☐ 24	0.55000000	1

Select -> F, d, C (Visible)　Primary: 2

OK　Cancel　Sort

Help　Save　Load

图 19-3　波长设置

在 ZEMAX 主菜单中选择【Editors\Lens Data】，打开【Lens Data Editor】对话框输入初始结构，如图 19-4 所示。

Lens Data Editor

Edit　Solves　View　Help

Surf:Type		Comment	Radius	Thickness	Glass	Semi-Diameter
OBJ	Standard		Infinity	Infinity		Infinity
STO	Standard		62.090	5.000	K9	12.429
2	Standard		-43.850	2.000	ZF2	12.315
3	Standard		-124.450	95.000		12.239
IMA	Standard		Infinity	-		1.842

图 19-4　结构参数(收藏无关表列，让数据以正常字号显示)

数据输入完成后，单击工具栏【Lay】显示系统结构图，如图 19-5 所示。可通过工具栏的【Spt】、【Mtf】按钮分别显示系统的点列图、MTF 曲线，如图 19-6 所示。从图中可以看出，系统成像质量不够理想，有待进一步优化。

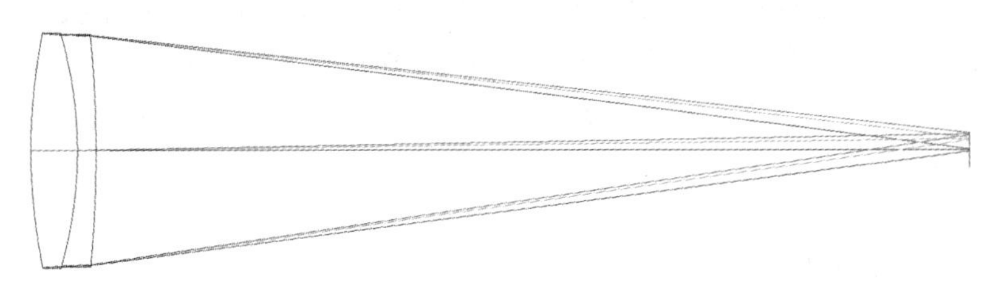

图 19-5　结构图

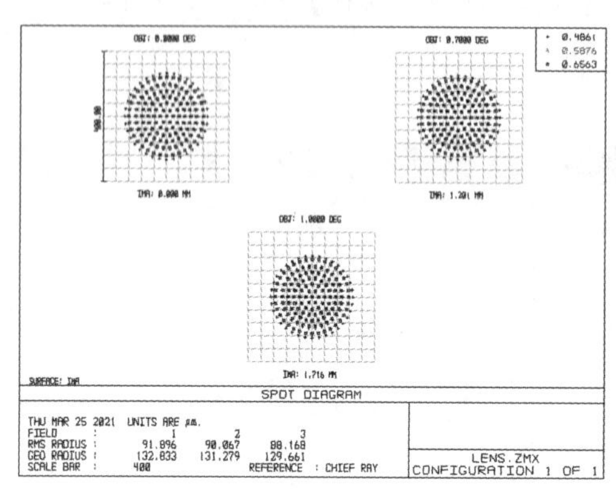

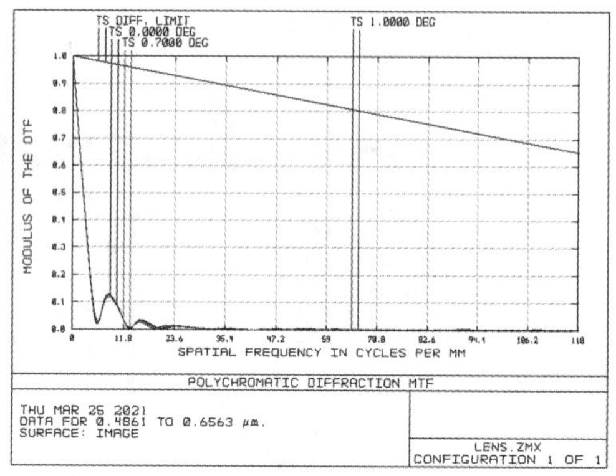

图 19-6　点列图和 MTF 曲线

（二）优化

优化结构参数时，变量选择的原则是：在可能的条件下尽量设定较多的结构参数作为变量。设置变量的操作方法是，用鼠标点击要改变的参数，按【Ctrl＋Z】键即可将选中的参数设为变量。在所设计的双胶合物镜中选择各表面曲率半径和厚度为变量，如图 19-7 所示。

Radius		Thickness	
Infinity		Infinity	
62.090	V	5.000	V
-43.850	V	2.000	V
-124.450	V	95.000	V
Infinity		-	

图 19-7　变量设置

下一步要设置评价函数。进行优化之前需要设置评价函数。在 ZEMAX 主菜单中选择【Editor\Merit Function】，在打开的【Merit Function Editor】编辑器中选择“Tools\Default Merit Function”。在此我们要根据实际使用情况约束镜片和空气间隔厚度。本设计实例中，将厚度边界条件设置为：玻璃(Glass)厚度最小值(Min)为 2，最大值(Max)为 5，边缘厚度(Edge)设为 2；空气(Air)厚度最小值为 1，最大值为默认值，边缘厚度(Edge)设为 1，如图 19-8 所示，单击【OK】按钮。由于本设计实例较简单，因此只需额外控制系统总长和焦距即可。将焦距操作数 EFFL 的目标值设为 100，权重设为 1；系统总长操作数的值 TOTR 用操作数 OPLT 控制为小于 100，权重设为 1，如图 19-9 所示。

当光学特性参数、初始结构参数以及优化函数都设置完成后，就可对系统执行优化操作。在主菜单中选择【Tools】按钮下的【Optimization】或通过单击工具栏【Opt】按钮打开

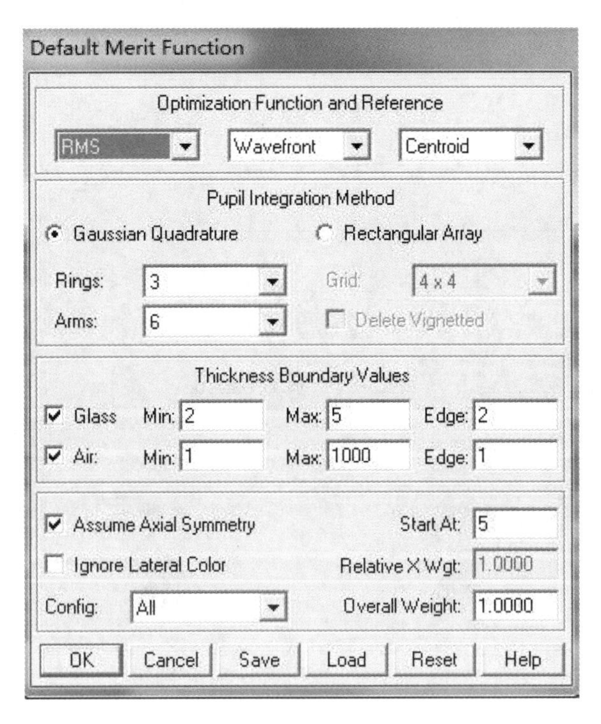

图 19-8　默认评价函数

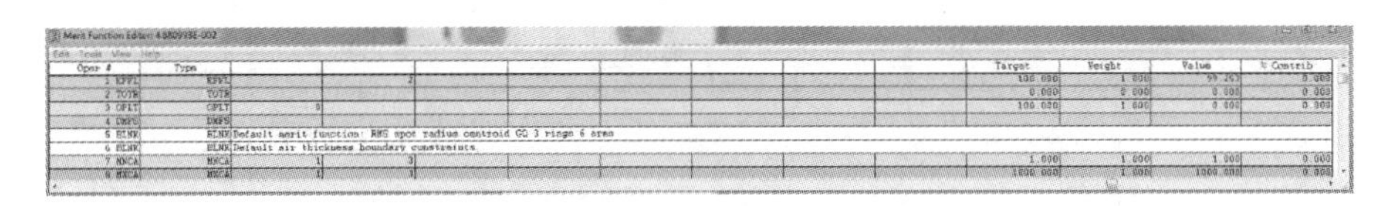

图 19-9　评价函数

【Optimization】对话框，如图 19-10 所示，单击【Automatic】执行优化操作。

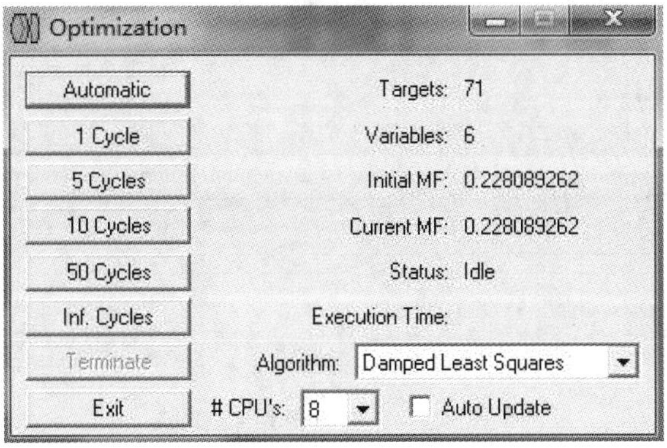

Optimization
Automatic
1 Cycle
5 Cycles
10 Cycles
50 Cycles
Inf. Cycles
Terminate
Exit
Targets: 71
Variables: 6
Initial MF: 0.228089262
Current MF: 0.228089262
Status: Idle
Execution Time:
Algorithm: Damped Least Squares
CPU's: 8
Auto Update

图 19-10　执行优化对话框

优化后的系统结构和点列图、MTF 曲线如图 19-11 和图 19-12 所示。从图中可以看出，系统性能得到较大改善。

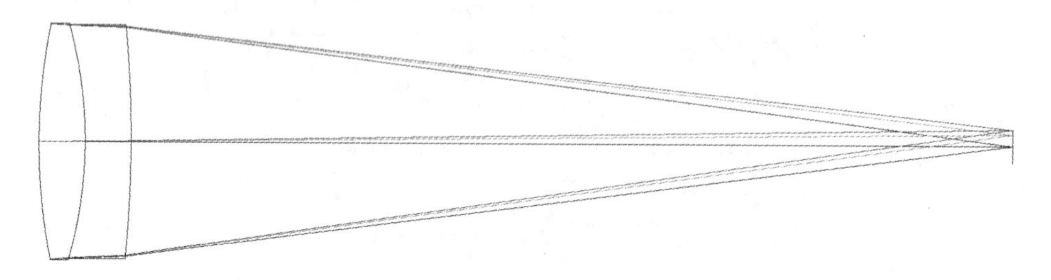

图 19-11　系统结构图

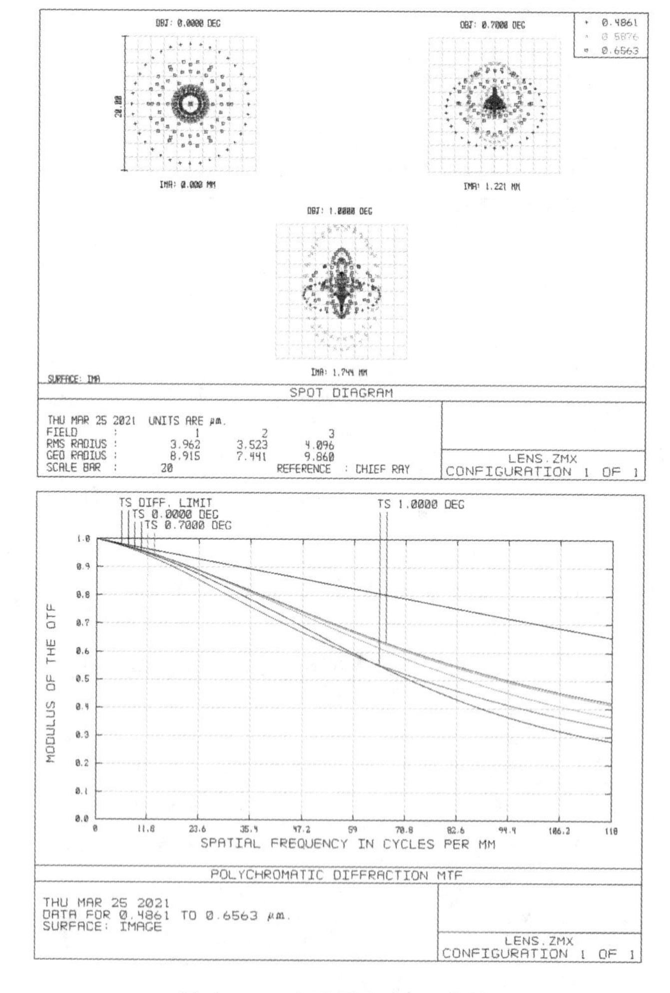

图 19-12　点列图和 MTF 曲线

第二节　设计实例二:照相物镜的设计

一、设计要求

设计一个照相物镜,光学特性要求是:$f'=12$mm,$F/\#=3.5$,视场 $2\omega=40°$。要求全视场在 50lp/mm 处 MTF>0.4。

二、初始结构参数的确定

根据技术要求,选取一个三片式照相物镜作为初始结构,见表 19-2。

表 19-2　照相物镜初始结构参数

序号	R/mm	d/mm	玻璃
1	28.11	4.2	LAFN21
2	206.61	4.65	
3	−36.62	2.2	SF53
4	36.62	2	
5(STO)	∞	4.32	
6	189.36	3.12	LAFN21
7	−28.11		

三、设计步骤

(一) 初始结构和光学特性参数的输入

将上述三片式照相物镜初始结构用 ZEMAX 进行优化,首先将物镜特性参数与初始结构数据输入 ZEMAX。

在【General】通用数据对话框定义孔径。在 ZEMAX 主菜单中选择【System\General…】或选工具栏中的【Gen】,打开【General】对话框,选择孔径类型【Aperture Type】为"Image Space F/#",在孔径值【Aperture Value】中输入"3.5",如图 19-13 所示。

在【Field Data】对话框定义视场。在 ZEMAX 主菜单中选择【System\Fields…】或选工具栏中的【Fie】,打开【Field Data】对话框,选择【Field Type】为"Angle(Deg)",在【Y-Field】对话框中设置 5 个视场(0、6、10、14、20),如图 19-14 所示。

在【Wavelength Data】对话框定义工作波长。在 ZEMAX 主菜单中选择【System\Wavelengths…】或选工具栏中的【Wav】,打开【Wavelength Data】对话框,选择【Select】中"F,d,C(Visible)",其余为默认值,如图 19-15 所示。

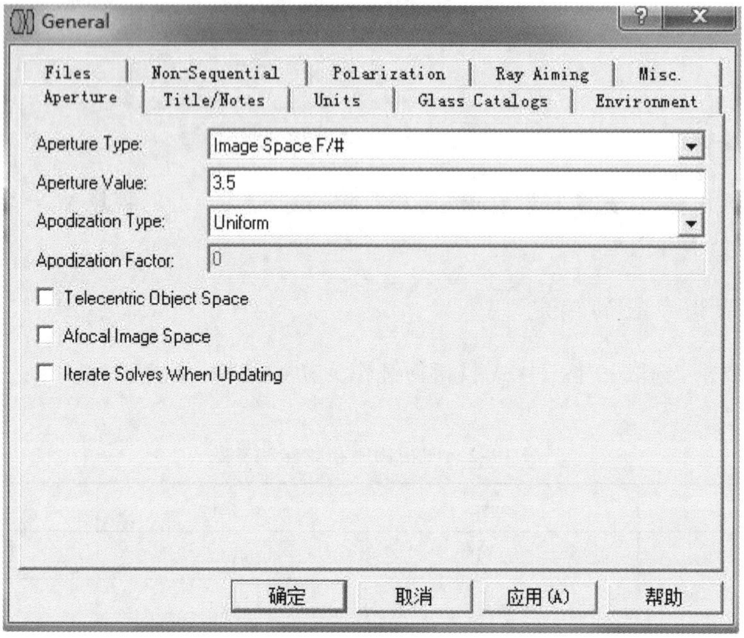

图 19-13　孔径设置

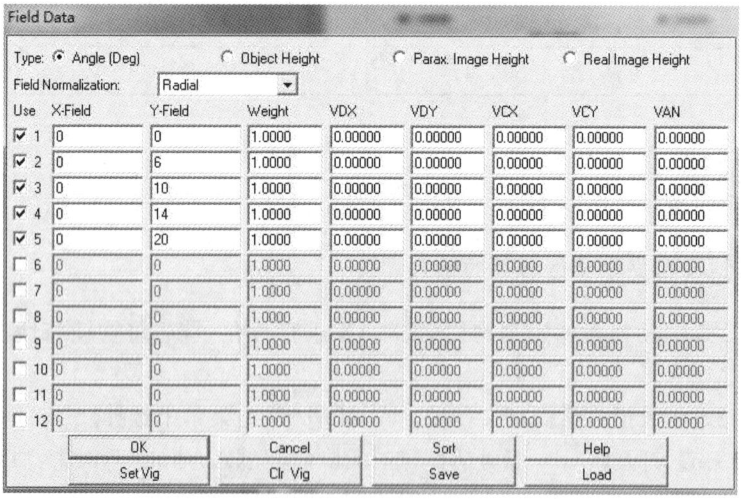

图 19-14　视场设置

在 ZEMAX 主菜单中选择【Editors\Lens Data】，打开【Lens Data Editor】对话框输入初始结构，如图 19-16 所示。图中第 7 面的厚度为镜头组最后一面的厚度，在初始结构中没有列出。为了设定要评价的参考参考像面，可以利用 ZEMAX 的求解 Solve 功能。右击第 7 面【Thickness】单元格，弹出【Thickness solve on surface 7】求解对话框，如图 19-17 所示。

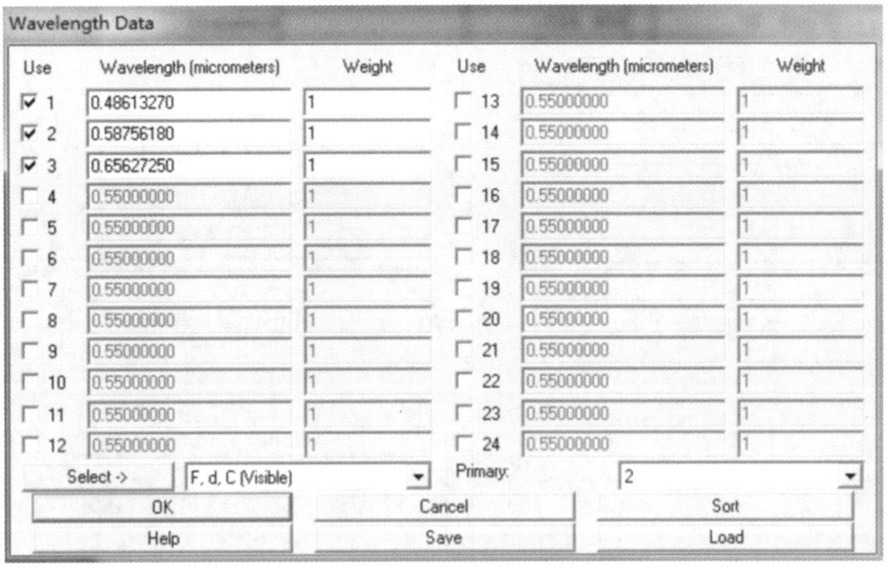

Wavelength Data

Use	Wavelength (micrometers)	Weight	Use	Wavelength (micrometers)	Weight
☑ 1	0.48613270	1	☐ 13	0.55000000	1
☑ 2	0.58756180	1	☐ 14	0.55000000	1
☑ 3	0.65627250	1	☐ 15	0.55000000	1
☐ 4	0.55000000	1	☐ 16	0.55000000	1
☐ 5	0.55000000	1	☐ 17	0.55000000	1
☐ 6	0.55000000	1	☐ 18	0.55000000	1
☐ 7	0.55000000	1	☐ 19	0.55000000	1
☐ 8	0.55000000	1	☐ 20	0.55000000	1
☐ 9	0.55000000	1	☐ 21	0.55000000	1
☐ 10	0.55000000	1	☐ 22	0.55000000	1
☐ 11	0.55000000	1	☐ 23	0.55000000	1
☐ 12	0.55000000	1	☐ 24	0.55000000	1

Select -> F, d, C (Visible)　Primary: 2

OK　Cancel　Sort

Help　Save　Load

图 19-15　波长设置

在对话框【Solve Type】中选择“Marginal Ray Height”，将【Height】设为 0，表示像面设置在了边缘光线聚焦的像方焦平面上，单击【OK】按钮，系统自动计算出最后一面与焦平面的距离。

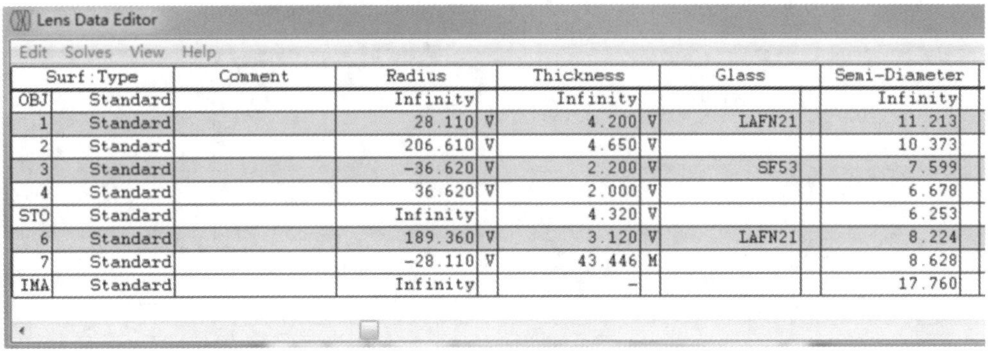

Lens Data Editor

Edit　Solves　View　Help

Surf:Type		Comment	Radius		Thickness		Glass		Semi-Diameter
OBJ	Standard		Infinity		Infinity				Infinity
1	Standard		28.110	V	4.200	V	LAFN21		11.213
2	Standard		206.610	V	4.650	V			10.373
3	Standard		-36.620	V	2.200	V	SF53		7.599
4	Standard		36.620	V	2.000	V			6.678
STO	Standard		Infinity		4.320	V			6.253
6	Standard		189.360	V	3.120	V	LAFN21		8.224
7	Standard		-28.110	V	43.446	M			8.628
IMA	Standard		Infinity		-				17.760

图 19-16　结构参数

初始结构数据输入完成后，由于系统焦距与设计要求不符，需要通过缩放功能进行调整。选择【Tools\Miscellaneous\Make Focal…】，在弹出的【Make Focal Length】对话框输入“12”，如图 19-18 所示。单击【OK】按钮，系统焦距调整为 12。

数据输入完成后，单击工具栏【Lay】显示系统结构图，如图 19-19(a)所示。可通过工具栏的【Spt】、【Mtf】按钮分别显示系统的点列图、MTF 曲线，如图 19-19(b)(c)所示。从图中可以看出，系统成像质量较差，有待进一步优化。

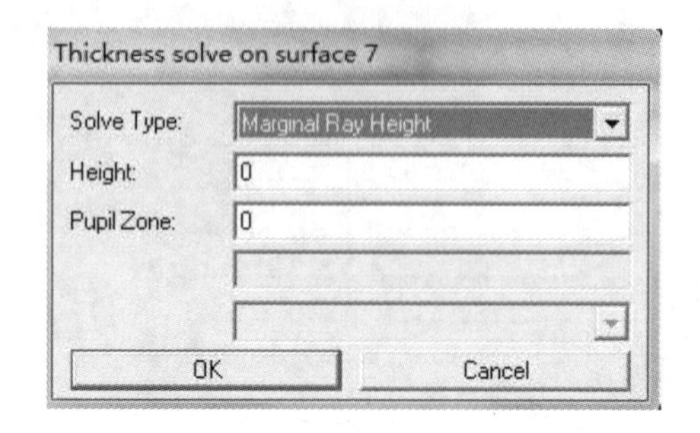

图 19-17　后截距求解

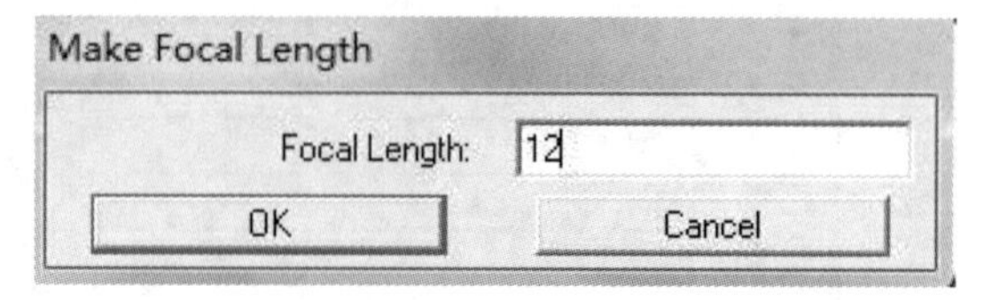

图 19-18　焦距缩放

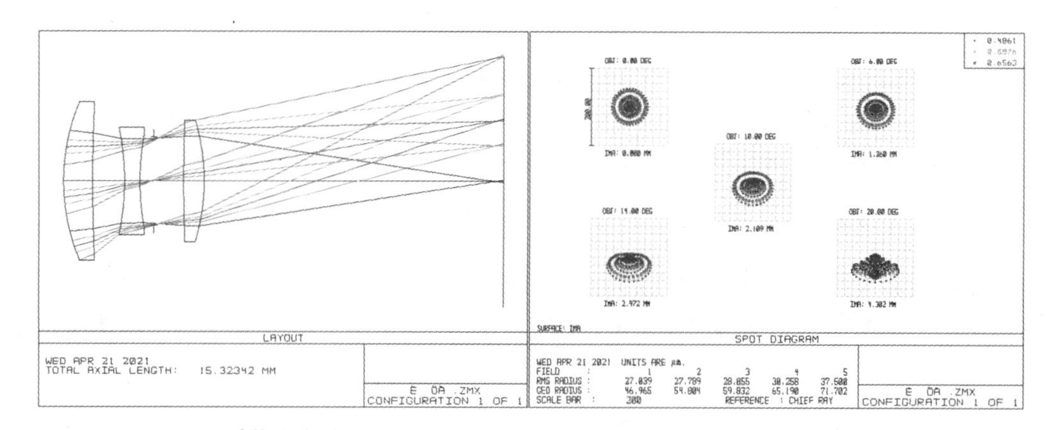

(a) 系统光路图

(b) 点列图

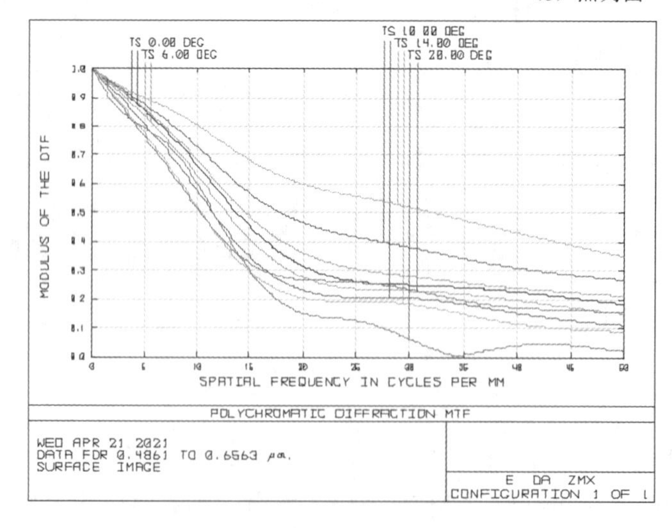

(c) MTF曲线

图 19-19　初始结构光路图、点列图和 MTF 曲线

（二）优化

优化结构参数时，在可能的条件下尽量设定较多的结构参数作为变量。在所设计的物镜中选择各表面(光阑除外)曲率半径和厚度为变量，如图 19-20 所示。

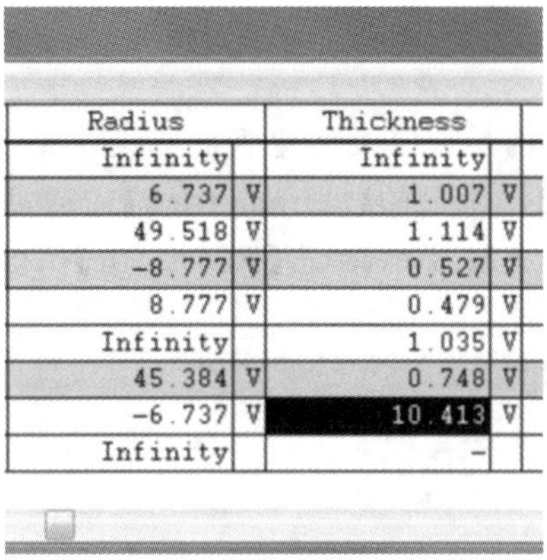

Radius		Thickness	
Infinity		Infinity	
6.737	V	1.007	V
49.518	V	1.114	V
-8.777	V	0.527	V
8.777	V	0.479	V
Infinity		1.035	V
45.384	V	0.748	V
-6.737	V	10.413	V
Infinity		-	

图 19-20　变量设置

进行优化之前需要设置评价函数。在 ZEMAX 主菜单中选择【Editor \ Merit Function】，在打开的【Merit Function Editor】编辑器中选择“Tools \ Default Merit Function”。将厚度边界条件设置为：玻璃(Glass)厚度最小值(Min)为 0.5，最大值(Max)为 10；空气(Air)厚度最小值为 0.1，最大值为 100，边缘厚度(Edge)都设为 0.1，单击【OK】按钮。焦距设为 12，后工作距小于 15。如图 19-21 和图 19-22 所示。

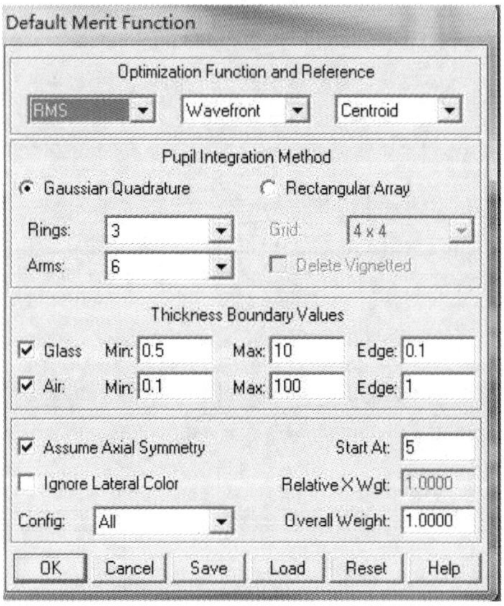

图 19-21　默认评价函数

Merit Function Editor: 1.093394E-001

Edit Tools View Help

Oper #	Type	Surf1	Surf2	
1 TTHI	TTHI	7	7	
2 OPLT	OPLT	1		
3 EFFL	EFFL		2	
4 DMFS	DMFS			
5 BLNK	BLNK	Default merit function: RMS wavefront centroid GQ 3 rings 6 arms		
6 BLNK	BLNK	Default air thickness boundary constraints.		
7 MNCA	MNCA	1	7	
8 MXCA	MXCA	1	7	
9 MNEA	MNEA	1	7	0.000
10 BLNK	BLNK	Default glass thickness boundary constraints.		
11 MNCG	MNCG	1	7	
12 MXCG	MXCG	1	7	
13 MNEG	MNEG	1	7	0.000
14 BLNK	BLNK	Operands for field 1.		

图 19-22　评价函数

当光学特性参数、初始结构参数以及优化函数都设置完成后，就可对系统执行优化操作。在主菜单中选择【Tools】按钮下的【Optimization】或通过单击工具栏【Opt】按钮打开【Optimization】对话框，如图 19-23 所示，单击【Automatic】执行优化操作。

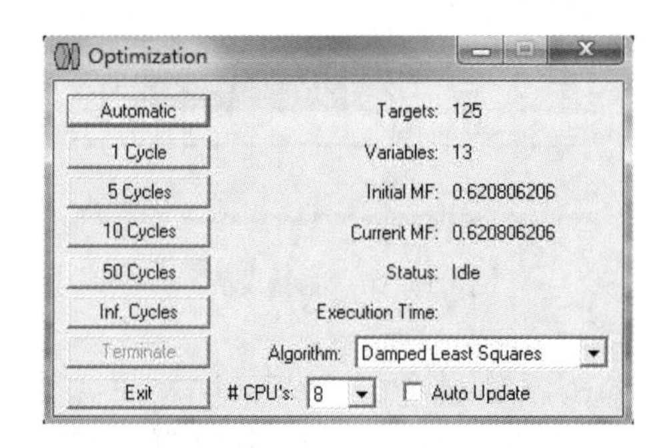

图 19-23　执行优化对话框

优化后的系统结构和点列图、MTF 曲线如图 19-24、图 19-25 所示。从图中可以看出，系统性能得到较大改善，在 50lp/mm 处，所有视场的 MTF 均大于 0.5，优于系统设定的技术要求。

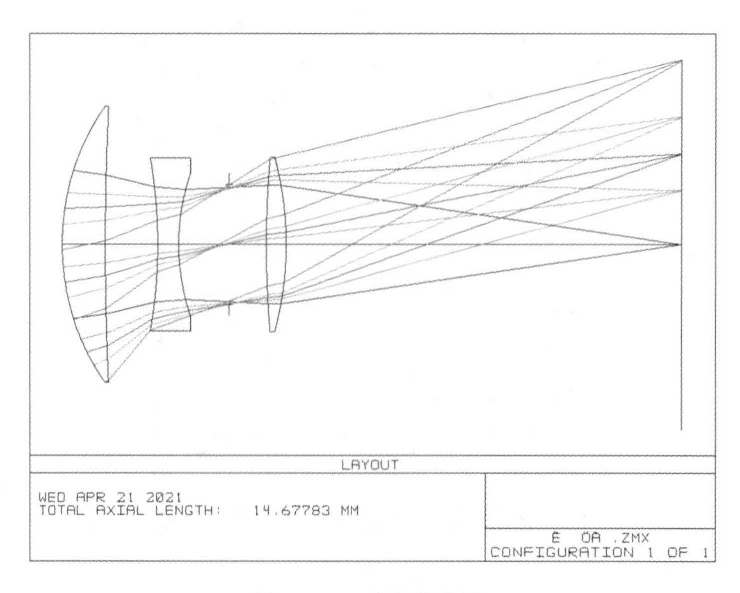

图 19-24　系统结构图

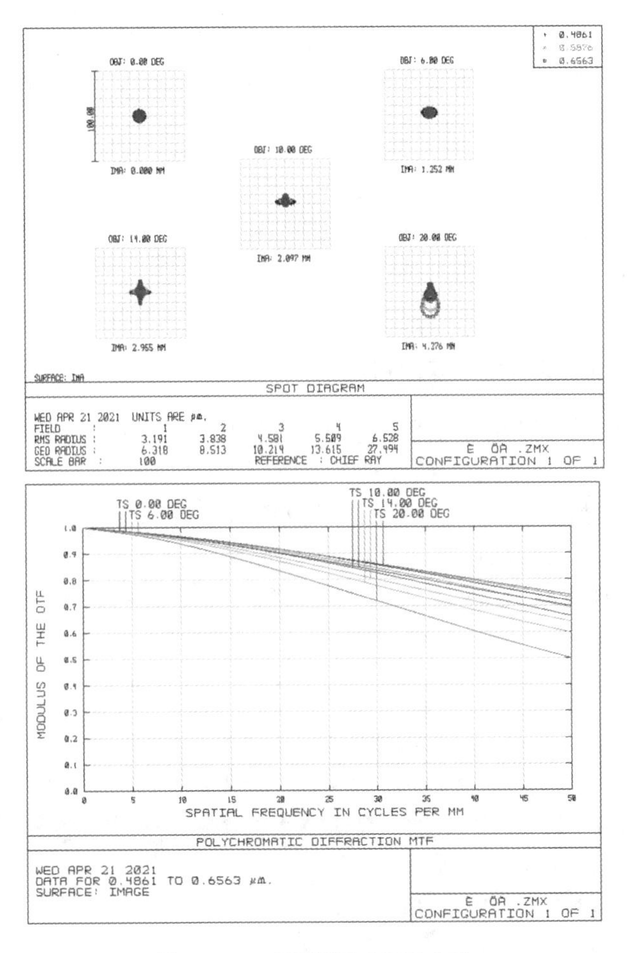

图 19-25　点列图和 MTF 曲线

第三节　设计实例三:卡塞格林系统设计

一、设计要求

设计一个卡塞格林系统,光学特性要求是:$f'=500$mm,$F/\#=5$,视场 $2\omega=0.6°$。要求全视场在 100lp/mm 处 MTF>0.3;系统总长不大于 200mm,像面距主镜大于 50mm。

二、初始结构参数的确定

根据技术要求,选取一个卡塞格林系统作为初始结构,如表 19-3 所示。

表 19-3　卡塞格林系统初始结构参数

序号	R/mm	d/mm	圆锥系数	材料
1(STO)	−1486.445	−400.770	−1.235	Mirror
2	−1599.161	598.968	−18.876	Mirror

三、设计步骤

（一）初始结构和光学特性参数的输入

将上述卡塞格林系统初始结构用 ZEMAX 进行优化，首先将物镜特性参数与初始结构数据输入 ZEMAX。

在 General 通用数据对话框定义孔径。在 ZEMAX 主菜单中选择【System\General…】或选工具栏中的【Gen】，打开【General】对话框，选择孔径类型【Aperture Type】为"Image Space F/#"，在孔径值【Aperture Value】中输入"5"，如图 19-26 所示。

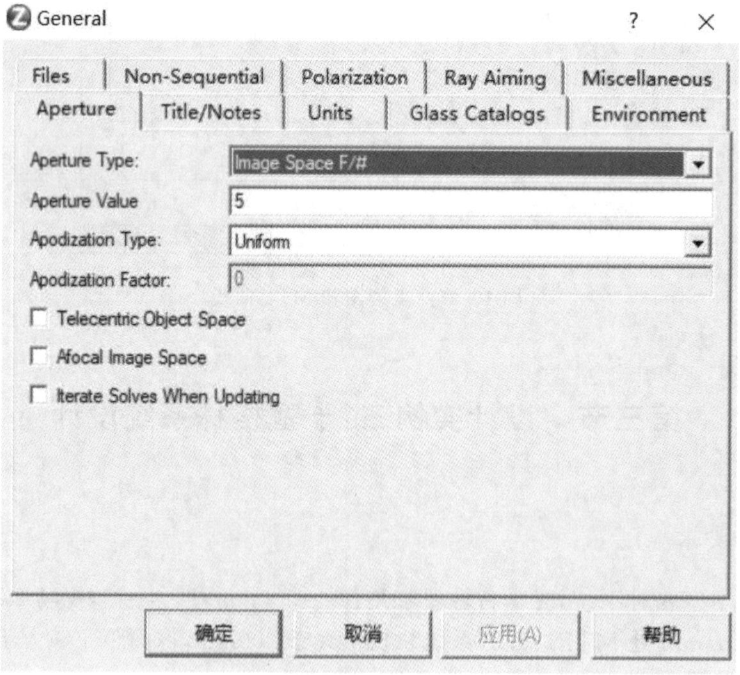

图 19-26　孔径设置

在【Field Data】对话框定义视场。在 ZEMAX 主菜单中选择【System\Fields…】或选工具栏中的【Fie】，打开【Field Data】对话框，选择【Field Type】为"Angle(Deg)"，在【Y-Field】对话框中设置 3 个视场(0、0.21、0.3)，如图 19-27 所示。

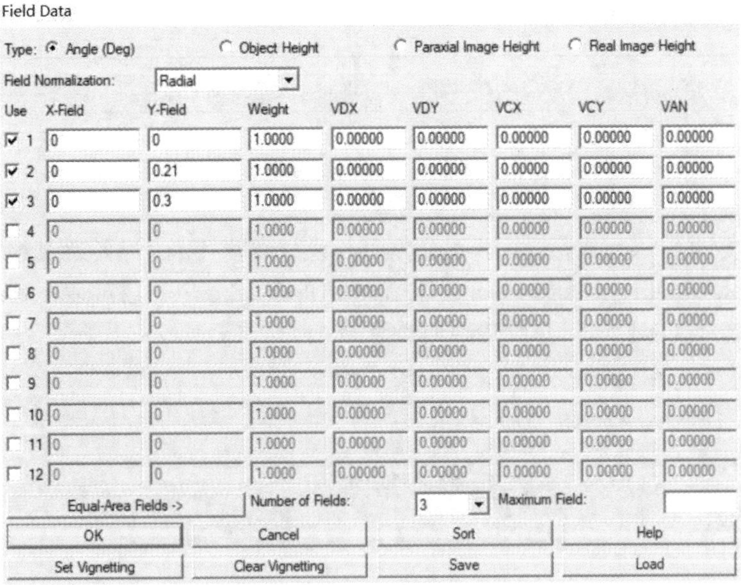

Field Data

Type: ● Angle (Deg)　○ Object Height　○ Paraxial Image Height　○ Real Image Height

Field Normalization: Radial

Use	X-Field	Y-Field	Weight	VDX	VDY	VCX	VCY	VAN
☑ 1	0	0	1.0000	0.00000	0.00000	0.00000	0.00000	0.00000
☑ 2	0	0.21	1.0000	0.00000	0.00000	0.00000	0.00000	0.00000
☑ 3	0	0.3	1.0000	0.00000	0.00000	0.00000	0.00000	0.00000
☐ 4	0	0	1.0000	0.00000	0.00000	0.00000	0.00000	0.00000
☐ 5	0	0	1.0000	0.00000	0.00000	0.00000	0.00000	0.00000
☐ 6	0	0	1.0000	0.00000	0.00000	0.00000	0.00000	0.00000
☐ 7	0	0	1.0000	0.00000	0.00000	0.00000	0.00000	0.00000
☐ 8	0	0	1.0000	0.00000	0.00000	0.00000	0.00000	0.00000
☐ 9	0	0	1.0000	0.00000	0.00000	0.00000	0.00000	0.00000
☐ 10	0	0	1.0000	0.00000	0.00000	0.00000	0.00000	0.00000
☐ 11	0	0	1.0000	0.00000	0.00000	0.00000	0.00000	0.00000
☐ 12	0	0	1.0000	0.00000	0.00000	0.00000	0.00000	0.00000

Equal-Area Fields ->　Number of Fields: 3　Maximum Field:

OK　Cancel　Sort　Help

Set Vignetting　Clear Vignetting　Save　Load

图 19-27　视场设置

在【Wavelength Data】对话框定义工作波长。在 ZEMAX 主菜单中选择【System\Wavelengths…】或选工具栏中的【Wav】，打开【Wavelength Data】对话框，选择【Select】中“F，d，C(Visible)”，其余为默认值，如图 19-28 所示。

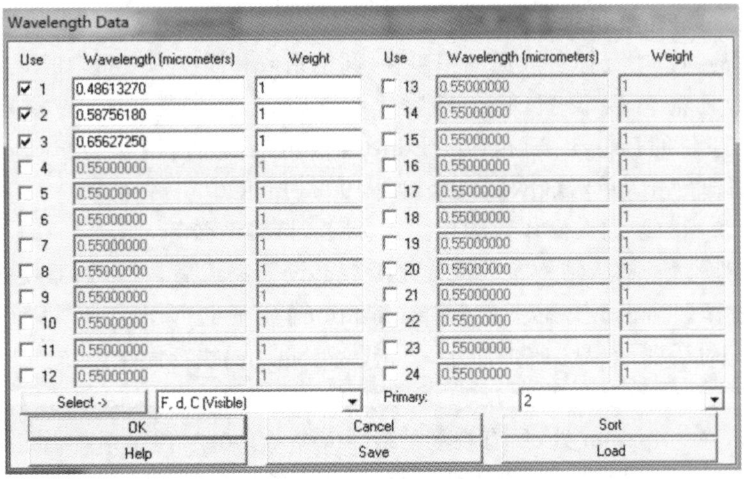

Wavelength Data

Use	Wavelength (micrometers)	Weight	Use	Wavelength (micrometers)	Weight
☑ 1	0.48613270	1	☐ 13	0.55000000	1
☑ 2	0.58756180	1	☐ 14	0.55000000	1
☑ 3	0.65627250	1	☐ 15	0.55000000	1
☐ 4	0.55000000	1	☐ 16	0.55000000	1
☐ 5	0.55000000	1	☐ 17	0.55000000	1
☐ 6	0.55000000	1	☐ 18	0.55000000	1
☐ 7	0.55000000	1	☐ 19	0.55000000	1
☐ 8	0.55000000	1	☐ 20	0.55000000	1
☐ 9	0.55000000	1	☐ 21	0.55000000	1
☐ 10	0.55000000	1	☐ 22	0.55000000	1
☐ 11	0.55000000	1	☐ 23	0.55000000	1
☐ 12	0.55000000	1	☐ 24	0.55000000	1

Select ->　F, d, C (Visible)　Primary: 2

OK　Cancel　Sort

Help　Save　Load

图 19-28　波长设置

在 ZEMAX 主菜单中选择【Editors\Lens Data】，打开【Lens Data Editor】对话框输入初始结构，如图 19-29 所示。

Lens Data Editor

Edit　Solves　View　Help

Surf:Type		Comment	Radius	Thickness	Glass	Semi-Diameter	Conic
OBJ	Standard		Infinity	Infinity		Infinity	0.000
STO	Standard		-1486.445	-400.770	MIRROR	130.030	-1.235
2	Standard		-1599.161	598.968	MIRROR	62.335	-18.876
IMA	Standard		Infinity	-		6.870	0.000

图 19-29　结构参数

初始结构数据输入完成后，由于系统焦距与设计要求不符，需要通过缩放功能进行调整。选择【Tools\modify\Make Focal …】，在弹出的【Make Focal】对话框输入“500”，如图 19-30 所示。单击【OK】按钮，系统焦距调整为 500。

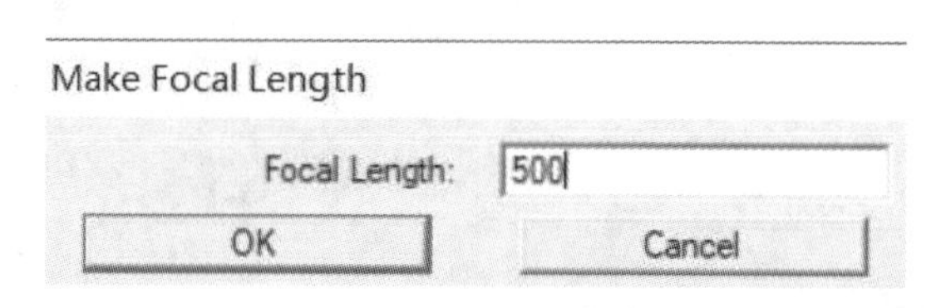

图 19-30　焦距缩放

数据输入完成后，单击工具栏【Lay】显示系统结构图，如图 19-31 所示。可通过工具栏的【Mtf】按钮显示系统的 MTF 曲线，如图 19-31 所示。从图中可以看出，系统成像质量较差，有待进一步优化。

（二）优化

优化结构参数时，变量选择的原则是：在可能的条件下尽量设定较多的结构参数作为变量。在所设计的物镜中选择各表面曲率半径、圆锥系数和厚度为变量，如图 19-32 所示。

进行优化之前需要设置评价函数。在 ZEMAX 主菜单中选择【Editor\Merit Function】，在打开的【Merit Function Editor】编辑器中选择【Design\Sequential Merit Function】。勾选“Air”，单击【OK】按钮，如图 19-33 所示。

接着在评价函数中加入操作数约束焦距、筒长、圆锥系数等，如图 19-34 所示。

当光学特性参数、初始结构参数及优化函数都设置完成后，就可对系统执行优化操作。在主菜单中选择【Tools】按钮下的【Optimization】或通过单击工具栏【Opt】按钮打开【Optimization】对话框，如图 19-35 所示，单击【Automatic】执行优化操作。

优化后的系统结构和点列图、MTF 曲线如图 19-36 所示。从图中可以看出，系统性能得到较大改善，在 50lp/mm 处，所有视场的 MTF 均大于 0.5，优于系统设定的技术要求。

现在的系统筒长为 230mm，为了缩短筒长，达到设计要求，将约束筒长的第九个操作数目标值改为 200mm，如图 19-37 所示，进行优化。

优化后的系统结构和 MTF 曲线如图 19-38 所示。从图中可以看出，系统筒长为 200mm，在 100lp/mm 处，所有视场的 MTF 均大于 0.4，优于系统设定的技术要求。

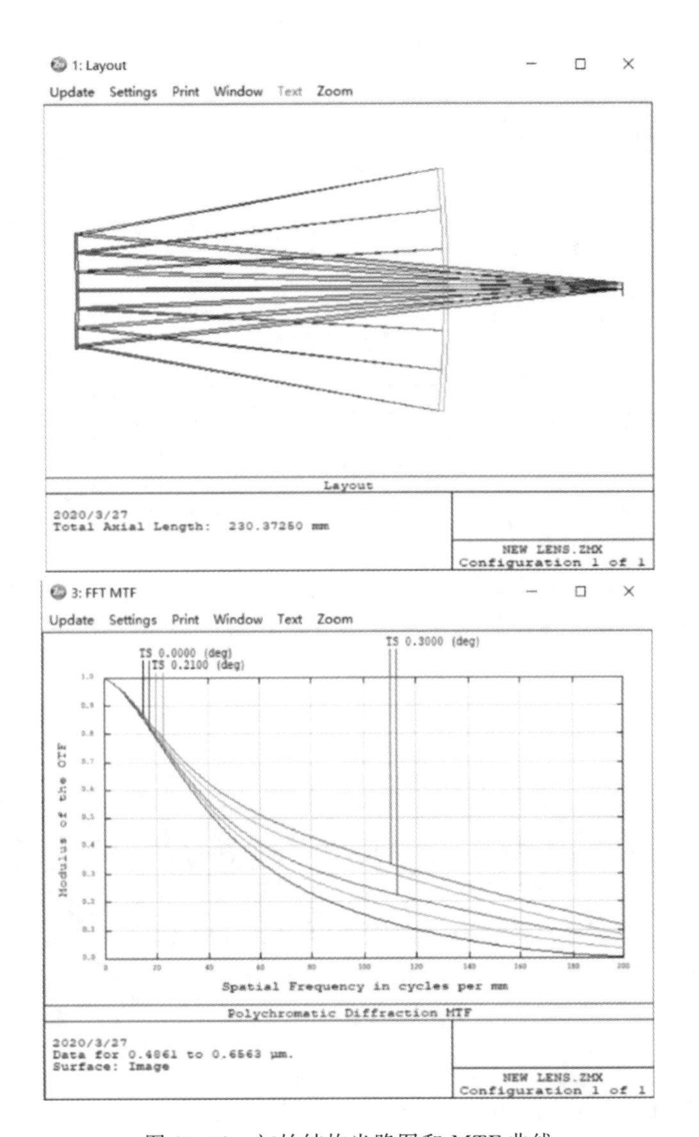

图 19-31 初始结构光路图和 MTF 曲线

Lens Data Editor

Edit Solves View Help

Surf:Type		Comment	Radius		Thickness		Glass		Semi-Diameter	Conic	
OBJ	Standard		Infinity		Infinity				Infinity	0.000	
STO	Standard		-571.709	V	-154.142	V	MIRROR		50.011	-1.235	V
2	Standard		-615.062	V	230.372	V	MIRROR		23.975	-18.876	V
IMA	Standard		Infinity		-				2.642	0.000	

图 19-32 变量设置

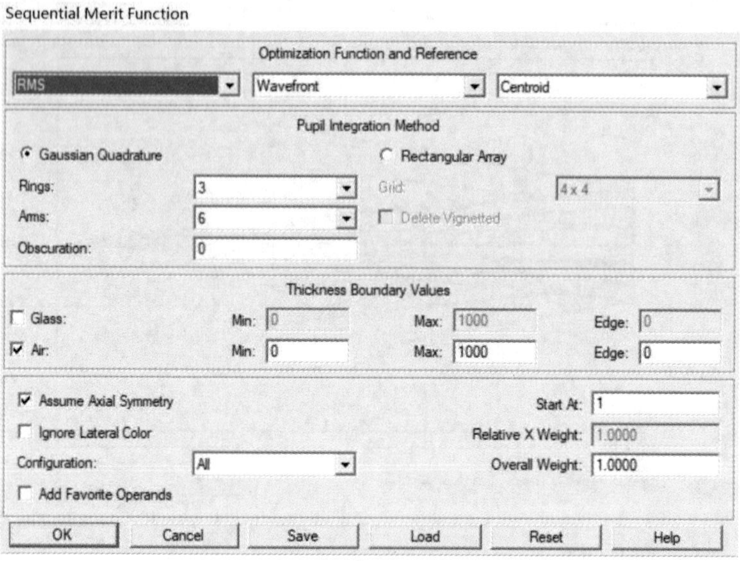

Sequential Merit Function

Optimization Function and Reference

RMS　Wavefront　Centroid

Pupil Integration Method

Gaussian Quadrature　Rectangular Array

Rings: 3　Grid: 4 x 4

Arms: 6　Delete Vignetted

Obscuration: 0

Thickness Boundary Values

Glass: Min: 0　Max: 1000　Edge: 0

Air: Min: 0　Max: 1000　Edge: 0

Assume Axial Symmetry　Start At: 1

Ignore Lateral Color　Relative X Weight: 1.0000

Configuration: All　Overall Weight: 1.0000

Add Favorite Operands

OK　Cancel　Save　Load　Reset　Help

图 19-33　默认评价函数

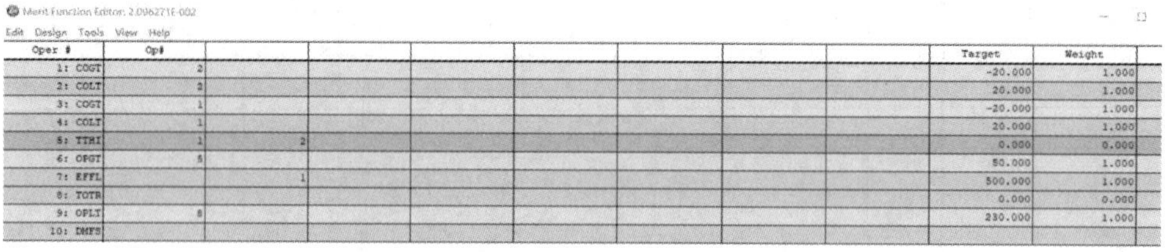

Merit Function Editor: 2.096271E-002

Edit　Design　Tools　View　Help

Oper #	Op#								Target	Weight
1: COGT	2								-20.000	1.000
2: COLT	2								20.000	1.000
3: COGT	1								-20.000	1.000
4: COLT	1								20.000	1.000
5: TTHI	1	2							0.000	0.000
6: OPGT	5								50.000	1.000
7: EFFL		1							500.000	1.000
8: TOTR									0.000	0.000
9: OPLT	8								230.000	1.000
10: DMFS										

图 19-34　评价函数

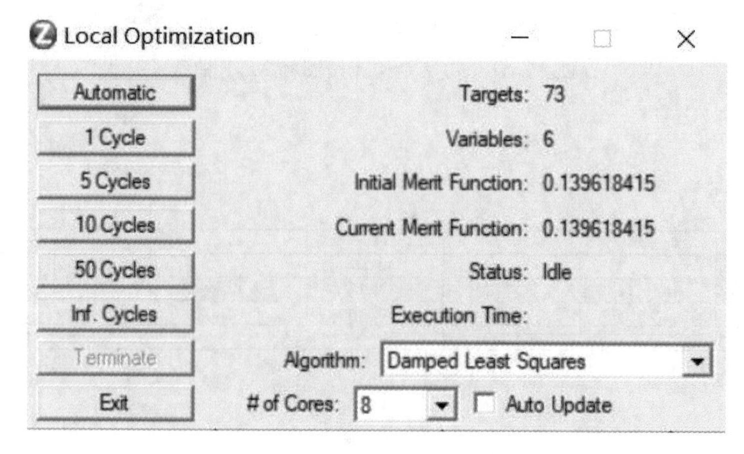

图 19-35　执行优化对话框

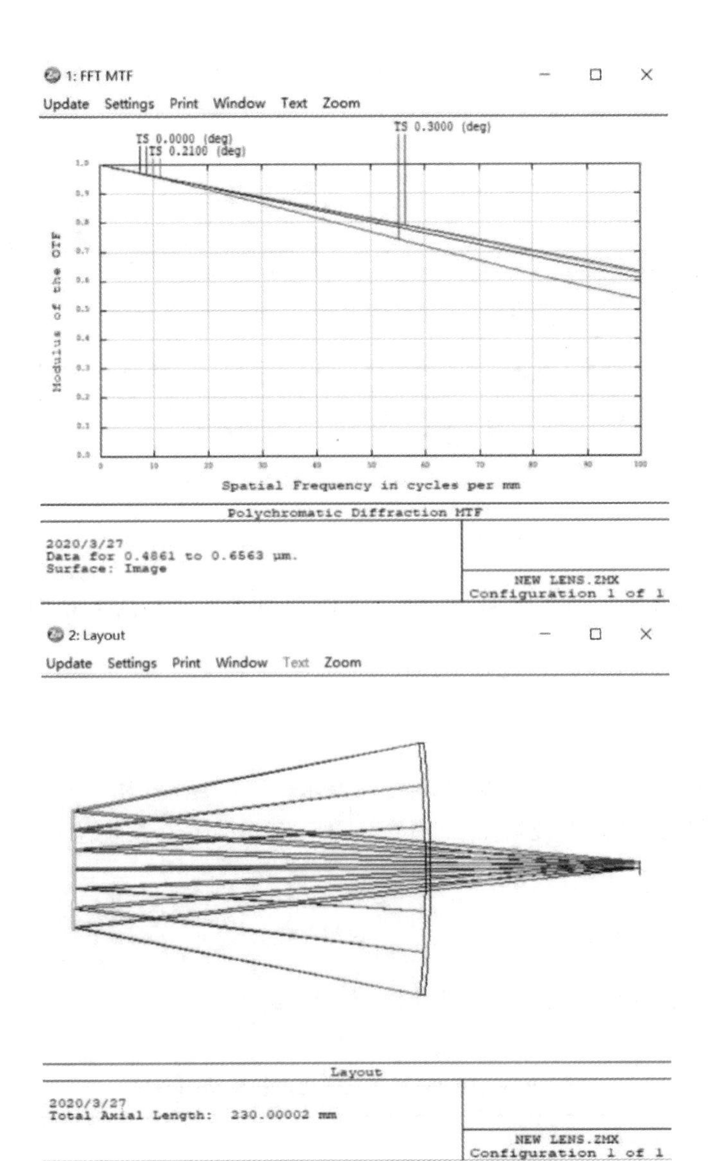

图 19-36　系统结构图和 MTF 曲线

Merit Function Editor: 1.949604E-002

Edit Design Tools View Help

Oper #	Type	Op#								Target
1: COGT	COGT	2								-20.000
2: COLT	COLT	2								20.000
3: COGT	COGT	1								-20.000
4: COLT	COLT	1								20.000
5: TTHI	TTHI	1	2							0.000
6: OPGT	OPGT	5								50.000
7: EFFL	EFFL		1							500.000
8: TOTR	TOTR									0.000
9: OPLT	OPLT	8								200.000

图 19-37　评价函数

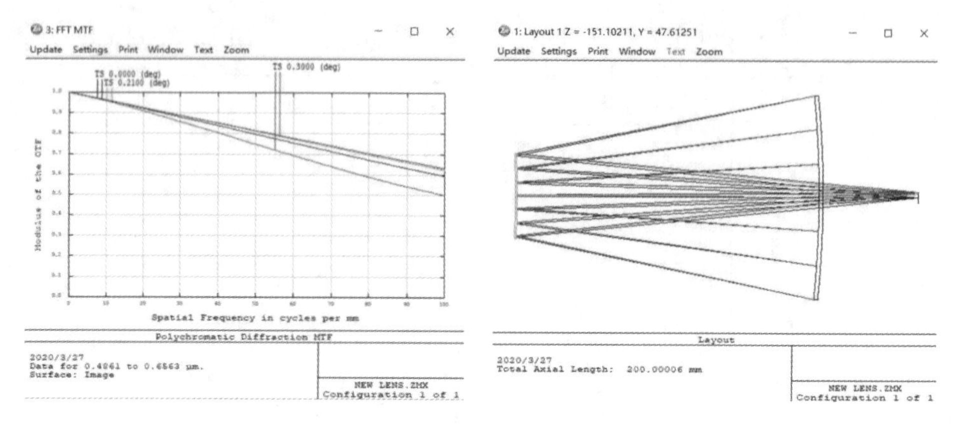

图 19-38　系统结构图和 MTF 曲线

第四节　设计实例四:100 倍油浸显微物镜设计

一、设计要求

设计一个 100 倍油浸显微物镜,光学特性要求是:放大倍率为 100 倍,$F/\# = 0.4$,全视场为 0.16mm 物高。要求全视场在 200lp/mm 处 MTF＞0.3;系统总长不大于 200mm,油液厚度为 0.15mm。

二、初始结构参数的确定

根据技术要求,选取表 19-4 中的结构作为初始结构。

表 19-4　100 倍油浸显微物镜初始结构参数

序号	R/mm	d/mm	材料
OBJ		172	
1	5.342	2.233	CAF2
2	−3.18	0.549	F2
STO	−38.306	0.185	
4	3.127	1.359	CAF2
5	−15.306	0.546	F2
6	30.729	0.079	
7	2.372	0.815	SK14
8	10.201	0.076	

续表

序号	R/mm	d/mm	材料
9	0.853	0.97	BK7
10	0	0.15	TYPEA
11	0	0.18	K5
IMA	0		WATER

三、设计步骤

(一) 初始结构和光学特性参数的输入

将上述 100 倍油浸显微物镜初始结构用 ZEMAX 进行优化,首先将物镜特性参数与初始结构数据输入 ZEMAX。

在 General 通用数据对话框定义孔径。在 ZEMAX 主菜单中选择【System\General…】或选工具栏中的【Gen】,打开【General】对话框,选择孔径类型【Aperture Type】为"Image Space F/#",在孔径值【Aperture Value】中输入"0.4",如图 19-39 所示。

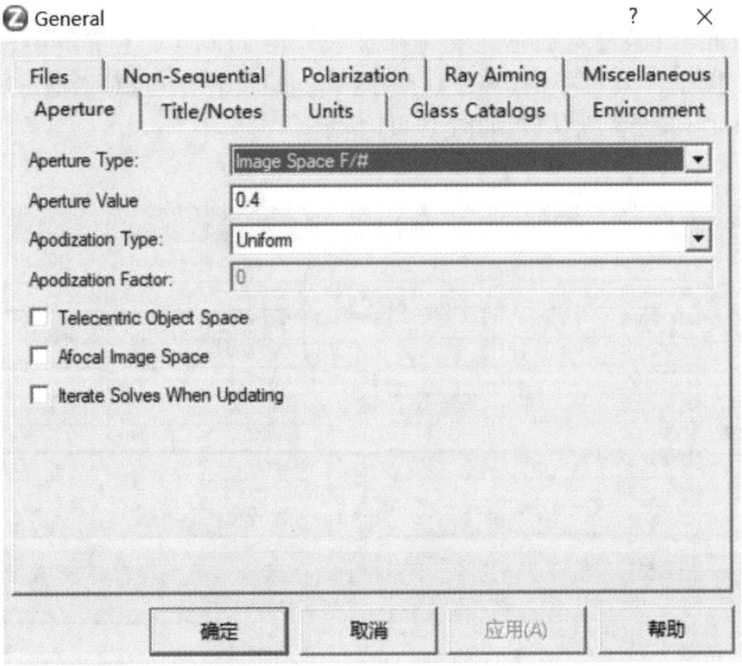

图 19-39　孔径设置

在【Field Data】对话框定义视场。在 ZEMAX 主菜单中选择【System\Fields…】或选工具栏中的【Fie】,打开【Field Data】对话框,选择【Field Type】为"Object Height",在【Y-

Field】对话框中设置3个视场(0、5.6、8),如图19-40所示。

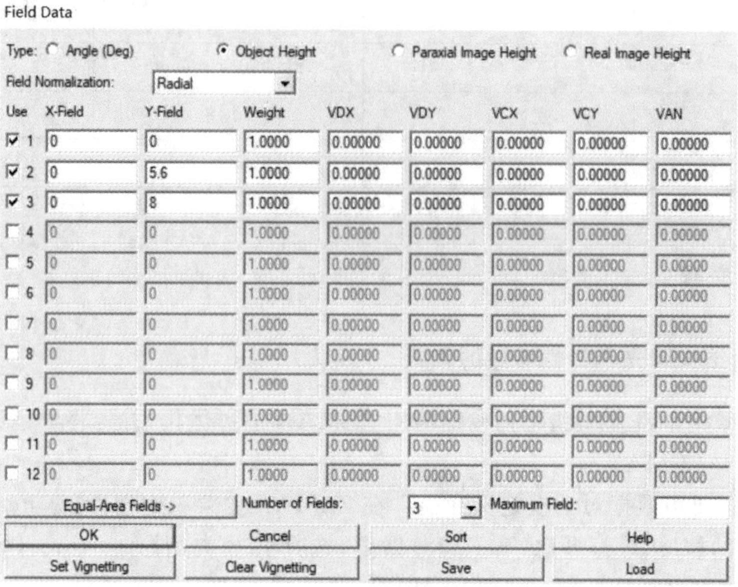

Field Data

Type: ○ Angle (Deg)　◉ Object Height　○ Paraxial Image Height　○ Real Image Height

Field Normalization: Radial

Use	X-Field	Y-Field	Weight	VDX	VDY	VCX	VCY	VAN
☑ 1	0	0	1.0000	0.00000	0.00000	0.00000	0.00000	0.00000
☑ 2	0	5.6	1.0000	0.00000	0.00000	0.00000	0.00000	0.00000
☑ 3	0	8	1.0000	0.00000	0.00000	0.00000	0.00000	0.00000
☐ 4	0	0	1.0000	0.00000	0.00000	0.00000	0.00000	0.00000
☐ 5	0	0	1.0000	0.00000	0.00000	0.00000	0.00000	0.00000
☐ 6	0	0	1.0000	0.00000	0.00000	0.00000	0.00000	0.00000
☐ 7	0	0	1.0000	0.00000	0.00000	0.00000	0.00000	0.00000
☐ 8	0	0	1.0000	0.00000	0.00000	0.00000	0.00000	0.00000
☐ 9	0	0	1.0000	0.00000	0.00000	0.00000	0.00000	0.00000
☐ 10	0	0	1.0000	0.00000	0.00000	0.00000	0.00000	0.00000
☐ 11	0	0	1.0000	0.00000	0.00000	0.00000	0.00000	0.00000
☐ 12	0	0	1.0000	0.00000	0.00000	0.00000	0.00000	0.00000

Equal-Area Fields ->　Number of Fields: 3　Maximum Field:

OK　Cancel　Sort　Help

Set Vignetting　Clear Vignetting　Save　Load

图19-40　视场设置

在【Wavelength Data】对话框定义工作波长。在ZEMAX主菜单中选择【System\Wavelengths…】或选工具栏中的【Wav】,打开【Wavelength Data】对话框,选择【Select】中"F,d,C(Visible)",其余为默认值,如图19-41所示。

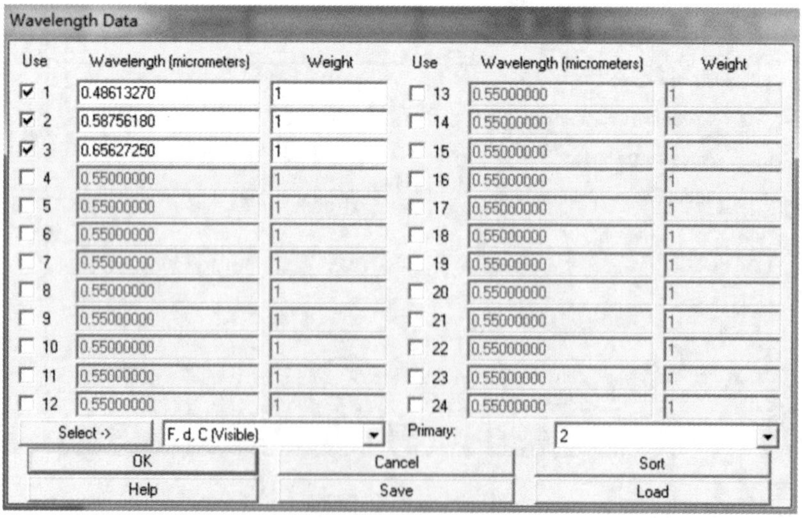

Wavelength Data

Use	Wavelength (micrometers)	Weight	Use	Wavelength (micrometers)	Weight
☑ 1	0.48613270	1	☐ 13	0.55000000	1
☑ 2	0.58756180	1	☐ 14	0.55000000	1
☑ 3	0.65627250	1	☐ 15	0.55000000	1
☐ 4	0.55000000	1	☐ 16	0.55000000	1
☐ 5	0.55000000	1	☐ 17	0.55000000	1
☐ 6	0.55000000	1	☐ 18	0.55000000	1
☐ 7	0.55000000	1	☐ 19	0.55000000	1
☐ 8	0.55000000	1	☐ 20	0.55000000	1
☐ 9	0.55000000	1	☐ 21	0.55000000	1
☐ 10	0.55000000	1	☐ 22	0.55000000	1
☐ 11	0.55000000	1	☐ 23	0.55000000	1
☐ 12	0.55000000	1	☐ 24	0.55000000	1

Select ->　F, d, C (Visible)　Primary: 2

OK　Cancel　Sort

Help　Save　Load

图19-41　波长设置

在 ZEMAX 主菜单中选择【Editors\Lens Data】，打开【Lens Data Editor】对话框输入初始结构，如图 19-42 所示。

Lens Data Editor

Edit　Solves　View　Help

	Surf:Type	Comment	Radius	Thickness	Glass	Semi-Diameter
OBJ	Standard		Infinity	172.000		8.000
1	Standard		5.342	2.233	CAF2	2.309
2	Standard		-3.180	0.549	F2	2.169
STO	Standard		-38.306	0.185		2.140
4	Standard		3.127	1.359	CAF2	2.087
5	Standard		-15.306	0.546	F2	1.979
6	Standard		30.729	0.079		1.832
7	Standard		2.372	0.815	SK14	1.632
8	Standard		10.201	0.076		1.491
9	Standard		0.853	0.970	BK7	0.852
10	Standard		Infinity	0.150	TYPEA	0.594
11	Standard		Infinity	0.180	K5	0.355
IMA	Standard		Infinity	-	WATER	0.091

图 19-42　结构参数

数据输入完成后，单击工具栏【Lay】显示系统结构图，如图 19-43 所示。可通过工具栏的【Mtf】按钮显示系统的 MTF 曲线，如图 19-44 所示。从图中可以看出，系统成像质量较差，有待进一步优化。

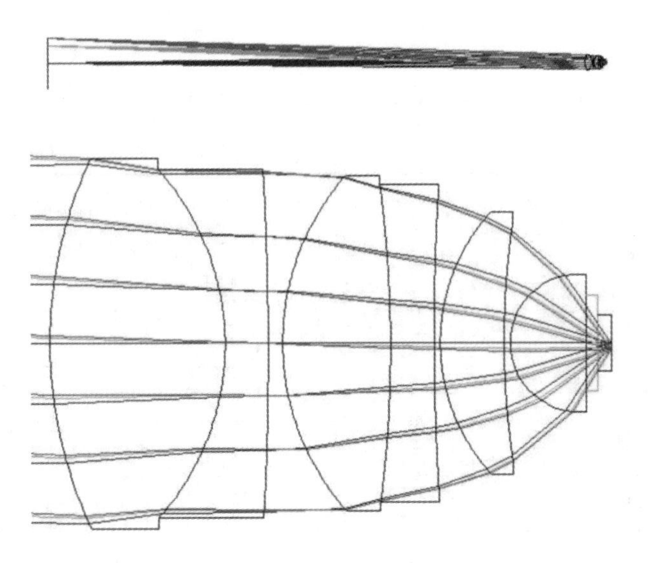

图 19-43　初始结构光路图

（二）优化

优化结构参数时，在所设计的物镜中选择除油液和盖玻片以外所有表面曲率半径和厚度为变量，如图 19-45 所示。

进行优化之前需要设置评价函数。在 ZEMAX 主菜单中选择【Editor\Merit

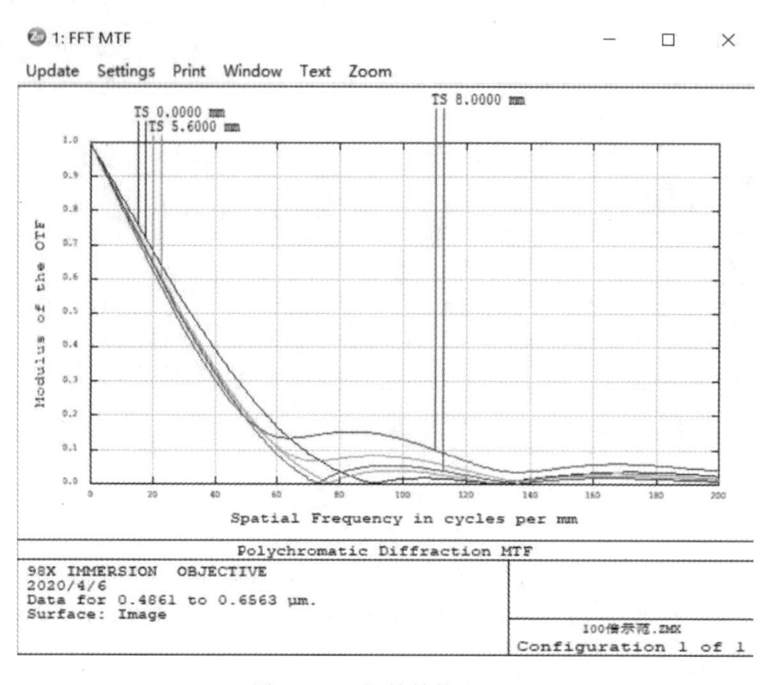

图 19-44　初始结构 MTF

Lens Data Editor

Edit Solves View Help

Surf:Type		Comment	Radius		Thickness		Glass		Semi-Diameter
OBJ	Standard		Infinity		172.000	V			8.000
1	Standard		5.342	V	2.233	V	CAF2		2.309
2	Standard		-3.180	V	0.549	V	F2		2.169
STO	Standard		-38.306	V	0.185	V			2.140
4	Standard		3.127	V	1.359	V	CAF2		2.087
5	Standard		-15.306	V	0.546	V	F2		1.979
6	Standard		30.729	V	0.079	V			1.832
7	Standard		2.372	V	0.815	V	SK14		1.632
8	Standard		10.201	V	0.076	V			1.491
9	Standard		0.853	V	0.970	V	BK7		0.852
10	Standard		Infinity		0.150		TYPEA		0.594
11	Standard		Infinity		0.180		K5		0.355
IMA	Standard		Infinity		-		WATER		0.091

图 19-45　变量设置

Function】，在打开的【Merit Function Editor】编辑器中选择【Design\Sequential Merit Function】。勾选“Glass”和“Air”，按图 19-46 所示填入数据，单击【OK】按钮。

接着在评价函数中加入操作数约束焦距、物距、放大率等，如图 19-47 所示。

当光学特性参数、初始结构参数及优化函数都设置完成后，就可对系统执行优化。在主菜单中选择【Tools】按钮下的【Optimization】或通过单击工具栏【Opt】按钮打开

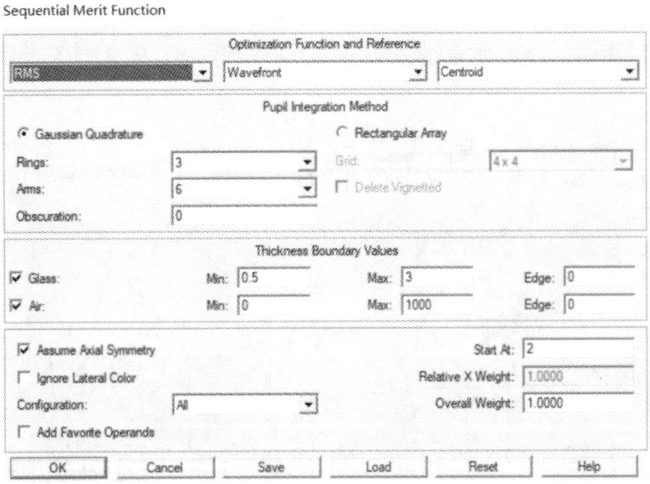

Sequential Merit Function
Optimization Function and Reference
RMS
Wavefront
Centroid
Pupil Integration Method
Gaussian Quadrature
Rectangular Array
Rings: 3
Arms: 6
Obscuration: 0
Grid: 4 x 4
Delete Vignetted
Thickness Boundary Values
Glass: Min: 0.5 Max: 3 Edge: 0
Air: Min: 0 Max: 1000 Edge: 0
Assume Axial Symmetry
Ignore Lateral Color
Configuration: All
Add Favorite Operands
Start At: 2
Relative X Weight: 1.0000
Overall Weight: 1.0000
OK
Cancel
Save
Load
Reset
Help

图 19-46　默认评价函数

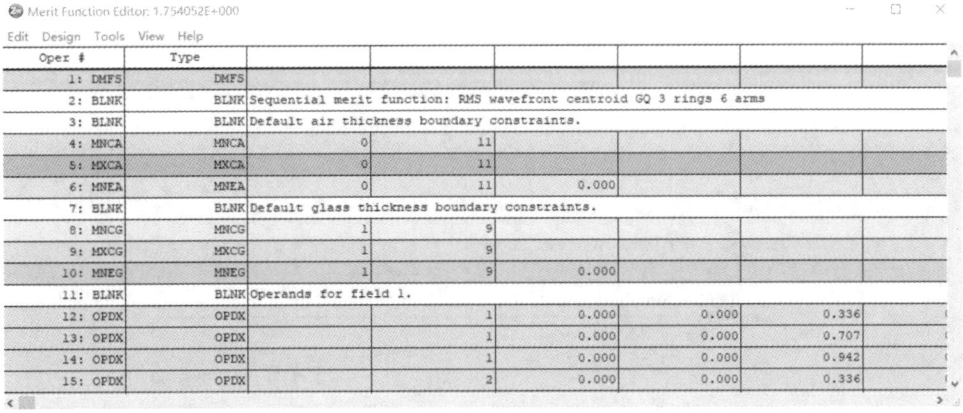

Merit Function Editor: 1.754052E+000
Edit Design Tools View Help
Oper # Type
1: DMFS DMFS
2: BLNK BLNK Sequential merit function: RMS wavefront centroid GQ 3 rings 6 arms
3: BLNK BLNK Default air thickness boundary constraints.
4: MNCA MNCA 0 11
5: MXCA MXCA 0 11
6: MNEA MNEA 0 11 0.000
7: BLNK BLNK Default glass thickness boundary constraints.
8: MNCG MNCG 1 9
9: MXCG MXCG 1 9
10: MNEG MNEG 1 9 0.000
11: BLNK BLNK Operands for field 1.
12: OPDX OPDX 1 0.000 0.000 0.336
13: OPDX OPDX 1 0.000 0.000 0.707
14: OPDX OPDX 1 0.000 0.000 0.942
15: OPDX OPDX 2 0.000 0.000 0.336

图 19-47　评价函数

【Optimization】对话框，如图 19-48 所示，单击【Automatic】执行优化操作。

Local Optimization
Automatic
1 Cycle
5 Cycles
10 Cycles
50 Cycles
Inf. Cycles
Terminate
Exit
Targets: 73
Variables: 19
Initial Merit Function: 1.462949571
Current Merit Function: 1.462949571
Status: Idle
Execution Time:
Algorithm: Damped Least Squares
# of Cores: 8
Auto Update

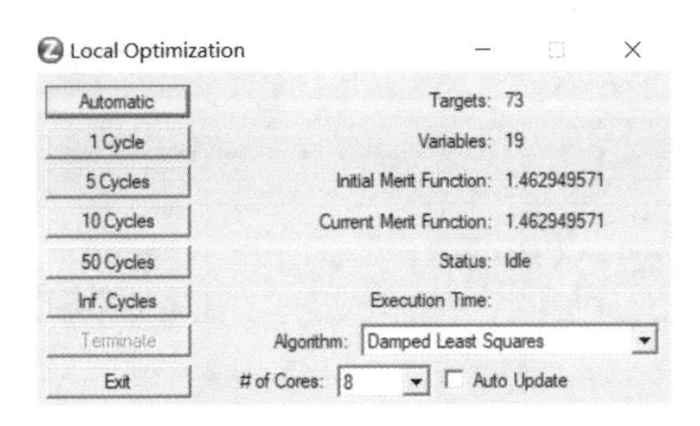

图 19-48　执行优化对话框

优化后的系统结构和 MTF 曲线如图 19-49 和图 19-50 所示。从图中可以看出，系统性能得到较大改善，在 200lp/mm 处，所有视场的 MTF 均大于 0.5，优于系统设定的技术要求。

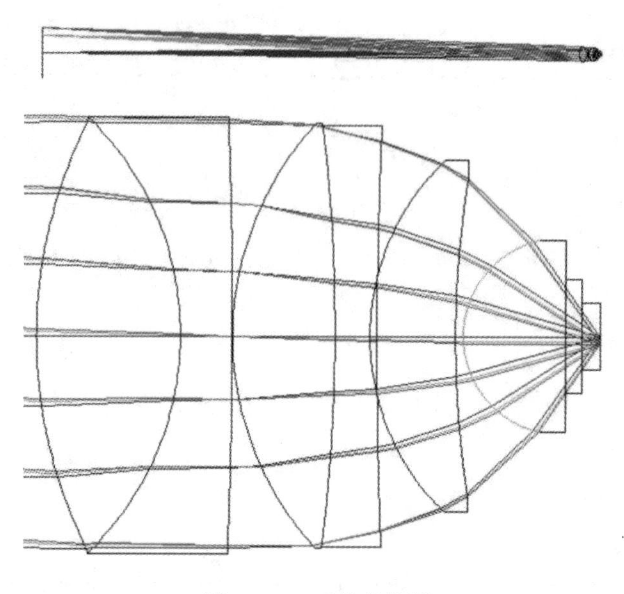

图 19-49　系统结构图

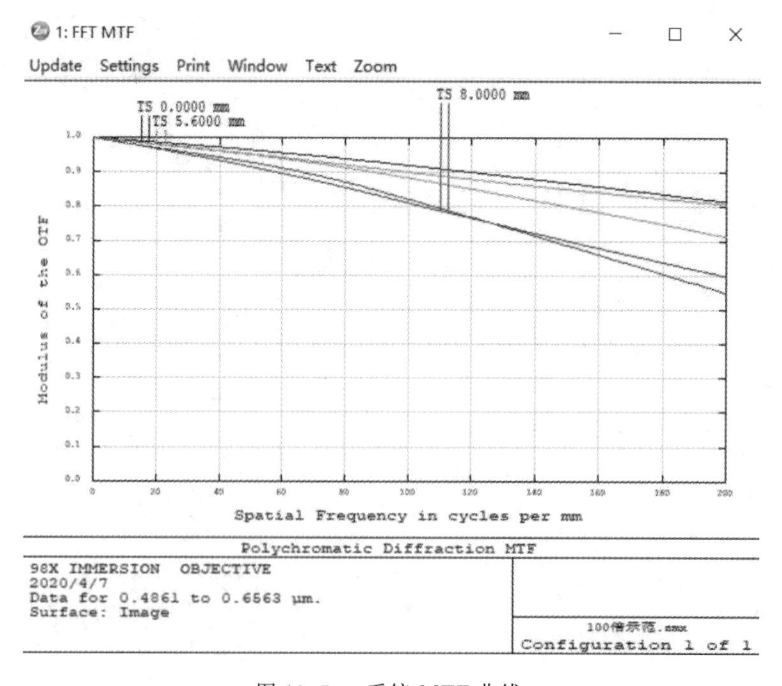

图 19-50　系统 MTF 曲线

第二十章　光学工程工艺问题

第一节　光学加工

一、材料

批量生产光学零件最常采用的初始工艺是对玻璃毛坯粗模压制成型工艺。将一定重量的玻璃块加热到塑性状态，并在金属模具中压成所希望的形状。毛坯尺寸要比完工零件尺寸大，以保证加工过程有一定量的材料切除。切除的量必须（最小量）足以清除掉毛坯中质量较低劣的外层材料，可能还要包括缺陷或者模压过程中使用的粉状耐火土。一块透镜毛坯一般要比完工透镜厚约 3mm，直径大约 2mm。一块棱镜毛坯要足够大，保证每个表面有约 2mm 的切除量。这些加工余量随工件尺寸变化，对于一个规则的毛坯件会小些。如果毛坯件是一种贵重材料，例如硅或比较稀有的玻璃，那么，为了节省材料，毛坯的加工余量要绝对保持到最小值。

虽然大部分毛坯件是单块，但对于小零件，采用组或串的加工形式是比较经济的。一组零件可以由 5 个或 10 个毛坯件组成，用一种薄板（或薄网状物）连接，将薄板磨掉又可以使每个毛坯件单独使用。如果由于批量小或者材料类型问题，不可能得到模压出的毛坯件，那么，可以通过将大块材料切割或锯成适当形状准备粗毛坯。

利用偏光器可以相当满意地检查出粗毛坯件（由玻璃退火不足造成）的应力。对折射率进行精确检查需要在样件上抛光出一个平面。如果知道一组毛坯是来源于同一炉或同一批玻璃，那么，只需要检查一两件毛坯即可。因为同一炉玻璃的折射率是相当稳定的。由于最终的退火工艺会提高折射率，所以，低折射率值常常伴有应力。

如果毛坯形状使零件从中心到边缘的厚度有大的变化，就难以得到均匀的退火，在毛坯件内部会造成折射率变化，对于某些难以退火的稀有光学玻璃尤为如此。板状光学玻璃容易均匀退火，性质更一致。因此，对于要求特别苛刻的透镜，经常需要仔细检查。

二、粗成形工艺

经常使用金刚石砂轮完成零件的初始成形。对于球面，该工艺称为成形工艺（或者开半径）。将毛坯安装在真空卡盘中，并随卡盘旋转，用一个旋转的环状金刚石轮磨削，金刚石轮的轴线与卡盘轴线成一定角度，如图 20-1 所示。这种结构布局图能够产生一个球形。半径取决于两条轴线之间的夹角及金刚石刀具的有效直径（通常悬于透镜边缘之上）。当然，厚度取决于工件与刀具之间的距离。使两根轴线平行，用类似方法可以粗磨出平面工件。通过铣切工艺，然后利用金刚石刀具磨削可以得到矩形形状。

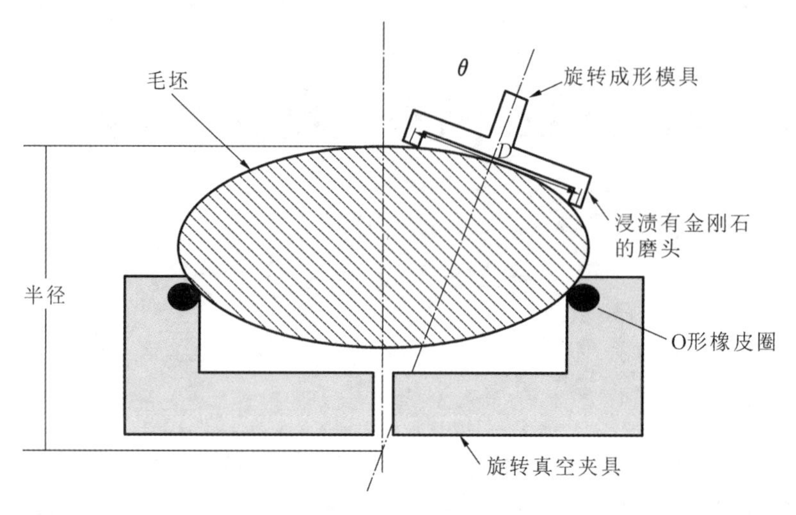

图 20-1 成形工艺示意图

环形金刚石刀具和玻璃毛坯件都在转动，由于它们的轴线相交成某一角度 θ，毛坯件的表面就形成一个半径为 $R=D/2s$ 英寸的球面。

三、胶盘(或上盘)工艺

通常，将适当数量的光学零件固定或黏接在一个公共支撑架上一起加工。这样做有两个主要原因：明显的理由是几个零件同时加工，比较经济；不明显的理由是，在较大的胶盘面积范围内等间距上盘加工一些零件，可以得到较好的表面。尽管可以使用各种成分的专用蜡和松香，但经常用沥青将零件与胶合模(或胶盘)固定在一起。沥青有一种非常有用的性质，可以牢固地黏接到几乎所有热的物体上而不会黏附到冷的表面上。将沥青急剧冷却，并轻轻地敲击就很容易使其破碎。典型的做法是将纽扣圆柱形沥青(适当加热后)压按在零件背后，然后，将零件黏接固定在加热的胶合模上。

加工一个零件的成本显然与上盘的零件数目密切相关。没有一种方法可以精确地确定这个数目，然而，下面表达式(是“极限情况”的表达式，需要修正以符合实际情况)精确到每个胶合模一个零件：

$$\text{胶盘上的零件数}=\frac{3}{4}\left(\frac{D_t}{d}\right)^2-\frac{1}{2}$$

规整到比该数小的整数上。式中，D 是胶合模的直径；d 是零件的有效直径(对零件之间的间隙，应包括加工余量)。

对球形表面：

$$\text{胶盘上的零件数}=\frac{6R^2}{d^2}\left[\frac{\mathrm{SH}}{R}\right]-\frac{1}{2}$$

式中，R 是表面半径；d 是透镜直径(包括间隔加工余量)；SH 是胶合模的弧高。如果胶合模的张角是 180°，SH$=R$，则公式简化为

$$胶盘上的零件数 = \frac{6R^2}{d^2} - \frac{1}{2} = \frac{1.5}{\sin^2 B} - \frac{1}{2}$$

规整到比该数小的整数上。式中，B 是透镜直径（加上间隔加工余量）对表面曲率中心的半张角。如果胶合模上只有几个透镜，应用表 20-1 的数据是很方便的，对 180°的胶合模会更精确。

表 20-1　固定在胶合模上的毛坯件数目

胶盘上的零件数	d/D_t 最大值	s 英寸 B 最大值	$2B$
2	0.500	0.707	90°
3	0.462	0.655	81.79°
4	0.412	0.577	70.53°
5	0.372	0.507	60.89°
6	—	0.500	60°
7	0.332	0.447	53.13°
8	0.301	0.398	46.91°
9	0.276	0.383	45°
10	—	0.369	43.24°
11	0.253	0.358	41.88°
12	0.243	0.346	40.24°

四、磨削工艺

零件表面要继续经过一系列磨削工序精密加工，用水浆状研磨料和铸铁模具完成。如果零件没有事先成形，磨削工序就用一种快速切削粗金刚砂开始。否则，就用中等级别的金刚砂开始，继而使用一种非常细的金刚砂，以便得到一个光滑柔和的玻璃表面。

利用球面的特有性质，即相同半径的凹球面和凸球面都将彼此密切接触而与相对方位无关，因此，使用比较简陋（或粗糙）的设备就可以使球面的磨削（和抛光）达到很高精度。如果两个近似球面的配合表面相接触（在它们之间使用研磨粉），并随机地彼此相对运动，则一般趋势是将两个表面研磨掉高点，随着研磨过程而逼近一个正确的球形表面。

一般来讲，凸面工件（胶合模或者模具）安装在动力驱动的转轴上，凹面工件放置在上面。上面模具只受到球形压杆（俗称铁笔）装置的约束，当与下面工件（或模具）滑动接触受到驱动时就可以自由旋转。通常假设，与下面工件有相同的旋转角速率。铁笔前后摆动，所以，两个模具之间的相互关系是连续变化的。调整铁笔的偏置量和运动量，光学工人就可以修改玻璃上的磨损图形，因而，影响研磨过程中半径值和均匀度的精细校正。

连续使用越来越细的金刚石磨料直至前一道工序留下的麻点（或研磨留下的缺陷）消失为止。使用的磨料包括石榴石、金刚砂（碳化硅）、刚玉和金刚石粉。

五、抛光工艺

抛光工艺的机理类似于研磨工艺。抛光模上布满一层沥青，抛光磨料是水和铁丹（氧化铁）或氧化铌的混合水浆。抛光沥青流动冷却，因此，在很短时间内形成工件的形状。

抛光工艺是一种很独特的工艺，至今还没有完全理解。似乎是，玻璃表面被抛光浆液水解，由此产生的凝胶层被隐藏在抛光浆液内的粒子擦洗掉。该分析解释了许多与抛光有关的现象，例如被抛光流浆闭合上的刮伤（或路子）和裂缝，后来加热或暴露于大气中时又会完全打开。如果考虑历史上的抛光模是由诸多材料做成，包括毛毡、铅、塔府绸、皮革、木头、铜和软木，并且，已经成功地使用除铁丹以外的其他抛光剂，同时，许多光学材料（即硅、锗、铝、镍和晶体）又不同于玻璃的化学特性，而各种抛光机理都相当类似。一些抛光剂实际上是对抛光材料的腐蚀，有些材料可以进行干抛光。

连续抛光直至表面没有任何研磨留下的麻点或路子。用样板检查半径精度，这是采用非常精密的方法制造的标准规，预先抛光到一个精确半径，并且是一个真正的球面，精度在几十分之一波长以内。将样板紧靠在工件上，形状之差取决于二者之间形成的干涉条纹（牛顿环）。两个表面的相对曲率通过观察样板与工件边缘接触还是中心接触来确定。计算出条纹数目，就可以由下列公式近似计算出两个半径之差：

$$\Delta R \approx N\lambda \left(\frac{2R}{d}\right)^2$$

$$N = \frac{\Delta R d^2}{4\lambda R^2} = \frac{\Delta C d^2}{4\lambda}$$

式中，ΔR 是半径差；N 是牛顿环数目；λ 是照明波长；R 是样板半径；C 是曲率（$1/R$）；d 是测量时覆盖的直径。一个牛顿环表明两个表面的间隔变化是半个波长。非圆形条纹图表明是非球面。一个椭圆形条纹图案表明是一个环形面。

需要做一些小的修正，调整抛光机行程，或者刮掉抛光模的一部分，从而使磨损作用集中在工件较高的部位。

六、定中心工艺

当透镜两个表面都完成抛光之后，要对透镜定中心。通过研磨透镜边缘（或者对透镜磨边）使透镜的机械轴（通过透镜磨边确定）与光轴（两个表面曲率中心的连线）重合。在通常的定中心工艺中，（用蜡或沥青）将透镜固定在一个精密校准的筒形模具上，该模具安装在一个转轴上，将透镜压在模具上时，靠在模具上的表面自动与模具对准，而与转轴对准。在沥青还比较软时，操作人员横向滑动透镜，直至外侧表面也安装正确。如果缓慢旋转透镜，根据偏心表面形成的反射像（在靶标附近）的移动就可以探测到该表面的偏心。对高精度零件，可以用望远镜或显微镜观察像，以提高操作人员对像运动的敏感度。然后，用金刚石砂轮将透镜边缘研磨到所希望的直径，此时，通常要进行倒边或保护性倒角。

对中等精度光学零件的批量生产，使用一种机械定中心工艺。在这种称为“杯形”或“钟形”定中心方法中，将透镜零件夹持在两个精确校准的筒形模具之间，模具的压力使透镜向侧边滑动，直至模具之间的距离最小，因而使透镜正确地定心。使用诸如 STP 的润滑剂可以提高定中心精度。然后，对着金刚石砂轮旋转透镜，将透镜直径磨到希望的尺寸。

如果透镜是合成部件的一部分，根据需要在表面镀低反膜并胶合，就完成了该透镜的制造。

有时对于非寻常材料还需要对标准工艺做些修改，如对比较脆的材料（例如氟化钙）必须轻轻地处理，特别是在粗磨和精磨阶段，需要使用一种较细、较软的磨料，有时还在磨料中加一些肥皂，并且使用软的黄铜研磨模代替铸铁模。在另一种极端情况下，例如蓝宝石，由于具有特别高的硬度，所以，不能用普通的材料进行加工，在研磨和抛光两种工艺中都使用金刚石粉。

对容易受到研磨或抛光浆剂腐蚀的材料，有时会将光学材料浸在浆液中制成饱和溶液，对这种溶液进行加工。例如，如果一种玻璃容易受到水的腐蚀，可以用水和煮沸过的玻璃粉，或者在水中浸泡几天做成浆液。另外，用一种煤油或油做成的浆液也是很有效的。在浆液中使用的其他液体还包括乙二醇、丙三醇（甘油）和三醋酸酯（甘油三醋酸酯）。

七、高速加工工艺

对于表面精度要求不高的光学零件，可以加快上述加工工艺。普通的研磨工艺通常花费几十分钟时间，抛光可能花费工 1～2 小时，在难度较大的情况下，甚至需要 8 小时或 10 小时。增大转轴的旋转速度及工件与模具间的压力可以加快工艺进度。模具的磨损和变形是一个问题，所以，要使用非常耐磨和抗变形的模具。研磨工艺中，在模具表面覆盖一层在金属基体中熔结有金刚石颗粒的材料，不使用松软的磨料，这种方法称为球磨抛光，研磨工具是利用覆盖一层薄膜（0.01～0.02in）塑料（即聚亚安酯）的金属模具（典型的是铝），加工时间是分钟数量级，在 5 分钟或 10 分钟内可以完成一个表面的成形、研磨和抛光。由于模具是不兼容的，所以，机床生成的透镜半径与金刚石球粒模具的半径必须有一个精确的关系，并且研磨出的半径要与硬塑料抛光模的半径匹配。该工艺广泛应用于太阳镜、滤光片、廉价的照相物镜、目镜等。由于该加工工艺关注的是表面精度，所以，表面形状变得不太重要，这种磨料研磨技术的确会造成一些表面下碎裂，但该工艺快速，并且比较经济。给机床配备成套工具及对工艺步骤进行精确调整，可以使其应用于大批量生产。

八、其他技术

还有几种其他用来加工光学零件的工艺。当这些工艺趋于更适合低精度工件制造时，有些工艺已经发展到用于加工衍射受限光学零件。

下垂法。这是一种精度较低的方法。将一块抛光后的平行平板放置在一块铸模（经常是非球面）上面，将玻璃加热直至其下垂到铸模里面，没有与模具接触的表面是要应用的表面。具有较深弧度的大型反射镜可以采用这种方法。在许多情况下，相接触的表面要经过研磨和抛光，使其成为透射元件。施密特校正板就采用这种加工工艺。

模压法。这种方法的质量要求适用于从聚光镜表面到衍射受限的模压玻璃或塑料零件，例如激光影碟读出镜。许多照相物镜都兼有模压塑料零件，几乎所有的廉价或一次性的照相机都安装塑料透镜模压塑料（或玻璃）非球面零件，也广泛应用于从高速 TV 放映物镜到高质量的线性变焦和照相物镜领域。小零件基本上适合模压制造。

复制技术。这是另一类模压方法。制造一块负模板，并将基板机械加工或研磨和抛光成非常接近希望的形状。模板镀上一种脱模剂和任何一种需要的薄干涉膜，模板和基板压靠在一起，在其间滴几滴低收缩的环氧树脂。当完成环氧树脂的设置后，撤去模板，基板上便留有由模板确定的环氧树脂表面，环氧树脂层厚约0.001in以避免收缩问题。基板可以是玻璃、耐热玻璃、熔凝石英或者一种稳定性非常好的金属材料，例如铝。作为反射镜制造系统最有用的复制技术可以将非球面与结构元件组合在一起，并设置在正常研磨和抛光工艺不可能实现的表面上。已经制造出铝基板平面反射镜（尺寸达到约18in）和直径8in、厚0.06in、以铝为背衬的非球面镜。

九、非球面

非球面、柱面和环面都没有球面的通用性，并且加工比较困难。一个球面是通过随机研磨和抛光生成的（因为通过中心的任何一条线都是一条轴线），而光学非球面只有一条对称轴。因此，简单产生一个球面的随机擦洗原理并不适用于非球面。一个普通的球形光学表面是一个精度在几百万分之一英寸内的真正球形；对于非球面，只能综合使用精密测量和熟练“手修”或者其等效方式得到这种精度。

将工件放置在（一台车床上）中心之间进行加工就可以形成等尺寸半径的柱形表面。然而，不标准的工艺容易在表面产生沟槽或环带。相对于绕轴的旋转速率而言，提高沿该轴方向的工作速率可以使该问题得到缓解。在加工的柱面体中，难免会有小量的锥形（即一个锥形表面）。大半径的柱面体难以在中心间旋转（或摆动），通常是用一个双向摆动机构控制，从而约束工件与刀具轴线的平行度，避免出现马鞍面。

旋转非球面，例如抛物面、椭球面等，如果对表面精度要求比较低，例如目镜，就可以以中等批量生产。通常的技术是使用一种凸轮制导的研磨装置（安装金刚石砂轮），尽可能精密地形成表面。问题是对该表面进行精磨和抛光而又不破坏其基本形状，难度在于对该表面进行的任何均匀的随机运动都容易使表面轮廓向球面改变。需使用能够遵循其表面轮廓的极其灵活的刀具（或模具），目的是希望通过成形工艺使留在表面上、局部的、小的不规则得以平滑，然而，这种非常的灵活性易于违背其初衷。现在已经证明，气动（即充气，塑料的）或者海绵质模具对于该用途相当成功。

如果需要精确的非球面，“手修”或者“差分校正”就特别必要。尽可能精确地对表面研磨和抛光，然后进行计量。测量技术要足够精密，保证能探测到和定量给出误差。对于高质量的工件，测量必须能够表明几分之一波长的表面变形。傅科（Foucaulr）刀口仪测量和隆基（Ronch）光栅测量广泛地用于该项测量技术。这些测量通常可以直接应用于球面，当然，还有许多非球面方面的应用（例如施密特校正板），可以将这些测试应用于整个系统以确定非球面的误差。

如果该表面已接近需要的值，可以使用干涉仪进行测试，如同用样板（当然，这是一个简单的干涉仪）检查一个透镜的球面一样。然而，对于非球面，为了重新使非球面反射的波前成形以便和干涉仪的参考波前匹配，必须做一些调整和布置：对一个锥形表面，要有一个辅助反射镜，以便使锥形面能够焦点对焦点成像，并且一个理想的锥面将产生一个理想的球面波前。一种可普遍应用的方法是利用一个经过认真设计和非常仔细制造的零透镜，从而使反射后的波前变形为一个精确的球面波前。对于在其曲率中心进行测试的抛物面,零透镜可以简化为一个或两个平凸透镜,其欠校正球差抵消了抛物面的过校正球差;对一般的非球面,可能要求零透镜相当复杂。

当测量出表面误差并确定其所在位置后,可以通过抛光去掉太高的部位以校正表面,在抛光模上刮擦掉与非球面较低部位对应的那些区域就可以完成这种校正(使用全尺寸抛光机和很短的行程)。在制造小孔径抛物面时,例如应用于小型天文望远镜,该表面非常接近球形。以致通过简单调整抛光机行程就可以影响校正。然而,对大型零件和比较难的非球面,比较好的方法是用小的或者环形磨具直接磨损掉高的区域。应用该方法需要一定的耐心和技巧,如果工艺持续片刻或者长于所需要时间,结果会造成一个凹下去的环区,从而要求对整个表面重新进行平衡以匹配这个新的凹点。

目前有几家公司已经研发出或多或少使该工艺自动化的设备。在其中一种技术中,计算机控制的抛光机利用一个小抛光模(或者由三个小模具组成的一个模具,驱动这些小模具,可以绕着其质心旋转),使其专注工件上高出的区域,并将其抛光掉。该位置和停留时间由表面干涉图及对抛光模形成磨耗图纹的了解程度确定。使用一个由计算机控制的小抛光模意味着该装置并不受工件上正在抛光的环带区限制,因此,可以有效校正非对称性表面误差。

另外一种计算机控制的工艺称为磁流变抛光。抛光浆液中含有一种磁铁成分,浆液流过旋转透镜,磁场使浆液在透镜上变稠,从而对表面产生一种局部抛光(或磨损)作用。在计算机控制下,透镜在动态浆液中摆动、旋转和前行,就可以将表面抛光到所期望的质量。令局部抛光作用与透镜位置同步,就可以校正非对称表面的质量误差。

十、单刃金刚石切削技术

现在,特别精密的数控车床和磨床非常适合加工光学表面需要的光洁度和精密外形。使用的切削工具是单晶金刚石,就像利用车床或者磨床高速切削一样来加工光学零件。单刃机床加工会留下刀痕,即完工后的表面出现皱褶,在某些方面很像衍射光栅。这是该工艺的一个局限性,因此,完工后的表面常常需要做些“后置抛光”以便将切削痕迹抹平。比较严重的限制是,只有几种材料适合这种机床加工,光学玻璃不包括其中。然而,几种有用的材料可以车削加工,包括铜、镍、铝、硅、锗、硒化锌和硫化锌,当然,还有塑料。因此,使用这种方法可以加工反射镜和红外光学零件。红外光学零件并不像可见光波长零件那样需要同样的精确度。简单地说,因为在 $10\mu m$ 波长处红外波长的 1/4 波长几乎比可见光大 20 倍,使用这种工艺加工红外光学零件的非球面恰好像制造一个球形表面那样容易。

十一、涂黑工艺

由支架结构和零件边缘反射或散射的光会降低像的对比度(和 MTF),如果反射面是平面,还会形成鬼像。用墨汁将透镜零件的磨砂边涂黑可以减少散射光而不会增大直径(黑漆更好,但漆的厚度会增大直径)。将清洁的热零件浸在一种溶液中(按体积计算,其配方是两份碳酸铜、三份氢氧化铵和六份蒸馏水),将黄铜装配组件发黑。将铝零件阳极镀黑,用“压纹法”可以使装配件的内表面加工出花纹,或者喷砂使表面变粗糙。一种无光黑漆会减少反射，商标为 Floqui 的无光黑漆型火车用喷漆作为一种专用漆，使用起来效果非常好。

第二节　光学技术要求和公差

当光学设计师把完成设计的元件送往工厂加工时，很多设计要求并不能完美地得以实现。两个最常见的难点就是技术条件要求不充分和技术条件要求太过分。前一种是应当描述的条件描述得不完整，而后一种是确定的公差比必需的公差严格得多。

光学加工是一个不寻常的过程。如果有足够的时间和经费，几乎可以得到任何（可以计量的）精度。因此，必须根据下面的双重基础确定技术要求：①光学系统性能要求确定的极限；②在上述条件中所需要的工时和经费。消耗在同等难度水平的光学公差中的量值上可能会有很大变化。例如，将一个表面的球面度控制到 0.1μm 并不困难，（根据难度）厚度公差约为 100μm，大三个数量级。为此，很少能在光学图纸上发现“盒式（或封闭）”公差，每个尺寸，或者至少每类尺寸应当单独给出公差。

一个光学零件的每个基本特性都应当清楚地阐明，并且不会引起歧义，光学车间对这些已经非常清楚。如果一份技术要求不完整，那么，还需要浪费时间对技术要求质疑以确定其要求是什么，或者车间必须随意地确定一个公差。任何一种情况都是不希望出现的。

下面对光学零件的技术要求给出一般性的指导意见。讨论包括确定公差的基础，规定所希望特性的传统方法，以及光学车间希望能给出的公差表示方式。

明智地选择光学加工的技术要求和公差是一项特别有益的工作。确定公差的指导思想是根据光学系统性能所容许的要求，给予一个大的公差值，其确定是以尺寸变化产生的影响最小为目的。常常在安装形式上有些简单变化，在不损害系统性能的前提下大大降低制造成本。还应当确定，严格规定的系统尺寸是真正需要的重要尺寸，以便工时和经费没有浪费在毫无意义地坚持精度的要求上。

一、表面质量

光学表面的两个主要特性是质量和精度。精度是指一个表面外形尺寸特性，即表面半径的值和均匀性。质量是指表面的粗糙度，包括诸如麻点、路子（擦痕）、不完全抛光或者“灰色”抛光、污点等缺陷。质量的含义通常延伸到零件内的类似缺陷，例如气泡或者杂物。一般地，（除了几乎从不可接受的不完全抛光外）这些因素只不过是表面的，或者是“光学表面缺陷”，所以，可以作为表面质量问题来处理。由这些缺陷造成光吸收或散射所占的百分比，对于通过光学系统的总辐射能量来说，通常是一个完全可以忽略不计的小数。然而，如果该表面位于或者在焦平面附近，就必须考虑这些缺陷的尺寸是否遮挡像的细节尺寸。此外，如果一个系统对杂散辐射特别敏感，则可以假设这些缺陷有一种功能性的重要意义。无论如何，将其面积与系统通光孔径在所讨论的表面上的面积相比较，就可以评价一种缺陷的影响。

军用技术规范标准 MIL-O-13830（现已正式废弃不用）和 ISO10110 在工业界广泛地应用着。用一组数字，例如 80-50 规定表面质量，前两个数字代表容许擦痕的表观宽度，后两位数字表示允许麻点、坑或气泡的直径，单位是几百分之一毫米。因此，80-50 的表面技术要求应当允许擦痕的表观宽度(通过目视比较)与80#标准擦痕和一个直径为0.5mm麻点相对应。技术要求还要限制所有擦痕的总长度和麻点数目。实际上,是通过目视比较一组分等级的标准缺陷来判断某种缺陷的尺寸。当然,使用显微镜可以很容易地测量出坑和麻点。遗憾的是,一条擦痕的表观宽度并非直接与其实际尺寸相关,这项技术要求也并非如期望的那样容易确定。然而,与标准进行目视比较的概念是一个好而有效的想法。

80-50或者更粗些(即更大些)的表面质量是比较容易制造的。60-40和40-30的表面质量就需要增加成本。要求质量符合技术要求40-20,20-10,10-5或者类似组合的表面,需要特别仔细地加工处理,并且对零件的苛刻要求会使制造费用更高。这样的技术要求通常是针对场镜、分划板或激光系统使用的光学零件。

二、表面精度

通常根据钠灯(0.0005893mm)或氦氖激光(0.0006328mm)的光波波长规定表面的精度。通过比较该表面与样板的干涉图,计算出牛顿环或"条纹"数目,并检验牛顿环的规则度就可以确定表面精度。正如前面所述,每一条环表示工件与样板之间的间隔变化半个波长。将样板放置得与工件相接触,根据看到的条纹数描述工件和样板之间的吻合精度。

样板加工成真正的平面或球面,精度是一个条纹的若干分之一。然而,球面样板半径的精度只能相当于测量它的光机方法的精度。因此,常常认为样板半径只是千分之一或者万分之一的精度。此外,样板是比较贵的(每套几百美元),并且利用率比较低。因此,要常常询问光学车间有什么样的标准半径。

通常,光学车间对表面精度的技术要求是相对于一个具体样板,要求零件必须与样板拟合在一定数量的条纹之内,对于球面(如果是平的表面就是平面),必须在多条条纹以内。5～10个条纹的一种拟合,1/2～1个条纹的球面度(或者"规则度")为并不是很难的公差。大批量生产中适当提高一些成本可以达到1～3个条纹的拟合,并对应比较好的规则度。注意,当拟合较差时,很难测量出一小部分环带的不规则度。因此,很少规定10个环的拟合和1/4个环的球面度,因为拟合必须远好于10个环,所以,不规则度肯定应当小于1/4个环。通常采取的比例是一个拟合不能比可接受的最大不规则度的4～5倍还差。实际上,比较差的拟合造成的半径变化常常是忽略不计的,例如,直径30mm的两个(近似)50mm半径的表面,在与5个条纹相拟合时,其半径差仅约33μm。

利用干涉仪很容易测量表面轮廓。使用干涉仪比使用样板更难控制半径。但是,如果用来测试球面度或规则度,干涉仪要优越得多。因为干涉仪可以调整比较波前的有效半径并与待测表面半径相匹配。另外,干涉仪的观测点总是垂直于表面,没有影响样板读数的倾斜误差。

如果可能,应当避免对厚度直径之比较小的透镜规定高精度表面。这种零件在加工过程中容易破裂和变形,为了保证精确的表面轮廓,必须采取特别的预防措施。一个普通的经验法则是对于负透镜,轴上厚度至少是直径的1/10,有时如果有一个合适的边缘厚度,则直径的1/20或1/30也是可以接受的。对于特别精密的零件,尤其是平表面,操作人员更喜欢厚度是直径的1/5～1/3。

半径误差(就是偏离设计的标准半径)对性能的影响通常不太严重。事实上,某些光学买方的习惯做法不是对某一个特定半径标明公差，而是根据焦距和分辨率规定最终的光学性能。对于一个有良好模具装备的光学工厂，通常(根据其模具清单)审慎地选择出最靠近的半径，就可以制造出等效于标称设计值的结果。如果对半径值规定公差，应当记住，半径产生的最大影响并非正比于 ΔR，而是正比于 ΔC(或者 $\Delta R/R^2$)。举一个简单的例子，对下面薄透镜焦距公式进行微分：

$$\varphi = \frac{1}{f} = (n-1)(C_1 - C_2) = (n-1)\left(\frac{1}{R_1} - \frac{1}{R_2}\right)$$

对第一表面，得到下式：

$$\mathrm{d}\varphi = (n-1)\mathrm{d}C_1$$

$$\mathrm{d}f = f^2(n-1)\mathrm{d}C_1 = f^2(n-1)\frac{\mathrm{d}R_1}{R_1^2}$$

对于比较复杂的系统，由第 i 个曲率变化造成的焦距变化近似等于

$$\mathrm{d}f \approx \left(\frac{y_i}{y_1}\right)f^2(n_i' - n_i)\mathrm{d}C_i$$

$$\mathrm{d}f \approx \left(\frac{y_i}{y_1}\right)f^2(n_i' - n_i)\frac{\mathrm{d}R_i}{R_i^2}$$

如果对系统中所有半径都确定一个均匀公差，那么，均匀公差应当对曲率，而不是半径，所以，半径公差应当正比于半径的平方。例如，已知一个透镜一侧表面的半径是 1in，另一侧的表面半径是 10in，如果 1in 的半径变化 0.001in，那么，对焦距的影响与 10in 半径变化 0.100in一样。如果第二个表面的半径是 100in，那么，等效半径的变化应约为 10in。

三、厚度

在前文关于光线追迹或者二级像差分析已经阐述厚度和间隔变化对系统性能的影响。厚度变化的重要性对于不同系统完全不同。在 Biota(双高斯)物镜的负双透镜结构中，厚度特别关键，尤其关系到球差。为此。通常选择冕牌和火石零件使其组合后的厚度非常接近设计的标准值。在另一个极端的例子中，一个平凸目镜零件的厚度变化几乎可以忽略不计，因为通常很少甚至没有任何影响。

一般地，在边缘轴上光线斜率较大的位置，要对厚度和间隔要求严格一些。一般性消像散和特别采用弯月形消像散容易有这种敏感性，高速物镜、大 NA 显微物镜等通常是敏感的。

遗憾的是，一个光学元件的厚度并不像其他特性那样容易控制。生产过程中许多零件都在同一个模具上加工，保持均匀的标准厚度需要精确的上盘(或胶盘)和磨削，尽管半径方面足够精确，但研磨过程所延伸的加工范围不好控制。为了严格控制厚度，成形工艺必须精确，后续的每一种研磨工艺都必须加倍精确以便同时达到正确的抛光、半径和厚度。

精密零件合理的厚度公差是±0.1mm，这可能会给工厂在某些透镜形状和较大透镜的加工带来难度。在可能将公差放宽的地方，±0.15mm 或±0.20mm 的公差是比较经济的。对于大批量生产，在整个制造过程小心操作，有可能保持±0.05mm 的公差。如果出现最小的故障率，那么，该公差下的废品率可以变得非常小。当然，经过手修和挑选，有希望将零件加工到任何期望的公差水平。我们在中等批量(尽管有些不太合适的成本)生产中见过

$\pm 0.01mm$的公差。

如果透镜的生产量足够大，定点胶盘仪的效益可能会保证初始模具的加工成本。定点胶盘仪是一种带有机制平底座的金属上胶模具，将零件置于其中胶盘。要记住，该模具为特定零件设计，考虑到底座中被胶盘一侧表面的精确直径、厚度和半径及另一侧要加工的半径当透镜被精确研磨后，零件都有正确的厚度。

四、定中心

定中心公差是：①零件的直径；②光轴与机械轴的同心精度。如果对零件定中心（即作为单独工序），使用普通技术可以保证直径公差在$-0.03mm$，没有正公差，这是大部分工厂的标准公差。采用自由公差会导致小的经济效益，较严的公差虽可以实现，但对普通零件常常是不必要的。

最方便的是用偏离量规定透镜的同心度，这是透镜指向其机械中心的轴上光线偏转的一个角度。由于一组透镜的偏离量就是单个透镜偏离量（矢量）的简单相加。所以，偏离角是对偏心特别有用的一种计量。光轴和机械轴相距Δ（偏心量），一条平行于光轴的光线通过焦点，所以，沿着机械轴传播的光线的偏离角δ(rad)等于偏离量除以焦距：

$$\delta = \frac{\Delta}{f}(\mathrm{rad})$$

注意，偏心透镜可以看作一个同心透镜和一个薄玻璃光楔的组合，楔形角W由最大和最小边缘厚度差除以透镜直径计算：

$$W = \frac{E_{\max} - E_{\min}}{d}(\mathrm{rad})$$

薄棱镜的偏离角由$D=(n-1)A$给出，类似地，可以将一个透镜的楔形角与其偏离量联系在一起：

$$\delta = (n-1)W(\mathrm{rad})$$

如果是在一台高产机械（钳位）定心机上对透镜定中心，由此得到的同心度精度限制于柱形钳位夹具决定的剩余边缘厚度差。对大部分机床，将模具和转轴的剩余误差一并考虑，大概在0.0005数量级。因此，直径为d的透镜的剩余楔形角是：

$$W = \frac{0.0005}{d}$$

由此产生的偏离量是：

$$\delta = \frac{0.0005(n-1)}{d}$$

因此，对于普通透镜（$n=1.5\sim1.6$），下式给出了偏离量的一个合适的评估：

$$\delta \approx \frac{1}{d} \approx \frac{1.67(n-1)}{d}$$

式中，d的单位为英寸，以机械方式完成定中心。

如果是目视定中心，眼睛探测运动的能力是限定因素。假定眼睛可以探测到6×10^{-5} rad或7×10^{-5} rad，则偏离量近似等于：

$$\delta = (n-1)\left(\frac{1}{R} + 0.06\right) \pm (\text{探测误差和转轴误差})$$

式中，δ 单位是分($'$)；R 是外侧表面的曲率半径，单位是英寸(in)。

$(n-1)/R$ 项是目视无法探测到外侧半径的晃动，$0.06(n-1)$ 项是由于模具倾斜使眼睛不能探测到的模具调整(将一块平玻璃板对着旋转的模具并观察反射像的跳动，以该方法进行测试)。当然，借助于望远镜或显微镜可以进一步减小偏心量，提高的倍数等于放大率。

有时透镜不单独进行定中心工艺。如果这样，完工透镜的同心度取决于研磨工艺残留的楔形角。若胶盘模具是仔细加工出的，有希望使加工出的透镜楔角(就是两端边厚的差)达到 0.1mm 或 0.2mm 数量级。对廉价的照相物镜、聚光镜、放大镜或者几乎所有简单光学系统的单透镜，常常不再定中心。由圆形窗玻璃做成的简单透镜也经常不定中心。

五、棱镜的尺寸和角度

尽管光学表面的粗糙度和精度要求会使棱镜加工更困难，但棱镜的线性尺寸公差可以近似等于普通机加零件的公差，通常 0.1mm 或 0.2mm 的公差是合理的，更严格一点也是可能的。

采用较好的胶盘形式，名义上可以使棱镜的角度公差保持在 $5'$ 或者 $10'$ 以内。如果不计成本地设计、加工、校正和使用一种胶盘模具，使角度精确到上述公差的百分之几，虽然非常困难，但也是可能的。通常，保持到数秒(例如屋脊角)公差的角度都是“手修”出的。利用自动准直仪，或者与一个标准角度相比较，或者利用内反射使棱镜成为一个反向导向器来检验这类角度。在这种方法中，$90°$ 和 $45°$ 角可以自检，因为其内反射形成 $180°$ 偏角的不变偏折系统。

通常，棱镜的尺寸公差是以必须限制其产生的像位移误差(横向或纵向)为基础。确定角度公差是为了控制角偏离误差。一般地，要在棱镜系统中找到一个或两个比其他角度更重要的角度；该角度要严格加以控制，而其他角度允许变化。例如，对于五角棱镜，反射端面之间 $45°$ 角的误差要比入射面和出射面之间 $90°$ 角的误差严格 6 倍。其他两个角度对光线偏折没有影响。有时，棱镜的公差是以对像差的影响为基础。由于棱镜等效于一块平行平板玻璃，并且产生过校正球差和色差，所以，在一个标准校正系统中增加棱镜的厚度将会过校正这些像差，有些棱镜的角度误差等效于在系统中引进小楔角棱镜，一个小楔角棱镜的角光谱色散是 $(n-1)W/V$(式中，W 是楔角，V 是玻璃的阿贝数)，并且，由此产生的轴上横向色差可能会限制所允许的角度公差。

六、材料

选择折射光学零件材料时，关心的主要特性是折射率、色散和透射率。对于从声誉比较好的厂商获得的普通光学玻璃，可见光光谱范围内的透射率很少有问题。有时，在重要应用中使用重玻璃的厚透镜，必须规定透射率要求或颜色。同样，除了特殊情况，色散或者 V 值也很少有问题。而对于复消色差系统，局部色散比特别关键，需要特别地注意。

设计者最关心光学玻璃材料的折射率。标准折射率公差是 ± 0.0005 或者 ± 0.001，与玻璃类型有关。玻璃供应商通过挑选或者加工过程中格外小心，可以得到比较接近该值的折射率，或者稍微提高一些成本。实际上，玻璃供应商的产品与标准数据很相近，因为一炉或一批玻璃内的折射率完全是一样的。因此，在一批玻璃中，折射率可能只在小数点后第四位上有变化，然而，要记住，这种变化可能以与标准折射率值相差 0.0005 或 0.0016 的值为中心。有时候，如果要求折射率比较严格，那么，接受标准公差并调整设计以补偿多数玻璃折射率的变化是比较经济的。

现在很少规定透射率和光谱特性。对滤光片和膜层，经常通过图表的方法，即表示出与零件性质有关的反射(或透射)区域与波长的关系曲线来规定光谱反射(或透射)，从而避免模棱两可的表示方式，还应表示指定区域外的光谱特性是否重要。例如，在带通滤光片中，指出滤光片的滤光作用必须延伸到长波和短波多远区域是很重要的。

表 20-2 列出有代表性的公差，可以用作指导性资料。然而，须注意的是，表中给出的是典型值，许多特殊情况是这类表格没有涵盖的，工厂里的“公差档案”可能与该表格稍有不同。

表 20-2　有代表性的光学制造公差(表中 Fr 代表条纹)

	表面质量	直径/mm	偏离量(同心度)/(′)	厚度/mm	半径	规则度(非球面度)	线性尺寸/mm	角度
低成本	120-80	±0.2	>10	±0.5	样板	样板	±0.5	度(°)
经济类	80-50	±0.07	3—10	±0.25	10Fr	3Fr	±0.25	±15′
精密	60-40	±0.02	1—3	±0.1	5Fr	1Fr	±0.1	±5′～10′
超精密	60-40	±0.01	<1	±0.05	1Fr	1/5Fr	根据需要	数秒
塑料	80-50		1	±0.02	10Fr	5Fr	0.02	数分

七、相对成本因素

对于传统或正常的光学生产方法，一个零件的成本粗略地按照下面表达式变化：

$$\text{数量成本因子} = 1.07 + 2.26Q^{-0.42}$$

$$\text{质量成本因子} = \frac{1.5}{\sqrt[20]{SDPRT}}$$

式中，Q 为零件加工的数量；S 为擦痕数目；D 为坑的数目；P 为表面的光焦度公差，单位条纹；R 为表面规则度公差，单位条纹；T 为厚度公差，单位 mm。

这些公式在技术要求发生变化时可以确定对成本的影响，这非常有用。

参考文献

[1] 章志鸣，沈元华，陈惠芬. 光学[M]. 2版. 北京：高等教育出版社，2002.

[2] 袁旭沧. 光学设计[M]. 北京：科学出版社，1983.

[3] 张以谟. 应用光学[M]. 3版. 北京：电子工业出版社，2008.

[4] 李晓彤，岑兆丰. 几何光学·像差·光学设计[M]. 3版. 杭州：浙江大学出版社，2014.

[5] 萧泽新. 工程光学设计[M]. 北京：电子工业出版社，2003.

[6] 王之江. 光学设计理论基础[M]. 北京：科学出版社，1965.

[7] 李士贤，李林. 光学设计手册[M]. 2版. 北京：北京理工大学出版社，1996.

[8] 辛企明. 光学塑料非球面制造技术[M]. 北京：国防工业出版社，2006.

[9] 荆其诚，等. 色度学[M]. 北京：科学出版社，1979.

[10] 潘君骅. 光学非球面的设计、加工与检验[M]. 苏州：苏州大学出版社，2004.

[11] 石顺祥，张海兴，刘劲松. 物理光学与应用光学[M]. 西安：西安电子科技大学出版社，2000.

[12] 郁道银，谈恒英. 工程光学[M]. 3版. 北京：机械工业出版社，2011.

[13] 唐晋发，顾培夫，刘旭，等. 现代光学薄膜技术[M]. 杭州：浙江大学出版社，2006.

[14] 李林，林家明，等. 工程光学[M]. 北京：北京理工大学出版社，2003.

[15] 张登臣，郁道银. 实用光学设计方法与现代光学系统[M]. 北京：机械工业出版社，1995.

[16] 叶辉，侯昌伦. 光学材料与元件制造[M]. 杭州：浙江大学出版社，2014.

[17] 李湘宁，贾宏志，张荣福 等. 工程光学[M]. 2版. 北京：科学出版社，2010.

[18] 赵存华，丁超亮. 应用光学[M]. 2版. 北京：电子工业出版社，2017.

[19] 李林，黄一帆. 应用光学[M]. 5版. 北京：北京理工大学出版社，2017.

[20] (美)Eugene Hecht(尤金·赫克特). 光学[M]. 5版. 北京：电子工业出版社，2019.

[21] 魏儒义. 时间调制傅里叶变换红外光谱成像技术与应用研究[D]. 中国科学院研究生院(西安光学精密机械研究所)，2013.